U0266189

河南省基层气象台站简史

河南省气象局　编

气象出版社
China Meteorological Press

内容简介

本书全方位、多角度地反映了建国60年来河南省气象事业的发展变化,真实记录了全省各级(省级、地市级、区县级)气象事业的发展进程、机构历史沿革、气象业务发展、职工队伍建设、法制建设、文化建设、台站基本建设等情况,是一部具有留存价值的台站史料,同时也是一本进行台站史教育的教科书。

图书在版编目(CIP)数据

河南省基层气象台站简史/河南省气象局编. —北京:
气象出版社,2012.2

ISBN 978-7-5029-5422-2

Ⅰ.①河⋯ Ⅱ.①河⋯ Ⅲ.①气象台-史料-河南省
②气象站-史料-河南省 Ⅳ.①P411

中国版本图书馆CIP数据核字(2012)第012714号

Henansheng Jiceng Qixiangtaizhan Jianshi

河南省基层气象台站简史

河南省气象局 编

出版发行:气象出版社

地 址:北京市海淀区中关村南大街46号	邮政编码:100081
总 编 室:010-68407112	发 行 部:010-68409198
网 址:http://www.cmp.cma.gov.cn	E-mail:qxcbs@cma.gov.cn
责任编辑:白凌燕 黄红丽	终 审:赵同进
封面设计:燕 彤	责任技编:吴庭芳
印 刷:北京中新伟业印刷有限公司	
开 本:787 mm×1092 mm 1/16	印 张:38.75
字 数:1000千字	彩 插:8
版 次:2012年3月第1版	印 次:2012年3月第1次印刷
定 价:130.00元	

本书如存在文字不清、漏印以及缺页、倒页、脱页等,请与本社发行部联系调换。

《河南省基层气象台站简史》编委会

主　　任：王建国

副主任：王万田　　王世涛

委　　员：张合修　　张新霞　　冯　敏

《河南省基层气象台站简史》编写组

主　　编：张合修

副主编：尹新生

成　　员：王魁山　张　会　曹　铁　杨国锋

李　飞　刘召彬　王纪芳

总　序

　　2009 年是新中国成立 60 周年和中国气象局成立 60 周年,中国气象局组织编纂出版了全国气象部门基层气象台站简史,卷帙浩繁,资料丰富,是气象文化建设的重要成果,是一项有意义、有价值的工作,功在当代,利在千秋。

　　60 年来,气象事业发展成就辉煌,基层气象台站面貌发生翻天覆地的变化。广大气象干部职工继承和弘扬艰苦创业、无私奉献,爱岗敬业、团结协作,严谨求实、崇尚科学,勇于改革、开拓创新的优良传统和作风,以自己的青春和智慧谱写出一曲曲事业发展的壮丽篇章,为中国特色气象事业发展建立了辉煌业绩,值得永载史册。

　　这次编纂基层气象台站简史,是新中国成立以来气象部门最大规模的史鉴编纂活动,历史跨度长,涉及人物多,资料收集难度大,编纂时间紧。为加强对编纂工作的领导,中国气象局和各省(区、市)气象局均成立了编纂工作领导小组和办公室,制定了编纂大纲,举办了培训班,组织了研讨会。各省(区、市)气象局编纂办公室选调了有较高文字修养、有丰富经历的人员从事编纂工作。编纂人员全面系统地收集基层气象台站各个发展阶段的文字、图片和实物等基础资料,力求真实、客观地反映台站发展的历程和全貌。我谨向中国气象局负责这次编纂工作的孙先健同志及所有参与和支持这项工作的同志们表示衷心感谢。

　　知往鉴来,修史的目的是用史。基层气象台站史是一座丰富的宝库。每个气象台站的发展史,都留下了一代代气象工作者艰苦奋斗、爱岗敬业的足迹,他们高尚的精神和无私的奉献,将永远给我们以开拓进取的力量。书中记载的天气气候事件及气象灾害事例,是我们认识气象灾害规律、发展气象科学难得的宝贵财富。这套基层气象台站简史的出版,对于弘扬优良传统和作风,挖掘和总结历史经验,促进气象事业科学发展,必将发挥重要的指导和借鉴作用。

中国气象局党组书记、局长　郑国光

2009 年 10 月

前　言

在中国气象局统一安排和指导下,河南省气象局精心组织,经过所有参与编写人员的艰苦努力,《河南省基层气象台站简史》终于要与读者见面了。

《河南省基层气象台站简史》是新中国成立以来第一套反映河南省基层气象台站发展历程的史志型图书,是献给新中国成立60周年的礼物,是气象文化建设的重要组成部分。

《河南省基层气象台站简史》是一幅长轴画卷,记录了河南省基层气象台站60年来的发展历程,也记录了河南省基层气象工作者爱岗敬业、艰苦创业的风貌和勇攀气象科学高峰的足迹,还记录了气象工作在河南经济发展、社会进步、百姓安居中不可替代的作用。《河南省基层气象台站简史》作为河南气象事业的一笔丰厚的精神财富,功在当代、利在后人,意义重大。

社会在进步,事业在发展,河南气象工作者爱岗敬业、艰苦创业的精神风貌和服务社会、造福万家的高尚情怀,亦将经久不衰,代代相传。

王建国

2009 年 9 月

2004年7月9日，河南省政协主席范钦臣（中）莅临河南省气象局指导工作

2004年7月16日，河南省委副书记支树平（左二）莅临河南省气象局视察工作

2006年5月26日，河南省委书记徐光春（中）莅临河南省气象局视察工作

2008年8月22日，河南省副省长刘满仓（左三）访问中国气象局

2006年8月29日，河南省副省长刘新民（中）莅临河南省气象局视察工作

2004年10月12日，中国气象局局长秦大河（右二）在洛阳市气象局调研

2007年3月23日，中国气象局局长郑国光（左二）在安阳市气象局调研

2006年9月25日，中国气象局副局长王守荣（右二）为黄河流域气象中心揭牌

2008年10月24日，中国气象局纪检组长孙先健（中）在安阳市气象局视察廉政文化建设

2007年8月2日，为陕县救援提供气象服务

2008年2月，开展冰冻雨雪灾后调查

2008年2月，河南省副省长刘满仓参加河南省气象信息广播发布平台开通仪式

河南郏县气象局开展人工防雹作业训练

河南省气象局和新华社河南分社签订合作协议

机组人员准备登机开展人工增雨作业

焦作市气象局开展现场应急气象服务

科研业务人员实地调查冬小麦长势

农气人员进行棉花生产形势调查

手机短信发布平台

西气东输防雷安全检查

预报员发布预警信号

基层台站面貌

安阳市气象局

安阳市汤阴县气象局

济源市气象局新业务楼

焦作市气象局雷达楼

焦作市孟州市气象局位于生态公园内的观测场

焦作市修武县气象局

开封市气象局办公大楼

洛阳市孟津县气象局

濮阳市台前县气象局

三门峡市卢氏县气象局

新乡市封丘县气象局

信阳市气象局

郑州市巩义市气象局

郑州国家基准气候站

商丘市虞城县气象局

驻马店市遂平县气象局

2005年7月25日，在河南省济源市举办全省气象部门第一届职工运动会

2005年10月，河南省气象局代表队参加在北京举办的全国气象行业第一届职工运动会

2006年4月19—22日，全国气象行业乒乓球赛在河南漯河举办——比赛现场

2007年6月，在河南省气象局举办第二届全省气象人精神演讲比赛

河南省气象部门"建设杯"文艺汇演合影留念 2006.9.22

2006年9月22日，全省气象部门"建设杯"文艺汇演在鹤壁举行

2007年10月，河南省气象局代表队参加在南京举办的全国气象行业第二届职工运动会并获佳绩

2007年10月，参加在南京举办的全国气象行业第二届职工运动会——运动员在比赛中

2008年4月19日，海南省气象局代表队参加省直机关第四届"帝豪杯"职工运动会开幕式

2008年5月13日，省直机关第四届"帝豪杯"职工运动会颁奖现场，省气象局获优秀组织奖

2008年4月25日，河南省气象局团员青年开展团日活动，走进新县接受爱国主义教育

2008年4月22日，全省气象部门气象文化暨精神文明建设工作会议在郑州召开

2008年10月27日，全省气象部门羽毛球赛在新乡举行

2008年12月5日，全省气象部门首届法律知识竞赛在郑州举办

党建及精神文明建设

积极为四川地震灾区捐款捐物

气象志愿者开展咨询及服务活动

河南省气象局领导为全国精神文明建设先进单位揭牌

重阳节青年和老干部举行联谊活动

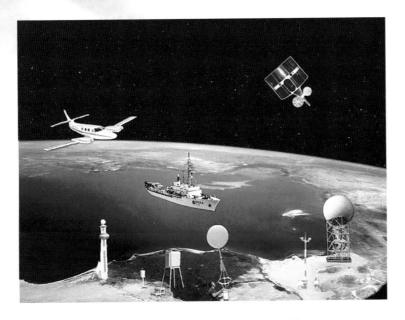

河南气象部门天地空综合气象观测系统

南阳市气象局新一代天气雷达楼　　　　　　　濮阳市气象局新一代天气雷达楼

驻马店市气象局新一代天气雷达楼　　　　　　　商丘市气象局新一代天气雷达楼

郑州市气象局新一代天气雷达楼

目　录

河南省气象台站概况

综　述

地理环境　河南省位于北纬 31°23′～36°22′，东经 110°21′～116°31′之间，南北纵跨约 550 千米，东西长约 580 千米，面积 16.7 万平方千米，约占全国总面积的 1.74％。地形复杂，西高东低：西部为连绵的丘陵山地，海拔高度在 500～1000 米之间；东部为广阔的大平原，是黄淮海大平原的重要组成部分，海拔高度大都在 100 米以下。

天气气候　受太阳辐射、东亚季风环流、地理条件等因素的综合影响，河南省气候为北亚热带向暖温带过渡的大陆性季风气候，四季分明、雨热同期、复杂多样、气象灾害频繁，具有冬季寒冷少雨雪、春季干旱多风沙、夏季炎热多降水、秋季晴朗长日照的特点。高温期与多雨期同步出现的气候特点，对农业生产较为有利，提高了水热资源的利用率，但由于降水分布不均，年际差异明显，有些年份常常出现洪涝或干旱。全省自南向北因热量条件差异存在着由亚热带向暖温带气候的过渡性变化，从东向西因地形条件差异存在着由平原到丘陵山区气候的过渡性变化。根据气候条件和对农业生产的影响特点，分为淮南气候区、南阳盆地气候区、淮北平原气候区、豫东北气候区、太行山气候区、豫西丘陵气候区、豫西山地气候区等 7 个自然气候区。

建制沿革　中华人民共和国成立后，河南气象工作正式起步。1953 年以前，河南省气象局尚未成立，全省气象业务由河南省军区司令部作战处气象科负责。按照政务院、中央军委 1953 年 8 月 1 日命令，气象科及其所属气象台移交省人民政府，设气象科，隶属河南省财政经济委员会。1954 年 11 月 5 日成立河南省气象局，除管理气象局所属台站外，还管理林业厅的气候总站及其所属气象台站。

1968 年 6 月，成立河南省气象局革命领导小组。1969 年 12 月，撤销河南省气象局建制，与河南省水利厅水文总站合并，成立河南省革命委员会水利局水文气象台。1971 年底恢复省气象局建制，并实行河南省军区与河南省革命委员会双重领导，以省军区领导为主的体制。1973 年 9 月，河南省气象局划归河南省革命委员会领导。1974 年 4 月 1 日成立中共河南省气象局党的核心小组，1979 年 5 月 18 日成立中共河南省气象局党组。

1983年3月,中共河南省委和河南省人民政府调整了河南省气象局领导班子。根据国务院调整气象部门管理体制的指示精神,河南省气象局由河南省政府领导为主改为国家气象局领导为主,当年12月19日,办理了交接手续。按国家气象局部署,河南省气象局承担全国性和区域性的气象工作任务,在河南省委、省政府的领导下,做好为当地国民经济建设及组织防灾抗灾的气象服务。1992年国发〔1992〕25号文件进一步明确建立健全双重计划财务体制。经人事部批准,1996年省气象局机关管理机构参照公务员法管理,2002年7月各省辖市气象局机关管理机构参照《中华人民共和国公务员法》管理。

台站概况　从1905年法国天主教上海徐家汇观象台在太康设立观测所开始到中华人民共和国成立前,先后有法国天主教、北洋政府、国民党政府、日本侵略军、八路军晋冀鲁豫军区等机构或组织,在河南境内进行过气象观测,这期间的气象观测一直处于管理混乱、站点稀少、仪器设备陈旧、资料残缺的状态。

中华人民共和国成立后,河南省气象站数量逐步增加,1950—1955年,全省建立了21个地面气象站,1956—1959年底,全省建立气象站111个,地面气象站网基本形成。1960—1979年,陆续增建9个气象站。1961年在鸡公山、罗山五一农场、确山五三农场、息县农场、石人山等地设立过专业气象站,不久撤销。1982—2000年,陆续撤销信阳县、商丘县、平顶山市、洛阳市、鹤壁市等5个气象站。1983年,洛阳基本站调整为一般站,孟津气象站由一般站调整为基本站。1987年,郑州基本站扩建为全国第一个国家基准气候站(简称"基准站")。1988年和1993年,南阳、商丘2个基本站相继扩建为基准站。1990年撤销嵩山、黄泛区2个一般站的观测业务,后分别于2003年和2004年恢复。截至2008年底,河南省气象局下辖18个省辖市气象局,119个地面气象观测站,其中3个基准气候站,16个基本气象站,100个一般气象站。

人员状况　1955年,河南省气象部门共有职工222人。1980年,有1847人。截至2008年底,全省气象系统在职职工2086名。其中,博士学历学位人员5人,研究生及硕士学位人员88人,本科学历746人,研究生以上人员所占比例为4.2%,本科学历人员所占比例达到35.8%;高级职称253人(其中正研级3人),占队伍总量的12.1%。

文明创建　1986年5月河南省气象局被河南省委、省政府首批命名为"省级文明单位",1997年2月被命名为"省级文明单位建设先进系统"。2004年河南省18个市(地)级气象局全部被命名为省级文明单位。2005年10月河南省气象局被中央文明委命名为"全国精神文明建设工作先进单位"。2007年河南省气象部门122个应创单位全部为市级以上文明单位。2009年1月,河南省气象局被中央文明委命名为"全国文明单位"。

气象法规　1986年3月15日,河南省政府颁布《河南省气象台站观测环境保护条例》。2001年7月1日,《河南省气象条例》实施。2003年1月1日,《河南省人工影响天气管理条例》实施。2004年8月1日、2005年7月4日《河南省防雷减灾实施办法》、《河南省突发气象灾害预警信号发布办法》先后实施。2006年8月24日,河南省人民政府下发《河南省人民政府关于加快气象事业发展的意见》(豫政〔2006〕61号)。依据上述法规,省、市两级气象部门建立了法制工作机构,18个省辖市气象局均成立了执法队,持有执法证的人员501人,持有执法监督证的人员103人。

重要会议　河南省气象部门被河南省委、省政府命名为省级文明单位建设先进系统后,河南省气象局和河南省文明委于 1997 年 5 月 12—14 日联合在郑州召开了河南省气象部门精神文明建设工作会议,各市(地)气象局主要领导和各市(地)文明办及省直文明办负责同志参加了会议,河南省委常委、宣传部长、文明委副主任林炎志和中国气象局局长温克刚到会并作了重要讲话。

2005 年 9 月 15 日,中国气象学会水文气象学委员会、中国气象学会气象灾害与服务委员会、中国气象局国家气象中心、河南省气象局、水利部水文局、民政部国家减灾中心共同主办了"75·8"暴雨洪水 30 周年暨国际学术研讨会,中国气象局副局长郑国光致辞。

2006 年 9 月 16 日,黄河流域气象中心在郑州成立。中国气象局副局长王守荣、河南省人大常委会常务副主任王明义、水利部黄河水利委员会副主任廖义伟、河南省气象局局长胡鹏共同为中心揭牌。

2008 年 2 月 18 日,由河南省气象局与河南人民广播电台共同打造的河南省气象信息广播发布平台正式开通。河南省副省长刘满仓出席开通仪式并亲自为发布平台开通剪彩。

2008 年 7 月 29 日,河南省政府主持召开全省气象防灾减灾工作会议。副省长刘满仓、中国气象局副局长矫梅燕出席会议并作重要讲话。河南省政府办公厅、河南省发改委、河南省财政厅等 26 个部门和单位的负责人,各省辖市政府分管气象工作的市领导以及各市气象局代表近 100 人参加了大会。

气象业务建设沿革

地面观测 截至 2008 年底,河南省的国家地面气象观测站网由 3 个基准气候站、16 个基本气象站和 100 个一般气象站组成。1999 年 7 月,郑州气象观测站安装的芬兰产自动站(MILOS 500 型)投入使用。2003 年 1 月,开封气象观测站安装的河南省第一部国产自动站(CAWS600-SE 型)投入使用。2004 年 1 月、2005 年 1 月,全省又分别有 48 个和 16 个自动站投入使用。截至 2008 年底,全省共有 65 个国家地面气象观测站建成了自动气象站。从 2004 年开始,在全省的乡镇大规模建立区域气象观测站,截至 2008 年底,共建成 1825 个乡镇气象观测站。其中,自动雨量站 1719 个,以四要素(温度、降水量、风向、风速)为主的多要素自动气象站 106 个。

高空探测 从 1952 年 11 月起,全省陆续建立了信阳、许昌、郑州、卢氏、南阳、安阳、商丘、西华等 8 个高空探测站,并使用经纬仪和气球进行高空风观测。1957 年 1 月和 1964 年 4 月,郑州、南阳先后增加探空观测。1959 年 1 月和 1961 年 6 月,许昌、商丘相继停止观测。1988 年 1 月,安阳、西华停止观测。1990 年 1 月,信阳停止观测。截至 2008 年底,全省共有 3 个高空探测站,其中郑州、南阳为综合探空,卢氏为单测风。1964 年 4 月,郑州、南阳使用 910 雷达进行高空气象探测。1974 年 4 月、1978 年 10 月、1987 年 1 月,南阳、郑州和卢氏先后换型为 701 雷达。1997 年 1 月郑州 707C 波段雷达投入业务运行。2005 年 12 月,郑州、南阳 2 站换型为 L 波段高空探测系统。

天气雷达 1974 年河南省气象台建立 711 雷达站,1978 年建立 713 雷达站,1993 年换型为 714CD 雷达。驻马店气象台于 1994 年 7 月由 711 雷达换成 713 雷达。1996 年,三门峡建立 714C 天气雷达站。2003—2008 年,全省建成了由郑州、濮阳、三门峡、南阳、驻马店、商丘等6部新一代天气雷达和平顶山、安阳、焦作、漯河、信阳等5部数字化天气雷达组成的天气雷达监测网。

农业气象 全省农业气象观测业务始于1954年辉县百泉气候站开展的小麦物候观测,1957年农业气象观测站增加到38个。到1959年底,有123个台站进行作物、物候观测,农业气象试验站也由1957年的2个增至7个。1961年底,确定20个台站为农业气象基本观测站。1978年全国气象局长会议以后,农业气象观测进入全面恢复时期。1980年重新调整了全省农业气象观测站网,之后又对个别站点进了调整。截至2008年底,河南省的农业气象观测站网由15个国家农业气象一级观测站、15个农业气象二级观测站和88个测墒站组成。全省农业气象观测基本站除进行土壤水分观测外,还进行粮食作物(冬小麦、夏玉米、水稻等)、经济作物(棉花、烟草、油菜、大豆等)、物候等观测。2005年以后,全省先后建成了9个自动土壤水分观测站,开展土壤水分观测对比试验。

辐射观测 1957年郑州站开始辐射观测,为甲种日射站。1960年1月、4月及1961年8月,又先后建立了安阳、固始、郾城3个乙种日射站。1990年,郑州站由甲种日射站调整为一级辐射站,固始站由乙种辐射站调整为三级辐射站,南阳站开始三级辐射站观测,撤销安阳、郾城2个乙种日射站。截至2008年底,全省有郑州1个一级辐射站,南阳、固始2个三级辐射站。

大气成分探测 郑州大气成分站于2005年11月建成并运行。观测项目有黑碳气溶胶的质量浓度,PM_{10}、$PM_{2.5}$和$PM_{1.0}$的质量浓度等。2007年2月6日该站又安装了CE318太阳光度计并投入运行,对8个通道的太阳直射辐射等物理量进行测量。

雷电观测 2002年8月,全省布设了信息产业部电子第22研究所研制的XDD03A雷电监测系统,由河南省气象台1个主站和安阳、鹤壁、新乡、焦作、项城、郑州、漯河7个子站组成。由于设备性能缺陷等原因,2005年后XDD03A雷电监测系统停止使用。2008年9月,登封布设了1套ADTD型雷电探测设备。

卫星气象 20世纪70年代,河南省只在省气象台布设1个卫星云图接收站。从1993年起,卫星遥感监测站开始批量布设,截至2008年底,全省共有21个卫星云图接收中规模站、1个极轨卫星资料接收站。

GPS/MET观测 2008年,河南省气象局与河南省地质测绘总院合作研制"河南省地质信息连续采集运行系统"(利用该系统在河南气象台站建设GPS基准站)。截至2008年底,河南省已建成由29个地基GPS探测站组成的水汽监测网。

紫外线观测 2005年4月,由河南省气象局统一组织,在全省18个省辖市气象局分别布设了1套太阳紫外线监测仪,开展紫外线观测。

酸雨观测 1992年,郑州、南阳、商丘分别建立了酸雨观测站;2005年,安阳、驻马店建立了酸雨观测站;2006年和2007年,又先后建立了开封、孟津、新乡、濮阳、许昌、三门峡和宝丰、焦作、漯河、信阳、济源、淇县、西华等13个酸雨观测站。截至2008年底,全省18个省辖市气象局均建立酸雨观测站。

天气预报 20世纪50年代,河南省天气预报制作主要依靠天气学原理、统计方法和预报员经验。1976年,开始在预报业务中应用卫星云图和雷达回波图。1978年,河南省气象台开始应用电子计算机处理气象资料和信息。20世纪80年代后,以数值预报为基础、预报员订正的预报业务体系基本建立,2002 年后形成了全省逐级指导的预报业务体系,开展的天气预报业务在长、中、短天气预报的基础上,又增加了短时临近预报和气象灾害预警信号发布等内容。

气象通信　20 世纪 50 年代,气象通信业务以利用国家电信网络为主、自设电台为辅。20 世纪 60 年代初,省以上气象情报实现有线电传方式传输。1980—1991 年,气象通信以电话口传为主。从 1983 年开始,河南省气象台通过"三报一话"实现与中国气象局通信,主要设备是西门子-1000 电传机,后来发展到市级气象台和国家基本(准)气象站将气象报文口报至电信部门,再通过电传机转发省气象台。从 1985 年开始,VHF 甚高频电话布网,甚高频电话开始在省、市级布点,到 1986 年底,实现省、市、县三级布网,成为气象通信的辅助手段。基于标准化线路的计算机广域网络通信开始于 1991 年,河南省气象局组建了总线式计算机局域网,市(地)气象局 1992 年利用电话拨号远程接入省局网络,构成计算机广域网,从而实现了气象信息的网络传输。1992 年,国家开始建设气象卫星综合应用业务系统("9210"工程)。利用卫星通信网络,将遍布全国市(地)级以上的计算机网络连接成一个大型互联网络系统,进行高速数据传输和话音通信。到 2000 年底,河南省气象部门共建成 PC-VSAT 单收站 103 个。进入 21 世纪,河南省的气象通信传输手段更加高级,截至 2010 年,河南省省—市—县均采用 2 兆 SDH 光纤线路为主,省—市 10 兆 MPLS VPN、市—县 2 兆 MPLS-VPN 为备份的通信传输手段,传输更加高效、可靠。

人工影响天气　河南省人工影响天气工作开始于 1958 年。1958—1962 年为开创摸索阶段。期间成立了人工降水办公室,进行了数十架次的飞机增雨作业和科学实验。1977—1980 年为恢复重建阶段。期间河南省气象局成立了人工降雨领导小组,实施飞机作业 40 多架次,并开展地面作业,全省气象和水利部门共拥有"三七"高炮 80 多门、自制土火箭 600 多部。1988 年起,河南省人工影响天气事业进入快速发展阶段,成立了由主管农业的副省长担任组长的人工影响天气领导小组;1995 年开始组织实施"四个网络"、"三级中心"、"两个基地"、"一个业务技术系统"等工程建设;2003 年底制订了《河南省人工影响天气发展规划(2003—2010)》,启动了"河南省空中云水资源开发工程"项目建设。截至 2008 年底,全省气象部门有"三七"高炮 287 门、火箭发射架 367 套、高山碘化银烟炉 17 套;服务范围也从增雨(雪)抗旱、防雹扩展到水库增蓄、林区防火、改善生态等方面。

雷电灾害防御　河南省地处南北气候过渡带,年雷暴日数为 25～50 天,属多雷暴活动区。为减轻和防御雷电灾害,河南省气象部门于 1988 年底成立专门防雷机构,至 1996 年,市(地)气象局均成立防雷技术中心。2000 年 1 月《中华人民共和国气象法》明确赋予各级气象主管机构对雷电防御工作的组织管理职能后,防雷减灾工作开始步入法制化轨道。2004 年 8 月 1 日,河南省政府 81 号令《河南省防雷减灾实施办法》的颁布和实施,为河南省防雷减灾工作的可持续发展提供了良好的基础平台。2000—2008 年,河南省气象部门认真履行法律、法规赋予的社会管理职责,充分利用各种媒体及通过进社区、公交、学校、厂矿、企业、农村等多种形式,广泛宣传防雷减灾知识;雷电防护工作也由单一的防雷装置检测逐步发展为防雷装置检测、图纸审核、竣工验收、雷电防护、风险评估和雷电预警等。

气象灾害与防灾减灾

主要气象灾害 河南省气象灾害类型多、频率高、范围广、危害重,是全国气象灾害严重的省份之一,干旱、洪涝、大风、冰雹、低温冻害等都是河南经常出现的气象灾害,其中尤以干旱和洪涝灾害的危害最为严重,几乎每年都有较重的旱涝灾害发生,风调雨顺之年实属罕见。特别是出现在 1975 年 8 月以驻马店地区为中心的"75·8"特大暴雨洪灾,全国震惊,举世瞩目。河南气象灾害以旱涝为主,据统计,1978—2008 年旱涝造成的农作物受灾面积约占气象灾害造成农作物受灾总面积的 70%。1993 年以来全省每年因气象灾害造成的直接经济损失年平均为 127 亿元,1997、1999 和 2001 年全省因干旱造成的经济损失都超过了 100 亿元,2000 年夏季全省暴雨洪涝所造成的各种经济损失高达 185 亿元。

防灾减灾 防灾减灾是气象服务的目的之一。为防御和最大限度地减轻气象灾害造成的损失,经过多年坚持不懈的努力,至 2008 年,河南省已经形成"政府主导、部门联动、社会参与"的气象灾害防御机制,建立了气象灾害应急响应联动机制和统一高效的气象应急信息平台,开展了气象灾害防御、森林火险等应急气象服务。河南省气象局与河南省委组织部、省农业厅、省水利厅、省供销合作总社、省农机局、省教育厅、省卫生厅、省广电局、省通信管理局及各家电信运营商等单位,分别签订合作协议或联合发文,大力推进气象防灾减灾工作进社区、农村、学校和矿区。截至 2008 年底,全省已建成 117 个农村气象信息服务站,形成近 4 万人的气象灾害信息员队伍;建成了包括暴雨、暴雪、干旱、雷电、冰雹、大雾、大风、沙尘暴、低温、高温、霜冻、寒潮、道路结冰、干热风和霾等 15 种灾害性天气预警信息发布平台;完善了包括广播、电视、电话、手机短信、网络、大屏幕、大喇叭等在内的气象信息发布渠道。河南省气象服务的社会公众满意度达到 88% 以上,各级政府满意度达 95% 以上;气象灾害造成的经济损失占 GDP 的比例从 20 世纪 80 年代的 3%～6% 下降到 1%～3%。

河南省的气象服务,在河南省经济建设、防灾减灾及社会发展中发挥了重要作用。

2004 年 7 月 16—18 日,河南中东部出现特大暴雨,部分台站降雨量达 50 年一遇,漯河、驻马店等地出现严重洪涝。河南省防汛指挥部根据河南省气象部门预报,采取果断措施,紧急转移十余万群众,启用滞洪区主动分洪,确保了整个暴雨过程河南灾区无一人伤亡。回良玉副总理视察河南灾区时赞叹:这是一个奇迹!

2006 年 5 月 26 日,河南省省委书记徐光春到省气象局进行调研。徐光春向全省气象工作者表示了亲切问候。他勉励气象部门再接再厉,真正成为农民的好参谋,农业的保护神,为农民增收、农业增效、农村发展做出新的更大贡献。

2007 年 4 月 25—28 日,第二届中国中部投资贸易博览会在河南省郑州市召开。河南省气象局对中博会的气象服务工作受到河南省省委、省政府领导高度赞扬,徐光春书记批示:"感谢省气象局的优质服务"!

2007 年 7 月 29 日,豫西山区遭遇百年不遇暴雨山洪。栾川县叫河乡瓦石村全村被洪水冲毁,当地干部根据气象预警信息迅速组织安全转移,避免了 400 多村民伤亡;陕县支建煤矿突发淹井事件,气象预报、情报信息为科学施救提供了重要决策依据,69 名矿工全部生还,河南省气象局因此被河南省委、省政府及国家安监局联合授予抢险救援先进集体。

2008 年,河南南部遭遇罕见低温雨雪冰冻灾害,河南省政府根据河南省气象部门的预报信息和科学决策建议,有效组织全省防灾抗灾工作,最大限度地减轻了灾害损失。当年 11 月初到年底,河南出现了特大旱情,河南省气象局的气象服务为省委、省政府组织指挥抗旱浇麦保苗工作提供了决策依据,受到河南省省委书记徐光春、副书记陈全国和副省长刘满仓的高度称赞。此外,河南省气象部门开展的农业气象系列化服务及人工增雨、防雹作业,助力全省粮食总产再创历史新高。河南省省委书记徐光春盛赞河南气象服务为"天下粮仓"贡献科技力量。

郑州市气象台站概况

郑州市是河南省省会,是河南省的政治、经济、文化中心,辖 12 个县(市)、区,128 个乡镇、办。土地总面积 7446.2 平方千米,人口 724 万。

郑州位居中原腹地,处于西部丘陵山区向东部平原和南北干湿气候的两个过渡地带,属暖温带大陆性季风气候,四季分明,气候温和,雨热同季。年平均日照时数 2300 小时,年平均气温 14.3℃,年平均降水量 633.4 毫米,年降水量的 53% 集中在夏季,易发干旱、洪涝、暴雨、冰雹、雷电、龙卷风、冻害、风沙等气象灾害及其诱发的山洪、滑坡、森林火险等次生气象灾害,灾害影响范围广,成灾严重。境内大小河流 35 条,分属于黄河和淮河两大水系,其中流经郑州段的黄河长 150 多千米,是黄河"地上悬河"的主要区域,另有大、中型水库 16 座,小型水库 138 座,每年的防汛任务十分艰巨。

气象工作基本情况

所辖台站概况 截至 2008 年底,郑州市气象系统包括郑州市气象局及巩义、荥阳、新密、登封、中牟、新郑等 6 县(市)气象局(站)和嵩山气象站共 8 个独立法人单位。其中,1 个国家基准气候站,7 个国家一般气象站,1 个高空探测站,1 个农业气象试验站。2004—2008 年,建成 116 个区域气象观测站;2007 年,天气雷达站建成并投入业务使用。

历史沿革 郑州市气象局的前身是成立于 1954 年 10 月的郑州气象台。1954 年,随河南省省会从开封迁入郑州,原开封气象台迁移郑州并更名为河南省郑州气象台,下设地面组、高空组、填图组、预报组、机务组。1957 年 12 月,更名为河南省气象局观象台,填图、预报业务移至河南省气象台。1970 年 2 月,改名为河南省水利局水文气象台。1971 年 11 月,恢复河南省气象局观象台名称。1984 年 1 月,在原河南省气象局观象台基础上组建郑州市气象管理处,归河南省气象局和郑州市人民政府双重领导,属行政正县(处)级单位;接管了原属开封市气象局管理的新郑县、密县、登封县、巩县、中牟县等 5 个县级气象站及嵩山气象站和原属河南省气象局直接管理的荥阳县气象站。1989 年 10 月,更名为郑州市气象局。

1956—1958 年,先后建立嵩山气象站和荥阳、中牟、密县、巩县、新郑 4 县气候站,1968 年建立登封县气象服务站;1965—1971 年,所辖县气候站均更名为县气象站;1990 年,均更名为县气象局。1991—1995 年,随着巩县、密县、荥阳、新郑、登封撤县改市,5 县气象局随之更名为巩义市气象局、新密市气象局、荥阳市气象局、新郑市气象局、登封市气象局。

管理体制　业务方面始终由河南省气象局部门管理。1983 年起,实行气象部门与地方政府双重领导、以气象部门领导为主的管理体制。

人员状况　1976 年前,实有在编职工 29 人。1983 年,增加到 33 人。1984 年接管 6 县气象站和嵩山气象站后,增加到 100 人。2008 年,核定编制数 119 人,其中 6 县(市)局 44人,郑州市气象局管理机构、直属事业单位和专业台站 75 人。截至 2008 年底,有职工 162人,其中在职职工 119 人,退休职工 43 人。在职职工中:男 61 人,女 58 人;汉族 117 人,少数民族 2 人;机关 17 人,事业单位 102 人;研究生 4 人,大学本科学历 63 人,大专学历 37人,中专及以下学历 15 人;高级职称 17 人,中级职称 65 人,初级及以下职称 37 人;30 岁以下 28 人,31～40 岁 26 人,41～50 岁 50 人,50 岁以上 15 人。

党建与文明创建　截至 2008 年底,全市有独立党支部 6 个,在职职工党员 60 人,退休职工党员 23 人。全市 7 个精神文明独立创建单位中,有 2 个省级文明单位(郑州、巩义),5个地市级文明单位(新郑、新密、登封、中牟、荥阳);2001 年、2007 年郑州市气象系统连续 2 届被郑州市委、市政府授予"郑州市文明系统"称号。

领导关怀　2001 年 1 月 15 日,中国气象局副局长李黄视察郑州市气象局 C 波段雷达运行情况。2002 年 1 月 30 日,中国气象局副局长郑国光到郑州市气象局视察慰问,对郑州市气象局承担的探测试验项目表示满意。2003 年 8 月 12 日,中国气象局副局长许小峰冒雨到郑州市新一代多普勒天气雷达站址视察。2005 年 8 月 17 日,中国气象局副局长许小峰等到郑州新一代多普勒天气雷达工地视察指导工作。2005 年 9 月 15 日,中国气象局副局长郑国光到郑州新一代天气雷达建设工地和新郑市气象局视察。2005 年 12 月 28 日,中国气象局副局长刘英金到郑州新一代天气雷达建设工地视察。2006 年 9 月 13—14 日,中国气象局副局长宇如聪等到郑州市气象局和登封、新郑市气象局调研指导工作。2008 年 2月 29 日,中国气象局副局长沈晓农到新郑市气象局视察。2008 年 7 月 29 日,中国气象局副局长矫梅燕视察郑州气象工作。

2001 年 8 月 13 日,郑州市副市长王璋专程到市气象局视察汛期气象服务工作。2002年 2 月 20 日,郑州市人大常委副主任裴允功等到郑州市气象局视察慰问,对建设新一代天气雷达表示支持。2002 年 4 月 9 日,郑州市政协副主席武国瑞、农业委员会主任杨留栓等一行 3 人到郑州市气象局视察。2003 年 1 月 24 日,郑州市副市长王璋在河南省气象局副局长王银民等陪同下到郑州市气象局视察慰问。2003 年 7 月 10 日,郑州市副市长王林贺在市政府副秘书长冯万福、市防汛指挥部副指挥长王怀韧和防汛指挥部有关成员单位领导的陪同下到郑州市气象局视察工作。2005 年 6 月 8 日,郑州市副市长王林贺到新一代多普勒天气雷达建设工地,实地察看工程进展情况。2005 年 10 月 9 日,郑州市委常委、常务副市长李柳身,市政府副秘书长姜现钊带领农业、财政、气象等有关部门负责人到新郑市检查指导"三秋"工作,之后视察了郑州新一代天气雷达建设工地。2005 年 11 月 10 日,郑州市人大副主任主永道及市人大农工委主任张淑芬等一行 6 人到郑州市气象局视察指导工作。2006 年 5 月 10 日,郑州市副市长王林贺及河南省气象局局长胡鹏、副局长刘金华到郑州新一代天气雷达建设工地视察指导工作。2007 年 3 月 19 日,郑州市人大副主任栗培青及市人大农工委主任王新义等一行 5 人到郑州市气象局视察指导工作。2007 年 7 月 11 日,郑州市副市长王林贺视察郑州新一代天气雷达运行情况。2008年7月23日,郑州市副市长王林贺到郑州市气象局视察指导防汛工作。

主要业务范围

地面气象观测 2008年底有地面气象观测站7个,其中郑州市气象局内设站为国家基准气候站,新郑、新密、登封、巩义、中牟、荥阳、嵩山7个站为国家一般气象观测站。郑州国家基准气候站每天进行24次定时观测,并承担每日8次天气报、地面气候月报、气象旬(月)报任务;开展云、能见度、天气现象、气压、空气的温度和湿度、风向、风速、降水、日照、小型蒸发、E-601大型蒸发、地面温度(含草温)、雪深、雪压、浅层和深层地温、冻土、电线积冰、一级气象辐射、酸雨观测;多次参加中国气象局安排的新型气象仪器、新型气象业务软件考核试验项目。建站以来地面测报业务及设备曾发生多次变更。新郑、新密、登封、巩义、中牟、荥阳、嵩山等7个国家一般气象观测站,按规定项目和时间进行每日08、14、20时3次定时观测,向河南省气象台拍发区域天气加密报,夜间不守班。

高空气象探测 郑州市气象局高空探测站,每天07、19时进行高空温度、湿度、气压、风向、风速综合探测;01时进行风向、风速观测。1955年1月1日,使用经纬仪施放探空气球,探空仪为四九型,人工抄录记录,使用化学制氢;1957年6月1日,测风设备更换为马拉黑;1964年1月1日,使用910雷达;1966年12月1日,使用五九型探空仪;1978年,使用701雷达,采用电解水制氢;1984年4月25日,使用PC-1500袖珍计算机处理观测记录;1987年12月1日,使用CHZ5-1型探空讯号自动记录仪;1990—1996年架设C波段雷达进行定型试验和业务化试验,1997年1月1日率先在全国业务运行C波段雷达;2000年1月1日,使用59-701微机数据处理系统;2005年12月1日L波段雷达投入业务运行。

天气雷达观测 2006年8月建成新一代天气雷达站,8月2日新一代天气雷达进行调试和试运行,2007年1月4日正式投入业务运行。每年5月1日—9月30日,天气雷达每天24小时开机;10月1日—次年4月30日,每天10—15时开机,有天气过程时24小时开机。雷达运行监测数据和整点资料直接上传中国气象局,观测基数据和产品直接上传河南省气象局,资料参加全省共享。

农业气象观测 郑州市气象局农业气象试验站成立于1995年,主要进行小麦、玉米、棉花3种作物观测及土壤水分观测、物候观测。2000年前,土壤水分观测以固定地段土壤湿度观测为主,从2002年开始固定地段与作物地段分离观测。1995年9月—1998年7月,同时使用中子仪测定墒情。2005年1月,增加全年每旬逢3日加测土壤湿度。2005年5月,新增土壤水分自动观测项目。2007年,进行郑州生态与农业气象试验站建设,配备涡度和梯度系统、人工智能气候箱、电子分析天平、土壤肥力测定仪等试验专用设备和化学分析仪器。2008年3月20日,完成涡度、梯度系统安装并使用。

天气预报 郑州市气象台和新郑、新密、登封、巩义、中牟、荥阳6县(市)局开展天气预报业务。郑州市气象台的前身是1989年成立的郑州市气象服务科,设在河南省气象台。1992年底成立郑州市气象局预报科,1993年1月1日正式为政府提供决策预报服务,指导县局预报业务。1997年1月更名为郑州市气象台,负责全市范围的短期气候预测、中期、短期、短时(临近)天气预报及灾害性天气警报的制作及发布。

人工影响天气 郑州市人工影响天气工作始于20世纪80年代,为高炮人工增雨作业。1998年5月起,筹建郑州市地面火箭(高炮)增雨作业系统,成立了郑州市人工影响天气领导小组,办公室挂靠郑州市气象局。1999年始在登封开展高炮人工增雨作业。截至2008年底,全市拥有增雨(防雹)高炮6门,火箭作业装备28架,人工影响天气作业车6部,人工增雨(防雹)指挥车1部,火箭增雨(防雹)标准化固定炮站2个,新一代多普勒天气雷达1部。作业领域已由单纯的为农业抗旱为主拓展到生态环境改善、水库蓄水、降低森林火险等级、净化空气、秸秆禁烧等,作业期也由冬春秋季增雨(雪)拓展到全年作业。"十五"期间,全市共组织大范围人工增雨作业41次,发射炮弹1907发、火箭弹1200枚;作业控制面积达郑州市土地面积的30%,增加降水3.1亿多吨,直接创造经济效益2.0亿元。

气象服务 1999年以前,气象服务信息主要是常规天气预报产品和气象情报资料。从1999年开始,向地方领导报送重要气象服务信息、气象内参等决策气象服务产品,并开展"黄金周"旅游气象保障服务和森林火险等级预报服务。2004年8月,正式对外发布暴雨、高温、寒潮、大雾、雷雨大风、大风、沙尘暴、冰雹、雪灾、道路积冰等10种突发气象灾害预警信号。2007年6月12日,气象灾害预警信号增加雷电、霾、干旱气象灾害。2004年以来,成功组织了首届世界传统武术节、全国第九届中学生运动会、第二届中部博览会等大型活动开幕式的气象保障服务;为历年的新郑黄帝故里拜祖大典、郑州市元宵节焰火晚会以及北京奥运会火炬传递、第81届全国糖酒商品交易会、首届中国郑州农业博览会、2008中国国内旅游交易会、第二届中国(河南郑州)绿化博览会等提供了良好的专题气象服务。

郑州市气象局

机构历史沿革

始建情况 1954年10月1日建成郑州气象台并开始工作,站址位于郑州南郊邱寨村南500米。

历史沿革 1954年10月1日,原开封气象台随省会迁移,由开封迁至郑州并更名为河南省郑州气象台,下设地面组、高空组、填图组、预报组、机务组。1957年12月,更名为河南省气象局观象台,填图、预报业务移至河南省气象台。1970年2月,随河南省气象局并入河南省水利局,改名为河南省水利局水文气象台;1971年11月,随着河南省气象局恢复建制而恢复河南省气象局观象台名称。1984年1月,在原河南省气象局观象台基础上组建郑州市气象管理处,同时接收管理原属开封地区的新郑县气象站、密县气象站、登封县气象站、巩县气象站、中牟县气象站、嵩山气象站和原属河南省气象局直接管理的荥阳县气象站。1989年10月,更名为郑州市气象局。

管理体制 1964年前,为河南省气象局二级单位。1984年1月成立郑州市气象管理处后,实行气象部门与地方政府双重领导、以气象部门领导为主的管理体制。

机构设置 2008 年底,郑州市气象局有内设机构 4 个:办公室、人事科(和纪检组合署办公)、业务科(和人影办合署办公)、政策法规科;直属事业单位 4 个:气象台、气象技术保障与信息网络中心、气象科技服务中心、后勤服务中心(财务核算中心);专业气象台(站)3 个:郑州国家气候观象台(由郑州国家基准气候站、郑州国家一级探空站、天气雷达站组成)、郑州农业气象试验站、嵩山气象站;辖新郑市、新密市、登封市、巩义市、中牟县、荥阳市 6 个县(市)气象局。

单位名称及主要负责人变更情况

单位名称	姓名	职务	任职时间
河南省郑州气象台	张近东	台长	1954.10—1957.04
	张连洞	台长	1957.04—1957.12
			1957.12—1959.07
河南省气象局观象台	齐占臣	台长	1959.07—1963.05
	高武胜	台长	1963.05—1967.02
	申清臣	副台长(主持工作)	1967.02—1968.02
河南省水利局水文气象台			1968.03—1970.01
	张发山	台长	1970.02—1971.10
			1971.11—1977.03
河南省气象局观象台	毕国珍	台长	1977.03—1979.01
	刘学刚	台长	1979.01—1981.04
	崔林修	副台长(主持工作)	1981.04—1983.12
郑州市气象管理处		副处长(主持工作)	1984.01—1984.02
	王国贤	处长	1984.02—1985.08
	吴汉广	副处长(主持工作)	1985.08—1988.04
	崔林修	处长	1988.04—1989.10
		局长	1989.10—1996.01
郑州市气象局	苗长明	副局长(主持工作)	1996.01—1997.02
		局长	1997.03—1999.10
	赵国强	局长	1999.11—2003.06
	林 勇	局长	2003.06—

人员状况 1984 年前,实有职工 33 人。1984 年,增加到 46 人。1991 年有 57 人。2006 年有 71 人。截至 2008 年底,有在职职工 75 人,退休职工 22 人。在职职工中:男 39 人,女 36 人;汉族 74 人,少数民族 1 人;机关 17 人,事业单位 58 人;研究生学历 4 人,大学本科学历 46 人,大专学历 19 人,中专及以下学历 6 人;高级职称 17 人,中级职称 34 人,初级职称 24 人;30 岁以下 18 人,31～40 岁 14 人,41～50 岁 33 人,50 岁以上 10 人。

气象业务与服务

1. 气象业务

①地面气象观测
郑州国家气候观象台为国家基准气候站,观测资料参加全球气象资料交换。

观测项目 观测项目为云、能见度、天气现象、气压、气温、湿度、风、降水、日照时数、地温、冻土、蒸发、土壤墒情、地面状态。1955 年 1 月 1 日,增加雪深观测。1957 年 1 月 1 日,增加甲种日射观测,内容有地面反射、天空散射、直接辐射。1969 年 1 月 1 日,增加电线积冰观测。

观测时次 每日 02、05、08、11、14、17、20、23 时 8 次观测。

发报种类 1954 年 10 月 1 日起,每天 8 次观测并通过电信局于 02、05、08、11、14、17、20、23 时向河南省气象台拍发天气报。1955 年 6 月 1 日,开始编发气象旬(月)报。1974 年 6 月 1 日,开始向河南省气象台拍发小天气图报。1983 年 10 月 1 日开始编发重要天气报。1985 年 2 月 1 日,气象旬(月)报(HD-02)增加深层地温段。1986 年 5 月 1 日,开始向河南省气象台拍发雨量报。1995 年 1 月开始发气候月报。

电报传输 1954 年 10 月 1 日起通过电信局传输报文。1980 年 1 月 1 日,由向电信局发报改为通过专线向河南省气象台发报。

气象报表制作 1954 年 10 月 1 日,开始制作地面气象记录月报表(气表-1)、年报表(气表-21)。1954 年 10 月 1 日—1965 年 12 月 31 日,制作温度自记记录月报表(气表-2T)、湿度自记记录月报表(气表-2U)、气压自记记录月报表(气表-2P)。1954 年 10 月 1 日—1959 年 12 月 31 日,制作地面温度记录月报表(气表-3)、日照日射记录月报表(气表-4)。1954 年 10 月 1 日—1979 年 12 月 31 日,制作降水量自记记录月报表(气表-5)、风向风速自记记录月报表(气表-6)。1958 年 1 月 1 日—1958 年 12 月 31 日,制作冻土记录月报表(气表-7)。1972 年 1 月 1 日—1979 年 12 月 31 日,制作电线积冰记录月报表(气表-8)。1954 年 10 月 1 日—1965 年 12 月 31 日,制作气压自记记录年报表(气表-22P)、气温自记记录年报表(气表-22T)、湿度气压自记记录年报表(气表-22U)。1954 年 10 月 1 日—1959 年 12 月 31 日,制作地温气象记录年报表(气表-23)、日照日记录年报表(气表-24)、降水量自记记录年报表(气表-25)。1954 年 10 月 1 日—2006 年 12 月 31 日,制作地面气象记录月报表数据文件(A0 文件)、地面气象记录月报表补充数据文件(A6 文件)。2001 年 1 月 1 日—2004 年 12 月 31 日,制作地面气象记录月报表封底封面文件(V0 文件)。2004 年月 1 日,开始制作地面气象观测数据文件(A 文件)、地面分钟观测数据文件(J 文件)、地面气象记录年报数据文件(Y 文件)。

资料管理 所有观测资料都保存在郑州市气象局档案馆里。2005 年,原始资料移交河南省气候中心档案室。

自动气象站观测 1999 年 7 月 1 日起,使用 MIOLS500 型自动站用于观测发报,观测资料参加全球气象资料交换。

2004 年 1 月 1 日,开始使用我国自己研制安装的 CAWS600 型自动气象站,将地面观测和辐射观测采集数据集约到同一个业务平台,达到了每分钟采集 1 次的观测密度,实现了自动化观测和计算机联网数据快速传输上传。数据每 10 分钟 1 次上传中国气象局。

②农业气象观测

1994 河南省气象局农业气象试验站部分业务归郑州市气象局,更名为郑州农业气象试验站,纳入台站序列;同年,开展农业气象观测。

观测项目 观测项目有作物生育状况、土壤水分和物候观测。

1994 年 6 月,开始玉米、棉花生长量的测定。1994 年 9 月,开始小麦生长量的测定。1999 年,取消棉花观测。

1994 年 6 月,开始土壤湿度观测。2002 年开始,固定地段与作物地段分离。1995 年 9 月—1998 年 7 月,使用中子仪测定墒情。2005 年 1 月,每旬逢 3 日加测土壤湿度。2005 年 5 月,新增土壤水分自动观测项目。

1994 年,开始物候观测。观测的植物有毛白杨、垂柳、刺槐、楝树、车前草、蒲公英;观测的动物有豆雁、家燕、四声杜鹃、蚱蝉;观测的气象水文现象有霜、雪、雷声、闪电、虹、严寒开始、土壤表面解冻和冻结、池塘湖泊水面解冻和结冰、河流解冻和结冰等。

农业气象情报 每旬逢 1 日编发农气旬(月)报、墒情报。

农业气象报表 1994 年,开始制作农业气象表-1、农业气象表-2-1、农业气象表-3。

③高空观测

郑州市高空气象探测始于 1955 年 1 月 1 日,为国家一级探空站,承担全国统一探测项目任务,每天进行 08、20、02 时 3 个时次的高空探测,探测项目有高空的气压、温度、湿度、风向、风速等。

1955 年 1 月 1 日用经纬仪进行观测,施放探空气球,工作人员采用化学制氢法制氢充球,探空仪为四九型。1957 年 6 月 1 日,设备更换为马拉黑雷达进行探测。1964 年 1 月 1 日使用 910 雷达进行探测。1966 年 12 月 1 日开始使用五九型探空仪。1978 年使用 701 雷达进行探测,采用电解水制氢机制氢充球。1984 年 4 月 25 日使用 PC-1500 袖珍计算机处理探测记录。1985 年 7 月 1 日—1989 年 9 月 30 日增加了 14 时的探测。1987 年 12 月 1 日使用 CHZ5-1 型探空讯号自动记录仪。1990—1996 年架设 C 波段雷达进行定型试验和业务化试验。1997 年 1 月 1 日率先在全国业务运行 C 波段雷达。2000 年 1 月 1 日使用 59-701 微机数据处理系统。2005 年 12 月 1 日 L 波段雷达投入业务运行。

④天气雷达观测

2005 年 1 月,开始建设郑州新一代天气雷达站。2006 年 8 月 2 日,对天气雷达进行调试和试运行。2007 年 1 月 24 日,郑州新一代天气雷达系统通过了中国气象局组织的现场验收。2007 年 2 月 1 日起,正式投入业务试运行。每年 5 月 1 日—9 月 30 日,天气雷达每天 24 小时开机;10 月 1 日—次年 4 月 30 日,每天 10—15 时开机,有天气过程时 24 小时开机。雷达监测数据和整点资料直接上传中国气象局,观测基本数据和产品直接上传河南省气象局,资料参加全省共享。

郑州新一代天气雷达站全貌(2008 年)

⑤气象业务试验

郑州国家气候观象台以气象观测环境连续 50 余年无破坏、观测项目 50 余年无中断、观测资料连续性良好而深得各气象仪器生产厂家、业务规范编写单位和软件编制单位信任,从而得以承担中国气象局全球大气试验相关业务,及中国气象局新型气象仪器、新型气象业务软件的试验考核工作。

地面气象观测业务试验 1978年12月1日—1979年11月30日,承担全球大气试验郑州基本气象观测任务。1984年5月6日—1986年12月31日,进行国家基准气候站测报项目试验观测。1990年6月4日起,承担华北暴雨监测联防业务试验郑州国家基准气候站测报任务;7月5日承担国家气象局热带气旋特别试验有关任务。1992年6月1日,承担黄河中游防汛重点地域现场科学业务试验有关任务。1996年—1997年7月1日,承担芬兰生产的MIOLS500型和华创升达生产的CAWS600-Ⅰ型自动气象站试验任务。1999年,承担天津气象仪器厂生产的FSC-1型辐射自动站试验考核任务。2000年6月1日,中国气象局双阀容栅式雨量计安装,并由郑州国家基准气候站承担试验考核。2002年1—12月,承担广东省气象局生产的Ⅱ型自动气象站试验考核。2002年,承担中国气象局安排的安徽省气象局研制的地面测报软件《AHDM5.0》和中国气象局华云公司研制的HY2002地面测报软件的试验考核工作。2004年,承担中国气象局安排的OSSMO 2004地面测报软件的试验考核工作。2006年10月—2007年10月,承担中国气象局安排的4套自动蒸发仪器的考核工作。2008年,承担中国气象局强制通风百叶箱的试验工作。

高空气象探测业务试验 1990年,架设C波段雷达。1993年承担C波段雷达定型试验业务。1994—1996年,承担C波段雷达业务化试验。1996年3—4月,承担中国—芬兰探空仪,包括GPS探空系统、无线电经纬仪探空系统、C波段探空系统、701雷达—电子探空仪系统等项目的对比试验。

⑥酸雨观测

1992年1月1日,正式开展酸雨观测业务。

2. 气象信息网络

1986年,气象业务使用计算机处理以后,气象信息资料处理由手工计算发展到微机自动计算处理,同时建立各类资料数据库。1999年11月,对郑州市气象局网络进行改造,建成郑州市气象局机关信息局域网;同年,所辖县(市)局开通计算机终端,并通过电话拨号与市局进行数据通信。1997年12月,地面卫星资料接收系统建成,开始通过卫星接收资料。2001年,X.25信息分组交换网建设完成;同年6月1日,通过X.25向河南省气象局编发天气加密报、雨量报、墒情报。2003年8月,安装卫星云图接收系统;12月省—市SDH气象宽带网投入应用,传输速度达到2兆,建成省—市视频会商系统。2004年8月,X.25升级成SDH气象宽带。2004年,市—县气象宽带投入应用,传输速度达2兆。2007年,郑州市气象局局域网络以10兆宽带整体接入因特网。2007年5月,单收站卫星资料接收系统升级成DVBS新一代卫星资料接收系统,并与单收站并行。2008年12月,在郑州市气象局新址和观测站分别建成电信MPLS-VPN备用线路,在此基础上的观测站实景视频监控系统全部到位并投入运行。

3. 天气预报预测

1989年,成立郑州市气象服务科,设在河南省气象台。1992年底,成立郑州市气象局预报科;1993年1月1日,正式为政府提供决策预报服务及指导县局预报业务。1997年1月,更名为郑州市气象台,负责全市范围的短期气候预测、中期、短期、短时(临近)天气预报及灾害性天气警报的制作及发布。2004年起(每年6月1日—9月30日),同郑州市国土资源局共同发布郑州市地质灾害预警、预报。

4. 气象服务

①决策气象服务

1999年以前,气象服务信息主要是常规天气预报产品和气象情报资料。从1999年开始,向地方领导报送重要气象服务信息、气象内参等决策气象服务产品,并开展"黄金周"旅游气象保障服务和森林火险等级预报服务。2004年8月,正式对外发布暴雨、高温、寒潮、大雾、雷雨大风、大风、沙尘暴、冰雹、雪灾、道路积冰等10种突发气象灾害预警信号。2007年6月12日,气象灾害预警信号增加雷电、霾、干旱气象灾害。

2004—2008年,成功组织了首届世界传统武术节、全国第九届中学生运动会、第二届中部博览会等大型活动开幕式的气象保障服务;并为历年的新郑黄帝故里拜祖大典、郑州市元宵节焰火晚会以及北京奥运会火炬传递、第81届全国糖酒商品交易会、首届中国郑州农业博览会、2008中国国内旅游交易会、第二届中国(河南郑州)绿化博览会等提供专题气象服务。

2006年,在全省率先建立起车载式流动气象台。2007年,进一步完善郑州市流动气象台建设,成立气象应急组织,明确机构、人员、职责,完善应急预案、应急响应流程和应急服务方案,开通市、县应急管理平台。2007—2008年,参加河南陆军预备役高炮师战备整组检验气象应急演练;开展第二届中国中部投资贸易博览会开幕式和大型文艺演出现场气象服务;同河南省气象局一起跨区进行驻马店西平小洪河桂李分洪闸分洪、信阳淮滨抗洪、三门峡卢氏暴雨山洪及陕县支建煤矿矿难等4次一线应急气象服务。

②专业气象服务

人工影响天气 郑州市人工影响天气工作始于20世纪80年代,为高炮人工增雨作业。1998年5月,筹建郑州市地面火箭(高炮)增雨作业系统,成立了郑州市人工影响天气领导小组,办公室挂靠郑州市气象局。1999年始,在登封开展高炮人工增雨作业。截至2008年底,全市拥有增雨(防雹)高炮6门,火箭作业装备28架,人工影响天气作业车6部,人工增雨(防雹)指挥车1部,火箭增雨(防雹)标准化固定炮站2个,新一代多普勒天气雷达1部。作业领域已由单纯的为农业抗旱为主拓展到生态环境改善、水库蓄水、降低森林火险等级、净化空气、秸秆禁烧等,作业期也由冬春秋季增雨(雪)拓展到全年作业。

防雷技术服务 1989年,开展建筑物防雷装置检测工作。1995年9月,成立郑州市防雷技术中心和郑州市气象局防御雷电灾害办公室。1996年12月,在河南省防雷技术中心和郑州市防雷技术中心的基础上组建郑州市城区防雷服务实体。2000年1月,成立河南省防雷中心(加挂郑州市防雷中心牌子),开展建筑物防雷装置检测和防雷工程设计安装及防雷工程竣工验收工作。

5. 科学技术

气象科普宣传 "九五"后期,提高宣传认识,积极开展丰富多彩的宣传活动,普及气象科技知识。2002 年,建立郑州市气象信息网、郑州兴农网,在发布预报产品的同时,发布气象科普产品。1985—2008 年,每年利用"3·23"世界气象日的机会,广泛开展对外宣传活动和气象台站开放日活动。

2003 年,郑州市气象局被河南省、郑州市科协分别命名为"河南省青少年科技教育基地"和"郑州气象科普基地",之后每年接待学生和社会各界人士参观近千人次。2007 年,牵头成立了郑州市灾害防御协会,每年适时召开灾情分析与灾害趋势预测及防御工作会议,加强社团间的交流与合作,形成全社会共同防灾减灾工作合力。

气象科研 "河南省微机制作辐射报表软件"获 1996 年河南省气象科技进步三等奖。"瓦斯爆炸气象条件分析和预报"获 2000 年河南省气象局专业气象服务一等奖。"河南省地市级气象仪器设备管理系统"获 2003 年河南省气象局科学研究与技术开发三等奖。"省市各重大天气过程电子信息平台"获 2007 年河南省气象局科学研究与技术开发一等奖。

气象法规建设与社会管理

法规建设 郑州市气象局主动争取郑州市及 6 县(市)地方政府的支持,下发规范性文件 30 多个。2003 年,郑州市人民政府办公厅下发《关于加强施放气球安全管理的通知》(郑政办文〔2003〕73 号);2004 年,郑州市人民政府下发《关于加强防雷减灾工作的通知》(郑政〔2004〕67 号);2005 年,郑州市人民政府办公厅下发《关于进一步加强人工影响天气和自动雨量站管理工作的通知》(郑政办〔2005〕37 号);2006 年,郑州市人民政府下发《关于加快气象事业发展的实施意见》(郑政文〔2006〕200 号);2009 年,郑州市人民政府办公厅下发《关于建立气象信息员队伍的通知》(郑政办文〔2009〕77 号)。2006 年,郑州市气象局行政执法职责被汇编入《郑州市行政执法机关执法职责综览》;2007 年,郑州市气象局行政许可项目和审批流程被汇编入《郑州市行政审批项目及审批流程》。郑州市气象局先后被郑州市委、市政府评为"郑州市 2004 年度依法治市工作先进集体"、"郑州市 2005 年度政府法制工作先进单位"、"2007 年度推行行政责任制工作先进单位"、"2008 年度推行行政责任制工作先进单位"。

社会管理 2004 年,成立郑州市气象行政审批中心,依法开展防雷设计审批、竣工验收和施放气球活动审批等工作。2005 年,与郑州市建设委员会、郑州市城市规划局联合下发《关于加强气象探测环境和设施保护的通知》,完成郑州市各类气象探测环境保护标准在郑州市规划部门的审核和备案。2005 年,与郑州市广播电视局联合下发《关于下发〈郑州市突发气象灾害预警信号播发规定〉的通知》(郑气发〔2005〕51 号)。2008 年 8 月与郑州市国家保密局、郑州市国家安全局联合下发《关于加强涉外气象探测管理工作的通知》。

制度建设 郑州市气象局成立后,内部管理逐渐规范,管理制度逐步健全完善。2004 年后,建立工作制度、安全保卫保密制度、文明创建制度、老干部工作制度、人事制度、考勤休假制度、气象科技管理制度、职工学习教育制度、党建工作制度、局务公开制度、各项业务流程规范等内部管理制度 10 大项 46 小项。

政务公开 2002 年 4 月,全面推行政务公开、局务公开制度。通过定期或不定期公开的方式,向全社会和内部职工公开重大重要事项。对外采取对外公示栏的形式公开,公开的内容有工作职责、对社会服务的项目、办事依据、办事纪律、违纪处罚、服务承诺、监督电话等。内部局务公开采取职工会议、内部文件和内部公开栏形式,公开单位内部事务。

党建与气象文化建设

1. 党建工作

1984 年 5 月前,郑州市气象局只有党员 5 人,参加河南省气象局党组织活动。郑州市气象局机关党支部成立于 1984 年 5 月 29 日,归郑州市农业经济工作委员会党委管理。2000 年,郑州市农业经济工作委员会撤并,郑州市气象局机关党支部划归郑州市农业局党委管理。党支部成立以来共经过 8 次换届改选。截至 2008 年底,有党员 45 人(其中离退休党员 14 人)。

2002 年起,建立健全党风廉政建设目标责任制,党员领导干部向组织签订党风廉政目标责任书;制订和完善了党风廉政建设责任制考核制度、责任追究制度和报告制度。

1989—2000 年,中共郑州市气象局机关党支部连续 12 次被郑州市农委党委评为郑州市农口系统先进党支部;2001—2004 年、2008 年,5 次被郑州市农业局党委评为郑州市农口系统先进党支部。1989—2008 年,先后有 20 人次被郑州市农委或郑州市农业局评为郑州市农口系统优秀党务工作者,92 人次被评为中共优秀党员。

2. 气象文化建设

1997 年,成立精神文明和气象文化建设领导小组,引导职工坚持开展全民健身运动及群众性文体活动,营造"团结、活泼、奋发、向上"的工作氛围;组织全市气象系统运动会、郑州市气象系统文艺汇演等 6 次;积极参加郑州市市直机关运动会、河南省气象部门运动会、河南省气象系统文艺汇演。

1997 年被郑州市委、市政府评为市级"文明单位";1999 年 3 月被评为市级"文明单位标兵";2001 年 2 月被评为郑州市"文明系统",2007 年再次被授予郑州市"文明系统"称号。2002 年,被河南省委、省政府评为省级"文明单位";2008 年,再次被评为省级"文明单位"。

3. 荣誉与人物

集体荣誉 1989—2008 年,郑州市气象局共获地厅级以上综合表彰 108 项。其中,1999 年,被中国气象局财务司授予会计基础工作规范化单位;2001 年 12 月,被国家档案局授予国家二级科技事业单位档案管理先进单位;2002 年,被中原沙雕艺术节组委会授予中原沙雕艺术节优秀组织奖,被郑州市委、市政府评为"心连心"艺术团慰问演出服务保障先进单位;2006 年 1 月,被河南省气象局、河南省人事厅授予河南省气象工作先进集体。2007 年 11 月,被河南省精神文明建设指导委员会评为全省文明单位结对帮扶农村精神文明建设工作先进单位。

个人荣誉 2001—2008 年,郑州市气象局职工个人获地厅级以上综合表彰 84 人

（次）。其中,赵文平1998年4月被郑州市人民政府授予"郑州市劳动模范"称号,1999年被河南省人民政府评为"河南省劳动模范"。赵国强、王彦涛分别于2003年4月、2008年4月被郑州市人民政府授予"郑州市劳动模范"称号。

人物简介 赵文平,男,生于1963年4月,汉族,中共党员,1983年6月参加气象工作,高级工程师。历任嵩山气象站站长、郑州市气象局副局长、调研员及中共郑州市气象局党组纪检组组长。1997年,被河南省气象局评为"全省气象科技服务有突出贡献者"。1999年,被河南省气象局评为"1998年度河南省气象部门优秀中青年科技管理人才"。1998年,经民主推荐获郑州市人民政府授予的"郑州市劳动模范"。1999年获"河南省劳动模范"称号。

台站建设

1953年建台初期,台站占地40638.44平方米,站址远离市区,办公生活条件差,仅有1栋二层办公楼,建筑面积785平方米。1993年,增加了卫生间40平方米。1984年,建1栋三层办公楼,砖混结构,建筑面积641平方米;同期还建1栋三层住宅楼（1号楼）,建筑面积985平方米,住房15套。1986年,建平房3间,建筑面积50平方米,作为基准气候站值班室。1994年,河南省气象科学研究所1栋二层办公楼调拨郑州市气象局,建筑面积655平方米。1990年,建1栋五层住宅楼（2号楼）,建筑面积932平方米,住房25套。1996年建1栋五层住宅楼（3号楼）,建筑面积1830平方米,住房20套;同期建1栋平房,建筑面积350平方米,作为档案室、阅览室、党员学习活动室、老干部活动室。

2000年后,实施台站基础设施综合改善,修造、改造办公楼、值班室1300平方米,新修办公楼前广场180平方米;调整优化业务值班室和业务系统,改造电路,安装纯净水处理设备、有线电视、宽带网等;绿化、美化草坪24500平方米。

2005年1月6日,位于郑州市南环路与中州大道交叉口西北角的郑州新一代天气雷达站建设项目开工,该站占地3.8公顷,院内面积3.1公顷计31134平方米;雷达塔楼十七层和信息处理楼三层,总建筑面积7328平方米;修建道路和门口道路1600平方米,广场砖铺设1460平方米,门口安装自动伸缩门,院内绿地12000平方米,绿化率38%。

1980年郑州市气象局面貌

2008年郑州市气象局面貌

巩义市气象局

巩义位于中原腹地,南依嵩岳,北濒黄河,东瞻河南省会郑州,西望九朝古都洛阳,历史悠久,文化底蕴深厚,总面积 1041 平方千米,属典型的豫西浅山丘陵区。秦时置县,因"山河四塞,巩固不拔"得名巩县。1992 年后,巩义综合实力位居河南省县(市)首位,连续九届跻身全国百强县(市)行列。

机构历史沿革

始建情况　1958 年 8 月始建巩县气候站,地址在巩县东站镇南高地,北纬 34°57′,东经 113°02′。

站址迁移情况　1959 年 2 月,迁站至东站镇西郊 200 米处巩县农场附近,北纬 34°47′,东经 113°02′,海拔高度 137.5 米。1961 年 12 月,站址迁至孝义镇皇陵永厚陵附近,距 1959 年站址西 10 千米处,经纬度无记载,海拔高度 154.7 米。因迁站时未建房屋,1964 年 9 月,站址迁至距 1961 年站址南方 400 米处的孝义镇皇陵永厚陵附近,北纬 34°45′,东经 112°59′,海拔高度 164.6 米。1976 年 12 月,站址迁至距 1964 年站址西南 300 米处的孝义镇皇陵永厚陵附近,北纬 34°44′,东经 112°58′,海拔高度 165.2 米。

历史沿革　1959 年 2 月更名为巩县气象站。1960 年 3 月,更名为巩县气象服务站。1971 年 10 月 20 日,更名为河南省巩县气象站。1990 年 2 月,更名为巩县气象局。1991 年 9 月 1 日,巩义撤县建市,更名为巩义市气象局。

管理体制　建站时隶属巩县农工部领导,业务上受开封气象台和郑州气象台指导。1963 年 1 月起,归属开封市气象台和巩县农科所管理,以开封市气象台领导为主。1971 年 6 月 28 日,划归巩县人民武装部领导。1973 年 6 月 25 日,划归巩县革命委员会领导,由巩县农业局代管。1983 年底,改为由河南省气象局观象台和巩县人民政府双重领导,以河南省气象局观象台领导为主的管理体制。1984 年 1 月 1 日,改为由郑州市气象管理处和巩县人民政府双重领导、以郑州市气象管理处领导为主的管理体制。1989 年 10 月,改为由郑州市气象局和巩县人民政府双重领导,以郑州市气象局领导为主的管理体制。

机构设置　2008 年,下设办公室、地面气象观测、天气预报、农业气象、人工增雨、科技服务、兴农网中心等 7 个科室;实行一人多岗,一人多责。

单位名称及主要负责人变更情况

单位名称	姓名	职务	任职时间
巩县气候站	李敬修	站长	1958.08—1959.01
巩县气象站	李学诚	站长	1959.02—1960.03
巩县气象服务站			1960.03—1960.09
	李本华	站长	1960.09—1963.10

单位名称	姓名	职务	任职时间
巩县气象服务站	赵基宏	站长	1963.10—1964.04
	崔春茂	负责人	1964.04—1966.04
		站长	1966.05—1971.10
			1971.10—1984.10
河南省巩县气象站	张虎山	站长	1984.10—1990.02
巩县气象局		局长	1990.02—1991.09
			1991.09—2000.09
巩义市气象局	王家民	局长	2000.09—

人员状况 建站时,只有3名观测员。截至2008年底,共有在职职工7人。其中:中级职称5人,初级职称2人。

气象业务与服务

1. 气象业务

①气象观测

地面观测 承担每日定时地面气象观测、发报,全天天气现象观测记录,加密雨量报、重要天气报编发,报表制作,气象观测设施维护,探测环境保护等工作。

地面观测采用的时制是,从建站到1960年7月31日,定时观测用地方时,每天进行01、07、13、19时4次观测,天气报告用北京时。1960年8月1日起,每天进行08、14、20时3次定时观测,定时观测和天气报告均采用北京时,日照观测用真太阳时;日照观测以日落为日界,其余观测项目均采用北京时20时为日界。

观测项目有云、能见度、天气现象、气压、气温、风向、风速、降水、日照、小型蒸发、地面温度、浅层地温、雪深等。

2003年,建成ZQZ-CⅡ型自动气象站,于12月16日投入业务试运行;2004年1月1日,自动气象站与人工站平行观测;2006年1月1日,转入自动气象站单轨业务运行,自动气象站观测项目包括气压、气温、湿度、风向、风速、降水、地面温度、草面温度、浅层和深层地温。

1968年12月1日,承担航危报业务;1983年10月1日,向河南省气象台拍发重要天气报;1983年11月1日,每天05、17时拍发12小时雨量报;1995年7月1日,取消航危报任务;2001年,每日08、14、20时3个时次拍发天气加密报,1994—2005年6—8月,绘制小图报期间,每日05、08、11、14、17、20时6个时次拍发天气加密报。2005年1月1日,以自动气象站观测资料为准,编发各种气象电报;2008年7月1日,增加了雷暴、大雾、霾、浮尘、沙尘暴等重要天气发报任务。

区域自动站观测 2004年—2005年6月,相继建成乡镇自动雨量站16个并投入使用。2007年8月31日、2009年8月,分别建成巩义市大峪沟镇、米河镇四要素自动站并投入使用。

农业气象观测 负责主要粮食作物玉米、小麦的生育期观测,农田水分观测和自然物候观测。

自建站起,每月8、18、28日定时对不同地段进行0~50厘米深的土壤墒情测量。2005年1月1日起,每旬逢3日加测土壤湿度并编报。1982年1月14日,河南省气象局确定巩县气象站为河南省农业气象基本站。

建站初期的农业气象服务主要是定期发布雨情、墒情、农情、灾情报告。1979年,开始每年发布小麦适宜播种期预报和春播预报。1981年起,每年定期发布小麦产量气象预测预报和收获期预报。1985年,开始应用卫星遥感信息,对小麦苗情进行宏观动态监测,并结合地面监测资料,制作主要农作物不同生育期农业气象情报和预报。1988年,运用农田水分试验成果,开展土壤水分和灌溉量预报。1996年,开始应用卫星遥感信息,对农田水分(墒情)状况和旱、涝灾情进行监测。

②天气预报

短期天气预报 20世纪70年代,通过收音机收听天气形势,结合本站资料图表,每日早晚制作24小时内天气预报。20世纪90年代初,利用传真天气图和上级台指导预报,结合本站资料,每天制作未来2天天气预报。2001年以来,利用卫星接收资料及MICAPS系统通过网络接收的各种气象信息资料和河南省、郑州市气象台的预报产品,开展24、48小时及未来一周和临近预报。

短期气候预测(长期天气预报) 长期天气预报制作在20世纪70年代中期开始起步,80年代贯彻执行中央气象局提出的"大中小、图资群、长中短相结合"技术原则,建立一整套长期预报的特征指标和方法。长期预报产品主要有月预报、春播预报、三夏期间预报、汛期预报、秋季预报和冬季预报。

③气象信息网络

1980年前,利用收音机收听武汉区域气象中心和河南省气象台以及周边气象台播发的天气预报和天气形势。1980年10月,配备了ZSQIA型无线电传真机,并投入业务使用,每天可以接收使用欧洲预报中心、日本和中央气象台的数值预报产品和天气图,改变了以往手工收录绘制简易天气图的状况。

1986年8月,巩县人民政府资助安装了甚高频电话,和郑州市辖区各县以及河南省气象台形成甚高频无线电通讯网,从而实现省、市、县三级办公及部分气象信息的口语传递。1989年4月,购置了接收机24部,气象警报系统投入运行。

1995年,购置了微机,实现了省、市、县计算机有线远程通信。1999年5月,开通因特网,8月18日上业务主页。1999年6月12日,安装了气象卫星VSAT接收站,并利用MICAPS系统接收和使用高分辨率卫星云图和地面、高空天气形势图等。1999—2005年,相继开通了因特网,建立了气象网络应用平台、专用服务器和省、市、县办公系统,气象网络通讯线路X.25升级换代为数字专用宽带网,开通100兆光缆,接收从地面到高空各类天气形势图和云图、雷达拼图等资料,为气象信息的采集、传输处理、分发应用、天气会商、公文处理提供支持。

2003年建成自动气象站,实现气象观测资料传输的网络化、自动化。

2. 气象服务

公众气象服务 1983 年,天气预报信息通过电话传输至广播局,开始在广播站播放天气预报。1997 年 6 月,与电信部门合作,正式开通巩义市"121"气象自动答询电话(设中继线 4 条,9 月增至 8 条),开通了短期预报、中期预报、适时气象资料通报、气象知识等 4 个信箱(月拨打咨询次数最多达 8 万次)。1994 年 6 月 6 日,正式在巩义电视台开播电视天气预报。1997 年 10 月 22 日,开始独立制作电视天气预报节目,在巩义电视台、巩义有线电视台、巩义教育电视台同时开通了独立制作的电视天气预报栏目(巩义市气象局的电视天气预报栏目制作,在河南省气象部门 1998 年和 2000 年度的观摩评比中,分别获三等奖和二等奖)。2002 年 4 月,建成"巩义市兴农网"。2007 年,建立了气象灾害预警信息发布平台,利用手机短信发布气象灾害预警信息。2008 年,通过政府应急办信息平台发布气象信息,2010 年 6 月,通过移动通信网络,开通了气象短信平台,利用气象短信平台向全县各级领导、重要用户发布气象信息。此外,2000 年后,在每年的春节、五一、十一黄金周等重大节日和高考、中招考试等重要活动中,为公众提供天气预报服务。

决策气象服务 20 世纪 80 年代初,决策气象服务产品为常规预报和情报资料,服务方式以书面文字发送为主。20 世纪 90 年代后,决策服务产品逐渐增加了精细化预报、产量预报、森林火险等级等,气象服务方式也由书面文字发送及电话通知等向电视、微机终端、互联网等发展,各级领导可通过电脑随时调看实时云图、雷达回波图、雨量点雨情。巩义市气象局坚持把汛期气象服务作为每年工作的重中之重,与巩义市政府以及应急办、防汛办、国土资源局等防汛及相关部门积极联系、沟通与协作,成立突发性地质灾害应急服务领导小组,严格执行 24 小时值、守班制度,及时传递雨情雨量信息,积极做好地质灾害预警工作;遇有灾害性天气,及时通过电话、手机短信、纸质材料等各种途径向市领导和各相关单位发布预警,为巩义市委、市政府及有关部门做好决策提供及时准确的气象服务。

人工影响天气 巩义市十年九旱,水资源贫乏,水分条件是制约农业生产的主要限制因子。因此,巩县县委、县政府十分重视人工增雨工作。1986 年 7 月 10 日,成立巩县人工降雨指挥部,巩县政府负责统一指挥及后勤保障,巩县人武部负责空域联系,33740 部队负责高炮作业,河南省气象科研所负责技术。炮点分别设在鲁庄乡的后林,小关乡的竹林,北山口的蔡庄,涉村乡的上庄;气象雷达在气象站附近。1981 年春,河南省政府给巩县调拨部队退役"三七"高炮 4 门。2000 年 8 月 16 日,郑州市人工影响天气办公室配给巩义市气象局"三七"人工增雨高炮 3 门。2001 年 6 月,购买江西 9394 厂生产的 CF4-1A 型火箭发射架 5 部。1976 年 7 月 18 日,在巩县革命委员会组织领导下,巩县进行了第一次人工降雨作业试验,由 33740 部队高炮营在北山口乡北湾大队用"三七"高炮实施,实测降雨量 30.2 毫米。1977 年 3 月,巩县气象站和巩县 103 厂联合组成土火箭人工催化降雨试验小组,试制成功了"一体双腔 50-2 型土火箭"。1977 年 6 月 26 日和 7 月 6 日,先后在沙鱼沟和鲁庄进行土火箭人工催化降雨试验,均获得成功。

防雷技术服务 1989 年,开展防雷设施检测服务工作。1998 年,开展安装避雷针、避雷带工作。2001 年,开展安装避雷器工作。2006 年,开展防雷装置的设计、审核和竣工验收工作。2008 年,开展防雷环境影响评价服务工作。

气象科普宣传 通过报刊、网络等媒体发表气象信息及科普文章;遇重大天气过程及每年世界气象日,积极联系广播电台、电视台做专题节目,宣传报道;适时择机设立科普知识宣传点,向群众介绍与日常生活密切相关的科普知识。

气象科研 1983—1988年,在巩县气象站旁边,参与中国气象局重点研究项目"华北平原作物水分胁迫与干旱研究"的试验,巩县气象站白振杰等同志参加,该项研究获1990年国家科技进步二等奖;该项研究的推广项目,获河南省科技进步二等奖。1996年,巩义市气象局通过省、市科委立项,对气象卫星遥感监测技术在丘陵地区应用的难点进行了攻关研究,该项应用研究获1999年度郑州市科技进步二等奖和河南省星火计划三等奖。

科学管理与气象文化建设

1. 社会管理

2004年8月1日《河南省防雷减灾实施办法》颁布实施,气象局将防雷工程从设计、施工到竣工验收,全部纳入气象行政管理范围。2000年,巩义市人民政府法制办批复确认巩义市气象局具有独立的行政执法主体资格,并为4名职工办理了行政执法证,气象局成立行政执法队伍。2004年,被市政府列为市安全生产委员会成员单位,负责全市防雷安全的管理。

《通用航空飞行管制条例》和《施放气球管理条例》颁布实施后,开始实施施放气球管理。

2. 政务公开

对气象行政审批办事程序、气象服务内容、服务承诺、气象行政执法依据、服务收费依据及标准等,通过户外公示栏向社会公开。财务收支、目标考核、基础设施建设、工程招投标等内容,采取职工大会或局内公示栏张榜等方式,向职工公开。

3. 党建工作

1958年8月—1960年3月,属地方国营农场党支部。1960年3月—1962年12月,建立农科所(气象站)党支部。1963年1月—1964年1月,归巩县农林科学技术示范场党支部。1964年1月—1966年4月,属县直党委党支部。1966年5月—1968年9月,属县直党委党支部。1968年9月—1971年6月,属巩县水电建设管理所党支部。1971年6月—1973年7月,属巩县人民武装部党支部。1973年8月—1974年8月,属农林局党支部。1974年8月—1976年10月,气象站与种子工作站合建一个党支部。1976年10月—1978年9月,属巩县农林局党支部。1978年9月20日,建立巩县气象站党支部。1979年1月—1981年12月,属巩县农业委员会党支部。1982年1月—1982年12月,属巩县县直党委。1983年1月—1984年4月,属巩县农业委员会党支部。1984年5月—1987年7月,属巩县农牧局党支部。1987年7月—1991年9月,恢复巩县气象站党支部活动。1991年9月1日,更名为巩义市气象局党支部。截至2008年底有党员6人(其中离退休党员2人)。

巩义市气象局党支部深入贯彻落实中共中央、河南省省委、巩义市委关于反腐倡廉的各项重大决策,把党风廉政建设和反腐败工作融入党的建设之中,把反腐倡廉的思想教育融入党员干部的教育、管理、培养和任用之中,认真落实党风廉政建设目标责任制,签订党风廉政目标责任书,积极开展廉政教育和廉政文化建设活动,财务账目每年接受上级财务部门年度审计,并将结果向职工公布。

4. 气象文化建设

2000 年,积极开展争创省级文明单位活动,设立了图书阅览室,建立了室内外文体活动场所,购置了文体活动器材,组织职工开展各项文体活动,积极参加河南省气象部门及郑州市气象局组织的运动会、文艺汇演等活动;与淇县气象局结成文明共建帮扶对子,双方坚持"优势互补、长期合作、共同发展"的原则,共同寻求在人才、技术、政策等方面的帮扶内容及方式。

2001 年,被巩义市人民政府授予"花园式单位"。2003 年,被河南省委、省政府授予省级"文明单位"。

5. 荣誉

集体荣誉

年度	荣誉称号	授予单位	授予时间
1978	省气象系统先进集体	河南省气象局	1978.04
	全国气象系统"双学"先进集体	中央气象局	1978.10
1983	天气预报"四基本"业务建设先进单位	河南省气象局	1983.03
1985	农业气象"四基本"业务建设先进集体	河南省气象局	1985.03
1987	冬小麦遥感综合测产工作先进单位	河南省气象局	1987.10
1988	省气象系统双文明建设先进集体	河南省气象局	1988.06
1996	郑州市级文明单位	郑州市委市政府	1996.04
	省气象系统"十佳县(市)气象局"	河南省气象局	1997.03
	"96 省气象信息产品终端效益年活动"先进单位	河南省气象局	1997.03
1997	省气象系统"十佳县(市)气象局"	河南省气象局	1998.02
	发展地方气象事业先进单位	河南省气象局	1998.02
	"121"服务系统建设先进单位	河南省气象局	1998.02
	省气象科技服务先进县局	河南省气象局	1998.02
	电视天气预报节目制作系统建设先进单位	河南省气象局	1998.02
	汛期气象服务工作先进集体	河南省气象局	1998.04
1998	郑州市文明单位(标兵)	郑州市政府	1998.03
	会计基础工作规范化单位	中国气象局计财司	1998.07
	县(市)级电视天气预报节目制作三等奖	河南省气象局	1998.08
	全省气象部门文明单位建设示范单位	河南省气象局	1998.07
1999	省气象系统"十佳县(市)气象局"	河南省气象局	1999.03
	发展地方气象事业先进单位	河南省气象局	1999.03
1999	省气象科技服务先进单位	河南省气象局	1999.03
2000	县级电视天气节目观摩二等奖	河南省气象局	2000.11

个人荣誉 1994年,白振杰被郑州市政府授予"郑州市劳动模范"称号。

台站建设

1989—1992年,巩义市人民政府和河南省气象局2次拨款修建宿舍和家属楼,改善职工生活条件。2001年12月10日—2002年1月30日,将原办公楼房进行了装修,并安装了供暖设备。2004年5月—2005年12月,对台站进行全面改造,建成了新办公楼、人工影响天气炮弹库、车库等,进行台站环境绿化,改造了观测场、值班室。改造后的巩义市气象局占地面积4000平方米,办公楼建筑面积480平方米,修建了2000平方米草坪,栽种了风景树,全局绿化率达到了50%。

巩义市气象局旧貌(1976年)　　　　巩义市气象局新颜(2008年)

荥阳市气象局

荥阳市位于河南省中部、黄河南岸,东邻省会郑州,南接新密,西与巩义毗邻,北面与武陟县、温县隔黄河相望。

机构历史沿革

始建情况 始建于1957年2月,站址位于郑州市上街区窝镇东郊段(乡村),地理坐标为北纬34°46′,东经113°18′,海拔高度169.0米。

站址迁移情况 1958年9月,站址迁至荥阳县城关乡曹李村东,地理坐标为北纬34°48′,东经113°22′,海拔高度136.0米。1964年4月,站址迁移至荥阳县拖拉机站西南,地理坐标为北纬34°48′,东经113°26′,海拔高度139.4米,1965年8月重测海拔高度为139.8米。1984年1月观测场在原站址南移40米,经纬度不变,海拔高度140.2米。2000年1月1日,站址迁至荥阳市工业路北段,地理坐标为北纬34°48′,东经113°26′,海拔高度140.9米。

历史沿革 建站时名称为荥阳县气候站。1960年3月,更名为荥阳县气象服务站。1971年1月,更名为荥阳县气象站。1990年2月,更名为荥阳县气象局。1994年4月,更名为荥阳市气象局。

管理体制 自建站至1962年12月31日,以荥阳县农业局领导为主。1963年1月1日—1971年6月30日,以开封行署气象台管理为主。1971年7月1日—1973年6月30日,由荥阳县武装部管理。1973年7月1日—1983年9月30日,属荥阳县农业局管理,业务方面由河南省气象局管理。1983年底,改为由河南省气象局观象台和荥阳县人民政府双重领导、以河南省气象局观象台领导为主的管理体制。1984年1月1日改为由郑州市气象管理处和荥阳县人民政府双重领导、以郑州市气象管理处为主的管理体制。1989年10月改为由郑州市气象局和荥阳县人民政府双重领导,以郑州市气象局领导为主的管理体制。

机构设置 2008年,下设业务科、服务科、办公室。

单位名称及主要负责人变更情况

单位名称	姓名	职务	任职时间
荥阳县气候站	刘付星	负责人	1957.02—1960.03
荥阳县气象服务站		负责人	1960.03—1961.09
	魏自存	负责人	1961.09—1970.07
	任齐岚	负责人	1970.08—1971.01
荥阳县气象站		站长	1971.01—1984.02
	禹春桂	站长	1984.03—1986.06
荥阳县气象局	王保成	站长	1986.07—1990.02
		局长	1990.02—1994.04
荥阳市气象局		局长	1994.04—2000.04
	秦福生	局长	2000.05—2004.06
	张永录	局长	2004.07—2007.02
	杜光伟	局长	2007.03—

人员状况 1957年建站时,只有4人。2008年底,在职职工5人。其中:本科学历2人,大专学历1人,中专学历1人,高中学历1人;中级职称3人,初级职称2人;50~59岁1人,40~49岁2人,40岁以下2人。

气象业务与服务

1. 气象业务

①气象观测

地面观测 1957年2月1日起,每日进行01、07、13、19时(地方时)4次观测,夜间不守班。1960年1月1日,改为08、14、20时(北京时)3次观测,夜间不守班。

观测项目有风向、风速、气温、气压、空气湿度、云、能见度、天气现象、降水、日照、小型蒸发、地面温度和浅层地温、雪深;2008年增加电线积冰观测。

2003 年 12 月 1 日,建成自动气象站,并试运行,经过 2004—2005 年自动气象站与人工站平行观测,2006 年 1 月 1 日实现自动气象站单轨运行。

区域自动气象站观测 2004—2005 年,相继建成乡镇自动雨量站 14 个。2007 年,在崔庙建成四要素自动气象站。

农业气象观测 农业气象的主要业务有土壤墒情观测,制作各类情报和预报,开展气候评价和墒情、雨情、苗情、灾情、农情等情报服务。建站初期,每旬逢 10 日进行 0～30 厘米深土壤湿度观测。1980 年以后,改为逢 8 日观测,观测 4 个重复,取 4 个重复平均值上报,深度为 50 厘米的土壤墒情。除规定时段的观测外,在农事关键期进行不定期土壤墒情观测。农业气象测墒最早采用火炉和电炉烘干,1984 年使用红外灯泡简易烘土箱烘干。

②天气预报

荥阳县气象站于 1960 年 1 月开始制作长、中、短期天气预报,2000 年 9 月增加城镇天气预报。

建站初期,主要是通过广播收听大台天气形势,绘制简易天气图,结合本站预报模式制作补充天气预报。20 世纪 80 年代初,通过传真接收中央气象台的各类信息资料,再结合本地气象资料,制作各类天气预报。2000 年后,利用卫星云图、雷达资料及数值预报产品,制作长、中、短及短时天气预报。

③气象信息网络

建站初期,通讯条件较差,各类气象报文通过固定电话传递到当地电信部门报房,然后由报房进行无线传递。1986 年 10 月,甚高频电话投入使用。2003 年 3 月 X.25 线路开通,2005 年 7 月换为数字专用宽带网,接收从地面到高空各类天气形势图和云图、雷达拼图等资料,为气象信息的采集、传输处理、分发应用、天气会商、公文处理提供支持。

2. 气象服务

公众气象服务 建站初期,每天通过县广播站对外发布短期天气预报。1996 年 7 月,"121"天气预报自动答询系统的投入使用,丰富了公众气象服务的内容。2003 年,与移动公司合作,开展了手机气象短信服务工作。2005 年 6 月开始,通过电视、手机短信等方式为公众提供天气预警信号服务。2000 年后,在每年的春节、"五一"、"十一"黄金周等重大节日和春运、高考、中招考试等重要活动中,为公众提供天气预报服务。

决策气象服务 建站初期,决策气象服务的主要产品是中、长期天气预报,墒情服务和关键农事季节预报。2000 年后,决策气象服务的内容已拓宽到天气预报,专题气候分析,气象信息专报,作物产量预报,遥测遥感信息,防汛、抗旱、防火气象服务,环境气象服务等;服务范围也从为农业和汛期防洪服务扩展至为"荥阳市刘沟石榴节"、"荥阳市象棋文化节"等政府重大活动服务。

人工影响天气 晚霜冻是小麦生产过程的主要灾害之一。1961 年 3 月,由本站职工孙国田、魏自存将 200 克赤磷、500 克黑火药碾碎掺匀,装入竹筒插上导火索,在防霜地点点燃,形成 3～4 米高、1000 米宽、4000 米长的烟雾阵,其时间维持 6～60 分钟,减轻了霜冻的危害。1979—1981 年和 1986 年,由县政府组织,县气象站参与,当地高炮部队配合,河南省气象局现场指导,先后 4 年进行"三七"高炮人工影响天气作业,均取得明显效果。2000 年 4 月,荥阳市设立人工影响天气领导小组,办公室设在气象局,同年配备 3 门"三七"高射炮。2001 年 5 月,购置增雨火箭发射架 3 座,并于 6 月 9 日进行首次人工增雨作业。

防雷技术服务　1988 年 4 月,开展建筑物防雷装置、计算机信息系统、易燃易爆场所的防雷安全检测。2004 年,防雷工作由单一的防雷检测拓展为防雷工程设计、安装、审核、验收。

气象科普宣传　20 世纪 80 年代,每年都对到气象局参观的中小学生进行气象科普知识的宣传。1985—2008 年,每年世界气象日,都围绕主题,通过版面、宣传车、图片、宣传材料等形式,向公众传播气象科普知识;1997 年 7 月,在"121"自动答询系统开辟专栏,宣传气象科普知识。

科学管理与气象文化建设

1. 社会管理

2004 年 7 月 15 日,荥阳市人民政府下发《荥阳市人民政府关于转发河南省人民政府令第 81 号河南省防雷减灾实施办法的通知》(荥政文〔2004〕113 号),明确了防雷减灾工作的行业管理。

2004 年 12 月 14 日,荥阳市气象局制定了《关于中国荥阳首届郑氏文化节期间施放气球安全管理工作的通知》。

2006 年 6 月 20 日,荥阳市人民政府《关于加强乡镇雨量站管理工作的通知》(荥政文〔2006〕20 号),规范了乡镇雨量站的管理。

2007 年 12 月 14 日,制定《关于探测环境和设施保护标准》的备案书。

2. 政务公开

2002 年 4 月,成立了政务公开领导小组,制定了政务公开实施方案。对内公开的内容有气象业务与服务、财务管理、科技服务和产业经营与效益、干部人事安排、精神文明建设和党风廉政建设、重大事项与重大改革的决策及各项内部规章制度。对外公开内容有单位的职责、机构设置、气象行政审批办事程序、气象服务规范化标准、依法行政内容、服务承诺、气象服务项目及收费标准。局务公开的内容通过公开栏、张榜公布和召开局务会议通报等形式公开。公开的时间为定期与不定期。经常性工作按季度、半年、年度实行定期公开,阶段性工作逐段进行公开,临时性工作适时公开。

3. 党建工作

1979 年成立中共荥阳市气象局支部。支部成立以来,一直由荥阳市委组织部代管,2007 年变更为市直工委管理。截至 2008 年底,支部有党员 3 人(其中退休党员 1 人)。

4. 气象文化建设

荥阳市气象局为了增强凝聚力和向心力,年年开展文体活动,尤其是 2008 年以实践"绿色奥运、科技奥运、人文奥运"理念为重点,举行"我为奥运添色彩"、"歌声迎奥运,文明促和谐"活动,营造了人人迎奥运的良好氛围,融洽了人际关系,促进了气象事业的发展。

1997年,被荥阳市委、市政府命名为荥阳市"文明单位"。2001年,被郑州市委、市政府命名为郑州市"文明单位"。

5. 荣誉

集体荣誉 1990—2008年,荥阳市气象局共获集体荣誉62项。其中,2001年2月,被授予"全省气象档案工作先进集体",同月被郑州市委、市政府授予市级"文明单位"称号。2005年被荥阳市委、市政府评为"抗洪抢险工作先进集体",同年被河南省气象局授予"抗洪抢险工作先进集体"。2007年12月被荥阳市委、荥阳市人民政府评为"创建工作先进单位二等奖"。2008年被河南省档案局评为"科技事业单位档案管理省级先进"。

个人荣誉 1990—2008年,获得个人荣誉奖80人(次),其中地(市)级奖励10人(次),郑州市科技进步二等奖1人(次)。

台站建设

2000年以前,基础条件较差,道路泥泞,水电无保证,办公和业务用房年久失修,工作条件艰苦。2000年1月1日,整体搬迁后占地8601.93平方米(不含大门以外道路占用土地)。先后建成办公楼363平方米,门卫房及仓库40平方米,业务平台及车库160平方米;硬化道路650平方米,绿化面积1500平方米;购置了汽车、锅炉、空调、电脑等现代化办公设施。

荥阳市气象局旧貌(摄于1969年)   荥阳市气象局新貌(摄于2008年)

新郑市气象局

新郑市地处河南省省会郑州市南大门,东邻中牟、尉氏,南与长葛、禹州接壤,西与新密相连。

机构历史沿革

始建情况　新郑县气候服务站始建于 1958 年 10 月,位于新郑县北农场,北纬 34°25′,东经 113°42′,海拔高度 117.4 米。

站址迁移情况　1967 年 10 月 31 日,迁到新郑县城小高庄村西,北纬 34°25′,东经 113°42′,海拔高度 111.3 米。1994 年 10 月 1 日,南迁 600 米至新郑市中华南路与金城路交叉口,北纬 34°24′,东经 113°44′,海拔高度 110.2 米。2004 年 1 月 1 日,迁至新郑市茨山路西段,北纬 34°23′,东经 113°43′,海拔高度 116.6 米。

历史沿革　建站时名称为新郑县气候服务站。1960 年 2 月,更名为新郑县气象服务站。1965 年 12 月,更名为新郑县气象站。1990 年 12 月,改名为新郑县气象局。1994 年 8 月,更名为新郑市气象局。

管理体制　新郑县气候服务站从建站到 1962 年 12 月 31 日,归属新郑县政府领导,领导单位是新郑县农牧站。1963 年 1 月起,归新郑县农业局管理,业务归开封行署气象台领导。1969 年 11 月起,归新郑县人民政府领导,领导单位是新郑县农牧站。1971 年 7 月起,归新郑县人民武装部领导,业务归开封行署气象台管理。1973 年 12 月,归新郑县革委会领导,由新郑县农业局管理,业务归开封行署气象台管理。1984 年 1 月 1 日起,实行郑州市气象管理处和新郑县人民政府双重领导、以郑州市气象管理处领导为主的管理体制。1989 年 10 月,实行郑州市气象局和新郑县人民政府双重领导、以郑州市气象局领导为主的管理体制。

单位名称及主要负责人变更情况

单位名称	姓名	职务	任职时间
新郑县气候服务站	付东华	站长	1959.01—1960.02
			1960.02—1960.12
	李风彪	站长	1961.01—1963.06
新郑县气象服务站	李本华	站长	1963.07—1965.12
			1965.12—1972.06
新郑县气象站	乔爱卿	站长	1972.07—1974.05
	颜国顺	站长	1974.06—1984.12
	周德成	站长	1985.01—1986.09
	刘庆安	副站长(主持工作)	1986.10—1988.12
		站长	1989.01—1990.12
新郑县气象局		局长	1990.12—1994.08
新郑市气象局			1994.08—2001.03
	闫伟杰	副局长(主持工作)	2001.03—2003.02
		局长	2003.02—

人员状况　1958 年建站时,只有 3 人。1959—1983 年,非气象专业职工较多,1983 年 10 月业务垂直管理以后,所招人员均为气象专业毕业生。2008 年底,有在编职工 6 人,编外职工 3 人。在编职工中:研究生学历 1 人,本科学历 5 人;中级职称 3 人,初级职称 3 人。

气象业务与服务

1. 气象业务

①气象观测

地面观测 1959年1月1日—1960年12月31日,采用地方时,每日进行07、13、19时3次观测,夜间不守班;天气报告采用北京时,每日08、14、20时3次报告。1961年1月1日起,定时观测和天气报告均采用北京时,每日进行08、14、20时3次观测,日照观测用真太阳时。日照观测以日落为日界,其余观测项目均采用北京时间20时为日界。其中,1982—2000年6—8月,增加05、11、17时3次观测。

1959年1月1日,观测项目有云、能见度、天气现象、气压、气温、湿度、风向、风速、降水、小型蒸发、0~20厘米地温、雪深。1983年1月1日,增加日照观测。2004年1月1日,增加40~320厘米深层地温观测。2007年4月1日,增加草温观测。

1983年10月1日,开始拍发重要天气报。1983年11月1日起,每天05、17时拍发雨量报。1982—2000年,每年的6月15日—8月31日每天05、08、11、14、17、20时拍发小图报。2000年1月1日起,每天08、14、20时拍发天气加密报。2008年6月1日起,重要天气报内容增加雷暴、视程障碍现象(雾、霾、浮尘、沙尘暴)。

1959—1992年,气象月报、年报报表用手工抄写、算盘计算、人工校对方式编制,一式4份,分别上报国家气象局、河南省气象局气候资料室、开封(郑州)市气象局各1份,本站留底1份。1993年1月,开始使用机制报表,向上级气象部门报送。2004年开始,通过Notes邮箱上传报表,自行打印报表存档。

建站以来,一直使用人工观测仪器。2003年12月,建成ZQZ-CⅡ型自动气象站,实现了仪器自动观测、自动存储资料、自动编发报、报表自动编制等功能。

区域自动站观测 2004年8月—2005年5月,在新郑市13个乡镇都布设了自动雨量站。2007年8月,在新郑市龙湖镇后湖水库建成四要素区域自动站。

农业气象观测 1980年开始农业气象测报工作,主要业务有每旬逢8日的0~50厘米深度土壤墒情观测。1984—1985年,完成《新郑县农业气候资源和区划》编制。1986年,开始向新郑县政府、涉农部门、乡镇邮寄"农业气象月报"、"农业产量预报"、"气候评价"等业务产品。

②天气预报

短期天气预报 20世纪70年代,通过收音机收听天气形势,结合本站资料图表,手工绘制简易天气图,每日早晚制作24小时内天气预报。1986年8月,使用甚高频电话与郑州市气象台进行天气会商。20世纪90年代初,利用传真天气图和上级台指导预报,结合本站资料,每天制作未来3天天气预报。1995年,利用计算机网络调用国内外气象信息和数值预报产品资料。1999年6月,建成VSAT卫星单收站,可随时调阅卫星气象资料,随时监视云系的发展变化,利用卫星接收资料及MICAPS预报平台处理各种气象信息资料,并参考河南省、郑州市气象台的预报产品,开展24小时、未来3~5天和临近预报。

短期气候预测(长期天气预报) 长期天气预报制作在20世纪70年代中期开始起步,

80 年代贯彻执行中央气象局提出的"大中小、图资群、长中短相结合"技术原则,建立一整套长期预报的特征指标和方法。长期预报产品主要有月预报、春播预报、三夏期间预报、汛期预报、秋季预报和冬季预报。

③气象信息网络

1980 年前,利用收音机收听北京、武汉区域气象中心和河南省气象台以及周边气象台播发的天气预报和天气形势。1981 年,配备了传真接收机,接收北京、欧洲气象中心以及日本东京的气象传真图。1986 年 8 月,安装了甚高频电话,利用甚高频电话和郑州市气象台进行天气会商。1999 年,完成地面卫星小站建设,并利用 MICAPS 系统接收和使用高分辨率卫星云图和地面、高空天气形势图等。1999—2005 年,相继开通了因特网,建立了气象网络应用平台、专用服务器和省、市、县办公系统,气象网络通讯线路 X.25 升级换代为数字专用宽带网,开通 100 兆光缆,接收从地面到高空各类天气形势图和云图、雷达拼图等资料,为气象信息的采集、传输处理、分发应用、天气会商、公文处理提供支持。

2. 气象服务

公众气象服务 20 世纪 60 年代开始,通过新郑县广播站播报天气预报。1997 年 6 月,开通"121"气象信息电话自动答询系统,全天 24 小时满足公众对气象信息的需求。1999 年 7 月,购置天气预报电视制作系统,独立制作电视气象节目在新郑市电视台播放。2001 年,创建了新郑气象兴农网,应用网络进行服务。2003 年,与移动公司合作,开展了手机气象短信服务工作。2005 年 6 月开始,通过电视、手机短信等方式为公众提供天气预警服务。2008 年 4 月开始,通过新郑市政府网站发布天气预报。

决策气象服务 20 世纪 80 年代及以前,以手写材料或口头方式向新郑县委、县政府提供单一的天气预报。20 世纪 90 年代开始制作"重要天气报告"、"雨情报告"、"专题气象报告"、"气象旬月报"、"汛期天气预报"等多种决策气象服务产品。2003 年 5 月,开展秸秆禁烧监测及污染预报服务。2004 年 6 月,开展地质灾害预测服务。2005 年,建立手机短信服务平台,利用平台提供决策服务。2000 年后,还在春节、五一、十一等节假日及中考、高考、政府重大经济活动期间提供气象保障服务工作。特别是 2005 年后,新郑市气象局每年都主动为黄帝故里拜祖大典活动筹备组提供气象服务,连年受到新郑市委、市政府表彰。2001—2008 年,先后荣获新郑市委、市政府"支持新郑发展有功单位"、"黄帝故里拜祖大典先进单位"等荣誉称号。

人工影响天气 针对新郑十年九旱的气候特点,2001 年 12 月正式开展人工影响天气服务,成立新郑市人工影响天气办公室,当年购置人工增雨火箭发射架 3 台,扬子皮卡作业工具车 1 辆。每年针对春季和麦播期间的旱情不失时机地开展人工增雨作业 3～5 次。2006 年,又购置人工增雨火箭发射架 3 台。2007 年,建成人工影响天气车炮库 5 间。

防雷技术服务 1989 年,开始开展防雷设施年检服务。1999 年 10 月,开展建筑物防雷装置、计算机信息系统、易燃易爆场所的防雷安全检测。

气象科研 1996 年,组织并参与的"郑州市不同土壤质地卫星遥感墒情监测研究"课题,获 1999 年度郑州市科技进步二等奖。

科学管理与气象文化建设

1. 社会管理

2005年，新郑市气象局与新郑广播电视局联合下发《新郑市突发气象灾害预警信号播发规定》(新气发〔2005〕11号)。

2006年，以新郑市人民政府名义下发《新郑市人民政府关于加强防雷减灾工作通知》(新政〔2006〕32号)。

2004年，将气象探测环境和设施保护标准和相关气象保护法规送新郑市建设局规划科进行备案。2007年12月，又制定《关于探测环境和设施保护标准》的备案书。

通过学习培训，4名人员均取得河南省人民政府气象行政执法证，持证上岗，兼职开展气象行政执法检查，认真履行了气象信息发布、探测环境保护、防雷技术服务、氢气球施放等社会管理职能。

2. 政务公开

2000年，新郑市气象局被定为河南省气象系统内部局务公开试点县(市)气象局后，安排人员定期、及时公开局务工作。对外公开气象行政审批办事程序、气象服务内容、服务承诺、气象行政执法依据、服务收费依据及标准等内容；对内公开财务收支、目标考核、基础设施建设、工程招投标等内容。采取定期、不定期公开的方式，通过公示栏进行公开，做到事前、事中、事后三公开，同时还注意向退休职工通报单位的各项工作，以取得他们的监督和指导。

2006年，被中国气象局授予"政务公开先进单位"。

3. 党建工作

1972—1998年，有中共党员1~2人，编入新郑县农委党支部或新郑县农业局党支部。1999年后，与新郑市农业开发办公室成立联合党支部。1999—2007年，有党员3人。2007年7月—2008年12月，有党员4人。

新郑市气象局领导班子高度重视党风廉政建设工作，每年与上级党组签订党风廉政目标责任书和向职工进行廉政承诺，自觉加强政务公开和民主决策管理工作。

4. 气象文化建设

精神文明创建工作始于1992年，建有职工活动室、图书室、篮球场等活动场地，每年都组织形式多样的文体活动，丰富职工的业余文化生活。2001—2008年，连续参加了郑州市气象局举办的各类演讲比赛、文艺汇演、职工运动会等。

1993—1994年，被新郑县委、县政府命名为县级"文明单位"。1995年，被郑州市委、市政府命名为市级"文明单位"；1996年，被郑州市委、市政府命名为市级"文明单位标兵"。1999年，被河南省委、省政府命名为省级"文明单位"。2008年5月，被郑州市委、市政府命名为市级文明单位。

5. 荣誉

集体荣誉 1995—2008 年,共获得各类集体荣誉 52 项。其中,1996—1997 年、1999—2003 年,先后 7 次被河南省气象局授予"十佳县(市)气象局"称号。1999 年,被河南省委、省政府授予"文明单位"。2001 年,被河南省人事厅、河南省气象局评为"气象系统先进集体"。2002、2003、2006 年,先后 3 次被河南省气象局评为"重大气象服务先进集体"。2006 年,被中国气象局授予"政务公开先进单位",被河南省气象局评为"优秀县(市)气象局"。2007—2008 年,连续两年被郑州市气象局评为"年度目标考核特别优秀达标单位第一名"。2008 年,被河南省气象局评为"精神文明建设先进单位"。

个人荣誉 1995—2008 年,个人获得奖励 190 人(次)。

台站建设

新郑县气候服务站成立时,办公室是借用北农场的 4 间土坯房,办公设施仅有 4 把椅子,3 张桌子,2 个资料柜子,1 只怀表和 1 个闹钟。1967 年 10 月第一次迁站,在城南小高庄村购买了 1168 平方米土地,建了 5 间宿舍、3 间办公室共计约 100 平方米的一层砖瓦房,人员增加到 8 人。1979 年,建了 1 幢二层共计 8 间约 100 平方米的瓦房楼。1991 年 12 月,建 2 套 70 平方米、6 套 50 平方米的宿舍楼。

1994 年 10 月,新址建成,占地 3335 平方米,新建 1 幢二层共 12 间约 475 平方米的办公楼。1997 年 10 月,在新址院内建设了 6 套家属房,共计 582 平方米。

2004 年 1 月 1 日,正式搬迁到茨山路西段新址办公。新址占地 19186 平方米,办公楼建筑面积 862 平方米。办公楼设计新颖、蕴含文化特色,建筑设计方案获得 2004 年英国皇室建筑协会郑州站建筑设计展评奖一等奖。新址办公环境优美,水、电、通讯、新办公家具、计算机设备、交通工具一应俱全,全面实现了财务电算化、业务微机化、信息交流网络化、气象服务平台化。

新郑县气象站旧貌(1987 年)　　　　　　新郑市气象局新颜(2008 年)

登封市气象局

登封市位于河南省省会郑州市西部——豫西山区前沿,夹于嵩山山脉和伏牛山脉之间。北部嵩山山脉屏隔巩义、偃师两市,南部伏牛山山脉把登封与禹州市、汝州市界开,东部毗邻新密市,西部搭界伊川县。

机构历史沿革

始建情况　1968年5月始建登封县气象服务站,位于当时的登封县城关镇南街村,北纬34°27′,东经113°02′,海拔高度370.7米。

站址迁移　1999年1月,迁至登封大道中段西侧,北纬34°28′,东经113°01′,海拔高度427.1米。

历史沿革　建站时名称为登封县气象服务站,与位于嵩山之上的气象站在行政上实行统一管理。1980年5月,登封县气象服务站与嵩山气象站行政管理分离,更名为登封县气象站。1990年2月,更名为登封县气象局。1995年6月,随登封县改市,更名为登封市气象局。

管理体制　1968年8月前,从属开封地区气象局。1968年8月开始,移交地方管理,先由登封县农林水利站领导,1969年归登封县武装部领导,1972年划归登封县水利局领导,1980年又调整到登封县农林水利办公室领导。这一时期,开封地区气象局进行业务督导。1980年7月,实行气象部门与地方政府双重领导,以气象部门领导为主的管理体制,回归开封地区气象局领导。1984年1月,归属郑州市气象管理处领导。

机构设置　2008年,下设业务科、服务科、办公室。

单位名称及主要负责人变更情况

单位名称	姓名	职务	任职时间
登封县气象服务站	李凤彪	站长	1968.05—1980.04
登封县气象站			1980.05—1984.10
	张聪智	副站长(主持工作)	1984.11—1987.12
		站长	1988.01—1990.02
登封县气象局		局长	1990.02—1995.05
登封市气象局	张永录	局长	1995.06—2004.06
	周幸福	局长	2004.07—

人员状况　建站后,职工人数因时期不同而存在较大差异,大约在5～11人之间变动。截至2008年底,有职工9人(在编职工7人,聘用职工2人),其中:本科学历2人,大专学历3人,高中学历4人。

气象业务与服务

1. 气象业务

①气象观测

地面观测 每日进行 08、14、20 时 3 次定时观测。

观测项目有云、能见度、天气现象、气温、气压、降水、风向、风速、日照、小型蒸发、地温、草温、雪深、电线积冰等。

发报种类有小图绘图报(报告内容涵盖云、能见度、天气现象、气压、气温、风向、风速、降水、雪深、地温),重要天气报(主要报告暴雨、大风、雨凇、积雪、冰雹、龙卷、恶劣能见度、电线积冰等重要天气现象),雨量报(报告 05—17 时和 17 时—次日 05 时两个时段的降水量)。

发报方式:20 世纪 80 年代前,用手摇电话、拨号电话通过邮电局转发;20 世纪 80 年代后期,辅以甚高频电话通过郑州市气象局转发;1999 年 5 月,通过网络传输。

建站后,气象月报、年报,用手工抄写方式编制,一式 3 份,上报郑州市气象局、河南省气象局气候资料室各 1 份和留底 1 份。1993 年 1 月 1 日,开始使用微机处理编制月报表气表-1,上报电子文本和纸质手抄底本。1996 年 7 月 8 日,气表-21 改用微机编制,上报电子文本和纸质手抄底本。2007 年 1 月,停报纸质文本。

2004 年 1 月 1 日,建成 ZQZ-CⅡ型自动气象站,开始进行分钟数据、小时数据采集,除云、能见度、天气现象沿用目测方法外,其余观测项目全部由仪器自动采集、处理和电子存档。

区域自动站观测 2008 年组建区域自动气象观测站网,站点设置在少林寺、中岳庙、少室阙、观星台、嵩阳书院、嵩岳寺等 6 个世界物质文化遗产周边,它们监测的气象要素均为风向、风速、温度、湿度、降水量 5 项内容。除具有其他区域站业务功能外,还为登封市申遗办公室实时传输文物保护气象数据。

农业气象观测 登封气象观测站有墒情观测、编制墒情旬月报告和作物发育期观测与报表编制业务。建站初期,每旬逢 9 日进行 0～10、10～20、20～30 厘米土壤墒情观测、作物发育期观测,样土在火炉上烤干。1980 年,土壤墒情测定日期改为每旬逢 8 日进行,旬末上报,观测深度增加 30～40、40～50 厘米两个层次,取土按 4 个重复进行,测墒结果取各层平均值,样土用红外线简易烘箱烘干。1996 年 11 月 5 日,暂停作物发育期观测。2000 年 7 月 1 日,增加土壤相对湿度观测。2008 年,引进土壤水分自动监测仪。

②天气预报

1987 年前,利用抄收广播电台天气形势实况广播的气象要素,手工绘图分析,制作常规天气预报。20 世纪 80 年代后期,开始应用甚高频电话与其他县气象局交流、会商。20 世纪 90 年代中后期,随着卫星技术、网络技术的发展,预报依据有卫星云图、雷达监测资料、计算机制作的各种天气图、上级业务部门下发的各种预报产品。1985 年 7 月开始,只做短期预报,中、长期预报服务直接转发河南省气象台相应内容。

2. 气象服务

公众气象服务　1968年5月—1987年12月,预报产品通过电话传至广播电视局由广播电台向社会发布,1988年1月改由电视播报,内容以短期天气预报为主。1997年1月"121"天气预报自动答询系统建成并投入使用,开启了24小时在线服务模式。2008年,移动气象站服务平台开通,以灵活快捷的短信方式向党政机关领导、重要企事业单位协作联系人提供重要气象信息和灾害性天气信息。

决策气象服务　从1980年开始,已明确了气象服务政府的基本格调,在重要农时季节及重大转折性天气、重要灾害性天气时,向决策部门报告气象情报(汛情、旱情、苗情遥感数据)、重要预报和中长期天气形势预测以及对生产生活的影响评估和对策。气象产品以文字材料呈报市委、市政府,根据需要,政府函告有关行业部门。2004年之后,除政府关切的重大社会活动和重要工农业生产仍需行文报告外,大多数服务则通过政府办公系统和移动气象平台提供,有关领导和企事业单位可以随时

登封市气象局旅游服务多要素自动气象站

调阅气象情报、天气形势和预报产品。此外,针对旅游城市的特点,2004年对旅游气象服务进行了规划设计:在名胜古迹建立了多要素自动气象站监测网,包括卫星云图资料接收系统、雷达资料接收应用系统、大气电场和闪电定位监测系统、土壤水分自动监测系统、紫外线监测系统、自动雨量站网;利用嵩山气象站的监测资料开展了雾凇、雨凇、云海等风景旅游资源生消预报;开设了道路结冰、积雪、恶劣能见度、风沙、降温等影响旅游的特色预报服务项目。

人工影响天气　1997年,购置3门增雨高炮。2001年5月,又购置4架人影火箭。期间组建了人工影响天气专业队伍,制定了操作流程、管理制度、安全制度,选拔培养出了一批人工影响天气技术骨干力量。

防雷技术服务　1990年,启动防雷检测工作。

科学管理与气象文化建设

社会管理　2004年8月《河南省防雷减灾实施办法》颁布实施,同年,登封市气象局被登封市人民政府列为安全生产委员会成员,并开始正式管理全市防雷安全工作,主要监管高危行业和厂矿企业的防雷安全状况,检测检查防雷装置的指标数据,指导企事业单位规范使用和安装避雷设施。

政务公开　2000年以后,建立了对外的"气象行政审批制度"、"气象服务项目和收费标准"和"清廉从政准则",规范了行政审批流程,细化了服务内容;对内实行重大事项集体研究制度,日常开支实行三人会签,局长定期向职工大会汇报阶段局务工作内容和公布财

务收支情况。

党建工作 2003 年,3 名党员的组织关系在登封市林业局党支部,1 名党员的组织关系在登封市农业委员会党支部。2003 年 4 月 8 日,成立登封市气象局党支部。2007 年,嵩山气象站 4 名党员组织关系转入登封市气象局党支部。2008 年底,登封市气象局党支部共有 8 名党员(含嵩山气象站 4 名党员)。

2004 年,形成定期组织党章、党规、法律法规知识学习制度,规范民主生活、党员评议、党建研究活动。2005 年,启动新时期先进人物、先进事迹学习宣传制度和贪官腐败事件通报镜鉴制度,开始勤政廉政常态化建设。2006 年,推行月、季、年党员"述职、述廉、讲为民"制度。2008 年,开展"讲职业道德、树勤政敬业形象"的促党性修养活动。

气象文化建设 2004 年,以"用服务撬动气象事业现代化建设"的指导思想统筹全局工作。1996 年,开始申报文明单位、争创一流台站活动。2004 年,首次举办一年一度的"以服务经营台站,用服务展示气象"的牢记历史使命、切实服务社会活动。2004 年开始,每年组织职工到先进县(市)局参观考察,向优秀个人学习,弘扬爱岗敬业、吃苦耐劳的奉献精神,学习先进集体,培植团结奋斗、和谐共事的集体主义精神。

1997 年,被郑州市委、市政府授予市级"文明单位"荣誉称号。2002 年,被河南省爱国卫生运动委员会授予省级"卫生先进单位"荣誉称号。

集体荣誉 1995—2008 年,登封市气象局获集体表彰 80 多项。其中,1995 年 3 月被河南省气象局评为"县级先进气象局",1997 年 2 月荣获河南省气象局颁发的"十佳县(市)气象局"称号,1998 年被河南省气象局评为"发展地方气象事业先进单位第四名",2000 年被河南省气象局评为"气象科技服务与产业发展先进单位",2001 年荣获河南省气象局颁发的"十佳县(市)气象局"称号。

1997 年 2 月被河南省人事厅和河南省气象局授予"全省气象系统先进集体"称号,2000 年 12 月被河南省人事厅、河南省气象局授予"全省人工影响天气工作先进集体",2004 年被河南省人事厅、河南省气象局授予"全省人工影响天气先进集体"。

1997 年被郑州市委、市政府授予市级"文明单位",1999 年被郑州市委、市政府授予市级"文明单位标兵",2001 年被郑州市委、市政府授予"扶贫开发先进单位"。

2001 年 12 月,被河南省档案局评为"档案管理先进单位"。2002 年,被河南省爱国卫生运动委员会授予省级"卫生先进单位",

台站建设

1968 年 5 月占地 0.2 公顷,建筑面积 289 平方米,房屋为砖瓦结构,整个院子为一砖铺小路、沙土地面的院落。1990 年 5 月,旧房拆除,筹建 660 平方米的办公宿舍楼,院内地面为水泥硬化地面。1998 年,迁至登封大道中段,占地 0.7 公顷,建筑面积 1184 平方米,其中办公用房 300 平方米,职工生活用房 884 平方米,背依嵩山,清净宜人,为一花园式单位;观测场 25 米×25 米标准建设。2003 年建设人工影响天气用房 378.2 平方米,2004 年投入使用。

登封市气象局全貌（2008年7月）　　　　登封市气象局环境（2008年7月）

新密市气象局

新密市原为密县,位于河南省中部的嵩山东麓,总面积1001平方千米,距郑州市40千米,是全省26个加快城镇化进程重点县(市)、35个扩权县(市)和23个对外开放重点县(市)之一。1954年隶属开封地区,1984年划归郑州市管辖。

新密市历史悠久,源远流长。溱洧二水世世代代孕育着新密市人民。三皇之世的伏羲氏和五帝时的黄帝、祝融、郐国,西周时的密国及春秋早期郑国均在此立国建都。以后历朝历代虽隶属屡有变更,县治两次搬迁,然而"密"名一直被沿用。

新密市资源丰富,物阜品优,区位优越,环境优良,政通人和,经济繁荣,紧扣"打造工业强市、构建和谐新密、全面建设小康"的战略目标,2003年以来,综合经济实力连续3年位居全省第二。

机构历史沿革

始建情况　1958年1月始建密县气候站,位于密县观音堂乡刘寨村。

站址迁移情况　1958年10月9日,迁至密县老城东关东北角。1976年2月1日,县城向东北搬迁,气象站随迁到距原站址北面2千米处,密县新县城的西南角,位于城关公社于家岗大队第六生产队,观测场位于北纬34°33′,东经113°22′,海拔高度288.0米。

历史沿革　1960年12月11日,更名为密县气象服务站。1971年5月,更名为密县气象站。1990年3月,密县气象站更名为密县气象局。1994年6月1日,因密县撤县建市,更名为新密市气象局,属国家一般气象站。

管理体制　1958年—1962年12月,以密县农业局领导为主。1963年1月—1969年11月,以开封专员公署气象服务台领导为主。1969年11月—1970年12月,以密县水电管理站领导为主。1971年1月—1971年6月,以密县农业局领导为主。1971年7月—1975年10月,以密县武装部领导为主。1975年11月—1983年9月,以密县水利局领导为主。1983年10月,实行气象部门与地方政府双重领导,以气象部门领导为主的管理体制。

机构设置 2008 年,下设办公室、地面气象观测、天气预报、农业气象、人工影响天气办公室、科技服务、兴农网中心等 7 个科室,实行一人多岗,一人多责。

单位名称及主要负责人变更情况

单位名称	姓名	职务	任职时间
密县气候站			1958.01—1960.12
密县气象服务站	张根柱	负责人	1960.12—1971.05
			1971.05—1971.06
密县气象站	弋宪章	负责人	1971.07—1975.01
	水利局领导	无负责人	1975.01—1979.01
	佘瑞卿	站长	1979.01—1984.10
		站长	1984.11—1990.03
密县气象局	李从皋	局长	1990.03—1994.05
新密市气象局			1994.06—2001.02
	闫立荣	局长	2001.02—

人员状况 1958 年建站时 3 人。2001 年,定编 7 人。截至 2008 年底,有在编职工 8 人,外聘职工 2 人。其中:大学本科学历 3 人,大专学历 2 人,中专学历 5 人;中级职称 4 名,初级职称 4 人;50～55 岁 2 人,40～49 岁 2 人,40 岁以下 6 人。

气象业务与服务

1. 气象业务

①气象观测

地面观测 承担一般站的地面气象观测任务。每日进行 08、14 和 20 时 3 次地面气象观测,夜间不守班。

观测项目有气温、湿度、风向、风速、气压、云、能见度、天气现象、降水、小型蒸发、雪深、日照、浅层地温、深层地温、草面温度等。

发报种类有天气加密报、重要天气报和雨量报。1959—1993 年,只观测不发报。1983 年 11 月,开始编发 05、17 时雨量报。2001 年 4 月 1 日,开始编发 08、14、20 时 3 个时次定时天气加密报。从 2005 年 1 月 1 日起,以自动气象站观测资料为准编发各种气象电报。2008 年 6 月 1 日起,增加雷暴、视程障碍现象(雾、霾、浮尘、沙尘暴)重要天气报,为不定时发报。

1986 年 10 月,开始通过高频电话传输各种报文。1995 年 7 月通过微机终端和郑州市气象局联网上传报文。1999 年 6 月报文传输由终端改为因特网。2003 年 3 月改为 X.25 线路传输报文。2005 年 7 月使用宽带上传数据,2007 年 5 月开始使用 GPRS 备份线路传输数据,自动站实时数据每隔 10 分钟自动上传 1 次。

1959 年—1992 年 12 月,用手工抄写方式编制气象月报、年报报表,上报河南省气象局、郑州市气象局。1993 年 1 月,开始使用计算机制作报表和报送、存档。2004 年自动气象站运行后,报表制作由程序自动转换成 A、J 文件,预审完通过 Notes 上传河南省气象局气候中心和郑州市气象台。

2003年12月1日,建成ZQZ-CⅡ型自动气象站,投入业务试运行。2004年1月1日开始自动气象站与人工站的平行观测。2006年1月1日起转入自动站单轨业务运行。自动观测项目有气压、气温、湿度、风向、风速、降水、小型蒸发、日照、雪深、浅层和深层地温,人工站保留项目为云、能见度、天气现象,20时所有观测项目按原观测程序进行观测。2008年1月1日起,取消压、温、湿、雨量自记仪器观测。

区域自动站观测 2004—2005年,新密市建成14个乡镇自动雨量站。2007年11月,建成李湾水库四要素区域自动气象站。

农业气象观测 1960年开始,每旬逢10日进行30厘米土壤湿度观测,每10厘米一个深度单位,观测次序依次为0~10厘米、10~20厘米、20~30厘米,并上报土壤含水率结果。1980年,每旬逢8日进行50厘米土壤湿度观测,观测次序依次为0~10厘米、10~20厘米、20~30厘米、30~40厘米、40~50厘米,每次观测4个重复,取4个重复平均值上报。2000年7月,开始土壤相对湿度观测。

②天气预报

1960年1月1日,开始制作长、中、短期天气预报。建站初期,主要是通过广播收听天气形势,绘制简易天气图,结合本站预报模式制作天气预报。20世纪80年代初,通过传真接收中央气象台的各类信息资料,再结合本地气象资料,制作天气预报。1995年5月26日,单收站建成,接收天气图、传真图等气象资料,参考河南省气象台、郑州市气象台的指导预报产品,结合本站资料制作天气预报。

③气象信息网络

1986年7月安装甚高频电话,同年10月11日开始传递各种报文。1995年5月26日,PC-VSAT单收站建成使用。1995年7月1日,使用微机和郑州市气象局联网。1999年5月26日,使用因特网。2002年3月26日,开通新密兴农网。2003年,建成自动气象站以后,所采集的数据通过GPRS无线网络模块传送至河南省气象局数据网络中心,每天24次定时传输,实现了气象观测资料传输的网络化、自动化。2003年3月1日,重要天气报使用X.25,直接发送到河南省气象台。2005年7月12日X.25停用,开始使用宽带网。

2. 气象服务

公众气象服务 1995年7月1日,开始播放电视天气预报,由气象局提供预报,广播电视局负责制作。1997年6月,开通"121"(2005年改为"12121")气象信息电话自动答询服务,24小时满足公众对气象信息的需求;同年7月,建成天气预报制作系统,每天制作预报并刻录光盘,由值班员送电视台播放。2003年,通过短信平台,在汛期、三夏、三秋、高招和重大社会活动等关键时期开展手机短信气象服务。2005年7月,开始向公众发布灾害性天气预警信号。

决策气象服务 决策气象服务产品有"农气旬月报"、"季年气候评价"、"中长期天气预报"、"墒情服务"、"天气周报"、"重要天气预报"及关键时期天气预报等。2006年,开始与新密市国土资源局联合,进行地质灾害预报服务。

人工影响天气　2000年3月30日,成立新密市人工影响天气工作领导小组,办公室设在新密市气象局。2000年4月,配备"三七"高射炮3门,并招聘10名高炮操作手。2001年5月,配备增雨火箭发射架3套;同年6月9日,开始第一次人工增雨作业。2001年11月30日,配备扬子皮卡车1部。

防雷技术服务　防雷技术服务始于1990年。2001年,以安装避雷设施为主要内容的防雷服务正式启动,把易燃易爆场所作为防雷工作重点,每年进行一次安全检查。2001年,成立新密市防雷中心。2005年,正式开始新建(构)筑物防雷图纸审核、竣工验收等项服务。

气象科普宣传　通过报刊、网络等媒体发表气象信息及科普文章;遇重大天气过程及每年世界气象日,积极联系广播电台、电视台做专题节目,宣传报道;适时择机设立科普知识宣传点向群众介绍与日常生活密切相关的科普知识。

科学管理与气象文化建设

1. 社会管理

新密市气象局社会管理的内容有:根据本市实情,制订气象发展规划,定时收集本地区的气象资料,做好气象信息的传输,及时发布气象灾害预警信号;依法保护气象观测环境和气象设施;适时开展人工增雨作业;做好防雷减灾工作,加强雷电安全和气球施放安全管理等。

2001—2008年,新密市气象局先后与安监局联合下发了《关于防雷安全检查的通知》、《关于进一步做好防雷安全隐患排查的通知》,与教育体育局联合下发了《关于开展中小学防雷设置安全检查的通知》,与国土局联合下发了《地质灾害发布办法》。2005年新密市人民政府下发了《关于加强防雷减灾工作的通知》,并与建设局协商经市政府同意开始新建建筑物图纸审核和建筑工程竣工验收发证工作。

组织执法人员进行技能培训,依照气象法及有关法律认真开展依法行政,2010年依法对一建设单位下达了处罚通知书,对3家违法施放气球的单位进行了罚款。

2. 政务公开

对气象行政审批办事程序、气象服务内容、服务承诺、气象行政执法依据、服务收费依据等,通过公示栏向社会公开。坚持"事前与职工商量,事中让职工参与,事后向职工通报"的全程公开办法,公开局内事务。每季度公示财务情况,年底对全年收支、职工奖金福利发放、劳保、住房公积金等向职工公开。

3. 党建工作

1979年12月,有党员3人。1980年1月,有党员4人,成立党小组,由密县水利局党支部领导。1988年4月,中共密县县委组织部批复成立密县气象站党支部,由中共密县农委党委领导。1994年,更名为新密市气象局党支部。2003年,由新密市直机关党工委领导。截至2008年12月,新密市气象局党支部有党员10人,其中正式党员9人(在职职工党员 6 人,退休职工党员 3 人),预备党员 1 人。

2005 年 1 月,按照新密市委的统一部署和要求,开展党员先进性教育活动。2006 年,贯彻落实新密市委二届七次全会暨经济工作会议精神,制订方案,进一步加强机关效能建设。2008 年,开展"继续解放思想、加快结构调整、推进跨越式发展"大讨论活动。

4. 气象文化建设

2001 年开始,每年春节前,组织全体职工及家属开展文体娱乐活动,活动内容和形式多样,参加人员广泛;建立职工图书室、阅览室等,购置乒乓球台、羽毛球等文体活动器材,经常组织职工开展有益的文体活动,丰富、充实职工的业余生活。

2002 年 3 月 1 日,被郑州市委、市政府命名为郑州市级"文明单位"。

5. 荣誉

集体荣誉 1959—2008 年,新密市气象局共获得各类集体荣誉 90 多项。其中,1997 年被河南省气象局评为"汛期气象服务先进单位"。2003 年被河南省气象局评为"兴农网科技服务先进单位"和"科技服务与产业发展先进单位",2005 年被河南省气象局授予"人工影响天气目标考核先进单位"。2001 年被郑州市档案局授予"档案管理先进单位"。2002 年被郑州市委、市政府命名为郑州市级"文明单位",2004 年被郑州市委、市政府授予"军民共建活动先进单位"称号。

个人荣誉 1959—2008 年,新密市气象局个人获奖共 152 人(次)。

台站建设

1958 年建站初期,只有 3 间瓦房。2008 年,新站址占地 3144 平方米,办公楼 1 栋 460 平方米,职工宿舍楼 2 栋 559 平方米,车库、炮库各 1 个,共 90 平方米。2001—2008 年,对办公楼进行了装修,改造了业务值班室、会议室;对单位进行绿化、硬化,修建了 1300 平方米的草坪。

新密市气象局旧貌(摄于 2006 年)   新密市气象局新貌(摄于 2008 年)

中牟县气象局

中牟位于河南省中部,隶属省会郑州市,东接古都开封,西邻省会郑州。中牟农产品、水资源丰富,地下水可直接饮用,西瓜、大蒜等支柱性农产品享誉全国,主要农业经济指标多年稳居郑州市第一位,位于全省前列,是典型的农业大县。

机构历史沿革

始建情况　中牟气候站始建于 1957 年 3 月 1 日,位于中牟县万滩机耕农场,北纬 34°53′,东经 113°53′。

站址迁移情况　1958 年 10 月 28 日,迁到城关大潘庄东地。1980 年 1 月 1 日,迁到尚庄北地。2004 年 1 月,迁到郑庵镇桃村李村北地,北纬 34°43′,东经 113°58′,海拔高度 78.1 米。

历史沿革　1960 年 2 月 1 日,更名为中牟气象服务站。1971 年 9 月 1 日,更名为中牟县气象站。1990 年 2 月 13 日,更名为中牟县气象局。

管理体制　1957—1962 年,受地方政府领导,由中牟县农业局代管。1963 年 1 月—1971 年 6 月,归属开封专员公署气象服务台和中牟县农科所管理、以开封专员公署气象服务台领导为主。1971 年 6 月 28 日,归中牟县人民武装部领导,业务仍归开封专员公署气象服务台管理。1973 年 6 月起,由中牟县农业局代管。1981 年 4 月 23 日起,归中牟县农委直接领导。1983 年 7 月中牟县划归郑州市市辖县,1984 年 1 月归郑州市气象管理处管理,实行气象部门与地方政府双重领导,以气象部门领导为主的管理体制。1989 年 10 月,由郑州市气象局管理。

机构设置　2008 年,设办公室、气象信息服务中心、科技开发中心。

单位名称及主要负责人变更情况

单位名称	姓名	职务	任职时间
中牟气候站	蒋金娥	负责人	1957.03—1960.02
			1960.02—1962.01
中牟气象服务站	姚少礼	负责人	1962.02—1963.06
	李开育	负责人	1963.07—1964.07
	孙国田	负责人	1964.08—1968.07
	王德生	负责人	1968.08—1969.10
	李开育	负责人	1969.11—1971.09
中牟县气象站			1971.09—1974.01
	王明勤	负责人	1974.02—1978.12
	于传忠	站长	1979.01—1990.02
中牟县气象局		局长	1990.02—1990.11
	王建玲	局长	1990.12—1996.12
	李　敏	局长	1997.01—

人员状况 1957 年建站时,只有 2 人。截至 2008 年底,共有在职职工 7 人(在编职工 4 人,聘用职工 3 人)。其中:高级职称 1 人,中级职称 2 人,初级职称 1 人;本科学历 1 人,大专学历 6 人;50～55 岁 2 人,40～49 岁 1 人,30～39 岁 1 人,20～30 岁 3 人。

气象业务与服务

1. 气象业务

①气象观测

地面观测 1957 年 3 月开始进行地面气象观测,每日进行 01、07、13、19 时 4 次观测,观测时间采用地方时。1960 年 3 月 18 日,改为 07、13、19 时 3 次观测。1960 年 9 月,改为 08、14、20 时 3 次观测,观测时间采用北京时。

观测项目有地面温度、浅层及深层地温、云、能见度、天气现象、气温、气压、蒸发、降水量、雪深、风向、风速。

1983 年 11 月,增加 05 和 17 时定时向河南省气象局拍发雨量报。2001 年 4 月 1 日,增加 08、14、20 时向河南省气象局拍发加密天气报。

2003 年 11 月,建成自动气象站并投入试运行;2004 年 1 月 1 日,实行自动站和人工站双轨运行;2006 年 1 月 1 日,实行自动站单轨运行。

区域自动站观测 2005 年 5 月 5 日,建成白沙、万滩等 14 个乡镇自动雨量观测站,并投入使用。截至 2008 年底,乡镇雨量站已达到 17 个。2007 年 9 月 30 日,在官渡镇东湖景区建成第一个四要素区域自动站。

农业气象观测 1960 年开始,每旬逢 10 日进行 0～10 厘米、10～20 厘米、20～30 厘米土壤墒情观测。1980 年,土壤墒情测定日期改为每旬逢 8 日进行,旬末上报,观测深度增加 30～40 厘米、40～50 厘米两个层次。2000 年 7 月,开始土壤相对湿度观测。农业气象服务产品有麦播预报、霜降预报、季度农业气候预报。

②天气预报

制作 1～3 天的短期预报,每天早、中、晚 3 次发布;制作滚动周预报、旬预报等中期预报,每周、每旬发布一次;制作月预报、季预报等长期预报,每月、每季发布一次。遇有重大灾害性天气时,随时发布天气警报。20 世纪 90 年代初及以前,天气图的获得靠预报员收听广播,手工填写并描绘分析。1995 年,微机终端系统与郑州市气象局联网,天气图从网络调取。1999 年,安装气象卫星地面接收系统,直接接收各种天气图、欧洲气象中心和日本气象中心的形势预报图。

③气象信息网络

20 世纪 70 年代以前,气象信息的传输主要利用手摇式电话,通过邮局发送。20 世纪 80 年代,配备了传真机。1986 年 12 月,利用甚高频电话发送雨量报。1993 年配备第一台微机,1995 年 7 月 1 日实现微机和郑州市气象局联网业务运行,通过网络直接调取预报。1999 年 5 月 26 日,因特网及卫星单收站建成并投入业务使用。2003 年 11 月 30 日,自动气象站投入业务试运行。

2. 气象服务

公众气象服务 1995 年,在中牟县电视台开播天气预报节目。1997 年 6 月 25 日,开通"121"电话气象信息答询服务系统,设立短期天气预报,中、长期天气预报,农业气象情报,气象知识等 4 个信箱。截至 2008 年底,信箱增加到 100 个,内容更加丰富,有健康与气象、气象实况、穿衣指数、晨练指数、假日气象等栏目。每天电话拨打次数都在 1000 次左右,尤其在收蒜、种麦、收麦等关键农事季节和复杂天气时,拨打率更高,满足了不同层次用户对气象信息的需求。2004 年 12 月 1 日,"121"电话设备升级,改名为"12121"。2006 年,通过移动公司开通了手机短信平台,遇有临近灾害性天气时,可以向中牟县四大班子领导、各局委领导、乡镇领导、气象信息员等近 200 人发布最新天气状况,方便领导防灾抗灾科学决策。

决策气象服务 决策气象服务对象是中牟县委、县政府、县人大、县政协及所属的有关部门。常规决策气象服务材料有天气周报、农业气象旬报、月天气预报、季天气预报、季气候评价、年气候评价等。遇有重大灾害性天气过程时,提前发布重要天气预报、灾害天气预警信号。灾害性天气过后,及时组织灾情调查,发布灾情报告和雨情报告。每年"两会"、高考、"西瓜节"、"大闸蟹美食节"、春节等重大节假日,提供专题气象保障服务。服务方式有书面和手机短信两种,使各级领导能够在第一时间内获得准确、及时的气象信息。

人工影响天气 截至 2008 年底,有人工增雨作业车 1 辆、BL-1 型防雹增雨火箭弹发射系统 3 架、GPS 定位仪 1 个、对讲机 1 套,火箭手 3 名、指挥人员 2 名。在干旱季节,适时开展人工增雨。据统计,2001—2008 年共成功实施人工增雨作业 40 次,发射增雨火箭弹200 枚。

防雷技术服务 1989 年,开始开展防雷检测工作,定期对中牟县液化气站、加油站等高危行业和非煤矿山的防雷设施进行检查,对不符合防雷技术规范的单位责令整改。2006年,开始对中牟县新建建筑物防雷工程图纸进行设计审核和竣工验收。2008 年 6 月 27 日,防雷图纸审核等气象行政审批工作正式入驻中牟县行政审批服务中心办事大厅办理(牟发〔2008〕6 号)。

气象科普宣传 充分利用"3·23"世界气象日、"5·12"防灾减灾日、安全生产月等活动,分别在中牟大厦门前、世纪广场等人员密集的地方,设立咨询台、展板、图片、条幅等进行气象科普集中宣传,共计发放宣传资料和手册 2 万余份,广泛普及公众应对气候变化的意识和防灾减灾的能力。

科学管理与气象文化建设

1. 社会管理

2000 年,中牟县人民政府法制办批复确认县气象局具有独立的行政执法主体资格,并为 2 名职工办理了行政执法证。

2002 年,中牟县人民政府办公室下发了《中牟县人民政府关于加强雷电安全管理的通知》(牟政文〔2002〕76 号),要求高层建筑、电力设施、计算机设备及易燃易爆物资仓储场所、油库等必须采取防雷措施,安装防雷装置。

2006 年,被列为县安全生产委员会成员单位,开始对中牟县新建建筑物防雷工程图纸进行设计审核和竣工验收,负责全县防雷安全的管理,定期对液化气站、加油站、民爆仓库等高危行业和非煤矿山的防雷设施进行检测检查,对不符合防雷技术规范的单位,责令进行整改。

2008 年 6 月 27 日,防雷图纸审核等气象行政审批工作正式入驻中牟县行政审批服务中心办事大厅办理(牟发〔2008〕6 号)。

2. 政务公开

对外公开内容包括服务收费依据及标准、气象行政审批办事程序、气象服务内容、服务承诺等,通过户外公示栏向社会公开。内部公开内容包括财务收支、目标考核、重大事项等,采取职工会议等方式向职工公开。

3. 党建工作

1993 成立党支部,有党员 3 人。截至 2008 年底,有党员 4 人。

中牟县气象局党支部积极开展廉政教育、廉政文化建设和批评与自我批评活动,建立健全会议制度、勤政廉政制度,坚持周二政治学习制度,深入学习实践科学发展观,加强职工思想道德教育,开展保持党员先进性教育活动。

4. 气象文化建设

2003—2008 年,先后开展了学习"三个代表"重要思想、保持共产党员先进性、科学发展观等活动。局内建设了职工综合活动室、图书阅览室、乒乓球室,并安装了室外健身器材,建成了篮球场,丰富了职工业余文化生活,并积极参加各项文体活动。2005 年,荣获郑州市气象部门首次运动会优秀组织奖。2006 年 7 月,获郑州市气象部门庆祝中国共产党建党 85 周年讲党课活动二等奖。2006 年 9 月,获郑州市气象系统文艺汇演三等奖,2007年,获郑州市气象局组织的乒乓球个人赛三等奖。2008 年 6 月,获郑州市气象部门庆"七一"学习贯彻十七大精神演讲比赛优秀组织奖。

1998 年 2 月,被郑州市委、市政府命名为市级"文明单位"。

5. 荣誉

集体荣誉 1995 年,被中国气象局评为汛期气象服务先进集体称号。1998 年 2 月,被郑州市委、市政府命名为市级"文明单位";2004 年届满重新申报,再次被命名为市级"文明单位"。

参政议政 于传忠 1984 年 4 月 29 日当选为中牟县第三届政协副主席、文史委员会主任;1987 年连任中牟县第四届政协副主席。张志国 2002 年当选为中牟县第七届政协委员,2007 年连任中牟县第八届政协委员。

台站建设

建站初期,占地面积仅 666.7 平方米,有 3 间瓦房,位于乡间农场,用手电筒照明观测。1958 年第一次迁站到中牟县城,使用电灯照明,办公场所仍为 3 间瓦房。

1980 年迁站时,征用土地 5333.6 平方米,建起两层办公楼房;到 20 世纪 90 年代末,办公楼因年久失修,形成"外面下大雨,屋内下小雨"的情况。2000 年底,购置松花江系列中意小面包车 1 辆。2001 年底,购置扬子皮卡人工增雨车 1 辆。

2004 年 1 月第三次迁站,征地面积 3687.80 平方米,10 月 1 日建成三层办公与住宿综合楼;按标准设立了业务平面室、会议室、阅览室、图书室、人工影响天气办公室、防雷中心、文体活动室;室内有热水器、空调、电视、网络等,院内还建了篮球场,安装了健身器材,做到了绿化、美化、亮化、硬化。

2008 年,被郑州市人民政府命名为"花园式单位"。

登封市嵩山气象站

嵩山气象站冬春风大寒冷,夏秋雾多潮湿。年平均气温 9.5℃,极端最高气温 32.0℃,极端最低气温−25.0℃;年平均风速 5.5 米/秒,极大风速 42.7 米/秒,最多风向为西风;年平均降水量为 800 毫米;全年日照时数为 2390 小时,最长连续雾日为 42 天。为国家三类艰苦台站。

机构历史沿革

始建情况　嵩山气象站始建于 1956 年,位于登封市城北中岳嵩山山脉南伸的支脉——嵩山跑马岭,北纬 34°30′,东经 113°03′,海拔高度 1178.4 米,承担国家一般气象站观测任务。

历史沿革　始建时名为河南省登封气象站。1958 年 1 月 1 日,更名为河南省登封气候站。1961 年 1 月 1 日,更名为河南省登封县气象服务站。1968 年 5 月,在登封县城建立登封县气象服务站,开始地面气象观测,并承担预报、农业气象、农业服务,两个气象站在行政上实行统一管理。1980 年 5 月,登封县气象站与嵩山气象站行政管理分离,同年 10 月,更名为河南省登封县嵩山气象站。1990 年,停止地面气象观测业务。1995 年 1 月,登封县撤县改市,更名为河南省登封市嵩山气象站。2000 年 1 月,更名为登封市嵩山气象站。2003年 1 月 1 日,恢复地面观测业务,定为国家一般气象站。2007 年 1 月 1 日,调整为国家气象观测站一级站,但因人员不足,暂按国家气象观测站二级站模式运行。2008 年底,恢复为国家一般气象站。

管理体制　建站时,隶属河南省开封地区气象台领导。1958 年 1 月 1 日,管理体制改为以地方政府领导为主、以气象部门领导为辅的双重领导。1963 年 3 月,改为以气象部门领导为主、以地方政府领导为辅的双重领导。1970年,改为以地方政府领导为主、气象部门领导为辅的双重领导。1983年10月,实行气象部门与地方政府双重领导,以气象部门领导为主的管理体制。1984年,开封地区撤区建市,登封县划入郑州市,嵩山气象站划归郑州市气象管理处管理。1994年,嵩山气象站被划为郑州市气象局直属专业气象站。

单位名称及主要负责人变更情况

单位名称	姓名	职务	任职时间
河南省登封气象站	韩站龙	站长	1955.12—1957.11
	李凤彪	站长	1957.11—1957.12
河南省登封气候站			1958.01—1960.07
	李光庆	站长	1960.07—1960.12
			1961.01—1962.08
河南省登封县气象服务站	杜修善	站长	1962.08—1964.05
	李凤彪	站长	1964.05—1968.04
	陈诗石	站长	1968.04—1980.09
			1980.10—1986.01
河南省登封县嵩山气象站	赵文平	站长	1986.01—1988.12
			1989.01—1994.12
河南省登封市嵩山气象站	王彦涛	站长	1995.01—2000.01
登封市嵩山气象站			2000.01—

人员状况 嵩山气象站成立时,编制13人,除站长、观测员外,还配备了报务员、摇机员、通讯员等。2003年,编制定为7人。截至2008年底,共有职工8人,编内职工5人,编外职工3人。其中:从事观测业务值班的6人,炊事员1人,司机1人;具有大专及以上学历的5人;中级职称1人,初级职称2人。

气象业务

1956年1月1日—1989年12月31日,嵩山气象站承担02、08、14、20时4次定时观测和05、11、17、23时4次辅助天气观测及其发报任务。观测项目为云、能见度、温度、湿度、降水量、风向、风速、气压、蒸发、雪深、日照。同时还承担24小时航危报的发报任务;1983年10月1日起,拍发重要天气报。1989年12月31日撤销地面观测。

1990—2002年,嵩山气象站业务改为全省甚高频无线通讯网的中转。

2003年1月1日,恢复地面气象观测业务,承担国家一般气象站观测任务。观测项目为云、能见度、天气现象、气温、湿度、降水、风向、风速、气压、蒸发、地温、雪深、日照。定时观测时次为08、14、20时3次。恢复后的观测项目增加了地面温度观测。

1956—1957年,每天4次地面绘图报的传输,使用15瓦无线短波电台,靠手摇发电机供电,报务员用电键发报,传至河南省气象台。1958年,用专线电话通过邮电局发报。1986年,配备高频电话,观测电报通过邮电局中转。2003年,全面恢复业务后,首次引进微型计算机,实现了气象观测资料的自动化处理,但由于通讯条件限制,暂不承担发报任务。2005年1月1日,采用2004版地面测报业务软件。2006年,移动2兆光纤铺设至嵩山气象站,2007年1月,嵩山气象站增加每天3次天气加密报发报任务,并实现报文传输网络化。

建站时,用手工抄写方式分别编制气象月报、年报表一式4份,通过专人送至山下,以邮寄方式分别上报中央气象局、河南省气象局气候资料室和开封地区气象局业务科,本站留底1份。2003年1月1日恢复业务后,开始使用计算机打印气象报表,向上级气象部门报送电子版月年报表,站内同时留底保存。

嵩山气象站为高山站,除地面测报业务外,在河南省人工影响天气飞机作业期间,承担无线通讯指挥和数据传输中转工作。

党建与气象文化建设

1. 党建工作

嵩山气象站建站之初,由于党员较少,没有成立党支部,站内党员隶属上级气象部门党支部或当地政府农委党支部。2007年,站内所有党员组织关系转入登封市气象局党支部,党支部共有党员9人,其中嵩山气象站党员4人。

嵩山气象站始终坚持定期组织全站职工参加党支部召开的民主生活会,开展民主评议党员活动。2008年4月,嵩山气象站组织开展党风廉政宣传教育月活动,积极参加竞赛答题和演讲比赛,教育干部职工树立科学的发展观和正确的荣辱观,开展领导干部行为规范讨论,严格遵守"五不准",做到为民、务实、清廉,在实际工作中深刻领会"八荣八耻",具体体现"四大纪律"和"八项要求"。

2. 气象文化建设

嵩山气象站位于高山之上,交通不便,物资匮乏,职工文化生活较为单调。在建站初期,站内职工自发组织起来,开垦荒地,种植蔬菜。特殊的地理环境,使嵩山气象人养成了自力更生、艰苦奋斗的优良传统。2005年,嵩山气象站先后收集电子图书3000多册,为职工建立了电子阅览室,丰富职工文化生活。2007年,先后购置图书50多套,拓宽职工的知识面。2008年1月,将互联网接入嵩山气象站,进一步开阔了职工的视野。2008年12月,嵩山气象站购置了乒乓球、羽毛球等文体活动器材,组织职工开展各项文体活动。

3. 荣誉

集体荣誉 1956—2008年,嵩山气象站共获得各类集体荣誉30余项。其中,1984年被郑州市气象局评为艰苦奋斗先进集体,1998年被郑州市气象局评为工作目标A级单位,1999年被郑州市气象局评为气象科技创收先进单位、目标管理先进单位,2000—2003年连续4年被郑州市气象局评为科技服务与产业发展工作先进单位,2003年被郑州市气象局评为气象短信服务先进单位、基本气象业务先进单位,2004—2008年连续5年被郑州市气象局评为目标考核优秀达标单位。

个人荣誉 陈诗石1985年在"祖国为边陲优秀儿女挂奖章"活动中被国家气象局授予铜质奖章。王彦涛2008年被郑州市人民政府评为郑州市劳动模范。

台站建设

　　嵩山气象站地处嵩山跑马岭,交通极为不便。在建站初期,四周荒草丛生,环境恶劣,无水无电,工作、生活条件艰苦。冬季寒冷风大,测风仪经常被雾凇或雨凇冻结,风向标不能转动。夏天雷雨频繁,对业务正常运行影响较大。夜间值班用手电筒,手工编报用蜡烛照明。运送器材、物品需人背肩扛,只有一条山间小路,步行要用2个多小时。嵩山气象站自建站以来,嵩山气象人就从未停止过对基础设施和办公环境的改善。

　　1990年,嵩山气象站职工自力更生,挖沟铺管,修建水塔,通过近两个月的艰苦劳动,使嵩山气象站有史以来第一次用上了自来水。在之后的数十年内,又多方筹集资金,先后修建了西流泉备用水井、积雨储水池,解决了职工吃水难问题。1992年,通过多次与邮电局沟通协商,促成登封移动基站在嵩山气象站建立,解决了困扰嵩山气象站长达30多年的工作生活用电问题。2008年2月,嵩山气象站通过多方协调,与登封移动公司达成协议,将互联网接入嵩山气象站,使嵩山气象站第一次通过网络与外界连通。

　　嵩山气象站建站初期,只有平房约200平方米,仅设有值班室、宿舍、厨房等必要房间。1980年,对房屋进行了扩建,同时将屋顶改为钢筋混凝土结构。2003年,又进行了修缮。2006年,对站内基础设施进行了扩建和全面装修,对所有建筑物进行了防水、防潮处理,在办公楼两侧修筑了房屋护坡。2008年,对站内原有的两座避雷塔进行了修复,对防雷地网进行了更新。通过改造,嵩山气象站共有房屋23间,建筑面积900平方米,设有观测值班室、职工宿舍、厨房、会议室、机房、仓库、井房等多个功能齐全的房间,成为嵩山风景名胜区的一个景点。

嵩山气象站新貌(摄于2008年)

开封市气象台站概况

开封市位于黄河中下游的黄淮平原,北依黄河,地处河南省中东部,东经 $113°52'15''$ ~ $115°15'42''$,北纬 $34°11'45''$ ~ $35°01'20''$,辖杞县、通许、兰考、开封、尉氏 5 县和开封市 5 区及经济技术开发区,总面积 6444 平方千米,2008 年底,全市总人口 518.4 万。开封属暖温带季风气候,气候特点是夏热冬冷,四季分明,年平均气温 14.2℃,降水量 631.8 毫米。受季风变化影响,天气、气候多变,主要气象灾害有干旱、洪涝、寒潮、大风、低温、连阴雨、干热风和强对流天气等。

气象工作基本情况

所辖台站概况 中华人民共和国成立以后,各市县陆续成立气象台站,1958 年开封成立气象台,之后因开封地区管辖区域多次变动,气象部门管辖区域随之改变。1983 年地市合并以后,管辖的台站改为开封、杞县、兰考、通许、尉氏 5 个气象台站,其中国家基本气象站 1 个、国家一般气象站 4 个。

历史沿革 1914 年 4 月,北洋政府农商部在河南开封农事试验场设立第一个气象观测所。1921 年,北平中央观象台气象科主持在开封建立测候所,到 1924 年因军阀混战而停办。1929 年,开封农林场设立测候股,次年改名为一等测候所。1950 年,中南军区空军司令部在河南建立首批 6 个机场气象台站,开封为其中之一。1950 年 6 月,河南省农林厅会同黄河水利委员会、河南大学农学院三方集资建立了"联合开封气象站",站址设在开封市禹王台内。1958 年,成立河南省开封气象台。1961 年 12 月,专署开封地区所辖区域变动,所辖县(市)气象台站改为开封、尉氏、杞县、兰考、中牟、荥阳、巩县、密县、新郑、登封、嵩山站、开封县共 12 个站,后来,开封县观测工作撤销。1964 年,通许县建站。1978—1981年,兰考县气象站划归商丘地区管辖。1983 年地市合并,开封市所辖气象台站改为开封、尉氏、通许、杞县、兰考。

管理体制 1953 年 6 月,气象部门由军队转为地方建制,归河南省气象局管理。1953—1980 年,各级气象台站归属同级政府领导,业务受上级气象部门指导,实行双重领导以地方领导为主的管理体制。1983 年体制改革,实行气象部门与地方政府双重领导,以气象部门领导为主的管理体制。

人员状况 1958年,开封气象部门在职职工为42人(含县级气象局)。1980年,为48人。2006年,定编为76人。2008年底,在编人员78人。其中,大专学历23人,本科学历26人;中级及以上职称41人(其中高级职称3人)。

党建与精神文明建设 1975年以后,各县陆续成立党支部。2005年11月,成立开封市气象局党总支,下辖4个支部。2008年,全市气象部门有党员76人(其中在职党员49人,离退休党员24人,另有3名非气象部门党员参加气象部门的党组织生活)。

开封市气象局设有健身活动室、文化宣传栏、娱乐活动场所、阅览室、科普画廊、科普馆和老干部活动室。气象台站利用世界气象日、科技活动周和全国科普日举行大规模气象科普宣传活动,开封市气象局2003年建成河南省第一个气象科普长廊,2005年建成河南省第一个气象科普馆。2003年开封市气象局被中国气象局、中国气象学会命名为"全国气象科普教育基地",被河南省科协命名为"河南省科普教育基地",被开封市科协、开封市教育局命名为"开封市青少年科普教育基地"。2006年,开封市气象局被中国气象学会授予"全国气象科普先进集体"称号。2001年,开封市气象局被评为市级文明单位,2003年、2008年连续两届被评为省级文明单位,2006年被中国气象学会评为"全国气象科普先进集体"。截至2008年,开封市所辖台站均进入市级文明单位行列,其中省级文明单位1个、市级文明单位标兵1个。

领导关怀 1997年5月,中国气象局局长温克刚到开封市气象局视察,并为开封市气象局题词:搞好气象服务 振兴开封经济。2000年8月,中国气象局副局长郑国光到开封市气象局视察。2001年11月,中国气象局副局长李黄到开封市气象局视察。2002年7月,中纪委驻中国气象局纪检组组长孙先健到开封市气象局视察。2003年1月,中国气象局副局长刘英金到开封市气象局视察。2003年8月,中国气象局副局长许小峰到开封市气象局视察。2004年1月,中纪委驻中国气象局纪检组组长孙先健到开封、兰考慰问工作在一线的气象职工。2004年10月,中国气象局局长秦大河到开封市气象局、兰考县气象局视察。2006年9月,中国气象局副局长宇如聪到开封市气象局视察。

主要业务范围

地面气象观测 全市地面气象观测站5个,其中1个国家基本气象观测站、4个国家一般气象观测站。

1956年12月1日—1960年7月31日,采用地方时,国家一般气象观测站每日07、13、19时进行地面观测,国家基本气象观测站每日01、07、13、19时进行地面观测。1960年8月1日起,按北京时进行观测,观测时次改为国家一般气象观测站每日08、14、20时3次观测,夜间不守班;国家基本气象观测站每日02、08、14、20时4次观测,夜间守班。

1971年1月1日,开始编发天气报,时次分别为05、08、14、17时;拍发气象旬(月)报,雨量报。1983年10月1日,开始编发重要天气报。1969年1月1日起,开始承担航危报业务,尉氏站、兰考站先后向郑州、许昌、商丘、长治、邢台拍发固定航空(危险)报或预约航空(危险)报,1985年后,该业务先后取消。

2002年,河南省首家自动气象站(CAWS600-B型)在开封建成。2003年1月1日,自动气象站正式投入业务运行,进行平行观测,2003年以人工站为主自动站为辅,2004年以自动站为主人工站为辅,2005 年 1 月 1 日起进入自动气象站单轨运行阶段。之后,因性能稳定、技术成熟,传输数据量大、迅速、准确,多种自动气象站建成投入使用,截止到 2008 年底,开封新建区域自动气象站 74 个,其中单要素站(雨量)63 个、四要素站 11 个,形成了覆盖乡镇的"地面中小尺度气象灾害自动监测网"。

随着自动气象站投入业务运行,地面气象观测出现了人工气象观测和自动气象观测两种形式。人工气象观测项目:云、能见度、天气现象、雪深、雪压、冬季降水、日照、蒸发量(E-601 型/小型)、冻土、电线积冰等项目。自动气象观测项目:气压、气温、湿度、风向、风速、降水、地面温度、浅层(5、10、15、20 厘米)地温、深层(40、80、160、320 厘米)地温、草面(雪面)温度等项目。

自动气象站采集的数据每月整理、存盘、上报,年底刻录光盘归档。

每日 20 时进行人工站和自动观测数据的对比观测。

国家一般气象观测站承担全国统一观测项目任务,内容包括云、能见度、天气现象、气压、气温、湿度、风向、风速、降水、雪深、日照、蒸发(小型)、地温、冻土,每日 08、14、20 时 3 次定时观测,向河南省气象台拍发省区域天气加密电报。

开封国家基本气象观测站在国家一般气象观测站承担观测项目的基础上,增加 E-601 大型蒸发观测、雪压、深层地温、草(雪)面温度、露天温度、紫外线监测、酸雨观测、探测环境日监测、区域站报表和转发报文业务。开封观测站是全球气象情报交换站,每日进行 02、08、14、20 时(北京时)4 次定时观测,拍发天气电报;进行 05、11、17、23 时补充定时观测,拍发补充天气电报。承担区域气象站报表的制作和上传业务。

农业气象观测 1983 年 7 月 1 日,开始农业气象观测工作,观测项目为土壤湿度,每月 8 日、18 日、28 日测定 0~50 厘米土壤湿度,拍发墒情报。到 2008 年底,承担的农业气象业务逐渐增加为农业气象周报、农业气象产量预报、作物病虫害观测等。遇到重大自然灾害如干旱、洪涝等,增加加密农业气象观测和测墒业务,及时向有关部门提供农业气象服务。制作并发布的气象产量预报服务产品主要有小麦、玉米、棉花及全年粮食总产的趋势及定量预报。杞县是国家农业气象基本站,从 1986 年 10 月开始,除承担以上业务外,增加河南省卫星小麦遥感测产、卫星小麦苗情监测及对小麦、棉花、玉米等作物生育状况及自然物候观测,并发报。发报种类包括月报、旬报、周报、墒情报。发报内容包括旬(月)报:基本气象段,农业气象段,灾情段,地温段,产量段,地方补充段;周报:基本气象段,农业气象段,灾情段。从 1983 年 1 月起,开展气候评价工作,制作并发布的气候评价服务产品主要有春、夏、秋、冬各季的气候评价以及年度气候评价。

天气预报 1957 年开始,各县气象站通过收听天气形势,结合本站资料图表和天气谚语,每日早晚制作 24 小时日常天气预报。20 世纪 80 年代初,通过传真接收中央气象台、河南省气象台的旬月天气预报,结合分析本地气象资料、短期天气形势、天气过程的周期变化等,制作一旬天气过程趋势预报,并开展常规 24 小时、未来一周和旬月报等短、中期天气预报和短期气候预测。1999—2000 年,开封市气象局建设完成并利用 VSAT 卫星单收站接收气象信息资料,以 MICAPS 为主要工作平台建立的预报业务流程实现准自动化运行。2000 年开始,各县站逐步开始对开封市气象台的 24 小时、周预报和旬月报等短、中、长期天气预报以及临近预报订正后进行服务。2005 年 7 月起,突发气象灾害预警信号发布投入业务规范化运行。2007 年起停止上传评分预报。

人工影响天气 人工影响天气工作始于 20 世纪 70 年代,利用高炮进行作业。1987 年,利用飞机播撒干冰和高炮作业相结合,开始大规模人工影响天气工作。2008 年,人工影响天气技术已发展到利用人工观测云层、气象卫星、多普勒雷达、GPS 定位等探测手段,采用飞机、车载式火箭、"三七"高炮相结合的方法,实施人工增雨。此外,人工影响天气工作还服务于地方大型活动,保障活动顺利进行,如开封菊花花会开幕式等。

气象服务 开封自建台站始,就开展公众气象服务和决策气象服务,气象服务产品以书面文字直接送达。1985 年,建立气象警报系统,面向有关部门、乡(镇)、村开展气象服务。1997 年,开辟电视天气预报节目,开通"121"(2005 年 1 月改号为"12121")天气预报电话自动答询系统。2001 年,利用手机短信每天 17 时发布气象信息,并开通"手机天气预报短信平台"。常规气象服务通过电视、微机终端、互联网、手机短信、报纸、广播、电子显示屏、"12121"声讯电话对外发布,专业气象服务通过电话、信函、手机短信、互联网等向用户传送。

开封市气象局

开封古称东京、汴梁、汴京等,简称汴,是国务院首批命名的六大古都之一,是中国优秀旅游城市。开封府尹包拯包青天妇孺皆知,《清明上河图》天下闻名。开封气象科学源远流长,我国现存的古老农书《夏小正》描述的正是开封到杞县一带的气候、节令及农事活动,是中华民族创立古朴农业气象学的标志,也是我国有气象工作的开始,距今 3000 多年,比"开拓封疆"建开封城的历史尚早几百年。随着宋、金灭亡和黄河水几次淹没开封城,开封的政治经济地位急剧下降,气象工作时作时辍。新中国成立以后,气象事业逐渐步入正轨。

机构历史沿革

始建情况 1914 年 4 月,北洋政府农商部在河南开封农事试验场设立第一个气象观测所。1921 年,北平中央观象台气象科主持在开封建立测候所,到 1924 年因军阀混战而停办。1929 年,开封农林场设立测候股,次年改名为一等测候所。1950 年,中南军区空军司令部在河南建立首批 6 个机场气象台站,开封为其中之一;同年 6 月,河南省农林厅会同黄河水利委员会、河南大学农学院三方集资建立联合开封气象站,站址设在开封市禹王台内。以上气象站点没有统一规范,仪器缺乏正规鉴定,同时受战争影响,气象记录时断时续,观测时次和种类不断变化。中华人民共和国成立以后,开封气象工作正式起步,各市县逐步建立气象台站,1953 年 1 月 1 日观测记录按要求正式保存。1958 年,正式成立河南省开封气象台。

站址迁移情况 1958 年 10 月,成立河南省开封气象台,设在开封市禹王台内。1964 年 1 月,迁往开封市南郊干河沿村南。2001 年 1 月,迁往开封市经济技术开发区金明广场西南,北纬 34°47′,东经 114°18′,观测场海拔高度 73.7 米。

历史沿革 1958 年 10 月成立河南省开封气象台,县处级单位(以下同)。1960 年 1 月,更名为开封专员公署气象台。1964年1月,更名为开封专员公署气象服务台。1978年8月,更名为开封地区革命委员会气象局。1980年6月,更名为开封地区气象局。1983年9月,更名为开封市气象台。1984年6月,更名为开封市气象处。1989年8月,更名为开封市气象局。

管理体制 1953—1980年,各级气象台站归属同级政府领导,业务受上级气象部门指导,实行双重领导以地方领导为主的管理体制。1983年体制改革,实行气象部门与地方政府双重领导,以气象部门领导为主的管理体制。

机构设置 建台之初,人员少,没有明确的机构设置。1980年6月,第一次明确内设机构5个,分别为办公室、业务科、农业气象科、资料室、气象台。2008年底,开封市气象局内设机构定为3个职能科室,分别为办公室、业务科、人事科;4个直属单位,分别为气象台、观测站、专业气象台、防雷中心。地方编制机构1个:开封市人工影响天气办公室。

单位名称及主要负责人变更情况

单位名称	姓名	职务	任职时间
河南省开封气象台	不详	不详	1958.10—1959.05
	张银贵	台长	1959.05—1960.01
开封专员公署气象台			1960.01—1964.01
开封专员公署气象服务台			1964.01—1978.08
开封地区革命委员会气象局		局长	1978.08—1980.06
开封地区气象局			1980.06—1983.09
开封市气象台		台长	1983.09—1983.11
	陈兆信	台长	1983.11—1984.06
开封市气象处		处长	1984.06—1989.08
		局长	1989.08—1990.02
开封市气象局	张新隆	局长	1990.02—1993.03
	徐熙承	局长	1993.03—1995.08
	刘乐勤	副局长(主持工作)	1995.08—1997.11
	李松芬(女)	局长	1997.11—2005.12
	宋 浩	局长	2005.12—

注:1958年10月至1959年5月无档案资料。

人员状况 1958年,有在职职工5人。1980年为36人。2008年底,有职工70人(其中在编职工55人,聘用职工15人)。在编职工中:男40人,女15人;汉族54人,少数民族1人;研究生学历1人,本科学历21人,大专学历13人,中专及以下学历20人;高级职称3人,中级职称28人。

气象业务与服务

1. 气象观测

①地面气象观测

观测时次 1960年7月31日前,采用地方时,每日进行01、07、13、19时4次地面观测,以19时为日界,夜间守班。1960年8月1日起,按北京时进行观测,每日02、08、14、20时4次观测,以20时为日界,夜间守班。

观测项目 1958年1月1日,观测项目有云、能见度、天气现象、气温、湿度、毛发表、地面最低温度、小型蒸发、降水、风向、风速、地面状态等。2008年,观测项目有云、能见度、天气现象、气压、气温、湿度、风、降水、雪深、雪压、日照、蒸发(小型)、地温、冻土、草面(雪面)温度等。1959年,进行4次气候观测。1964年1月,增加冻土观测。1980年,增加雪压观测。2002年,增加14时露天温度观测。2005年,增加紫外线监测系统。2005年1月1日,停止整理气压计、温度计、湿度计自记记录。2007年1月1日,增加酸雨观测业务;停止使用气压计、温度计、湿度计。2007年12月,增加探测环境日监测。2008年1月1日,承担转发县气象局报文工作。2008年底,安装实景监控系统(对观测场及探测环境进行实时监视)及电线积冰架。2009年1月1日,增加电线积冰观测。

发报种类 1971年1月1日,开始编发天气报,时次分别为05、08、14、17时;拍发气象旬(月)报、雨量报。1983年10月1日,开始编发重要天气报。2008年,编发天气报的时次为02、05、08、11、14、17、20、23时。2008年1月1日起,承担转发杞县、兰考、尉氏、通许4个县气象局报文,转发报类有地面加密报、墒情报、加密墒情报、气象旬(月)报、农业气象周报。

报表制作 1958年1月1日,开始人工制作报表。1990年1月,正式开始机制气表-1。2008年起,承担区域气象站报表制作和上传业务。

资料管理 1958年开始,观测报表预审后报河南省气象局资料室审核并存档,交开封市气象局资料室1份存档,观测站保留底本。2008年,自动气象站采集的数据每月整理、存盘、上报,年底刻录光盘归档。全市基层台站的气象资料按时按规定上交河南省气象局档案馆。

自动气象观测站 2003年1月1日,自动气象站正式投入业务运行,进行平行观测,2003年以人工站为主自动站为辅,2004年以自动站为主人工站为辅,2005年1月1日起进入自动气象站单轨运行阶段。自动观测项目有气压、气温、湿度、风向、风速、降水、地面温度、浅层(5、10、15、20厘米)地温、深层(40、80、160、320厘米)地温、草面(雪面)温度等。每日20时进行人工站和自动观测数据的对比观测。

②农业气象观测

开封自建站始,农业气象业务逐步开展。至2008年,每月8日、18日、28日测墒,拍发墒情报,并有农业气象周报、气象产量预报、作物病虫害观测等,遇到重大自然灾害如干旱、洪涝等,增加加密农业气象观测和测墒业务;所用仪器为手工测墒钻、天平、计算器、烘土箱等;制作并发布的气象产量预报服务产品有小麦、玉米、棉花及全年粮食总产的趋势及定量预报。

2. 气象信息网络

1958年年底,开始无线莫尔斯码气象报文的接收和填图工作,接收02、14时地面图和08、20时高空图资料。1981年,接收日本24～72小时降水预报、形势预报和欧洲形势预报传真图。1986年,开展甚高频电话服务。1998年,气象信息综合分析处理系统(MICAPS)Ⅰ版开始使用。1999—2000年,开封市气象局建成VSAT卫星单收站,接收气象信息资料。2001年,通讯业务主要承担"9210"工程接收设备的管理和运行;2003年配备远程终端预报会商视频系统。

3. 天气预报

1958年，开始天气预报的制作、发布，为地方人民政府组织防御气象灾害提供决策依据。预报产品有24小时、48小时、周、月、季预报。20世纪60—70年代，制作短期天气预报采用图、资、群相结合的方法，制作中、长期预报采用一些简便的韵律方法和统计学方法。1981年，增加接收日本24～72小时降水预报、形势预报和欧洲形势预报传真图。之后，随着中国气象局"9210"工程建设逐步实施，1998年气象信息综合分析处理系统（MICAPS）I版开始使用。2003年，配备远程终端预报会商视频系统，进行远程天气会商。随着预报水平和科学技术发展，研制出灾害性天气预报方法10多项，预报手段更加多样，预报方法更加科学。天气预报品种由早期的常规天气预报、决策预报发展到专业预报、临近预报、重要天气预报、灾害性天气警报，传送方式从人工发展到电话、传真、互联网、短信等。

4. 气象服务

①公众气象服务

1958年建站时，利用有线广播站播报气象消息。1994年10月，与当地广播电视局合作，在开封电视台开播电视天气预报节目，内容为24小时预报和市、县预报。1997年起，开封市气象局开始独立制作电视天气预报节目，内容为24小时预报和48小时预报及市县预报。1997年，开通"121"天气预报电话自动答询系统；2003年8月，市、县"121"实行集约化管理；2005年1月"121"改号为"12121"。2001年，开通手机短信。此外，还通过广播、报纸、互联网、电子显示屏为广大市民服务。

②决策气象服务

1985年以前，气象服务信息主要是常规预报产品和情报资料。1985年，建立气象警报系统，面向有关部门、乡（镇）发布气象信息。1996年后，陆续为辖区内防汛、抗旱、电力、保险、公路等部门建成气象终端，开展预报和资料服务。2001年起，向地方领导报送重要气象服务信息等决策气象服务产品，并开展"黄金周"旅游、"菊花花会"等气象保障服务。2004年8月，正式对外发布暴雨、暴雪、寒潮、大风、沙尘暴、高温、冰雹、霜冻、大雾、道路结冰等10种突发气象灾害预警信息。2007年6月12日，气象灾害预警信号增加雷电、霾、干旱等。

③专业气象服务

人工影响天气　开封市人工影响天气工作始于20世纪70年代。1998年，成立由主管气象工作的副市长任组长的开封市人工影响天气领导小组，下设办公室，办公地点设在开封市气象局。2000年，成立开封市人工影响天气指挥中心，为财政全供地方编制科级事业单位。人工影响天气主要目的是基于农业抗旱而实施人工增雨。另外，还为开封大型活动服务，保障活动顺利进行。至2008年，人工影响天气技术由过去的单一依靠人工观测云层、采用"三七"高炮发射碘化银炮弹作业，发展到利用气象卫星、多普勒雷达、GPS定位等先进探测手段，形成飞机、车载式火箭与"三七"高炮相结合的人工影响天气新模式。

防雷技术服务　雷电灾害防御工作从20世纪80年代开始，通过对全市主要单位的防雷检测和安装避雷设施开展服务。1987年，开始避雷检测业务。2003年，防雷工程、设计审核、施工监督、竣工验收纳入气象行政管理范围。

5. 科学技术

气象科普宣传 1981年,成立开封市气象学会,每年利用世界气象日、开封市科技活动周和全国科普日,制作宣传板和宣传资料,开展气象科普宣传和气象咨询活动。不定期开展气象科普进农村、进社区、进学校活动,讲解气象知识,提高防灾减灾意识。2003年,建成河南省第一个气象科普画廊。2005年,建成河南省第一个气象科普馆。2003年被中国气象局、中国气象学会命名为全国气象科普教育基地,被河南省科协命名为河南省科普教育基地,被开封市科协、开封市教育局命名为开封市青少年科普教育基地。2006年,开封市气象局被中国气象学会授予"全国气象科普先进集体",鲁建立被中国气象学会授予"优秀学会工作者"称号。

气象科研 2003年,开封市气象局研制的"河南气候信息综合分析系统"荣获河南省科学技术进步奖二等奖。

气象法规建设与社会管理

法规建设 2003年9月,开封市气象局、开封市安全生产监督局发文《关于加强我市危险化学品、易燃易爆场所防雷管理工作的通知》(汴气发〔2003〕20号),明确开封市气象局为防雷安全主管单位,开封市安全生产监督局为防雷安全监督单位,明确防雷装置审核、检测、竣工验收责任单位和职能。2006年7月,开封市人民政府发文《开封市人民政府关于加强雷电安全管理的通知》(汴政〔2006〕第42号),将防雷工程设计、施工、竣工验收,雷击灾害风险评估,避雷装置的年检,全部纳入气象行政管理范围。

社会管理 2003年,开封市气象局派人进驻开封市行政服务大厅,对新建建筑物防雷图纸进行审核。2007年,开展雷击风险评估工作,将新建建筑物竣工验收安装电源避雷器,列入竣工验收项目。2007年12月,按照河南省气象部门统一模式,在开封市及所辖县土地规划局进行了气象台站探测环境和设施保护标准三级备案。

制度建设 1995年,开封市防雷技术中心组建后,建立了包括"防雷技术中心工作制度"在内的20项管理制度。2005年8月—2008年12月,又出台了"行政执法工作制度"和"开封市气象行政执法责任制度"等12项管理制度。

政务公开 重大事件、重要事项、财务状况,均采用政务公开栏、张榜公布或在全体干部职工大会上不定期向职工公开,并设置了群众意见箱。通过对外公示栏、电视广告等形式,对外公布气象行政审批程序、气象服务内容、收费依据、收费标准等。

党建与气象文化建设

党建工作 1958年成立党小组。1978年8月,成立中共开封地区革命委员会气象局核心小组。1980年2月,建立开封地区气象局党支部。1980年4月,成立中共开封地区气象局党分组。1983年11月,成立中共开封市气象台(处、局)党组。1985年1月,成立中共开封市气象处(局)党组纪检组。2005年11月,成立开封市气象局党总支,下辖4个支部。

党建工作归开封市直工委直接领导。截至 2008 年底共有党员 29 人（其中离退休党员 10 人）。

气象文化建设　建台之初，办公条件简陋，职工活动场所乏善可陈。1964 年，建成篮球场。2001 年以后，相继建成职工健身活动室、篮球场、羽毛球馆、文化宣传栏、娱乐活动场所、阅览室、科普画廊、科普馆和老干部活动室。

2001 年被评为市级文明单位，2003 年、2008 年连续两届被评为省级文明单位。

台站建设

1958 年，在禹王台公园内，有房屋 8 间，建筑面积 160 平方米，业务用房为上下两层的小楼，行政办公用房为起脊房、砖瓦结构。

1964 年搬迁到新址，占地面积 17723.52 平方米，建成两层业务楼和行政办公楼各 1 栋，观测值班室 3 间，砖混结构，总建筑面积 1084 平方米。

2001 年，迁至开封市开发区金明大道东侧，占地面积 7836.31 平方米，新建业务楼 1 栋共六层（局部七层），砖混结构，总建筑面积 3690 平方米。截至 2008 年，更新了机关室内办公设施，规划整修了院内路面，在院内修建了草坪、花坛，栽种了风景树。机关紧邻金明大道，与郑开大道相距不过百米，与市委、市政府相距不到五百米，出行和对外服务非常便利。

兰考县气象局

兰考县境古属豫州之地。西周时期，其西部属卫国，东部属戴国。后来分别设置了东昏县和谷县，进而演变为兰阳、仪封和考城三县。今日兰考县就是由历史上的兰封（由兰阳、仪封合并）、考城两县合并而成。兰考是县委书记的好榜样——焦裕禄工作过的地方，焦裕禄逝世后，兰考人民为了缅怀他，专门建立了兰考焦裕禄纪念园。

机构历史沿革

始建情况　1957 年 3 月，兰考县气候站始建于兰考县仪封乡机耕农场，北纬 34°49′，东经 114°49′，1957 年 4 月 1 日正式开展业务工作。

站址迁移情况　1959 年 3 月，迁至原址西北 6000 米处的兰考县红庙乡牌坊庄，北纬 34°52′，东经 114°54′。1961 年 2 月，迁至兰考县城关镇北关废堤，北纬 34°50′，东经 114°49′。1964 年 1 月，迁至兰考县城关镇北关原址北 500 米处，北纬 34°51′，东经 114°49′，海拔高度 71.3 米。1980 年 5 月，迁至兰考县城关镇北关原址东 30 米处，北纬 34°51′，东经 114°49′，海拔高度 71.5 米。2007 年 1 月，迁至兰考县城关镇兴兰大道北侧，北纬 34°51′，东经 114°49′，海拔高度 71.3 米。

历史沿革　1957 年建站时名称为兰考县气候站。1960 年 2 月 11 日，更名为兰考县气象服务站。1971 年 8 月 1 日，更名为兰考县革命委员会气象站。1980 年 5 月 1 日，更名为兰考县气象站。1990年9月1日,更名为兰考县气象局。兰考县气象观测站为国家一般气象站。

管理体制 1957年3月初建时,业务上归河南省气象部门领导,行政上由兰考县人民政府管理。1971年8月,行政归兰考县武装部领导,业务归开封专员公署气象服务台领导。1973年,行政属兰考县政府领导。1978年,业务划归商丘地区气象局领导。1981年人事、财务属地方政府领导,业务属开封地区气象局领导。1983年,实行气象部门与地方政府双重领导,以气象部门领导为主的管理体制。

单位名称及主要负责人变更情况

单位名称	姓名	职务	任职时间
兰考县气候站	不详	不详	1957.03—1959.02
	王玉全	站长	1959.02—1960.02
兰考县气象服务站			1960.02—1968.03
	徐新旺	站长	1968.03—1971.08
兰考县革命委员会气象站	曹登禄	站长	1971.08—1972.04
	李富顺	站长	1972.04—1980.04
兰考县气象站			1980.05—1980.11
	徐新旺	站长	1980.11—1990.08
兰考县气象局		局长	1990.09—2000.12
	周 杰	局长	2000.12—2007.05
	赵新礼	局长	2007.05—

人员状况 1957年建站时,只有职工1人。1980年底,有职工9人(其中正式职工6人,聘用职工3人)。2001年,定编为7人。截至2008年底,有职工11人(其中正式职工7人,聘用职工4人),离退休职工5人。正式职工中:男6人,女1人;汉族7人;大学本科及以上学历1人,大专学历2人,中专及以下学历4人;中级职称3人,初级职称3人;31～40岁1人,41～50岁5人。

气象业务与服务

1. 气象业务

①气象观测

地面观测 1957年4月1日起,观测时次采用地方时,每日进行01、07、13、19时4次观测。1960年8月1日起,改为北京时,每日进行08、14、20时3次观测,夜间不守班。

观测项目有云、能见度、天气现象、气压、气温、湿度、风向、风速、降水、雪深、日照、蒸发(小型)、地温。1958年10月17日增加气压自记记录,1962年1月1日进行雨量自记观测,2009年1月1日增加电线积冰观测。

发报种类有雨量报、航空报、危险天气报、气象旬(月)报、重要天气报、定时重要天气报、不定时重要天气报、加密重要天气报。

编制的报表有气表-1、气表-21。1988年4月,河南省气象局配备了PC-1500袖珍计算机,月报表中部分要素用计算机计算与统计。1993年4月,由微机制作报表气表-1。1995

年,由微机制作报表气表-21。报表数据通过微机终端每月月初分别向河南省气象局和开封市气象局传输1次。气象资料由业务人员兼职管理。2008年10月,1957—2005年气象记录档案移交河南省气候中心。

区域自动站观测　2004年,建成12个乡镇单要素自动雨量站。2007年7月,在兰考县葡萄架乡建立四要素自动站。2009年7月,完成南彰区域四要素自动气象站建设并投入运行。观测项目有气温、风向、风速、降水。2009年6月,完成国家一般站自动站建设。

农业气象观测　1959年开始,每月8日、18日、28日测定0~50厘米土壤湿度,并拍发土壤墒情报。1983年6月,完成《兰考县农业气候资源分析及区划》编制;向兰考县政府、涉农部门、乡镇寄发"农业气象月报"、"农业产量预报"等业务产品,开展气象卫星小麦遥感监测服务。1995年,参加省、地、县气象部门相配合的科研项目"小麦优化灌溉"和"蔬菜大棚实施二氧化碳",两项科研项目均获得开封地区科研成果奖。2006年7月,农业气象一般站AB报加测气象段。

②天气预报

1957年4月开始,兰考县气象站通过收听天气形势,结合本站资料图表和天气谚语,每日早晚制作24小时日常天气预报。20世纪80年代初,通过传真天气图和上级台指导预报,结合本站资料,制作天气预报。1985年11月起,结合开封市气象台指导预报,制作本县24小时、未来3天和临近天气预报。

③气象信息网络

1982年以前,兰考县气象站利用收音机收听上级及周边气象台站播发的天气预报和天气形势。1981年,配备了123传真接收机,接收北京、欧洲气象中心以及日本东京的气象传真图。1985年11月,安装了甚高频电话,利用甚高频电话和开封市气象台进行天气会商。2000年7月,完成地面卫星小站建设,并利用MICAPS系统接收和使用高分辨率卫星云图和地面、高空天气形势图等。1999—2005年,相继开通了因特网,建立了气象网络应用平台、专用服务器和省、市、县办公系统,气象网络通讯线路X.25升级换代为数字专用宽带网,开通100兆光缆,接收从地面到高空各类天气形势图和云图、雷达拼图等资料,为气象信息的采集、传输处理、分发应用、天气会商、公文处理提供支持。

2. 气象服务

公众气象服务　1957年起,利用农村有线广播站,播报天气预报。1998年3月,"121"天气预报电话自动答询服务系统开通;2005年1月,"121"电话升位为"12121"。2000年,开始利用非线性编辑系统,每天在兰考县电视台播放24小时短期天气预报。2005年8月,多媒体天气预报制作系统开通,将自制天气预报节目录像带送兰考县电视台播放。

决策气象服务　20世纪80年代,以电话方式向县委、县政府提供决策服务产品。1990年9月,启用气象警报系统,向县委、县政府提供天气预报、警报信息服务。2008年,利用手机短信为县委、县政府、防汛指挥部及乡镇领导发雨情、预警气象信息。

人工影响天气　1994年1月,成立兰考县人工影响天气领导小组,1997年6月成立兰考县人工增雨指挥部,办公地点均设在县气象局。1988—2002年,出动增雨高炮20余门次,发射增雨炮弹900余发。2002年7月,配备人工增雨火箭发射装置1套,GPS定位仪1

台。至 2008 年,建火箭增雨标准化固定发射点 6 个。

防雷技术服务 1995 年开始,对兰考县各类建筑物、电子设备、火灾爆炸危险场所开展防雷、防静电、防火、防爆设施的安全技术检测。

科学管理与气象文化建设

1. 社会管理

兰考县气象局与建设局联合下发了《关于加强兰考县建设项目防雷工程立项、设计审核、施工监督、竣工验收的通知》(兰建文〔2003〕91 号)。2008 年,在县政府审批中心设立气象窗口,承担气象行政审批职能,兼职执法人员均通过省政府法制办培训考核,持证上岗。

兰考县气象局履行政府主要的行政管理职能有气象探测管理职能,气象预报管理职能,以及对防雷市场和施放气球的监管;实施的许可项目有建设项目大气环境影响评价使用气象资料审查,防雷装置设计审核,防雷装置竣工验收,法律、法规、地方政府规章规定的由县气象局实施的其他气象行政许可项目。

2. 政务公开

对气象行政审批办事程序、气象服务内容、服务承诺、气象行政执法依据、服务收费依据及标准等,通过户外公示栏等方式向社会公开;财务收支、目标考核、基础设施建设、工程招投标、干部任用、职工升职、晋级等内容,通过职工大会或局内公示栏张榜等方式,向职工公开。

3. 党建工作

1959 年 3 月,有党员 1 名,与兰考县政府农工部为联合党支部。1971 年 9 月,与兰考县邮电局为联合党支部。1973 年与兰考县科委为联合党支部。1975 年,党员达到 4 人,气象站成立独立党支部。截至 2008 年底,共有党员 9 人(其中离退休党员 3 人)。

2000—2008 年,参加气象部门和地方党委开展的党章、党规、法律知识的学习竞赛活动。1997 年起开展党风廉政教育月活动,并层层签订党风廉政目标责任书。2006 年起,每年开展党风廉政述职和党课教育活动,单位正副科级领导每年参加焦裕禄逝世纪念日活动。定期召开民主生活会,开展民主评议党员活动。先后开展了学习"三个代表"、保持共产党员先进性和深入学习实践科学发展观等活动。

2002—2009 年,被兰考县直属机关党委评为"五好党支部"。

4. 气象文化建设

初建站时,物质条件简陋。1965 年,购乒乓球桌、棋类等,活跃职工业余文化生活。1990—2000 年,陆续建有微机室、综合档案室、文体活动室、图书室;规章制度、政务公开版面上墙,增加文明用语标牌;干部职工自己动手硬化路面,栽花种草,油漆门窗。2000—2008 年,先后开展了公民道德思想教育、保持共产党员先进性等教育活动,与消防部门结成军民共建单位,与贫困乡(村、户)、残疾人结对帮扶。2008 年为地震灾区捐款。积极参加开封市气象局组织的业务、体育竞赛活动。

1991 年,兰考县气象局被县委、县政府命名为县级文明单位,2000 年,被开封市委、市政府命名为市级文明单位。

5. 荣誉与人物

集体荣誉 2000—2008 年,兰考县气象局共获集体荣誉 35 项。其中,2003—2004 年,兰考县气象局被河南省气象局评为"重大气象服务先进集体"。

个人荣誉 1982 年,焦显文同志被河南省人民政府授予河南省劳动模范荣誉称号;1982—2002 年,创"百班无错"18 人(次)。

人物简介 焦显文,男,1938 年 6 月出生,民权县人,中共党员。1961 年毕业于北京气象专科学校(大专),同年 8 月参加工作。1981—1989 年任兰考气象站副站长,工程师。1978 年,获全国气象部门先进个人荣誉称号,并参加在北京举行的全国气象部门"双学"代表大会,受到党和国家领导人的接见。1982 年,被河南省人民政府授予河南省劳动模范称号。1998 年 5月退休。

台站建设

1959 年气象站搬自红庙乡牌坊庄时,无住房,值班人员住在社员家中。1980 年,办公房建筑面积 623 平方米。2007 年 1 月 1 日,迁至城关镇北关兰兴大道北侧,2008 年 11 月办公楼竣工,建筑面积 420 平方米,观测场按 25 米×25 米标准建设,绿化面积 3120 平方米,建立了气象现代化业务平台,设有图书室、阅览室、职工活动室等。

杞县气象局

杞县,古时多杞柳,西周时称杞国,秦朝设置雍丘县,五代时期改称杞县。杞县很多农副产品远销国内外市场,"金杞大蒜"更是声名远扬。

机构历史沿革

始建情况 1956 年 10 月建站时,12 月 1 日开展工作。站址设在城郊公社(后为五里河乡)史庄村西侧,观测场位于北纬 34°33′,东经 114°48′,海拔高度 59.57 米。

站址迁移情况 1975 年 8 月,由原址迁往城关镇南关村护城河堤外,观测场位于北纬 34°32′,东经 114°47′,海拔高度 59.7 米。

历史沿革 1960 年 6 月,杞县气候站更名为杞县气象服务站。1971 年 1 月,杞县气象服务站更名为杞县气象站。1990 年 9 月,更名为杞县气象局。

管理体制 1956 年 10 月建站时,属杞县农场代管。1962 年 7 月,杞县农场搬迁,杞县气象服务站由杞县农业局代管。1971年1月,归杞县武装部领导。1973年8月,气象站由农业局代管。1983年,实行气象部门与地方政府双重领导,以气象部门领导为主的管理体制。

单位名称及主要负责人变更情况

单位名称	姓名	职务	任职时间
杞县气候站	许克安	站长	1958.10—1960.06
			1960.06—1962.06
杞县气象服务站	孙洪志	站长	1962.06—1964.08
	韦广录	站长	1964.08—1971.01
			1971.01—1971.08
	郑思光	站长	1971.08—1972.05
	刘占祥	站长	1972.05—1974.05
杞县气象站	韦广禄	站长	1974.05—1978.03
	冯锦星	站长	1978.03—1980.05
	蔡西峰	站长	1980.05—1982.11
	刘付星	站长	1982.11—1984.09
	邢孟喜	站长	1984.09—1990.09
		局长	1990.09—1993.10
杞县气象局	李坤平	局长	1993.10—2006.11
	赵新礼	局长	2006.11—2007.05
	韩劲松	局长	2007.05—

人员状况 1956年建站时,只有职工2人。2005年,定编9人。截至2008年年底,有在职职工11人(其中在编职工8人,临时工3人)。在职人员中:大学本科学历1人,大专学历2人,中专学历7人;中级职称3人,初级职称5人;50岁以上3人。

气象业务与服务

1. 气象业务

①气象观测

地面观测 1956年12月1日—1960年7月31日,地面观测时制为地方时,每日07、13、19时进行3次观测。1960年8月1日,改为北京时,每日08、14、20时进行3次观测。1979年6月15日—8月31日(汛期)至2007年6月15日—8月31日每年汛期,增加05、11、17时3次观测。

观测项目有云、能见度、天气现象、气压、气温、湿度、风向、风速、降水、雪深、日照、蒸发(小型)、地温、电线积冰等。

1958年5月20日,向河南省气象台拍发定时雨量报(05、11、17时);1975年6—9月,每日16时向河南省气象台拍发小图报;2000年6月1日,增加08时天气加密报,发往河南省气象局;2001年4月1日,增加14、20时天气加密报,发往开封市气象局。

编制的报表有气表-1、气表-21。1988年4月,月报表中部分要素用计算机计算与统计;1993年4月,由微机制作气表-1;1995年,由微机制作气表-21。报表数据通过微机终端每月月初分别向河南省气象局、开封市气象局传输1次。

2008年10月,1957—2005年的气象记录档案移交河南省气候中心。

区域自动站观测 2006年5月,建自动雨量站14个。2007年9月,在西寨乡建四要素自动站1个。

农业气象观测 1986年10月,被定为河南省农业气象基本站,并被确定为河南省卫星小麦遥感测产点,卫星小麦苗情检测和小麦产量预报工作正式开始。1990年10月,杞县站升格为国家农业气象基本站。

从1986年10月开始,对小麦、棉花、玉米从播种到成熟各发育期及物候进行观测并发报。发报种类有月报、旬报、周报、墒情报。

旬(月)报内容为基本气象段、农业气象段、灾情段、地温段、产量段、地方补充段,周报内容为基本气象段、农业气象段、灾情段。

②天气预报

1957年4月开始,通过收听天气形势,结合本站资料图表和天气谚语,每日早晚制作24小时日常天气预报。20世纪80年代初,通过传真天气图和上级台指导预报,结合本站资料制作天气预报。1985年11月起,结合开封市气象台指导预报,制作本县24小时、未来3天和临近天气预报。2000年后,利用地面卫星系统接收各种气象资料和河南省、开封市气象台的预报产品,制作中、长期预报。

③气象信息网络

1982年以前,气象站利用收音机收听上级及周边气象台站播发的天气预报和天气形势。1981年,配备了123传真接收机,接收北京、欧洲气象中心以及日本东京的气象传真图。1985年11月,安装了甚高频电话,利用甚高频电话和开封市气象台进行天气会商。2000年7月,完成地面卫星小站建设,并利用MICAPS系统接收和使用高分辨率卫星云图和地面、高空天气形势图等。1999—2005年,相继开通了因特网,建立了气象网络应用平台、专用服务器和省市县办公系统,气象网络通讯线路X.25升级换代为数字专用宽带网,开通100兆光缆,接收从地面到高空各类天气形势图和云图、雷达拼图等资料,为气象信息的采集、传输处理、分发应用、天气会商、公文处理提供支持。

2. 气象服务

公众气象服务 1992年3月,县乡建成气象警报服务系统,同年10月,正式使用预警系统对外服务,每天上、下午各广播1次,服务单位通过预警接收机定时接收气象服务信息。1997年8月,建成多媒体电视天气预报制作系统,将自制节目录像带送电视台播放。1998年1月,正式开通"121"天气预报自动咨询电话(2005年1月,"121"电话升位为"12121")。2007年,开通手机短信平台,使天气预报、气象灾害预警信息的发布更加快捷。

决策气象服务 20世纪80年代,以电话方式向县委、县政府提供决策服务。决策气象服务产品为常规预报和情报资料,服务方式以电话和书面文字发送为主。20世纪90年代后,决策服务产品逐渐增加了精细化预报、产量预报等;气象服务方式也由书面文字发送及电话通知等向电视、微机终端、互联网等发展,各级领导可通过电脑随时调看实时云图、雷达回波图、雨量图等。2004 年 8 月,正式对外发布暴雨、暴雪、寒潮、大风、沙尘暴、高温、冰雹、霜冻、大雾、道路结冰等 10 种突发气象灾害预警信息。2007 年 6 月 12 日,气象灾害预警信号增加雷电、霾、干旱 3 种。

人工影响天气 1998 年 3 月,杞县人工影响天气领导小组成立,建成 200 平方米人工影响天气指挥中心平台、150 平方米人工影响天气炮库。1999 年,购买人影指挥车 1 辆,"三七"高炮 5 门。2001 年,购买火箭发射架 1 套,建立人工影响天气作业基地 6 个。2008 年 4 月 8 日,组织人工增雨作业,缓解了全县春旱,《开封日报》《汴梁晚报》均大篇幅报道了这次作业情况及作业效果。

防雷技术服务 1990 年起,为有关单位建筑物避雷设施开展安全检测。

科学管理与气象文化建设

1. 社会管理

2004 年 6 月,杞县人民政府办公室发文,将防雷工程从设计、施工到竣工验收,全部纳入气象行政管理范围。2003 年 12 月,杞县人民政府法制办批复确认县气象局具有独立的行政执法主体资格,并办理了行政执法证,杞县气象局成立气象行政执法队。

2. 政务公开

对气象行政审批办事程序、气象服务内容、服务承诺、气象行政执法依据、服务收费依据及标准等,通过户外公示栏等向社会公开。财务收支、目标考核、基础设施建设、工程招投标等内容,采取职工大会或局内张榜公布等方式,向职工公开。

2004 年,杞县气象局被中国气象局评为"局务公开先进单位"。

3. 党建工作

1978 年 3 月,建立杞县气象站党支部,当时有党员 4 人。截至 2008 年底,有党员 8 人(其中离退休党员 3 人,在职党员 5 人)。

4. 气象文化建设

按照开封市气象局党组和县文明委的要求,将精神文明建设工作纳入重要议事日程,成立了由局长任组长的精神文明建设小组,并明确专人负责此项工作。1995 年被评为县级文明单位。1997 年晋升为市级文明单位。2000 年获市级文明单位标兵。2008 年 11 月顺利通过市级文明单位标兵验收。

5. 荣誉与人物

集体荣誉 1980—2008 年,杞县气象局共获集体荣誉 46 项。其中,2000—2008 年,连续 3 届获"市级文明标兵"。1998—2008 年,连续四届被河南省委、省政府命名为"省级卫生先进单位"。

个人荣誉 1980—2008年,杞县气象局个人获奖共96人次。其中,曹心芳于1983年5月被河南省委、省政府授予"河南省劳动模范"称号。王应安1997年5月被开封市委、市政府授予市级劳动模范称号。2000年12月,李坤平被中国气象局授予"全国气象部门双文明建设先进个人"称号。

人物简介 曹心芳,男,汉族,1942年1月出生于河南杞县付集镇,中共党员,1960年参加工作,曾任开封市气象局观测科科长,杞县气象站副站长,工程师。1958—1959年在兰州气象学校通测班学习。1960年6月毕业后分配到海拔3800米的高山气象站,少数民族居住区——郎木寺气象站工作。1978年3月从甘肃调回杞县站工作。1982年12月,被河南省委、省政府授予河南省劳动模范光荣称号。

台站建设

1985年4月,建办公室200平方米。1998年,建人工影响天气炮库150平方米,在局办公室上面接一层人工影响天气指挥中心200平方米。1998—2002年,对院内的环境进行绿化改造,规划整修了道路,修建花池,全局绿化率达到50%,硬化面积达800平方米。

通许县气象局

通许县境东连杞县,西接尉氏,南邻扶沟,北界开封县,春秋为许国地。北宋太祖建隆元年(960年)始置通许镇,属扶沟县。宋太祖赵匡胤下诏疏浚蔡河。自京师至通许镇,沿河设置闸门,按时开闸,调节水量,漕运畅通。取自汴京直通许国故地之义,故名通许。宋朝(1002年)置咸平县,1989年改通许县。中华人民共和国建立后,属陈留专区;1952年归郑州专区;1954年改属开封专区;1958年9月,通许与尉氏县合并,称尉氏县,通许县改为通许镇;1962年3月,恢复通许县建制,仍属开封专区;1983年划归开封市。

机构历史沿革

始建情况 1964年1月成立通许气象服务站,站址在通许县城关镇北关外下洼村东大田。

站址迁移情况 1971年12月23日,迁移到通许县城关镇北阁村北,北纬34°29′,东经114°29′,观测场海拔高度63.4米。

历史沿革 1971年12月10日,更名为通许县气象站。1990年7月11日,更名为通许县气象局。1980年,被确立为气象观测国家一般站;2006年7月1日,改为国家气象观测二级站;2009年1月1日,恢复为国家一般气象站。

管理体制 自建站至1971年10月7日,由通许县人民革命委员会和开封专员公署气象服务台共同领导。1971年10月8日,由通许县人民武装部管理。1983年,实行气象部门与地方政府双重领导,以气象部门领导为主的管理体制。

机构设置 1964年,设立预报组、观测组、农业气象股。1988年,设立办公室、科技服务股、业务股、预报组。1998年设立办公室、科技服务股、业务股,2006年成立通许县防雷中心。

单位名称及主要负责人变更情况

单位名称	姓名	职务	任职时间
通许气象服务站	皇甫扬祥	站长	1964.01—1970.08
	冷金美	站长	1970.08—1971.09
	胡广勋	站长	1971.09—1971.12
通许县气象站			1971.12—1982.10
	彭国兰	站长	1982.10—1989.10
	毛同新	站长	1989.10—1990.07
通许县气象局		局长	1990.07—1998.04
	冷建民	局长	1998.04—

人员状况 1964年建站时有3人。截至2008年底,有在职正式职工7人,退休职工3人。在职正式职工中:党员5人,团员2人;大学学历1人,大专学历6人;中级职称4人,初级职称3人;年龄50岁以上2人,40~49岁1人,40岁以下4人。

气象业务与服务

1. 气象业务

①气象观测

地面观测 1964年建站起,每日08、14、20时3次定时观测;11、17时补充观测气压,2007年5月19日这项观测项目取消。

定时观测项目有云、能见度、天气现象、气压、气温、湿度、风向、风速、降水、雪深、日照、蒸发(小型)、地温。

1980年6—8月,向河南省气象台拍发小天气图报;1984年1月,拍发重要天气报;1986年4月1日起,拍发05、17时SL2雨量报;2007年1月1日,开始拍发气象旬(月)报。

1964年建站起,手工编制气表-1、气表-21。1998年1月,开始用计算机编制气表-1和气表-21。

1964—2008年10月,地面气象记录档案资料由通许县气象局档案室保管。2008年10月,将1964—2005年的地面气象记录档案资料移交河南省气候中心档案馆。

区域自动观测 2004年7月1日,开通全县12个乡镇单要素雨量自动气象站并上传数据。2007年8月1日,在通许县冯庄乡开通四要素区域自动气象站并上传数据。

农业气象观测 1970年始,逐步开展农业气象业务。1989年开始,编写一年四季和年气候影响评价。1995年参加省、地、县气象部门相配合的科研项目"小麦优化灌溉"、"蔬菜大棚实施二氧化碳"两项课题。1998年1月开始,每月逢8日测墒并发墒情;2004年6月21日起,每月逢10日发旬月报;2005年4月,并开始作物病虫害观测、特色农业示范点观测;从2000年2月起,每星期一向县委、县政府和有关部门报送农业气象情报预报,遇到重大自然灾害如干旱、洪涝等,增加加密农业气象观测和测墒业务。

②天气预报

1970 年 10 月始,通过收音机收听天气形势,结合本站资料图表,每日 2 次(早晚各 1 次)制作 24 小时天气预报。20 世纪 80 年代初,每日 05、11、17 时 3 次制作预报。2000 年后,开展常规 24 小时、未来 3~5 天和旬月报等短、中、长期天气预报,并开展灾害性天气预报预警业务和制作供领导决策的各类重要天气报告。

③气象信息网络

1980 年以前,气象站利用收音机收听武汉区域中心气象台和上级以及周边气象台站播发的天气预报和天气形势。1981—2000 年,利用超短波双边带电台接收武汉区域中心气象信息,配备 ZSQ-1(123)天气传真接收机接收北京、欧洲气象中心以及东京的气象传真图。2000—2005 年,建立 VSAT 站、气象网络应用平台、专用服务器开通 100 兆光缆,接收从地面到高空各类天气形势图、云图和雷达图等资料。

2. 气象服务

公众气象服务 1986 年以前,将做好的天气预报通过电话报送通许县广播站,广播站利用有线广播向全县人民报告。1986 年,建立气象警报系统,面向有关部门、乡(镇)、村、农业大户和企业等开展天气预报警报气象服务。1998 年,开通"121"(2005 年 1 月改号为"12121")天气预报电话自动答询系统。2004 年,利用手机短信,每日 17 时发布气象预报。2007 年,开通手机天气预报短信平台。

决策气象服务 1980 年以前,以电话方式向县委、县政府及有关部门提供决策服务。1990 年以后,发布的决策服务产品有"重要天气报告"、"农业气象"、"雨情报告"、"月天气形势分析"等。每年汛期有重大天气过程时,业务值班人员将天气预报和灾害性天气形势分析及时向县委、县政府和有关部门提供。每次大的降雨过后及时书写雨情报告,把降水实况及灾情报送有关部门。2008 年开展气象灾害预评估和灾害预报服务。同年,建立通许县突发公共事件预警信息发布平台,全面承担突发公共事件预警信息的发布与管理,为多个部门发布突发公共事件的相关预警服务信息。

人工影响天气 2004 年成立通许县人工影响天气办公室,配备人工增雨火箭发射装置 2 套,建立人工增雨作业基地 4 个。

防雷技术服务 1990 年起,对通许县有关单位建筑物避雷设施开展安全检测。1999 年起,为全县部分新建建(构)筑物安装避雷装置。

科学管理与气象文化建设

1. 社会管理

2004 年 8 月 1 日,《河南省防雷减灾实施办法》颁布实施,通许县人民政府办公室发文将防雷工程从设计、施工到竣工验收,全部纳入气象行政管理范围。2000 年,通许县人民政府法制办批复确认通许县气象局具有独立的行政执法主体资格,并为 4 名职工办理了行政执法证,气象局成立行政执法队伍。2006 年,被列为县安全生产委员会成员单位,负责全县防雷安全的管理,定期对液化气站、加油站、烟花爆竹厂和仓库等高危行业的防雷设施进行检测检查,对不符合防雷技术规范的单位,责令进行整改。

2007 年 12 月,按照河南省气象部门统一模式,在通许县土地局进行了气象台站探测环境和设施保护标准三级备案。

2. 政务公开

2002 年起,对气象行政审批办事程序、气象服务、服务承诺、气象行政执法依据、服务收费依据及标准等内容,向社会公开;落实首问责任制、气象服务限时办结、气象电话投诉、气象服务义务监督、领导接待、财务管理等一系列规章制度,向全局职工公开。

3. 党建工作

1987 年 1 月 1 日,建立通许县气象站党支部,当时党员有 3 人。截至 2008 年底,有党员 8 人(其中在职党员 5 人,离退休党员 3 人)。

2000—2008 年,每年都参与气象部门和地方党委开展的党章、党规、法律法规知识竞赛。2002 年起,每年均开展党风廉政教育月活动。2004 年起,每年开展党风廉政述职,每月有党课教育活动,并与通许县纪委和市气象局签订党风廉政目标责任书,推进惩治和防腐败体系建设。

2003—2006 年,连续 4 年被县直属机关党委评为“先进党支部”,2003 年被通许县委评为“先进五好党支部”;2001—2008 年,每年都有 1~2 名党员被县直属机关党委评为优秀党员或优秀党务工作者。

4. 气象文化建设

1997 年起,开展精神文明创建活动。1988 年起,每年 3 月开展职业道德教育月活动。2000—2008 年,先后开展了“讲正气、树新风”、“三个代表”、“保持共产党员先进性”等教育活动,并与驻通许军队结成共建单位,与贫困村(户)、残疾人结对帮扶。2000 年起,每年开展文体活动。

1998—2008 年,通许县气象局连续保持市级文明单位荣誉称号。

5. 荣誉与人物

集体荣誉 1988—2008 年,通许县气象局获地厅级以上集体荣誉 30 项。其中,1998 年,通许县气象局被河南省气象局评为“气象信息电话服务先进单位”;1998 年 12 月,被中国气象局计划财务司评为河南省首批气象部门会计基础工作规范化单位;1999 年 11 月,档案工作达到省标县一级。

个人荣誉 1978 年,胡广勋同志获全国气象部门先进个人荣誉称号,参加在北京举行的全国气象部门“双学”代表大会,受到党和国家领导人的接见;气象观测人员获河南省气象局颁发的地面测报“连续百班无错情”奖励 50 人(次)。

台站建设

2007 年,在通许县人民广场西北角建成新通许县气象局,占地 3670 平方米,业务楼建筑面积498平方米；观测场按25米×25米标准建设；建立了气象预警中心业务平台、天气预报制作大厅、气象灾害发布中心；建有图书阅览室、职工文体活动室。

尉氏县气象局

尉氏县在春秋时为郑国别狱，为狱官郑大夫尉氏采食之邑，故名尉氏，沿袭至今。秦始皇三年（公元前219年）置县，历经分并废置，隶属关系多变。

机构历史沿革

始建情况　1956年10月，尉氏县和尚庄气候站成立，站址在尉氏县十八里乡和尚庄。

站址迁移情况　1963年4月，站址迁至城关郊外。1980年，站址迁至尉氏县大桥乡周庄大队。2004年1月，站址迁至尉氏县人民路东段，观测场位于北纬34°24′，东经114°13′，海拔高度67.4米。

历史沿革　始建时名为尉氏县和尚庄气候站。1960年1月，更名为尉氏县气象服务站。1971年6月，更名为尉氏县气象站。1990年5月，更名为尉氏县气象局。尉氏站为国家一般气象站。

管理体制　自建站至1959年，受尉氏县农工部和农委领导。1960—1971年，先后受尉氏县农委、农业局和人武部领导。1983年，改为气象部门与地方政府双重领导，以气象部门领导为主的管理体制。

单位名称及主要负责人变更情况

单位名称	姓名	职务	任职时间
尉氏县和尚庄气候站	代广魁	站长	1956.10—1959.01
	王兴州	站长	1959.01—1959.12
尉氏县气象服务站			1960.01—1963.06
	代广魁	站长	1963.06—1969.02
	王惠民	站长	1969.02—1971.06
			1971.06—1971.08
尉氏县气象站	刘文英	站长	1971.08—1974.06
	代广魁	站长	1974.06—1975.05
	张德义	站长	1975.05—1978.08
	陈丙申	站长	1978.08—1990.05
尉氏县气象局		局长	1990.05—1995.08
	段根发	局长	1995.08—

人员状况　1956年建站时只有职工3人，定编7人。截至2008年底，有在职职工8人（其中正式职工6人，聘用职工2人），退休职工4人。在职职工全为男性、汉族；大专学历4人，大专在读1人，中专3人；中级职称2人，初级职称4人；30岁以下4人，31～40岁2人，

41～50岁2人。

气象业务与服务

1. 气象业务

①气象观测

地面观测　1957年1月1日开始,每日进行08、14、20时3次定时观测。

观测项目有云、能见度、天气现象、气温、湿度、风向、风速、降水量、地面状态、蒸发、日照、降水。1958年5月,增加5～20厘米曲管地温观测。1965年1月1日,增加气压观测。

发报种类有天气报、气象旬月报、05和17时雨量报、重要天气报、墒情报、农气周报及航空(危险)报(1969年1月1日—1986年12月31日,每天向郑州拍发05—19时固定航危报;1987年1月1日—1994年12月31日,每天向许昌拍发08—20时的航危报;1995年1月1日,航危报取消)。

区域自动站观测　2005年3月,在朱曲、岗李、大营首先建成自动雨量观测站。2006年,又建成9个乡镇自动雨量站。2007年7月,在大营乡建成温度、雨量、风向、风速四要素自动观测站。

农业气象观测　尉氏县气象局为普通农业气象站。1983年7月1日开始农业气象观测,观测项目为土壤湿度,每月8日、18日、28日测定0～50厘米土壤湿度并拍发墒情报;编写季、年气候评价。1983年,完成《尉氏县农业气候区划》编制。1978年,开展农业气象服务。1979年9月,开始制作冬小麦适宜播种期预报。1980年3月,开始制作春播作物适宜播种期预报。1980年5月,开始制作三夏期间农业气象预报。1981年4月,开始制作小麦产量预报预测。

②天气预报

短期天气预报　1960年开始,尉氏县气象站通过收听中央气象台和河南省、开封市气象台天气形势,结合本站资料,制作天气预报。1985年11月起,结合开封市气象台指导预报,制作本县天气预报。

中长期天气预报　20世纪80年代,通过传真接收中央气象台,河南省、开封市气象台的旬、月天气预报,结合分析本地气象资料及短期天气形势,制作本地旬、月天气趋势预报。

③气象信息网络

1980年前,利用收音机收听武汉区域气象中心和河南省气象台以及周边气象台播发的天气预报和天气形势。1981年,配备了传真接收机,接收北京、欧洲气象中心以及日本东京的气象传真图。1985年10月,安装了甚高频电话,利用甚高频电话和开封市气象台进行天气会商。1999年,完成地面卫星小站建设,并利用MICAPS系统接收和使用高分辨率卫星云图和地面、高空天气形势图等。1999—2005年,相继开通了因特网,建立了气象网络应用平台、专用服务器和省、市、县办公系统,气象网络通讯线路X.25升级换代为数字专用宽带网,开通100兆光缆,接收从地面到高空各类天气形势图和云图、雷达拼图等资料,为气象信息的采集、传输处理、分发应用、天气会商、公文处理提供支持。

2. 气象服务

公众气象服务　1985 年 11 月,开通甚高频无线对讲通讯电话,实现与开封市气象处直接会商。1993 年 3 月,气象警报网开通,面向有关部门、乡(镇)村开展气象服务。1997 年 10 月,正式开通"121"天气预报自动咨询电话;2005 年 1 月,"121"改号为"12121"。1998 年 12 月,电视天气预报节目在尉氏县电视台开播。

决策气象服务　20 世纪 80 年代,以电话方式向县委、县政府及有关部门提供决策服务。2002 年,利用手机短信为县委、县政府、防汛指挥部和乡镇领导提供气象服务。2007 年,建立县政府突发公共事件预警信息发布平台,发布自然灾害、气象警报、农业病虫害等相关服务信息。

人工影响天气　2001 年 8 月,成立尉氏县人工影响天气办公室,配备人工增雨火箭发射装置 1 套,"三七"高炮 6 门,建立人工增雨作业基地 4 个。

防雷技术服务　1990 年起,开展避雷设施安全检测工作。1999 年起,为部分新建建(构)筑物安装避雷设施。

气象科普宣传　利用电视、手机短信、报刊专版、电子显示屏、网站等渠道,实施气象科普入村、入企、入校、入社区。每年"3·23"世界气象日,举行大型的宣传活动,发放宣传材料,向广大群众宣传气象知识和防雷知识等。

科学管理与气象文化建设

1. 社会管理

1998 年,为 2 名职工办理了行政执法证,气象局成立行政执法队伍。2006 年,被列为县安全生产委员会成员单位,负责全县防雷安全的管理,定期对液化气站、加油站、民爆仓库等高危行业和非煤矿山的防雷设施进行检测检查,对不符合防雷技术规范的单位,责令进行整改。

2. 政务公开

对气象行政审批、气象服务内容、服务承诺、气象行政执法依据、服务收费依据及标准等,通过户外公示栏、电视广告、发放传单等方式向社会公开;财务收支、目标考核、职工晋级等内容,通过职工大会或局公示栏张榜等方式向职工公开。

3. 党建工作

1990 年 1 月 2 日,成立尉氏县气象站党支部,有党员 4 人。截至 2008 年底有党员 9 人(其中退休党员 3 人)。

2000—2008 年,参与气象部门和地方党委开展的党章、党纪、法律法规知识竞赛共 12 次。2002 年起,连续 7 年开展党风廉政教育月活动。2004 年起,每年开展作风建设年活动。2006 年起,每年开展局领导党风廉政述职报告和党课教育活动,并层层签订党风廉政目标责任书,推进惩治和防腐败体系建设。2000—2008 年,为规范职工行为,先后制定工作、学习、服务、财务、党风廉政、卫生安全等六个方面的规章制度。

2002—2008年,被县直属机关党委评为"先进党支部"。

4．气象文化建设

1995年起,开展争创文明单位活动。1998年起,每年3月开展职业道德教育月活动。2000—2008年,先后开展"致富思源、富而思进"、"'三个代表'重要思想"、"保持共产党员先进性"等教育活动。2000年起,每年组织春游、摄影、文艺演出、演讲比赛等活动。

1996—1999年、2001—2008年,被开封市委、市政府授予"市级文明单位"荣誉称号。

5．荣誉

集体荣誉　1983—2008年,尉氏县气象局共获集体荣誉24项。其中,1996—1999年、2001—2008年被开封市委、市政府评为市级文明单位,2000年尉氏县气象局被河南省气象局评为1999年度气象科技服务先进单位,2000年、2004年尉氏县人工影响天气办公室被河南省气象局评为河南省人工影响天气先进集体。

个人荣誉　1983—2008年,尉氏县气象局个人获奖共48人(次)。

台站建设

尉氏县气象局建站初期,占地面积5271.5平方米,建筑面积584.7平方米,房屋27间,设有家属房及农业气象办公室、资料室、测报室、传真室、预报室等。2004年,尉氏县气象局迁至尉氏县人民路东段,占地面积8000平方米,建1130平方米办公楼1栋,炮库面积230平方米。2008年进行了办公楼综合改善,完成业务系统的规范化建设。

洛阳市气象台站概况

洛阳地处东经 111°8′~112°59′,北纬 33°35′~35°05′,位于河南省西部、黄河南岸,属暖温带南缘向北亚热带过渡地带,四季分明,气候宜人。年平均气温 14.2℃,年降雨量 546 毫米。洛阳东邻郑州,西接三门峡,北跨黄河与焦作接壤,南与平顶山、南阳相连。东西长约 179 千米,南北宽约 168 千米。洛阳是国务院公布的首批历史文化名城之一,"居天下之中",素有"九州腹地"之称,是"丝绸之路"起始点之一,以洛阳为中心的河洛地区是华夏文明的重要发祥地。2008 年,洛阳市辖 6 个市辖区、1 个县级市、8 个县,面积 15208 平方千米,总人口达 654.4 万。

气象工作基本情况

所辖台站概况　洛阳市辖嵩县、洛宁、汝阳、栾川、伊川、孟津、新安、宜阳和偃师等 9 个县级气象观测站,其中 2 个国家基本气象观测站,7 个国家一般气象观测站;区域自动气象站 131 个,其中单要素(雨量)站 121 个,四要素站 10 个。

历史沿革　作为古都洛阳,中华人民共和国成立前,无正规的气象机构。1950 年筹建气象站,1951 年 1 月 1 日正式开始观测,名称为河南军区洛阳气象站,以地面气象观测为主,积累气象资料,为空军、海军和其他特殊兵种发送军事气象情报。洛阳所辖的 14 个县(市)也相继建立了气象站:1952 年 1 月卢氏县气象站建立;1955 年建立了嵩县气象站;1956 年建立了洛宁、汝阳、栾川和伊川气象站;1957 年建立了三门峡、渑池、临汝(汝州市)和灵宝气象站;1958 年又建立了孟津、新安、宜阳和偃师气象站。1986 年,三门峡气象台独立出来,洛阳市气象局管辖嵩县、洛宁、汝阳、栾川、伊川、孟津、新安、宜阳和偃师等 9 县气象站。

管理体制　1950 年 11 月—1954 年 8 月,归部队管理。1954 年 9 月—1962 年,归地方政府领导。1962—1966 年,归气象部门管理。1967—1983 年,归地方政府管理,期间 1971—1972 年归洛阳军分区管理。1984 年,实行气象部门与地方政府双重领导,以气象部门领导为主的管理体制。

人员状况　洛阳市气象部门 1951 年建站时编制 3 人。1972 年,有在编职工 26 人。2006 年,定编为 125 人,其中洛阳市气象局局机关编制 18 人,直属事业单位编制 35 人,所辖县(市)气象局编制 72 人。截至 2008 年底,有在职职工 121 人,离退休职工 58 人。在职职工中:汉族 120 人,回族 1 人;研究生学历 1 人,本科学历 53 人,大普学历 2 人,大专学历 41 人,中专及以下学历 24 人;高级职称 14 人,中级职称 51 人,初级职称 36 人。

党建与精神文明建设 截至 2008 年底,洛阳市全市气象部门有党支部 10 个,党员 86 人,其中洛阳市气象局 42 人,所辖县(市)气象局 44 人。洛阳市气象局 1985 年被评为市级文明单位,1998 年被评为省级文明单位,2004 年重新被评为省级文明单位,2009 年又被评为省级文明单位。截至 2008 年底,所辖 9 个县(市)气象局中,孟津县气象局于 2008 年被评为省级文明单位,其余 8 个县气象局均连续保持市级文明单位荣誉称号。

主要业务范围

地面气象观测 洛阳市气象局辖 2 个国家基本气象观测站、7 个国家一般气象观测站;区域自动气象站 131 个,其中单要素(雨量)站 121 个,四要素站 10 个。孟津气象站是亚洲区域气象情报资料交换站,2007 年开展酸雨观测业务;嵩县、洛宁气象观测站承担每日 05、20 时的航空危险天气发报任务;洛宁气象局每年 6 月 1 日—10 月 31 日,承担发往河南省防汛指挥部、洛阳市防汛指挥部的水情报任务。2003 年建设 2 个、2005 年建设 5 个地面自动观测站,改变了地面气象要素人工观测的历史,实现了气象要素的监测、采集、存储和上传的业务自动化。2007 年,全市建设完成了 131 个区域自动气象站,形成了覆盖乡镇的地面中小尺度气象灾害自动监测网。2008 年全市气象资料按规定上交河南省气象局档案馆。

农业气象观测 栾川、伊川两个二级农业气象观测站和 7 个一般农业气象观测站开展的业务主要是 0~50 厘米土壤湿度状况观测,每旬向河南省气象局拍发农业气象旬月报和墒情报;栾川、伊川站还开展小麦、玉米作物生育状况观测,作物生育期结束后向河南省气象局上报作物报表。栾川、伊川、孟津气象站每周向河南省气象局拍发农气周报(2003 年 12 月 1 日起),逢 5 日拍发加测墒情报。1981 年 1 月—1983 年 10 月,各台站完成了农业气候区划报告,为政府指导农业生产、合理安排农作物布局,提出了科学依据。

天气预报 1958 年始,各县气象站开始制作 24 小时短期及 2~15 天中长期单站补充预报。1959 年 4 月,采取"听、看、谚、地、资、商、用、管"的八字措施,利用收听的河南省气象台的气象资料广播,绘制简易天气图,并结合本站的气象要素时间剖面图、点聚图及收集整理验证的天气谚语,制作单站补充预报。1964 年下半年始,每天早、晚发布两次补充天气预报。1965 年 9 月,根据动、植物的反映及天气图来制作预报。1980 年后,用无线气象传真接收机收传真图,结合单站资料和看天经验制作天气预报。1983 年 12 月—1984 年 5 月,各台站先后用研制的数值预报释用技术(MOS、PPM(完全预报方法)),客观定量地预报降水、大风、寒潮、大雪、冰雹等灾害性天气。1999—2000 年,建设完成并利用 VSAT 卫星单收站接收气象信息资料,以 MICAPS 为主要工作平台建立的预报业务流程实现准自动化运行。2000 年始,逐步开始对洛阳市气象台的 24 小时、周预报和旬月报等短、中、长期天气预报以及临近预报订正后进行服务。2005 年 7 月起,突发气象灾害预警信号发布投入业务规范化运行。

人工影响天气　洛阳市气象局人工影响天气工作始建于 1988 年 6 月,同时成立洛阳市人民政府人工影响天气领导小组办公室。当时人工影响天气的主要目的是基于农业抗旱而实施人工增雨。至 2008 年,洛阳市人工影响天气的业务范围扩展为人工增雨和人工防雹作业两项,其中洛宁县气象局、宜阳县气象局成为人工防雹作业两大基地。

气象服务　有年、季、月、周和 1～3 天常规天气预报服务;遇有关键性、转折性、灾害性天气和重大活动时,及时发布重要天气预报、重要气象信息、气象灾害预警信号和专题气象服务信息等决策气象服务信息。农业气象服务有冬小麦、夏玉米产量预报及冬小麦、玉米、棉花适播期预报等;每周制作农业气象周报,利用卫星遥感监测及区域站资料不定期制作雨情、墒情、农情、火情等农业气象分析材料。

气象信息网络　自 1950 年洛阳市建立气象站以来,气象通信系统经历了无线莫尔斯、电传和传真广播、电子计算机通信、VSAT 卫星接收站、X.25 通讯网、省—市 SDH 宽带网和省—市 MPLS-VPN 等发展阶段。开展的通信业务先后有微机自动收报、填图,传真接收,利用气象甚高频电话网络接收上传雨量报、小图报、市区天气预报,利用省—市 SDH 宽带网开展视频会商及接收上传各种气象信息。

洛阳市气象局

机构历史沿革

始建情况　洛阳气象站 1950 年 1 月 1 日始建于西工区健村,站点位于北纬 34°40′,东经 112°30′,测站海拔高度为 136.1 米。

站址迁移情况　1950 年 5 月 1 日,迁往洛阳市南新安街军分区院内,测站海拔高度变为 136 米。1953 年 1 月 1 日,迁至西工区周公庙,测站海拔高度为 144.3 米。1955 年 12 月 1 日,迁洛阳东关外,站点位于北纬 34°40′,东经 112°30′,测站海拔高度为 137.8 米。1969 年 3 月 1 日,迁至西工区临涧村,站点位于北纬 34°40′,东经 112°25′,测站海拔高度为 154.5 米。1984 年 1 月 1 日,洛阳气象站迁往洛阳市南郊赵村,站点位于北纬 34°38′,东经 112°28′,测站海拔高度为 137.1 米。

历史沿革　洛阳气象站为洛阳市建站最早的气象站,建站时名为河南军区洛阳气象站。1954 年 9 月 1 日,在洛阳气象站基础上成立河南省人民政府洛阳气象台,是河南省继河南省气象台之后的第二个气象台。1956 年 1 月,更名为河南省洛阳气象台。1960 年 3 月,更名为河南省洛阳专员公署气象服务台。1968 年 3 月,更名为河南省洛阳地区气象台革命委员会。1971 年 7 月,更名为河南省洛阳地区气象台。1981 年 5 月,成立了洛阳地区气象局,台站业务管理归洛阳地区气象局,原测报组升格为洛阳气象站。1984 年 6 月,更名为河南省洛阳气象处。1989 年 8 月,更名为河南省洛阳市气象局。1961 年 3 月 15 日始,定为地面测报基本站。

管理体制 1950年11月—1954年8月,归部队管理。1954年9月—1962年,归地方政府领导。1962—1966年,归气象部门管理。1967—1983年,归地方政府管理,期间1971—1972年归洛阳军分区管理。1984年,实行气象部门与地方政府双重领导,以气象部门领导为主的管理体制。

机构设置 2008年,洛阳市气象局内设4个职能科室:办公室、人事教育科、业务科和政策法规科;5个直属事业单位:气象台、气象科技服务开发中心、财务核算中心、防雷中心和大气探测与技术保障中心。

单位名称及主要负责人变更情况

单位名称	姓名	职务	任职时间
河南军区洛阳气象站	黄文杰	站长	1951.01—1952.10
	郑良富	站长	1952.10—1953.06
	张义安	站长	1953.06—1954.04
	冯太吉	站长	1954.04—1954.08
	吴振藻	站长	1954.08—1954.09
河南省人民政府气象局洛阳气象台			1954.09—1956.01
河南省洛阳气象台		台长	1956.01—1960.02
河南省洛阳专员公署气象服务台			1960.03—1965.08
	咎梦良	台长	1965.08—1968.02
河南省洛阳地区气象台革命委员会	武长荣	台长	1968.03—1971.06
	卿良城	台长	1971.06—1971.07
河南省洛阳地区气象台		台长	1971.07—1972.07
	武长荣	台长	1972.07—1977.05
	唐复林	台长	1977.05—1981.04
河南省洛阳地区气象局	孙庆和	局长	1981.05—1984.05
河南省洛阳气象处		处长	1984.06—1986.07
	张桂泉	处长	1986.07—1989.07
		局长	1989.08—1989.12
河南省洛阳市气象局	谢勇华	局长	1989.12—1999.05
	胡长海	局长	1999.05—2001.10
	张聪智	局长	2001.10—2005.08
	荆自谋	局长	2005.08—

人员状况 洛阳市气象局1951年建站时编制3人。1972年,有在编职工26人。截至2008年底,有在职职工55人,离退休职工31人。在职职工中:男33人,女22人;汉族54人,回族1人;大学本科学历24人,大普学历2人,大专学历21人,中专及以下学历8人;高级职称11人,中级职称21人,初级职称13人。

气象业务与服务

1. 气象业务

①气象观测

地面观测 建站时,地面气象观测项目有气压、空气的温度和湿度、风向、风速、降水、积雪、云、天气现象、能见度、蒸发、日照时数、地面温度、地面状态。1953 年 1 月,开始观测地中(5、10、15、20 厘米)温度;1954 年 4 月,开始观测 40、80、160、320 厘米深层地温;1956 年,增加电线积冰观测。

建站时,每日进行 24 次定时观测。1954 年 1 月,改为每日 8 次定时观测。1960 年 1 月,地面气象观测时制变更为北京时,改为每日 02、08、14、20 时 4 次观测,昼夜守班。

1954 年 1 月,开始编发绘图报和补充绘图报。1959 年 1 月,开始担负县站地面测报月报表审核。

1983 年 7 月,洛阳观测站发报业务转到孟津县气象站。1999 年 1 月 1 日,洛阳观测站撤销。

区域自动站观测 2004 年,开始建设区域自动气象观测站。至 2008 年底,全市建成区域自动气象观测站 130 个,其中四要素(气温、雨量、风向、风速)站 10 个,雨量站 120 个,采用移动电话的 GPRS 传输。

农业气象观测 农业气象工作始于 1956 年,当时开展了霜冻补充预报、农作物病虫害预报,并向河南省气象台编发气候旬月报。1957 年,进行冬小麦、玉米、棉花、红薯、蔬菜、谷子等农作物物候观测和目测土壤湿度,并编发农业气象旬月报。1958 年,开展土壤墒情监测,并向河南省气象台、中央气象台发报,编写农业气象旬报服务材料。1959 年 1 月,开展小麦、玉米、棉花、红薯等农作物生育期气象条件预报及病虫害预报。1961 年,开始进行小麦、棉花、谷子生育状况观测。1985 年 3 月,开展冬小麦卫星遥感估测业务服务工作。1985 年开始,仅承担气象旬(月)报中的气象资料部分的编发及农业气象旬报服务材料的编写工作。1989 年后,主要承担冬小麦、夏玉米产量预报及适播期预报,定期和不定期农业气象条件分析服务材料的编写及全市农业气象业务的管理工作。

②天气预报

1958 年始,洛阳观测站开始制作 24 小时短期及 2～15 天中长期单站补充预报。1959 年 4 月,采取"听、看、谚、地、资、商、用、管"的八字措施,通过收听河南省气象台的气象资料广播,绘制简易天气图,并根据本站的气象要素时间剖面图、点聚图及收集整理验证的天气谚语,制作单站补充预报。1964 年下半年始,每天早、晚发布两次补充天气预报。1965 年 9 月,根据动、植物的反映及天气图,制作预报。1980 年后,用无线气象传真接收机收传真图,结合单站资料和看天经验,制作天气预报。1983 年 12 月—1984 年 5 月,用研制的数值预报释用技术(MOS、PPM(完全预报方法)),客观定量地预报降水、大风、寒潮、大雪、冰雹等灾害性天气。1999—2000 年,建设完成并利用 VSAT 卫星单收站接收气象信息资料,以MICAPS 为主要工作平台建立的预报业务流程实现准自动化运行。2005 年 7 月,突发气象灾害预警信号发布投入业务规范化运行。

2. 气象服务

公众气象服务 1956 年 6 月,通过洛阳市有线广播首次广播天气预报。1995 年 10 月,除在洛阳电视台新闻综合频道开辟《天气预报》节目外,还先后在经济生活、旅游文体频道分别开播《生活气象》、《旅游气象》、《洛阳体温》等形式多样贴近百姓生活的栏目。1999 年,开通了"121"信息电话,并将服务内容扩充为 100 个信箱、10 个大版块。2002 年 4 月,"洛阳兴农网"开通,2004 年覆盖 9 个县(市),并延伸到 142 个乡镇。2006 年 10 月,电视天气预报主持人在荧屏上播报天气预报。另外,除每天在《洛阳日报》头版刊登天气预报外,2004 年在《洛阳晚报》开辟了《今日天气》栏目,2006 年改为贴近群众生活的《出门看天》。

决策气象服务 决策气象服务产品除常规的天气预报、农业气象服务、气候评价等定期服务产品外,还在春运、牡丹花会、五一、十一假期、河洛文化旅游节、三夏、中考、高考、奥运火炬传递、汛期等重大社会活动和关键性、转折性、灾害性天气期间,通过报纸、电视、广播、气象短信、"12121"(2004 年升级)气象信息电话、传真、网络等提供全方位、精细化的预报服务。

人工影响天气 1988 年 6 月 28 日,成立洛阳市人工影响天气领导小组,开始开展人工影响天气工作,服务项目包括增雨雪、防雹和消雨。2001—2008 年,全市装备有 28 门高炮、44 套火箭发射系统,在宜阳、洛宁两县建成河南省覆盖范围最大、最密集的烟叶种植区固定防雹火力网;累计开展人工增雨作业 500 余批次,每次作业增雨平均在 5~10 毫米。

防雷技术服务 1988 年,成立防雷中心,承担本辖区雷电灾害防御工作、相关技术指导与技术咨询、雷电事故调查与鉴定、防雷工程施工图设计、工程施工分段检测与竣工验收。2002 年,开始对辖区内新建建筑物进行图纸审核及分段检测、竣工验收。2008 年,对全市中小学进行雷击隐患排查整改,消除雷击隐患。

专业气象服务 1999 年,开发了洛阳专业气象服务网,对洛阳铁路分局、洛阳热电厂、洛阳飞机场等用户实行网络终端服务;开发了城市火险等级预报、行车安全指数预报等 20 多项专业服务产品;还与水利、农业、环保等多部门合作,开展农业产量预报、空气质量预报。

气象科普宣传 2000 年来,以世界气象日、科技活动周为契机,上街展出宣传板报,散发宣传材料;到学校、农村、机场等单位开展丰富多彩的气象科技和气象知识宣传讲座;还利用电视、电台、《洛阳日报》《洛阳晚报》、"12121"特别服务电话和"洛阳兴农网"宣传气象科普知识。2003 年 6 月 27 日,洛阳市气象局被洛阳市科协首批命名为洛阳市科普教育基地。

气象科研 1990—2008 年,先后完成河南省气象局科研项目 5 个、洛阳市科研项目 3 个、自立科研课题 15 个、与地方有关部门合作课题 3 个。其中,"地市级专业气象预报服务系统"2000 年获河南省气象科技开发一等奖;"洛阳市自然资源与可持续发展战略研究"2000 年获河南省科学技术进步三等奖,同时获洛阳市科技进步三等奖;"地市级新一代天气预报业务流程"2002 年获河南省气象科技开发二等奖;"洛阳市森林火险与天气监测预测技术"2002 年获河南省气象科技开发三等奖;"洛阳市环境空气污染预测预报研究"2002 年 12 月被河南省科学技术厅确认为"河南省科学技术成果",2003 年获洛阳市科学技术进步三等奖;"市级城市环境气象监测预报服务系统"2007 年获河南省气象科技成果二等奖。

气象法规建设与社会管理

法规建设 2005—2007 年,洛阳市政府先后出台了《关于进一步加强人工影响天气工作的通知》(洛政办〔2005〕73 号)、《关于进一步加强防雷减灾工作的通知》(洛政〔2006〕83 号)、《关于加快气象事业发展的意见》(洛政〔2007〕5 号)、《关于印发洛阳市气象灾害应急预案的通知》(洛政办〔2006〕76 号)等 4 个规范性文件;洛阳市气象局与洛阳市安全生产监督管理局联合下发了《关于做好防雷防静电装置安全管理工作的通知》,与教育局联合下发了《关于加强各类教育场所防雷安全工作的通知》,与煤炭工业局联合下发了《关于加强煤炭生产企业防雷安全工作的通知》。

制度建设 2001—2008 年,建立了《洛阳市气象局依法行政、重大政策专家咨询论证制度》、《依法治市工作联系制度》、《气象行政执法监督检查制度》、《洛阳市气象局执法职权分解及执法责任确定》、《洛阳市气象局行政执法标准》、《洛阳市气象局行政执法评议考核制度》、《洛阳市气象局行政执法过错及错案责任追究办法》等 12 个依法行政、制约监督制度。

社会管理 2002 年,开始对辖区内洛阳民航飞行学院气象台和洛阳石化环境检测站 2 个非气象部门的气象台站的人员编制、设备状况、管理机制、工作内容进行调查登记。

2003 年 3—5 月,编制了《气球安全施放培训教材》,对全市从事气球施放活动人员进行培训发证。

2006 年,成立洛阳市人民政府洛阳市防雷减灾工作领导小组,由主管副市长任组长,市政府副秘书长、市气象局局长任副组长。领导小组下设办公室,办公地点设在市气象局。2007 年 3 月,洛阳市人民政府第 11 次常务会议审议通过《洛阳市防雷减灾管理办法》,将防雷工程设计、施工和竣工验收,雷击灾害风险评估,避雷装置的年检,全部纳入气象行政管理范围。

依法行政 2002 年 7 月,洛阳市政府成立洛阳市行政服务中心,并设立了气象窗口,承担了 4 项气象行政审批职能。至 2004 年,洛阳市气象局两次参与行政审批制度改革,规范行政审批程序。2002 年,洛阳市气象局(包括所属县气象局)共有行政执法人员 37 人,气象行政执法监督人员 4 人,实现了气象行政执法持证上岗,建立健全了洛阳市气象行政执法队伍。2003 年成立气象行政执法大队。2002 年,聘请了法律顾问。2002—2008 年,先后 8 次对违法发布气象信息、破坏气象探测环境的单位和个人及非法建立气象观测站等违法行为进行查处。2001—2008 年,分别与洛阳市人大、市政府法制局、市政府督查室、市政府目标办、安监局等部门联合开展气象行政执法检查 10 多次。

党建与气象文化建设

党建工作 1954 年 8 月成立党支部,截至 2008 年底,洛阳市气象局有 1 个党支部,党员 42 人(其中离退休党员 12 人)。

2002—2008 年,连续 7 年开展党风廉政教育月活动,并开展领导党风廉政述职报告和党课教育活动,与各科室和所辖县(市)气象局签订党风廉政责任状,推进惩治和防腐败体系建设。

1994—2008 年,除 2005 年外,连年被中共洛阳市直机关工作委员会授予"先进党支部"的荣誉称号。1995 年以来,张炎笙多次被洛阳市市直工委评为"优秀共产党员"和"优秀党务工作者"。

气象文化建设 洛阳市气象局院内设有文化宣传栏、职工活动室、老干部活动室、图书阅览室。2006 年开始,每年组织两次小型运动会;三八节、重阳节等节日分别组织妇女、离退休老干部到洛阳所辖县气象局进行参观考察。2000—2008 年,组织职工参加河南省气象局、洛阳市市直工委组织的演讲比赛,均荣获一等奖;参加河南省气象局举办的两届全省气象人文艺汇演,均荣获一等奖第一名。

1985 年洛阳市气象局被洛阳市委、市政府评为市级文明单位;1998 年被河南省委、省政府评为省级"文明单位",2004 年届满时又被评为省级"文明单位",2009 年届满时再次被评为省级"文明单位"。

荣誉 2002 年,洛阳市气象局被中国气象局评为"2002 年全国重大气象服务先进集体";2007 年,被中国气象局授予"全国气象科技服务先进集体"称号。2006 年被河南省人事厅、河南省气象局评为"河南省气象工作先进单位"。2007 年,被洛阳市人民政府评为"人工影响天气工作先进单位",气象服务受到洛阳市人民政府嘉奖;2008 年,被洛阳市人民政府评为"北京 2008 奥运火炬洛阳传递先进单位";1996—1997 年、1999—2000 年、2002—2008 年,被洛阳市人民政府评为"牡丹花会先进单位";2001—2008 年,连续 8 年被洛阳市人民政府评为"春运工作先进单位"。

台站建设

1950 年 1 月在西工区健村建站,周围为平房,同年 5 月迁往洛阳市南新安街军分区院内,房屋为部队提供。

1983 年南郊观测场建成,占地 0.33 公顷。

1987 年在洛阳市西工区凯旋路涧东路口建成局办公楼,占地面积 389.8 平方米,建筑面积 2250.66 平方米。

1989 年建五层家属楼 1 栋,建筑面积 2097 平方米。1996 年建七层家属楼 1 栋,建筑面积 3437.68 平方米。

洛阳市气象局观测站旧址(1982 年)　　　　洛阳市气象局办公楼(2008 年)

偃师市气象局

偃师,古称西亳,因公元前1046年周武王东征伐纣在此"息偃戎师"而得名。历史上先后有夏、商、周、东汉、曹魏、西晋、北魏等七个朝代在此建都,是国内已知建都朝代最多的县级市,是华夏文明的摇篮。偃师人杰地灵,东汉张衡创造了气象学上的仪器——候风仪,在偃师这块古老的大地上,开始了对天文气象的观测研究,开创了人类探索宇宙奥秘、预测天气变化的先河。

机构历史沿革

始建情况 偃师县气候站始建于1958年10月,站址位于县城槐庙镇东郊县农场。观测场位于北纬34°43′,东经112°49′,观测场海拔高度115.1米。

历史沿革 1960年2月,更名为偃师县气象服务站。1971年1月,更名为偃师县气象站。1990年1月,更名为偃师县气象局。1994年4月,更名为偃师市气象局。偃师气象观测站从建站到2008年,一直为一般气候站。

管理体制 1958年10月—1971年5月,由气象部门和偃师县人民政府双重领导,以气象部门领导为主。1971年5月—1982年4月,改为以地方领导为主,其中1971年5月—1973年3月由偃师县武装部管理。1984年以后,实行气象部门与地方政府双重领导,以气象部门领导为主的管理体制。

机构设置 2008年,内设办公室、业务科、法规科和人工影响天气办公室。

单位名称及主要负责人变更情况

单位名称	姓名	职务	任职时间
偃师县气候站	任自成	站长	1958.10—1960.01
偃师县气象服务站			1960.02—1971.01
偃师县气象站			1971.01—1971.04
	刘修汉	站长	1971.05—1989.12
偃师县气象局	徐贵勤	局长	1990.01—1994.04
偃师市气象局			1994.04—2006.05
	马淑玲	局长	2006.06—

人员状况 1958年10月建站时,有职工3人。截至2008年底,有在职职工12人(其中正式职工7人,聘用职工5人),离退休职工2人。在职正式职工中:男2人,女5人,均为汉族;大学学历3人,大专学历3人,中专学历1人;高级职称1人,中级职称2人,初级及以下职称4人;37~43岁3人,22~34岁4人。

气象业务与服务

1. 气象业务

①气象观测

地面观测 1959年1月1日开始,每日进行01、07、13、19时(地方时)4次观测,夜间不守班;1960年1月1日,改为3次观测;1960年8月1日,观测时次改为每日08、14、20时(北京时)3次,以20时为日界。2008年,每日08、14、20时观测3次,02时气象要素经过订正后的自记记录代替。

1959年1月1日,观测项目为气温、湿度、风向、风速、降水、积雪、云、天气现象、能见度、蒸发、日照时数、地面温度、地面状态;1976年1月1日,增加气压观测。2008年,观测项目有云、能见度、天气现象、气压、气温、空气湿度、风向、风速、降水、小型蒸发、日照、雪深、地面温度、台风加密观测和河南省气象局规定的浅层地温项目。

1991年10月1日,测报报表实行机制报表制作。1996年2月6日,气表-21改由微机编制。

区域自动站观测 2003年,完成偃师市17个乡镇自动雨量观测站建设任务。2007年9月,在偃师市高龙镇原种厂建成偃师市第一个无人值守的气温、风向、风速、降水四要素自动气象站。

农业气象观测 1958年10月建站伊始,开始进行冬小麦、玉米生育状况观测,编发农业气象旬月报,并开展物候观测,同年11月开始测量土壤墒情,并向郑州、洛阳发墒情报。1959年1月,开展农业气象预报,项目包括小麦、玉米、棉花、红薯等农作物的播种期、收获期及各个主要生育期气象条件预报及病虫害预报。1963年1月,被定为省级农业气象基本站,开展冬小麦、谷子作物生育状况观测和土壤湿度(0~100厘米)观测,并向河南省气象局发报。1976年10月,恢复冬小麦、玉米作物生育状况观测。1980年9月,开始农业气候资源调查和撰写区划报告。1980年12月,完成偃师县农业气候分析。1981年8月,完成偃师县农业气候区划报告。1987年1月1日,偃师站由省级农业气象基本站改为一般站。

②天气预报

1958年10月建站伊始,开展了单站补充预报,预报时效为24小时短期预报及2~15天中长期预报。1959年4月,根据收听的河南省气象台的气象资料广播,绘制简易天气图,结合本站气象要素时间剖面图、点聚图,制作天气预报。1964年下半年,开始每天发布两次补充天气预报,时间分别在早上和晚上,由偃师县广播站对外发布。1987年11月20日,安装了甚高频电话,可及时向洛阳市气象台了解天气形势,进行天气会商。1995年1月17日,偃师市气象局建成计算机终端。1999年10月,PC-VSAT单收站的建设并开通,从根本上解决了基层台站缺少探空资料的历史。

③气象信息网络

1987年11月20日,架通甚高频电话。1995年1月17日,建立计算机终端。1999年10月,PC-VSAT单收站开通。1999年5月20日,雨量报通过因特网传输。2001年4月

20 日,河南省县级气象业务服务系统投入使用。2001 年 12 月 28 日,X.25 专线开通。2003 年 11 月 20 日,开通河南兴农宽带网频道。2004 年 12 月 21 日,VPN 宽带视频、通讯正式开通。

2. 气象服务

公众气象服务 1958 年通过当地有线广播公开发布补充预报。1997 年 7 月,《天气预报》节目开始在偃师电视台播出。1996 年 9 月 20 日,开通"121"天气预报电话自动答询系统。2006 年 7 月,开通手机短信天气预报服务平台。

决策气象服务 20 世纪 80 年代前,通过口头、电话及纸质形式向偃师县委、县政府提供决策气象服务,服务产品为常规天气预报,关键农事季节天气预报,灾害性、转折性天气预报及汛期天气预报。2006 年 7 月,开通手机短信天气预报服务平台,为偃师各级党政领导、各局委、防汛成员单位、主要行政村两委等提供每天天气预报、每周天气预报、预警信息、适时雨情、临近天气预报等服务产品。2000 年后,还为偃师市政府提供文物保护气象服务、春运气象服务、西亳文化节气象服务、黄金周气象服务、秸秆禁烧气象服务。2006年,被河南省气象局授予"重大气象服务先进集体"称号。

人工影响天气 偃师的人工影响天气工作开始于 2001 年,主要目的是抗旱防灾。2001 年 10 月 20 日,购置人工增雨火箭架 1 门。2006 年 8 月,配备火箭发射架 2 门。2009年 11 月,配备"三七"高炮 2 门。

防雷技术服务 1988 年 3 月,开始防雷服务。2000 年,引进防雷高科技人才,在防雷装置检测基础上,增加了防雷工程项目及安装防雷装置。2007 年,开展新建、改建、扩建建筑物的防雷设计审核和竣工验收业务。

气象科普宣传 每年的"3·23"世界气象日,均在偃师市区繁华地段设立咨询台,摆放宣传版面、条幅,宣传气象法律法规、普及气象科学知识;并组织了多期"防雷知识进乡村"、"防雷知识进校园"、"防雷知识进企业"等活动。

科学管理与气象文化建设

1. 社会管理

偃师市气象局负责本行政区域内气象事业发展规划、计划及气象业务建设的组织实施;对本行政区域内的气象活动进行指导、监督和行业管理。组织、管理本行政区域内雷电灾害防御工作;负责对新建建(构)筑物或其他设施防雷工程的设计审核、施工监督和竣工验收。负责对本行政区域升放和系留气球的管理。负责本行政区域内人工影响天气工作,组织实施人工影响天气作业。

偃师市气象局自 2003 年开始行政执法,至 2008 年共查处私自施放氢气球违法案件 26起;易燃易爆场所防雷执法 10 起。通过执法,规范了偃师市的防雷工作和彩球市场。

2. 政务公开

2000 年,偃师市气象局将气象行政审批办事程序、气象服务内容、服务承诺、气象行政执法依据、服务收费依据及标准等制成公示栏,悬挂在偃师市气象局办公楼内显要位置进行公示。对固定资产、经费预算、职工工资、开支情况、人事变动等事项每季度公布一次。除了定期在全局职工大会上公布单位的重大决策、工作情况外,还根据实际情况适时公布。

3. 党建工作

1958 年 10 月建站时,没有独立的党支部,党员被编入偃师县农业局下属支部。1997 年 6 月,正式成立偃师市气象局党支部。自成立党支部以来,共发展新党员 4 名。截至 2008 年底,有党员 3 人(其中离退休党员 1 人)。

4. 气象文化建设

坚持将政务公开栏、电子档案(大事记、重要活动声像资料记载)、图书室、职工活动室等不同的文化载体和阵地纳入日常工作管理,明确专人专管,及时更新内容,重视资料收集建档工作,维护气象文化基础设施。

积极参与洛阳市气象局组织的各种演讲、文艺活动,拥有乒乓球台、羽毛球、跳绳等体育设施和图书 1000 余册。2006 年 1 月,荣获洛阳市气象系统迎新春联欢会节目优秀奖。2006 年 3 月,荣获洛阳市气象法律法规知识电视大赛优秀奖。2007 年 2 月,荣获 2007 年洛阳市气象系统迎新春联欢会节目表演三等奖。

1996 年 11 月 8 日,首次被偃师市委、市政府授予(县级)文明单位。2002 年 12 月 28 日—2008 年,一直保持洛阳市级文明单位称号。

5. 荣誉

集体荣誉 偃师市气象局 1996 年被洛阳市人民政府授予市级"文明单位"称号,至 2008 年一直保持市级"文明单位";2002 年 10 月,档案工作被河南省档案局评为科技事业单位档案管理省级先进;2006 年 6 月、2008 年 8 月,两次被洛阳市政府评为洛阳市防雷减灾工作先进单位;2007 年 1 月,被河南省气象局评为 2006 年重大气象服务先进集体。

个人荣誉 2000—2009 年,共获河南省气象局"250 班"无错情奖 2 人(次),"百班"无错情奖 18 人(次)。

台站建设

1958 年建站时,有砖木结构平房 4 幢 19 间,建筑面积 461.2 平方米,土地总面积 2556.629 平方米。1996 年 8 月,住宅楼竣工,建筑面积共 1019.2 平方米,上面四层 8 套作为家属住宅使用,首层 2 套 200 平方米,作为办公室使用。

从 2006 年 6 月开始,偃师市气象局着手台站搬迁工作,2008 年 3 月 14 日征用偃师市城关镇新新村乔坡地 11050 平方米,作为新站的办公、气象观测用地。2008 年 10 月 14 日,新站开始奠基动工建设,建有人工影响天气装备库(220 平方米)、气象防灾减灾中心、人工影响天气指挥中心、防雷减灾办公室、职工餐厅、图书室、职工活动中心、乒乓球室等多功能办公区,建筑面积 1349 平方米,硬化、绿化面积 7000 平方米。购置了 1 辆人工影响天气作业指挥车,1 辆应急气象服务车。

老站址(1982 年)

偃师局观测站(2008 年)

偃师市气象局办公楼(2008 年)

洛宁县气象局

　　洛宁县位于河南省西部,居河洛文化的中心区域,是中华文明的发源地之一,开创中华民族文明史的"洛书"即源于此。洛宁县地处豫西山区,自然灾害频发,尤以干旱、冰雹、暴雨、大风、雷电为甚。干旱一直是制约该县农业生产的最严重的自然灾害,冰雹则会对洛宁的特色农业——烟叶、苹果生产造成严重威胁。

机构历史沿革

　　始建情况　　洛宁县气候站始建于 1956 年 7 月 1 日,站址在洛宁县城关镇王协村,北纬 $34°23'$,东经 $111°41'$,观测场海拔高度 314.8 米。

　　站址迁移情况　　1974 年 7 月 1 日,迁至洛宁县城南,位于老站正西方 2.7 千米处,北纬 $34°23'$,东经 $111°40'$,观测场海拔高度 328.3 米。

历史沿革　1960年3月,更名为洛宁县气象服务站。1971年6月,更名为洛宁县气象站。1990年1月,更名为洛宁县气象局。

管理体制　自建站至1958年7月,体制为气象部门和地方政府双重领导、以气象部门领导为主。1958年7月—1963年6月,以地方政府领导为主,气象部门仅负责业务管理和器材供应。1963年7月—1969年2月,以气象部门领导为主,同时接受地方政府行政领导。1969年3月—1983年12月,归地方政府管理,气象部门仅负责业务管理,其间(1971年3月—1973年7月)归县武装部管理。1984年以后,实行气象部门与地方政府双重领导、以气象部门领导为主的管理体制。

机构设置　1971年,设观测股、预报农业气象股。1990年,设观测股、预报农业气象股、办公室。2001年,成立洛宁县人工影响天气指挥部(县长任指挥长,县委副书记、政协主席、县委常委常务副县长、县委常委统战部长、副县长任副指挥长,办公室设在洛宁县气象局),2003年成立洛宁县鑫鑫气象科技服务中心及洛宁县防雷检测站。2008年,设业务科、办公室、人工影响天气指挥中心、气象科技服务中心。

单位名称及主要负责人变更情况

单位名称	姓名	职务	任职时间
洛宁县气候站	张好学	副站长(主持工作)	1956.12—1960.02
洛宁县气象服务站			1960.03—1971.05
			1971.06—1973.05
洛宁县气象站	韩中民	站长	1973.06—1979.11
	郑天敬	主持工作	1979.12—1981.10
	勒洪勋	站长	1981.11—1984.09
	李德录	站长	1984.10—1987.08
洛宁县气象局	范学武	副站长(主持工作)	1987.09—1989.12
		副局长(主持工作)	1990.01—1992.05
	张跃武	副局长(主持工作)	1992.06—1993.10
	李志勇	副局长(主持工作)	1993.11—1995.10
	李小苗	副局长(主持工作)	1995.11—1997.08
	马德显(回族)	局长	1997.09—1999.09
	张新安(回族)	局长	1999.10—2001.06
	尚红敏	局长	2001.07—2005.06
	闫社茹	副局长(主持工作)	2005.07—2006.05
	王林香	局长	2006.06—

人员状况　2008年底,有在编职工7人,聘用人员6人,退休职工4人。在编职工中,硕士研究生学历1人,大学本科学历3人,大专学历2人;高级职称1人,初级职称4人;全部为汉族;30岁以下4人,30～40岁1人,45～50岁2人。

气象业务与服务

1. 气象业务

①气象观测

地面观测　建站时,观测项目有云、天气现象、气温、绝对湿度和相对湿度、风向、风速、雨量、日照、小型蒸发、雪深;1961年1月,增加了地面0~20厘米和地面最低温度的观测;1961年6月,增加了地面最高温度的观测;1962年7月,增加了气压的观测。2008年,观测项目为云、能见度、天气现象、气压、气温、湿度、风向、风速、雨量、日照、小型蒸发、地面温度(地表、浅层和深层地温)、雪深、雪压项目。

1957年1月—1960年12月,每日进行01、07、13、19时4次观测;1961年1—6月,每日02、08、14、20时4次观测;1961年7月—1979年12月,每日08、14、20时3次观测;1980年1月—1988年12月,每日02、08、14、20时4次观测;1989年1月1日,取消02时观测,每日08、14、20时3次观测。

2005年8月1日,自动气象站建成并开始试运行。自动气象站观测项目有气压、气温、湿度、风向、风速、降水、地温等,观测项目全部采用仪器自动采集、记录。2006年1月1日—2007年12月31日,人工站与自动站同时运行;2006年1月1日—2006年12月31日,以人工站数据为准进行发报;2007年1月1日,开始以自动站数据为准进行发报;2008年1月1日,自动站进行单轨运行。

区域自动站观测　1998—2004年,完成了全县18个乡镇自动雨量站建设任务。2007年8月,下峪乡烟站内建成了洛宁县第一个四要素自动站,可提供气温、湿度、雨量和风向风速数据。

农业气象观测　洛宁县气象局20世纪60年代开始农业气象观测业务。2006年3月20日,开始开展生态气象监测,并根据农业气象观测资料,开展地方农业气象服务工作。

②天气预报

1958年开始单站补充预报,预报时效为24小时短期预报及2~15天中长期预报。1959年,开始收听河南省台的气象资料广播并绘制简易天气图、本站的气象要素时间剖面图、点聚图。1980年后,利用无线气象传真接收机收传真图,结合单站资料和看天经验,制作天气预报。2000年后,开始对洛阳市气象台的24小时、周预报和旬月报等短、中、长期天气预报以及临近预报订正后进行服务。

③气象信息网络

2002年5月,建成PC-VSAT地面卫星接收站,开始接收卫星资料。2003年11月,利用X.25数据通信网络接收上级指导产品。2004年1月,建成办公局域宽带网络。2006年7月,建立洛宁县气象局手机短信服务平台,第一时间向公众和各级领导提供各类气象短信服务。

2. 气象服务

公众气象服务　20世纪70年代,天气预报通过广播对外发布。1998年,天气预报开始在电视上播放;同年1月,开通"121"气象自动答询系统,公众可通过拨打电话查询天气。2008年,洛宁县气象网站建成,通过因特网向社会发布天气预报、预警信号、农业气象信息、气象新闻等。

决策气象服务　20世纪90年代以前,遇到重要天气状况,以口头、电话或传真方式向洛宁县委、县政府提供决策服务。2000年后,又增加了纸质服务内容;并开始为"上戈苹果节"、"绿竹风情节"等重大活动提供专项决策气象服务。2000—2005年,主要服务产品是农业气象月报和农业气象旬报、雨情通报、气候评价、产量预报等。2006年,增加气象短信服务方式,并建成覆盖县、乡(镇)、村的短信服务平台,服务内容有周预报、降雨实时信息、灾害性天气预警预报等。2007年,又增加了"气象内参"和"重要天气预报"服务内容。

人工影响天气　2000年6月,洛宁县气象局从洛阳调高炮1门,在王村塬上首次人工增雨获得成功。2002年,购置3架火箭发射架,开始每年在干旱时期流动增雨作业。2007年5月1日,洛宁县防雹基地建设项目在全县9个乡(镇)破土动工,8月底9个固定炮站建成,同时购置了9门双管"三七"高射炮和6架火箭发射架,组成了覆盖全县的人工增雨火力网,并同步培训了60名炮手,负责高炮人工防雹作业及日常维护。《洛阳晚报》、中国气象局网

洛宁县防雹增雨高炮培训班

站、《中国气象报》分别报道了洛宁的烟叶防雹基地建设。2002—2008年,在干旱少雨季节,洛宁县气象局先后开展了42次人工增雨作业,累计增雨551～779毫米,直接经济效益8000多万元,投入产出比为1∶120。

防雷技术服务　洛宁县的防雷工作开始于1989年。2003年11月,成立洛宁县防雷检测站,负责全县防雷安全性能检测、图纸审核、竣工验收工作。

气象科普宣传　利用气象法律法规实施日、"3·23"世界气象日、"12·4"全国法制宣传日、安全生产月等活动,通过新闻媒体及座谈会方式,进行气象科普宣传;气象工作人员深入农村、部队、企业、学校、医院等地,普及气象知识和防雷避雷常识,并赠送科普宣传手册。

科学管理与气象文化建设

1. 社会管理

2006年3月,洛宁县政府下发《洛宁县人民政府办公室关于防雷减灾工作职责分工的通知》(宁政办〔2006〕9号),明确了气象局对全县防雷减灾工作的管理职责。2007年7月,洛宁县安全生产监督管理局、洛宁县气象局联合下发《关于做好防雷安全管理和防雷防静电装置年度检测检查工作的通知》(宁安监字〔2007〕16号),规范了洛宁县防雷安全管理

工作。

2006年,洛宁县气象局选派4人参加了洛宁县法制办组织的依法行政培训班并通过考试,依法取得执法证;同年8月成立了专门的依法行政领导小组。

2. 政务公开

对气象行政审批办事程序、气象服务内容、服务承诺、气象行政执法依据、服务收费依据及标准等,洛宁县气象局及时采取通过户外公示栏、展板、发放宣传单等方式,向社会公开。干部任用、职称晋级、财务收支、目标考核、基础设施建设、工程招投标等内容,通过职工大会或张榜公示等方式,向职工公开。财务账目每年接受上级财务部门年度审计,并将结果向职工公布。年底对全年收支、职工奖金福利发放、领导干部待遇、劳保、住房公积金等向职工作详细说明。

3. 党建工作

1984年10月,洛宁县气象站党支部建立,有党员3人,隶属洛宁县机关工委。1992年6月党员发展至5人。截至2008年底共有党员6人(其中离退休党员4人)。

2006年,开展党员先进性教育活动。2007年4月,开展"讲正气、树新风、建绩效"为主题的党风廉政教育活动。

4. 气象文化建设

2007年5月,积极参加县总工会组织的文艺汇演和户外健身,丰富职工的业余生活。2007—2008年,每年组织文艺汇演、秋季运动会、秋季爬山等活动。2007年春节在洛阳市气象系统文艺汇演中,洛宁县气象局选送的手语歌《感恩的心》获得了一等奖。

2003年,被中共洛阳市委、市政府命名为市级"文明单位"。

2007年春节洛阳市气象系统文艺汇演

5. 荣誉

集体荣誉 2002—2008年,获集体荣誉11项。其中,2002年,分别被河南省档案局和洛阳市档案局评为"档案管理先进单位";2003年,被中共洛阳市委、洛阳市人民政府命名为市级"文明单位";2004年,被河南省爱国卫生运动委员会评为"省级卫生先进单位"。

个人荣誉 2008年,获个人荣誉12人次。

台站建设

2001年,建成办公室279平方米,职工宿舍及生活用房117平方米,垫土方5952立方米,修建外围墙156米、外围栏144米,硬化院内和道路1200平方米,绿化美化建设花坛

1100 平方米;建成 25 米×25 米的标准化观测场,全部铺上了碧绿的草坪,并安装了高标准的围栏。

2006 年,对人工影响天气指挥中心进行了综合改善,业务平面房屋吊顶,铺设了复合地板,安装了防盗门窗。

2007 年,装修了局大门和办公楼,建造了职工食堂,改造了地下排污设施,对机关院内的环境进行了绿化改造,使全局绿化率达到 60%,并购置了 7 台电脑,组建了局域网。

洛宁县气象局旧貌(2001 年)　　　　　　　洛宁县气象局新颜(2008 年)

栾川县气象局

机构历史沿革

始建情况　1956 年 8 月,在栾川县西河农场建立栾川县气候站,北纬 33°47′,东经 111°38′,观测场海拔高度 750.1 米,1957 年 1 月 1 日正式开始工作。

历史沿革　1959 年 7 月,更名为栾川县气象站。1989 年 5 月,更名为栾川县气象局。

管理体制　1956 年 8 月—1958 年 7 月,由气象部门和地方政府双重领导、以气象部门领导为主。1958 年 7 月—1963 年 6 月,以地方政府领导为主,气象部门仅负责业务管理和器材供应。1963 年 7 月—1969 年 2 月,重归气象部门领导为主,同时接受地方政府的行政领导。1969 年 3 月—1983 年 12 月,人事、财务、行政归地方政府管理,业务管理权仍属气象部门。1984 年,实行气象部门与地方政府双重领导,以气象部门领导为主的管理体制。

机构设置　1990 年,内设测报组、农气组、预报组。2003 年,内设测报组、农气组、预报组、新气象广告经营部(防雷中心、彩球中心)、人工影响天气办公室。2008 年,内设测报组、农气组、预报组、人工影响天气办公室、气象科技中心。

单位名称及主要负责人变更情况

单位名称	姓名	职务	任职时间
栾川县气候站	孙万端	负责人	1956.08—1959.07
栾川县气象站	杨培高	站长	1959.07—1960.05
	孙万端	站长	1960.05—1978.06
	胡明凯	站长	1978.06—1983.04
	陈帮田	站长	1983.04—1984.08
	杨德平	站长	1984.08—1989.05
栾川县气象局	张松建	局长	1989.05—1990.05
	王绍应	局长	1990.05—1994.07
	张跃武	局长	1994.08—

人员状况 1956年8月建站时,有职工2人。1978年,有职工14人。截至2008年底,有在编职工11人,外聘职工13人。在职的24人中,本科学历4人,大专学历10人,中专学历9人,高中学历1人。

气象业务与服务

1. 气象业务

①气象观测

地面观测 栾川县气象局每天进行02、05、08、11、14、17、20、23时8个时次地面观测。观测项目有风向、风速、气温、气压、云、能见度、天气现象、降水、日照、大型蒸发(冬季小型蒸发)、地面温度、平面温度、雪深、雪压、电线积冰。

2003年8月31日,自动气象站建成并投入业务运行。2005年1月1日,自动站单轨运行,用自动站采集资料和人工输入编发报。

1960年5月1日—1992年,用手摇电话通过县邮政局传送报文。1995年10月1日,开始使用电脑编报和编制报表。2001年,开始用微机传送报文和报表。2005年12月,使用光纤传输及GPRS无线传输。

1957年1月1日—1989年12月31日,由人工制作报表。1999年1月,改用微机编制报表,报送磁盘。2005年1月,报表编制完成后传到河南省气候中心,审核后返回栾川县气象局打印存档。

区域自动站观测 2005年建成区域自动雨量站5个,2006年增至15个,2008年增至25个。2007年9月建成四要素站1个。

农业气象观测 1958—1966年,开展玉米、小麦观测。1958年,开始每月8日测墒。1981年1月,重新开始玉米、小麦观测及物候观测,并发布"农业气象月报"、"农业气候分析"、"三夏(三秋)天气趋势"、"春播期预报"、"冬小麦(夏玉米)产量预报"等业务产品,编发农业气象旬(月)报。1983年7月,开展土壤水分状况观测。1985年3月15日,开展冬小麦遥感估产业务服务。1986年1月1日,被确定为河南省农业气象基本观测二级站。1989年始,编写年气候影响评价。2003年1月1日始,编发农业气象周报。2005年1月1日,每旬逢 3 日加测土壤湿度。2005 年 8 月 4 日,测定土壤容重、田间持水量等土壤常数。1981 年起,向县委、县政府和涉农部门提供农业气象旬报、月报和小麦、玉米气象条件分析及产量预报和季、年气候影响评价。

②天气预报

1960 年 5 月 1 日,开始制作单站补充订正天气预报。1985 年 7 月,开始使用 123 气象传真机接收中央气象台发布的 500 百帕、700 百帕、地面天气图及欧洲气象中心发布的形势预报图、东京气象中心发布的气象要素预报图。1996 年以后,利用计算机网络终端接收的气象卫星图、雷达等资料,配合预报指标,制作未来 1~3 天的天气预报。

③气象信息网络

2000 年 12 月以前,用手摇电话通过县邮政局传送报文;1980 年以前,利用收音机收听河南省气象台播发的天气预报和天气形势。1985 年 7 月,开始采用 123 气象传真机接收天气图。1996 年以后,改用计算机网络终端接收,并可同时接收到气象卫星图。2002 年 2 月,气象卫星综合利用业务系统"9210"工程建成,开始通过卫星接收资料。2001 年 9 月,通信专线 X.25 安装成功,2002 年 1 月开始传送报文和报表。2003 年 8 月 31 日,自动站建成。2005 年 12 月,用移动公司光纤传输和 GPRS 无线传输。

2. 气象服务

公众气象服务　建站初期,每天在黑板上写出天气预报,每天下午步行向县政府和农委汇报天气。1960 年起,利用农村有线广播站播报天气预报。1981 年开始,每天 2 次在电视上制作发布 12~24 小时、36 小时、72 小时天气预报。1996 年 1 月 10 日起,创办电视天气预报栏目,分乡镇和旅游景区预报,节目内容除电视天气预报外,还有森林火险等级预报、生活小常识。1997 年 10 月,创办"121"气象信息自动咨询服务台。2001 年,开始手机短信服务。2005 年,开始建立气象信息服务手机短信数据库。2008 年 5 月,开始在公共场所安装显示屏发布天气预报。

决策气象服务　20 世纪 80 年代后期,开始手工编发制作重要天气预报、关键农时预报等,口头方式向县委、县政府提供决策服务。1990 年以后,将打印的中长期预报、重要天气预报、农业气象情报等服务产品报送各级党委、政府及企事业单位。2000 年,基本形成了重要天气预报、重大天气过程预警、关键农时专题预报、重大活动及节假日专题预报等固定模式,服务对象也从各级党委政府、机关事业单位扩大到旅游景区、全县矿区,服务手段也涵盖了信件、电话、电视。2005 年建立了防灾减灾预警数据库,增加手机、传真、显示屏、栾川公众信息网等服务方式。2007 年开始,每年春节、元宵节、清明节、劳动节、国庆节发布 7 天天气预报服务;开展春季森林防火气象服务、干热风预测预防气象服务、麦田管理气象服务、旱灾预测预防气象服务、病虫害预测防治气象服务;汛期发布气象灾害预警和地质灾害预报,每天用手机短信向县各级领导及全县气象信息员、联络员发布天气预报,遇有降水发布有关全县降水量信息,对重要转折性天气报送书面材料和进行专题汇报;开展"秋收、秋种、秋管"气象服务、病虫害预测防治气象服务、森林防火气象服务、禁止燃烧秸秆气象服务;开展冬季防火气象服务、交通运输安全及道路积冰气象服务、人畜取暖及防冻气象服务、防止二氧化碳中毒气象服务、初霜期及 0℃ 以下农作物防冻害气象服务。

人工影响天气 1995 年 6 月,动用洛阳铜加工厂高炮团参加栾川县人工增雨作业。2003 年 2 月,建立了人工影响天气作业队伍。2003 年 3 月,购置 CF4-1A 型火箭 2 架。2005 年 4 月,购置 QF3-1 型火箭 2 架。2007 年 5 月,购置 QF3-1 型火箭 2 架。2008 年 11 月,购置"三七"高炮 4 门。

防雷技术服务 1985 年起,开展建筑物避雷设施安全检测服务。2000 年起,对新建建(构)筑物按照规范要求安装避雷装置。2003 年,开展新建建筑物防雷装置图纸审核、竣工验收。2004 年 8 月,对重点项目、重点企业进行防雷安全检查,把加油站、液化气站作为重点检测对象,当年全县加油站、液化气站全部接受检测。2005 年,全县炸药库全部接受检测。2007 年,对全县所有中小学进行防雷安全普查及防雷装置安装、检测、验收。2008 年,对全县所有银行、网吧计算机信息系统进行防雷、防静电安全检测、雷灾调查评估等。

科学管理与气象文化建设

1. 社会管理

2000 年,栾川县防雷检测中心挂牌成立。2004 年 8 月,栾川县消防大队和栾川县防雷检测中心联合对加油站、液化气站进行执法。2005 年栾川县公安局治安大队和栾川县防雷检测中心对全县炸药库联合进行执法,全县炸药库全部接受检测。2007 年栾川县教育局、财政局、安监局和栾川县防雷检测中心联合,对全县所有中小学进行防雷安全普查及防雷设施安装、检测、验收。

2001 年,成立彩球服务中心。2003 年,进行施放气球资质、施放活动社会管理。

2004 年、2005 年,气象观测环境保护问题在栾川县建设局进行两次备案,划定气象观测环境保护范围。

2007 年,在栾川县行政服务中心设立气象服务窗口,行政管理项目在中心办理审批手续。

2003 年分别有 3 名专职、3 名兼职人员取得行政执法资格,从事气象行政执法工作。2004 年,成立气象行政执法队,配备 2 名专职执法队员和 3 名兼职执法队员。2004—2008 年,与栾川县建设局联合执法 3 次。

2. 政务公开

1985 年起,对气象资料、防雷设施在工商局进行备案,服务收费依据及标准向社会公开。2007 年,气象局在行政服务中心设立气象服务窗口,对气象行政审批办事程序、气象服务、服务承诺、气象行政执法依据、服务收费依据及标准等内容向社会公开。2008 年 2 月 26 日设立政务公开栏,政务、局务公开规范化。坚持通过公开栏、上墙、办事窗口、开会通报等 4 个渠道开展局务公开工作。

3. 党建工作

1969 年前,气象站与栾川县农科所、砖厂、拖拉机站为一个党支部。1969 年以后,与栾川县兽医站、农技站为一个党支部。1981 年 6 月,成立栾川县气象站党支部;1983 年后,与栾川县农技站合为一个党支部。1993 年,成立栾川县气象局党支部。1993—2008 年,先后发展十余名新党员。截至 2008 年底有党员 7 名(全为在职职工)。

1982—1983 年,被中共栾川县委评为栾川县"先进党支部"。1994—1999 年,连续 4 年被中共栾川县农业委员会党委评为"先进党支部"。

4. 气象文化建设

1988 年,建成室外羽毛球场、乒乓球场。2003 年,建成娱乐室、职工学校 32 平方米,配有象棋、跳棋。2007 年,购置台球桌 1 套、幻灯机 1 套。2007 年开始,每年正月十五都要举行象棋、跳棋、乒乓球、踢毽子比赛。2007 年"八一"建军节,为烈士扫墓。2008 年劳动节在老君山举行爬山比赛,到山顶举行诗歌朗诵比赛。

2006—2008 年,连续 3 次参加洛阳市气象局组织的文艺汇演,均夺得第一名。

1989—2008 年,连续 12 年保持市级"文明单位"称号。

5. 荣誉

集体荣誉 获 2000 年度全省"十佳县(市)气象局"称号(河南省气象局),2000 年在第三届全省县级电视气象节目观摩评比中荣获综合三等奖(河南省气象局),2004 年在第五届全省县级电视气象节目观摩评比中荣获综合一等奖(河南省气象局),另外,还获得过"2006 年度河南省人工影响天气先进集体"(河南省气象局)、2005 年度洛阳市"巾帼文明岗"称号(洛阳市妇联会)、"2007 年度人工影响天气先进单位"(洛阳市人民政府)、"2008 年度防雷工作先进单位"(洛阳市人民政府)等荣誉。

个人荣誉 多人次获得"250"班无错情奖励。

台站建设

1956 年建站时,在观测场北面 80 米处建了 3 间瓦房,作为办公场地和工作人员生活居住场所。

20 世纪 60 年代后期,在原来房屋的两侧和前面空地上,又陆续建设了 3 排 10 间土墙瓦屋。

1976 年,在原工作和生活区域东面征地 2670 平方米,建立新的办公区,同时将观测场向东平移 30 米,在新观测场正北 45 米处建设 5 间砖墙瓦房作为工作场所。

1981 年,在东院办公房后征地 667 平方米,建设了 1 座两层楼,面积约 380 平方米,工程于 1982 年完工。新办公楼每层 9 间,共 18 间,一楼为办公用房,二楼为单身职工宿舍。

1990 年,将西院旧房子拆除,建设了两层单元式家属楼,共 8 套,大套 70 平方米,小套50 平方米。

2000 年,将旧家属楼拆掉,在原址重新建设了 1 座(三层共 6 套)新家属楼,每套建筑面积 160 余平方米。

2005 年,根据上级决定,栾川县气象局整体实施搬迁。新址位于栾川县城城东新区植物园内,占地面积近 1 公顷;办公楼(含副楼)总面积 2600 平方米,采用开放式、科普性、景观型设计,2008 年底建设已基本成型。

栾川局观测场旧址（2005 年）

栾川局观测场新址（2008 年）

栾川局办公楼新址（2008 年）

新安县气象局

新安县地处豫西,东接洛阳、孟津,西连渑池,南临宜阳,北濒黄河,与济源及山西垣曲隔河相望。地处北纬 34°36′～35°05′,东经 111°53′～112°19′,东西宽 36 千米,南北长 46 千米,总面积 1160.3 平方千米。新安县辖 5 镇 6 乡,289 个行政村,约 48 万人。新安县属于丘陵山区,西北高,东南低。最高点曹村乡西大园海拔高度 1385.7 米,最低点仓头乡盐东村海拔高度 158.3 米。县城海拔高度 253 米,全县七丘、三山、一川。

机构历史沿革

始建情况 新安县气候站始建于 1958 年 11 月,位于新安县安乐村西。

站址迁移情况 1959 年 3 月,迁至南大山,距离原址 10 千米。1967 年 1 月,迁至新安县老城河南八米路。2006 年 1 月 1 日,搬迁到新安县新城高速路北 500 米的陈湾村,位于北纬 34°44′,东经 112°07′,海拔高度 364.0 米。

历史沿革　始建时名为新安县安乐气候站。1959 年 3 月,更名为新安县气候站。1959 年 7 月,更名为新安县气象服务站。1971 年 8 月,更名为新安县气象站。1990 年 1 月,更名为新安县气象局。

管理体制　1958 年—1969 年 12 月,隶属新安县农业局。1970 年—1973 年 3 月,归新安县武装部管理。1973 年 3 月—1983 年 12 月,归新安县农业局管理。1984 年以后,实行气象部门与地方政府双重领导,以气象部门领导为主的管理体制。

机构设置　2008 年,内设行政办、业务科、人工影响天气领导小组、新安县新气象科技服务中心。

单位名称及主要负责人变更情况

单位名称	姓名	职务	任职时间
新安县安乐气候站	胡永发	站长	1958.11—1959.02
新安县气候站			1959.03—1959.06
新安县气象服务站	黄世位	站长	1959.07—1960.07
	王明勤	站长	1960.08—1964.06
	周西明	站长	1964.06—1968.06
新安县气象站	陈敬岳	站长	1968.06—1971.07
			1971.08—1974.12
	张文范	站长	1975.01—1976.12
	贾曙光	站长	1977.01—1980.08
	陈长同	站长	1980.09—1981.04
	陈正言	站长	1981.05—1984.07
	介玉娥	站长	1984.08—1989.10
新安县气象局	刘丽玲	站长	1989.11—1990.02
		局长	1990.03—1992.04
	陈华林	局长	1992.05—1998.01
	仝文伟	局长	1998.02—2003.03
	杨仕贤	局长	2003.04—

人员状况　1958 年,有职工 2 人。1980 年,有 9 人。2008 年底,在职职工 14 人(其中正式职工 7 人,聘用职工 7 人),离退休职工 5 人。在职职工中:男 7 人,女 7 人;大学本科学历 4 人,大专学历 4 人,中专及以下学历 6 人;中级职称 5 人,初级职称 2 人;30 岁以下 8 人,31～40 岁 3 人,41～50 岁 3 人。

气象业务与服务

1. 气象业务

①气象观测

地面观测　1958 年 11 月,每日进行 08、14、20 时 3 次观测;1960 年 1 月 1 日—1960 年

8月1日,改为07、13、19时3次观测;1960年8月1日,改为08、14、20时3次观测。夜间不守班。

1958年11月,观测项目有云、能见度、天气现象、气温、湿度、风向、风速、降水、日照、蒸发、地面状态、积雪深度、地温等。1961年1月1日,停止地面状态观测;1961年4月30日,停止日照、蒸发观测;1962年1月1日,停止能见度观测;1963年3月1日,增加地面曲管观测,1965年1月1日,恢复日照、蒸发观测;1965年1月1日,增加气压观测;1970年1月1日,增加冻土观测;1979年4月1日,恢复能见度观测;1980年1月1日,停止冻土观测。

雨量报发报时次为05、17时,报文发往河南省气象局和洛阳市气象局。

2006年1月1日,完成ZQZ-CⅡ型自动气象站安装建设,并开始试运行。

区域自动站观测 2005年,完成全县11个乡镇单要素雨量站建设。2008年,在北冶乡建设了四要素自动气象监测站。

农业气象观测 1962年开始,每月逢8日取土测墒,并开展小麦、玉米等作物生育状况观测。

②天气预报

1958年,通过收听天气形势,结合本站资料图表,每日早晚制作24小时天气预报。从2000年开始,开展常规24小时、未来3~5天和旬月报等短、中、长期天气预报,以及临近预报和灾害性天气预报预警业务。

③气象信息网络

1998年,安装VSAT卫星接收设备,通过MICAPS系统可以使用高分辨率卫星云图等资料,进行数据的查看和处理。2002年11月,气象分组交换网(X.25)建成并投入使用。2004年4月,建成内部局域网,办公楼与观测站实现了网络连接。2005年8月,开通Notes邮件系统,基本上实现了办公自动化。2007年,通过雷达显示工作站可以查看三门峡雷达资料。

2. 气象服务

公众气象服务 从1958年开始,利用新安县有线广播站播报气象消息。1997年开始,制作电视气象节目,并开通"121"天气预报电话自动答询系统。1999年,建立兴农网网站,发布农业、气象、政务等各类信息。2004年,开展手机短信气象服务。

决策气象服务 20世纪80年代前,以口头和纸质方式向新安县委、县政府提供决策服务,为新安县四大班子、农业局、林业局等有关部门提供纸质气象信息材料。1990年,逐步提供"重要天气预报"、"农业气象"、"气象信息"、"汛期天气趋势分析"等决策服务产品;建立了气象灾害预警信号发布平台,气象灾害预警信号可发送至各行政村村长手机。

人工影响天气 2001年6月,成立新安县人工影响天气领导小组。至2008年,建立人工影响天气固定作业基地5个,建设固定炮库24间,购置高炮2门、火箭架4台、流动作业车1辆、GPS卫星定位仪1部;在各炮点安装了自动雨量观测站,在北冶、石井安装了多要素自动气象观测站,建立了可视人工影响天气指挥中心,安装了雷达图、云图分析系统。2001—2008年,河南省电视台、洛阳市电视台均多次对新安县的人工增雨工作进行专题报道。

防雷技术服务 1990年,开始为全县建筑物避雷设施进行安全检测。

气象科普宣传 通过气象法规实施日、"3·23"世界气象日、"12·4"全国法制宣传日、安全生产月及科技三下乡活动,多渠道进行气象科普宣传。2007年,向中小学校捐送防雷知识挂图和光盘800份,实施气象科普入村、入企、入校、入社区。

气象科研 1999年,与河南农业大学合作科研项目"不同土壤类型区小麦根系发育特点及调控增产技术研究",获河南省科技进步二等奖。

科学管理与气象文化建设

社会管理 2003年8月,成立气象行政执法大队,6名兼职执法人员均通过省政府法制办培训考核,持证上岗;2006—2008年,与安监、建设、教育等部门联合开展气象行政执法检查50余次。

2001年6月16日,新安县政府下发了《关于成立新安县雷电安全管理工作领导小组的通知》(新政〔2001〕91号),组长由副县长担任,副组长由县政府办公室副主任和县气象局局长担任。新安县气象局根据《关于加强雷电安全管理工作的通知》(新政文〔2001〕92号)要求,成立了新安县防雷检测站,负责本行政区域内气象事业发展规划、计划及气象业务建设的组织实施;对本行政区域内的气象活动进行指导、监督和行业管理;组织、管理本行政区域内雷电灾害防御工作;负责对新建建(构)筑物或其他设施防雷工程的设计审核、施工监督和竣工验收;负责对本行政区域升放和系留气球的管理。

政务公开 将气象行政审批办事程序、气象服务、服务承诺、气象行政执法依据、服务收费依据及标准等内容,向社会公开。2003年,成立了政务公开领导小组并设立了民主评议小组,制定了政务公开工作制度,建立了政务公开网页,制作了政务公开版面,设立了监督意见箱。2005年,被中国气象局授予"政务公开先进单位"。2008年,专门建立了新安县气象局门户网站,在网站上对社会服务的10项承诺、办事内容、办事依据、办事条件和办事程序、行政收费标准等进行公开。

党建工作 1958年—1989年12月,组织关系隶属新安县农业局党支部。1990年,成立新安县气象局党支部,当时有党员3人。截至2008年有党员7人(其中离退休党员3人)。

2000—2008年,参与气象部门和地方党委开展的党章、党规、法律法规知识竞赛共16次。2002年起,每年开展党风廉政教育月活动。2004年起,每年开展作风建设年活动。2006年起,每年开展党风廉政述职报告和党课教育活动,并层层签订党风廉政目标责任书。

气象文化建设 1998年开始开展争创文明单位活动。2000—2008年,先后开展"三个代表"、"保持共产党员先进性"、"讲正气、树新风、建绩效"、"新解放、新跨越、新崛起"、"深入学习科学发展观"等教育活动,并与5个贫困村结对帮扶。

为丰富职工业余文化生活,2006年新建了图书室、职工活动中心、乒乓球室、100米环形跑道、羽毛球场和健身场等。

2000—2008年,连续被洛阳市委、市政府评为市级文明单位。

荣誉 1999—2008 年,获集体荣誉 18 项。其中,2000 年,被河南省爱委会评为"省级卫生达标先进单位";2004 年,被河南省气象局评为"2004 年度人工影响天气工作目标考核先进集体";2005 年,被中国气象局授予"政务公开先进单位";2005 年和 2007 年,被洛阳市政府评为防雷减灾工作先进单位,2005—2007 年,2 次被洛阳市政府评为人工影响天气先进单位;2008 年,被河南省气象局评为"精神文明建设先进单位"和河南省气象部门"优秀县局"。

台站建设

1958 年建站时,只有 5 间苗圃房。2006 年,新安县气象局新址占地 0.87 公顷,新建办公楼、车库、炮库、仓库占地 1556 平方米,硬化、绿化面积 9075 平方米,并建有职工厨房、餐厅、图书室、职工活动中心、乒乓球室、100 米环形跑道、羽毛球场和健身场等。

新安县气象局观测场旧貌(1983 年)

新安县气象局观测场新颜(2008 年)

新安县气象局现办公楼(2008 年)

汝阳县气象局

汝阳县位于河南省西部,北汝河上游,位于北纬 33°49′～34°21′,东经 112°8′～112°38′,因汝阳县城居汝河之阳而得名。全境极点直线距离南北 61 千米、东西 30 千米,总面积 1332.8 平方千米。汝阳县地处中原,历史悠久。早在六七千年前的新石器时代,就有人类劳动、生息、繁衍在这块土地上。明成化十二年(1476 年)设伊阳县。1959 年 8 月 21 日,国务院批准将伊阳县改名为汝阳县。

机构历史沿革

始建情况 1956 年 8 月,伊阳县气候站始建于内埠农场,北纬 134°18′,东经 112°38′,1957 年 1 月 1 日正式开展气象观测记录。

站址迁移情况 1959 年 1 月 1 日,站址迁至伊阳县城南关外,北纬 34°09′,东经 112°28′。1961 年 1 月 1 日、1967 年 1 月 1 日、1980 年 1 月 1 日的 3 次迁移,站址均在汝阳县城东关外,经纬度不变(北纬 34°09′,东经 112°28′)。1998 年 1 月 1 日,迁至汝阳县城伊阳新村,北纬 34°09′,东经 112°28′,海拔高度 336.5 米。

历史沿革 1959 年 10 月,随着县名更改,伊阳县气候站变更为汝阳县气候站。1960 年 2 月更名为汝阳县气象服务站。1971 年 6 月更名为汝阳县气象站。1990 年 2 月,更名为汝阳县气象局。

管理体制 1957 年 8 月—1958 年 7 月,由气象部门和伊阳县人民委员会双重领导,以气象部门领导为主。1958 年 8 月—1963 年 6 月,转由汝阳县人民委员会领导,气象部门负责业务管理、器材供应。1963 年 7 月—1969 年 2 月,重归气象部门领导。1969 年 3 月—1971 年 2 月,转由汝阳县革命委员会领导。1971 年 3 月—1973 年 7 月,归属洛阳军分区汝阳县人民武装部领导。1973 年 8 月—1983 年 12 月,再次转由汝阳县革命委员会领导。1984 年 1 月,实行气象部门与地方政府双重领导,以气象部门领导为主的管理体制。

机构设置 2008 年,汝阳县气象局设有办公室、业务组、汝阳县科苑服务中心、汝阳县腾飞气象科技服务有限公司。

单位名称及主要负责人变更情况

单位名称	姓名	职务	任职时间
伊阳县气候站	游润棠	站长	1957.01—1958.11
	罗国扬	站长	1958.12—1959.10
汝阳县气候站			1959.10—1960.01
汝阳县气象服务站	李学廉	站长	1960.02—1971.05
汝阳县气象站			1971.06—1990.02
汝阳县气象局	薛巧玲	局长	1990.02—2003.07
	刘丽玲	副局长(主持工作)	2003.07—2005.11
	姜 发	局长	2005.11—

人员状况　1957 年建站时,只有职工 3 人。1978 年,有在职人员 6 人。截至 2008 年底,有在职职工 10 人(其中在编职工 5 人,聘用职工 5 人)。在职职工中,大学本科学历 3 人,大专学历 1 人,中专学历 5 人;中级职称 2 人,初级职称 2 人。

气象业务与服务

1. 气象业务

①气象观测

地面观测　1957 年 1 月—1960 年 12 月,每日进行 01、07、13、19 时 4 次观测;1961 年 1—6 月,改为每日 02、08、14、20 时 4 次观测;1961 年 7 月—1979 年 12 月,每日进行 08、14、20 时 3 次观测;1980 年 1 月—1988 年 12 月,改为每日 02、08、14、20 时 4 次观测;1989 年 1 月 1 日,取消 02 时观测。

建站时,观测项目有云、天气现象、气温、绝对湿度和相对湿度、风向、风速、雨量、日照、小型蒸发、雪深。1961 年 1 月,增加了地面 0~20 厘米和地面最低温度的观测;1961 年 6 月,增加了地面最高温度的观测;1972 年 7 月,增加了气压的观测。截至 2008 年底,观测的项目为云、能见度、天气现象、气压、气温、湿度、风向、风速、雨量、日照、小型蒸发、地面温度(地表、浅层和深层地温)、雪深、雪压。

2005 年 6 月,开始自动站建设,2005 年 8 月 1 日开始试运行。自动气象站观测项目有气压、气温、湿度、风向、风速、降水、地温等,观测项目全部采用仪器自动采集、记录。2006 年 1 月 1 日—2007 年 12 月 31 日,人工站与自动站同时运行。2006 年 1 月 1 日—2006 年 12 月 31 日,以人工站数据为准进行发报;2007 年 1 月 1 日,开始以自动站数据为准进行发报。2008 年 1 月 1 日起,自动站进行单轨运行。

区域自动站观测　2004 年,完成全县 13 个乡镇自动雨量站建设任务。2007 年 8 月,汝阳县大安工业园区玻璃厂内建成了第一个四要素自动站(DZZ2 型),可提供温度、湿度、雨量和风向风速数据。

农业气象观测　1961 年 3 月,开始农业气象观测业务,每旬逢 8 日定时测墒,测量深度为 0~30 厘米,10 厘米一个层次,每月 3 次。1982 年,汝阳县成立农业区划委员会气候组,对汝阳气候进行调查研究。1983 年 5 月,编制了汝阳县农业气候资源分析和区划报告;同年又进行了农业气象业务基本建设("基本档案、基本资料、基本指标、基本方法")。2006 年 3 月 20 日,开始开展生态气象监测。2000 年 1 月,开始每旬编发墒情报和农业气象旬月报;2003 年 12 月 1 日,开始在 AB 报段中增加编发农业气象周报;2006 年 7 月 1 日,在 AB 报中增加基本气象段。

②天气预报

建站初,仅开展 3 次观测业务,并未开展天气预报。20 世纪 60—70 年代,通过广播接收河南省气象台预报产品,绘制天气图,开始制作短期天气预报和旬、月等中、长期天气预报。20 世纪 80 年代,在上级业务部门的组织下,经常进行预报方法的研究和交流及组织各种形式的技术比武和预报会商。2005 年 7 月,开始预警信息发布工作。

③气象信息网络

1995年10月,微机终端建成投入试用。1999年10月,建立了VSAT单收站。2000年6月10日,通过分组交换网传输天气报业务投入试运行,天气报通过电报网和分组交换网并行传输。2000年9月1日,天气加密报、重要天气报上行传输路由从公用电报网正式调整为经分组交换网传至河南省气象台。2001年12月28日,X.25分组交换网正式投入业务应用。2004年4月,建成内部局域网,并投入使用,使办公楼与观测站实现了网络连接。2005年8月10日开通了Notes邮件系统,基本上实现了办公自动化。

2. 气象服务

公众气象服务 从20世纪70年代开始,天气预报每天下午由汝阳县电台广播一次,20世纪80年代增加为中午、晚上广播2次。1997年8月,天气预报开始在电视上播放,每天一次;同年9月,开通"121"气象自动答询系统,设立10个信箱,内容从天气预报、气象情报到经济信息、致富信息。2001年10月,农村气象科技服务"兴农网"建立。

决策气象服务 20世纪80年代,以口头或电话方式向汝阳县委、县政府提供决策服务。20世纪90年代,逐步开发"重要天气预报"、"气象内参"、"农业气象周报"、"汛期(5—9月)天气形势分析"、春播预报、冬小麦和夏玉米适播期(或收获期)等决策服务产品。2005年,开始灾情直报。2007年5月1日自建短信平台、利用移动MAS代理服务器向汝阳县县委、县政府等部门的领导提供决策服务。2008年6月10日,对汝阳县域气象灾情收集调查、评估上报。

人工影响天气 1991年7—8月,聘请洛阳矿山机械厂高炮连首次在汝阳县开展人工增雨作业。2001年,购置2副增雨防雹火箭发射架,1辆指挥车,2辆服务车。2002年10月,成立了以农业副县长为指挥长、有关单位主要领导为成员、气象局局长为办公室主任的汝阳县人工影响天气办公室。2004年汝阳县人大常务会议通过了《汝阳县人工影响天气十年规划》,使人工影响天气工作步入稳定发展轨道。

防雷技术服务 1990年始,开展建筑物防雷装置安全检测。2001年,开展计算机信息系统防雷安全检测。2003年,开展对新建建筑物防雷工程图纸审核。2008年,对全县248所中小学校进行雷击史、地质条件及防雷环境调查,编写完成《汝阳县中小学校防雷减灾方案》,报请汝阳县政府批准实施。

科学管理与气象文化建设

1. 社会管理

2001年7月20日,汝阳县政府发布《关于加强雷电安全管理工作的通知》(汝政〔2001〕35号),明确了汝阳县气象局对汝阳县雷电防御工作的管理职责。2001年,成立气象行政执法队,6名兼职执法人员均通过河南省政府法制办培训考核,持证上岗;2006—2008年,与安监、建设、教育等部门联合开展气象行政执法检查60余次。

2001年,绘制了《汝阳气象观测环境保护控制图》。2001年5月12日,汝阳县人民政府下发《关于切实做好气象探测环境保护工作的通告》(汝政〔2001〕24号),2008年3月12

日汝阳县人民政府再次下发《关于加强气象探测环境和设施保护的通告》,为气象观测环境保护提供法规依据。

2. 政务公开

2003 年起,对气象行政审批办事程序、气象服务、服务承诺、气象行政执法依据、服务收费依据及标准等内容向社会公开。2003 年,被河南省气象局列入河南省气象部门局务公开试点单位。2007 年,制订了"局务公开工作制度",设立了汝阳县气象局政务公开公示栏、监督栏,落实首问责任制、气象服务限时办结、气象电话投诉、气象服务义务监督、财务管理等一系列规章制度。

3. 党建工作

1990 年 2 月,汝阳县气象局党支部建立。1994 年,因党员人数变动,党支部撤销,组织关系合并到汝阳县农委党支部。1995 年 6 月 25 日,重新成立党支部。现在党员 7 人(其中离退休党员 3 人)。

1995—2008 年,参与气象部门和地方党委开展的党章、党规、法律法规知识竞赛共 23 次。2001 年起,连续 8 年开展党风廉政教育月活动。2004 年起,每年开展作风建设年活动。2006 年起,每年开展气象局领导党风廉政述职报告和党课教育活动,并层层签订党风廉政目标责任书,推进惩治和防腐败体系建设。

2008 年和 2009 年,姜发同志被中共汝阳县委直属机关工作委员会评为优秀共产党员。2003—2008 年,连续 6 年被汝阳县直属机关党委评为"五好党支部"。

4. 气象文化建设

1989 年起,开展争创文明单位活动。2000—2008 年,先后开展"三个代表"、"保持共产党员先进性"、"三讲"、"三新"等教育活动。

2006 年 1 月,参加洛阳市气象局举办的气象系统迎新春联欢会,获得三等奖;2006 年 3 月,参加洛阳市气象局举办的气象法律法规知识电视大赛,获得三等奖;2006 年 6 月,参加洛阳市气象局举办的庆"七一"文艺汇演,获得一等奖;2006 年 7 月,参加洛阳市气象局举办的电视气象节目观摩评比,获得二等奖;2007 年 2 月,参加洛阳市气象局举办的气象系统迎新春联欢会,获得三等奖。

5. 荣誉

集体荣誉　1982—2008 年,汝阳县气象局获地厅级以上集体荣誉 6 项,县处级集体荣誉奖 88 项。其中,1989—1999 年,汝阳县气象局被汝阳县县委、县政府授予"文明单位"称号;2001—2008 年,被洛阳市市委、市政府授予市级"文明单位"称号;2001 年 3 月,被洛阳市妇女联合会授予"巾帼文明示范岗"称号;2003 年 2 月,被河南省气象局评为河南省气象部门"十佳县气象局";2002 年和 2004 年,通过档案管理市级达标认定,获"洛阳市档案管理优秀达标单位"称号;2008 年,被洛阳市气象局评为"局务公开先进单位"。

个人荣誉　建站以来共有 24 人(次)获得百班无错情奖励,1 人获得 250 班无错情奖励。

台站建设

1956 年 8 月建立气候站,当时在内埠乡内埠村伊阳县农场建立了 3 间瓦房作为办公场地。

1959 年 1 月因生活不方便迁至伊阳县城南关,建立 3 间瓦房作为办公场地。

1960 年 1 月迁至东关,建立了 5 间瓦房作为办公场所。1980 年 1 月,因城市改造,迁至汝阳县城东关外,征地 2867 平方米,建立 1 座两层楼,面积约 640 平方米。新的办公楼每层 10 间,共 20 间,一楼为办公用房,二楼为职工宿舍。

1998 年 1 月迁至汝阳县城伊阳新村,征地 2427 平方米,建立一层办公楼,面积约 116 平方米。新办公楼共 5 间,2 间办公,3 间作为职工住宿场所。

2006 年,建成了 800 平方米办公楼和气象服务终端等多项业务工程。

到 2008 年,气象局占地面积 5567 平方米,办公楼 800 平方米,职工宿舍 1440 平方米,人工增雨炮库 140 平方米,绿化、硬化 3834 平方米。

2006—2008 年,汝阳县气象局分期分批对院内的环境进行了绿化改造,规划整修了道路,在庭院内修建了草坪和花坛,栽种了风景树,全局绿化率达到了 60%,使机关大院变成了风景秀丽的花园式单位。

气象站的值班室(2007 年)　　　　　　汝阳县气象局办公楼(2009 年)

宜阳县气象局

宜阳县位于河南省西部,洛河中游浅山丘陵区。东邻洛阳市区,西接洛宁县境,北与新安、义马、渑池毗连,南和嵩县、伊川交界。总面积 1669.44 平方千米,辖 17 个乡镇、383 个行政村,总人口 65 万。

机构历史沿革

始建情况　宜阳县气候站于 1958 年 8 月建站,站址位于宜阳县韩城镇官庄村东,北纬

34°30′,东经 111°58′,海拔高度 241.9 米。

站址迁移情况　1967 年 1 月,迁站至宜阳县城关公社水磨头大队白庙村,北纬 34°30′,东经 112°11′,观测场海拔高度 195.8 米。1982 年 1 月,迁站至宜阳县城关镇水磨头村西,站址位于北纬 34°30′,东经 112°11′。

历史沿革　1959 年 7 月,更名为宜阳县气象服务站。1971 年 5 月,更名为宜阳县气象站。1990 年 2 月,更名为宜阳县气象局。2007 年 1 月—2008 年 12 月,类别为国家气象观测站二级站。

管理体制　自建站至 1960 年 8 月,由宜阳县农林水电局代管,业务受洛阳地区气象台指导。1984 年以后受洛阳地区气象处领导,实行气象部门与地方政府双重领导,以气象部门领导为主的管理体制。

机构设置　2008 年,内设办公室、气象科、科技服务中心、人工影响天气办公室。

单位名称及主要负责人变更情况

单位名称	姓名	职务	任职时间
宜阳县气候站			1958.08—1959.07
宜阳县气象服务站	李孝宗	站长	1959.07—1971.05
			1971.05—1975.12
宜阳县气象站	张留申	站长	1976.01—1977.12
	魏道弥	站长	1978.01—1978.12
	董清秀	站长	1979.01—1990.02
宜阳县气象局		局长	1990.02—1992.07
	田　明	局长	1992.08—

人员状况　1958 年建站时,只有职工 3 人。2001 年,定编为 7 人。2008 年底,有在编职工 7 人,退休人员 4 人,聘用职工 8 人。在编职工中:大学本科学历 1 人,大专学历 6 人;中级职称 2 人,初级职称 5 人;40～49 岁 3 人,40 岁以下 4 人。

气象业务与服务

1. 气象业务

①气象观测

地面观测　1958 年 10 月—1960 年 12 月,每日进行 01、07、13、19 时 4 次观测;1961 年 1—6 月,每日进行 02、08、14、20 时 4 次观测;1961 年 7 月—1979 年 12 月,每日进行 08、14、20 时 3 次观测;1980 年 1 月—1988 年 12 月,每日进行 02、08、14、20 时 4 次观测;1989 年 1 月 1 日,取消 02 时观测,进行 08、14、20 时 3 次观测。

建站时,观测项目有云、天气现象、气温、绝对湿度和相对湿度、风向、风速、雨量、日照、小型蒸发、雪深;1961 年 1 月增加了地面 0～20 厘米和地面最低温度的观测,6 月增加了地面最高温度的观测;1962 年 7 月,增加了气压的观测。2008 年,观测项目为云、能见度、天气现象、气压、气温、湿度、风向、风速、雨量、日照、小型蒸发、地面温度(地表、浅层和深层地温)、雪深。

2005年8月1日—12月,自动气象站开始试运行。自动气象站观测项目有气压、气温、湿度、风向、风速、降水、地温等,观测项目全部采用仪器自动采集、记录。2006年1月1日—2007年12月31日,人工站与自动站同时运行;2006年1月1日—12月31日,以人工站数据为准进行发报;2007年1月1日,开始以自动站数据为准进行发报;2008年1月1日起自动站单轨运行。

区域自动站观测　2007年,完成了全县14个乡镇自动雨量站建设任务,并在高村乡烟站内建成了宜阳县第一个四要素自动站(DZZ2型),可提供气温、湿度、雨量和风向风速数据。

农业气象观测　20世纪60年代,开始观测土壤墒情。每旬逢8日定时测墒,测量深度0~50厘米,10厘米一个层次,每月3次。2000年1月,开始每旬编发墒情报和农气旬月报。2003年12月1日,开始在AB报段中增加编发农业气象周报;2006年7月1日,在AB报中增加基本气象段。2006年3月20日,开始生态气象监测,通过报文形式向河南省气象局、洛阳市气象局提供当地农业气象信息。

②天气预报

建站初期,未开展天气预报业务。20世纪60年代以后,开始制作短期天气预报。70年代开始制作旬预报、月预报等中、长期天气预报,并通过广播接收上级预报产品,绘制天气图。20世纪70—80年代,经常进行预报方法的研究、交流活动,组织各种形式的技术比武和预报会战。2005年开始,根据洛阳市气象台预报,制作订正预报。

2. 气象服务

公众气象服务　从20世纪70年代开始,通过广播每天下午对外发布一次天气预报。20世纪80年代,增加为每天早、中、晚广播3次。1998年,天气预报开始在电视上播放,每天一次;同年1月,开通"121"气象自动答询系统(2004年"121"气象自动答询系统集约到洛阳市气象局,之后,气象自动答询系统升级为"12121")。2003年,天气预报制作系统升级为非线性编辑系统。2005年开始,遇有灾害性天气时及时向公众发布预警信号。

决策气象服务　20世纪90年代以前,决策气象服务主要是靠电话服务,遇到重要天气状况及时向县领导和农业相关部门电话通报。2000年后,除电话服务外,增加了纸质服务内容。2000—2005年,开发了重要天气预报、农业气象旬报、雨情通报、人工影响天气简报、气候评价、产量预报等服务产品。2006年增加气象短信服务方式,服务县领导和乡镇领导,服务内容有周预报、降雨实时信息、灾害性天气预警预报等。2007年,又增加了气象内参和重要天气预报以及手机短信服务。2008年开始,利用移动MAS代理服务器建设了决策气象服务短信平台;为"灵山文化庙会"等重大活动提供专项决策气象服务。

人工影响天气　1990年,宜阳县气象局在当地部队的配合下,实施了第一次人工增雨作业。2002—2007年,先后购置火箭发射架9副,牵引车4辆。2007年,又购置6门高炮。2008年,新建固定炮站2个,改建7个,组成了覆盖全县的人工增雨火力网;同年7月,培训炮手60人,负责高炮人工防雹作业及日常维护。2002—2008年,宜阳先后开展人工增雨作业90余次,累计增雨960~1200毫米,直接经济效益1200多万元。

防雷技术服务　2002年,宜阳县防雷检测站成立,负责宜阳县防雷、防静电装置的定期检测,新建建(构)筑物防雷工程图纸审核、设计评价、竣工验收,以及雷电灾害事故的调查鉴定工作。至 2008 年,防雷检测站已有防雷专业技术人员 4 名,每年对宜阳县 10 余家厂矿企业、40 余家易燃易爆场所和高层建筑进行年度检测,审核图纸 10 余份,验收新建建筑物 10 余栋。

气象科普宣传 从 2000 年起,每年"3·23"世界气象日,都以制作电视专题片、县红旗广场设立咨询台、印发宣传单或宣传册、悬挂宣传标语、召开专题座谈会等多种形式,宣传气象科普知识。每年汛期,防雷工作人员还深入农村、部队、企业、学校、医院等地宣传防雷避雷常识,给他们免费讲课,并义务向社会发放防雷安全知识挂图 1000 余幅、光盘 400 余张。

科学管理与气象文化建设

社会管理 2002 年,宜阳县人民政府下发了《宜阳县人民政府关于进一步加强雷电安全管理工作的通知》(宜政文〔2002〕85 号),2006 年,宜阳县人民政府下发了《宜阳县人民政府办公室关于防雷减灾工作职责分工的通知》(宜政办〔2006〕8 号)。2002 年,宜阳县防雷检测站成立,负责宜阳县防雷、防静电工作的监督管理。2004 年,宜阳县气象局 5 名工作人员通过了河南省政府法制办的培训考核,获取执法资格,持证上岗。2004—2008 年,执法人员按照气象法律、法规执法百余次,申请法院强制执行一次,没收违法施放气球 70 个、气瓶 3 个。

政务公开 2003 年,开始实行局务公开。公开形式有局务公开栏、会议公开、白板公开。财务收支、人事变动、新增固定资产、目标完成、热点难点等,每季向职工们公开一次;遇有临时性工作、重大情况处置等,随时召开班子会或职工大会讨论研究通过。局财务每年接受上级财务部门年度审计,并将结果向职工公布。

党建工作 1987 年 7 月,建立宜阳县气象局党支部,当时有党员 3 人。现有党员 6 人(其中离退休党员 1 人)。

2006 年,宜阳县气象开展了以"保持共产党员先进性"为主题的教育活动;2008 年开展以"讲正气、树新风、建绩效"为主题的党风廉政教育活动,同年 6 月组织干部职工观看了《焦裕禄》《杨岳》等专题教育片,7 月认真学习了中国气象局制作的《阳光辉映事业路——全国气象部门局务公开工作经验交流会专辑》专题片。

2005—2007 年,连续 3 年被宜阳县委评为宜阳县"先进基层党支部"。

气象文化建设 2006 年,参加宜阳县委组织的建党 85 周年文艺汇演。2007 年,参加宜阳县委宣传部组织的庆祝国庆 58 周年歌咏比赛。为丰富职工的业余生活,2007 年开展了春节文艺汇演预选,2008 年开展全局春季运动会、秋季爬山等活动。2005 年开始,每月召开一次职工大会,对当月的好人好事进行总结和公布,用榜样的力量鼓舞人,用先进的事迹感召人,使单位形成了一种积极向上、团结进取、干事创业的工作氛围。

2003 年,被洛阳市委、市政府命名为市级"文明单位"。

荣誉 2001—2008 年,获集体荣誉 28 项。其中,2003 年,分别被河南省档案局和洛阳市档案局评为"档案管理先进单位";2003—2008 年,被中共洛阳市委和洛阳市政府命名为市级"文明单位";2004 年,被洛阳市委、市政府授予"人影工作先进集体"。2001—2004 年,被洛阳市气象局评为"气象服务工作先进单位"。2007 年,被宜阳县委、县政府评为"服务烟草工作先进单位"。

台站建设

2000年，新建办公室210平方米，业务平面房屋吊顶，铺设了复合地板，安装了防盗门窗，建造了职工食堂，改造了地下排污设施，硬化道路1000平方米，垒砌外围墙160米、外围栏126米，对机关院内的环境进行了绿化改造，建设花坛156平方米，局院绿化率达到50％；建成25米×25米的标准化观测场，全部铺上了碧绿的草坪，新装了高标准的围栏；购置了3台电脑，组建了局域网。

宜阳县气象局观测场(2008年)

伊川县气象局

伊川县地处豫西浅山丘陵区，全县总面积1243平方千米，辖14个乡镇、1个工业园、373个行政村，人口76万。伊川历史悠久，境内有古文化遗址72处，是中原文化的发祥地之一。夏代，杜康酿酒于"上皇古泉"，开中华酒业之先河。

机构历史沿革

始建情况 1956年9月，按国家一般站标准筹建伊川县气候站，站址位于城关镇南府店村，北纬34°25′，东经112°25′，海拔高度196.0米，1957年1月1日开展气象业务。

站址迁移情况 1965年1月1日，迁站至县城东新一街40号，北纬34°25′，东经112°25′，海拔高度197.3米。

历史沿革 1960年2月，更名为伊川县气象服务站。1971年5月，更名为伊川县气象站。1991年2月，更名为伊川县气象局。

管理体制 自建站至1960年8月，由伊川县农林水电局代管。1984年以后受洛阳地区气象处垂直领导,实行气象部门与地方政府双重领导,以气象部门领导为主的管理体制。

机构设置 1990 年 1 月成立伊川县防雷检测站,1998 年 5 月 28 日成立伊川县人工影响天气指挥部和伊川县人工影响天气指挥部办公室,2002 年成立业务科、伊川县气象科技咨询服务中心,2004 年 3 月成立办公室。

单位名称及主要负责人变更情况

单位名称	姓名	职务	任职时间
伊川县气候站	赵顺章	站长	1956.09—1960.01
伊川县气象服务站			1960.02—1971.04
伊川县气象站			1971.05—1981.04
	赵六科	站长	1981.05—1982.12
	苗秀团	副站长(主持工作)	1983.01—1986.08
	尚红敏	副站长(主持工作)	1986.09—1987.12
	白凌霞	副站长(主持工作)	1988.01—1988.08
伊川县气象局	尚红敏	站长	1988.09—1991.01
		局长	1991.02—2000.05
	赵祖强	局长	2000.06—2004.03
	褚桂成	局长	2004.03—

人员状况 1956 年建站时,只有职工 3 人。2001 年,定编为 7 人。2008 年底,有职工 12 人(正式职工 6 人,聘用职工 6 人),退休人员 2 人。正式职工中:本科学历 2 人,大专学历 2 人,中专学历 2 人;高级职称 1 人,中级职称 3 人,初级职称 2 人;50 岁以上 1 人,41～50 岁 3 人,31～40 岁 1 人,30 岁以下 1 人。

气象业务与服务

1. 气象业务

①气象观测

地面观测 1959 年 1 月 1 日,观测时次采用地方时,每日进行 01、07、13、19 时 4 次观测;1960 年 1 月 1 日,改为每日 07、13、19 时 3 次观测;1960 年 8 月 1 日,采用北京时,每日 08、14、20 时 3 次观测。

观测项目有云、能见度、天气现象、气压、气温、湿度、风向、风速、降水、雪深、日照、蒸发、地温等。

1985 年 7 月 1 日,向河南省气象局编发重要天气报;1994 年,开始编发小天气图报;1999 年 3 月 1 日,开始编发全国天气加密报。

1991 年 9 月 1 日,地面气象观测报表改为机制报表。

1999 年 5 月 20 日,雨量报通过因特网传输。

2000 年 7 月 11 日,启用 AHDM 4.1 地面测报程序;2005 年 1 月 1 日,改用 OSSMO 2004 地面测报程序。

区域自动站观测 2004 年—2006 年底,在白沙、江左、吕店、彭婆、水寨、鸦岭、高山、平等、鸣皋、葛寨、白元、酒后 12 个乡(镇)以及刘窑、范店 2 个水库,建立了 14 个自动雨量站,在伊川工业园建立 1 个四要素自动气象站,初步形成 10 千米格距的地面中小尺度气象灾害自动监测网。

农业气象观测 1970 年始,开展气象和物候观测并提供服务。1983 年 5 月,完成《伊川县农业气候资源调查和区划报告》。1982 年起,制作"农业气象月报"、"农业气候分析"、"三夏(三秋)天气趋势"、"春播期预报"、"冬小麦(夏玉米)产量预报"等业务产品。1983 年 7 月,开展土壤水分状况观测。1985 年 3 月 15 日,开始冬小麦遥感估产业务服务。1986 年 1 月 1 日,被确定为河南省农业气象基本观测二级站。1986 年 10 月 1 日始,编发农气旬(月)报。1989 年始,编写年气候影响评价。2003 年 10 月 1 日始,编发农气周报。2005 年 1 月 1 日,在每旬逢 8 日测定土壤湿度的基础上,每旬逢 3 日加测土壤湿度。2005 年 8 月 4 日,开始测定土壤容重、田间持水量等土壤常数。

②天气预报

气象站成立之后,因为预测预报设备简陋、缺乏资料,不能独立制作天气预报,主要抄收上级台天气预报。20 世纪 70 年代,开始制作单站天气预报,之后又演变为转发上级气象台站天气预报、对上级气象台站制作的天气预报进行解释订正,用国家气象中心和日本、欧洲、美国的数值预报产品制作发布当地的天气预报。1985 年 3 月 19 日起,不再制作长期天气预报,只开展长期天气预报订正服务。1995—2008 年,开展常规 24 小时、48 小时、未来 3~5 天和周、旬、月等短时临近预报以及短、中期天气预报。2000 年 9 月 11 日,开始上报城镇天气预报。2005 年始,开展灾害性天气预报预警业务和制作供领导决策的各类重要天气报告。

③气象信息网络

1956 年建站始,利用收音机收听河南省气象台以及周边气象台站播发的天气预报和天气形势。1981—2002 年,利用甚高频电话与洛阳市气象台进行天气会商。1996 年 6 月,通过微机网络接收天气图、传真图等,拍发雨量报、墒情报等。2002 年 2 月 22 日,建立 VSAT 单收站,使用 MICAPS 1.0 系统。2002 年 12 月 28 日,建成气象信息分组交换网(X.25)。2004 年 5 月 1 日,使用 MICAPS 2.0 系统。2005 年,开通移动公司 2 兆光缆。2008 年 7 月,开通电信公司 2 兆光缆,建设气象探测环境实景监控系统,远程监控气象探测环境变化情况。

2. 气象服务

公众气象服务 20 世纪 70 年代前,气象站做出预报后,主要通过制作黑板报或邮寄旬报等方式对外发布。1971 年起,利用农村有线广播站播报气象信息。1993 年,在乡(镇)建立了县—乡气象警报对讲网;由伊川县电视台制作的文字形式的气象节目在电视台开播。1997 年 12 月,伊川县电视台播出由伊川县气象局应用非线性编辑系统制作的电视气象节目,开展日常预报、生活指数、灾害防御、科普知识、农业气象等服务。1997 年 11 月 7 日,开通"121"天气预报电话自动答询系统(2003 年 5 月 1 日"121"系统实行集约化管理,由洛阳市气象局经营;2005 年 1 月"121"系统改号为"12121"),实现了天气预报语音库输出,服务信息内容多元化、人性化。2002 年 3 月 31 日,建成伊川县兴农网,发布农业、气象、政务等各类信息。2005 年,开通手机一周天气和 24 小时、48 小时气象短信。2005 年 7 月 19

日始,发布灾害性天气预警信号。

决策气象服务 20 世纪 80 年代,以口头方式向伊川县委、县政府提供决策服务。20 世纪 90 年代,开发出"重要天气公报"、"专题气象服务"、"汛期(6—8 月)天气趋势分析"、"雨量图表"等决策服务产品。2007 年,建立了灾害性天气预警信息发布平台,及时发布涉及交通安全、公共卫生、供电停电、地质灾害、农业病虫害等方面的灾害性天气预警信息,供领导科学决策;并常年坚持每旬 2 次的土壤墒情监测和作物生育期观测,在干旱季节加密观测土壤墒情,并综合天气预报,发布优化灌溉信息,指导农民合理灌溉。2008 年,开展了生态农业科技示范园建设和生态农业气象服务。

人工影响天气 1998 年 5 月 28 日,伊川县政府成立人工影响天气指挥中心。2000 年,购置人工增雨火箭发射装置 2 套。2001 年 3 月 24 日,购买 3 门"三七"高炮。2005 年,又购置人工增雨火箭发射装置 2 套。

防雷技术服务 1990 年成立伊川县防避雷设施检测中心,开展建筑物避雷设施安全检测服务。1999 年,按照规范要求对新建建(构)筑物安装避雷装置。2004 年 2 月,开展防雷工程图纸审核。2007 年,开展建筑物、计算机信息系统等防雷安全检测及新建建(构)筑物防雷工程图纸审核、设计评价、竣工验收。2008 年 10 月,对重大工程建设项目开展雷击灾害风险评估。

气象科普宣传 1980 年,与伊川县广播站联合设立气象知识专题讲座节目。2003 年,开展气象科普宣传并被认定为县科普宣传教育基地。利用电视气象、手机短信、报刊专版等渠道,实施气象科普入村、入企、入校、入社区、入部队,全县科普教育受众达 30 余万人次。

气象科研 "积温确定冬小麦适播期"研究成果获 1982 年洛阳地区科技成果荣誉奖;"粮食产量农业气象监测预测系统研究"1986 年获河南省科技进步二等奖;"桃小食心虫综合防治技术研究"获 1992 年河南省气象科学技术进步三等奖;"小麦气候生态研究成果推广应用"获 1994 年河南省气象科学技术进步二等奖;"华北地区小麦优化灌溉技术推广"获 1994 年中国气象局科技进步(推广类)二等奖;"河南省冬小麦优化灌溉模型及其推广应用"获 1995 年河南省科技进步二等奖;"河南省夏玉米农业气象系列化服务技术研究"获 1995 年河南省气象科学技术进步一等奖;"河南省干旱预测监测及抗旱对策技术系统研究"获 1996 年河南省气象科学技术进步一等奖;"河南省小麦卫星遥感监测区域化应用研究"获 1996 年河南省气象科学技术进步二等奖;"河南省不同土壤类型卫星遥感墒情监测研究"获 1999 年河南省气象科学技术进步一等奖。

科学管理与气象文化建设

社会管理 2001 年 4 月,伊川县人民政府下发《关于加强雷电安全管理工作的通知》(伊政发〔2001〕26 号)。2002 年 5 月,伊川县人民政府下发《转发市政府关于切实加强防雷防静电工作的通知》(伊政办发〔2002〕109 号)。上述文件,明确了气象部门的社会管理职能。2001 年起,伊川县气象局开始履行气象行政审批职能。2003 年 8 月,成立气象行政执法队,有兼职执法人员 6 名;2006—2008 年,与公安、安监、规划、建设、教育等部门联合开展气象行政执法 35 次。2007 年,完善了建筑物防雷装置、计算机信息系统等防雷安全检测及新建建(构)筑物防雷工程图纸审核、设计评价、竣工验收等防雷社会化管理工作。

政务公开 2002 年起,对气象行政审批办事程序、气象服务、服务承诺、气象行政执法依据、服务收费依据及标准等内容,向社会公开。2003年7月26日,设立"政务公开栏",使政务、局务公开规范化。2006年,制定了"局务公开工作操作细则"、"局务管理六项制度"等一系列规章制度,坚持通过公开栏、文件、上墙、黑板报、办事窗口、媒体及网络等7种渠道开展局务公开工作。

党建工作 1987年7月,建立伊川县气象局党支部,当时党员3人,截至2008年底有党员3人(其中退休党员2人)。

2000—2008年,参与气象部门和地方党委开展的党章、党规、法律法规知识竞赛9次。2004—2008年,连续5年开展党风廉政教育月活动。2006年起,每年开展局领导党风廉政述职报告,层层签订党风廉政目标责任书,推进惩治和防腐败体系建设。

2004—2008年,连续5年被中共伊川县委评为伊川县"先进党支部"。

气象文化建设 1987年起,开展争创文明单位活动。1988年起,每年3月开展职业道德教育月活动。2008年,在洛阳市气象部门气象人精神演讲比赛中,获三等奖。

1996年1月25日,被伊川县委、县政府授予县级"文明单位"称号。1997年1月,被洛阳市委、市政府连续3届授予市级"文明单位"称号。

荣誉 1997—2008年,伊川县气象局获集体荣誉19项(地厅级以上8项,县级11项)。其中,1997—2008年度被洛阳市委、市政府连续3届授予市级"文明单位"称号;2005年被洛阳市委、市政府评为"人影工作先进集体";2006年被洛阳市人民政府授予"2005年度防雷减灾工作先进单位";2008年被洛阳市人民政府授予"洛阳市防雷减灾工作先进单位"。2001年通过档案管理省标一级达标认定。2007年,被河南省气象局授予"科技服务先进单位"。

台站建设

1965年1月1日伊川县气象观测站迁站后,占地0.34公顷。2001年8月18日,完成台站环境综合改造,建筑面积378平方米,观测场按25米×25米标准建设。2006年7月4日,伊川县气象局整体搬迁,新址占地0.4公顷。2008年10月25日正式开工建设,截至2008年底,新办公楼主体框架已经完成。建成后,伊川县气象局位于伊川县荆山公园(省级森林公园)内,将成为集气象科普、气象观测为一体的实践基地、科普教育基地。

伊川县气象局观测站(2007年)

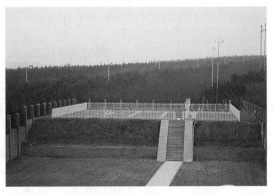
伊川新局观测站(2008年)

嵩县气象局

嵩县历史悠久,地灵人杰,民风淳朴,建制古老,古曰嵩州。境内有仰韶文化、二里头文化、龙山文化等古文化遗址 39 处,北宋大理学家程颢、程颐故里于此。夏朝时为豫州伊阙地,商朝称有莘之野,春秋时为陆浑之戎,汉朝置陆浑县,宋绍兴九年(公元 1139 年)升为顺州,金皇统六年(1141 年)更名为嵩州,明洪武二年(1369 年)降州为县,始名嵩县至今。嵩县地处豫西伏牛山区,全县总面积 3008.9 平方千米,共辖 16 个乡镇、318 个行政村,共 55万人口。境内有伏牛山、熊耳山、外方山三大山系和伊河、汝河、白河三条河流,海拔高度245~2216 米,相对高差达 1971 米,素有"九山半岭半分川"之称。境内三条河流分别注入黄河、淮河、长江。

机构历史沿革

始建情况 1955 年 7 月,河南省气象局在嵩县阎庄乡焦家店村嵩县农场的大田内筹建河南省嵩县气候站,1956 年 1 月 1 日正式开始工作。

站址迁移情况 1958 年 10 月 1 日,迁至嵩县城东关外望城岗。1960 年 5 月,国务院决定撤销栾川县建制并入嵩县,嵩县气象服务站迁至原栾川气象站站址。1961 年 9 月 1日,恢复栾川县建制,嵩县气象服务站迁回嵩县城东关外望城岗。1964 年 7 月 1 日,迁到嵩县城西关外"新城南",地理坐标为北纬 34°09′,东经 112°05′,海拔高度为 325.8 米。

历史沿革 1958 年 9 月 1 日,更名为嵩县气象站。1960 年 2 月 11 日,更名为嵩县气象服务站。1971 年 7 月,更名为嵩县气象站。1990 年 2 月 24 日,更名为嵩县气象局。

管理体制 1955 年 7 月—1958 年 7 月,实行气象系统和地方政府双重领导、以气象部门领导为主的管理体制。1958 年 8 月—1963 年 6 月,实行以地方政府领导为主的管理体制。1963 年 7 月—1969 年 2 月,实行以气象部门领导为主的管理体制。1969 年 3 月—1983 年 12 月,实行以地方政府管理为主的管理体制,期间的 1971 年 3 月—1973 年 7 月嵩县人民武装部派军代表进驻嵩县气象站并主持气象站工作。1984 年以后实行气象部门与地方政府双重领导,以气象部门领导为主的管理体制。

机构设置 2001 年 12 月,内设综合办公室、气象科、气象科技服务中心(防雷技术中心)3 个科室。

单位名称及主要负责人变更情况

单位名称	姓名	职务	任职时间
嵩县气候站	顾鹤祥	负责人	1955.07—1958.08
			1958.09—1958.11
嵩县气象站	王锡贵	站长	1958.12—1959.08
	空缺		1959.09—1959.10

续表

单位名称	姓名	职务	任职时间
嵩县气象站	张盘章	副站长(主持工作)	1959.11—1960.01
			1960.02—1960.05
嵩县气象服务站	孙万端	副站长(主持工作)	1960.06—1961.09
	仝桂粉	负责人	1961.10—1962.12
	梁英灵	负责人	1963.01—1971.04
	高世英	指导员	1971.05—1971.06
			1971.07—1974.04
嵩县气象站	安天喜	负责人	1974.05—1976.07
	高孟章	负责人	1976.08—1979.01
	张学术	副站长(主持工作)	1979.02—1980.06
	安天喜	站长	1980.07—1984.08
	梁英灵	站长	1984.09—1986.12
	安天喜	支部书记(主持工作)	1986.12—1987.03
	程心安	站长	1987.03—1989.10
嵩县气象局	杨全寿	站长	1989.11—1990.01
		局长	1990.02—1991.06
	卫军政	负责人	1991.07—1991.12
	白改成	副局长(主持工作)	1992.01—1994.07
	时修礼	副局长(主持工作)	1994.08—1997.03
		局长	1997.04—

人员状况 1957年7月建站时,有职工2人。1983年12月底,实有在职职工12人,离休职工1人。截至2008年12月底,实有职工9人(其中在编职工7人,外聘用工2人),退休职工4人。在职职工中:男8人,女1人;均为汉族;本科学历2人,大专学历2人,中专及高中以下学历5人;高级职称1人,中级职称1人,初级职称5人;50岁以上2人,40～49岁2人,30～39岁2人,26～30岁3人。

气象业务与服务

1. 气象业务

①气象观测

地面观测 建站后,观测时间采用地方时,每日01、07、13、19时观测4次。1958年9月,取消01时观测,观测时次变为每日3次。1960年,改为北京时02、08、14、20时每日4次观测。

观测项目有气温、气压、湿度、风、降水、云、能见度、天气现象、日照、雪深、蒸发、地温、电线积冰等,具有自记记录的项目有气压、气温、湿度、风、降水。

1959年7月20日—2000年12月31日,开展航危报业务。

1991年,月报表(气表-1)为人工编制。1992年1月,机制报表正式投入使用。1996

年,开始采用486计算机制作报表,月报表数据通过网络上传到洛阳市气象局。1999年,改由河南省气象局气候中心统一审核。地面气象记录年报表(气表-21)手工制作的程序和月报表一样,上报的时间为每年3月底以前。2004年,开始由县气象局通过计算机独立制作年报表。

区域自动站观测　2005年3月—2006年8月,在16个乡镇分两批安装了自动雨量站。2007年9月6日,在车村镇建立四要素自动气象站。

农业气象观测　嵩县气象观测站是农业气象一般站。1956年3月30日开始目测土壤湿度;4月13日开始物候观测,每2天或3天观测1次;6月21日,开始拍发气候旬月报,每旬逢1日发报;10月8日,开始实行每旬逢8日仪器测定土壤湿度。1985年3月,开展冬小麦卫星遥感估测业务服务工作。截至2008年12月,嵩县的农气观测有0~50厘米的土壤湿度及本地主要农作物小麦和玉米的发育期。

②天气预报

短期天气预报　嵩县最早发布短期预报是1958年10月,当时是通过收听河南省气象台的预报及利用经验,制作天气预报,预报时效为1~3天的短期预报。20世纪60年代,开始建立本站曲线图、剖面图、点聚图等预报工具。1970年,开始抄收湖北气象广播电台广播的气象资料,建立简易天气图。1982年,配置了无线气象传真接收机,开始收用气象传真图,结合单站资料及小天气图制作天气预报。1995年底,开通了气象信息终端,高空和地面资料通过网络下载,预报员可以直接在打印好的天气图上分析绘制天气图。1999年12月26日,建成了PC-VSAT地面卫星接收站。

中期天气预报　中期预报始于20世纪60年代初期,一直到20世纪末,中期预报是在旬初发布未来一旬的天气趋势。进入2000年后,开始发布3~5天的滚动天气预报、一周天气预报。

短期气候预测(长期天气预报)　20世纪60年代初期,开展了长期预报。20世纪80年代初,停止制作长期预报。1990年,嵩县气象站又恢复了独立制作长期预报。嵩县气象局发布的长期预报有产品有月预报、季(含汛期等)预报、年预报。

③气象信息网络

从建站开始到20世纪80年代末,气象资料的上传一直是通过邮电部门的电报和信件进行的。1992年春,气象内部报文通过高频电话传输。1995年12月12日,除航空报以外的所有资料都通过网络双向传输。1999年5月,开始用因特网上传气象报文;为了提高网络的安全性,又租用X.25专线组建网络并于2001年12月28日正式投入使用。2005年6月30日,又开通了光纤专线,优化了局域网,并于8月10日开通了Notes邮件系统,基本上实现了办公自动化。

2. 气象服务

公众气象服务　1997年11月,开通嵩县电视天气预报节目,在嵩县电视台两套节目中的"嵩县新闻"之后播出;并开通"121"气象信息自动答询电话。2002年4月1日,开通了"嵩县兴农网"。2005年,通过建立"嵩县气象局手机短信平台",第一时间向公众发送各类气象服务信息。

决策气象服务　一直坚持送阅纸质材料和电话汇报、短信息等方式进行服务，围绕县委、县政府中心工作、重大项目、重大活动等展开服务，服务产品主要有"气象专报"、"重要天气预报"、"人工影响天气快报"，以及"防汛救灾专题气象服务"、"秸秆禁烧气象服务"等。

人工影响天气　人工影响天气工作起步于1975年，当年由嵩县科委拨款，气象局主持试制土火箭，嵩县修配社、城关镇南街村鞭炮厂参与土火箭的试制。1995年春，成立了嵩县人工影响天气工作领导小组，购置了人工增雨防雹火箭发射架和作业车。2006年4月，嵩县人民政府发文将"嵩县人工影响天气领导小组"更名为"嵩县人民政府人工影响天气领导小组"，并制定了嵩县2006—2010年人工影响天气事业发展规划。2005—2006年，嵩县气象局先后被洛阳市人民政府、河南省气象局授予"人工影响天气工作先进集体"称号。

防雷技术服务　1989年，开始避雷设施安全检测工作。1996年，开始对易燃易爆场所的防雷防静电装置实施定期检测。2005年，开始防雷设计审核、竣工验收等项目的行政许可和审批工作。

气象科普宣传　利用"3·23"世界气象日、安全生产月、安全知识进校园、科技大集等活动，通过电视台及气象知识讲座，普及气象科学知识。

科学管理与气象文化建设

1. 社会管理

2001年，嵩县人民政府印发《关于进一步加强雷电灾害防御工作》（嵩政〔2001〕67号）规范性文件。2002年，嵩县县政府成立了以主管副县长为组长、气象局局长为副组长的雷电安全管理工作领导小组，下设办公室，与县气象局防雷办合署办公，负责全县雷电防御工作的管理。2001年5月—2003年10月，嵩县气象局先后有5人获得河南省人民政府颁发的行政执法证，并建立起嵩县气象史上第一支气象行政执法队伍。2002年4月和6月，嵩县气象局执法人员先后立案查处嵩县隆基建筑公司开发建设的北街综合楼和伊川县彭婆建筑安装公司承建的嵩县一中学生公寓楼防雷工程违法案件，《中国气象报》曾对此案例进行了报道。

2. 政务公开

2001年9月，嵩县气象局为洛阳市局务公开示范单位，率先成立以局长为组长的局务公开领导小组，以纪检员为组长的局务公开监督小组，建立局务会制度、议事程序、决策制度，并通过会议公开、公示栏公开、网络公开等途径，将气象行政审批、管理、服务事项的办事职责、承办科室、办事依据、程序、收费标准和承诺时限等向社会公开，方便群众，接受监督。在单位内部，将综合业务考核、财务收支、职称评定、评先评优、工作接待等热点、焦点、难点等问题，置于干部群众的监督之下，始终做到公开、公正、公平，以群众答应不答应、满意不满意为标准，并形成了"局务会阳光决策、同志们当面交心、困难事（时）全员应对、喜庆事（时）共享和谐"的良好传统和做法，及时排查化解矛盾纠纷，使矛盾纠纷发现得早、化解得了、控制得住、处理得好，把矛盾纠纷化解在科室，解决在萌芽状态。

3. 党建工作

嵩县气象站自 1955 年 7 月筹建到 1958 年,一直没有中共党员。1958 年 10 月—1964 年 6 月,虽然先后有党员 3 人,但因 3 人不同时在气象站工作,也没有成立党支部(当时党组织生活不详)。1964 年 7 月,与嵩县农技站、种子站、畜牧站为一个党支部。1980 年 11 月,嵩县气象站党支部成立,隶属农牧局党总支领导。1989 年 10 月,党支部因党员人数不足 3 人,组织生活并入嵩县农村经济工作委员会党支部。1997 年 6 月,成立嵩县气象局党支部,为县直工委的直属支部。截至 2008 年底,有党员 6 人(其中在职党员 5 人,退休党员 1 人)。

2006—2007 年,嵩县气象局党支部连续两年被嵩县县直工委表彰为"优秀党支部";2 人次先后被嵩县县委授予"优秀共产党员"称号;时修礼同志连续当选第九、十届嵩县党代会代表。

4. 气象文化建设

1995—2008 年,坚持开展文明职工、文明家庭、文明科室评选活动;开展"党风廉政建设宣传教育月"活动;开展象棋、羽毛球等体育比赛活动;参加廉政书画比赛、廉政短信比赛。2006 年 9 月和 10 月,李光社同志的书法作品先后被中纪委驻中国气象局纪检组和河南省气象局纪检组评为"气象部门优秀廉政文化作品"。

1995 年,被嵩县县委、县政府命名为县级"文明单位"。2000 年,被洛阳市委、市政府命名为市级"文明单位";2005 年,再次被命名为市级"文明单位"。

5. 荣誉

集体荣誉 1985—2008 年,嵩县气象局共获得上级奖励 49 项。其中,先后被河南省气象局评为"农业气象业务基本建设先进单位"(1985 年),"汛期气象服务先进单位"(1995 年),"电视天气预报节目制作系统建设和'121'服务系统建设先进单位"(1997 年),"人工影响天气先进集体"(2005 年);被洛阳市委、市政府评为"文明单位"(2000 年、2005 年),"人工影响天气先进集体"(2006 年),"防雷减灾工作先进单位"(2008 年)。

个人荣誉 1995—2008 年,获得个人荣誉 81 人次。其中,时修礼 1997 年和 2001 年先后 2 次被河南省人事厅、河南省气象局评为"河南省气象系统先进工作者"。

参政议政 白改成 2003 年、2008 年连续两届当选嵩县第六、七届政协委员。

台站建设

1997 年,建起集办公和住宅为一体的 2400 平方米综合楼,修建了草坪和花坛,硬化了 700 多平方米的道路和大院,改造了业务综合平面,完成了业务系统的规范化建设。《中国气象报》1999 年 10 月 14 日以《观念一新天地宽——河南省嵩县气象局环境治理启示录》为题进行了报道。2005—2008 年,相继购买了公务用车和增雨作业用车,修建了车库和炮库,为每位职工家庭安装网络宽带。

1955 年 7 月建站时嵩县气象站（摄于 1999 年 9 月）　　1999 年 6 月综合改善后的嵩县气象站（摄于 1999 年 9 月）

孟津县气象局

　　孟津，原名"盟津"，是以周武王会八百诸侯于孟津渡而得名。孟津地处豫西丘陵区，基本地形地貌可概括为"三山六陵一分川"，全县总面积 758.7 平方千米，辖 9 镇 1 乡，227 个行政村，总人口 45 万。

机构历史沿革

　　始建情况　1958 年 8 月孟津气象服务站开始筹建，为一般气候站，1958 年 10 月开始观测，站址在孟津县长华镇西郊，观测场地理坐标为北纬 34°50′，东经 112°26′，海拔高度 321.2 米。

　　站址迁移情况　1983 年，站址向西南迁移 200 米，地理坐标无变化，海拔高度 323.3 米。2003 年，迁站至孟津县岭南生态苑内，观测场地理坐标为北纬 34°49′，东经 112°26′，海拔高度 333.3 米。

　　历史沿革　1971 年 6 月，更名为孟津县气象站。1983 年，根据中央气象局(82)中气业字第 110 号文，孟津县气象站为国家气象观测基本站。1990 年 2 月，更名为孟津县气象局。2007 年 1 月 1 日，类别改为国家气象观测一级站；2008 年 12 月 31 日，又改为国家气象观测基本站。

　　管理体制　1958 年 8 月—1963 年 6 月，以地方政府领导为主，气象部门仅负责业务管理和器材供应。1963 年 7 月—1969 年 2 月，以气象部门领导为主，同时接受地方政府领导。1969 年 3 月—1983 年 12 月，以地方政府管理为主，气象部门仅负责业务管理(1971 年 3 月—1973 年 7 月，由孟津县人民武装部管理)。1984 年以后实行气象部门与地方政府双重领导，以气象部门领导为主的管理体制。

　　机构设置　2008 年，内设办公室、观测站和气象科技服务中心。

单位名称及主要负责人变更情况

单位名称	姓名	职务	任职时间
孟津气象服务站	张尊俭	负责人	1958.08—1971.05
	陈德旺	站长	1971.05—1971.06
孟津县气象站			1971.06—1979.11
	王天佑	站长	1979.11—1990.02
		局长	1990.02—1991.02
孟津县气象局	常利智	副局长（主持工作）	1991.02—1995.07
		局长	1995.07—2001.01
	潘万顺	副局长（主持工作）	2001.01—2001.07
	白凌霞	副局长（主持工作）	2001.07—2001.12
		局长	2001.12—

人员状况　1958年建站初期,有职工1人。2008年底,在编职工11人,聘用职工8人。在编职工中,党员4人;大学本科学历5人,大专学历5人,中专学历1人;中级职称7人,初级职称4人;50岁以上1人,40～49岁3人,40岁以下7人。

气象业务与服务

1. 气象业务

①气象观测

地面观测　1959年1月1日—1960年12月31日,每日进行01、07、13、19时4次观测;1961年1月1日—1983年6月30日,每日进行08、14、20时3次观测。1983年7月1日开始,每日进行02、05、08、11、14、17、20时7次观测,24小时昼夜值班。

观测项目有云、能见度、天气现象、气压、气温、湿度、风向、风速、降水、雪深、日照、蒸发、地温、冻土、雪压等。2008年,增加电线积冰观测业务。

自1983年7月1日起,每天24小时向OBSAV郑州等4个单位发固定航危报,04—20时向OBSAV信阳等4个单位发固定航危报,向OBSPK北京等5个单位发预约航危报。2008年,每天24小时向OBSAV郑州发航危报。

2003年9月1日ZQZ-CⅡ型自动气象站建成并投入业务试运行,2006年1月1日正式投入业务运行;自动气象站观测项目有气压、气温、湿度、风向、风速、降水、地温（浅层和深层）、草温等,观测项目全部采用仪器自动采集记录。

酸雨观测　2007年1月1日,开始酸雨观测业务。

区域自动站观测　1995年,在平乐、会盟、煤窑、横水、麻屯、王良6个乡镇政府所在地建立雨量观测点。2004—2005年,乡镇自动雨量站在孟津县10个乡镇全部安装完毕并投入运行。2007年9月10日,四要素区域观测站在孟津县小浪底镇寺院坡村建成并投入运行。

农业气象观测　1959年,逐步开展农业气象业务。1982—1983年,完成《孟津县综合农业区划》编制。1985年,向孟津县委、县政府、涉农部门、乡镇寄送"农业气象旬（月）报"、

"农业产量预报"等业务产品。1983 年始,编制四季及全年气候影响评价。1994 年,开展小麦产量卫星遥感监测并提供服务。2003 年 10 月 1 日,向河南省气象局正式编发农业气象周报;同年 12 月 1 日起,向洛阳市气象局编发农气周报。2004 年 6 月 21 日,增加以气象旬月报电码(HD-03)形式编发土壤墒情。2005 年 10 月起,开展生态质量气象评价工作。2007 年 1 月 1 日起,农业气象旬月报增发 0~320 厘米地温段。2008 年 5 月 10 日起,灾情直报 2.1 系统正式投入业务运行。

②天气预报

1958 年 10 月,孟津县气象服务站通过收听河南省气象台预报的天气形式,并结合本站资料,每日早晚制作 24~72 小时天气预报。进入 2000 年后,由于数值预报产品的应用,开展常规 24 小时、未来 3~5 天的滚动天气预报、一周天气预报和旬月报等短中长期天气预报,同时开展灾害性天气预报、预警业务和制作供领导决策的各种重要天气报。

③信息网络建设

1995 年 9 月,微机终端建成投入试用。1999 年 10 月,建立了 VSAT 单收站。2000 年 5 月 15 日,通过分组交换网传输天气报业务投入试运行,天气报通过电报网和分组交换网并行传输。2000 年 9 月 1 日,天气报、重要天气报上行传输路由公用电报网正式调整为经分组交换网传至河南省气象台。2001 年 12 月 28 日,X.25 分组交换网正式投入业务应用。2004 年 4 月建成内部局域网,办公楼与观测站实现了网络连接。2005 年 8 月 10 日,开通了 Notes 邮件系统,基本上实现了办公自动化。

2. 气象服务

公众气象服务 1960 年起,利用农村有线广播站播报气象消息。1994 年,由孟津县电视台以文字形式播发天气预报。1997 年 6 月 4 日,由孟津县气象局应用非线性编辑系统制作电视气象节目。1997 年,开通"121"(2006 年升级为"12121")自动答询天气预报服务系统。2003 年 6 月 1 日,建成兴农网。

决策气象服务 20 世纪 80 年代,以口头或电话方式向孟津县委、县政府提供决策服务。20 世纪 90 年代,开始发布"重要天气报告"、"气象内参"、"孟津气象信息"、"汛期(5—9 月)天气趋势分析"、春播预报、冬小麦和夏玉米适播期(和收获期)预报等决策服务产品。2007 年 8 月 20 日,自建短信平台,为孟津县四大班子领导、有关局委和各乡镇主要领导提供决策服务。

人工影响天气 孟津县人工影响天气工作起步于 1973 年,是洛阳市最早搞人工增雨的县气象局,利用自制土火炮作业。1997 年,购置 3 门高炮、3 台 BL-1 型增雨消雹火箭发射装置、1 辆扬子皮卡等人工影响天气作业设备,建立起一支人工影响天气专业队伍。2007 年,在岭南生态苑内建设标准化作业场地 2000 余平方米,建设了办公室、标准化炮库 2 间、炮弹存储室 1 间。

防雷技术服务 1989 年起,开展建筑物防雷设施安全性能检测服务。2000 年起,对新建建(构)筑物、易燃易爆场所及电子信息场所按照相关规范要求安装防雷装置及设施;并开展新建建筑物的设计审核、竣工验收等工作。

气象科普宣传 每年都义务接待中小学生或者社会团体前来学习、参观,为他们讲解人工影响天气、防雷等防灾避险气象科普知识和气象法律法规;还与河南科技大学和洛阳河南科技大学林业职业学院签订了常年授课协议,学校每年组织学生前来参观、学习。2007 年,新建 1000 平方米气象科普文化休闲广场,为孟津县广大群众提供了休闲学习气象小知识的场所,制作了 20 块科普知识展板,定期或不定期更换内容。从 1998 年起,每年3 月 23 日世界气象日,都以制作电视专题片、中心广场设立咨询台、印发宣传单或宣传册、悬挂宣传标语、召开专题座谈会等多种形式宣传气象科普知识。每年汛期,防雷工作人员还深入农村、部队、企业、学校、医院等地,宣传防雷避雷常识,免费讲课,并赠送科普宣传册。2003 年 6 月,被命名为洛阳市科普教育基地;2003 年 11 月,被命名为河南省科普教育基地。

科学管理与气象文化建设

1. 社会管理

2002 年,孟津县政府成立了以主管县长为组长、气象局局长为副组长的雷电安全管理工作领导小组,明确气象局负责对防雷装置年度检测、新建建筑物图纸审核和竣工验收,使防雷安全管理工作逐步走向法制化轨道。2003 年,成立气象行政执法大队,6 名兼职执法人员均通过河南省政府法制办培训考试,取得执法证,持证上岗。2004—2008 年,开展气象行政执法检查多次,并成功执法电业局新建住宅楼未进行防雷装置竣工验收擅自投入使用违法案件。

1998 年,孟津县人民政府办公室下发了《关于加强充放氢气球安全管理的通知》(孟政办〔1998〕16 号),进一步明确施放氢气球管理工作由气象局负责,并要求气象局严格市场管理,杜绝或减少施放氢气球安全事故的发生。

1994 年 8 月 17 日,孟津县人民政府办公室在洛阳市率先下发《关于保护气象观测环境的通知》(孟政办〔1994〕56 号),并制作了观测环境保护区固定标志物保护图。2007 年 12月 6 日,探测环境和设施保护列入孟津县城乡建设规划。

2. 政务公开

2002 年,开始实行局务公开。公开形式有局务公开栏、会议公开、黑板公开;2008 年又增加了电视广告、发放宣传单等方式向社会公开。在财务收支、人事变动、新增固定资产、目标完成、热点难点等方面,每季向职工公开一次;遇有临时性工作、重大情况处置等,随时召开班子会或职工大会讨论研究通过。

3. 党建工作

1958 年 8 月建站到 1990 年 10 月,党员组织生活一直在孟津县农牧局党支部。1990年 11 月 7 日,成立孟津县气象局党支部,为县直工委的直属支部。截至 2008 年底有党员 4人。

1991 年 1 月,思想政治工作纳入洛阳市气象局目标管理计划。1999 年 4 月,从责任划分、责任内容、责任考核、责任追究四个方面制定了"孟津县气象局党风廉政建设责任制"。

4. 气象文化建设

建站以来，与当地驻军炮团三营结成军民共建单位。1990 年孟津县气象局成立创建文明单位领导小组。在创建精神文明单位过程中，得到部队的大力支持与帮助，气象局也经常把气象信息服务、气象科普知识、防雷避险知识等带到部队，并定期与部队联欢。1997年，被河南省文明委评为"河南省军民共建先进单位"。

2001 年开始，每年开展职工运动会、年度联欢会、郊游等活动；举办"立足本职、爱岗敬业"演讲比赛；建立了图书借阅室、乒乓球活动室、多功能娱乐室，丰富职工们的业余生活。2007 年 10月，新建气象科普文化休闲广场，购买安装了 8 套室外健身器材，供职工及广大群众休闲健身。

1991 年，被孟津县委、县政府评为孟津县"文明单位"。1994 年，被洛阳市委、市政府评为洛阳市"文明单位"。1997 年，被河南省委、省政府评为河南省"文明单位"，至 2008 年，已连续 3 届被评为河南省"文明单位"。

5. 荣誉

集体荣誉　1997—2008 年，获地厅级及以上集体荣誉 30 项。其中，2005 年 12 月，被中国气象局评为"全国气象系统局务公开先进单位"；2006 年 12 月，被中国气象局评为"全国文明台站标兵"；2002—2008 年，连续 7 年被河南省气象局评为河南省气象系统"十佳县局"（或"优秀县局"）；2002 年 12 月，通过档案管理省级达标认定；2003 年和 2004 年被河南省气象局评为"全省重大气象服务先进集体"；2008 年 4 月，被河南省气象局评为"精神文明建设先进单位"；2005 年和 2007 年，被洛阳市政府评为"人工影响天气先进集体"。

个人荣誉　"十一五"期间，获省部级、地厅级、县处级各类个人荣誉 90 余人次。其中，1998—2008 年，获 250 班无错情奖励 14 人（次）。白凌霞 2004 年 3 月获"洛阳市三八红旗手"称号及"洛阳市第三届巾帼成才奖"，2006 年 3 月获"河南省三八红旗手"称号。

参政议政　白凌霞 1998 年当选为洛阳市人大代表；2003 年 2 月，当选为孟津县政协副主席，同时又当选为洛阳市政协委员。刘桂君 2007 年当选为孟津县政协委员。

台站建设

2003 年 1 月 1 日，孟津县气象局新观测站建成正式使用，占地 4176.52 平方米，建筑面积 76.82 平方米。2003 年 9 月 25日，孟津县气象局办公楼举行搬迁仪式。办公区新址位于新观测站西南方约 250米，占地 2084.11 平方米，建筑面积 857.0平方米。

2007 年 6 月，在孟津县岭南生态苑建设人工影响天气标准化作业基地和气象科普园，占地 2000 平方米，建筑面积 133.8

孟津站旧貌（1983 年）

平方米。建成后整个广场形成了集人工影响天气作业、休闲健身、气象科普为一体的广场。

孟津县气象局办公大楼（2003 年）　　　孟津局国家基本观测站全图（2003 年）

平顶山市气象台站概况

平顶山春秋时为应国,应国以鹰为图腾,古典汉语"应"、"鹰"通假,平顶山因此又称鹰城。1957年建市,现辖2市4县4区,总面积7882平方千米。到2008年末,全市总人口503.7万,其中城镇人口210.5万,农村人口293.2万。

平顶山市位于河南省中南部,处于北纬33°08′～34°20′,东经112°14′～113°45′,地处北温带和亚热带的过渡地带,为大陆性季风气候,春暖、夏热、秋凉、冬寒,四季分明,雨量充沛,光照充足,气候资源丰富,但天气气候复杂多变,高温、暴雨、雷电、冰雹、大风等气象灾害频繁。

气象工作基本情况

所辖台站概况 2008年,平顶山市辖平顶山市气象观测站和6个县(市)气象观测站(1个基本站,6个一般站),已全部建成自动气象站;此外,还建成区域自动气象站94个(其中四要素站11个,单雨量站83个),组成覆盖全市乡镇的地面气象观测网。

历史沿革 1953年10月1日,设立平顶山气象台。1954年7月1日,更名为河南省平顶山气候站。1955年1月5日,更名为河南省人民政府气象局平顶山气候站。1955年6月15日,更名为河南省叶县小营乡气候站。1958年3月1日,更名为平顶山气象站。1971年12月,更名为平顶山市气象台。1988年12月15日,在平顶山市气象台基础上组建平顶山市气象局(县级)。1953—1958年,先后建立鲁山测候站、临汝气候站、宝丰县气象站、叶县气象站、郏县气象站,1978年6月建立舞钢区革命委员会气象站;1988—1990年,分别更名为鲁山县气象局、汝州市气象局、宝丰县气象局、叶县气象局、郏县气象局、舞钢市气象局。

管理体制 1953年10月,由中央人民政府燃料工业部中南煤矿管理局组建平顶山气象台,由中央人民政府燃料工业部中南煤矿管理局领导。1954年7月,由中央人民政府燃料工业部中南煤矿管理局和河南省气象科联合领导。1955年6月,由河南省气象局领导。1980年,实行气象部门与地方政府双重领导,以气象部门领导为主的管理体制。

人员状况 1953年初建时仅有2人。1978年底增至24人。2006年气象业务体制改革,平顶山市气象系统定编为95人,其中机关16人,事业单位79人。2008年底,在编在职职工 91 人。大专以上学历 70 人,其中本科以上学历 39 人(含硕士学位 2 人);中级及以上职称 47 人(其中副研级职称 5 人)。

党建与精神文明建设 全市气象部门共有党支部 7 个,中共党员 41 人。截至 2008 年底,全市 6 个县(市)气象局均为市级文明单位,平顶山市气象局为省级文明单位。2005 年 1 月,全市气象系统被平顶山市委、市政府授予"文明系统"荣誉称号。2005 年,郏县气象局被中国气象局授予"局务公开先进单位"。1989 年 4 月,平顶山市气象局被国家气象局评为全国气象部门双文明建设先进集体机关;1993 年 11 月,被中国气象局授予气象部门清产核资工作先进集体;2001 年 1 月,被河南省人事厅、河南省气象局评为河南省气象系统先进集体;2006 年 1 月,被河南省人事厅、河南省气象局评为河南省气象工作先进集体;2008 年 12 月,被中国气象局授予"全国气象部门局务公开示范单位"称号。

主要业务范围

地面气象观测 平顶山市地面气象观测站 7 个(含 1 个国家基本气象观测站,6 个国家一般气象观测站),区域自动气象站 94 个(含雨量单要素站 83 个,四要素站 11 个),农业气象观测站 1 个,天气雷达站 1 个,酸雨观测站 1 个,雷电观测站 1 个,紫外线观测站 1 个,自动土壤水分观测站 7 个。6 个国家一般气象观测站承担全国统一观测项目任务,主要观测项目有云、能见度、天气现象、气压、气温、湿度、风向、风速、降水、雪深、日照、蒸发、地温等。每日在北京时 08、14、20 时进行 3 次观测。宝丰国家基本气象观测站每日进行 02、05、08、11、14、17、20、23 时 8 次定时观测;观测项目有云、能见度、天气现象、气压、气温、湿度、风向、风速、降水、雪深、日照、蒸发、冻土、电线积冰、地温、酸雨观测等;承担每日 8 次定时天气报、旬月报、雨量报、重要天气报、24 小时航危报等发报任务;2007 年开始大气电场监测,2008 年 1 月 1 日起开始酸雨观测。

农业气象观测 汝州市气象观测站是国家农业气象观测站基本站,担负小麦、玉米生育状况观测(小麦于 1979 年 10 月开始观测,玉米于 1980 年 6 月开始观测),土壤湿度观测(于 1979 年 10 月开始观测),物候观测(于 1980 年 1 月开始观测,有 3 种树、2 种草和气象水文现象的观测)。其他台站开展土壤墒情观测。

天气预报 20 世纪 90 年代以前,每天早上、下午制作 2 次短期天气预报,每旬、月、季制作发布旬、月、季中长期天气预报。1990 年 711 测雨雷达建成后,新增了短时天气预报。20 世纪 90 年代中后期 MICAPS 预报业务平台启用后,预报预测产品更加丰富,有常规 12 小时、24 小时、未来 3～5 天和周、月、季报等天气预报和短期气候预测以及 0～12 小时以内时间短时临近预报,并开展灾害性天气预报预警业务。

人工影响天气 20 世纪 80 年代末,在全市建立了人工影响天气作业体系,进行防灾减灾作业。2005 年,在郏县建立了烟叶人工增雨防雹作业基地,开始实施人工防雹作业。至 2008 年,人工影响天气作业已由单一的增雨抗旱作业扩展到增雨、防雹、植树造林、森林防火等多领域;建立了抗旱减灾和改善生态并重的复合型人工影响天气作业体系;拥有防雹、增雨"三七"高炮 24 门,火箭发射架 18 台。

气象服务 1986 年前,主要通过农村有线广播站、无线电台广播、报纸向公众发布天气预报,利用信函、电话等方式向有关部门发布气象预报预测信息。20 世纪 80 年代后期,增加了电视文字发布方式。1996年,建立了非线性编辑气象影视制作系统,在电视台开设了电视天气预报栏目。1997年,开通"121"气象信息自动答询系统,增加了新的公众服务手段。2002年,开展手机气象短信服务。2001年起,先后建立开通了平顶山兴农网、平顶山气象局门户网等网站,发布农业、气象、政务等各类信息。2000年后,形成了广播、电视、气象信息电话、手机气象短信、预警平台、网站等多种形式的公众气象信息发布体系。

平顶山市气象局

机构历史沿革

始建情况 1953年10月1日,由中央人民政府燃料工业部中南煤矿管理局建立平顶山气象台,台址位于河南省叶县第八区小营乡小营村,中心位于北纬33°46′,东经113°20′,观测场海拔高度81.9米。

站址迁移情况 1963年9月,站址迁至平顶山南郊马庄东侧,观测场中心位于北纬33°43′,东经113°18′,海拔高度81.2米。1966年9月,站址迁至平顶山市南郊河滨公园西侧,观测场中心位于北纬33°43′,东经113°17′,海拔高度84.7米。

历史沿革 1954年7月1日,平顶山气象台更名为河南省平顶山气候站。1955年1月5日,更名为河南省人民政府气象局平顶山气候站。1955年6月15日,更名为河南省叶县小营乡气候站。1958年3月1日,更名为平顶山气象站。1971年12月,更名为平顶山市气象台。1988年12月15日,在平顶山市气象台基础上组建平顶山市气象局(县级),原市气象台的名字继续保留,实行局台合一。2006年调整机构编制,恢复平顶山气象观测站称谓。2008年11月18日,河南省气象局批复同意成立平顶山市应都区气象局,与平顶山气象观测站实行局站合一。

管理体制 1953年10月,由中央人民政府燃料工业部中南煤矿管理局领导。1954年7月,由中央人民政府燃料工业部中南煤矿管理局和河南省气象科联合领导。1955年6月,由河南省气象局领导。1980年,实行气象部门与地方政府双重领导,以气象部门领导为主的管理体制。

机构设置 1984年11月,升级为副县级单位,下设办公室和气象科两个科室。1988年12月,组建成立平顶山市气象局(正县级),管辖汝州、宝丰、鲁山、叶县、郏县、舞钢和襄城县7个县气象站;下设办公室、人事科、业务科和气象科4个科(室)。1997年1月,下设机构调整为办公室、人事政工科、业务产业服务科、气象台、科技开发科、科技信息科6个科(室)。1999年9月,襄城县气象局划归许昌市气象局管辖。2003年,下设机构调整为办公室、人事科、业务(法规)科、气象台、防雷技术中心、专业气象台和信息科技开发中心7个科(室)。2006年,下设办公室(计划财务科)、人事教育科(与党组纪检组合署办公)、业务科(政策法规科)3个内设机构及平顶山市气象台、平顶山市气象科技服务中心、平顶山市防雷中心和平顶山市财务核算中心 4 个直属科级事业单位,恢复平顶山气象观测站。

单位名称及主要负责人变更情况

单位名称	姓名	职务	任职时间
平顶山气象台	不详	不详	1953.10—1954.06
河南省平顶山气候站	严培芝	站长	1954.07—1954.12
河南省人民政府气象局平顶山气候站			1955.01—1955.05
河南省叶县小营乡气候站			1955.06—1958.02
平顶山气象站	王增合	副站长(主持工作)	1958.03—1971.12
		副台长(主持工作)	1971.12—不详
平顶山市气象台	杜保召	支部书记(主持工作)	1975.09—1979.09
	苏清贤	支部书记(主持工作)	1979.10—1984.11
平顶山市气象台(副县级)	任惠民	台长	1984.11—1988.12
		局长	1988.12—1995.12
平顶山市气象局(县级)	孟继山	局长	1995.12—2003.11
	魏纪滨	局长	2003.11—

注:王增合主持工作结束时间之后至 1975 年 9 月杜保召任职之前的这段时间无资料可查。

人员状况 1953 年初建时,仅有职工 2 人。1978 年底,增至 24 人。截至 2008 年底,有在职职工 47 人,离退休职工 20 人。在职职工中:男 28 人,女 19 人;汉族 47 人;大学本科及以上学历 23 人,大专学历 17 人,中专及以下学历 7 人;高级职称 4 人,中级职称 26 人,初级职称 15 人;30 岁以下 5 人,31～40 岁 16 人,41～50 岁 24 人,50 岁以上 2 人。

气象业务与服务

1. 气象业务

①气象观测

地面观测 1953 年 10 月 1 日起,每日 06、09、12、14、18、21 时(地方时)6 次观测。1954 年 4 月 1 日起,改为每日 07、13、19 时 3 次观测。1961 年 1 月 1 日,改为每日北京时 08、14、20 时进行 3 次观测。主要观测项目有云、能见度、天气现象、气压、气温、湿度、风向、风速、降水、雪深、日照、蒸发、地温等。

紫外线观测 2006 年 5 月,安装了紫外线自动监测仪,同月开始紫外线监测。

区域自动站观测 2007 年,在湛河区曹镇、北渡及石龙区农林水利局建立了 3 个单要素自动雨量站,2009 年在石龙区水厂、新华区凤鸣园建设了四要素区域自动气象站,初步建成"地面中小尺度气象灾害自动监测网"。

农业气象观测 开展土壤墒情监测及苗情墒情遥感监测。2010 年安装了 Gstar-I 自动土壤水分观测仪,实现了土壤水分连续观测。

②天气预报

20 世纪 90 年代以前,每天早上、下午制作 2 次短期天气预报,每旬、月、季制作发布旬、月、中长期天气预报。1990 年,711 测雨雷达建成后,新增了短时天气预报。20 世纪 90 年代中后期 MICAPS 预报业务平台启用后,预报预测产品更加丰富,有常规 12 小时、24 小时、未来 3～5 天和周、月、季报等天气预报和短期气候预测以及 0～12 小时以内时间短时临近预报,并开展灾害性天气预报预警业务。

③气象信息网络

1986 年,建立了甚高频电话系统,实现系统内上下级之间的信息传递。1996 年以前,使用超短波单边带电台通过莫尔斯电报接收欧亚天气图报文,利用 ZSQ-1(123)天气传真接收机接收北京、欧洲气象中心以及东京的气象传真图;同时还利用收音机收听上级以及周边气象台站播发的天气预报和天气形势。1997 年以后,随着"9210"工程的逐步建设完善,建立 VSAT 站、气象网络应用平台、专用服务器和省市县气象视频会商系统,先后开通 SDH、MPLS-VPN 宽带通信线路,接收从地面到高空各类天气形势图和云图、雷达等数据,为气象信息的采集、传输处理、分发应用、会商分析提供支持。

2. 气象服务

公众气象服务　1986 年前,主要通过农村有线广播站、无线电台广播、报纸向公众发布天气预报,利用信函、电话等方式向有关部门发布气象预报预测信息。1986 年,新增了天气警报发射系统发布方式,面向有关部门、乡(镇)、村、企业等每天定时开展天气预报警报信息发布服务。20 世纪 80 年代后期,增加了电视文字发布方式。1996 年,建立了非线性编辑气象影视制作系统,在电视台开设了电视天气预报栏目。1997 年,开通"121"气象信息自动答询系统,增加了新的公众服务手段。2002 年,开展了手机气象短信服务。2001年起,先后建立开通了平顶山兴农网、平顶山气象局门户网等网站,发布农业、气象、政务等各类信息。2000 年后,形成了广播、电视、气象信息电话、手机气象短信、预警平台、网站等多种形式的公众气象信息发布体系。

决策气象服务　1985 年以来,坚持以提高预报准确率为核心,重点开展灾害性、关键性、转折性天气决策气象服务。制作的决策气象服务产品有"重要天气警报"、"地质灾害等级预报"、"森林火险等级预报"、"伏旱监测报告"、"气候和气候灾害评估报告"等,并通过传真、电话、专题汇报、手机短信等方式向各级党政领导和有关部门提供决策气象服务信息产品。

人工影响天气　平顶山市人工影响天气业务始于 20 世纪 80 年代末,逐步建立了完善的人工影响天气作业体系,先后成立了平顶山市、县各级人工影响天气领导小组。2005年,在郏县建立了烟叶人工增雨防雹作业基地,开始实施人工防雹作业。全市的人工影响天气作业已由单一的增雨抗旱作业扩展到增雨、防雹、植树造林、森林防火等多领域,建立了抗旱减灾和改善生态并重的复合型人工影响天气作业体系。截至 2008 年底,全市拥有防雹、增雨"三七"高炮 24 门,火箭发射架 18 台,作业车 7 辆。

防雷技术服务　1996 年 2 月,成立了平顶山市防雷中心,负责全市区域雷电灾害的防御管理等工作。2007 年市政府安全生产管理委员会印发《平顶山安全生产责任目标考核细则》,首次将防雷安全纳入各县(市)区政府、市直各部门、各重点企业 2007 年度安全生产责任目标。2010 年,全市开展的防雷业务有防雷设施设计、审核、工程竣工验收、定期检测、雷灾调查、雷击风险评估、防雷科普宣传等业务。2008 年平顶山市人民政府下发了《平顶山市防雷减灾实施办法》(平政〔2008〕52 号),明确了气象部门对防雷工作的组织管理职能,促进平顶山市防雷减灾工作的顺利开展。

气象科普宣传 每年依托"3·23"世界气象日、"12·4"法制宣传日等活动,开展气象科普宣传,同时应用电视、手机短信、报刊专版、网站等渠道,实施气象科普入村、入企、入校、入社区,普及气象防灾减灾知识。2003 年,被平顶山市科学技术局命名为"平顶山市科普教育基地"。

气象科研 平顶山市气象局研发的预报业务平台、自动雨量站监控系统、沙澧河流域致洪预警系统等科研成果投入业务运行,引进转化的干旱预警系统获得了平顶山市科技进步一等奖,参与研发的现代农业气象业务平台、Gstar-I 自动土壤水分观测系统在全河南省推广应用。

气象法规建设与社会管理

法规建设 1997 年后,平顶山市政府先后印发了《关于加强气象"四防"设施安全技术检测工作的通知》(平政〔1997〕41 号),《平顶山市政府建设项目联合办理暂行办法》(平政〔2008〕38 号),《平顶山市防雷减灾实施办法》(平政〔2008〕52 号)等规范性文件。2002 年,平顶山市气象局与平顶山市建设委员会首度联合下发了《关于加强建设项目防雷工程管理的通知》(平建发〔2002〕15 号),联合平顶山市公安局印发了《关于对全市"计算机系统(场地)"进行防雷安全检测实施意见的通知》(平公〔2002〕64 号)。2004 年,平顶山市气象局与平顶山市安全生产监督管理局联合印发了《关于转发〈省安全生产监督局和省气象局关于加强防雷安全管理工作的通知〉的通知》(平安监〔2004〕41 号)。2006 年,平顶山市气象局联合安全生产监督管理局印发了《关于对全市易燃易爆化工及通信行业开展防雷安全专项执法检查工作的通知》(平气发〔2006〕20 号),联合平顶山市教育局下发了《关于切实加强全市教育系统防雷安全工作的通知》(平教办〔2006〕57 号)等,联合平顶山市安全生产监督管理局下发了《关于开展防雷安全专项检查工作的通知》(平气发〔2006〕61 号)。2008 年,与平顶山市教育局联合印发了《关于加强全市学校防雷安全工作的紧急通知》(平气发〔2008〕64 号)等。

制度建设 平顶山市气象局先后制定了"气象行政执法过错责任追究制度"、"案件主办人制度"、"行政处罚法律预先审核制度"、"行政处罚告知若干规定"、"法律顾问制度"、"重大具体行政行为备案制度"、"重大处罚案件上报制度"、"气象行政执法案卷评查制度"、"调查取证程序流程"、"气象行政执法社会公示、投诉和专家咨询论证制度"等依法行政、制约监督制度。

社会管理 依据《中华人民共和国气象法》,平顶山市气象局依法履行职责,对防雷检测、防雷图纸设计审核和竣工验收、施放气球单位资质认定、施放气球活动许可制度、人工影响天气、天气预报发布等实行社会管理。1996 年 2 月成立了平顶山市防雷中心,负责全市区域雷电灾害的防御管理等工作。2007 年,市政府安全生产管理委员会印发《平顶山安全生产责任目标考核细则》,首次将防雷安全纳入各县(市)区政府、市直各部门、各重点企业 2007 年度安全生产责任目标。

依法行政 平顶山市气象局按照合法行政、合理行政、程序正当、高效便民、诚实守信、权责统一的原则,严格推进气象依法行政工作。2002年7月,平顶山市气象局在平顶山市行政审批大厅设立气象行政审批窗口,实行统一审批,担负气象行政审批职能。2008年7月,防雷设计审批被列为立项许可阶段并联审联批项目。2009年12月成立平顶山市气象局专职气象行政执法队。至2010年12月,平顶山市气象局共有气象行政执法人员44人、气象行政执法监督人员3人。

政务公开 2001年开始,按照依法公开、真实公开、突出重点、高效便民、注重实效的原则,对"三重一大"(重要事项决策、重要干部任免、重大事项安排,大额资金使用)等情况,通过公开栏、明白卡等形式,在局办公楼、市行政审批大厅等场所予以公开。

党建与气象文化建设

1. 党建工作

1989年1月前,平顶山气象台设有党支部1个,有党员17人。1989年1月,建立平顶山市气象局党组,下设党支部1个。截至2008年底,有党员34人(其中离退休党员12人)。

1987年、1990年、1991年、1992年、1994年,被平顶山市直工委评为"先进党支部";1989年,被平顶山市委评为"先进党支部";2001年、2005年、2006年,被平顶山市委、市直工委评为"五好党支部";2003年、2004年,被平顶山市直工委评为"五好党支部";2007年、2008年,被中共平顶山市委、市直机关工委评为先进机关党组织。

2. 气象文化建设

平顶山市气象局院内建有职工健身中心、阅览室、图书室、老年活动中心,家属院有活动器材及文体活动设施。每年利用节假日组织开展多种形式的职工文体比赛活动。

1985年,平顶山市气象局被平顶山市新华区委、区政府命名为"文明单位"。1990年,被平顶山市委、市政府命名为市级"文明单位"。2002年1月,创建为省级"文明单位"。2007年1月届满,重新创建为省级"文明单位"。

3. 荣誉与人物

集体荣誉 自1985年档案室建档以来,平顶山市气象局共获得地(市)级以上集体荣誉85项。其中,1998—2001年,平顶山市气象局被河南省人民政府护林防火指挥部、河南省人事厅、河南省林业厅评为河南全省森林防火先进集体;2000年,被河南省气象局评为重大气象服务先进集体;2003年,被河南省气象局评为河南省气象部门创建文明单位工作先进集体;2006年,被河南省人事厅、河南省气象局评为河南省气象工作先进集体,被河南省气象局评为2006年度河南省人工影响天气先进集体;2008年,被河南省气象局评为河南省气象部门精神文明建设先进单位;2008年,被中国气象局评为全国气象部门局务公开示范单位。

个人荣誉 获得个人荣誉6人次。其中,魏纪滨和孟继山分别获得"河南省劳动模范"荣誉称号。

人物简介 ★魏纪滨,生于1960年6月,男,汉族,中共党员,河南省遂平县人。1981年3月毕业于郑州气象学校,同期于平顶山市气象局参加工作,历任业务科副科长、气象科科长、局长助理、副局长、局长等职。2000 年,被平顶山市政府评为"抗洪抢险先进个人",被河南省人事厅、河南省气象局评为"河南省人工影响天气先进工作者"。2002 年,被平顶山市委、市政府授予"平顶山市劳动模范"称号。2004 年,被河南省人民政府授予"河南省劳动模范"称号。

　★孟继山,生于 1946 年 3 月,男,汉族,中共党员,河南省临颖县人。1968 年 8 月北京气象专科学校毕业后下乡锻炼,1971 年 2 月到陕西留坝县气象站工作,1977 年 2 月到平顶山市气象局工作,2006 年 7 月退休。在平顶山市气象局工作期间,历任气象台副台长(正科级)、副局长、局长、调研员等职。1999 年,被河南省人民政府授予"河南省劳动模范"称号。

台站建设

　　平顶山市气象局办公楼于 1987 年 11 月开工建设,1990 年 12 月完工交付使用,建筑面积 2125 平方米。2007 年,完成办公和生活区燃气采暖工程建设。2002 年,在办公楼西侧新建面积 2200 平方米的雷达楼,并建立了综合预报业务平台、雷达观测室、职工活动室等。2008 年,对综合业务平台进行了升级改造,对机关院内的环境进行了绿化改造,新栽种了树木和花草。

平顶山市气象局现业务办公楼

汝州市气象局

机构历史沿革

　　始建情况　1956 年 7 月,在临汝县城西关农场附近建立河南省临汝气候站,占地 3575 平方米,地理位置为北纬 34°11′,东经 112°50′,观测场(20 米×16 米)海拔高度 212.9 米,

1957年1月1日正式观测。

站址迁移情况 2007年1月,搬迁至汝州市风穴路街道办事处张鲁村东、山(紫云山)—汝(汝州)线公路南侧,地理位置为北纬34°10′,东经112°54′,占地面积8460平方米,观测场(25米×25米)海拔高度203.1米。

历史沿革 始建时名称为河南省临汝气候站。1960年2月11日,更名为河南省临汝县气象服务站。1971年5月,更名为河南省临汝县气象站。1988年9月,临汝县改为汝州市,临汝县气象站改为汝州市气象站。1989年11月25日,更名为汝州市气象局。

管理体制 自建站至1971年5月,由河南省气象局和临汝县政府双重领导,以省气象局领导为主。1971年6月—1982年3月,以临汝县政府管理为主。1982年4月,实行气象部门与地方政府双重领导,以气象部门领导为主的管理体制。

机构设置 2004年设立人工影响天气办公室,2007年设立综合业务科和科技服务中心。

单位名称及主要负责人变更情况

单位名称	姓名	职务	任职时间
河南省临汝气候站	无	无	1957.01—1960.02
河南省临汝县气象服务站	无	无	1960.02—1960.12
河南省临汝县气象服务站	闫长令	站长	1960.12—1962.01
河南省临汝县气象站	王华堂	站长	1962.02—1971.05
河南省临汝县气象站	王华堂	站长	1971.05—1971.08
河南省临汝县气象站	张桂泉	站长	1971.08—1980.10
河南省临汝县气象站	李忠长	站长	1980.11—1984.08
河南省临汝县气象站	秦福生	副站长(主持工作)	1984.09—1986.09
河南省临汝县气象站	张清海	副站长(主持工作)	1986.10—1988.07
河南省汝州市气象站	杨 占	副站长(主持工作)	1988.08—1988.09
河南省汝州市气象站	杨 占	副站长(主持工作)	1988.09—1989.10
河南省汝州市气象局	杨 占	副局长(主持工作)	1989.11—1990.01
河南省汝州市气象局	杨 占	局长	1990.02—2003.01
河南省汝州市气象局	张清海	局长	2003.02—

注:1961年以前未明确负责人。

人员状况 1957年建站时,有职工2人。1978年,有职工7人,其中大学学历3人,中专学历2人,初中学历1人,1人经过短训。2001年12月,定编9人。截至2008年底,在编职工7人。其中,本科学历2人,大专学历3人;中级职称2人,初级职称5人;40~49岁3人,40岁以下4人。

气象业务与服务

1. 气象业务

①气象观测
地面观测 1957年1月1日开始观测,观测时次为08、14、20时,夜间不守班。

观测项目有气温、空气湿度、风向、风速、云、能见度、天气现象、降水、蒸发、积雪、日照。1958年1月1日,增加了地面、曲管地温观测。

发报的种类有航危报(二类,05—20时),雨量报(每日05、17时逢雨向河南省气象局和洛阳地区气象局拍发),重要天气报(向河南省气象局拍发),天气加密报(2009年6月1日每日08时编发,2001年4月1日后改为每日08、14、20时3次编发)。

1990年1月1日,使用PC-1500袖珍计算机编制气象记录报表。2000年6月,开始使用AHDM 4.1测报业务专用软件。2008年11月11日,建站至2005年底气象记录档案全部移交河南省气候中心。

区域自动站观测 2005年起先后建成15个乡镇自动雨量站、1个四要素自动站共16个区域自动气象站。

农业气象观测 1978年,临汝县气象观测站被批准定为国家农业气象观测站基本站,担负作物观测、土壤湿度观测、物候观测任务,向国家气象局拍发农业气象段资料。1984年5月11日,向国家气象局拍发旬报增加气象段,1992年后用高频电话报平顶山市气象局业务科。1985年3月,增加冬小麦遥感估产任务及小麦产量预报。1989年,小麦遥感观测及产量预报业务停止。2003年3月1日,用X.25网络发农业气象旬月报。2005年5月2日,使用农业气象周报编报软件2.6版编发农业气象周报。

②天气预报

1985年以前,主要依靠收音机接收河南省气象台天气形势及天气预报,结合本地资料,制作天气预报。1985年10月,配装了传真机,利用接收的地面图及高空形势图,分析本地天气,并结合上级指导预报,对外发布天气预报。2000年6月,卫星单收站使用后,利用接收的卫星云图资料及调用的上级雷达资料,制作短时、短期、中期天气预报。

③气象信息网络

1985年前,上传资料靠专线电话通过邮局上传,通过收音机接收河南省气象台发布的天气预报。1985年10月,利用传真机接收传真图。1986年12月,高频电话安装投入使用。1996年6月,雨量报通过因特网传输。2000年6月,安装使用卫星接收单收站。2001年12月,X.25分组交换网开通。2003年2月21日,计算机由163拨号上网升级为宽带互联网。2003年4月1日,高频电话暂停使用,采用宽带互联网,气象信息传输已基本实现现代化。2005年6月10日,市—县宽带网络实施,实现光纤传输。

2. 气象服务

公众气象服务 1985年以前,主要依靠收音机接收河南省气象台天气形势及天气预报。1996年9月,开通电视天气预报,向公众发布天气预报。1998年,开始提供"121"气象信息电话服务。

决策气象服务 20世纪80年代初,决策气象服务产品为常规预报和情报资料,服务方式以书面文字发送为主。20世纪90年代后,决策服务产品逐渐增加了精细化预报、产量预报、森林火险等级等,气象服务方式也由书面文字发送及电话通知等向电视、微机终端、互联网等发展。2006年前,气象灾情只在气表-1中作简单描述。2006年5月1日,灾情直报系统正式使用,开始气象灾害预警信号发布和灾情直报服务。另外,还为森林防火、春运、旅游、交通运输、重大项目可行性论证、突发事件灾害应急、三夏和高考等提供气象服务。

人工影响天气 1991年,首次进行了人工影响天气作业,出动高炮3门。2004年,成立汝州市人工影响天气办公室,挂靠汝州市气象局。2002年,购买3台火箭发射架。2007年,开始烟田防雹服务。

防雷技术服务 1989年,开始对外进行防雷检测技术服务。2000年6月,与汝州市防火安全委员会联合行文,对重点项目、重点企业进行防雷安全检查。2006年,与汝州市煤炭工业局联合行文,对重点项目、重点企业进行防雷安全检查。

科学管理与气象文化建设

社会管理 2003年1月4日,依据《汝州市人民政府关于确认行政执法主体资格的通知》(汝政〔2003〕6号),汝州市气象局被汝州市人民政府确认行政执法的主体资格。2008年,有3人具有行政执法证。

2007年12月19日,气象局探测环境在汝州市建设局备案。2008年1月10日,取得观测环境状况证书。

2000年6月,和汝州市防火安全委员会联合下发《关于开展防雷防电设施安全检查的通知》。2006年,先后和汝州市煤炭工业局联合下发《关于开展全市煤矿防雷电安全检测检查工作的通知》,和汝州市教育体育局联合下发《关于开展全市各学校防雷安全检测检查工作的通知》。

2003年7月,在市行政审批服务中心气象窗口派驻专人,进行行政审批,审批项目有防雷工程图纸审核、施放氢气球审核等,由市行政审批服务中心统一管理。

2003年、2004年,被汝州市依法治市领导小组授予“‘12·4’法制宣传特等奖”。

政务公开 对气象行政审批办事程序、气象服务内容、服务承诺等,通过户外公示栏、发放传单等方式,向社会公开。干部任用、财务收支、目标考核、基础建设等内容,通过职工大会或上局公示栏张榜方式,向职工公开。

党建工作 1988年6月,气象局成立党支部,隶属县直党委。截至2008年底,有党员6人(4人在职,2人退休)。

2004年、2005年、2006年、2008年被中共汝州市委办公室、汝州市政府办公室联合评为“党报党刊发行一等奖”。

气象文化建设 在社会主义新农村建设活动中,参与中心村的村容村貌整治和“两个规划”编制,积极帮扶困难群众。

1999年,被汝州市委、市政府评为市级“文明单位”。2008年1月,被平顶山市委、市政府命名为市级“文明单位”。

荣誉 1978—2008年,获集体荣誉16项。其中,1978年被河南省气象局评为先进集体;2003—2005年,连续3年被汝州市人民政府评为“农田水利建设先进集体”;2006年,被汝州市人民政府、护林防火指挥部联合评为“护林防火先进集体”。2006年2月被平顶山市气象局评为“2005年度平顶山市人工影响天气先进集体”;2007年获平顶山市气象局

"2006 年度综合目标考评优秀奖"、"2006 年重大气象服务先进集体"和"2006 年科技服务先进集体"。2008 年被平顶山市人民政府命名为"卫生先进单位"、"园林达标单位";被河南省气象局评为"2008 年度全省人工影响天气工作目标管理先进集体"和"气象服务先进集体"。

台站建设

1957 年建站时,有 2 间平房、3 间瓦房。1986 年增建 5 间,至 2007 年几经修复,漏雨严重。2007 年 1 月 1 日,新址正式开始观测,同年 9 月办公楼通过竣工验收并投入使用,同时对新址进行综合改善,园区绿化面积达 70% 以上。

| 汝州市气象局旧址 | 汝州市气象局新址 |

郏县气象局

郏县雨量充沛、物产丰富、资源充足,自然生态环境良好。东部、南部交通便利,土地肥沃,适宜多种农作物生产,是郏县的粮仓。西北部半山区林深叶茂,山清水秀,植被良好。全县辖 14 个乡镇,374 个行政村,人口 56 万。

机构历史沿革

始建情况　郏县气象站始建于 1958 年 8 月,位于郏县城西北郊郊外,北纬 33°59′,东经 113°12′,观测场海拔高度 117.5 米,承担国家一般观测站任务。

历史沿革　1960 年 2 月,更名为郏县气象服务站。1971 年 1 月,更名为郏县气象站。1989 年 11 月 25 日,更名为河南省郏县气象局。2007 年 1 月 1 日,改称为国家气象观测站二级站;2008 年 12 月 16 日,恢复为国家气象观测站一般站。

管理体制　1958 年,由郏县水利局主管,后移交农业局领导。1963—1969 年,由平顶山地区气象台和郏县农业局双重领导。1969—1971 年,由郏县农业局直接领导。

1971年,由郏县人民武装部领导。1973年,移交地方,由水利局领导。1982年4月实行气象部门与地方政府双重领导,以气象部门领导为主的管理体制。划归许昌地区气象局和郏县农业委员会双重领导。1989年1月,归平顶山市气象局和郏县人民政府双重领导。

机构设置 1999年设立人工影响天气办公室,2005年设立郏县烟叶防雹指挥部,2007年设立综合业务科和科技服务中心。

单位名称及主要负责人变更情况

单位名称	姓名	职务	任职时间
郏县气象站	郭泰然	站长	1958.08—1960.02
郏县气象服务站			1960.02—1970.12
			1971.01—1979.06
郏县气象站	王天位	站长	1979.06—1982.01
	张明甫	站长	1982.01—1984.08
	郑佑民	站长	1984.08—1989.11
河南省郏县气象局		局长	1989.11—1994.07
	崔发庄	局长	1994.07—2000.01
	张振杰	局长	2000.01—2002.10
	袁文良	局长	2002.10—

人员状况 1958年建站时有职工4人。2008年底,有在职职工7人,其中,本科学历2人,中专学历3人,高中学历2人;中级职称3人,初级职称4人;汉族6人,回族1人;40岁以上3人,30~40岁2人,30岁以下2人。

气象业务与服务

1. 气象业务

①气象观测

地面观测 1959年1月1日开始,采用地方时,每日07、13、19时3次观测。1960年8月1日,采用北京时,以20时为日界,每日08、14、20时3次观测。

观测项目有气温、气压、湿度、降水、风向、风速、0~40厘米地温、最高最低气温、最高最低地温、云、能见度、天气现象、积雪、日照、蒸发。

1961年7月16日开始拍发航危报,1965年4月16日取消航危报;1965年4月1日,向郑州拍发小图报;2000年6月1日每日08时编发天气加密报,2001年4月1日每日08、14、20时发3次天气加密报;2002年7月24日,加发定时重要天气报。

1993年8月,气簿-1由县气象局传输改为平顶山市气象局统一传输;1999年6月,雨量报通过因特网传输;2002年6月,X.25分组交换网开通。2000年起,使用计算机代替人工编报。2008年11月11日,建站至2005年底的气象记录档案全部移交河南省气候中心。

农业气象观测 郏县气象观测站为农业气象观测一般站,自建站起承担10~50厘米土壤水分观测业务,常规每月观测 3 次,根据服务需求增加观测次数。2003 年 12 月起发农业气象周报,并根据农气周报编写农气服务材料,定期编写月、季、年气候评价,每年为郏县县志提供气候史料。

区域自动站观测 2004—2005 年,在 14 个乡镇建成自动雨量观测站,并投入使用。2007 年,建成马庄四要素站。

②天气预报

20 世纪 70 年始,通过收听天气形势,结合本站资料、图表,每日早晚制作 24 小时内日常天气预报,未来 3～5 天和旬月报等中、长期天气预报。2000 年 6 月卫星单收站使用后,可以接收卫星云图,并调用上级雷达资料,除开展短期、中期天气预报外,又增加了短时天气预报,并开展灾害性天气预报预警业务和制作供领导决策的各类重要天气报告。

③气象信息网络

1985 年前,靠专线电话通过邮局上传,通过收音机接收河南省气象台发布的天气预报。1986 年,配备 M7-1540 型高频电话。1998 年 6 月,建成卫星地面接收站。2001 年,建成了 X.25 网络并投入使用。

2005 年,建成市—县宽带网络。

2. 气象服务

公众气象服务 1985 年以前主要依靠收音机接收省气象台天气形势及天气预报,结合本地情况分析制作天气预报,由县广播电台每天 2 次向公众发布天气预报。1998 年 1 月,开通电视天气预报,向公众发布天气预报。1998 年开始提供“121”气象信息电话服务。

决策气象服务 20 世纪 80 年代初,决策气象服务产品为常规预报和情报资料,服务方式以书面文字发送为主。20 世纪 90 年代后,决策服务产品逐渐增加了精细化预报、产量预报、森林火险等级等,气象服务方式也由书面文字发送及电话通知等向电视、微机终端、互联网等发展。2005 年起先后建成 15 个乡镇自动雨量站,2 个四要素自动站共 17 个区域自动气象站,可实时获得雨情汛情,及时收集上报,为防汛抗旱服务。另外,还为森林防火、春运、旅游、交通运输、重大项目提供气象服务。2006 年 5 月 1 日,灾情直报系统正式使用,开始气象灾害预警信号发布和灾情直报服务。

人工影响天气 郏县是传统的烟叶生产大县,是上海烟厂原材料供应地,烟叶是郏县的主要经济作物。2005 年,成立了郏县烟叶防雹指挥部,当年共购置了 9 门“三七”高炮,3 台火箭架,设立了 10 个固定炮点、2 个流动作业点。

防雷技术服务 1989 年,开始对外进行防雷检测技术服务。2000 年 6 月,与县防火安全委员会联合行文对重点项目、重点企业进行防雷安全检查。2006 年,与县煤炭工业局联合行文,对重点项目、重点企业进行防雷安全检查。

科学管理与气象文化建设

社会管理 2000 年,气象局被县政府列为县安全生产委员会成员单位,负责全县防雷安全的管理,定期对液化气站、加油站、烟花爆竹仓库等高危行业和非煤矿山的防雷设施进行检查,对不符合防雷技术规范的单位,责令进行整改。

2007 年,郏县气象局派人进驻郏县行政审批大厅,受理防雷工程设计、防雷检测、施放气球等审批项目。

政务公开　对气象行政审批办事程序、气象服务内容、服务承诺等,通过户外公示栏、发放传单等方式,向社会公开。干部任用、财务收支、目标考核、基础建设等内容,通过职工大会或局公示栏张榜方式,向职工公开。

党建工作　1991 年 9 月,成立党支部,有党员 3 人。截至 2008 年底,有党员 5 人(其中离退休党员 1 人)。

2004 年,被郏县县委县直机关工作委员会评选为优秀党支部;2008 年,崔发庄被郏县县委县直机关工作委员会评为优秀党员,李献民被郏县县委县直机关工作委员会评为优秀党务工作者。

气象文化建设　通过创建学习型、规范型、服务型、廉政型机关活动,提高职工的文化素质和职业道德水平。

1999 年,被郏县文明委评为县级"文明单位"。2005 年,被平顶山市委、市政府命名为市级"文明单位"。2007 年,被河南省爱国卫生运动委员会命名为"全省卫生先进单位"。

集体荣誉　2005 年,被中国气象局评为"局务公开先进单位"。2005 年和 2006 年,连续两年被河南省气象局评为河南省人工影响天气先进集体。2006 年和 2008 年,被郏县县委、县政府评为"服务县域经济先进单位";2006—2008 年,连续 3 年被郏县县委、县政府评为"烟叶生产收购先进单位";2004—2006 年,连续 3 年被郏县县委、县政府评为"郏县冬春水利建设先进单位";2006 年,获郏县县政府水利建设红旗渠精神杯突出贡献奖。

台站建设

1958 年建站时建土房 5 间。1972 年,建瓦房 6 间、楼房 5 间。2003 年,建二层办公楼。2004 年,分期对机关院内环境进行绿化改造,规划整修了道路,在庭院内修建了草坪和花坛,重新修建装饰了门面综合楼,改造了业务值班室,完成了业务系统的规范化建设,全局绿化率达到 75%。2008 年,完成了业务平面综合改造。

宝丰县气象局

宝丰县位于河南省中西部外方山东麓,总面积 722 平方千米,辖 13 个乡镇,总人口47 万。

机构历史沿革

始建情况　河南省宝丰县气象站是国家基本气象站,始建于 1956 年 12 月,站址位于宝丰县城西南 2 千米的郊外,北纬 33°53′,东经 113°03′,海拔高度 136.4 米,1956 年 12 月 1 日正式观测记录。

站址迁移情况　1984 年 3 月 21 日,观测场向南迁移 19 米。2008 年 8 月 12 日,观测场向南迁移 8 米。

历史沿革　1960 年 2 月 11 日,更名为宝丰县气象服务站。1960 年 5 月,更名为平顶山市宝丰气象服务站。1962 年 1 月,更名为宝丰县气象服务站。1971 年 10 月,更名为宝丰县气象站。1989 年 1 月 1 日,更名为宝丰县气象局。2007 年 1 月 1 日,改称为国家一级气象站;2009 年,类别又恢复为国家基本气象站。

管理体制　建站至 1980 年,行政归地方领导,业务归上级气象部门领导。1971 年 10 月,隶属于河南省许昌地区气象处;1982 年 4 月,实行气象部门与地方政府双重领导,以气象部门领导为主的管理体制。1989 年 1 月,划归平顶山市气象局管理。

机构设置　1996 年,设基础业务股和科技服务股。2005 年 4 月,设立宝丰县防雷技术中心。

单位名称及主要负责人变更情况

单位名称	姓名	职务	任职时间
宝丰县气象站	工增和	负责人	1956.12—1958.06
	无	无	1958.07—1959.01
	颜禄田	负责人	1959.02—1960.02
宝丰县气象服务站			1960.02—1960.05
平顶山市宝丰气象服务站			1960.05—1962.01
			1962.01—1962.08
宝丰县气象服务站	无	无	1962.08—1962.11
	李和文	负责人	1962.11—1971.10
			1971.10—1980.03
	无	无	1980.03—1981.11
	王传国	站长	1981.11—1982.08
宝丰县气象站	谢运实	负责人	1982.08—1984.08
	张明甫	站长	1984.08—1986.02
	魏新中	站长	1986.02—1987.12
	王合清	站长	1987.12—1989.01
		局长	1989.01—1989.09
	罗晓梅	局长	1989.09—1992.03
	张清海	局长	1992.03—1994.03
宝丰县气象局	张振杰	局长	1994.04—1996.10
	无	无	1996.10—1996.12
	常月玲	局长	1996.12—1999.05
	李军虎	局长	1999.06—

注:1958 年 7 月—1959 年 1 月、1962 年 8 月—1962 年 11 月、1980 年 3 月—1981 年 11 月,气象站无负责人。

人员状况　1956 年 12 月建站时有职工 5 人。1980 年时有职工 13 人。截至 2008 年 12 月,有在职职工 12 人,均为汉族,其中在编职工 10 人,外聘职工 2 人;退休职工 3 人。在编职工中:男 7 人,女 3 人;大学本科学历 2 人,大专学历 3 人,中专学历 4 人;中级职称 3 人,初级职称 7 人;30 岁以下 3 人,31～40 岁 5 人,41～50 岁 2 人。

气象业务与服务

1. 气象业务

①气象观测

地面观测 每日进行 02、05、08、11、14、17、20、23 时 8 个时次地面观测。

观测项目有云、能见度、天气现象、气压、气温、湿度、风向、风速、降水、雪深、日照、蒸发、冻土、电线积冰、地温等。

每日编发 02、05、08、11、14、17、20、23 时 8 个时次的定时天气报,旬月报,雨量报,重要天气报,24 小时航危报。天气报的内容有云、能见度、天气现象、气压、气温、风向、风速、降水、雪深、地温、电线积冰等;重要天气报的内容有降水、大风、雨凇、积雪、冰雹、龙卷风、雷暴、视程障碍(沙尘暴、雾、浮尘、霾)等;05、17 时降水量≥0.1 毫米时,编发雨量报。

建站后,编制的报表有地面气象记录月报表气表-1,地面气象记录年报表气表-21,用手工抄写方式编制,一式 4 份,分别上报国家气象局、河南省气象局和平顶山地区气象局各 1 份,本站留底 1 份。1990 年 1 月,开始使用微机编制地面气象记录报表,向上级气象部门报送磁盘。1996 年 12 月 6 日,开始使用微机编制气表-21。2001 年,开始使用 FTP 协议传输报表。

2003 年 9 月 1 日,ZQZ-C 型自动气象站建成投入业务试运行,经过两年平行观测,2006 年 1 月 1 日起,自动气象站正式开始单轨运行;自动气象站观测项目有气压、气温、湿度、风向、风速、降水、地温(浅层和深层)、草温等;观测项目全部采用仪器自动采集记录,替代了人工观测。

区域自动站观测 2004—2006 年,宝丰县建成 13 个乡镇雨量站。2007 年,在石桥镇建成 1 个四要素气象自动监测站。

农业气象观测 宝丰县气象观测站为农业气象观测一般站。1956 年自建站起,承担 10~50 厘米土壤水分观测业务,常规每月观测 3 次,并编发墒情报,根据服务需求增加观测次数。2003 年 12 月起,编发农业气象周报。2009 年 1 月 20 日起,编发气象旬月报,编制生态与农业报表,开展农业病虫害调查、上报。2009 年 6 月起,开展粮食作物和经济作物观测等。

酸雨观测 2007 年 11 月建站,2008 年 1 月正式开始酸雨观测。观测项目为降水样品的 pH 值和电导率。

大气电场监测 2007 年,开始大气电场监测。

②天气预报

1986 年以前,通过收听广播和接收传真图来获取天气形势,制作短期天气预报。1986 年,通过高频电话每天定时接收平顶山市气象台指导预报。1995 年停止接收传真图,通过微机终端调取天气图。2000 年建成地面卫星接收小站,通过 MICAPS 系统调取各类预报产品,配合计算机网络调取上级气象台指导预报,订正制作短期、中期、长期预报以及临近预报,并开展灾害性天气预报预警业务和制作供领导决策的各类重要天气报告。

③气象信息网络

20 世纪 80 年代,使用专线电话拍发天气报和航空报,手工编制的各类报表通过邮递方式传送。1986 年 10 月,配备了 M7-1540 型高频电话,接收每日 17 时的天气预报和发送 05、17

时的雨量报。2000年3月,开通 X. 25 数据分组交换网发报。2005年,开通2兆市—县宽带光纤。2008年,开通2兆电信备份线路和2兆互联网线路,各类报文及数据实现宽带传输。

2. 气象服务

公众气象服务 1997年,开始独立制作电视天气预报节目,每天通过宝丰县电视台对外发布24小时、48小时天气预报。2003年12月,开始利用非线性编辑系统制作电视气象节目,每天制作2套视频节目,通过宝丰县电视台2个公共频道播放,并在有线频道以文字游播形式每天两档滚动播出24小时天气预报。1999年,开通"121"天气预报自动咨询电话(2000年平顶山全市气象部门"121"咨询电话实行集约经营)。

决策气象服务 20世纪80年代,以口头或电话方式向宝丰县委、县政府提供决策服务。20世纪90年代,开发了"中长期天气预报"、"重要天气报告"、"汛期天气趋势分析"等决策服务产品,并开展节日气象服务,为宝丰县马街书会、宝丰县魔术节等重大活动提供气象保障。2003年,开始定期向党政部门报送气象周报。2008年,宝丰县政府建立宝丰县人民政府突发公共事件信息发布中心,中心设在宝丰县气象局,由气象局负责信息发布和仪器设备的维护管理工作。该中心登记人员2368人,分别建立县级决策、职能单位、乡镇党政、村级广播等各类用户群组;发布范围包括县四大班子领导,县直局委班子成员,各乡镇党委、政府班子成员,驻村工作队成员,行政村书记、村长、村小组长等。在出现突发事件时,可以快速及时将各类预警信息发布到各级用户手中。

人工影响天气 20世纪90年代初,开展人工影响天气工作,配备"三七"高炮2门。2002年,配备人工增雨火箭架3套,建立了持证上岗的作业队伍,根据实况和农业生产需要,组织实施人工影响天气作业。

防雷技术服务 20世纪90年代初,开展防雷检测工作。截至2008年,已形成防雷检测、防雷工程、雷电监测、雷电调查、防雷科普宣传等一整套防雷工作体系。

气象科普宣传 利用"3·23"世界气象日活动,开展科普宣传,并通过电视节目宣传防雷安全常识。

科学管理与气象文化建设

1. 社会管理

担负本县行政区域气象探测环境保护、防御雷电灾害、施放气球等社会管理职能。负责对气象观测站周边工程建设造成气象探测环境破坏进行气象行政执法;对雷电灾害进行调查、鉴定,对防雷装置设计审核、验收;对违反防雷法规的行为进行行政执法。

2004年,气象观测环境保护问题在城建规划部门进行备案。在2007年全国气象台站观测环境评估中,评分95.5分。2005年起通过气象行政执法,处理了一批违法施放气球和防雷违法案件,规范了全县施放气球管理、防雷管理工作。

2. 政务公开

实行"五公开":气象法规公开,公开国家和地方的气象法律、法规和规章;气象行政执法人员身份公开,公开岗位职责;行政执法程序公开,公开服务标准、收费标准、收费项目和依据;工作纪律公开,公开工作人员应遵守的工作纪律和廉政规定;社会监督公开。制作了公示栏,确保按期公开,重要内容、重大事项及时公开。

3. 党建工作

1996 年前,由于党员人数不足,无独立党支部。1996 年,成立宝丰县气象局党支部,有党员 4 人。截至 2008 年底有党员 5 人(其中退休党员 2 人)。

2004 年,被中共宝丰县委机关工作委员会授予"先进党组织"称号。

4. 气象文化建设

2000 年,制定了精神文明创建计划,开展文明股室、文明家庭、文明职工等创建活动。2001 年,购置了电视机、VCD、乒乓球台、羽毛球、象棋、扑克等文体器材,建成了图书阅览室、陈列室、活动室、室外活动场所,购置了各类图书,安装了篮球架、健身器材、乒乓球台等器材,开展了形式多样的文体活动。

2001 年和 2006 年,连续两届被平顶山市人民政府授予市级"文明单位"称号。2000 年和 2001 年,被平顶山市气象局评为"文明单位建设先进单位"。

5. 荣誉

集体荣誉 1999—2008 年,获集体荣誉 15 项。其中,2000 年被河南省气象局评为"科技服务先进单位",2002 年被河南省气象局评为"重大气象服务先进集体",2003 年被河南省气象局评为"科技服务先进单位"及"重大气象服务先进集体",2005 年被河南省气象局评为"防雷工作先进集体"。

个人荣誉 2006 年,李军虎同志被平顶山市政府授予"平顶山市劳动模范"称号。

台站建设

1997 年在原有瓦房的基础上,建成二层办公楼,同年修成 150 米水泥路。2007—2008 年,新建综合业务楼,建筑面积 680 平方米,综合业务平台面积 140 平方米,进行了装修美化,悬挂气象徽标,购置了计算机、打印机、传真机等办公设备和操作平台、桌椅等办公家具,安装了实时监控设备,对院内空地和观测场草坪进行了修整。新打了 70 米深井,安装了无塔供水设备,解决了办公、生活用水问题。

叶县气象局

叶县位于河南省中部偏西南,地理位置为北纬 33°21′~33°45′,东经 113°01′~113°37′,全县总面积为 1387 平方千米。县境内地表形态复杂多样,基本可分为浅山丘陵、岗地、平原 3 种,地势西南高,东北低,伏牛山与桐柏山余脉在南部对峙形成有名的"南襄夹道"。境内河流自北向南有 6 条河流,均属淮河支流沙颍水系。叶县有我国第二大井盐田,是"中国岩盐之都"。

机构历史沿革

始建情况   叶县气象站是国家一般气象站,始建于 1958 年 10 月,站址位于叶县地方国营农场场部西侧,观测场位于北纬 33°43′,东经 113°22′,海拔高度 87.7 米,1959 年 1 月 1 日正式观测记录。

站址迁移情况   1961 年 7 月 22 日,迁到叶县城关乡李砦村城关镇医院东南角。1965 年 9 月 1 日,迁到县城东北郊"九龙口"。1985 年 1 月 1 日,迁到县原种场东北处。1997 年 7 月 1 日,迁到叶县叶鲁路东端,观测场场位于北纬 33°38′,东经 113°22′,海拔高度 83.4 米。

历史沿革   1960 年 2 月,更名为河南省叶县气象服务站。1971 年 1 月,复名为河南省叶县气象站。1989 年 12 月,改名为河南省叶县气象局,实行局、站合一。2007 年 7 月 1 日,台站类别改为叶县国家气象观测二级站;2009 年 1 月 1 日台站类别改为叶县国家一般气象站。

管理体制   1958 年 10 月,人员及经费均由叶县农业局负责。1961 年—1962 年 8 月,由叶县水利局领导。1962 年 8 月—1962 年 12 月,由叶县农业局领导。1962 年 12 月,由许昌专员公署气象台管理;"文革"期间,气象部门与农林水合并,归地方领导。1970 年,由叶县人民武装部军事科领导。1973 年,由叶县农业局管理。1982 年 4 月,实行气象部门与地方政府双重领导,气象部门领导为主的管理体制。1983 年初划归许昌地区气象局;1989 年 1 月划归平顶山市气象局。

机构设置   1959 年 1 月 1 日建站时,只有业务股,1989 年 12 月开始实行局站合一,办公室和业务合并办公;1996 年 1 月单位进行事业结构调整,设业务股和科技服务股,办公室和业务合并办公,2004 年 3 月增设叶县防雷技术中心。

单位名称及主要负责人变更情况

单位名称	姓名	职务	任职时间
河南省叶县气象站	周引基	负责人	1959.01—1959.12
河南省叶县气象服务站	张金欣	负责人	1960.01—1960.02
			1960.02—1961.06
	陈帮景	站长	1961.06—1963.01
	张金欣	负责人	1963.02—1964.03
	曹继恭	站长	1964.04—1969.12
河南省叶县气象站			1970.01—1970.12
			1971.01—1979.08
河南省叶县气象局	张金欣	站长	1979.09—1989.11
		局长	1989.12—1996.05
	王梅英(女)	局长	1996.05—

人员状况 1958年10月建站时,只有职工2人。1980年,有职工7人。截至2008年12月,有职工9人,均为汉族,其中在编职工6人,外聘职工1人,退休职工2人。在编职工中:男4人,女2人;大学本科学历3人,大专学历1人,中专学历2人;高级职称1人,中级职称1人,初级职称3人,其他1人;40岁以上1人,40岁以下5人。

气象业务与服务

1. 气象业务

①气象观测

地面观测 1959年1月1日,采用地方时,每日01、17、13、19时4次观测。1960年8月1日,采用北京时,每日02、08、14、20时4次观测;1988年7月,每日改为08、14、20时3次观测。

观测项目有风向、风速、气温、气压、湿度、云、能见度、天气现象、降水、日照、小型蒸发、地面温度、浅层地温、雪深、电线积冰等。

发报种类有天气加密报(内容有云、能见度、天气现象、气压、气温、风向、风速、降水、雪深、地温等),重要天气报(内容有降水、大风、雨凇、积雪、冰雹、龙卷风、雷暴、视程障碍等),雨量报(05、17时编发)。

编制的报表有地面气象记录月报表气表-1、地面气象记录年报表气表-21,经预审后按规定日期上传到上级业务管理部门。建站后,地面气象记录月报、年报气表,用手工抄写方式编制,一式4份,分别上报国家气象局、河南省气象局和地区气象局各1份,留底1份。1990年1月,开始使用微机编制地面气象记录报表,向上级气象部门报送磁盘。1996年12月6日,开始使用微机编制气表-21,用FTP协议传输报表。

区域自动站观测 2006年,16个乡镇建成自动雨量观测站。2007年,建成水寨四要素站。

农业气象观测 叶县气象观测站为农业气象观测一般站,自建站起承担10~50厘米土壤水分观测业务,常规每月观测3次,根据服务需求增加观测次数。2003年12月起,发农业气象周报,并根据农气周报编写农气服务材料,定期编写月、季、年气候评价;编发农业气象周报、气象旬月报、墒情报;编制生态与农业报表;开展农业病虫害调查、上报;开展粮食作物和经济作物观测等;开展土壤墒情检测、苗情墒情遥感监测。

②天气预报

1986年以前,通过收听广播和接收传真图来获取天气形势,制作短期天气预报。1986年,开始通过高频电话每天定时接收平顶山市气象台指导预报,1995年停止接收传真图,通过微机终端调取天气图。2000年6月,地面卫星接收小站使用后,通过MI-CAPS系统调取各类预报产品,配合计算机网络调取上级气象台指导预报,订正制作短期、中期、长期预报以及临近预报,并开展灾害性天气预报预警业务和制作供领导决策的各类重要天气报告。

③气象信息网络

1986年,配备M7-1540型甚高频电话,用来接收每日17时的天气预报和发送05、17

时雨量报。1998年6月,建成卫星地面接收小站。2001年,建成X.25网络并投入使用。2005年,实现市—县宽带网络连通。

2. 气象服务

公众气象服务 20世纪90年代初,增加了电视天气预报文字发布。1997年,开通"121"气象信息自动答询系统。2002年起,逐步运用现代计算机和网络技术,建立并不断完善气象决策信息服务平台、气象应急预警信息服务平台和移动手机短信平台。

决策气象服务 20世纪80年代,以口头或电话方式向县委、县政府提供决策服务。20世纪90年代,逐步开发中长期天气预报、"重要天气报告"、"汛期天气趋势分析"、"三夏预报"等决策服务产品。2003年,开始向县四大班子及有关部门报送纸质气象周报、重要天气预报等。此外,还为抗旱救灾、畜禽疾病防治、森林防火、植树造林、重大社会活动等提供气象保障服务。

人工影响天气 1986年,开始开展人工影响天气工作。叶县人工影响天气工作领导小组成立于1995年,由主管农业的副县长任组长,办公室设在气象局,气象局局长兼任人影办主任。叶县原有"三七"高炮2门,由县武装部管理;2000年政府出资、河南省气象局人工影响天气中心调配"三七"高炮2门,由气象局管理。2000—2008年,又添置了专用车2辆、新型作业装备BL-1火箭发射系统3套,并建立了一支技术精湛、政治素质好的作业队伍。自开展人工影响天气工作以来,累计作业20余次,增加社会经济效益达亿元以上。

防雷技术服务 20世纪80年代末,开始开展防雷检测工作。截至2008年,已形成了防雷检测、防雷工程、雷电监测、雷电灾害调查、防雷科普宣传等一整套防雷工作体系。

科学管理与气象文化建设

1. 社会管理

2005年开展气象行政执法工作,同年有4人取得行政执法资格,成立了行政执法队伍,严格履行各项社会管理职能,包括探测环境保护工作、社会防雷管理工作、施放升空气球工作、天气预报发布和传播以及各类气象资源开发利用工作、专业气象情报服务工作、气象防灾减灾科普宣传工作等。

2007年12月,正式进驻叶县行政服务中心,与其他部门联合设立综合服务窗口,承担气象行政审批职能,规范行政审批程序。行政审批事项有气球施放审批和施放人员资格管理,防雷设施定期检测及防雷装置设计审核和竣工验收,人工影响天气作业等。并将办事程序、执法依据、服务收费依据及标准、服务承诺等向社会公开。

2. 政务公开

2000年,叶县气象局全面推行政务公开制度。公开分为对外公开和对内公开:对外公开采取设立户外公示栏等方式,向社会公开,内容包括人员分工、工作职责、服务项目、服务承诺、行政执法依据、服务收费依据、办事纪律、违纪处理、监督电话等;对内公开采取设立局内公示栏或召开职工大会等方式,向职工公开,内容包括财务收支、人事劳资、目标考核、基础设施建设、党风廉政建设、精神文明建设、重大决策和重要项目等。为了利于职工自觉参与和群众自发监督,制定了"民主监督制度"、"民主决策制度"等规章制度,确保了公开工作制度化、规范化、透明化。

3. 党建工作

叶县气象局1996年前只有党员2名,未建立党支部。1996年,经平顶山市气象局党组同意,下派1名党员建立党支部。截至2008年底,有党员5名。

4. 气象文化建设

制定了精神文明创建计划,开展了文明股室、文明家庭、文明职工等创建活动。2002年,购置了电视机、音响、VCD、乒乓球台、羽毛球、跳绳、象棋、扑克等文体器材,2005年设阅览室一间,建成了活动场地,开展了形式多样的文体活动。

2000年、2005年连续两届获得市级"文明单位"荣誉。

5. 荣誉

集体荣誉 1996—2008年,获集体荣誉37项。其中,2002年,被河南省气象省局评为"重大气象服务先进集体";2004年,被河南省人事厅和河南省气象局评为河南省"人工影响天气工作先进集体";2004年,被河南省气象局授予河南省气象系统"十佳县气象局"荣誉称号;2005—2006年,连续两年被河南省气象局授予河南省气象系统"优秀县气象局"荣誉称号。2007年、2008年,连续两年被平顶山市气象局评为"重大气象服务先进单位"。2000年,被县委、县政府评为"抗洪抢险先进集体";

个人荣誉 李亚男2009年2月荣获河南省"五一劳动奖章"。

台站建设

1958年10月建站时,借用农场2间烟炕(土墙草房)为办公室和宿舍。1960年,2间草房墙体倾斜,房顶漏水,由于无力建新房,于1961年7月借用城关镇医院6间瓦房作办公和住宿用房。1964年春,叶县发生春汛,因站址低洼,住房积水尺许,多处墙体倒塌,无法坚持工作而被迫迁站。1984年12月第三次搬迁后,由于离城十几千米且交通十分不便,1995年10月决定另选新址整体搬迁。1996年,征地5886平方米,建两层办公楼1栋、业务值班室2间、车库2间,面积610平方米,于1997年6月28日实现整体搬迁,7月1日开始正式记录。

1998年,叶县气象局开始分期分批对台站环境进行综合改造。至2008年,绿地面积2000余平方米,栽植草坪约864平方米、花木约60棵,完成道路和地坪硬化、房屋粉刷、楼顶翻新敷盖、走廊封闭等基础设施建设项目。

2008年,被平顶山市人民政府授予市级"卫生先进单位"称号,同年又被叶县人民政府命名为县级"园林单位"。

鲁山县气象局

鲁山县位于伏牛山东麓,淮河流域颍河水系沙河上游,河南省中部偏西。县域总面积2432平方千米,辖25个乡(镇)、办事处,554个行政村,人口87万,素有"七山一水二分田"之称。东部平原交通便利,土地肥沃,适宜多种农作物生产,是鲁山的粮仓。西部山区林深叶茂,山清水秀,植被良好。

机构历史沿革

始建情况　鲁山测候站始建于1953年8月,站址位于鲁山县小集村地方国营农场,北纬33°51′,东经112°57′,观测场海拔高度142.1米,1953年9月1日开始观测。

站址迁移情况　1957年8月,迁至鲁山县城北关梁庄村东北角,北纬33°45′,东经112°55′,观测场海拔高度129.2米。1980年12月,迁至鲁山县张店公社张店大队(后更名为张店乡张店村)南500米处,北纬33°45′,东经112°53′,观测场海拔高度145.7米。

历史沿革　1954年8月,更名为河南省鲁山气候站。1955年1月,更名为河南省人民政府气象局鲁山气候站。1955年7月,恢复河南省鲁山气候站名称。1958年9月30日,更名为河南省鲁山气象站。1960年2月,更名为鲁山县气象服务站。1983年2月,更名为鲁山气象服务站。1984年3月,更名为鲁山气象站。1984年8月,更名为河南省鲁山县气象站。1989年12月,更名为鲁山县气象局。

管理体制　自建站至1989年,归当地政府和气象部门共同管理,气象局主要负责业务和经费管理,地方政府负责行政管理。其中,1960—1983年归许昌气象局管理;1982年4月,实行气象部门与地方政府双重领导,以气象部门领导为主的管理体制。1983年12月隶属于平顶山气象台;1984年3月归许昌气象局管理;1989年1月归平顶山市气象局领导。

机构设置　2008年12月,设防雷技术中心和业务组2个股室。业务组负责气象数据采集、传输和气象服务产品的制作等工作,防雷技术中心负责雷电灾害防御等工作。

单位名称及主要负责人变更情况

单位名称	姓名	职务	任职时间
河南省鲁山测候站	姚振岐	站长	1953.09—1954.08
河南省鲁山气候站			1954.08—1954.12
河南省人民政府气象局鲁山气候站			1955.01—1955.07
河南省鲁山气候站			1955.07—1958.09
河南省鲁山气象站	严培之	站长	1958.09—1960.02
鲁山县气象服务站			1960.02—1983.02
鲁山气象服务站			1983.02—1984.03
鲁山气象站			1984.03—1984.04

续表

单位名称	姓名	职务	任职时间
鲁山气象站	许德政	站长	1984.04—1984.08
河南省鲁山县气象站		站长	1984.08—1987.12
	魏新中	站长	1987.12—1988.10
	白明亮	站长	1988.10—1989.12
		局长	1989.12—1994.12
鲁山县气象局	景俊国（女）	局长	1994.12—1997.03
	张志立	局长	1997.03—2001.03
	梅德合	局长	2001.03—2005.11
	林坤碧（女）	局长	2005.11—

人员状况 建站时，有职工 3 人。1980 年，职工 10 人。截至 2008 年底，有在职职工 9 人（其中正式职工 8 人，聘用职工 1 人），离退休职工 4 人。在职正式职工中：男 4 人，女 4 人；汉族 8 人；大学本科及以上学历 1 人，大专学历 4 人，中专及以下学历 3 人；中级职称 1 人，初级职称 4 人；30 岁以下 2 人，31～40 岁 3 人，41～50 岁 3 人。

气象业务与服务

1. 气象业务

①气象观测

地面观测 1953 年 9 月 1 日开始观测。1955 年 1 月 1 日，执行暂行规范，由每日 06、09、12、14、18、21 时 6 次观测改为 01、07、13、19 时 4 次观测；1960 年 8 月，改为 08、14、20 时 3 次观测；1980 年 1 月 1 日，由 3 次定时观测改为 4 次观测，增加 02 时观测；1988 年 7 月 1 日，改为 08、14、20 时 3 次观测。

观测项目有风向、风速、气温、气压、湿度、云、能见度、天气现象、降水、日照、小型蒸发、地面温度、浅层地温、雪深、电线积冰等。1963 年 5 月 1 日，增加雨量计观测；1976 年 1 月 1 日，增加压、温、湿自记观测；1980 年 1 月 1 日，增加风向、风速自记观测。

1983 年 10 月，开始发重要天气报，重要天气报的内容有降水、大风、雨凇、积雪、冰雹、龙卷风、雷暴、视程障碍（沙尘暴、雾、浮尘、霾）等；2000 年 6 月 1 日，开始编发天气加密报，2001 年 4 月 1 日改为 08、14、20 时 3 次编发，天气加密报的内容有云、能见度、天气现象、气压、气温、风向、风速、降水、雪深、地温等；05、17 时（降水量≥0.1 毫米时），编发雨量报。

鲁山县气象站建站后，地面气象记录月报、年报气表，用手工抄写方式编制，一式 4 份，分别上报国家气象局、河南省气象局和平顶山地区气象局各 1 份，本站留底 1 份。1990 年 1 月，开始使用微机编制地面气象记录报表，向上级气象部门报送磁盘。1996 年 12 月 6 日，开始使用微机编制气表-21。2001 年，开始使用 FTP 协议传输报表。2002 年 4 月 1 日，使用 AHDM 4.11 地面测报程序。

区域自动站观测 2004—2005 年乡镇自动雨量观测站陆续建设，2006 年 25 个乡镇全部建成自动雨量观测站。2007 年，建成观音寺乡四要素自动站（风向、风速、气温、降水）。

农业气象观测 鲁山县气象观测站为农业气象观测一般站,1979年开始承担10～50厘米土壤水分观测业务,每旬逢8日测墒,根据服务需求增加观测次数。1991年,开始开展冬小麦、夏玉米生育期观测。2003年12月,开始编发农业气象周报,并根据农业气象周报编写农业气象服务材料,定期编写季、年气候评价。

②天气预报

1986年以前,主要通过收听广播来获取天气形势,制作短期天气预报。1986年,开始通过高频电话每天定时接收平顶山市气象台指导预报。2000年,地面卫星接收小站使用后,通过MICAPS系统调取各类预报产品,配合计算机网络调取上级气象台指导预报,订正制作短期、中期、长期预报以及临近预报。

③气象信息网络

1986年,配备了M7-1540型甚高频电话,用来接收每日17时的天气预报和发送05、17时的雨量报。1998年6月,建成了卫星地面接收站。2001年,建成了X.25网络并投入使用。2005年,实现了市—县宽带网络通信。

2. 气象服务

公众气象服务 20世纪80年代,主要通过鲁山县无线广播和黑板报发布天气预报。1997年,开通"121"气象信息电话自动答询系统。1998年,开通电视天气预报,在鲁山电视台早、晚两次播出。

决策气象服务 主要通过"重要天气信息"、"专题天气信息"和电话等方式向县委、县政府提供决策服务。2003年,开始制作气象周报报送县委、县政府和县直各单位。2005年,开始通过平顶山市气象局短信平台发布气象决策服务短信。

人工影响天气 1994年,购入人工影响天气"三七"高炮2门,开始进行人工影响天气作业。1994—2005年期间,由鲁山县气象局和水利局共同承担高炮作业任务,水利局负责高炮的日常保管、维护和炮手的管理,气象局负责作业时间的确定和作业用弹量的控制。2006年,高炮由气象局统一管理。2002年,新增人工影响天气作业火箭3套。截至2008年,人工影响天气作业设备为"三七"高炮2门,CF4-1型火箭3套,持证上岗人员10人。

防雷技术服务 20世纪90年代初,开始开展防雷检测工作。1996年,成立鲁山县防雷技术中心,在全县范围内开展防雷检测、防雷工程和雷电科普宣传等工作。

科学管理与气象文化建设

社会管理 2003年,与鲁山县建设局联合下发了《关于加强建设项目防雷工程管理的通知》(鲁建〔2003〕94号),规范建筑市场防雷技术要求。2007年12月,鲁山县政府审批办证中心设立气象窗口,承担气象行政审批职能,规范天气预报发布和传播,实行低空飘浮物施放审批制度和防雷图纸审批制度。

政务公开 2002年,开展政务公开工作,包括对外公开和对内公开。对外公开内容有工作职责、服务项目、服务承诺、工作岗位职责、办事纪律、违纪处理、监督电话等。对内公开内容有财政收入情况、支出情况,全体职工(含离退休)的工资补助、福利、地方性补贴、住房公积金、养老保险金、医疗保险金缴纳情况,固定资产变更情况、人员培训情况、基础建设和设施维修情况、业务质量、气象服务、党风廉政建设情况及年度工作目标任务分解、重大改革方案和重大决策等项目。

党建工作 1996 年 5 月 17 日,鲁山县气象局党支部成立,有党员 5 人。截至 2008 年 12 月,鲁山县气象局共有党员 5 人。

2007 年,被中共鲁山县委县直机关工作委员会评为鲁山县"先进基层党组织"。

气象文化建设 设有职工活动室、阅览室,配有活动器材和文体设施,为职工业余文化体育活动打造平台;通过创建学习型、规范型、服务型、廉政型机关活动,提高职工思想和业务素质。

1997 年 11 月 17 日,晋升为市级"文明单位"。

荣誉 2006—2008 年,获集体荣誉 15 项。其中,2006 年,获得平顶山市气象局目标管理第一名;2007 年,获得平顶山市气象局目标考核特别优秀单位奖;2008 年,获得河南省气象局"三自"先进集体奖;2008 年,获得平顶山市气象局目标考核特别优秀单位奖及地面气象测报技能竞赛团体第一名。

台站建设

建站初期,仅有瓦房 3 间,用于办公和生活。1979 年,建设砖木结构瓦房 8 间,用于办公和生活。1996 年 12 月,建设砖混结构一层 9 间办公用房;办公设备和条件也由算盘计算变为微机管理,由手摇扇、煤球炉变为空调设备。2008 年,新业务楼开始施工。

舞钢市气象局

舞钢市位于河南省中南部,境内铁矿资源丰富,是历史上著名的冶铁铸剑重地。总面积 645.67 平方千米,人口 32 万。舞钢市原为舞阳县南部的一部分,1973 年 11 月成立河南省革命委员会舞阳工区办事处(地级)。1977 年 11 月撤销舞阳工区,建立平顶山市舞钢区。1990 年 9 月,撤销舞钢区,设立舞钢市。

机构历史沿革

始建情况 1978 年 6 月 20 日,成立平顶山市舞钢区革命委员会气象站,按国家一般站标准筹建,站址位于朱兰北找子营南 300 米乡村,地处北纬 33°20′,东经 113°32′,观测场海拔高度 89.8 米。1979 年 7 月 1 日,正式开始开展地面气象观测业务。

历史沿革 1979 年 8 月,更名为舞钢区气象站。1989 年 11 月,舞钢区气象站更名为舞钢区气象局。1990 年 11 月,更名为舞钢市气象局。2007 年 1 月 1 日,由国家一般站改称为舞钢国家气象观测站二级站。2009 年 1 月 1 日,又恢复称舞钢国家一般气象站。

管理体制 1978 年 6 月—1981 年 12 月,隶属舞钢区农林局领导。1982 年 4 月起,实行气象部门与地方政府双重领导,以气象部门领导为主的管理体制。1989 年 1 月,由许昌气象处划归平顶山市气象局管理。

机构设置 1978年6月建站时,办公室与业务合并办公。1979年7月,设立办公室和业务股。1996年,设基础业务股和科技服务股,办公室与基础业务合并办公。2005年4月,增设舞钢市防雷技术中心,防雷技术中心与科技服务股合并办公,办公室与基础业务合并办公。

单位名称及主要负责人变更情况

单位名称	姓名	职务	任职时间
平顶山市舞钢区革命委员会气象站	谢银昌	站长	1978.06—1979.08
舞钢区气象站	吕昌荣	站长	1979.08—1980.05
	李天绪	站长	1980.05—1980.11
	罗丙久	副站长(主持工作)	1980.11—1985.11
舞钢区气象局	谢昭贤	副站长(主持工作)	1985.12—1987.11
		站长	1987.12—1989.11
		局长	1989.11—1990.11
		局长	1990.11—1997.06
舞钢市气象局	付世权	副局长(主持工作)	1997.06—1997.12
		局长	1998.01—1998.12
	王宗贝	局长	1999.01—1999.12
	付世权	局长	2000.01—

人员状况 1978年6月20日舞钢区气象站成立时,行政编制2人,事业编制6人。1980年底,有在职人员8人,其中行政人员1人,技术人员7人,技术人员中:中级职称2人,初级及以下职称5人。截至2008年底,有职工8人(其中正式职工5人,聘用职工3人),离退休职工3人。在职正式职工中:男5人;汉族5人;大学本科以上学历2人,大专学历3人;中级职称5人;31~40岁1人,41~50岁4人。

气象业务与服务

1. 气象业务

①气象观测

地面观测 1979年7月1日起正式开始业务观测,每日进行08、14、20时3次定时观测。

观测项目有云、能见度、天气现象、气压、气温、湿度、风向、风速、降水、雪深、日照、蒸发、地温等;2008年12月31日开始开展电线积冰观测。

05、17时编发雨量报。

1988年以前,报文通过固定电话或邮电局报房电报发出,之后通过高频电话或网络上报。

编制地面气象记录月报表气表-1、地面气象记录年报表气表-21,经预审后按规定日期上报上级业务管理部门。1990年1月,开始使用微机编制气表-1。1996年12月6日,开始使用微机编制气表-21。

区域自动站观测 2004 年 9 月,在垭口、尹集、庙街建成 3 个自动雨量站。2005 年 6 月,在尚店、杨庄、武功、枣林、铁山、八台建成 6 个自动雨量站。2007 年 9 月 12 日,在尚店镇中心小学建成第一个四要素自动气象站,2008 年起尚店自动雨量站停用,记录由尚店四要素自动气象站记录代替。2009 年 7 月 30 日,建成长岭头四要素自动气象站。四要素自动气象站观测项目有气温、降水、风向、风速。自动雨量站、四要素自动气象站观测记录以中国移动 GPRS 通讯方式每分钟上传河南省气象局服务器。

农业气象观测 1980 年,在舞钢区气象站东南 100 米大田内建立固定土壤墒情监测点,每旬逢 8 日测墒,在干旱期加测墒情,观测深度为 0～50 厘米。1994 年起,开展冬小麦、夏玉米生育期观测。2009 年,在枣林乡建设现代农业气象科技示范园,同年开展中草药丹参生长期观测。2010 年,丹参停止种植,开展夏薏米生长期观测。作物生长期结束,编制报表上报上级业务主管部门。2010 年 10 月,在固定测墒地段建成 Gstar-I(A)型土壤水分自动监测站,观测深度为 0～100 厘米,观测记录通过业务网络上传。

②天气预报

1979 年 7 月始,舞钢区气象站通过收听天气形势广播,绘制简易天气图,结合本站资料图表,每日早晚制作 24 小时和 1～3 天天气预报。1996 年 6 月,开始通过微机终端调取天气图。2001 年 5 月 31 日,建成地面卫星接收小站,通过 MICAPS 系统调取各类预报产品,订正制作短期、中、长期预报以及临近预报。2007 年,改为对上级天气预报产品的补充、订正,并开展灾害性天气预报预警业务和制作供领导决策的各类重要天气报告。

③气象信息网络

1988 年以前,舞钢区气象站通过收音机收听天气预报和天气形势,报文传输通过固定电话或舞钢区邮电局报房转发。1988—2000 年,开通 VHF 甚高频电话。1996 年 6 月 1 日,开通地—县气象微机终端。1999 年 5 月,开通因特网。2001 年 5 月 31 日,建成地面卫星单收站(VSAT 小站)。2003 年 3 月 1 日,开通 X.25 通讯线路。2005 年 5 月,开通市—县气象宽带网络。2005 年 7 月 18 日,Notes 客户端安装运行。2006 年,开通舞钢市政府内网。2008 年 12 月 18 日,开通中国电信 20 兆业务通讯备份线路。

2. 气象服务

公众气象服务 1979 年起,利用农村有线广播站播报本地短期天气预报。1990 年起,增加在《舞钢晚报》刊登 1～3 天短期天气预报。1995 年,开播舞钢市电视台天气预报节目。1997 年 10 月,开通"121"天气预报电话自动答询系统(1999 年 6 月,"121"天气预报电话自动答询系统集约到平顶山市气象局)。2006 年,通过舞钢市政府内网,开展网络气象服务。2007 年,依托平顶山市气象局预警系统对外发布气象灾害预警信息。

决策气象服务 20 世纪 80 年代,以口头或电话向区委、区政府领导和有关部门提供决策服务信息。1986 年,开始向舞钢市政府、涉农部门、乡镇寄送"农业气象月报"、"主要农作物生育期气象条件分析"、"产量预报"、"季、年气候影响评价"。20 世纪 90 年代后,逐步开发了"重要天气报告"、"气象信息"等决策服务产品。2007 年,开展突发气象灾害预警、气象灾害预评估和灾害预报服务,制定了"舞钢市突发气象灾害应急预案"。

人工影响天气　舞钢市人工影响天气工作领导小组及其办公室成立于 2000 年 4 月 27 日,由主管农业的副市长任组长,人工影响天气工作领导小组办公室设在气象局,气象局局长兼任人工影响天气办公室主任。到 2008 年底,拥有包括专业技术人员、操作人员共 20 人的作业技术队伍和 4 门"三七"高炮、3 架 BL-1 型火箭弹系统的作业火力配置。

防雷技术服务　1989 年 3 月,开始建筑物防雷设施安全性能检测。2005 年 4 月,设立舞钢市防雷技术中心,开展建筑物防雷设计审核、施工技术检测和竣工验收工作。2007 年,全力推动中小学校防雷设施安装整改工作。

气象科普宣传　每年世界气象日、防灾减灾日、安全生产月,组织开展气象科普宣传活动,并在当地新闻媒体实施气象科普宣传。2007 年以来,在舞钢市中小学校开展防雷科普宣传,发送挂图 300 多幅、光盘 100 多个。2008 年,在舞钢市建立 200 多人的气象信息员队伍。1990 年起,为《舞钢市地方志》《舞钢年鉴》提供气候史料。2004 年 10 月,舞钢市气象局被舞钢市关心下一代工作委员会、舞钢市科学技术协会命名为舞钢市青少年科普教育基地。

科学管理与气象文化建设

社会管理　2002 年 3 月,有 5 人取得执法证。2005 年 4 月,舞钢市政府行政审批大厅成立,按照舞钢市政府的统一要求,舞钢市气象局承担的低空飘浮物施放核准和建筑物防雷设计审核项目入驻舞钢市政府行政审批大厅,受理事项在承诺期内依法办理。2005—2008 年,与安监、建设、教育、消防等部门联合开展气象行政执法检查 13 次。

2004 年、2007 年,舞钢市气象探测环境保护工作在建设部门进行了备案。

政务公开　2002 年起,对气象行政审批办事程序、气象服务、服务承诺、气象行政执法依据、服务收费依据及标准等内容,向社会公开。对于重大事项、职工关心的热点问题,按照民主集中制原则,在广泛征求意见的基础上,经过局务会议集体讨论作出决定;对财务收支、目标考核、工程招标等各项内容,定期向职工公开。

党建工作　1979 年,建立舞钢区气象站党支部。1980 年 10 月,因党员人数变动,党支部撤销,与舞钢区兽医站、农科所组建联合党支部。1995 年 12 月,重新成立舞钢市气象局党支部,2005 年以来共发展党员 3 人。截至 2008 年底,共有 4 名党员(其中离退休党员 2 名)。

2002 年起,连续 8 年开展党风廉政教育月活动。2006 年起,每年开展局领导党风廉政述职报告和党课教育活动,并层层签订党风廉政目标责任书。

2004—2008 年,3 次被市直属机关党委评为"先进党支部";2000—2009 年,有 10 人次被舞钢市直机关工委表彰为优秀共产党员。

气象文化建设　舞钢市气象局坚持开展社会公德、职业道德、家庭美德等弘扬社会主义荣辱观教育活动,全面开展文明股室、文明家庭、文明职工等创建活动,积极参与扶贫、献爱心、支持新农村建设等活动。

2000 年 5 月 11 日,被舞钢市委、市政府命名为市(县)级"文明单位"。2002 年 2 月,被平顶山市委、市政府命名为市级"文明单位"。2007 年,市级"文明单位"届满,再次被平顶山市委、市政府命名为市级"文明单位"。

集体荣誉 1996—2008年,获集体荣誉13项。其中,2003年被河南省气象局评为"重大气象服务先进集体";2005年被河南省气象局评为"人工影响天气目标考核先进集体"。1996年,获平顶山市气象局"气象科技服务先进集体第一名";1997—2004年,获平顶山市气象局"汛期气象服务先进集体"1次,"气象科技服务先进集体"2次,"重大气象服务先进集体"3次,"综合目标管理优秀达标第一名"1次,"综合目标管理优秀达标第二名"1次,"人工影响天气先进单位"1次。2000年,获舞钢市委、市政府抗洪抢险先进单位称号。

台站建设

舞钢市气象观测站占地5600平方米,原建平房16间,建筑面积323平方米,观测场按25米×25米标准建设。1998年,对基础设施进行综合改造,建两层办公楼1栋,建筑面积271.44平方米;建两层职工宿舍1栋,建筑面积780.96平方米。

2000年以来,完善了供水、供电、排污设施,改造了大门及围墙。至2008年底,绿地面积3000余平方米,硬化道路和场地1000平方米,装修了业务办公楼,完成了地面业务"两室一场"(值班室、气压室和观测场)标准化改造,购置微机11台、打印机5台、复印机1台、空调6台、各类车辆4部。

2004年,被平顶山市人民政府授予"市级卫生先进单位"、"庭院绿化达标单位"。

安阳市气象台站概况

安阳市位于河南省北部、晋冀豫三省交汇处。地处暖温带,属大陆性季风气候,具有明显的大陆性气候特点:春季干旱回暖快,夏季炎热雨水多,秋季宜人节令短,冬季严寒少雨雪。总面积 7413 平方千米,人口 518.666 万。地势西高东低,主要有山地、丘陵、平原三种地貌类型,自西而东,呈阶梯状分布。

安阳气象灾害频繁、种类繁多,主要有干旱、大风、冰雹、干热风、暴雨、暴雪、寒潮、连阴雨等。

气象工作基本情况

所辖台站概况 截至 2008 年底,安阳市共有安阳市气象台、安阳市国家气象观测一级站,及汤阴县、林州市、内黄县、滑县国家气象观测二级站共 6 个台站。

历史沿革 安阳国家气象观测一级站前身为华北军区航空处安阳机场气象观测站(简称安阳市气象站),1950 年 9 月 19 日成立。1951—1954 年,华北军区航空处安阳机场气象观测站先后更名为海军青岛第一航空学校安阳机场观测站、中南空军司令部安阳机场观测站、华北空军司令部安阳机场观测站、河南省安阳气象站,性质、站址、职能不变。1959 年 1 月 1 日,观测站更名为安阳市气象台(小型台),除进行气候观测外,河南省气象局还派遣通讯、填图、预报人员 3 名,开始对外发布天气预报,安阳气象台、气象预报起源于此。1960 年 4 月 20 日,安阳市气象台改为安阳市气象服务台。1962 年 7 月 6 日,变更为安阳专署气象服务台。1969 年 6 月,变更为安阳地区革命委员会水利农业服务站气象组。1970 年 1 月 1 日,更名为安阳地区革命委员会水利服务站水文气象组。1971 年 7 月 1 日—1978 年 10 月 2 日,机构名称先后变更为安阳地区气象台、安阳地区革命委员会气象台、安阳地区革命委员会气象局。1980 年 5 月,更名为安阳地区气象局,气象台观测组、测报组也随之更名为安阳地区气象局气象台、观测站。1983 年 10 月,安阳地区气象局更名为濮阳市人民政府气象局,台、站相应更名为濮阳市人民政府气象局气象台、观测站。1984 年 5 月,伴随河南省豫北气象处成立,台、站再次更名为豫北气象处气象台、观测站。1989 年 1 月 1 日,原豫北气象处更名为安阳市气象局,气象台、观测站更名为安阳市气象局气象台、安阳国家基本气象站。2007 年 1 月 1 日,安阳国家基本气象站调整为安阳国家气象观测一级站。

1956—1957年,先后建立了林县气候观测站、汤阴县恩德气象站、滑县气候站、内黄县气候站。1989—1990年,上述站分别更名为林县气象局、汤阴县气象局、滑县气象局、内黄县气象局。1994年3月林县撤县改市,林县气象局更名为林州市气象局。

由于历史和地域划分原因,1958年5月建成的鹤壁气候站,1983年9月—1988年12月间隶属豫北气象处;1958年10月建成的浚县气候站,1984—1988年隶属豫北气象管理处;1964年5月开始筹建的淇县气象服务站,1965年1月1日隶属安阳专署气象服务台,1971年1月1日(更名为淇县气象站)隶属安阳地区革命委员会气象台、气象局,1989年隶属鹤壁市气象局。

1983年,长垣县气象站归豫北气象管理处垂直领导。1986年4月,因地方行政区域规划,长垣县气象站划归新乡气象处管理。

濮阳市是随着中原油田的勘探开发,于1983年9月1日经国务院批准,由原安阳地区行政分组成立的。1989年1月濮阳市气象台更名为濮阳市气象局,同年12月,1953年9月成立的濮阳县测候站、1959年2月建立的范县气候服务站、1960年1月建立的南乐县气象站、1961年1月建立的清丰县气象站、1975年1月建立的台前县气象站,由豫北气象处划归濮阳市气象局管理。1956年,河南省气象局批准筹建、1957年1月1日正式开始观测的长垣县气候站,也于1986年4月划归新乡气象处管理。

管理体制　1954年8月,河南省人民政府财政经济委员会下文,将原属空军某部建制的安阳气象站,全部移交给河南省气象科建制。管理体制由军队建制改为地方建制。1969年6月—1980年5月,隶属于安阳地区革命委员会。1980年5月—1983年均属地方建制。从1983年起,实行气象部门与地方政府双重领导,以气象部门为主的管理体制。所辖县气象站,建站至1971年,以地方领导为主,业务接受安阳地区气象台指导。1972年划归县人民武装部领导,1973年划入县水利局领导。1984年后,实行气象部门与地方政府双重领导,以气象部门领导为主的管理体制。

人员状况　建站初期,共有3位技术人员。1988年底,有105人。截至2008年底,有职工121人(市气象局在编45人,县(市)气象局在编37人;聘用职工39人)。

党建与精神文明建设　截至2008年底,安阳市气象部门5个独立创建单位中,2个省级文明单位,3个市级文明单位。2008年,安阳市气象局共有1个党总支和7个党支部,安阳市气象局下设行政、科技服务、离退休3个党支部;林州市气象局、汤阴县气象局、内黄县气象局、滑县气象局各设有1个党支部。2007年7月,安阳市气象局党总支捧回2004—2006年度安阳市市直机关"先进党组织"奖牌;2008年3月又被安阳市直工委授予"2007年度先进机关党组织"称号。

领导关怀　安阳市气象局工作得到了各级党政领导的关怀和支持。2003年1月21日,中国气象局副局长刘英金莅临安阳市气象局视察。2004年1月17日,中国气象局党组成员、中纪委驻中国气象局纪检组组长孙先健看望安阳市气象局全体职工。2007年3月23日,中国气象局局长郑国光在视察安阳市气象局工作后,又深入林州市气象局召开座谈会,对基层气象台站工作做了重要指示。2008年9月21日,中国工程院院士陈联寿到安阳市气象局调研工作。2008年10月23日和27日,中国气象局党组成员、中纪委驻中国气象局纪检组组长孙先健、中纪委驻中国气象局纪检组副组长彭抗先后莅临安阳市气象局检查指导工作。

主要业务范围

地面气象观测 截至 2008 年底,安阳全市有 5 个地面气象观测站(1 个国家基本气象观测站、4 个国家一般气象观测站),5 个国家级自动气象站,21 个乡镇多要素自动气象站和 72 个乡镇自动雨量站,形成了由 5 个国家级自动气象站和覆盖 93 个乡镇的多要素自动气象站、自动雨量站观测网。各台站观测时次和发报任务按国家基本站、国家一般站划分,各气象台站执行新的《地面气象观测规范》,观测项目包括云量、云状、气温、气压、湿度、低温、日照、蒸发量、风向、风速、水平能见度、天气现象、降水量等,安阳国家基本气象站还承担露天环境温度观测(2002 年 11 月)、紫外线监测(2005 年 6 月)、草温监测(2006 年 7 月31 日)、大气成分酸雨观测(2007 年 1 月 1 日)、土壤水分自动监测(2006 年 9 月)。1986年,安阳国家基本气象观测站使用 PC-1500 袖珍计算机代替手工编报发文;1995—1996年,其余各气象台站均采用微机编发报业务。2003 年后,安阳及所辖县(市)5 个自动气象站相继投入业务运行,实现地面气压、气温、湿度等要素的自动记录,改变了人工观测的历史。

其他探测业务 2005 年,建成 714S 数字化天气雷达和新一代多普勒天气雷达终端系统、1 个静止气象卫星资料接收站。2005 年,完成酸雨观测站建设。2008 年,5 个国家地面气象观测站全部建成实景监测系统,安阳市区和林州市分别建成 2 个地基 GPS/MET 气象探测基准站(连续运行卫星定位系统),在林州市建成 1 个风能资源观测站。

农业气象观测 各县(市)气象观测站从 1981 年起开始农业气象观测,主要观测农作物生育状况、物候、土壤水分状况、农业自然灾害等项目观测,并编写全年气候影响评价,专题气候影响评价,向县政府涉农部门、乡镇寄发播种收获期预报、农业产量预报等服务产品。2005 年,安阳市气象局成立农业气象服务中心,业务扩展到农业气象灾害评估、作物重要生育期预报、特色农业观测等。截至 2008 年,全市农业气象观测站网分布为:汤阴为国家农业气象基本站,林州为河南省农业气象基本站,滑县、内黄县为农业气象一般站。所有站都进行作物观测、土壤墒情观测和特色农业观测。

天气预报 安阳市气象台 1959 年 1 月 1 日建台时,开展时效 6～72 小时的短期天气预报。20 世纪 80 年代之前,安阳市气象台的天气预报通过人工填绘天气图,结合本地实况和群众看天经验来制作,主要为当地农业生产服务;县(市)气象站通过广播接收天气形势,结合本站资料图表,制作短期天气预报,通过地方广播站服务地方。1993 年,县(市)气象局开通高频无线电话,实现与市气象台直接会商。2002 年,开通 X.25 专线,实现调取市气象台预报服务产品做订正预报。20 世纪末,计算机技术的普及、气象通讯条件的改善、探测手段的增加及 MICAPS(气象信息分析处理系统)业务化以及 MICAPS 系统的不断升级换代,不仅提高了天气预报的质量,而且也增加了短时(临近)天气预报、气象灾害预警、环境气象预报、火险等级预报等预报产品。

人工影响天气 1995 年,安阳市恢复人工影响天气工作。当年购置"三七"高炮 20门,在 5 县 1 区布设固定炮点 20 个,并以安阳市政府名义成立了安阳市人工增雨指挥部,所辖 5 县也成立了人工增雨领导机构。2002 年,新购置火箭架 13 台。2003 年,引进空域自动申报系统。2008 年 7 月,安装了气象服务立体地形图,初步形成了由天气雷达、四要素区域自动站、乡镇雨量站等组成的人工影响天气监测作业网络。2008 年 10 月,河南安阳、鹤壁、新乡、焦作、濮阳以及河北邯郸和山西长治建立了区域灾害天气联防制度,实现了协作联防。在做好抗旱增雨作业的同时,林州市、汤阴县、安阳县气象局还开展水库蓄水专项增雨服务,内黄县气象局协同当地林业部门在新种植的防护林及林业基地开展流动增雨作业。由于人工影响天工作成绩显著,安阳市气象局 2004 年、2007 年 2 次被河南省人事厅、河南省气象局授予"全省人工影响天气工作先进集体"。

气象服务 各县(市)气象局在 20 世纪 80 年代以前,利用农村有线广播站播报天气预报。1996 年底,开始制作电视天气预报。1997—1998 年,开通"121"天气预报自动查询功能,提供日常预报、天气趋势、灾害防御、科普知识、农业气象服务等气象信息。2002 年,开通手机短信服务。20 世纪 80 年代初,为政府部门提供的决策气象服务产品,以书面文字发送为主。20 世纪 90 年代后,决策服务产品由电话、传真、信函等方式传递向微机终端、互联网、手机短信等方式传递发展。2007 年 7 月 17 日正式开通安阳市应急气象服务预警平台;服务产品也由短、中、长期天气预报发展为短时(临近)预报、森林火险等级预报、地质灾害预报、产量预报等,并为重大社会活动、重大工程等提供专项气象服务。

安阳市气象局

安阳市位于河南省北部,晋冀豫三省交汇处。总面积 7413 平方千米,人口 518.666 万。地势西高东低,主要有山地、丘陵、平原三种地貌类型,自西而东呈阶梯状分布。

安阳历史悠久,文化积淀深厚。作为中国八大古都之一,是国家级历史文化名城,甲骨文的故乡,《周易》的发源地。殷墟作为世界文化遗产,已被列入《世界遗产名录》。

机构历史沿革

始建情况 安阳市气象局始建于 1950 年 9 月 19 日,原名为华北军区航空处安阳机场气象观测站,站址位于安阳市北郊飞机场(郊外),北纬 36°08′,东经 114°23′,观测场海拔高度 73.9 米。

站址迁移情况 1955 年 1 月 1 日,站址迁至安阳桥村。1969 年 6 月 1 日,办公地址迁至原地区水利局后院。2002 年 1 月,站址搬迁于安阳市开发区,北纬 36°03′,东经 114°24′,海拔高度 62.9 米。

历史沿革 1951 年 1 月,更名为海军青岛第一航空学校安阳机场观测站。1952 年 8 月,更名为中南空军司令部安阳机场观测站。1953 年 1 月,更名为华北空军司令部安阳机场观测站。1954 年 8 月 15 日,更名为安阳气象站。1959 年 1 月 1 日,更名为安阳市气象台(小型台)。1960 年 4 月,更名为安阳市气象服务台,1962 年 7 月 6 日,变更为安阳专员公署气象服务台。1969年6月1日,更名为安阳地区革命委员会农业服务站气象组。1970年1月,更名为安阳地区革命委员会水利服务站水文气象组。1971年7月,更名为安阳地区气象台。1977年5月21日,更名为安阳地区革命委员会气象台。1978年10月2日,更名为安阳地区革命委员会气象局。1980年5月20日,更名为安阳地区气象局。1983年10月25日更名为濮阳市人民政府气象局,管辖原安阳地区各县气象站。同年5月1日,撤销濮阳市人民政府气象局,成立河南省豫北气象处,负责管理安阳市、濮阳市、鹤壁市各气象台站。1989年1月18日,豫北气象处更名为安阳市气象局。

管理体制 1954年8月,河南省人民政府财政经济委员会下文,将原属空军某部建制的安阳气象站,全部移交给河南省气象科建制,管理体制由军队建制改为地方建制。1969年6月—1980年5月,隶属于安阳地区革命委员会。1980年5月—1983年,均属地方建制。从1983年起,实行气象部门与地方政府双重领导、以气象部门领导为主的管理体制。

机构设置 1959年1月1日测站更名为安阳市气象台(小型台),设观测组、预报组。1978年成立安阳地革委气象局,下设办公室、业务科、预报科、观测站。1980年成立安阳地区气象局,增设人事科。1989年成立安阳市气象局,1991年增设服务科。1997年,机构设置为办公室、人事科、业务科、气象台、观测站、产业服务科、农气服务中心、广告制作公司、防雷中心。2001年机构变更为办公室、人事劳动科、业务科、气象台、专业台、防雷中心、寻呼台、观测站、彩球服务中心。2006年,设办公室(计划财务科)、人事教育科、业务科(政策法规科)3个管理科室和安阳市气象台(气象决策服务中心、气象信息网络中心)、气象科技服务中心(专业气象台、气象影视中心)、安阳市防雷中心、财务核算中心(后勤服务中心)4个直属事业单位。2008年增设农业气象中心,挂靠气象台;安阳市人工影响天气办公室、防雷减灾办公室挂牌市气象局,负责全市人工影响天气、防雷工作的管理、研究和组织实施。

单位名称及主要负责人变更情况

单位名称	姓名	职务	任职时间
华北军区航空处安阳机场气象观测站	孙致祥	站长	1950.09—1951.01
海军青岛第一航空学校安阳机场观测站			1951.01—1952.08
中南空军司令部安阳机场观测站	田德隆	站长	1952.08—1953.01
华北空军司令部安阳机场观测站			1953.01—1954.08
安阳气象站	冯太吉	站长	1954.08—1959.01
安阳市气象台(小型台)		台长	1959.01—1960.04
安阳市气象服务台			1960.04—1962.07
			1962.07—1963.01
安阳专员公署气象服务台	张进东	台长	1963.01—1969.06
安阳地区革命委员会农业服务站气象组		组长	1969.06—1970.01
安阳地区革命委员会水利服务站水文气象组			1970.01—1971.07
安阳地区气象台		台长	1971.07—1974.01
	袁林	台长	1974.01—1977.05
安阳地区革命委员会气象台			1977.05—1977.06
	李运星	台长	1977.06—1978.10

单位名称	姓名	职务	任职时间
安阳地区革命委员会气象局	张进东	局长	1978.10—1980.05
安阳地区气象局			1980.05—1983.10
濮阳市人民政府气象局			1983.10—1984.05
河南省豫北气象处	张新隆	处长	1984.05—1987.10
	王志忠	处长	1987.10—1989.01
		局长	1989.01—1993.03
安阳市气象局	徐玉梅	局长	1993.03—1993.04
	胡全义	局长	1993.04—1997.07
	申安喜	副局长（主持工作）	1997.07—1998.11
		局长	1998.11—

人员状况　建站初期，只有3人。1988年底，有职工69人。截至2008年底，有在职职工72人（其中正式职工55人，聘用职工17人），离退休职工27人。在职正式职工中：男39人，女16人；汉族53人，少数民族2人；大学本科以上学历19人，大专学历22人，中专及以下学历14人；高级职称9人，中级职称20人，初级职称24人；30岁以下10人，31～40岁13人，41～50岁21人，50岁以上11人。

气象业务与服务

1. 气象业务

①气象观测

地面观测　安阳地面观测站为国家基本观测站，每日进行02、05、08、11、14、17、20、23时8次观测，24小时守班。

观测项目除国家基本气象观测站必须观测的项目外，还开展电线积冰、冻土、露天温度、GPS地理信息监测、土壤水分自动监测。

发报种类有4次天气报（02、08、14和20时）和4次补充天气报（05、11、17和23时），旬（月）报，航危报（OBSAV郑州，03—23时），雨量报（05和17时），重要天气报（大风、龙卷、冰雹、雷暴和视程障碍现象）。

2008年，每日05、17时拍发12小时雨量报，每日8次拍发地面天气报，同时拍发危险报、重要天气报、航空天气报、气象旬（月）报、农气周报、酸雨日文件等。

2000年5月15日，雨量报、天气报、地面加密报、重要天气报改从X.25线路传输。

1984年7月1日，正式使用计算机编报。1990年1月1日，采用微机编制地面气象记录月报表。

自动气象站2003年9月1日投入业务试运行；2004—2005年与人工站平行观测；2006年1月1日单轨运行，实现地面气压、气温、湿度等要素的自动记录，一举改变人工观测历史。

酸雨观测 2007年1月1日,安阳国家基本观测站开始酸雨观测(酸雨pH值、K值测量)。

紫外线观测 2005年,开始紫外线观测,观测数据实时上传。

区域自动站观测 2003年后,新建5个国家级自动气象站、21个乡镇多要素自动气象站和72个乡镇自动雨量站,形成了由5个国家级自动气象站和覆盖93个乡镇的多要素自动气象站、自动雨量站观测网,提高了地面气象要素的时空监测密度,为构建中尺度天气观测网奠定基础。

农业气象观测 安阳农业气象业务始于1985年,当时以农业气象管理为主,业务包括编报旬报、月报、产量预报、小麦遥感苗情、土壤墒情遥感监测服务。2005年,安阳市气象局成立农业气象服务中心,业务扩展到农业气象灾害评估、作物重要生育期预报、特色农业观测等。

②天气预报

从1959年安阳市气象台(小型台)成立至20世纪60年代末,主要通过物象、经验等结合观测到的温、压、湿变化,根据经验外推法制作1天的天气预报。从20世纪60年代末至80年代末,根据中央气象台、河南省气象台预报,再利用天气图(1张地面图和3张高空图)和单站资料建立各种天气模型,制作1~2天的天气预报。20世纪90年代,安阳市气象部门开始配备711型测雨雷达、气象卫星综合应用业务系统("9210"工程)、气象信息卫星通信地面接收系统(VSAT单收站)、新一代人机交互处理系统(MICAPS)、卫星遥感监测系统等现代化设备,开始由天气图结合数值预报传真图、雷达图,制作12小时以内的短时预报、1~3天的短期预报等各种预报产品,初步建立了现代天气预报体系。进入21世纪以后,随着气象业务现代化的发展,以人机交互系统(MICAPS)为平台,综合分析天气形势、卫星云图、雷达图和数值预报产品等资料,制作短时临近预报、短期天气预报、周预报、旬预报、月预报、季预报、各类专题专项天气预报、关键农事天气预报以及各类灾害性天气预警信息等。

③气象信息网络

1993年,各县(市)局开通高频无线电话,实现与市气象台直接会商。1994年,建成了市局域网,开通了省台—市台—县(市)局气象信息产品服务终端,建成了高分辨率卫星云图接收处理系统,711雷达实现数字化彩显。1995年5月,建成市—县远程终端。1998年10月,建成拨号网络,实现FTP上传,并接通互联网。2002年,开通X.25专线。2004年,建成移动光纤通信终端;同年7月,省—市—县光纤通信投入使用。2006年3月,建成市—县视频会商系统。

2. 气象服务

公众气象服务 20世纪80年代末,气象服务产品由电话、传真、信函等逐渐向电视、微机终端、互联网、手机短信发展。1990年,气象服务信息主要是常规预报产品和情报资料。1992年1月,安阳电视台专用频道正式开播天气预报节目,播出形式为分县24小时天气预报,市、区、县画面配播天气预报;1997年,电视天气预报节目内容增加了晨练指数、紫外线指数、火险指数等;2006 年,安阳市电视台 1～3 频道均上了节目主持人。2002 年,开通手机短信服务,截至 2008 年底,移动气象短信用户达到 50 万户以上。

决策气象服务　1990 年以前,决策气象服务产品主要有短期 1～2 天的天气预报、旬报、月报、季报和灾害性天气预报,短期 1～2 天的天气预报和灾害性天气预报以电话报送为主,旬报、月报和季报以书面文字报送和信函邮寄为主。1990—2004 年期间,逐渐增加了周报、雨情信息等决策服务产品,以书面文字和电话报送以及信函邮寄为主。2004 年,开始增加重要天气预报、重要天气情报、重要天气公报、重要天气信息、专题专项预报、重要节假日天气预报等决策产品以及各类预警信息,由电话、传真、信函服务方式等向微机终端、互联网、手机短信等服务方式发展。2007 年 7 月,正式开通安阳市应急气象服务预警平台,并把各级政府及有关部门和滞洪区、地质灾害易发区、重要防汛区域的学校、村庄、企事业单位等作为特别服务对象。

人工影响天气　1995 年,安阳市恢复人工影响天气工作,当年购置"三七"高炮 20 门,在 5 县 1 区布设固定炮点 20 个,并以安阳市政府名义成立了安阳市人工增雨指挥部。2002 年,各县(市)新购置火箭架 13 台,使全市人工增雨消雹火箭发射系统达到 20 套。2003 年,引进了空域自动申报系统。2004 年,安阳市政府下发了《安阳市 2004—2010 年人工影响天气规划》。2008 年 7 月,安装了气象服务立体地形图,初步形成了由天气雷达、四要素区域自动站、乡镇雨量站等组成的人工影响天气监测作业网络。2008 年 10 月,河南安阳、鹤壁、新乡、焦作、濮阳以及河北邯郸和山西长治建立了区域灾害天气联防制度,实现了协作联防。

防雷技术服务　1988 年,安阳市气象局开始室外避雷针检测业务。1990 年,成立服务科,负责市区防雷监测,开展部分防雷工程设计、安装工作。2004 年 1 月 9 日,安阳市防雷技术中心成立;同年 12 月 17 日,安阳市人民政府下发《关于贯彻落实〈河南省防雷减灾实施办法〉的通知》,并成立安阳市防雷减灾工作领导小组,副市长葛爱美任组长,负责全市防雷减灾工作。2008 年 6 月,安阳市气象局、安阳市教育局联合下发《安阳市气象局、安阳市教育局关于进一步加强学校防雷安全工作的通知》,对全市近 2000 余所中小学校校舍防雷安全现状进行了拉网式排查。

气象科普宣传　每年在"3·23"世界气象日、全国科技活动周等重要活动期间,结合当年主题进行专题科普宣传,迎接市民参观。同时,与市科协、市文明办组织气象夏令营、开展"三理"教育等,为青少年了解气象、健康成长提供平台。2003 年,安阳市气象局被河南省科协命名为河南省青少年科普教育基地。2007 年,建成气象科普长廊,并成立青少年科普教育领导小组,印发《青少年科普教育基地实施方案》,为普及气象知识助力。

对中小学生进行科普宣传

气象科研 2002—2008 年,共开发研究课题项目 41 项。其中,有 5 项获得地厅级以上奖励;"安阳市新一代天气预报业务系统工程"获安阳市科学技术进步二等奖,并在 2002 年河南省气象局召开的"全省气象业务现代化建设成果交流展示会"上荣获一等奖。

气象法规建设与社会管理

法规建设 2000—2008 年,安阳市政府先后出台了《安阳市人民政府关于加强防雷减灾管理工作的通知》(安政〔2000〕43 号)、《关于印发安阳市雷电灾害风险评估管理办法的通知》(安政办〔2009〕157 号)、《关于认真贯彻落实〈河南省防雷减灾实施办法〉的通知》(安政〔2004〕70 号)等 3 个规范性文件。安阳市气象局与安阳市公安局联合印发《关于对全市计算机系统(场地)进行防雷安全检测实施意见的通知》(安公〔2002〕66 号),与安阳市建委联合印发了《关于加强建设项目防雷工程设计、施工、验收管理工作的通知》(安气发〔2001〕12 号),联合安阳市教育局印发了《关于关于进一步做好全市学校防雷减灾工作的通知》(安气发〔2007〕16 号)等。

制度建设 2000—2008 年,先后制定了"行政执法责任制度"、"执法公示制度"、"行政执法错案追究制度"、"法律咨询制度"、"气象行政执法人员行为规范十不准"、"重大具体行政行为备案制度"。

社会管理 依据《中华人民共和国气象法》,安阳市气象局对防雷检测、防雷图纸设计审核和竣工验收、施放气球单位资质认定、施放气球活动许可制度、人工影响天气、天气预报发布等实行社会管理。雷电防护社会管理始于 1989 年。为了适应安阳市防雷装置检测工作的需要,2004 年 1 月成立了安阳市防雷中心,雷电防护已建立了一套有序的管理运行程序。

依法行政 2004 年 1 月,安阳市气象局接受申报的防雷工程设计图纸审核审批、防雷工程竣工验收审批和气球施放审批等三项行政许可项目,已纳入安阳市政府公布的行政许可项目,并正式进入建委办公,担负防雷设计行政审批职能。2002 年后,安阳市气象局有 12 名气象行政执法人员、3 名气象行政执法监督人员持证上岗,2005 年成立气象行政执法大队。2005—2008 年,查处违反气象法律法规案件 35 起,制止 12 起。

政务公开 2003 年 12 月,制定了《安阳市气象局局务公开实施方案》,成立了一把手为组长的局务公开领导小组和监督小组,明确对内对外公开内容、形式、时间和程序,设立举报电话和举报箱。2008 年 4 月,印发《政府信息公开内容保障方案》,确保对外宣传、服务窗口提供信息及时准确。2002—2008 年,安阳市气象局建立健全了定期公开制度、定期督查制度、考核奖惩制度、民主评议制度、服务承诺制度、责任追究制度,规范了政务公开的内容、形式、时间和程序。公开内容为:"三重一大"(即重要事项决策、重要干部任免、重大事项安排,大额资金使用)、单位职责、机构设置、收费标准、投诉电话等内容。公开原则为:围绕加强民主政治建设和依法行政,以公正、便民、廉政、勤政为基本要求,以监督制约行政权力为着力点,通过推行局务或政务公开,提高气象部门工作人员的政治、业务素质,强化公仆意识,进一步密切党群、干群关系,促进气象部门的改革、发展和稳定。公开形式为:内部公开栏、外部公开栏、会议、局域网、门户网站、文件、文化长廊等。

党建与气象文化建设

党建工作　1977 年成立安阳地区革命委员会气象台和党的核心小组,隶属于地革委农委。1988 年 12 月,撤销气象局党组。1990 年 7 月,恢复气象局党组。2008 年,安阳市气象局共有 1 个党总支和 3 个党支部,安阳市气象局下设行政、科技服务、离退休 3 个党支部,共有党员 43 名,其中在职党员 29 名,离退休党员 14 名。

2001—2009 年,连续 9 年开展党风廉政教育月活动。2004 年开始,每年与各科室和县气象局负责人签订党风廉政责任书,开展领导班子成员党风廉政述职述廉和上党课活动及届中、离任经济责任审计和任前、年度廉政谈话。

气象文化建设　安阳市气象局通过举办联欢会、演讲比赛、座谈会,并到革命圣地接受教育,增强团队精神和组织凝聚力;除办好荣誉室、阅览室外,又在局大院道路两旁建成气象文化长廊,并以建好长廊为契机,在办公楼、食堂以及活动室等公共场所,悬挂警世名言;2008 年,特邀安阳市书法家协会知名书法家,为所有办公室书写廉政名言警句、书法作品,为气象廉政文化再添活力。

安阳市气象局观测站为河南省气象系统文明示范台站;安阳市气象局 2006 年度被安阳市委、市政府授予"安阳市文明系统",两次蝉联"省级文明单位"。

集体荣誉　1996—2009 年,安阳市气象局获地厅级以上主要集体荣誉 36 项。其中,2005 年 10 月,安阳市气象局被中国气象局评为"全国气象部门局务公开先进单位"。2008 年 9 月 26 日,被中国气象局授予"全国气象部门文明台站标兵"荣誉称号;同年 12 月 8 日,再次被中国气象局授予"全国气象部门局务公开示范单位"和"全国气象部门廉政文化示范点"荣誉称号。

台站建设

1955 年 1 月 1 日迁至安阳桥村。1969 年 6 月 1 日,办公地址迁至原地区水利局后院。1977 年 5 月 21 日,办公地点迁至红旗路地委 2 号楼,办公面积 310 平方米。1993 年,安阳市气象局办公地址迁至东工路 32 号,面积 2500 平方米,办公楼高四层。2005 年 8 月,整体搬迁于安阳市开发区,新址占地 33350 平方米(3.33 公顷),办公楼全框架结构,主体五层、局部六层、配楼两层。

2005 年迁入新址后,加大了庭院绿化、美化力度,庭院绿地面积达 17800 平方米,绿化率达 82%,先后被河南省政府命名为"庭园绿化先进单位"、"花园式单位"。

整体搬迁后,为解决交通问题,安阳市气象局投资租赁班车,每天接送职工上下班;为解决干部职工的吃饭问题,开办了职工食堂;建起了 3 栋 48 套每套 160 平方米的职工住宅楼。在硬件建设上,先后为业务岗位和管理岗位职工更换了新计算机,建成了多功能会议室、图书阅览室、荣誉室、职工休息室,还购进一批健身器材,为丰富职工业余文化生活提供平台。

2005 年 8 月，整体搬迁后安阳市气象局新貌

林州市气象局

林州市（前为林县）地处河南西北角，位于山西、河北、河南交界处的太行山东侧，全市总面积 2046 平方千米，人口 102 万。20 世纪 60 年代，勤劳、智慧的林州人民自力更生艰苦创业，修建了举世瞩目的人工天河——红旗渠，创造了世界水利史上的奇迹。

建站以来，中国气象局、河南省气象局、安阳市气象局领导和地方领导多次莅临指导工作。1975 年 12 月，巴基斯坦气象局局长萨米拉率领巴基斯坦气象代表团一行 9 人，在中央气象局外事办负责人及省、市气象局和地方政府领导陪同下，来林州参观访问。2007 年 3 月，中国气象局局长郑国光莅临林州市气象局视察指导工作。2008 年 10 月，中国气象局纪检组组长孙先健来林州市气象局视察工作。

机构历史沿革

始建情况 1956 年 12 月，成立林县气候观测站，开始观测。

站址迁移情况 1974 年 12 月，搬迁至林县城南关外 0.5 千米外，观测场位于北纬 36°04′，东经 113°49′，海拔高度 306.8 米。

历史沿革 1960 年 1 月，更名为林县气象服务站。1987 年 12 月，更名为林县气象站。1990 年 4 月，更名为林县气象局。1994 年 3 月，撤县改市，更名为林州市气象局。林县气象观测站 1960 年 1 月 1 日被定为气象观测一般站，2008 年 1 月 1 日改称国家二级气象观测站，也是河南省农业气象基本站。

管理体制 1956 年 12 月林县气候观测站成立，业务受河南省、安阳（地区）气象部门领导；行政上受林县人民委员会和农业局领导。1967—1973 年，由林县人民武装部领导。1974—1979 年，由林县农业局领导。1980—1981 年，由林县农业委员会领导。1982 年，实行气象部门与地方政府双重领导，以气象部门领导为主的管理体制。

机构设置　2008 年,内设办公室、业务股、防雷中心、气象科技服务中心、人工影响天气办公室。

单位名称及主要负责人变更情况

单位名称	姓名	职务	任职时间
林县气候观测站	王三杰	站长	1956.12—1959.12
林县气象服务站			1960.01—1986.06
	徐玉梅	站长	1986.07—1986.11
	王新斌	负责人	1986.12—1987.02
林县气象站	肖承海	站长	1987.03—1987.11
			1987.12—1988.12
	申安喜	站长	1989.01—1990.03
林县气象局		局长	1990.04—1993.02
	王玉林	局长	1993.03—1994.02
林州市气象局			1994.03—2003.02
	秦立宪	局长	2003.03—

人员状况　1956 年 9 月建站初期,仅有职工 2 人。1978 年,有职工 8 人。1982 年,有职工 12 人。截至 2008 年底,在职职工 19 人(其中正式职工 8 人,聘用职工 11 人),退休人员 1 人。在职正式职工中:男 6 人,女 2 人;汉族 8 人;大学本科以上 1 学历人,大专学历 6 人,中专及以下学历 1 人;中级职称 4 人,初级职称 2 人;30 岁以下 1 人,31～40 岁 1 人,41～50 岁 4 人,50 岁以上 2 人。

气象业务与服务

1. 气象业务

①气象观测

地面观测　每日 08、14、20 时 3 次定时观测,夜间不守班。

观测项目有云量、云状、能见度、天气现象、风向、风速、气温、湿度、降水量、蒸发、日照等。编发天气加密报(天气小图报)、重要天气报,制作月、年地面气象观测报表。

2007 年,遥测自动站正式运行,地面观测业务实现自动化。

区域自动站观测　截至 2008 年底,已在全市建成 16 个雨量自动气象站,基本实现镇镇有站。

农业气象观测　1982 年 4 月,开始农业气象观测,主要观测农作物生育状况、物候、土壤水分状况、农业自然灾害等。2006 年 5 月,开展生态农业气象观测和气象服务。至 2008 年,农业气象业务包括旬、月农业气象情报,作物生长状况评述,土壤墒情报告,卫星遥感图,产量预报,季度气候影响评价等。

②天气预报

1968 年,使用单站要素点聚图和气象广播资料绘制简易天气图来制作短期晴雨预报和灾害性天气预报。1971 年,以单站气象要素为基础,通过制作面化图、曲线图、点聚图,利用模式指标法、数理统计法等制作预报;同时建立公社气象哨,为台站预报制作提供数据和信息。1980 年,开始使用无线气象传真收片机,每天接收长沙、北京和日本东京拍发的传真图表,其后又使用甚高频无线对讲电话同上级和周边台站进行天气会商。20 世纪 90年代中后期,引入了计算机网络系统,气象探测技术和数值天气预报不断发展完善,建立了天气预报 MICAPS 人机交互作业平台和现代化的业务流程,通过网络直接调阅气象探测资料、天气图表、实时卫星和雷达图像、数值天气预报等,结合本地特点,综合分析作出天气预报。进入 21 世纪后,着重完善预警预报业务流程和业务体系,及时制作短时和临近强对流天气警报,未来 72 小时短期预报,暴雨、寒潮等突发灾害性天气预警信号,旬、月、季和春播、春旱、汛期、秋旱、低温、霜冻等中长期趋势预报。

③气象信息网络

从建站至 1995 年,以专线电话通过邮电局发报。1998 年,开始通过分组数据交换网(X.25 网)传输报文。2005 年,开始使用 SDH 宽带通信网络传输报文。

2. 气象服务

公众气象服务 20 世纪 80 年代以前,林州市气象局利用农村有线广播站播报天气预报。1997 年,由林州市气象局自制的天气预报节目在电视台播出;1998 年 10 月,正式开通"121"天气预报自动咨询系统,2005 年升位为"12121"。2001 年,开通手机气象短信信息业务。2005 年,构建乡镇气象信息网络。2008 年,构建公共气象服务预警业务平台。

决策气象服务 20 世纪 80 年代,以口头方式为当地政府领导和有关部门提供决策气象信息。20 世纪 90 年代后,决策气象服务范围由防汛、抗旱及关键农事季节预报服务,扩展到农业气象服务、防火气象服务。2000 年,开展遥测遥感信息、环境气象服务和气候资源开发建议等。2008 年,开展气象灾害预评估和灾害预报服务。

人工影响天气 1995 年,开始人工影响天气工作,对全市炮手进行岗位培训,在乡镇建成一流的标准化炮库。为缓解旱情、增加水库蓄水、改善生态环境,2005—2008 年,共作业 30 余次,发射炮弹 2000 余发。

防雷技术服务 林州市属雷暴多发区,雷击事故时有发生。1991 年 1 月,经林州市政府批准成立林州市防雷设施检测所,负责林州市防雷设施的检测,进行雷电灾害调查与风险评估,为企业、事业单位和厂矿提供规范的防雷减灾服务。

气象科普宣传 利用电台、电视、政府网站和宣传专栏等,进行气象科普知识宣传;在每年的"3·23"世界气象日、安全生产月等时期,组织气象科技、防雷知识等科普宣传,发放宣传材料及突发气象灾害避险常识。

科学管理与气象文化建设

1. 社会管理

1999 年,林州市气象局成立了气象行政执法队伍。2004 年 7 月,联合公安局、财政局、质监局、建委、安监局、消防大队下发了《防雷设计安装雷电防护装置》;2004 年,联合建委下发了《关于加强建设项目防雷工程设计、施工、验收管理工作的通知》;2006 年,联合公安局下发了《关于网吧防雷防静电装置安全性能检查检测的通知》;2006 年 6 月,联合安监局下发了《关于开展全市防雷装置安全性能检查检测的通知》;2006 年 6 月,联合教体局下发了《关于积极开展中小学防雷防静电安全检查检测的通知》;2008 年 7 月,市政府办公室下发了关于《进一步加强学校防雷安全工作的通知》;2008 年 9 月,联合消防部门下发了《关于对我市易燃易爆场所防雷防静电专项检查工作的通知》。上述文件以法规形式,把雷电防御工作纳入气象部门管理范围。

2000 年,制定了"施放气球管理办法有关规定",明确施放气球必须向当地气象主管部门提出申请,资格和资质申请被批准后,在施放过程中须及时报告施放动态;大型集会、庆典、宣传等活动需要施放气球的,活动主办单位或者施放单位,需制定安全保障预案。

2005 年,制定了"气象探测环境和设施保护方面有关的法律、法规和保护标准",送林州市建委和有关单位备案,依法保护气象探测环境和设施。

2. 政务公开

2003 年 3 月,制定了"林州市气象局实行局务公开实施方案",成立了以一把手为组长的局务公开领导小组,落实局务公开和责任。公开内容:本年度、季度、月工作目标及工作重点,财务收支,职工工资、补贴,招待费用,科技服务收入情况,党风廉政建设情况,综合考评情况,群众关心的热点难点问题等。公开原则:围绕加强政治建设和依法行政,以公正、便民、廉政、勤政为基本要求,通过推行局务和政务公开,提高气象工作人员的政治、业务素质,进一步密切党群、干群关系,促进气象部门的改革、发展和稳定。公开形式:内部公开栏、外部公开栏、会议、文件等。

2005 年,被中国气象局评为"局务公开先进单位"。

3. 党建工作

林州市气象局党支部建于 1995 年 9 月,有党员 3 人。截至 2008 年底有党员 5 人(其中退休党员 1 人)。

林州市气象局认真落实党风廉政建设责任制,"一把手"负总责,实行"一岗双责",单位主要领导分别与上级主要领导签订党风廉政建设年度责任书;加强防腐倡廉教育,健全完善各项规章制度,加强监督,配备一名兼职纪检员;实行领导干部年度述职述廉报告,接受上级安排的责任审计、财务内部审计、项目建设专项审计。

2003—2008 年,林州市气象局支部荣获林州市委"先进党支部"、"五好党支部"。侯文学 2005 年荣获林州市委"五好党员",2006 年、2008 年荣获优秀党务工作者。

4. 气象文化建设

2000 年后,连年举办职工文艺晚会、秋季职工运动会等,组织职工参加棋类比赛、自行车慢赛、登山比赛等。2006 年,建立了图书阅览室、荣誉室,并购置了健身器材、乒乓球台,在二楼配置了职工文化活动场所、健身平台等。2008 年,在局院内设计制作了文化专栏,营造文化氛围。

1993 年,市气象局被林州市委、市政府评为市级文明单位;1998 年,获"河南省气象部门文明服务示范单位";2003 年,被安阳市委、市政府评为安阳市文明单位;2005 年,创安阳市级文明标兵单位。

5. 荣誉与人物

集体荣誉 2003 年,获安阳市文明单位。1997 荣获河南省人事厅、河南省气象局"河南省气象系统先进集体"。2001—2002 年,被河南省人事厅、河南省气象局授予综合考评"十佳县(市)气象局"称号。2005 年,荣获中国气象局"局务公开先进单位"。2005 年,创安阳市级文明标兵单位。2005—2006 年,荣获河南省气象部门"优秀县(市)气象局"。2007 年,荣获河南省气象局"十一五"科技先进单位。2008 年,荣获河南省级"先进卫生单位",荣膺河南省气象局"重大气象服务先进集体"、"科技服务与产业先进单位"、"人工影响天气先进集体"。

个人荣誉 1978 年 10 月,王三杰出席全国气象部门"双学"会议,受到党和国家主要领导人接见。1979 年 12 月,张启才出席全国农业系统劳动模范会议,受到党和国家主要领导人接见,并颁发奖章。1982 年 12 月,徐玉梅荣获河南省农业劳动模范称号。

人物简介 ★王三杰,男,中共党员,1933 年生,河南省平舆县万家乡人,1956 年郑州气象学校干部训练班毕业,分配至林县创建气候站。1977 年 12 月,王三杰出席全国预报工作会议,并荣获全国气象部门奖励;1978 年 10 月,出席全国气象部门"双先"会议,荣获全国气象部门表彰,受到党和国家主要领导人接见。1982 年 4 月,作为河南省气象部门科普工作代表,出席了中国气象学会在四川重庆召开的全国气象科普工作会议,被中共河南省委办公厅、省政府办公厅授予"先进工作者"。

★张启才,男,1922 年生,林州市小店乡七泉村人,农民气象员,自幼家贫,只念过两年私塾,从小便立下"摸老天爷脾气"的志向,他处处留心,观测天气变化,积累了丰富的观云测天经验。1979 年 12 月,张启才出席全国农业系统劳动模范会议,受到党和国家主要领导人接见,并颁发奖章。

★徐玉梅,女,1949 年生,中共党员,河南省内黄县二安乡人,1969 年毕业于北京气象专科学校,1970 年 7 月分配到林县气象局工作,任气象观测员。1980 年,在全国地面气象测报统考中,获安阳地区第一名;同年 4 月,在河南省测报技术比赛中,获航危报编发单项第二名,并荣获全国优秀测报员,受到中央气象局和省气象局表彰。1982 年 12 月,被评为全省气象系统先进个人和河南省农业劳动模范。

台站建设

1959 年 9 月,林县气象服务站建立时,修建了 130 平方米瓦房,用于办公。20 世纪 70 年代,先后在县城南沙岗村修建了 2 排 180 平方米的瓦房,作为职工宿舍。

1986 年,建设了 1 栋二层结构 650 平方米宿舍楼。2000—2006 年,对办公环境及居住环境进行综合改造,修整了草坪,栽植了绿化树木,使机关绿化率达到 40% 以上,建成了花园式台站;并建立了符合业务标准的观测场、业务值班室。在确保职工平均收入达到林州市中上等水平的基础上,建设了职工住宅楼,平均住宅面积 160 平方米。

汤阴县气象局

汤阴县地处豫北平原,总面积 646 平方千米,辖 5 乡 5 镇,298 个行政村,总人口 45.3 万。汤阴文化底蕴深厚,是中国文化经典《周易》的发祥地,民族英雄岳飞的故乡,是河南省政府命名的"历史文化名城"和文化部命名的"中国剪纸艺术之乡"。

机构历史沿革

始建情况 1956 年 12 月 26 日,按照国家一般站标准,在汤阴县建立思德气象站,站址位于汤阴县朝歌原思德村,1957 年 1 月 1 日起开展气象业务工作。

站址迁移情况 1958 年 9 月 1 日,迁至汤阴县城关镇南关村。1960 年 11 月 1 日,迁至汤阴县城关镇东关村。1964 年 7 月 1 日,迁至汤阴县城东关东约一千米处(郊外),北纬 35°56′,东经 114°21′,观测场海拔高度 74.3 米。

历史沿革 1957 年 1 月,名称为汤阴县思德气候站。1958 年 9 月,更名为汤阴县气象站。1960 年 2 月,更名为汤阴县气象服务站。1971 年 1 月,恢复为汤阴县气象站。1990 年 3 月,更名为汤阴县气象局。2007 年 1 月 1 日,改称为国家气象观测站二级站;2009 年 1 月 1 日,恢复为国家一般气象站。

管理体制 自建站至 1971 年,隶属于汤阴县水利局领导,业务接受安阳地区气象台指导。1972 年,归汤阴县人民武装部领导。1973 年,划入汤阴县水利局领导。1984 年,隶属于安阳市气象局与汤阴县政府双重领导,以安阳市气象局领导为主。

机构设置 1981 年,设预报组和观测组。1988 年 12 月,预报组和测报组合并;1989 年 3 月,再设预报组和测报组。1993 年,增加为预报组、测报组和科技服务组。1996 年 8 月,成立防雷中心。2001 年,设业务股、办公室、防雷中心 3 个股室。

单位名称及主要负责人变更情况

单位名称	姓名	职务	任职时间
汤阴县思德气候站	姜延惠	站长	1957.01—1958.09
汤阴县气候站			1958.09—1960.02
汤阴县气象服务站			1960.02—1970.12
汤阴县气象站	李春年	站长	1971.01—1978.12
	姜延惠	站长	1979.01—1988.12
	王树文	站长	1989.01—1990.03
汤阴县气象局		局长	1990.03—1992.12
	冯士春	局长	1993.01—1997.04
	张心令	局长	1997.05—2001.11
	姜 丽	局长	2001.12—

人员状况　1957 年建站初期,有职工 2 人。2008 年底,有职工 14 人,气象在编职工 10 人(其中离退休人员 3 人),聘用职工 4 人;大专及以上学历 5 人;中级职称 1 人,初级职称 4 人;40 岁以下 7 人,40～49 岁 4 人,49 岁以上 3 人。

气象业务与服务

1. 气象业务

①气象观测

地面观测　1957 年 1 月 1 日起,开展地面观测业务,观测时次为每日 07、13、19 时 3 次观测;1960 年,改为每日 08、14、20 时 3 次观测。

观测项目有云、能见度、天气现象、气温、气压、湿度、风向、风速、降水、雪深、日照、蒸发、地温。

2003 年,每日 08、14、20 时编发天气加密报。天气报的内容有云、能见度、天气现象、气压、气温、风向、风速、降水、地温、日照、蒸发、雪深、电线积冰等。2005 年,增加重要天气发报业务,内容有雷暴、大风、雾、冰雹、沙尘暴等。

编制的报表有气表-1、气表-21,定期向河南省气象局、安阳市气象局各报送 1 份,本站保留 1 份。

区域自动站观测　2006 年 8 月,全县 10 个乡镇雨量站正式观测运行。2008 年,瓦岗单要素雨量站撤销,建成汤阴县首个乡镇四要素站。截至 2008 年底,全县共有乡镇雨量站 9 个、四要素站 1 个。

农业气象观测　1980 年开始开展农业气象业务。1980—2008 年,依次开展棉花、玉米、小麦等作物观测,并逐步开展农业气象服务。1981 年,开始物候观测,观测项目有刺槐、枣、蒲公英、车前、蟾蜍、燕子、布谷鸟等。1984—1985 年,完成《汤阴县农业气候资源区划》的编制。1981 年,设立农业气象股,向汤阴县政府涉农部门、乡镇寄发"农业气象情报"、播种收获期预报,农业产量预报等业务产品。1986 年,开始编写全年气候影响评价、专题气候影响评价。

②天气预报

1970 年,通过收听天气形势,综合本站资料图表,每天早晨制作 24 小时、晚上制作 72 小时日常天气预报。1988 年 8 月—2008 年 12 月,停止制作天气预报,传送天气预报。2000—2008 年,开展灾害性天气预警服务,并提供决策类重要天气报告等,增加传发 24 小时、72 小时天气预报。

③气象信息网络

1980 年以前,利用收音机收听河南省气象台、周边气象台播发的天气预报和天气形势。1981—1984 年,配备天气传真接收机,接收北京、欧洲气象中心及东京气象传真图。2000—2008 年,建立 VSAT 站,开通移动光缆,接收从地面到高空各类天气形势图和云图、雷达数据,为气象信息的采集、传输处理、分发应用、会商分析提供传输媒介。2002 年,建成气象视频会商系统。2008 年 12 月,建成观测场监控系统,实时监控观测场探测环境变化。

2. 气象服务

公众气象服务 1971年起,利用农村有线广播站播放天气预报。1990年,在全县建立气象警报系统,面向有关部门、乡镇村、农业大户和企业等,每天08、17时发布天气预报、警报信息服务。1998年1月,开通"121"天气预报自动查询功能,提供日常预报、天气趋势、灾害防御、科普知识、农业气象服务等气象信息。1998年10月,应用非线性编辑系统制作电视气象节目。2005年,开通手机短信气象信息服务平台,为用户提供短期天气预报咨询服务。

决策气象服务 20世纪80年代,以口头或纸质材料方式为县政府提供决策服务。20世纪90年代,逐步开发"重要天气预报"、"气象信息"、"汛期(6—8月)天气趋势分析"和各种农业气象信息的决策服务产品。2005年,开展灾害性天气预报发布工作;并每年为县人大、政协"两会"、全县运动会、中考招生、高考招生、麦收期等提供专项气象预报服务。

人工影响天气 1995年,经安阳市政府批准,成立了人工影响天气领导小组,由主管农业的副县长任组长,县直有关单位领导人任成员。小组在气象局设办公室,负责人工影响天气工作的协调、组织和管理工作。配备"三七"高炮3门,火箭发射架2部,同年建成城关、瓦岗、宜沟3个炮点。1997年,开展增雨雪、防雹防霜作业。

防雷技术服务 1992年,为各建筑物避雷设施开展防雷安全检测。1996年2月,成立汤阴县防雷技术中心,逐步开展建筑物防雷装置,新建建筑物(构)筑物防雷工程图纸审核、竣工验收、计算机信息系统、易燃易爆场所等防雷安全检测。2002年3月,防雷中心为全县各类新建建(构)筑物安装避雷装置。

科学管理与气象文化建设

社会管理 2003年2月,汤阴县气象局按(汤政文〔2003〕12号)文件精神,实行防雷装置设计审核和竣工验收为行政许可管理;同年,成立气象执法队伍,4名兼职执法人员均通过安阳市政府法制办培训考核,持证上岗。

2004年,汤阴县气象局在便民服务中心设立气象窗口,依据《中华人民共和国气象法》、《国务院对确须保留的行政项目设定行政许可的决定》、《防雷减灾管理办法》、《河南省防雷减灾实施办法》,承担防雷装置设计审核、竣工验收气象行政审批职能;依据《通用航空管制条例》、《施放气球管理办法》,实行施放气球审批制度。

2008年,完成《探测环境保护专业规划》编制。2003—2008年,与汤阴县安全监察局、安阳市气象局法规科等部门联合开展气象行政执法10余次,制止了一些单位新建建筑物破坏气象探测环境的违法行为。

政务公开 2002年,成立政务公开领导小组,对气象局行政审批办事程序、气象服务、服务承诺、气象行政执法依据、服务收费依据及标准等内容,向社会公开。2004—2008年,先后制定下发了"气象局民主决策议事规则"、"气象局公务接待管理规定"、"气象局财务规章制度"、"气象局车辆管理制度"、"气象局重大事项报告制度"等,坚持财务收支、人事变动、职称评定公开透明,并接受监督。

党建工作 1999年7月,成立汤阴县气象局党支部,有党员3人。截至2008年底有党员 3 人(其中离退休党员 1 人)。

2000—2008 年,参与气象部门和地方党委开设的党章、党规、法律法规知识学习和考试活动。2006 年起,每年开办局领导党风廉政述职报告和党课教育活动,4 月开设党风廉政教育月活动,并层层签订党风廉政目标责任书,推进惩治和预防腐败体系建设。

2004 年、2006 年,汤阴县党支部先后两次被汤阴县委授予"五好基层先进党组织"荣誉称号。1997—2008 年,汤阴县气象局共有 10 人次被汤阴县县委授予"优秀共产党员"荣誉称号。

气象文化建设 1997 年起,开展"争创文明单位,建设一流台站"活动。2000—2008 年,先后开展"保持共产党员先进性"、"转变作风促工作发展"等教育活动及与贫困户结对帮扶活动;每年组织职工到老区参观,接受革命传统教育;举行演讲比赛、文体比赛等,丰富职工的文化生活。

2000 年 7 月,汤阴县气象局被安阳市委、市政府评为市级文明单位。2001 年 2 月,被评为市级文明单位标兵。2002 年 7 月,被河南省委、省政府评为省级文明单位,2007 年届满申报后获得连任。

荣誉 2000—2008 年,县气象局获市级及以上集体荣誉 10 项。其中,2000 年,被安阳市政府授予"2000—2007 年卫生先进单位"。2001 年,被河南省委、省政府命名为省级文明单位;被河南省气象局评为河南省气象系统先进集体;河南省政府授予省级卫生先进单位荣誉称号。2007 年,省级文明单位届满后获得连任。1999—2003 年,被河南省气象局 4 次授予"河南省十佳县(市)气象局"荣誉称号。

台站建设

1957 年建站时,办公室仅为 3 间平房。1979 年,建成办公楼。2004 年,建成面积为 557.55 平方米的新办公楼,新办公楼设业务平台、图书室、阅览室、荣誉室、职工活动室和文明市民学校等;同时把新老两座办公楼对接,并对办公区进行绿化,绿化面积达 1300 平方米,打造了一个优美和谐的办公环境。

2006 年 10 月,为保护观测场,经县政府协调,土地局批准增划汤阴县气象局土地面积 3999.6 平方米,作为保护汤阴县气象局观测场用地。

汤阴县气象旧貌(1979 年)

汤阴县气象局新貌(2006 年)

内黄县气象局

内黄县位于河南省北部,京广铁路以东,冀、豫交界处,地处黄河故道、豫北平原沙区。

机构历史沿革

始建情况　1957年2月,内黄县气候站在白条河农场建立,站址位于北纬35°49′,东经114°51′,海拔高度51.6米。

站址迁移情况　1958年11月,因体制下放,迁到内黄县城关东南地苗圃,站址位于北纬35°56′,东经114°55′,海拔高度53.4米。1964年9月,迁到内黄县城关赵庄西地,站址位于北纬35°56′,东经114°55′,海拔高度51.6米,距县城2千米。

历史沿革　1966年6月,更名为内黄县气象服务站。1986年1月,更名为内黄县气象站。1991年5月,更名为内黄县气象局。

管理体制　建站至1958年11月,由河南省气象局领导。1958年11月—1963年1月,归内黄县政府农工部领导。1963年1月—1969年,由河南省气象局领导。1969—1971年,归内黄县革命委员会领导。1971—1973年,归内黄县人民武装部领导。1973—1983年10月,归内黄县水利局领导。1983年,实行气象部门与地方政府双重领导,以气象部门领导为主的管理体制。

机构设置　内设业务、服务两大体系,业务体系中有地面气象测报、天气预报、农业气象三部分,服务体系中有办公室、防雷中心、人工影响天气三部分。

单位名称及主要负责人变更情况

单位名称	姓名	职务	任职时间
内黄县气候站	杨布辉	负责人	1957.02—1966.06
内黄县气象服务站			1966.06—1971.12
	董守庆	站长	1972.01—1972.09
	杨布辉	负责人	1972.10—1984.06
	蒙美裕	站长	1984.07—1986.01
内黄县气象站	刘金付	负责人	1986.01—1988.03
	胡宗堂	站长	1988.03—1991.01
	刘　刚	站长	1991.01—1991.05
内黄县气象局		局长	1991.05—1994.05
	张明洲	局长	1994.05—2001.01
	康湘波	局长	2001.01—

人员状况　建站时,仅有职工2人。2008年底,有在职职工13人(其中正式职工6人,聘用职工7人),离退休职工4人。在职正式职工中:男3人,女3人;大学本科以上学历1

人,大专学历 4 人,中专及以下学历 1 人;中级职称 1 人,初级职称 5 人;50～55 岁 1 人,40～49 岁 1 人,30～39 岁 3 人,30 岁以下 1 人。

气象业务与服务

1. 气象业务

①气象观测

地面观测 1957 年 2 月 1 日—1959 年 12 月 31 日,每天进行 01、07、13、19 时 4 次观测;1960 年 1 月 1 日,改为每天 07、13、19 时 3 次观测;1960 年 8 月 1 日,改为 08、14、20 时 3 次观测。

观测项目有云、能见度、天气现象、气压(1965 年 1 月 1 日开始)、降水、雪深、日照(1962 年 7 月 21 日—1964 年 12 月 31 日停测)、蒸发、地温等。

05、17 时编发 12 小时雨量报;每月 1、11、21 日编发土壤墒情报;每天 08、14、20 时编发地面天气加密报及不定时重要天气报。

制作的报表有气表-1、气表-21 及土壤湿度年简表。

观测仪器有温度表、气压表、雨量筒等;1969 年 5 月 18 日撤销维尔达风向标,改用电接风向风速仪;1981 年 1 月 1 日增加气压、气温、相对湿度自记仪器。

1995 年 3 月,开始采用计算机取代人工编报。2000 年 7 月 1 日,安徽地面测报软件投入使用;2003 年 7 月 1 日,OSSMO-HY2002 地面气象测报软件投入业务使用。

区域自动站观测 2005 年 6 月,在全县 17 个乡镇建成自动雨量观测站。

农业气象观测 1981 年,开始执行周年农业气象服务方案,观测项目有农作物生育状况、土壤水分状况、自然物候、农业自然灾害。1983 年,开始编发不定期农业气象情报,包括小麦适宜播种期预报、小麦产量预报、干热风预报和年景气候趋势预报等;1984 年 11 月,完成了内黄县自然地理概况、内黄县农业生产情况、内黄县气象灾害情况、内黄县农业气候等内黄县农业气象 4 项基本资料的整理及《内黄县农业气候资源分析》报告的编写。

②天气预报

建站初期,通过广播接收中央气象台、河南省气象台以及广播电台播报的资料来绘制简易天气图,制作短期天气预报,通过地方广播站有线广播服务地方。20 世纪 80 年代,陈经忠等研制出"登—贵时间剖面图",提高了天气预报质量。1993 年,开通高频无线通话,实现了与安阳市气象局的直接业务会商。2002 年 11 月,开通 X.25 专线,实现直接调取安阳市气象局预报服务产品,作订正预报。

③气象信息网络

2000 年 12 月 25 日,卫星地面接收站("9210"工程)建成并正式启用,可实时接收卫星云图。2001 年 3 月 20 日,内黄县气象局启用县级气象服务决策系统,同年 4 月 20 日,县级气象业务服务系统建成启用,同年 10 月 1 日,专业预报业务系统启用,预报所需资料全部通过县级气象业务服务系统进行网上接收。2005 年 11 月 20 日,开通了市—县宽带视频会商系统。

2. 气象服务

公众气象服务 20世纪80年代以前,通过地方广播站有线广播及手写、油印材料服务地方。1998年3月,内黄县气象局与电信局合作,正式开通"121"天气预报自动咨询电话(2003年10月,全市"121"答询电话实行集约经营,由安阳市气象局统一建设维护,后"121"电话升为"12121")。1998年9月,内黄县气象局购置了电视天气预报制作系统,将制作的节目录像带送电视台播放,全新的三维动画天气预报节目走上了电视荧屏。2003年10月,建起了内黄县兴农科技服务中心,并在繁华街道设立了办公场所。2008年,开通了MAS气象短信平台,以手机短信方式向全县各级领导发送气象信息。

决策气象服务 20世纪80年代以前,用手写、油印材料以及手摇电话向县委、县政府提供决策服务。20世纪90年代以后,用计算机打印服务材料和手机短信直接发送服务产品,服务产品有周、月、季、年预报,主要农事季节预报,重要天气预报,灾害天气警报和气象资料等。

人工影响天气 1995年5月,成立内黄县人工增雨指挥部(内政〔1995〕47号),购置3门双"三七"高炮,布设在石盘屯、东庄、后河3个乡镇。

防雷技术服务 1991年,开始开展建筑物防雷装置、新建建(构)筑物防雷工程图纸审核、设计评价、竣工验收、计算机信息系统等防雷安全检测,及对重大工程建设项目开展雷击灾害风险评估。

气象科普宣传 在"3·23"世界气象日、"11·9"消防法宣传日、安全生产月期间,向社会公众宣传气象法律法规、气象科普及防雷知识。

科学管理与气象文化建设

社会管理 2004年8月1日,《河南省防雷减灾实施办法》颁布实施,内黄县政府便民服务中心设立气象窗口,承担气象行政审批职能,将防雷工程从设计、施工到竣工验收,全部纳入气象行政管理范围。

政务公开 对气象行政审批办事程序、气象服务内容、服务承诺、气象行政执法依据、服务收费依据及标准等,通过户外公示栏、电视广告、发放宣传单等方式,向社会公开。干部任免、财务收支、目标考核、基础设施建设、工程招标等内容,通过职工大会或上局公示栏张榜公布等方式,向职工公开;财务状况一个季度公示一次;职工奖金福利发放、领导干部待遇、干部任用、职工晋职、晋级等,及时向职工公示或说明。

党建工作 1999年8月之前,内黄县气象局的党员在内黄县农业委员会参加组织生活。1999年8月4日,内黄县气象局党支部成立。截至2008年,共有党员5名。

2003年,王振姣被内黄县委评为优秀党员。2004年,刘金付被内黄县委评为优秀党员。

气象文化建设 积极开展"保持共产党员先进性"、"学习与实践科学发展观"等教育活动,与内黄县消防队结成军民共建单位,积极开展创建文明单位活动。

1992年4月1日,内黄县气象局被内黄县委、县政府命名为县级文明单位;2001年10月19日,被评为县级文明单位标兵。2002年,被安阳市委、市政府评为市级文明单位(同年因车辆安全事故市级文明单位被免去);2007年3月15日,重获市级文明单位荣誉称号。

集体荣誉　2001年9月1日,内黄县气象局被内黄县委、县政府评为"抗旱防汛工作先进单位";2003年、2005年、2006年,3次被内黄县委、县政府评为先进集体。2007年,被安阳市人事局、地震局评为"防震减灾工作先进集体"。

台站建设

1985年以前,办公环境非常简陋,办公房为砖木结构7间瓦房。1986年4月,建瓦房4间。1989年,建办公房10间,建筑面积231平方米。1996年,建砖混结构家属楼503平方米。1998年4月,对办公环境进行升级改造,室内进行了装修,硬化绿化美化了办公区。2004年10月刨除了气象局周围影响探测环境的树木。2006年改造了大门,在观测场周围种植三叶草和花卉。

滑县气象局

机构历史沿革

始建情况　1957年1月,滑县李虎寺气候站成立,站址位于滑县温村乡李虎寺村。

站址迁移情况　1958年4月,站址迁至滑县道口镇教育路气象新街45号。2004年1月,站址迁至滑县小铺乡大铺村。

历史沿革　1958年4月,更名为滑县气候站。1960年12月,更名为滑县气象站。1964年1月,更名为滑县气象服务站。1972年1月,更名为滑县气象站。1990年4月,更名为滑县气象局。

管理体制　自1957年建站至1971年,隶属滑县水利局领导,业务属安阳地区气象台领导。1972年,归滑县人民武装部领导。1973年,归滑县水利局领导。1984年,隶属安阳市气象局与滑县政府双重领导,以安阳市气象局领导为主。

机构设置　2008年,滑县气象局下设防雷中心、办公室、农业气象中心、科技服务中心。

单位名称及主要负责人变更情况

单位名称	姓名	职务	任职时间
滑县李虎寺气候站	郭国栋	站长	1957.01—1958.03
滑县气候站			1958.04—1960.11
滑县气象站			1960.12—1963.12
滑县气象服务站	田月华	站长	1964.01—1967.12
	谷西洲	站长	1968.01—1969.01
	杨逢甲	站长	1969.02—1971.12
滑县气象站	袁振江	站长	1972.01—1972.06
	张星芳	站长	1972.07—1973.12

单位名称	姓名	职务	任职时间
滑县气象站	王学江	站长	1974.01—1979.10
	姚青云	站长	1979.11—1984.08
	罗达海	站长	1984.09—1988.03
滑县气象局	苏有朋	站长	1988.04—1990.03
		局长	1990.04—1990.12
	高 翔	局长	1991.01—2004.10
	王安俊	局长	2004.10—2007.08
	黄先成	局长	2007.08—

人员状况 1957 年滑县气候站建站时,有工作人员 4 人。1980 年,有职工 5 人。截至 2008 年底,有在职职工 13 人(其中正式职工 7 人,外聘职工 6 人),退休职工 5 人。在职正式职工中:男 3 人,女 4 人;汉族 7 人;大学本科及以上学历 2 人,大专学历 5 人;高级职称 1 人,中级职称 2 人,初级职称 3 人;30 岁以下 1 人,31～40 岁 2 人,41～50 岁 2 人,50 岁以上 2 人。

气象业务与服务

1. 气象业务

①气象观测

地面观测 每日进行 08、14、20 时 3 个时次人工地面观测,24 次自动地面观测,夜间不守班。

观测项目有云、能见度、天气现象、气压、气温、湿度、风向、风速、降水、雪深、日照、蒸发、地温、电线积冰等。

每天编发 08、14、20 时天气加密报。天气报的内容有云、能见度、天气现象、气压、气温、风向、风速、降水、地温、日照、蒸发、雪深、电线积冰等;重要天气报的内容有雷暴、大风、雾、冰雹、沙尘暴等。

编制的报表有气表-1、气表-21,定期向河南省气象局、安阳市气象局各报送 1 份,本站保留 1 份。

1996 年,购置 386 计算机 1 台,同年,开始采用计算机取代人工查算。2000 年 7 月 1 日,安徽地面测报软件投入使用。2003 年 7 月 1 日,OSSMO 地面气象测报软件投入业务使用。

2003 年 11 月,自动气象站安装调试完毕,完成自动站数据采集。2004 年 1 月 1 日,自动气象站投入业务使用,所采集的数据通过移动专线传送至河南省气象数据网络中心,每天定时传输 24 次,自动气象站采用双机一用一备,气象电报传输实现了网络化、自动化。自动站观测项目中除深层地面温度和草面温度外,都进行人工并行观测,以自动站资料为准发报,自动站采集的资料与人工观测资料存于计算机中互为备份,定时复制光盘归档、保存。

区域自动站观测 2005 年 6 月,在全县 22 个乡镇建成自动雨量观测站。2007 年 9

月,在焦虎乡布设了全县第一个四要素自动观测站(气温、风向、风速、降水),2008年1月投入业务运行。2009年7月,完成留固程新庄和高平镇西起寨2个四要素自动观测站建设,2010年1月正式投入业务运行。

农业气象观测 1981年,开始执行周年农业气象服务方案,观测项目有农作物生育状况、土壤水分状况、自然物候、农业自然灾害。1983年,开始编发不定期农业气象情报,包括小麦适宜播种期预报、小麦产量预报、干热风预报等。1983年12月,先后完成了《滑县农业气候分析报告》《滑县农业气象服务手册》的编写工作。

②天气预报

1957年建站开始,通过广播接收上级预报服务产品,绘制天气图,独立分析天气变化。1993年,开通高频无线通话,实现与安阳地区气象局业务会商。2002年11月,开通X.25专线,实现直接调取市气象局预报服务产品,作订正预报。

③气象信息网络

1980年前,利用收音机收听中央气象台、河南省气象台以及周边气象台播发的天气预报和大气形势。1985年,安装了高频电话,利用高频电话和安阳市气象台进行天气会商。1999年建成了县级地面气象卫星接收站("9210"工程)、半自动化地面测报业务系统等多项业务工程,2002年县级气象服务决策系统和县级气象业务服务系统建成并投入使用。1999—2005年,相继开通了因特网,与上级主管部门建立了气象网络应用平台、专用服务器和省、市、县办公系统,接收从地面到高空各类天气形势图和云图、雷达拼图等资料,为气象信息的采集、传输处理、分发应用、天气会商、公文处理提供支持。

2. 气象服务

公众气象服务 1996年12月,滑县气象局购置了电视天气预报制作系统,将自制的节目录像带送滑县电视台播放,全新的三维动画天气预报节目开始走上电视荧屏。1999年8月1日,滑县风云寻呼中转站开通运行。2004年,天气预报信息由气象局提供,通过传真传输至广电局,电视节目由电视台制作。1997年12月,与电信局合作,正式开通"121"天气预报自动咨询电话(2003年10月,全市"121"答询电话实行集约经营,由安阳市气象局统一建设维护)。2003年11月,建起了"滑县兴农网"。

决策气象服务 从建站到20世纪90年代,决策气象服务以纸质书面材料报送当地政府领导为主。2000年以后,随着计算机以及宽带的接入,滑县气象局建立完善的决策气象服务体系,通过网络实时下载各种地面图、高空图、云图,凡侦测到对本地有影响的灾害性天气立刻报知当地政府。2008年,开通了"随心呼"气象决策短信平台,以手机短信方式向全县各级领导发送气象信息。

人工影响天气 1995年,成立了人工影响天气领导小组,由主管农业的副县长任组长,县直有关单位领导人任组员,小组在气象局设办公室,具体负责人工影响天气工作的协调、组织和管理工作;配备"三七"高炮3门,火箭发射架2部;建成城关、瓦岗、宜沟3个炮点。1997年,开展增雨雪、防雹防霜作业。

防雷技术服务 1992年,对滑县建筑物避雷设施开展防雷安全检测。2002年3月起,防雷中心为全县各类新建建(构)筑物安装避雷装置。

气象科普宣传 1993—2008 年,每年的"3·23"世界气象日,滑县气象局均组织职工走上街头,开展气象科普知识的宣传活动。

科学管理与气象文化建设

社会管理 2004 年 8 月 1 日,《河南省防雷减灾实施办法》颁布实施,滑县气象局成立行政执法队伍(截至 2008 年,滑县气象局共有 6 人拥有执法证),负责全县防雷安全的管理,定期对液化气站、加油站、民爆仓库等高危行业和非煤矿山的防雷设施进行检测检查,对不符合防雷技术规范的单位,责令进行整改。

2003 年 7 月 1 日,《通用航空飞行管制条例》和《施放气球管理条例》颁布实施后,开始实施施放气球管理。

政务公开 对气象行政审批办事程序、气象服务内容、服务承诺、气象行政执法依据、服务收费依据及标准等,通过户外公示栏、电视广告、发放宣传单等方式,向社会公开。干部任免、财务收支、目标考核、基础设施建设、工程招标等内容,通过职工大会或上局公示栏张榜等方式,向职工公开;财务状况一个季度公示一次,职工奖金福利发放、领导干部待遇、干部任用、职工晋职、晋级等及时向职工公示或说明。

党建工作 1971 年,滑县气象服务站有 1 名中共党员。2005 年,成立滑县气象局党支部,有党员 4 人。截至 2008 年,有党员 5 人(其中退休 1 人)。

1998 年,滑县气象局开始参与气象部门和地方党委开设的党章、党规、法律法规知识学习和考试活动,并在内部举行党团活动。

气象文化建设 为丰富职工业余文化体育生活,建立了阅览室、职工活动室,配有各种棋类以及报纸、杂志,院内设有乒乓球桌、羽毛球场地。

1997 年,被安阳市委、市政府评为市级"文明单位"。

集体荣誉 1998 年 10 月,被中国气象局评为第二届华风杯全国电视气象节目观摩评比二等奖和"最佳综合艺术奖"。

台站建设

建站初期,滑县气象局位于 4 间平房围起来的四合院内。2003 年,完成了台站搬迁工作,新址占地 7460.03 平方米,建办公楼 1 栋(820 平方米),绿化面积 70%,硬化 900 多平方米。气象局大院风景秀丽,集地面气象观测、日常办公、科普基地、员工生活等多项功能于一身,有效地改善了滑县气象局的工作和生活环境。

鹤壁市气象台站概况

鹤壁市地处太行山东麓,是豫北城市群的中心,总面积 2182 平方千米。京广铁路、京港澳高速公路和 107 国道纵贯南北,濮鹤高速公路、壶台公路横穿东西,鹤壁为豫北"十"字交通的中心。

鹤壁市属大陆性季风气候,四季分明,气候温和,日照充足,雨热同季。春季干旱多风,夏季炎热多雨,秋季凉爽季短,冬季少雨寒冷,冬季盛行偏北风,夏季盛行偏南风。降水年际和年内变化较大,且时空分布不均。主要气象灾害有旱、涝、风、雹、雷电、低温、霜冻、干热风等,其中以旱、涝危害尤甚。

气象工作基本情况

所辖台站概况 辖鹤壁市气象台和浚县、淇县 2 个气象观测站。

历史沿革 鹤壁气候站始建于 1957 年,1958 年 5 月开始正式观测。1960 年 5 月,更名鹤壁市气象服务站。1967 年 9 月,更名为鹤壁市气象站。1987 年 1 月,升格为鹤壁市气象台。1988 年 12 月,组建鹤壁市气象局,原鹤壁市气象台继续保留,实行局台合一,下辖浚县气象局、淇县气象局。1958 年建立浚县气候站,1964 年建立淇县气象服务站。1990年,分别更名为浚县气象局和淇县气象局。

管理体制 1958 年 5 月建站时,河南省气象局对地、县气象部门为业务指导关系,以地方领导为主。1962 年 10 月,改为上级气象部门领导为主。1969 年,转归地方领导。1971 年,实行军事部门与地方政府双重领导、以军队领导为主的管理体制。1973 年,以地方领导为主。1983 年 9 月,实行气象部门与地方政府双重领导、以气象部门领导为主的管理体制。1983 年 9 月—1988 年 12 月,隶属豫北气象处,1989 年 1 月后隶属于河南省气象局。

人员状况 建站时有职工 3 人。截至 2008 年底,全市气象部门工作人员共 64 人。其中,本科学历 39 人,大专学历 15 人,中专及以下学历 10 人;高级职称 9 人,中级职称 27人,初级职称 15 人。

党建与精神文明建设 1989 年 3 月成立鹤壁市气象局机关党支部。2008 年,市县气象部门共有党支部 3 个,党员 27 人。1998—2008 年,鹤壁市气象局党支部连续 11 年被中共鹤壁市直属机关工作委员会评为"先进基层党组织"。淇县气象局 1996 年 9 月 15 日成立淇县气象局党支部,2008 年 12 月有党员 3 人。浚县气象局 1982 年 1 月成立浚县气象站党支部,1990 年 1 月更名为浚县气象局党支部,2008 年 12 月有党员 5 人。

1993 年 4 月,鹤壁市气象局被山城区文明办命名为"1992 年度区级文明单位";1994年 5 月,被鹤壁市文明委命名为市级"文明单位";1997—2008 年,连续 3 届被评为省级卫生先进单位、省级"文明单位";2004 年,创建市级"文明系统"。浚县气象局 1988—1995 年创建为县级"文明单位",1996—2008 年创建为市级"文明单位"。淇县气象局 1998 年被评为县级"文明单位",2002 年被评为市级"文明单位"。

领导关怀 2007 年 3 月,全国农业生产现场会在鹤壁召开,中国气象局副局长郑国光参加会议,并到鹤壁市气象局视察指导工作。

主要业务范围

地面气象观测 鹤壁市气象站始建于 1957 年,业务范围为地面观测。1999 年 12 月鹤壁市气象台地面气象观测业务并入淇县气象局。浚县气象局始建于 1958 年 7 月,从 1958年 10 月—2008 年,一直为人工观测。淇县气象局始建于 1964 年 5 月,1965 年 1 月正式人工观测,2004 年增设了自动站设备,采用人工和自动平行观测,2006 年转入自动观测单轨运行。

农业气象观测 鹤壁属农业气象一般测墒站,1983 年开始土壤湿度观测。1999 年 12月,鹤壁市气象台农业气象观测业务并入淇县气象局。2008 年,成立鹤壁市农业气象观测站后,开展苗情、墒情监测预测,夏玉米干旱试验,小麦不同水肥试验,农田生态观测及物候观测等工作。浚县、淇县气象局 1983 年 7 月开始土壤湿度观测。2008 年 12 月,淇县气象局在裕丰果业合作社筹建农业气象科技示范园,开展农业特色经济作物(苹果)的生育期观测。

天气预报 1958 年,鹤壁开始天气预报工作。1985 年,县站在收听河南省气象台天气形势预报基础上,结合本地气象观测资料,补充订正预报。1998 年,各种数值模式预报产品在业务中逐渐普及,预报方法也从以经验预报为主,发展为以客观预报为主,预报基本业务包括短期预报、短时(临近)预报、中长期预报等多种业务。

人工影响天气 1990 年开展了人工消雹,干旱应急增雨、增雪,应对春季植树造林增雨,水库蓄水增雨等人工影响天气作业。1993 年,成立鹤壁市人工影响天气领导小组,下设办公室,办公地点设在市气象局。浚县、淇县分别于 1993 年和 1996 年成立人工影响天气领导小组,下设办公室,办公地点设在县气象局。2004 年 6 月,"鹤壁市盘石头水库蓄水型人工增雨作业示范基地"项目由鹤壁市发改委批准立项,2007 年 12 月,该项目一期工程"鹤壁市气象局人工影响天气指挥中心办公楼"竣工投入使用;二期工程"盘石头水库库区增雨示范基地"及炮站正在建设中。

公众气象服务 1989 年,气象服务产品由广播、电话、传真、信函等逐渐向电视、微终端、互联网、手机短信发展。1990 年,气象服务信息主要是常规预报产品和情报资料。1993 年,建立气象警报系统。1997—1998 年,市、县气象局先后开辟电视天气预报节目,同时通过广播、电视、报纸、互联网、"12121"声讯电话,开展公众气象服务。

决策气象服务　1980 年开始决策气象服务,以书面文字发送为主。1998 年以后,决策气象服务基本形成了重要天气预报、重大天气过程预警、关键农事专题预报、重大活动及节假日专题预报等固定模式。2004 年,利用 DVBS 接收系统,开展对秸秆焚烧监测工作。2007 年 7 月 17 日,正式开通鹤壁市应急气象服务预警平台。2008 年,把各级政府及有关部门,滞洪区,地质灾害易发区,重要防汛区域的学校、村庄、企事业单位等,作为特别服务对象,提供气象服务。

气象信息网络　1958 年,使用电报传送气象报文。1995 年 5 月,建成市—县远程终端。1998 年 12 月,建成拨号网络,实现 FTP 上传,并接通互联网。2003 年 3 月,建成 X.25 数据传输专线,11 月建成移动光纤通信终端,实现自动气象站数据实时上传。2005 年 7 月,省—市—县光纤通信投入使用。2006 年 2 月,实现市—县 MICAPS 资源共享。2007 年 1 月,实现省、市雷达资料及其他业务资料共享。2007 年,对全局计算机网络升级改造,实现市县互联网共享。

鹤壁市气象局

机构历史沿革

始建情况　河南省鹤壁气候站始建于 1957 年,1958 年 5 月正式开始观测,站址在鹤壁市罗村乡东窑头村,北纬 35°54′,东经 114°10′,观测场海拔高度 174.2 米。

站址迁移情况　1959 年 11 月,迁至鹤壁市南郊寺湾村东地,观测场海拔高度 176.3 米。1982 年 11 月,观测场由原来 16 米×20 米扩建至 25 米×25 米。1999 年 12 月,鹤壁市气象台地面气象观测业务并入淇县气象局。

历史沿革　1957 年始建时,为河南省鹤壁气候站。1960 年 5 月,更名为鹤壁市气象服务站。1967 年 9 月,更名为鹤壁市气象站,属一般气象观测站。1987 年 1 月,鹤壁市气象站升格为鹤壁市气象台。1988 年 12 月,组建鹤壁市气象局。

管理体制　1958 年 5 月鹤壁气候站始建后,归地方政府领导,河南省气象局对地、县气象部门为业务指导关系。1962 年 10 月,改为上级气象部门领导为主。1969 年,转归地方领导。1971 年,实行军事部门与地方政府双重领导,以军队为主的管理体制。1973 年,以地方领导为主。1983 年 9 月,实行气象部门和地方政府双重领导,以气象部门领导为主的管理体制。1983 年 9 月—1988 年 12 月隶属豫北气象处,1989 年 1 月 1 日始隶属河南省气象局管理。

机构设置　1987 年 1 月鹤壁市气象站升格为鹤壁市气象台,下设办公室、预报科、观测科。1988 年 12 月组建鹤壁市气象局,原鹤壁市气象台继续保留,实行局台合一。1989 年 1 月,鹤壁市气象局下设气象科、业务科、办公室。1990—2000 年,先后设立专业服务科、政工科、纪律检查组、气象台、专业气象台。2006 年,设置综合办公室、业务科、政策法规科、气象台、大气探测和气象技术保障中心、气象科技服务中心、防雷中心、财务核算中心。

单位名称及主要负责人变更情况

单位名称	姓名	职务	任职时间
鹤壁气候站	邓天祥	主持工作	1958.05—1960.02
	赵玉祥	站长	1960.03—1960.04
鹤壁市气象服务站			1960.05—1962.06
	杜桓	主持工作	1963.07—1967.08
		站长	1967.09—1971.10
鹤壁市气象站	赵启爱	站长	1971.11—1978.11
	曹贤华	站长	1978.12—1985.02
	职旭	站长	1985.03—1986.12
鹤壁市气象台		台长	1987.01—1988.11
	于恩义	局长	1988.12—1995.11
鹤壁市气象局	武全	局长	1995.12—2001.02
	王军	局长	2001.03—

人员状况 建站至 1970 年期间,人员调动频繁,在职人员基本稳定在 3 人。1980 年,增至 9 人。1990 年,增至 22 人。2008 年,定编 33 人,实有在职职工人数 44 人(其中正式职工 35 人,聘用职工 9 人),离退休职工 3 人。在职职工中,男 24 人,女 20 人;大学本科及以上学历 32 人,大专学历 6 人,中专及以下学历 6 人;高级职称 8 人,中级职称 20 人,初级职称 7 人;30 岁以下 12 人,31～40 岁 15 人,41～50 岁 14 人,50 岁以上 3 人。

气象业务与服务

1. 气象业务

①气象观测

地面观测 鹤壁属国家一般气象观测站,1958 年 5 月 1 日正式开始 08、14、20 时 3 次定时观测。

观测项目有云、能见度、天气现象、气温、气压、湿度、风向、风速、降水、雪深、浅层地温、日照、蒸发。1960 年增加气压自记观测,1961 年增加气温和湿度自记观测。

1999 年 12 月,取消一般气象观测站,业务并入淇县气象观测站。

酸雨观测 根据《关于建设新增酸雨观测站的通知》要求,鹤壁市淇县国家二级站新增了酸雨观测项目,从 2008 年 1 月开始正常业务运行。

区域自动站观测 2007—2008 年,鹤壁市气象局完成 10 个多要素自动气象站和 26 个降水自动气象站的建设任务。覆盖鹤壁市乡镇的自动气象观测站,提高了地面气象要素的时空监测密度,为构建中尺度天气观测网奠定了基础。

农业气象观测 鹤壁属农业气象一般测墒站,1981 年开始执行周年农业气象服务方案,1983 年开始土壤湿度观测,主要农气服务产品包括作物播种期预报、霜冻预报、小麦干热风预报、季度农业气候预报。1993 年以后,农业气象服务产品为根据土壤墒情、蒸发量、降水、日照、气温等实况,结合农作物不同生育期编写的农业气象预报和关键农事季节预报。2008 年,成立鹤壁市农业气象观测站后,开展苗情、墒情监测预测服务,提供农业干旱监测信息、秸秆焚烧监测信息,进行夏玉米干旱试验、小麦不同水肥试验、农田生态观测、物候观测、作物长势监测、农田实景监控、农田小气候观测、土壤养分测定及作物病虫害大田调查等工作。

②天气预报

天气预报始于 1956 年。1981 年,增加接收日本 24～72 小时降水预报、形势预报和欧洲形势预报传真图。1985 年,利用绘制天气图和本站三线图制作天气预报。1987 年天气预报首次配备了一台苹果 Ⅱ 型计算机。1996 年,建成"9210"工程 PC-VSAT 卫星接收系统。1998 年,气象信息综合分析处理系统(MICAPS 1.0)开始使用,利用计算机通过卫星接收中国气象局国家气象中心发布的各类天气图和数值预报产品。2008 年,气象信息综合分析处理系统(MICAPS 3.0)投入业务运行;全省雷达拼图投入业务使用。

③气象信息网络

1986 年,开通甚高频电话。1995 年 5 月,建成市—县远程终端。1998 年 12 月,建成拨号网络,实现 FTP 上传,并接通互联网。2003 年 3 月,建成 X.25 数据传输专线;同年 11 月建成移动光纤通信终端,实现自动气象站数据实时上传。2005 年 7 月,省—市—县光纤通信投入使用。2006 年 2 月,实现市—县 MICAPS 资源共享。2007 年 1 月,实现省、市雷达资料及其他业务资料共享。2007 年,对全局计算机网络升级改造,局域网由 10 兆集线器连接方式升级为骨干网千兆、办公网百兆的交换机连接,互联网由 2 兆升为 10 兆,上网方式也由共享方式调整为代理服务器方式。

2. 气象服务

公众气象服务 20 世纪 80 年代末,气象服务产品由广播、电话、传真、信函等方式服务逐渐向电视、微机终端、互联网、手机短信等方式服务发展。1990 年,气象服务信息主要是常规预报产品和情报资料。1997 年,开辟电视天气预报节目,产品包括精细化预报、晨练指数、紫外线指数、火险指数等。1993 年,建立气象警报系统,面向有关部门、乡(镇)、村发布天气预报。1996 年,开辟电视天气预报栏目。1997 年,开通"121"(2005 年 1 月改号为"12121")天气预报电话自动答询系统。1998 年,成立了风云寻呼台。2004 年,开展手机短信服务;并通过广播、电视、报纸、互联网等手段开展公众气象服务。

决策气象服务 20 世纪 80 年代初,决策气象服务以书面文字发送为主。2005 年,利用 DVBS 接收系统,开展对秸秆焚烧的监测工作。2007 年 7 月 17 日,正式开通鹤壁市应急气象服务预警平台。2008 年,把各级政府及有关部门,滞洪区,地质灾害易发区,重要防汛区域的学校、村庄、企事业单位等,作为特别服务对象,提供气象服务信息。

人工影响天气 1990 年始,开展了人工消雹,干旱应急增雨、增雪,应对春季植树造林增雨,水库蓄水增雨等人工影响天气作业。1993 年,成立由主管气象工作的鹤壁市副市长任组长的鹤壁市人工影响天气领导小组,下设办公室,办公地点设在市气象局。2004 年 5 月,鹤壁市气象局完成《鹤壁市开发利用空中云水资源盘石头水库库区蓄水及生态环境改善工程》可行性研究报告;同年 6 月,该项目由鹤壁市发展和改革委员会批准立项,并纳入《鹤壁市国民经济和社会发展第十一个五年规划纲要》。河南省气象局将盘石头水库蓄水型人工增雨示范基地作为子项目纳入河南省空中云水资源开发利用工程。该项目一期工程为"鹤壁市气象局人工影响天气指挥中心办公楼",二期工程为"盘石头水库库区增雨示范基地"及炮站建设。

防雷技术服务 1988 年,开展防雷检测工作。1995 年 10 月,成立防雷中心,开展防雷工程工作。2000 年,开展建筑物防雷装置设计审核、分阶段检测、竣工验收工作。2000 年 5 月,开通雷电灾害灾情收集电话。

气象科普宣传 每年"3·23"世界气象日开展科普宣传活动,通过设立气象服务咨询台、摆放展板、组织专家现场答疑等形式普及气象知识;设立开放日,接受市民参观,为中小学学生讲解气象知识以及如何防御气象灾害等常识。2004 年,被河南省科协命名为河南省青少年科普教育基地。

气象科研 完成河南省、鹤壁市及河南省气象局科研项目 8 项,获科技进步奖共计 8 项:河南省政府三等奖 2 项,河南省气象局一等奖 1 项,鹤壁市二等奖 5 项。

科技成果及获奖情况

科技成果	获奖名称	奖励时间
《河南省汛期强降水短期数值预报产品释用业务系统》	河南省气象局科技进步一等奖	1999 年
《鹤壁市专业气象预报自动化服务系统》	鹤壁市政府科技进步二等奖	2000 年
《鹤壁市寒潮天气特征分析及其短期预报业务系统》	鹤壁市政府科技进步二等奖	2001 年
《淇、卫河流域暴雨预报及其防御措施研究》	河南省政府科技进步三等奖	2003 年
《鹤壁市春旱动态监测预测模型》	河南省政府科技进步三等奖	2004 年
《鹤壁市雷暴短时监测和临近预报系统》	鹤壁市政府科技进步二等奖	2005 年
《鹤壁市地质灾害气象预报预警系统》	鹤壁市政府科技进步二等奖	2006 年
《基于 3S 技术的火情监测应用研究》	鹤壁市政府科技进步二等奖	2007 年

气象法规建设与社会管理

法规建设 为更好地履行国家赋予气象部门的管理职能,鹤壁市人民政府、政府办公室、安全生产委员会等先后出台了《鹤壁市人民政府关于加强防雷安全管理的通知》(鹤政文〔2001〕36 号)、《鹤壁市人民政府"十五"期间人工影响天气事业发展的意见》(鹤政〔2001〕55 号)、《关于加强无线电台站防雷安全管理的通知》(鹤无文〔2001〕3 号)。2005 年 12 月,鹤壁市气象局与鹤壁市建设局联合下发《关于认真做好气象探测环境和设施保护工作的通知》(鹤气发〔2005〕23 号);2007 年 8 月,与鹤壁市安全生产监督管理局联合下发《关于进一步加强防雷安全管理工作的通知》(鹤气发〔2007〕35 号);2008 年 5 月,与鹤壁市建设局联合下发《关于加强建设项目防雷工程设计施工验收管理工作的通知》(鹤气发〔2008〕19 号);2008 年 6 月,与教育局联合下发《关于进一步加强学校防雷安全工作的通知》(鹤气发〔2008〕28 号)。

制度建设 2001 年,制定了"鹤壁市'121'电话社会投诉制度"。2004—2008 年,先后制定了"气象行政执法人员管理办法"、"气象行政执法案卷评查办法"、"气象行政执法备案统计报告办法"、"行政执法经费保障办法"、"气象行政执法评议考核办法"、"气象行政执法过错责任追究办法"、"行政执法岗位责任制度"、"气象行政许可管理制度"等制度。

社会管理 根据《中华人民共和国气象法》、《通用航空飞行管制条例》、《国务院对确需保留的行政审批项目设定行政许可的决定》(国务院令第 412 号)等法律法规规定,2003 年 4 月起,进驻鹤壁市行政服务中心,设立气象服务窗口,派驻专人对防雷设施设计审核和竣工验收及升放无人驾驶自由气球、系留气球单位资质等 8 个项目进行审批,实行社会管理。2005 年 11 月,成立气象行政执法大队,承担气象探测环境保护、天气预报发布、防雷工程设计审核竣工验收、防雷工程专业设计和施工资质、施放气球单位资质、施放气球活动的社会管理职能。

政务公开 2003 年 4 月,对气象行政审批办事程序、气象服务内容、服务承诺、气象行政执法依据、服务收费依据及标准等,通过户外公示栏、电视广告、发放宣传单、门户网站等方式,向社会公开。

党建与气象文化建设

党建工作 1989 年前,鹤壁市气象局党员归鹤壁市农村工作委员会党支部管理。1989 年 3 月,成立鹤壁市气象局党支部,有党员 4 人。截至 2008 年底,党员 19 人(其中离退休党员 1 人)。

2001—2008 年,连续 8 年开展党风廉政教育月活动;每年与各科室和县气象局负责人签订党风廉政责任状,开展领导班子成员党风廉政述职和上党课活动,开展届中、离任经济责任审计和任前、年度廉政谈话。

1998—2008 年,鹤壁市气象局党支部连续 11 年被中共鹤壁市直属机关工作委员会评为"先进基层党组织"。

气象文化建设 1989—2008 年,开展争创文明单位活动,成立并及时调整文明单位建设领导小组,设立精神文明建设办公室。制定并完善了局党组中心组学习制度、安全保卫制度、精神文明创建活动奖罚等制度。开展"岗位做奉献,我为气象添光彩"、"建市 50 周年"、"祖国颂"、"十七大合唱比赛"等活动;参加河南省气象部门各类主题演讲比赛、文艺汇演、行业运动会和全国气象系统运动会;开展"庆三八 爱淇河"环保活动,"追悼革命先烈、树立正确荣辱观"清明节扫墓活动,抗震救灾爱心捐献活动,"热情迎奥运、文明我先行"、"迎奥运、讲文明、树新风"主题实践活动,"学楷模、讲道德、促和谐"主题教育活动,"慰问抗震救灾勇士"等活动。邀请中国书法协会部分会员举办书法笔会,宣传"3·23"世界气象日。设立了图书阅览室,购置了各类书籍;建成了塑胶篮球场、乒乓球室、气象科普室和职工活动室等室内外文体活动场所。还先后开展争创"五型机关"、"五好党支部"、"文明楼院"、"文明家庭"、"文明科室",争当"五好党员"、"五好文明家庭"、"文明职工"等活动。2006 年,与长江路小辛庄村建立结对帮扶关系。2008 年,鹤壁市气象局被鹤壁市文明委评为"结对帮扶先进单位"。

1993 年 4 月,鹤壁市气象局被山城区文明办命名为"区级文明单位"。1994 年 5 月,被鹤壁市文明委命名为市级"文明单位"。1997—2008 年,连续 3 届被评为省级卫生先进单位、省级"文明单位"。2004 年,创建市级"文明系统"。

荣誉 1988—2008 年,鹤壁市气象局获地厅级以上集体荣誉 75 项。其中,1998—2006 年和 2008 年,10 次被鹤壁市委、市政府评为"优质服务先进单位";2003 年,通过国家档案局颁发的"科技事业单位档案管理国家二级"。1996 年,获鹤壁市政府抗洪抢险先进集体;2004 年获鹤壁市政府护林防火指挥部森林防火先进集体。2007 年,获鹤壁市政府法制宣传教育和依法治理工作表现突出单位及鹤壁市法制宣传教育和依法治理工作表现突出单位。2008年,获全省气象部门精神文明建设先进单位。

台站建设

1957年,建站时只有3间瓦房,办公和生活条件非常艰苦。1959年11月,迁至鹤壁市山城区南郊寺湾村东地,建成平房110.24平方米。1991年,建成面积716平方米的办公楼1栋,层高二层,局部三层。2000年5月,鹤壁市气象局从山城区整体搬迁至淇滨区九州路198号4楼,建筑面积860平方米。2007年12月,位于鹤壁市淇滨区兴鹤大街南段的鹤壁市气象局人工影响天气指挥中心办公楼竣工并投入使用,鹤壁市气象局整体迁入新址,办公楼全框架结构,主体四层、局部六层、配楼两层,总建筑面积2917平方米。

2008年,在淇滨区兴鹤大街南段鹤壁市气象局新址院内建成塑胶篮球场,修建了400多平方米草坪、花坛,栽种了风景树,全局绿化率达到了40%,硬化路面500平方米。

1987年,与鹤壁市水利局工农渠管理处共建职工宿舍楼1栋20套,其中10套归市气象局。1990年,在鹤壁市山城区南郊寺湾村东地鹤壁市气象局院内建成职工宿舍楼1栋。2001年,在淇滨区淇河路桃园小区建成职工家属楼2栋。2008年,办公楼室内建成了乒乓球室、健身房、图书室等文化活动场所。

鹤壁市气象局办公楼旧貌(1991年)

鹤壁市气象局办公楼现貌(2008年)

浚县气象局

机构历史沿革

始建情况　1958年7月建立浚县气候站,站址位于浚县县城东关,距城0.5千米,北纬35°41′,东经114°31′,观测场海拔高度59米。

站址迁移情况　1962年11月,迁站于浚县城北桑村。1966年10月,迁站于浚县城东北方,北纬 35°41′,东经 114°33′,观测场海拔高度 60 米。1979 年 11 月,迁至浚县城关乡王可庄北地,观测场海拔高度 61.5 米。2007 年 1 月,迁至浚县城西南永定路南段路西黎阳镇杨庄西地,北纬 35°39′,东经 114°31′,观测场海拔高度 58.2 米。

历史沿革 1958 年 7 月,建立浚县气候站。1963 年 1 月,更名为浚县气象服务站。1979 年 12 月,更名为浚县气象站。1990 年 4 月,更名为浚县气象局。

管理体制 1958 年 7 月,浚县气候站归地方政府领导,河南省气象局对地、县气象部门为业务指导关系。1962 年 10 月,改为上级气象部门领导为主。1969 年,又转交地方领导。1971 年,实行军事部门与地方政府双重领导,以军队为主的管理体制。1973 年,又归地方领导为主。1983 年 9 月,实行气象部门与地方政府双重领导,以气象部门领导为主的管理体制。1988 年 12 月前,隶属豫北气象处;1989 年 1 月始,隶属鹤壁市气象局。

机构设置 1988—2008 年,内置办公室、业务股和科技服务股。

单位名称及主要负责人变更情况

单位名称	姓名	职务	任职时间
浚县气候站	宋维沸	站长	1958.07—1962.12
浚县气象服务站	谷西周	站长	1963.01—1972.06
	赵生文	站长	1972.06—1978.12
	刘青善	站长	1979.01—1979.12
浚县气象站	谷西周	站长	1979.12—1982.01
	张式锐	站长	1982.01—1990.04
浚县气象局		局长	1990.04—1991.02
	熊金琴	局长	1991.02—2005.03
	陈海明	局长	2005.03—

人员状况 1958 年建站初期,有职工 3 人。2008 年底,有在职职工 10 人(其中在编职工 8 人,聘用职工 2 人)。在职职工中,大学本科学历 3 人,大专学历 6 人;高级职称 1 人,中级职称 3 人,初级职称 3 人;50 岁以上 1 人,30～39 岁 5 人,30 岁以下 4 人。

气象业务与服务

1. 气象业务

①气象观测

地面观测 1958 年 10 月开始系统地观测气温、湿度、风向、风速和降水,08、14、20 时 3 次观测,夜间不守班。1962 年,增加云、能见度、天气现象、气压和地温观测;1965 年 1 月,增加日照观测;1967 年 4 月,增加蒸发观测;1969 年,增加冻土观测,1980 年 1 月,增加气压、温度、湿度自记。

区域自动站观测 2004—2006 年,逐步实现了乡镇雨量自动监测。

农业气象观测 1983 年,开始每月逢 8 日进行土壤水分墒情观测,遇重大天气情况逢 3 日进行加测。

②天气预报

短期天气预报 1963 年 6 月,开始作补充天气预报。1982 年,开始根据预报需要,抄录整理 55 项资料、绘制简易天气图等 9 种基本图表,并对建站后有气象资料以来的各种灾害性天气个例进行建档,对气候分析材料、预报服务调查与灾害性天气调查材料、预报方法使用效果检验、预报技术材料等建立业务技术档案。

中期天气预报 1987 年 6 月,通过传真接收旬、月天气预报,再结合分析本地气象资料、短期天气形势、天气过程的周期变化等,制作一旬天气过程趋势预报。

短期气候预测(长期天气预报) 长期预报有春播预报、汛期(5—9 月)预报、秋季预报及月预报。

③气象信息网络

1985 年 10 月,开通甚高频无线对讲通讯电话。1992 年 9 月,使用预警系统正式对外开展服务。1994 年 5 月,建成超小型卫星云图接收系统。1995 年 10 月,更换为 TK-708H 高频电话。2001 年 5 月,气象卫星地面单收站投入业务运行。2005 年,开通了省、市、县宽带网,实现了资料共享。

2. 气象服务

公众气象服务 1998 年 9 月以前,天气预报通过广播电台向公众发布。1998 年 9 月起,通过电视天气预报、广播电台对外发布。1992 年 9 月,正式使用预警系统对外开展服务。

决策气象服务 决策服务主要是为当地党委、政府及全县各乡镇和相关企事业单位提供中、长期天气预报和气象资料,一般以旬、月天气预报为主。遇到重大天气时,提供重要天气预报、灾情信息;关键农事季节提供春播预报、秋播预报;汛期提供汛期(5—9 月)预报。

人工影响天气 1991 年起,开展高炮人工影响天气工作。至 2008 年,人工增雨、消雹作业受益面积达 1000 多平方千米。

防雷技术服务 1989 年,开始避雷设施检测服务工作。1996 年 4 月,开展防雷工程设计、施工及竣工验收工作。

科学管理与气象文化建设

社会管理 2001 年 9 月,浚县人民政府下发了《浚县人民政府关于加强防雷安全管理的通知》(浚政文〔2001〕62 号),浚县气象局逐步开展对建筑物防雷装置,新建建(构)筑物防雷工程图纸审核、设计评价、竣工验收,以及计算机信息系统等防雷安全检测工作。2003 年 12 月,浚县人民政府法制办批复确认浚县气象局具有独立的行政执法主体资格,并为 5 名干部办理了行政执法证。2004 年被浚县政府列为安全生产委员会成员单位,负责全县防雷安全的管理,定期对液化气站、加油站、民爆仓库等高危行业和非煤矿山的防雷设施进行检查,对不符合防雷技术规范的单位,责令进行整改。2005—2008 年,开展气象行政执法检查 20 次。

政务公开 对气象行政审批办事程序、气象服务内容、服务承诺、气象行政执法依据、服务收费依据及标准、落实首问负责制、气象服务限时办结、气象电话投诉等,通过户外公示栏、电视公告、发放宣传单等方式,向社会公开。干部任用、财务收支、目标考核、基础设施建设、工程招投标等内容,则采取职工大会或上局公示栏张榜等方式,向职工公开。财务每半年公示一次,年底对全年收支、职工奖金福利发放、领导干部待遇、劳保、住房公积金等向职工作详细说明,干部任用、职工晋职、晋级等及时向职工公示或说明。

党建工作 1982年1月,建立浚县气象站党支部。1990年1月,更名为浚县气象局党支部。2008年底,有在职党员5名。

2000—2008年,参与气象部门和地方党委开展的党章、党规、法律法规知识竞赛共12次。2002—2008年,连续7年开展党风廉政教育月活动。2004年起,每年开展作风建设年活动。2006年起,每年开展局领导党风廉政述职报告和党课教育活动,并与鹤壁市气象局签订党风廉政目标责任书,推进惩治和防腐败体系建设。

气象文化建设 1987年,开展"爱岗敬业、团结奋进、开拓创新、管天为民"活动。1988年起,每年3月开展职业道德教育月活动。

1988—1995年创建为县级"文明单位"。1996—2008年,连续4届创建为市级"文明单位"。

荣誉 1988—2008年,浚县气象局获集体荣誉42项(地厅级以上集体荣誉13项)。其中,1997年,浚县气象局被河南省人事厅、河南省气象局评为气象系统先进单位;2006年,被河南省气象局评为重大气象服务先进单位;1996—2008年,被鹤壁市委、市政府连续4届授予市级"文明单位"称号。

截至2008年,个人获奖72项(地厅级以上荣誉21项)。其中,被中国气象局授予优秀测报员2人3次,被河南省气象局授予优秀测报员4人13次。

台站建设

气象站始建时建平房150平方米,为砖木结构的瓦房,设有观测值班室、办公室、宿舍、厨房等房间。1977年,迁至城关乡王可庄,建设气象业务房和宿舍。1979年,建成围墙180米。1981年,新建水井1眼。1983年,建成水池和供水配套设施,1985年,对电路进行重新改造。1988年,在气象局后院建家属房4套。2007年1月,迁至黎阳镇杨庄,开始观测。2008年,进入基本建设阶段。

浚县气象局旧址办公楼

浚县气象局新址办公楼

淇县气象局

淇县古称沬邑,为殷末四代帝都,后商王帝辛易名为朝歌。县域总面积 567.43 平方千米,总人口 25 万。东邻淇河,西依太行,地势呈西北高、东南低,北、东、南三面环水,水资源丰富且水质较好。

机构历史沿革

始建情况 淇县气象服务站始建于 1964 年 5 月,位于淇县城北关三海村,北纬 35°37′,东经 114°11′,海拔高度 72.3 米。1965 年 1 月 1 日,正式开始地面气象观测。

历史沿革 1964 年 5 月始建时,名称为淇县气象服务站。1971 年 1 月 1 日,更名为淇县气象站,属一般气象观测站。1990 年 4 月 12 日,更名为淇县气象局,正科级事业单位。2008 年,改称为国家二级气象观测站。

管理体制 1965 年 1 月 1 日建站后,隶属安阳专署气象服务台。1971 年 1 月 1 日更名后,隶属安阳地区革命委员会气象台、气象局。1980 年体制改革,实行气象部门与地方政府双重领导、以气象部门领导为主的管理体制,地方隶属淇县农业局管理。1985 年,隶属豫北气象管理处。1987 年,地方隶属关系由淇县县政府直接领导,淇县农业工作委员会负责协调。1989 年,隶属关系更改为鹤壁市气象局。

机构设置 1965 年建站伊始,因人员较少未设股室。1981 年,设预报组和观测组。1988 年 12 月,预报组和测报组合并;1989 年 3 月再设预报组和测报组。1993 年,增加为预报组、测报组和科技服务组。1996 年 8 月,成立防雷中心。2001 年,设业务股、综合办、科技中心、防雷中心 4 个股室。

单位名称及主要负责人变更情况

单位名称	姓名	职务	任职时间
淇县气象服务站	孙殿芝	站长	1964.10—1971.01
淇县气象站			1971.01—1984.08
	陈经忠	站长	1984.08—1985.05
	韩福祥	负责人	1985.05—1987.12
	王三杰	站长	1987.12—1988.12
	秦成福	副站长(主持工作)	1988.12—1990.04
淇县气象局			1990.04—1992.06
	陈海明	局长	1992.06—2005.01
	赵存喜	局长	2005.01—

人员状况 建站时,有在职职工 3 人。1980 年,有在职职工 5 人。2008 年底,在职职工 10 人(其中在编职工 8 人,聘用职工 2 人)。在职职工中:男 6 人,女 4 人;全为汉族;本

科学历 4 人,大专学历 3 人,中专及以下学历 3 人;中级职称 4 人,初级职称 4 人;50 岁以上 2 人,40～49 岁 2 人,30～39 岁 3 人,25～29 岁 3 人。

气象业务与服务

1. 气象业务

①气象观测

地面观测 淇县气象局属国家一般气象观测站。1965 年 1 月 1 日正式开始每日 08、14、20 时 3 次定时观测,夜间不守班。

1965 年 1 月 1 日,观测项目有云、能见度、天气现象、气温、气压、湿度、风向、风速、降水、雪深,同年 2 月增加浅层地温观测,5 月增加日照观测,7 月增加蒸发观测;1985 年 1 月 1 日,增加气压自记观测及自记纸整理;1986 年 1 月 1 日,增加温度和湿度自记观测及自记纸整理;2000 年 1 月 1 日,增加风向风速自记观测及自记纸整理(EL 型)。

2000 年 1 月 1 日,开始承担汛期(6—8 月)每日 05、11、17 时加密观测任务,以拨号网络方式编发天气加密报、地面小图报(汛期)报告,以及 05、17 时雨量报任务和不定时重要天气报任务。2005 年 1 月 1 日,取消汛期地面小图报发报任务。

2003 年 10 月,建成自动气象站,并新增深层地温观测。2007 年 1 月 1 日,温度、湿度、气压自记仪器作为备份应急仪器停止观测,同年 4 月 3 日增加草温观测项目。

酸雨观测 2008 年 1 月 1 日,增加酸雨观测项目,编发酸雨报,制作酸雨报表。

区域自动站观测 2004 年 5 月,开始区域自动气象站建设。截至 2008 年底,共建成北阳镇、西岗乡、庙口乡、黄洞乡、红卫水库、良相村、高村镇 7 个自动雨量站和云梦山、浮山 2 个四要素自动气象站(气温、雨量、风向、风速),区域自动站自建成时开始自动观测。2008 年 10 月,开始区域站报表审核上报。

农业气象观测 淇县气象观测站属河南省农业气象观测站三级站(又称辅助站)。1983 年 7 月,开始土壤湿度观测,农业气象服务产品为根据土壤墒情、蒸发量、降水、日照、气温等实况,结合农作物不同生育期编写的农业气象预报和关键农事季节预报。2008 年底,开始在淇县裕丰果业合作社筹建农业气象科技示范园,于 2009 年 7 月建成,并开始进行特色农业经济作物(苹果)的生育期观测。

②天气预报

天气预报工作始于 20 世纪 80 年代后。1985 年,全国气候区划调查研究过程中,通过整理历史资料,分析天气过程前后要素变化特征,梳理本地天气变化规律,天气预报工作才逐步展开,但技术手段仍然以人工为主,主要预报方法包括绘制天气图、三线图。1999 年 7 月,建成 PC-VSAT 地面气象卫星接收站,利用 MICAPS 气象信息综合分析处理系统进行各类预报资料的处理分析。2006 年,实现省、市、县业务资料共享。2007 年 1 月,周边雷达资料及卫星云图在预报工作中得到应用。

③气象信息网络

1995 年 5 月,建成市—县远程终端。1998 年 12 月,建成拨号网络,实现 FTP 上传,并接通互联网。2003 年 3 月,建成 X.25 数据传输专线;同年 11 月,建成移动光纤通信终端,

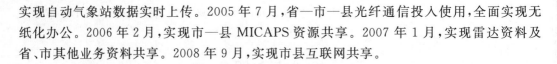

实现自动气象站数据实时上传。2005 年 7 月,省—市—县光纤通信投入使用,全面实现无纸化办公。2006 年 2 月,实现市—县 MICAPS 资源共享。2007 年 1 月,实现雷达资料及省、市其他业务资料共享。2008 年 9 月,实现市县互联网共享。

2. 气象服务

公众气象服务　1998 年 6 月,建成双路"121"信息电话查询系统,同年 9 月电视天气预报系统建成,并在淇县电视台、淇县教育电视台开播天气预报节目。1999 年,被河南省气象局评为"电视天气制作系统建设先进单位";2002 年,获河南省气象局"第四届全省电视气象节目观摩评比县级三等奖"和"最佳科学信息奖"。

决策气象服务　20 世纪 80 年代后期,开始手工编发制作重要天气预报、关键农事预报等。1993 年 3 月,气象警报发射机正式投入使用,气象服务体系日趋完善。1995 年 5 月,购置 486 计算机及打印机一台,观测数据开始信息化,中长期预报、重要天气预报、农业气象情报等打印产品通过邮寄等方式服务各级党委、政府及企事业单位。1998 年以后,基本形成了重要天气预报、重大天气过程预警、关键农事专题预报、重大活动及节假日专题预报等固定模式,服务对象也从各级党委政府、机关事业单位扩大到基层农业合作组织和养殖大户,主要服务手段也涵盖了信件、电话、传真、电视、短信、网络邮件和 QQ 信息等。2000 年,开始使用卫星监测作物生长情况及土壤墒情分析,服务地方政府及相关部门。2004 年,使用 DVBS 卫星监测地方秸秆禁烧。2008 年 4 月,起草并由淇县县政府发布了《淇县突发气象灾害应急预案》。

人工影响天气　1996 年 7 月,淇县人民政府成立淇县人工影响天气领导小组,下设办公室,办公地点设在县气象局。1996 年 8 月,购进 65 式双"三七"高射炮 4 门。2002 年 9 月,购进车载式人工影响天气火箭发射架 1 台。2004 年,又购进后拖式人工影响天气火箭发射架 1 台。2008 年,在淇县裕丰果业合作社设立第一个人工影响天气标准化固定炮站。

防雷技术服务　1996 年 4 月,淇县防雷技术中心挂牌成立,并开始对外进行防雷检测技术服务。1996 年 8 月,淇县消防大队和淇县防雷技术中心联合行文对重点项目、重点企业进行防雷安全检查。2001 年以后,开始延伸到各行各业的相关设施,并开始防雷图纸的设计、审核和验收。2008 年,启动中小学校防雷工程新建及改造项目。

气象科普宣传　2003 年,淇县气象局开始参与淇县科技文化局的科技宣传周活动,走上大街进行气象科普宣传,发放气象知识宣传页。每年的 3 月 23 日,淇县气象局业务平台对社会开放,接待中小学生等进行参观学习,同时在电视台制作科普宣传节目,向社会普及气象知识。

科学管理与气象文化建设

社会管理　1996 年,淇县人民政府办公室下发了《关于加强防雷安全检测工作的通知》,首次以文件形式明确规定气象部门为防雷安全检测主管部门,并要求油库、化工厂等易燃易爆场所和城区四层以上的建筑物、构筑物必须接受防雷安全年度检测。2002 年,淇县人民政府安全委员会下发了《关于加强防雷安全管理工作的通知》,再次明确气象部门是防雷管理的唯一职能部门,并要求消防、建设等部门在行使职能时,充分配合气象部门加强防雷安全社会管理工作。2002年3月,淇县气象局向县政府法制办申办了气象行政执法证件,并聘请法律顾问。2002—2008年,淇县气象局对淇县多处建设单位、加油站等进行行政执法,开展防雷安全专项检查。

政务公开 2001年,成立淇县气象局政务公开领导小组和监督小组,依法对外、对内进行政务公开。对外公开内容包括气象行政审批办事程序、气象服务内容、服务承诺、气象行政执法依据、服务收费依据及标准、落实首问责任制、气象服务限时办结、气象电话投诉等,通过户外公示栏、电视广告、发放宣传单等方式向社会公开。内部公开包括财务和重大事项、人事任免等。

2005年,淇县气象局被中国气象局评为"气象部门局务公开先进单位"。

党建工作 1996年9月15日,由中共淇县县直工作委员会批准成立淇县气象局党支部。截至2008年12月,有党员3人。

2006年4月以前,由党支部书记负责党风廉政建设。2006年4月,开始设纪检监察员,并进入局决策班子,加强对党风廉政建设的领导和管理。2008年,淇县气象局转发鹤壁市气象局《关于基层县局纪检监察员协助做好党组织工作的通知》,明确了主管领导和分管领导的党风廉政建设中的职责,在党风廉政建设宣传月活动中,通过组织干部职工集中学习党的政策,举办座谈会、组织自学、集中学习等形式,进行党风廉政教育,提高拒腐防变能力。

气象文化建设 2001年,以创建市级文明单位为契机,建成文体活动室1个,乒乓球场、羽毛球场各1个,备有象棋、围棋等娱乐工具,另外还有电视机、影视DVD、录像机、调音台组成的家庭影院1套。2004年,开始创建省级文明单位,并着力进行文明细胞建设,建立健全了精神文明建设考核奖惩制度,定期组织干部职工进行文体活动,积极参加鹤壁市气象局每年的职工运动会和县委、县政府每年组织的春节社火表演和周末广场文化活动等。淇县气象局1998年创建为县级文明单位,2002年创建为市级文明单位。

集体荣誉 1993—2008年,淇县气象局获集体荣誉12项。其中,1993年、1996年2次被河南省气象局评为"汛期气象服务先进集体";2000年、2004年先后2次被河南省人事厅、河南省气象局评为"河南省人工影响天气先进集体";2003年、2004年,连续2年被鹤壁市防汛抗旱指挥部评为"防汛服务工作先进单位";2005年,被中国气象局评为"气象部门局务公开先进单位";2005—2008年,连续4年被淇县县委、县政府评为"服务地方经济建设先进单位"。

台站建设

建站初期,只有8间砖木结构瓦房,面积164平方米。1981年,新建砖混结构平房7间,建筑面积162平方米。1991年,在办公区院内建成1座10米高水塔。1995年6月,安装110千伏变压器1台。1998年,新建二层业务楼1幢,新增建筑面积613.5平方米。2005年,8套职工住宅楼全部竣工。

2001年,对办公院区进行了水泥硬化,在办公楼前规划四块绿化区并种植草坪240平方米,同时拆除围墙换为透绿栏杆,在东西两侧沿墙种植花草树木。2003年,对办公楼室内进行整体装修,新装业务平面82平方米。2007年,对观测场周围进行整体绿化,并通过县长办公会协调观测场南 370 多平方米空地纳入统一规划,先后种植草坪 3000 平方米,在观测场南、西两面设置欧艺栏杆 180 米。

1983 年淇县气象站观测场

2008 年淇县气象局观测场

2002 年淇县气象局办公楼

2008 年淇县气象局办公楼

新乡市气象台站概况

新乡市地处中纬度地带,河南省北部,南邻黄河,与河南省省会郑州、古都开封隔河相望;北依太行,与鹤壁、安阳毗邻;西连煤城焦作,与晋东南接壤;东接油城濮阳,与鲁西相连。辖 12 个县(市、区),总面积 8249 平方千米,总人口 563 万。新乡市属暖温带大陆性季风气候,四季分明,降水集中,雨热同季。冬季寒冷少雨雪,春季干旱多大风,夏季炎热多雨,秋季天气爽朗。年平均气温 14.0℃,年降水量 573.4 毫米,年日照时数 2323.9 小时,年无霜期 205 天。主要气象灾害有旱、涝、连阴雨、干热风、大风、冰雹、霜冻、寒潮、大雪等。

气象工作基本情况

所辖台站概况 1958 年 8 月,成立河南省新乡气象台。1960 年 8 月,新乡专员公署组建气象科。1962 年 2 月,与河南省新乡专员公署气象服务台合署办公(对外保留气象科、气象台名称),统称河南省新乡专员公署气象服务台,在新乡市人民路 7 号院办公。1958 年成立之初,担负新乡地区所属气象台站的业务管理任务。1962 年 1 月,新乡地区划设新乡、安阳两地区后,不再担负安阳地区所属气象台站的业务管理任务。1986 年 4 月,辖焦作市、济源县、修武县、博爱县、沁阳县、孟县、温县、武陟县、辉县、汲县、获嘉县、延津县、原阳县、封丘、长垣县 15 个气象台站和 1 个地面气象观测站(新乡)。1989 年 8 月,新乡地区划分为新乡、焦作两市后,新乡市气象局辖辉县市、卫辉市、获嘉县、延津县、原阳县、封丘县、长垣县等 7 个县(市)气象局和 1 个地面气象观测站(新乡)。

历史沿革 初建时名为河南省新乡气象台。1960 年 3 月,更名为河南省新乡专员公署气象服务台。1968 年 1 月,更名为河南省新乡地区气象台革命委员会。1971 年 7 月,更名为河南省新乡地区气象台。1973 年 8 月,更名为新乡地区革命委员会气象台。1980 年12 月,更名为河南省新乡地区气象局。1984 年 6 月,更名为河南省新乡气象处。1989 年 8月,更名为河南省新乡市气象局。

1956—1959 年,先后建立长垣县气候站、延津县气候站、封丘县气候站、原阳县气候站、辉县气候站、获嘉县气候站、汲县农业科学研究所气象站;1971 年,上述县气候站均更名为县气象站,汲县农业科学研究所气象站更名为汲县气象站(1988 年 10 月撤销汲县设立卫辉市,12 月汲县气象站更名为卫辉市气象站)。1990 年,所辖 7 个县(市)气象站均更名为县(市)气象局。

管理体制 除业务由气象部门管理外,其余的自初建至 1971 年 6 月由地方政府管理。1971 年 7 月—1973 年 2 月,由新乡军分区管理。1973 年 3 月—1982 年 12 月,由地方政府管理。1983 年起,实行气象部门与地方政府双重领导、以气象部门领导为主的管理体制。

人员状况 建站时,有职工 18 人。1980 年,有 53 人。截至 2008 年底,全市共有在职职工 103 人(含县局)。其中,硕士研究生学历 1 人,本科学历 37 人,大专学历 37 人,中专学历 20 人,高中及以下学历 8 人;高级职称 10 人,中级职称 47 人。

党建与精神文明建设 1974 年 4 月,成立河南省新乡地区气象台党组。到 2008 年底,全市(含县局)有党支部 8 个,党员 87 人,其中在职党员 63 人,离退休党员 24 人。全市气象部门全部建成市级以上文明单位,其中省级文明单位 2 个(新乡、卫辉),市(地)级文明单位 6 个。2004 年 2 月、2009 年 1 月,连续两届被新乡市委、市政府命名为"市级文明系统"。

领导关怀 1988 年 9 月 20 日,国家气象局副局长温克刚视察新乡气象处。

1995 年 11 月 18 日,中国气象局局长邹竞蒙到新乡市气象局视察,并题词"提高现代化水平,为新乡经济发展做出新贡献"。

2000 年 8 月 28 日,中国气象局副局长郑国光视察了遭受有记录以来特大暴雨袭击不久的原阳县、封丘县及新乡市气象局,慰问在洪水中坚守气象服务一线的气象职工。

2001 年 11 月 16 日,中国气象局副局长李黄到新乡市气象局考察调研,与新乡市人民政府副市长高义武就兴农网建设、人工影响天气等工作交换了意见。

主要业务范围

地面气象观测 2008 年底,有地面气象观测站 8 个,其中新乡观测站为国家基本气象观测站,辉县、卫辉、获嘉、原阳、延津、封丘、长垣 7 个站为国家一般气象观测站。

国家基本气象观测站每日 02、08、14、20 时 4 次定时观测及 05、11、17、23 时 4 次补充定时观测,并拍发天气报和补充天气报,24 小时守班。国家一般气象观测站每日 08、14、20 时 3 次定时观测,向河南省气象台拍发区域天气加密报,夜间不守班。

观测项目有云、能见度、天气现象、气压、空气温度和湿度、风向、风速、降水、雪深、日照、蒸发(小型)、冻土、浅层地温。国家基本气象观测站增加深层地温、雪压、电线积冰、E-601 大型蒸发观测;国家一般气象观测站 2008 年增加电线积冰观测。卫辉、延津站承担航空危险天气发报任务,2005 年卫辉站停发。

2003 年建设地面自动观测站 2 个(新乡、长垣),2004 年 1 月 1 日投入业务运行。

2005 年 6 月安装紫外线实时监测系统,2006 年 1 月投入业务运行。

2007 年 1 月,开始酸雨观测业务。

2008 年 9 月,完成 8 个国家气象站的气象资料向河南省气候中心的移交。

2008 年底,全市建有区域自动气象站 133 个,其中四要素站 7 个、雨量站 126 个。

农业气象观测 1960 年新乡农业气象工作纳入正常业务,1961 年被定为农业气象基本站,进行基本农业气象观测和开展农业气象服务。1965 年,增加了农业气象预报。1967—1973 年,农业气象业务停止。1974 年,农业气象工作全面恢复,12 月在新乡县七里营乡宋庄村组建了新乡农业气象试验站,为国家农业气象基本站;其他县站为农业气象一般站,进行农业气象服务,有条件的进行简易农业气象观测。1980年,开始执行《农业气象观测方法》。1981年,长垣县气象观测站定为河南省农业气象基本站,1990年1月撤销,同时调整封丘县气象观测站为河南省农业气象基本站。

天气预报 天气预报发展主要有四个阶段:第一阶段(建站至20世纪60年代初),通过天象物象、老农经验等结合本站温、压、湿变化,制作天气预报。第二阶段(20世纪60年代初至70年代),利用天气图和单站资料建立各种天气模式,制作天气预报。第三阶段(20世纪80年代后),由天气图结合数值预报传真图、雷达图,制作天气预报,初步建立了现代天气预报体系。第四阶段(1997年后),是现代气象预报阶段,以人机交互系统为平台,综合分析天气形势、卫星云图、雷达图和数值预报产品等资料,做出天气预报和天气警报。

人工影响天气 1974年,开始进行人工防雹降雨试验。1976年,组建了新乡地区人工防雹增雨领导小组办公室。1995年7月,新乡市及各县(市、区)人工影响天气领导小组相继成立。到2008年底,全市有车载式人工增雨火箭发射架24架、人工增雨高炮3门。

气象服务 1992年以前,主要通过广播电台向公众发布天气预报,其后主要通过电视台、电台、报纸、"12121"、寻呼机、手机短信和互联网向公众发布精细化天气预报和森林火险等级预报、高速公路预报、生活气象预报等预报产品。1990年以前,决策气象服务以书面和电话方式报送为主;之后,决策服务产品由电话、传真、信函服务方式向电视、微机终端、互联网、电子政务系统等服务方式发展。

新乡市气象局

机构历史沿革

始建情况 1958年8月,成立河南省新乡气象台,在新乡专员公署院内办公。1958年10月,在新乡市牧野区牧野乡东牧村建设气象观测站,12月开始正式气象观测,站址位于北纬35°19′,东经113°53′,海拔高度73.2米。

历史沿革 初建时,名为河南省新乡气象台。1960年3月,更名为新乡专员公署气象服务台。1968年1月,更名为河南省新乡地区气象台革命委员会。1971年7月,更名为河南省新乡地区气象台。1973年8月,更名为河南省新乡地区革命委员会气象台。1980年12月,更名为新乡地区气象局。1984年6月,更名为新乡气象处。1989年8月,新乡地区划分为新乡、焦作两市后,新乡气象处更名为新乡市气象局,辖1个国家基本气象观测站(新乡)、7个国家一般气象观测站(辉县市、卫辉市、获嘉县、原阳县、延津县、封丘县、长垣县气象局,局站合一)。

管理体制 初建至1971年6月,由地方政府管理,业务由气象部门管理。1971年7月—1973年2月,由新乡军分区管理。1973年3月—1982年12月,由地方政府管理。1983年起,实行气象部门与地方政府双重领导,以气象部门领导为主的管理体制。

机构设置 1958—1968年,设办公室、政工组、台站管理组、预报组、测报组、观测站。1968—1989年,设办公室、政工科、业务科、天气科、观测站。1990年增设服务科,1991年增设装备科。1995年,设办公室、政工科、业务科、天气科、观测站、服务中心、新乡市华云技术开发公司。1996年增设新乡市彩虹广告公司,2003年成立新乡市防雷中心。2003—2008年,内设办公室、人事教育科(与党组纪检组合署办公)、业务科(政策法规科)等3个科室,新乡市气象台(气象技术保障中心、人工影响天气中心)、新乡市气象科技服务中心(新乡市专业气象台)、新乡市防雷中心、新乡市气象局后勤服务中心(新乡市气象局财务核算中心)等4个直属事业单位,新乡气象观测站以及新乡市万声通讯公司、新乡市彩虹广告公司。

单位名称及主要负责人变更情况

单位名称	姓名	职务	任职时间
河南省新乡气象台	赵化民	台长	1958.08—1960.03
新乡专员公署气象服务台			1960.03—1962.02
	王宗海	台长	1962.02—1968.01
河南省新乡地区气象台革命委员会	孙中锋	主任	1968.01—1970.09
	崔福堂	主任	1970.09—1971.07
河南省新乡地区气象台	李玉先	组长	1971.07—1973.02
	孙中锋	副台长(主持工作)	1973.02—1973.08
河南省新乡地区革命委员会气象台			1973.08—1978.04
	王宗海	台长	1978.04—1980.12
新乡地区气象局		局长	1980.12—1981.08
	崔福堂	局长	1981.08—1984.06
新乡气象处		处长	1984.06—1984.11
	郝保卷	处长	1984.11—1989.08
新乡市气象局		局长	1989.08—2001.03
	卫金豹	局长	2001.03—2005.12
	周官辉	局长	2005.12—

人员状况 1958—1959年,有职工18人。1978年,有职工48人。1989年新乡地区划分为新乡、焦作两市后,新乡市气象局有在职职工78人。截至2008年底,有在职职工59人。其中:硕士学位1人,本科学历23人,大专学历7人,中专学历26人,高中及以下学历2人;高级职称8人,中级职称29人。

气象业务与服务

1. 气象观测

①地面气象观测

观测项目 观测项目有云、能见度、天气现象、气压、气温、湿度、风向、风速、降水、雪深、日照、蒸发(小型)、冻土、浅层地温(距地面0、5、10、15、20厘米)、深层地温、雪压、电线积冰。1997年5月1日,增加E-601大型蒸发观测。2003年,开始建设地面自动观测站,2004年1月1日投入业务运行。2005年8月1日,草面、雪面温度监测系统投入业务使用。

观测时次　建站时,每天01、07、13、19时(地方时)4次定时观测。1960年8月1日以后,改为每天02、08、14、20时(北京时)4次定时观测及05、11、17、23时补充定时观测,并拍发天气电报和补充天气报。

电报传输　建站时,气象报文采用人工编报,通过专线电话传给邮电局报房,再由报房值班员向有关单位发报。1999—2005年,先后开通因特网、X.25分组数据交换网、省—市—县2兆速宽带网和Notes办公自动化软件,结束了人工编发报的历史。

气象报表制作　建站至2005年,报表制作采用手工抄录。2000年5月,开始使用地面气象测报程序AHDM 4.1。2005年1月,使用地面气象测报软件OSSMO 2004,结束了人工抄录编制气象报表的历史。2008年9月,完成8个国家气象站的气象资料向河南省气候中心的移交。

区域自动气象站观测　2004年,开始建设区域自动气象观测站。至2008年底,全市建成区域自动气象观测站15个,全部为单要素雨量站,采用移动电话的GPRS传输。

②农业气象观测

1960年,新乡农业气象工作纳入正常业务。1961年,定为农业气象基本站,进行基本农业气象观测和开展农业气象服务。1965年,增加了农业气象预报。1967—1973年,农业气象业务停止。1974年,农业气象工作全面恢复,12月在新乡县七里营乡宋庄村组建了新乡农业气象试验站,为国家农业气象基本站,承担农业气象业务、试验研究、产量预测等国家及地方重大农业气象试验课题。1979—1985年,先后承担了"北方干热风区域协作试验"、"棉田小气候观测试验"和"基于遥感方法的产量预报试验"等,其中"基于遥感方法的产量预报试验"获得中国气象局科技进步二等奖(推广类),"北方干热风区域协作试验"获得河南省科技进步二等奖。1986年3月,农业气象试验站合并于新乡市气象观测站(宋庄站取消),仍为国家级农业气象观测站,承担玉米、小米、棉花、物候观测任务和为当地农业服务任务。1998年以后,农业气象服务任务调至业务科,农业气象观测站只承担作物和物候观测任务。1980年,开始执行《农业气象观测方法》,1994年,开始执行《农业气象观测规范》。

③紫外线观测

2005年6月安装紫外线实时监控系统,2006年1月投入业务运行。

④酸雨观测

2007年1月,开始酸雨观测业务。

2. 气象信息网络

1980年前,利用收音机收听武汉区域气象中心和河南省气象台以及周边气象台播发的天气预报和天气形势。1980年,配备了传真接收机,开始接收日本降水预报、地面形势图和北京中央气象台B模式图、欧洲气象中心的气象传真图。1985年10月,安装了甚高频电话,利用甚高频电话获取县气象站天气实况资料并与其进行天气会商。1997

年,完成地面卫星小站建设,MICAPS 1.0 投入业务应用,利用 MICAPS 系统使用高分辨率卫星云图、地面高空天气形势图等。1999—2005 年,相继开通了因特网,建立了气象网络应用平台、专用服务器和省、市、县办公系统,气象网络通讯线路 X.25 升级换代为数字专用宽带网,开通 100 兆光缆,接收从地面到高空各类天气形势图和云图、雷达拼图等数据,为气象信息的采集、传输处理、分发应用、天气会商、公文处理提供支持。2004 年,建成省—市视频天气会商系统,参与省市天气会商。2008 年,建成电信 MPLS-VPN 备用线路。

3. 天气预报预测

天气预报业务自 1958 年开始,利用天气图制作预报。1980 年,开始接收传真图,主要有日本降水预报、地面形势图和中央气象台 B 模式图等。1982 年,安装 711 天气雷达,开始制作短时预报。1985 年,利用甚高频电话获取县站天气实况资料并与其进行天气会商。1997 年,MICAPS 1.0 投入业务化应用。1998 年,取消手绘天气图,实行无纸化办公,同时发布森林火险等级预报。2000 年,增发短时临近预报、下周天气预报、上周天气回顾、预警信号、高速公路预报、城镇天气预报、精细化预报等。2003 年 12 月,MICAPS 2.0 投入业务应用,增加了雷达、卫星、自动站等预报所需资料,2008 年 MICAPS 3.0 投入业务应用。2004 年,建成省—市视频天气会商系统,参与省市天气会商。天气预报业务从初期单纯的天气图加经验的主观定性预报,逐步发展为采用气象雷达、卫星云图、并行计算机等先进工具和技术制作的客观定量定点数值预报产品。中长期预报主要运用数理统计方法和常规气象资料图表及天气谚语、概率统计等方法制作,产品有旬报、月报、季报、春播期、三夏、汛期天气预报等。

4. 气象服务

公众气象服务 1990 年以前,天气预报主要通过广播电台向公众发布。1990 年,建设天气预报自动接收警报系统,每天定时播送 3 次天气预报,并随时播发突发灾害性天气预报。1992 年 1 月,在电视台开辟电视天气预报节目;2 月,开通了"新乡兴农网"。1993 年底,通过寻呼机提供天气信息服务。1997 年 9 月,开通"121"天气预报自动答询系统(2005 年 1 月"121"电话升位为"12121")。2003 年,开始向公众提供天气预报手机短信服务。2005 年 7 月,开始发布气象预警信号。2006 年,开通了"新乡气象网"。1997 年、2008 年,先后在《新乡日报》《平原晚报》开辟天气预报专栏。

决策气象服务 1990 年以前,决策气象服务方式以书面和电话报送为主。之后,决策服务方式由电话、传真、信函向电视、微机终端、互联网、电子政务系统等发展。

1958—1995 年,决策服务产品有雨量实况、未来几天天气预报、主要农作物苗情墒情监测、气候评价等。1995—1998 年,有雨量实况、重要天气预报、主要农作物苗情墒情监测、气候评价、节假日天气公告、春运期间气象服务、高考期间气象服务等。1998 年,增加了森林火险等级预报、空气质量预报等。2000 年,新增了上周天气回顾和下周天气趋势、高速公路天气预报、灾害性天气预警信号、秸秆禁烧监测等。2008 年,增加了黄河凌汛预报。2000—2008 年,决策服务产品有雨量实况、重要天气预报、主要农作物苗情墒情监测、气候评价、节假日天气公告、春运期间气象服务、高考期间气象服务、森林火险等级预报、上周天气回顾和下周天气趋势、高速公路天气预报、灾害性天气预警信号、秸秆禁烧监测、黄河凌汛预报等。

人工影响天气 1974年,开始进行人工防雹增雨试验。1976年,组建了新乡地区人工防雹增雨领导小组办公室。1995年7月,新乡市及各县(市、区)人工影响天气领导小组相继成立。到2008年底,全市有车载式人工增雨火箭发射架24架(含县局)、人工增雨高炮3门,并多次实施人工增雨作业。2007年7月18日,新乡市气象局组织实施的火箭人工增雨作业,使新乡市西部和北部地区6月—7月上旬持续近50天的旱情得到缓解。新乡电视台、电台、《新乡日报》《新乡晚报》等多家新闻媒体报道了此次作业情况;新乡市副市长贾全明也由衷地说:"这场好雨、喜雨,不是老天赐给我们的,是气象局人工增雨增出来的呀!"

防雷技术服务 1989年,开始进行防雷装置检测工作。1990年成立新乡市防雷装置检测中心,2000年成立新乡市防雷中心,防雷减灾工作也由过去单一的防雷检测发展为新建建筑物防雷装置图纸审核、竣工验收、计算机信息系统防雷安全检测、雷击风险评估、雷电灾害调查鉴定等多项业务。

气象科普宣传 每年"3·23"世界气象日,对公众开放,邀请公众参观气象局;在全国科普宣传日、科技活动周、安全生产宣传日,开展宣传活动;走进社区、学校、村镇,参与政府部门开展的气象科普宣传活动,解答公众问题并发放气象宣传资料,普及气象和防雷知识。

气象法规建设与社会管理

法规建设 2000年以来,新乡市政府、政府办公室先后出台了《关于加强气象事业发展的意见》(新政〔2007〕13号)、《关于加强施放气球管理工作的通知》(新政办〔2003〕104号)、《关于进一步加强防雷减灾管理工作的通知》(新政文〔2002〕89号)、《关于进一步加强人工影响天气工作的通知》(新政办〔2005〕110号)等文件,对气象部门防雷减灾管理、施放气球管理及人工影响天气工作提供政策和法规支持。

社会管理 1989年,开始对新乡市防雷进行检测。1990年,成立新乡市防雷装置检测中心,2000年成立新乡市防雷中心,除进行防雷检测外,还进行新建建筑物防雷装置图纸审核、竣工验收、计算机信息系统防雷安全检测、雷灾调查评估等。

2003年,进行施放气球资质、施放活动社会管理,与驻新乡中国人民解放军71687部队建立联合执法机制,形成气象、部队共同维护航空飞行安全、稳定协调发展施放气球市场的管理模式。

2005年、2006年,气象观测环境保护问题在新乡市规划局进行两次备案,划定气象观测环境保护范围。

依法行政 2001年,在新乡市行政服务中心设立气象服务窗口,有行政审批项目4个、行政管理项目在中心办理审批手续5个。2002年,5名同志取得行政执法资格,兼职从事气象行政执法工作。2003年,设立政策法规科。2006年9月,成立气象行政执法队,配备2名专职执法队员。

政务公开 1998年,成立局务公开领导小组、监督小组,制定了局务公开制度,完善了"三人议事"等8项制度。2007年,开始开展科室季评工作,并出台了《机关工作规范化管理手册》和《科室(机构)岗位职责手册》。

党建和气象文化建设

1. 党建工作

1974 年 4 月,成立河南省新乡地区气象台党组。党建工作归地方工委直接领导。2008 年底,有党支部 1 个,党员 48 人(其中在职党员 32 人,离退休党员 16 人)。

2004—2008 年,机关党支部 3 次被新乡市市直机关工委评为"先进基层党组织"。

1986 年成立党组纪检组。2002—2008 年,连续 7 年开展党风廉政宣传教育月活动。2007 年 7 月,举办新乡气象部门廉政文化作品展,并将优秀作品合辑成册。2007—2008 年,组织党员干部到新乡市党风廉政建设示范教育和警示教育基地接受教育。

2002 年 4 月,被新乡市委组织部评为"党员电化教育工作先进单位"。2004 年 4 月,被河南省内部审计协会评为"河南省内部审计工作先进单位"。

2. 气象文化建设

1986 年起,开展争创文明单位活动。2000—2008 年,先后开展"保持共产党员先进性"、"讲正气、树新风"和"新解放、新跨越、新崛起"等教育活动,与驻新乡某部、红旗区汾台村结对共建,与困难企业职工结对帮扶。建有健身园、篮球场、党员学习活动室、阅览室及老干部活动室,每年组织小型体育比赛、文艺汇演。2005 年、2007 年,参加河南省气象系统运动会,分获"团体二等奖"和"优秀组织奖"。2006 年、2008 年,参加新乡市市直机关运动会、迎奥运职工运动会,荣获"优秀组织奖"、"贡献奖"。2007 年 12 月 22 日,与新乡电视台联合举办气象主持人大赛。2007 年、2009 年,参加全省气象部门文艺汇演,分别获三等奖。2008 年 10 月,承办全省气象部门首届羽毛球比赛,并获"最佳组织奖"。

1986 年 6 月,被新乡市委、市政府命名为市级"文明单位"。1988—2008 年,连续 4 届保持省级"文明单位"荣誉称号。

3. 荣誉与人物

集体荣誉 1975—2008 年,共获得各级各类集体表彰奖励 180 余项。其中,1996 年 12 月被中国气象局授予"全国气象部门双文明建设先进集体"称号,2004 年荣获国家档案局"科技事业单位'国家二级'档案管理先进单位",2005 年被中国气象局授予"全国气象部门局务公开先进单位"称号。

个人荣誉 荣获省部级以上表彰 13(人)次。

人物简介 谢晋英,男,1940 年 12 月出生于海南省文昌市,高级工程师,2000 年 12 月退休。1962 年毕业于北京气象专科学校气象专业。毕业后先后在温县气象站、新乡市气象台工作。1984 年出版的《小麦干热风防御技术》,获全国气象科普作品三等奖(第二作者);1987 年、1989 年"粮食作物产量预测方法研究"和"冬小麦卫星遥感估产研究"课题分获河南省科技进步三等奖、二等奖。1982 年 12 月,被河南省人民政府授予"河南省农业劳动模范"称号。1990 年 4 月,被新乡市委、市政府评为"新乡市优秀知识分子",1989—1998

年当选为新乡市政协第六、七届委员。

台站建设

1958 年 8 月建站初,在新乡专员公署院内办公(房屋由专员公署提供),同年 10 月在新乡市牧野区牧野乡东牧村建气象观测站,占地 2700 平方米,办公用房及宿舍 15 间(建筑面积 215 平方米)。1979 年,在新乡市红旗区牌坊街 1 号建雷达楼(建筑面积 2706.34 平方米),1981 年 7 月迁入。1984—1987 年,建职工住宅楼 2 栋,建筑面积 2322.48 平方米。1998 年,在新乡市红旗区新延路 37 号购家属楼 1 栋,建筑面积 3367 平方米。

获嘉县气象局

获嘉县地处豫北,北依太行,南邻黄河。获嘉历史悠久,文化底蕴深厚。3000 年前,武王伐纣会盟诸侯于此誓师,引发牧野之战,奠定周朝之基,获嘉城东标志性的武王庙,远近闻名。汉武帝元鼎五年(公元前 112 年),南越国丞相吕嘉叛乱,武帝讨伐,平息叛乱,获吕嘉首级,遂以其地置县,名"获嘉"。

机构历史沿革

始建情况 1958 年 10 月 4 日,获嘉县气候站成立,站址位于获嘉县良种场(原农场),北纬 35°16′,东经 113°40′,海拔高度 76.3 米。

站址迁移情况 1960 年 12 月,获嘉县气象服务站撤销合并到新乡县(获嘉县与新乡县合并)小吉气象服务站,北纬 35°16′,东经 113°40′,海拔高度 77.2 米。1961 年 10 月,恢复获嘉县气象服务站,站址迁至县获嘉食品公司院内,观测场建在始建地址西南方约 300 米处,北纬 35°16′,东经 113°40′,海拔高度 76.3 米。1983 年 1 月 1 日,迁到获嘉县城东,北纬 35°16′,东经 113°40′,海拔高度 77.1 米。2002 年 1 月 1 日,迁至获嘉县城东大络纣村村南,北纬 35°16′,东经 113°40′,海拔高度 77.6 米,是国家一般气象站。

历史沿革 始建时名称为获嘉县气候站。1960 年 2 月 11 日,更名为获嘉县气象服务站。1960 年 12 月,获嘉县气象服务站撤销合并。1961 年 10 月,恢复获嘉县气象服务站。1968 年 12 月,更名为新乡地区气象台革命委员会获嘉县气象站。1970 年 3 月,更名为获嘉县气象服务站。1970 年 6 月,更名为获嘉县革命委员会气象服务站。1971 年 3 月,更名为获嘉县气象站。1990 年 2 月,更名为获嘉县气象局。

管理体制 自建站至 1963 年,归地方政府管理。1963—1970 年,归新乡地区气象台管理。1971—1972 年,由获嘉县人民武装部领导。1973 年,由获嘉县政府和新乡地区气象台革命委员会双重领导。1983 年,实行气象部门与地方政府双重领导、以气象部门领导为主的管理体制。

机构设置 1981 年 6 月—1986 年 10 月,设测报组和预报组。1986 年 10 月—1995 年

8月,设业务组和服务组。1996年4月增设获嘉县气象服务中心,1998年8月增设风云广告部,2004年增设防雷技术中心,2008年9月增设办公室。

单位名称及主要负责人变更情况

单位名称	姓名	职务	任职时间
获嘉县气候站	皇甫宜淑	站长	1958.10—1960.02
获嘉县气象服务站			1960.02—1968.12
新乡地区气象台革命委员会获嘉县气象站			1968.12—1970.03
获嘉县气象服务站			1970.03—1970.06
获嘉县革命委员会气象服务站			1970.06—1971.03
获嘉县气象站			1971.03—1985.01
	朱炳林	副站长(主持工作)	1985.01—1985.04
	张廷立	副站长(主持工作)	1985.04—1989.04
	朱炳林	站长	1989.04—1990.02
获嘉县气象局		局长	1990.02—2002.01
	祝新建	副局长(主持工作)	2002.01—2007.08
	臧新洲	局长	2007.08—

人员状况 1958年建站时,只有职工2人。1978年,在职职工7人。2008年底,在职职工7人,外聘职工1人。其中,本科学历4人,大专学历1人,中专学历3人;中级职称3人,初级职称4人;50～55岁1人,40～49岁4人,40岁以下3人。

气象业务与服务

1. 气象业务

①气象观测

地面观测 1958年10月4日,开始气象观测,每日进行07、19时(地方时)2个时次观测,夜间不守班。1960年8月1日起,每日进行08、14、20时(北京时)3次观测。

1958年10月4日,观测项目有气温、湿度、降水、地温,不编报发报。1960年8月1日,观测项目有云、能见度、天气现象、气压、气温、湿度、风向、风速、降水、雪深、日照、蒸发、地温、电线积冰等。

1958年10月4日,开始拍发3个时次天气加密报。1960年4月10日,开始每日向河南省气象科研所发绘图报,1961年11月1日停止向河南省气象台拍发小天气图报。1963年5月1日,向河南省气象台拍发小图报,05、14、20时向新乡地区气象台拍发小图报,同时停止向省、地气象台拍发雨量报。1963年11月15日,停止向省、地气象台拍发小图报,恢复拍发05、17时雨量报。1965年3月,拍发墒情报,向新乡市气象局发报种类有08、14、20时天气加密报,逢9日墒情报,农业气象周报,气象旬(月)报;向河南省气象局拍发05、17时雨量报以及不定时重要天气报。天气加密报的内容有云、能见度、天气现象、气压、气温、风向、风速、降水、雪深、地温等;墒情报的内容有10～50厘米土壤湿度;雨量报内容有17时至次日05时、05—17时12个小时雨量;农业气象周报内容有一周气温、降水、湿度、风向、风速、日照等,气象旬(月)报内容有气温、降水、湿度、风向、风速、日照以及 20～50 厘米土壤含水量;重要天气报的内容有雷电、大风、大雾、沙尘暴、霾、冰雹等。

编制的报表有气表-1、气表-21。建站至 1998 年,报表送新乡市气象局审核,审核完毕返回底本 1 份;1999 年 1 月 1 日,改为月、年报表由河南省气候中心承担审核。

2007 年,通过 FTP 网向河南省气象局传输审核好的月报表数据文件,停止报送纸质报表。1999 年 6 月 22 日,正式通过因特网传输雨量报。2000 年 5 月 1 日,正式启用 AHDM 4.1 地面测报程序。2005 年 1 月 1 日起,执行地面测报软件 OSSMO 2004。

区域自动站观测 2004 年 6 月 25 日,首先在城关、冯庄两镇建成自动雨量观测站。截至 2005 年 9 月 22 日,全县 14 个乡镇全部建成自动雨量观测站。2007 年 9 月 1 日,在获嘉县亢村镇小官庄林科所建成四要素自动气象站。

②天气预报

短期天气预报 建站时,利用物候观测及天象做简单天气预报。20 世纪 80 年代,根据上级业务部门基本资料、基本图表、基本档案和基本方法(即四基本)的要求,共抄录整理 55 项资料、绘制简易天气图等 9 种基本图表。1985 年 10 月,甚高频电话开通后,实现了与新乡地区气象台的预报会商。2001 年 3 月,建成县级气象业务系统并投入使用,预报资料通过县级业务系统进行接收。2001 年 6 月,地面卫星接收小站建成并启用,利用卫星和 MICAPS 系统接收的资料制作 24～72 小时预报和临近预报。

中长期天气预报 20 世纪 70 年代中期,开始制作长期天气预报。通过接收中央气象台和河南省气象台的旬、月天气预报,再结合分析本地气象资料、短期天气形势、天气过程的周期变化等,制作旬、月天气过程趋势预报;运用数理统计方法和常规气象资料图表及天气谚语、韵律关系等方法,分别做出具有本地特点的补充订正中长期预报。20 世纪 80 年代,为贯彻执行中央气象局提出的"大中小、图资群、长中短相结合"的技术原则,组织力量,多次会战,建立了一整套长期预报的特征指标和方法。长期预报产品有月天气预报、春播预报、三夏天气预报、汛期降水天气预报、秋季天气预报和冬季预报。

③气象信息网络

1984 年 12 月,开始天气图传真接收工作,主要接收北京的气象传真和日本的传真图表。1985 年 10 月,开通甚高频电话,实现与新乡地区气象台直接业务会商。2000 年 6 月 1 日,启用 MICAPS 系统。2001 年 9 月,地面卫星接收小站建成并正式启用。2001 年 11 月 30 日,正式使用县级气象业务系统,预报所需资料全部通过县级业务系统进行网上接收。

2. 气象服务

公众气象服务 1991 年 2 月,开始在各乡镇安装气象预警服务系统。1992 年 6 月,在照镜、史庄、徐营 3 个乡镇组建农村预警系统信息网,服务对象覆盖 3 个乡镇所有农村。1998 年 8 月,建成多媒体电视天气预报制作系统,将自制的天气预报节目录像带送电视台播放。1997 年 10 月,开通"121"天气预报自动咨询电话(2003 年 6 月,新乡市"121"咨询电话实行集约经营,主服务器由新乡市气象局建设维护;2005 年 1 月,"121"电话升位为"12121")。2004 年 9 月,建成"获嘉县兴农网"。2008 年 5 月,开通气象信息预警平台,为县、乡、村领导、医院、学校负责人等提供气象信息服务和灾害性天气预警信息。

决策气象服务 每年在"三夏"、高考、防汛、秸秆禁烧及重大社会活动期间，通过报送气象服务材料和天气预警信息平台，及时主动地为县委、县政府领导提供决策气象服务。

人工影响天气 2001年，获嘉县人民政府人工影响天气领导小组成立，办公室设在县气象局；同年4月，购置人工影响天气车载式火箭发射架4架、人工影响天气指挥车1辆、作业车1辆。2001—2008年，共实施人工增雨（增雪）34次。

防雷技术服务 1989年5月，开始进行防雷装置安全性能检测。2004年，定期对高层建筑、易燃易爆场所、化工企业、计算机信息系统、中小学校等单位的防雷设施进行检测检查。

气象科普宣传 每年"3·23"世界气象日、安全生产月期间，组织人员上街宣传，并且对中、小学生开放观测场，宣传气象知识、仪器设备、天气预报制作及人工增雨原理等科普知识。

科学管理与气象文化建设

社会管理 2000年1月1日《中华人民共和国气象法》颁布实施，确定了气象部门的防雷社会管理职能。获嘉县安委会〔2007〕09号文，将气象局列为"县安全生产委员会成员单位"，负责全县防雷安全的管理，定期对高层建筑、易燃易爆场所、化工企业、计算机信息系统、中小学校等单位的防雷设施进行检测检查，对不符合防雷技术规范的单位，责令进行整改。2004年，为5名职工办理了行政执法证。

局务公开 对气象行政审批办事程序、气象服务内容、服务承诺、气象行政执法依据、服务收费依据及标准等，通过户外公示栏等方式向社会公开。财务收支、目标考核、基础设施建设、工程招投标等内容，通过职工大会或局内公示栏等方式，向职工公开。财务每季度公示一次，年底对全年收支、职工奖金福利发放、劳保、住房公积金等向职工作详细说明；干部任用、职工晋职、晋级等及时向职工公示或说明。

党建工作 1995年成立党支部。1988年，有4名党员。2008年，有6名党员（其中离退休党员1人）。

2000年后，开展"三个代表"、"保持共产党员先进性"等主题教育活动，积极推进廉政文化"六进"活动。

气象文化建设 获嘉县气象局深入持久开展气象文化建设，积极营造清正廉明朝气蓬勃的文化氛围。1993年，田庆民创作的小品《风雨之交》，荣获中国气象局文艺调演三等奖。2007年，田庆民书法作品《和谐气象》，荣获新乡市气象系统廉政文化竞赛二等奖。

荣誉 1995—2008年，获得集体荣誉8项。其中，1995年12月26日，被获嘉县委、县政府命名为县级"文明单位"；在"96·8"防洪抢险决策气象服务中，荣获县政府"集体二等奖"；2002年12月26日，被新乡市爱国卫生运动委员会授予"市级卫生先进单位"称号；2004年2月，被新乡市委、市政府命名为市级"文明单位"；2005年，荣获获嘉县委、县政府"2004年度服务农村工作工作先进单位"。2008年，被河南省爱卫会授予"省级卫生先进单位"称号。2008 年,被河南省气象局授予"全省气象系统精神文明创建先进集体"称号;被新乡市气象局评为"综合目标达标优胜单位"。

台站建设

1980 年以前,办公环境非常简陋,借用县食品公司 3 间民房办公兼宿舍,年久失修,已成危房,观测场围栏为木栅栏。

1983 年,迁移到城东宋庄附近,有房屋 2 幢 20 间,建筑面积 580 平方米,其中砖木结构 12 间,水泥结构 8 间。职工吃水需到宋庄去拉。

1991 年 5 月,新建 1 栋家属宿舍楼,两层共 5 套,建筑面积 336 平方米。

2002 年,在城东大洛纣村南新站址建造办公用房 8 间,炮库 2 间,车库 2 间;建成水塔 1 座,解决了职工饮水问题;观测场使用了不锈钢围栏;硬化绿化美化土地面积 2400 平方米。

辉县市气象局

辉县市位于河南省西北部,地处豫晋交界,北依太行,自然风光独特,旅游资源丰富,有万仙山、八里沟、关山等景区。

机构历史沿革

始建情况　1958 年辉县气候站开始筹建,1959 年 1 月 1 日开始进行地面观测,站址位于距辉县城东南 3.5 千米处畜牧园艺场,北纬 35°26′,东经 113°49′,海拔高度 91.2 米。

站址迁移情况　1964 年 2 月,站址迁至辉县市城关镇文昌阁东 250 米处,北纬 35°27′,东经 113°49′,海拔高度 96.4 米,为国家一般气象站。

历史沿革　建站时名称为辉县气候站。1960 年 1 月 1 日,更名为辉县气象服务站。1968 年 1 月,更名为新乡地区气象台革命委员会辉县气象服务站。1970 年 11 月,更名为河南省辉县气象站。1980 年 12 月,更名为辉县气象站。1988 年 12 月,更名为辉县市气象站。1990 年 2 月 13 日,更名为辉县市气象局。

管理体制　业务工作始终由河南省、新乡地区(市)气象部门负责,行政归属则多次更迭。建站至 1964 年,归辉县农林局管理。1964—1970 年,实行气象部门和地方政府双重领导,1970 年行政管理权下放到辉县政府。1970—1972 年,归辉县人民武装部管理。1972—1983 年,归辉县农委管理。1983 年,实行气象部门与地方政府双重领导、以气象部门领导为主的管理体制。

机构设置　1982 年设立预报组和测报组,1996 年两组合并,成立业务组和气象服务中心。2004 年,撤销气象服务中心,成立辉县市防雷中心和辉县市气象科技服务中心。

单位名称及主要负责人变更情况

单位名称	姓名	职务	任职时间
辉县气候站	雷秀荣	站长	1959.01—1960.01
辉县气象服务站			1960.01—1963.11
	杜新斌	副站长(主持工作)	1963.11—1968.01
新乡地区气象台革命委员会 辉县气象服务站			1968.01—1970.11
河南省辉县气象站			1970.11—1980.12
			1980.12—1984.05
辉县气象站	郭东海	临时负责	1984.05—1984.11
	陈利进(行政) 赵运俊(业务)	临时负责	1984.11—1985.03
	朱炳林	站长	1985.03—1988.12
辉县市气象站			1988.12—1989.03
	魏新中	站长	1989.03—1990.02
辉县市气象局		局长	1990.02—2007.07
	葛红梅	局长	2007.07—

人员状况 1959年1月建站时,只有职工1人。1959年3月,为3人。1978年,在职职工6人。2008年底,在职职工7人,外聘职工9人。在职职工中:本科学历3人,大专学历4人;中级职称4人,初级职称3人;40岁以上4人,30~40岁2人,30岁以下1人。

气象业务与服务

1. 气象业务

①气象观测

地面气象观测 1959年1月1日,执行全国统一的《气象观测暂行规范》,每日进行01、07、13、19时(地方时)4次定时观测。1960年1月1日,改为07、13、19时(地方时)3次定时观测。1960年8月1日,改为北京时08、14、20时3次定时观测。

观测项目有云、能见度、天气现象、气压、气温、湿度、风向、风速、降水、雪深、日照、蒸发、地温等。2008年,开始电线积冰观测。

2005年1月1日,开始使用地面气象测报软件(OSSMO 2004),气象编报、报表的预审由人工过渡到微机操作。每月制作气象月报表,经初算、复算、预审后,抄录2份上报新乡市气象局。2008年9月,完成长期和永久保存的气象记录(截止到2005年12月)档案向河南省气候中心的移交工作。

农业气象观测 建站初期,开展农业气象物候观测。1961年底,辉县气象站被定为一般农业气象基本站,主要业务为测量土壤湿度。

区域自动站观测 2004年11月,在洪州乡安装测风仪器1套。截至2005年6月底,建成乡镇自动雨量站30个。2007年9月,在万仙山建成四要素区域自动气象站。

②天气预报

建站初期,学习外站补充预报经验,制作本县补充订正天气预报。1959年6月,开始将河南省气象台通过河南省广播电台播发的天气实况绘成简易天气图,结合本地天气实况和气象资料、群众看天经验、气象谚语、物候特征等,做出未来1~3天天气预报。

1973年4月,通过利用本地气象资料和天气特点,找出相似周期,绘制相关图、点聚图等方法,预报未来天气趋势,利用天气阶段和气候方法、韵律、阴阳历叠加相关相似等多种方法进行中、长期天气预报。1983年4月开始使用天气图传真机,通过图、资、群三结合,制作天气预报。

1985年10月,安装甚高频电话,定时与新乡气象台进行天气会商。1995年6月,完成市—县微机网络终端建设,并投入业务使用。2001年建成地面卫星接收系统,利用MI-CAPS系统,接收各种气象信息资料和河南省、新乡市气象台的预报产品,结合辉县气象资料和天气实况,做出天气预报。

③气象信息网络

建站至1985年,气象通讯设施是手摇电话(所有的气象报要通过唯一的手摇电话发出去)。1985年10月,安装甚高频电话。1995年6月,完成市—县微机网络终端建设。2001建成地面卫星单收站;同年10月,建成X.25分组交换网。2002年4月1日,将拨号上网改为宽带上网。2008年,利用MICAPS系统通过网络接收各种气象信息资料。

2. 气象服务

公众气象服务 建站至1985年,利用农村有线广播站播报气象信息。1985年,开始在电视台播放天气预报。1997年8月,开通"121"天气预报自动咨询电话,公众可以通过拨打"121"查询天气信息;2001年,对"121"设备进行升级换代(2003年6月,新乡全市"121"咨询电话实行集约经营,由新乡市气象局负责建设、维护、管理;2005年1月"121"电话改号为"12121")。2002年4月,建成"辉县市兴农网"。2008年5月,建立了气象灾害预警信息发布平台和气象短信平台,利用气象短信平台向全县各级领导、学校、重点企业、农业生产专业户、养殖专业户发布气象信息。

决策气象服务 20世纪80年代以前,决策气象服务产品为常规预报和情报资料,服务方式以书面文字发送为主。20世纪90年代后,决策服务产品逐渐增加了精细化预报、产量预报、森林火险等级等;服务方式也由书面文字发送及电话通知等向电视、微机终端、互联网等发展,各级领导可通过电脑随时调看实时云图、雷达回波图、雨量点雨情。

人工影响天气 20世纪60年代,开展人工增雨作业试验,并开展防雹作业。2000年,人工影响天气工作步入了正规化发展轨道。2005年6月—2006年9月,建成褚邱乡和拍石头人工影响天气固定火箭发射点2个。

防雷技术服务 1989年,开始开展防雷装置检测服务。2004年9月,成立辉县市防雷中心,专门开展防雷装置检测、防雷工程设计审核及验收、防御雷电技术开发、防御雷电宣传、雷电灾情调查与鉴定,防雷技术服务开始步入正规。

气象科普宣传 每年的"3·23"世界气象日期间,开展科普宣传,制作活泼生动的宣传版面,使气象知识通俗易懂。2008年3月,与辉县市电视台《百姓关注》栏目联合推出

《解读晴雨风云　防御自然灾害》气象节目,呼吁社会各界关注气候变化,保护气象探测环境。

科学管理与气象文化建设

社会管理　2000年1月1日《中华人民共和国气象法》实施后,随着中国气象局第6号令《气象预报发布与刊播管理办法》、第7号令《气象探测环境和设施保护办法》、第8号令《防雷减灾管理办法》、第9号令《施放气球管理办法》、第11号令《防雷装置设计审核和竣工验收规定》、第16号令《气象灾害预警信号发布与传播办法》等的逐步实施,辉县市气象局开始依据法律法规开展对气象探测环境、气象设施、气象预报与灾害性天气警报、气候资源开发利用和保护、气象灾害防御及施放气球、防雷减灾等方面的管理。2008年12月,成立了专职气象行政执法队,负责全市的气象执法工作,配备了执法器材和执法专用车。

政务公开　2002年,成立了局务公开工作领导小组,由局长任组长、纪检员负责具体工作。对外公开领导分工、各科室职责、服务承诺、防雷装置设计审核所依据的法律条款、行政处罚项目等;对内定期公开财务收支情况、公用经费支出、招待费、交通费、通讯费等,不定期公开干部任免、技术职务聘任、规章制度、奖罚制度、水电费收缴情况等,使职工有知情权、发言权和参与权。

党建工作　初建站时无党员。1978年成立党支部,有党员5名,截至2008年底有党员6名(其中离退休党员3人)。

气象文化建设　1995—2008年,坚持通过组织职工开展文艺汇演、合唱比赛、知识竞赛、体育比赛、帮扶等丰富多彩的思想教育活动和文体活动,增强干部职工的事业心、责任感和单位的凝聚力。2008年8月7日,在辉县市气象局建站50周年之际,退休职工及建站元老与全体职工齐聚一堂,共话辉县气象事业沧桑巨变。

1998—2007年,连续3届被新乡市委、市政府命名为市级"文明单位"。

荣誉　1982年9月,辉县气象局被辉县县委、县政府评为"抗洪抢险先进单位"。2004年2月、2007年3月,先后被辉县市人民政府评为"林业工作先进单位"。

参政议政　冯素芳于2007年3月当选为辉县市政协第八届委员会委员。

台站建设

建站初期,借用辉县畜牧园艺场3间20平方米的老式旧房,用于办公兼住宿。

1963年,在辉县文昌阁东建新址,建砖木结构瓦房7间,用于办公及住宿。

1976年,新建砖木结构瓦屋8间、砖混结构两层楼房1幢。

1980年,拆除砖木结构瓦房,建砖混结构两层楼房7间。1998年,旧楼拆除,在观测场北33米处建新办公房9间。

2000年,建成两层宿舍楼。2004年2月,对环境进行了综合改善,新建车炮库3间,装修了业务平面,更换了不锈钢围栏,硬化了地面,绿化、美化了环境。

卫辉市气象局

卫辉市原名汲县,历史悠久,西汉高祖二年(公元前 205 年)建县。1988 年 10 月,撤销汲县,设立卫辉市,隶属河南省新乡市。

机构历史沿革

始建情况　1959 年 1 月 21 日,汲县农业科学研究所气象站建立,站址在汲县农业科学研究所,位于北纬 35°23′,东经 114°04′,海拔高度 71.2 米。

站址迁移情况　1964 年 1 月,迁至汲县南站代庄郊外,北纬 35°23′,东经 114°04′,海拔高度 70.0 米。

历史沿革　始建时名称为汲县农业科学研究所气象站。1960 年 2 月 11 日,更名为汲县气象服务站。1969 年 1 月,更名为新乡地区气象台革命委员会汲县服务站。1970 年 5 月,更名为汲县革命委员会气象服务站。1971 年 4 月,更名为汲县气象站。1988 年 10 月撤销汲县设立卫辉市,12 月汲县气象站更名为卫辉气象站。1990 年 2 月,更名为卫辉市气象局。卫辉气象观测站属国家一般气象站。

管理体制　建站初期归地方领导,后改为新乡地区气象台领导。"文革"期间,又改为地方领导,先后归汲县农业局、人民武装部、农业局领导。1983 年,实行气象部门与地方政府双重领导、以气象部门领导为主的管理体制。

机构设置　1990 年以前,内设测报组、预报组。1991 年增设服务组。1999 年,设立测报科、预报科、服务科、办公室。2004 年,设立业务科、卫辉市气象科技服务中心和卫辉市防雷中心、办公室。

单位名称及主要负责人变更情况

单位名称	姓名	职务	任职时间
汲县农业科学研究所气象站	张云洞	副站长(主持工作)	1959.01—1960.02
汲县气象服务站			1960.02—1962.01
	岳崇山	副站长(主持工作)	1962.01—1964.01
新乡地区气象台革命委员会汲县服务站	乔继存	副站长(主持工作)	1964.01—1969.01
			1969.01—1970.05
汲县革命委员会气象服务站			1970.05—1971.04
			1971.04—1972.10
汲县气象站	李金钱	站长	1972.10—1979.12
	乔继存	副站长(主持工作)	1979.12—1982.05
	岳崇山	副站长(主持工作)	1982.05—1988.12
卫辉市气象站		站长	1988.12—1989.03
	李柯星	副站长(主持工作)	1989.03—1990.02

单位名称	姓名	职务	任职时间
卫辉市气象局	李柯星	副局长（主持工作）	1990.02—1995.02
		局长	1995.03—1997.08
	胡廉敏	副局长（主持工作）	1997.08—1999.07
	李柯星	局长	1999.07—2007.07
	魏新中	局长	2007.07—

人员状况 1959年建站初期，只有职工2人。1978年底，有在职职工7人。2008年底，有职工6人，外聘职工6人。其中，本科以上学历2人，大专学历6人；中级职称2人，初级职称3人；年龄50岁以上1人，40～49岁4人，40岁以下7人。

气象业务与服务

1. 气象业务

①气象观测

地面观测 建站时，每日进行01、07、13、19时（地方时）4次观测。1960年1月1日，改为07、13、19时（地方时）3次观测。1960年8月1日，改为08、14、20时（北京时）3次观测，夜间不守班。

观测项目有云、能见度、天气现象、气压、气温、湿度、风向、风速、降水、雪深、日照、蒸发、地温、冻土、积雪等，2008年增加电线积冰观测。

1971年5月，开始向安阳安字441部队拍发预约航空报；1973年11月1日，开始向安阳机场拍发05—20时固定危险报和预约航空报；1981年1月1日起，05—20时向武汉、郑州、新乡拍发固定航危报；1984年7月，取消武汉、郑州航空报任务；1986年12月7日起，发往新乡军用机场的航空报时次变更为08—20时；1989年1月1日，停止向新乡机场拍发航危报；1990年3月1日—12月21日，08—20时向新乡机场拍发航危报；1991年1月1日—12月31日，05—20时向新乡机场拍发航危报；1992年1月1日起，向新乡机场拍发的航危报改为08—20时；2003年12月31日，停止拍发航空报；2004年3月1日—12月31日，向新乡机场拍发航空报。1983年10月1日，开始编发重要天气报；1994年7月15日，停发重要天气报。2001年4月1日起，每日08、14、20时向国家气象中心拍发天气加密报。

区域自动站观测 至2005年8月25日，建成乡镇自动雨量站12个。2007年7月9日，完成跑马岭四要素区域自动气象站建设。

农业气象观测 建站开始，进行墒情监测并向河南省气象局发报。1960年11月，由2日测墒发墒情报改为每5日测墒发墒情报，1963年11月改为每月逢8日取土测墒。1984年开始，为县、乡镇领导提供气象旬、月、季报，农作物产量预报，播种期预报，收获期预报，作物生长期间气象条件评述，季、年气候评价，卫星遥感情报，灾害性天气气候评价，农作物雨情、虫情、病情分析等。

②天气预报

20世纪70年代,通过广播电台收听天气形势和天气预报,结合本站资料、九线图等图表,制作未来3天天气预报。20世纪80年代,开始接收传真天气图和上级台指导预报,结合本站资料,每天制作未来3天天气预报。1985年10月,甚高频电话开通,实现了与新乡市气象台及周边县站的天气会商。2001年,建成卫星单收站,利用MICAPS系统接受高低空和地面形势图,以形势预报和数值预报作指导,制作未来3~5天和临近预报,并提供灾害性天气预报预警和制作供领导决策的各类重要天气报告。

③气象信息网络

1980年前,利用收音机通过广播电台收听武汉区域气象中心和河南省气象台以及周边气象台播发的天气预报和天气形势。1981年,配备了传真接收机,接收北京、欧洲气象中心以及日本东京的气象传真图。1985年10月,安装了甚高频电话,利用甚高频电话和新乡市气象台进行天气会商。2000年,购置安装了卫星云图接收机。2001年,完成地面卫星小站建设,并利用MICAPS系统使用高分辨率卫星云图、地面高空天气形势图等。1999—2005年,相继开通了因特网,建立了气象网络应用平台、专用服务器和省、市、县、办公系统,气象网络通讯线路X.25升级换代为数字专用宽带网,开通100兆光缆,接收从地面到高空各类天气形势图和云图、雷达拼图等数据,为气象信息的采集、传输处理、分发应用、天气会商、公文处理提供支持。

2. 气象服务

公众气象服务 1988年之前,通过汲县广播电台发布天气预报。1988年,天气预报开始在卫辉电视台以字幕形式发布。1997年7月15日,开通"121"天气咨询电话(2003年6月全市"121"天气咨询电话实行集约经营,2005年1月"121"改号为"12121")。1998年,购置天气预报制作系统,独立完成天气预报节目制作,节目在卫辉电视台以天气预报栏目的形式播放。2002年4月,建起了兴农网。2007年,建立了气象灾害预警信息发布平台,利用手机短信发布气象灾害预警信息。2008年,通过移动通信网络开通了气象短信平台,利用气象短信平台向全县各级领导、学校、重点企业、农业生产专业户、养殖专业户发布气象信息。

决策气象服务 每年"三夏"、高考、汛期及比干(林氏鼻祖)诞辰纪念大典活动期间,依靠省、市气象信息共享平台,及时主动地提供气象保障和决策服务。2000—2007年,先后6次被卫辉市委、市政府授予"服务农村经济先进单位"称号。

人工影响天气 1999年7月13日,卫辉市政府下发了《关于开展人工影响天气工作的通知》,成立了人工影响天气办公室,挂靠在气象局。截至2008年底,有火箭发射装备3架,兼职人工影响天气作业人员7名。

防雷技术服务 1989年5月,开始对全市防雷装置进行检测。2004年,开始定期对高层建筑、化工企业、易燃易爆场所、计算机信息系统等进行检测,并逐渐从防雷检测向防雷工程、雷电灾害评估等方面延伸。

气象科普宣传 每年"3·23"世界气象日、安全生产月期间,组织人员上街宣传,并且对中、小学生开放观测场,宣传气象知识、仪器设备、天气预报制作及人工增雨原理等科普知识。

科学管理与气象文化建设

社会管理 2003 年 12 月,卫辉市人民政府下发《卫辉市人民政府办公室关于印发卫辉市保留和新增行政审批事项的通知》(卫政办〔2003〕88 号),将防雷设计、施工到竣工验收全部纳入气象行政管理范围。2004 年 5 月,卫辉市政府下文(卫政〔2004〕11 号文件),把卫辉市气象局列为市安全生产委员会成员单位,负责全市的防雷安全管理,定期对液化气站、加油站、民爆仓库等高危行业和非矿山企业的防雷设施进行检测。2006 年,成立了气象行政执法队,为 2 名职工办理了行政执法证,依法开展新建建筑物防雷装置设计审核和竣工验收工作,查处未审先建或建后不进行防雷工程竣工验收的行为。

2007 年 12 月,卫辉市气象局发函(卫气函〔2007〕2 号)致规划局,就气象探测环境保护标准进行备案。

《通用航空飞行管制条例》和《施放气球管理办法》颁布实施后,依法对氢气球施放市场进行管理。

政务公开 对气象行政审批办事程序、气象服务内容、服务承诺、气象行政执法依据等,通过户外公示栏及其他方式,向社会公开。财务收支、目标考核、基础设施建设等内容,通过全体职工会议或局内公示栏等方式,向职工公开。

党建工作 1992 年成立党支部。截至 2008 年底,有 6 名党员(其中离退休党员 1 人)。

局财务账目每年接受上级财务部门的年度审计,并公示结果。党支部经常组织党员干部观看警示教育片,提高反腐倡廉思想认识,杜绝了违法违纪事件发生。

气象文化建设 开展文明知识、职业道德、社会公德、家庭美德教育,认真落实环境"净、齐、美"要求;经常组织全体干部职工开展丰富多彩的文体活动,并购置了健身器材,丰富了职工的业余生活;开展争创文明科室、文明职工、文明家庭活动,形成了人人争先进、户户讲文明的良好氛围。

1995 年 7 月,被卫辉市委、市政府命名为县级"文明单位"。1999 年 3 月—2005 年 2 月,一直保持市级"文明单位"称号。2005 年 3 月,晋升为省级"文明单位"。

荣誉 1995—2008 年,共获集体荣誉 40 项。其中,2005 年被中国气象局授予"气象部门局务公开先进单位";2005 年被河南省气象局授予"防雷工作先进集体"、"全省人工影响天气工作先进集体";2007 年、2009 年被河南省气象局授予"气象部门优秀县(市)局"称号;2006 年被新乡市人民政府授予"森林防火先进单位"。

1991—2008 年,荣获个人奖 102 人(次)。

台站建设

2002 年以前,办公环境非常简陋。2002 年,建成了建筑面积 500 平方米两层办公楼 1 座,楼前院内全部铺设广场砖,办公环境得到很大改善。2005 年实施了整体"绿化、美化、亮化"工程,前院种植了草坪,院内栽种了景观树。2008 年对办公环境和业务系统进行升级改造,室内进行了装修,更换了办公设备,改善了办公条件。

原阳县气象局

原阳县地处黄河下游冲积平原,南邻黄河,属暖湿带大陆性季风气候,隶属河南省新乡市。

机构历史沿革

始建情况　1958年7月,原阳县气候站开始筹建,1958年8月1日开始观测,站址位于原阳县城关乡魏店村,东经113°56′,北纬35°02′。

站址迁移情况　1959年2月25日,原阳县气候站随农场迁至原阳县城东靳堂,东经113°59′,北纬35°02′,海拔高度76.9米。1960年5月1日,和农科所合并,又随农科所迁至原阳县白堤口村(经纬度、海拔高度延续使用)。1961年5月30日,又随农科所搬回靳堂。1967年9月1日,迁至原阳县城西北郊外,东经113°57′,北纬35°03′,海拔高度75.8米。1982年1月1日,站址迁至原阳县城西郊外,东经113°57′,北纬35°03′,海拔高度76.6米。

历史沿革　初建时,名称为原阳县气候站。1960年2月11日,更名为原阳县气象服务站。1969年2月10日,更名为新乡地区气象台革命委员会原阳服务站。1970年4月13日,更名为河南省原阳县气象服务站。1971年8月12日,更名为河南省原阳县气象站。1981年1月,更名为原阳县气象站。1990年2月13日,更名为河南省原阳县气象局。

管理体制　建站初期归原阳县农业局管理,其后归新乡地区气象台管理。1970年3月,行政管理权再次归属地方,先归原阳县农业局,又归原阳县人民武装部,再转原阳县农业局。1983年,实行气象部门与地方政府双重领导、以气象部门领导为主的管理体制。

机构设置　1981—1985年,设立预报组、观测组。1985—2001年,设立观测组、预报组、气象科技服务中心;2004年增设防雷中心、办公室。

单位名称及主要负责人变更情况

单位名称	姓名	职务	任职时间
原阳县气候站	秦长逊	副站长(主持工作)	1958.08—1960.02
原阳县气象服务站			1960.02—1969.02
新乡地区气象台革命委员会原阳服务站			1969.02—1969.05
河南省原阳县气象服务站	胡文峰	主持工作	1969.05—1970.04
			1970.04—1971.08
河南省原阳县气象站	李云泉	站长	1971.08—1977.11
	胡文峰	副站长(主持工作)	1977.11—1981.01
原阳县气象站			1981.01—1985.03
	李珂星	副站长(主持工作)	1985.03—1988.03
	王庆恒	副站长(主持工作)	1988.03—1990.02
河南省原阳县气象局		副局长(主持工作)	1990.02—1992.03
	刘治明	副局长(主持工作)	1992.03—1995.01
		局长	1995.01—

人员状况　1958年建站时,只有职工2人。1978年底,共有职工7人。2008年底,在职职工6人,外聘职工4人。在职职工中:本科学历2人,大专学历1人,中专学历2人,高中学历1人;中级职称3人,初级职称3人;40～50岁4人,40岁以下2人。

气象业务与服务

1. 气象业务

①气象观测

地面观测　原阳观测站属国家一般气象观测站,承担全国统一观测项目任务。

1958年8月1日起,观测时次采用地方时,每日进行01、07、13、19时4次观测。1960年1月1日起,每日进行07、13、19时3次观测。1960年8月1日起,每日进行08、14、20时(北京时)3次定时观测,夜间不守班。

观测项目有云、能见度、天气现象、气压、气温、湿度、降水、风向、风速、日照、蒸发(小型)、冻土、雪深和地温(距地面0、5、15、20厘米),2008年增加电线积冰观测。

每年向河南省气象台编发小天气图报(6—8月)、雨量报;1993年3月,增发天气加密报,小天气图报停发。建站至1985年,雨量报、小天气图报、墒情报采用人工编报,通过电话传输。

建站至1996年,地面气象观测月报表、年报表用手工抄写方式编制,一式3份,分别上报河南省气象局气候资料室、新乡市气象局各1份,本站留底本1份。1996年5月,改为微机制作、打印地面气象月报表。2001年10月起,通过X.25分组网向河南省气象局传输报表资料,经河南省气象局审核后的报表由各站负责打印归档。2008年8月,完成了长期、永久保存的气象记录(建站至2005年12月底)档案向河南省气候中心的移交。

区域自动站观测　2004年—2006年5月,原阳县共建成乡镇自动雨量站16个。2007年8月,又建成荒庄四要素(气温、降水、风向、风速)区域自动观测站。

农业气象观测　原阳县气象观测站属农业气象一般观测站,每旬逢8日测定土壤湿度,逢1日编发农气旬月报。1984年,完成了原阳县农业气候区划。20世纪90年代初,开始进行小麦卫星遥感估产业务和主要农作物生育期气象条件分析。2006年,开始进行生态农业气象监测。

②天气预报

初建站时,利用收音机收听河南省气象台播发的天气形势和天气预报,结合本站气象要素变化,制作订正天气预报。20世纪60年代,曾养殖一些对天气变化反应比较敏感的小动物(泥鳅、蚂蟥等),通过观察动物的一些活动变化,结合天气形势和本站气象要素变化,制作天气预报。20世纪80年代初期,对各类气象资料进行了整理,对各种灾害性天气个例进行建档,并通过参加上级业务部门组织的中、长期预报方法会战,建立了一整套中、长期预报的特征指标和方法。1985年10月,其高频电话开通后,实现了与新乡地区气象台的预报会商。2001年3月,建成县级气象业务系统并投入使用。2001年,地面卫星接收小站建成并启用,利用地面卫星接收小站和MICAPS系统接收的资料,制作24～72小时预报和临近预报。

③气象信息网络

1985年前,利用收音机收听武汉区域气象中心和河南省气象台以及周边气象台播发的天气预报和天气形势。1985年10月,安装了甚高频电话,利用甚高频电话和市气象台进行天气会商。1995年6月,开通计算机终端。2001年,完成地面卫星小站建设,并利用MICAPS系统接收和使用高分辨率卫星云图和地面、高空天气形势图等。1999—2005年,相继开通了因特网,建立了气象网络应用平台、专用服务器和省、市、县办公系统,气象网络通讯线路X.25升级换代为数字专用宽带网,开通100兆光缆,接收从地面到高空各类天气形势图和云图、雷达拼图等资料,为气象信息的采集、传输处理、分发应用、天气会商、公文处理提供支持。2008年,建成电信MPLS-VPN备用线路。

2. 气象服务

公众气象服务 建站至20世纪80年代,短期天气预报发布主要以电话方式向广电局传递预报产品,由广电局通过有线广播向公众发布天气预报。20世纪80年代中后期,原阳县电视台建成使用,天气预报产品通过广播、电视两种形式向公众发布。1990年8月,建成气象警报服务系统,各乡镇及服务单位通过气象警报接收机,定时接收气象服务信息。1997年8月,开通"121"天气预报自动咨询电话;1999年9月,对"121"气象信息设备进行了升级改造(2003年6月,新乡全市"121"气象咨询电话实行集约经营,主服务器由新乡市气象局建设维护;2005年1月,"121"电话改号为"12121")。1998年11月,原阳县气象局建成多媒体电视天气预报制作系统,将自制的电视天气预报节目录像带送原阳县电视台播放。2003年5月,建成了"原阳县兴农网"。2008年5月,开通了气象信息短信平台,以手机短信方式向全县各级领导发布气象信息和气象灾害预警信息,提高了气象信息和气象灾害预警信号的发布速度。

决策气象服务 建站至20世纪80年代中期,决策气象服务产品为常规预报和情报资料,服务方式以发送书面文字为主。20世纪80年代中后期,决策服务产品逐渐增加了精细化预报、产量预报等;服务方式也由书面文字发送及电话通知等向电视、微机终端、互联网、手机短信等发展。1998年,被原阳县人民政府评为"支持夏粮生产先进单位"。

人工影响天气 1977年,原阳县人工防雹增雨办公室成立,办公室设在县气象站,并利用土火箭进行人工增雨防雹试验。2001年,成立原阳县人工影响天气领导小组,办公室设在县气象局,并购置BL-1型火箭发射架2部,适时开展人工影响天气作业。

防雷技术服务 1989年,开展防雷装置检测服务。2003年,成立原阳县防雷中心,对外开展防雷服务,定期对高层建筑、化工企业、易燃易爆场所、计算机信息系统等进行检测,并逐渐从防雷检测向防雷工程、雷电灾害评估等方面延伸。

气象科普宣传 每年以"3·23"世界气象日和安全生产月活动为载体,开展气象科普宣传活动;参与政府部门开展的气象科普宣传活动,解答公众提出的气象问题并发放气象宣传资料,普及气象和防雷知识。

科学管理与气象文化建设

1. 社会管理

2004年7月,原阳县人民政府下发《原阳县防雷减灾实施办法》(原政文〔2004〕75号),2006年11月原阳县人民政府办公室下发《关于转发〈新乡市人民政府办公室关于切实做好防雷减灾工作的通知〉的通知》(原政办〔2006〕96号)。2005年1月,先后为6名干部职工办理了行政执法证,成立了气象行政执法队伍。防雷装置设计审核和竣工验收、施放无人驾驶自由气球或系留气球活动的批准、从事气象业务服务活动的审批行政许可项目,经原阳县政府批准,入驻原阳县行政服务中心审批大厅。2005年,被原阳县人民政府列为县安全生产委员会成员单位,负责全县防雷安全的管理。

2005—2008年,与安监、建设、教育等部门联合开展气象行政执法检查10余次。2005年和2008年,原阳县气象局气象探测环境保护技术规定先后两次在县原阳县建设局备案。

2. 政务公开

对气象行政许可办事程序、气象行政执法依据、气象服务内容、气象服务收费依据及标准、服务承诺等,通过原阳县人民政府信息网、户外公示栏等形式,向社会公开。内部成立了局务公开领导机构,对财务收支、目标管理考核、基础设施建设、工程招投标等内容,通过职工大会或内部公示栏公示等方式,向职工公开;年底对全年财务收支、职工奖金、福利发放、领导干部待遇、住房公积金等向职工作详细说明,职称评定、晋职、晋级等重大事项及时向干部职工公示或说明。

3. 党建工作

自建站至1970年6月,无中共党员。1970年7月—1971年7月,有党员1人,因气象站和原阳邮电局同归人民武装部管理,和邮电局编为同一党支部。1971年7月—1996年12月,一直保持党员1~2人,编入原阳县农业局党支部,1998年初,有党员4人,同年党支部成立。2008年底,有党员7人(其中离退休党员1人),预备党员1人。

原阳县气象局党支部经常组织党员上党课、观看警示教育片,从思想上筑牢反腐倡廉防线。

4. 气象文化建设

成立了文明单位创建机构,制定了创建规划;开展经常性的政治理论、法律法规、业务技术学习;建有图书室、健身活动场所,开展丰富多彩的文体活动,积极参加新乡市气象局和原阳县组织的文艺汇演和体育比赛。

1998年,被原阳县委、县政府命名为县级"文明单位"。2001年,被新乡市爱卫会授予市级"卫生先进单位"。2002年,被新乡市委、市政府命名为市级"文明单位"。2002—2008年,一直保持市级"文明单位"和市级"卫生先进单位"称号。

5. 荣誉

集体荣誉 1984—2008 年,共获县级以上集体荣誉 38 项。其中,1996 年,被河南省气象局评为"汛期气象服务先进集体"。2001 年,被河南省人事厅、河南省气象局评为"河南省气象系统先进集体";被河南省档案局评为"档案管理先进单位"。2001 年和 2004 年,被新乡市爱卫会授予市级"卫生先进单位"。

个人荣誉 1984—2008 年,个人获奖共 87 人(次)。其中,刘治明同志 1996 年被河南省人民政府评为"抗洪抢险模范",2000 年被河南省委、省政府评为"抗洪抢险先进个人"。

台站建设

1967 年 9 月,原阳县气象服务站站址迁移,征地 0.36 公顷,建办公房 2 幢 14 间。1982 年 1 月,站址再次迁移,征地 6540.3 平方米,建设砖木结构房屋 4 幢 26 间,建筑面积 535 平方米。1992 年,翻修改建了办公房 217.5 平方米和职工宿舍楼 549.9 平方米。1999 年,硬化了站内地面 600 平方米。2001 年,建成了地面气象卫星接收小站。2003 年改造了业务平面,并对环境进行了绿化美化。2008 年整修了房屋,硬化了地面,安装了健身器材。

延津县气象局

延津县地处豫北新乡地区中部,东邻封丘、滑县,南界原阳,西与新乡相连,北与卫辉市、浚县接壤。

机构历史沿革

始建情况 1956 年 10 月延津县气候站始建,站址位于城西南小谭村,东经 114°11′,北纬 35°09′。

站址迁移情况 1959 年 7 月,迁至城关镇南关外(城郊),东经 114°11′,北纬 35°09′,海拔高度 71.1 米。

历史沿革 建站时名称为延津县气候站。1960 年 3 月,更名为延津县气象服务站。1969 年 1 月,更名为新乡地区气象台革命委员会延津服务站。1970 年 3 月,更名为延津县革命委员会气象站。1971 年 7 月,更名为延津县气象站。1990 年 2 月,更名为延津县气象局。

管理体制 自建站至 1963 年 3 月,以延津县地方领导为主。1963 年 4 月—1971 年 5 月,以气象部门管理为主。1971 年 6 月—1972 年 12 月,由延津县人民武装部管理。1973 年 1 月—1982 年,属延津县农委管理。1983 年,实行气象部门与地方政府双重领导、以气象部门领导为主的管理体制。

机构设置 1980 年,设天气预报组和地面观测组。1995 年,设立人工影响天气办公室。2005年,成立科技服务中心。

单位名称及主要负责人变更情况

单位名称	姓名	职务	任职时间
延津县气候站	卫周爱	站长	1956.10—1960.03
延津县气象服务站			1960.03—1969.01
新乡地区气象台革命委员会延津服务站	王连魁	站长	1969.01—1970.03
延津县革命委员会气象站			1970.03—1971.07
			1971.07—1974.03
延津县气象站	朱国珍	站长	1974.03—1979.03
	朱佑芝	站长	1979.03—1985.03
	张立志	站长	1985.03—1990.02
		局长	1990.02—1995.04
延津县气象局	葛红梅	局长	1995.04—2007.08
	张耀清	局长	2007.08—

人员状况 1956年建站时,只有职工3人。1978年,有在职职工7人,临时工4人。2008年底,有在职职工7人,外聘职工3人。其中,本科学历1人,大专学历4人,中专学历1人;中级职称3人,初级职称4人;50~55岁3人,40~49岁4人,40岁以下3人。

气象业务与服务

1. 气象业务

①气象观测

地面观测 1956年10月5日起,每日进行01、07、13、19时(地方时)4次观测,夜间不守班。1960年1月1日,改为每日07、13、19时(地方时)3次观测。1960年8月1日起,每日进行08、14、20时(北京时)3次观测。1974年1月1日,由每日3次观测改为02、08、14、20时(北京时)4次观测,同时夜间守班。1986年4月1日,改为夜间不守班。1989年1月1日,取消02时观测。

观测项目有风向、风速、气温、气压、空气湿度、云、能见度、天气现象、降水、日照、小型蒸发、地面温度和浅层地温、雪深,2008年增加电线积冰观测。

每年向河南省气象台编发小天气图报、雨量报、重要天气报,1993年3月1日停发小天气图报,改发加密天气报。1960年5月17日,开始承担郑州、商丘、开封、新乡、长治等地的航危报拍发任务。

区域自动气象站观测 2004—2006年,相继建成乡镇自动雨量站13个,2007年8月在石婆固建成四要素自动气象站1个。

农业气象观测 从建站开始,进行墒情监测并向河南省气象局发报。1960年11月,由每2日测墒发墒情报改为每5日测墒发墒情报;1963年11月,改为10日墒情报,每月逢8日取土、逢9日发报。1985—1988年,利用卫星遥感技术向延津县政府提供小麦苗情监测和产量预报;1990—1992年,参加华北地区小麦优化灌溉试验;1985年,开始撰写气候评价,并向县政府职能部门提供农业气象服务材料。

②天气预报

短期天气预报 20世纪70年代,通过收听天气形势,结合本站资料图表,每日早晚制作24小时内天气预报。20世纪90年代初,利用传真天气图和上级气象台指导预报,结合本站资料,每天制作未来3天天气预报。2001年以来,利用卫星接收资料及MICAPS系统通过网络接收的各种气象信息资料和河南省、新乡市气象台的预报产品,开展24小时、未来3~5天和临近预报。

短期气候预测(长期天气预报) 长期天气预报制作在20世纪70年代中期开始起步,80年代贯彻执行中央气象局提出的"大中小、图资群、长中短相结合"技术原则,建立一整套长期预报的特征指标和方法。长期预报产品有月预报、春播预报、三夏期间预报、汛期预报、秋季预报和冬季预报。

③气象信息网络

1980年前,利用收音机收听武汉区域气象中心和河南省气象台以及周边气象台播发的天气预报和天气形势。1981年,配备了传真接收机,接收北京、欧洲气象中心以及日本东京的气象传真图。1985年10月,安装了甚高频电话,利用甚高频电话和新乡市气象台进行天气会商。2001年,完成地面卫星小站建设,并利用MICAPS系统接收和使用高分辨率卫星云图和地面、高空天气形势图等。1999—2005年,相继开通了因特网,建立了气象网络应用平台、专用服务器和省、市、县办公系统,气象网络通讯线路X.25升级换代为数字专用宽带网,开通100兆光缆,接收从地面到高空各类天气形势图和云图、雷达拼图等资料,为气象信息的采集、传输处理、分发应用、天气会商、公文处理提供支持。

2. 气象服务

公众气象服务 1985年9月,天气预报信息通过电话传输至广播局,开始在电视台播放天气预报。1997年11月8日,开通"121"天气预报自动咨询电话(2003年6月,新乡全市"121"答询电话实行集约经营,由新乡市气象局负责建设、维护、管理;2005年1月"121"电话改号为"12121")。1998年10月,建成多媒体电视天气预报制作系统,将自制节目录像带送电视台播放。2002年4月1日,建成"延津县兴农网"。2007年,建立了气象灾害预警信息发布平台,利用手机短信发布气象灾害预警信息。2008年,通过移动通信网络,开通了气象短信平台,利用气象短信平台向全县各级领导、学校、重点企业、农业生产专业户、养殖专业户发布气象信息。

决策气象服务 20世纪80年代初,决策气象服务产品为常规预报和情报资料,服务方式以书面文字发送为主。20世纪90年代后,决策服务产品逐渐增加了精细化预报、产量预报、森林火险等级预报等,气象服务方式也由书面文字发送及电话通知等向电视、微机终端、互联网等发展,各级领导可通过电脑随时调看实时云图、雷达回波图、雨量点雨情。1995—2008年,先后荣获延津县委、县政府"服务农业先进单位"、"服务农村经济先进单位"、"支持夏粮生产先进单位"等荣誉。

人工影响天气 1995年,延津县人民政府人工影响天气领导小组成立,办公室设在县气象局。同年11月,购买"三七"高炮2门,开始了人工影响天气工作。2001年6月20日,购买 BL-1 型火箭发射架 2 部。

防雷技术服务 1989 年 8 月,开始对全县防雷装置进行检测。2002 年 4 月 10 日,与延津县公安局联合下发了《关于计算机信息系统(场地)进行防雷安全检测的通知》(延公〔2002〕6 号),开始对全县计算机信息系统(场地)进行防雷安全检测。

气象科普宣传 延津县气象局利用每年的"3·23"世界气象日、防灾减灾日活动,进行科普宣传,现场发放气象科普宣传资料,解答公众问题,参与政府部门开展的安全生产月活动。1997 年 5 月—2001 年 9 月,为延津县职业高中科普宣传实验基地。

气象科研 1979 年,由陈中林主持研究的"划分阶段,制作天气预报"预报方法,获河南省人民政府"科技成果四等奖",河南省气象局"河南省气象科技成果二等奖"。

科学管理与气象文化建设

1. 社会管理

2002 年,延津县人民政府下发《关于加强防雷减灾管理工作的通知》(延政文〔2002〕6 号),将防雷工程从设计、施工到竣工验收,全部纳入气象行政管理范围。2000 年,延津县人民政府法制办批复确认延津县气象局具有独立的行政执法主体资格,并为 3 名职工办理了行政执法证,气象局成立行政执法队。2006 年,被延津县政府列为县安全生产委员会成员单位,负责全县防雷安全的管理,定期对液化气站、加油站、民爆仓库等高危行业和非煤矿山的防雷设施进行检测检查,对不符合防雷技术规范的单位,责令进行整改。

《通用航空飞行管制条例》和《施放气球管理条例》颁布实施后,开始实施施放气球管理。

2. 政务公开

对气象行政审批办事程序、气象服务内容、服务承诺、气象行政执法依据、服务收费依据及标准等,通过户外公示栏等方式,向社会公开。财务收支、目标考核、基础设施建设、工程招投标等内容,采取职工大会或局内公示栏张榜等方式,向职工公开。

3. 党建工作

1993 年 8 月,延津县气象局成立党支部,有党员 3 人。截至 2008 年底有党员 5 人(其中离退休党员 1 人)。

党支部把勤政廉政、务实工作作为开展各项业务工作的基础,并严格按照上级部门要求,层层签订党风廉政建设目标责任书。

2004 年,延津县气象局党支部获得延津县"先进基层党组织"荣誉。

4. 气象文化建设

2000 年之后,先后建立了图书阅览室、职工活动室,大力开展群众性文体活动及"送温暖、献爱心"等活动。

1991—2001 年,连续被延津县委、县政府命名为县级"文明单位"。2002 年,被新乡市委、市政府命名为市级"文明单位"。

5. 荣誉

集体荣誉　2001 年,延津县气象局被延津县第十届人大常委会评为"人民满意的气象局"。1995—1996 年,连续被延津县委、县政府评为"完成目标双评先进单位"。2005 年 1 月,荣获"河南省重大气象服务先进集体"荣誉。

个人荣誉　2006 年,葛红梅被新乡市委宣传部、新乡市文明办、新乡市妇联评为"三八红旗手",并当选为中国共产党新乡市第九次党代会代表。

台站建设

2003 年以前,办公环境非常简陋,院内无水泥硬化、无绿化,室内灯光昏暗,芦苇席顶棚,办公设备陈旧,办公房为砖木结构瓦房,年久失修,已成危房。2003 年,建造两层办公楼 1 座,建筑面积 330 平方米。2007 年,对办公环境进行升级改造,室内进行了装修,更换了办公设备,硬化绿化美化土地面积 2500 平方米。

封丘县气象局

封丘县位于河南省东北部,古为封父国地,西汉置封丘县。地处黄河古道,地貌复杂,沙岗、平原、洼地兼有。隶属河南省新乡市。

机构历史沿革

始建情况　1958 年 5 月 14 日,在封丘县城东北角范庄建立封丘县气候站,东经 114°26′,北纬 35°03′,海拔高度 70.3 米,1959 年开始正式观测。

站址迁移情况　1982 年 1 月 1 日,迁至县东街新村 10 号,东经 114°25′,北纬 35°02′,海拔高度 70.3 米。2005 年 1 月 1 日,迁至封丘县城封曹路中段路南,东经 114°25′,北纬 35°02′,海拔高度 69.6 米。

历史沿革　建站时名称为封丘县气候站。1960 年 1 月 1 日,更名为封丘气象服务站。1969 年 1 月 1 日,更名为新乡地区气象台革命委员会封丘服务站。1970 年 4 月,更名为封丘县革命委员会气象服务站。1971 年 8 月,更名为河南省封丘县气象站。1990 年 2 月 13 日,更名为河南省封丘县气象局。

管理体制　1963 年前,归封丘县农业局领导。1964—1969 年,实行业务部门和地方政府双重领导。1970—1972 年,归封丘县人民武装部领导。1973—1983 年,归封丘县政府领导。1983 年,实行气象部门与地方政府双重领导,以气象部门领导为主的管理体制。

机构设置　1971—1995 年,设测报组和预报组。1996 年,测报、预报业务合并,成立业务组和科技服务组。2005 年,业务组和科技服务组分别更名为业务科和服务科。

单位名称及主要负责人变更情况

单位名称	姓名	职务	任职时间
封丘县气候站	李时彬	副站长	1959.01—1960.01
封丘气象服务站			1960.01—1969.01
新乡地区气象台革命委员会封丘服务站			1969.01—1970.04
封丘县革命委员会气象服务站			1970.04—1971.08
河南省封丘县气象站		站长	1971.08—1990.02
河南省封丘县气象局		局长	1990.02—1995.01
	张耀清	局长	1995.01—2007.08
	周广亮	局长	2007.08—

人员状况 1958 年建站时,只有职工 3 人。1978 年,有在职职工 6 人。2008 年底,有在编职工 6 人,外聘职工 3 人。在编职工中:大专学历 5 人,高中学历 1 人;中级职称 2 人,初级职称 3 人;40～49 岁 2 人,40 岁以下有 4 人。

气象业务与服务

1. 气象业务

①气象观测

地面观测 1959 年 1 月 1 日,每日进行 01、07、13、19 时(地方时)4 次观测。1960 年 1 月 1 日,改为 07、13、19 时(地方时)3 次观测。1960 年 8 月 1 日,改为 08、14、20 时(北京时)3 次观测。

1959 年 1 月 1 日,观测项目有云、能见度、天气现象、气压、温度、湿度、风向、风速、降水、雪深、日照、蒸发(小型)、地温等;2008 年,增加电线积冰观测。

发报种类有小图报和加密报(内容有云、能见度、天气现象、气压、气温、风向、风速、降水、雪深等);墒情报(内容只有 5～40 厘米各层土壤含水率等);重要天气报(内容有暴雨、大风、雨凇、冰雹、龙卷风等)。

编制的报表气表-1、气表-21,向河南省气象局和新乡地区(市)气象局各报送 1 份,本站留底本 1 份。2001 年 10 月,通过 X.25 分组网,向河南省气象局传输原始资料,经河南省气象局审核后,纸质报表由本站打印归档。

区域自动站观测 2004 年 7 月,开始建设自动雨量站。截至 2008 年底,全县已建成乡镇自动雨量站 19 个;2007 年 7 月,在应举镇建成四要素自动站 1 个。

农业气象观测 根据《关于调整长垣封丘两站农气工作任务的通知》(河南省气象局〔1989〕气业字 48 号),从 1990 年 1 月 1 日起,承担省农气基本站的全部工作任务。1993 年,开展优化灌溉工作。1995 年 1 月,执行《农业气象观测规范》,进行小麦、玉米两个作物生育期观测。2006 年 3 月 20 日起,开展生态气象监测。

②天气预报

短期天气预报　建站时,利用物候观测及天象制作简单天气预报,内容包括降水、风向、风速、温度。1958 年 6 月,开始作补充天气预报。20 世纪 80 年代初期,通过收听天气形势,结合本站资料图表,每日早晚制作 24 小时天气预报。1985 年开始,利用甚高频电话,每日 17 时与新乡市气象台会商未来 24～48 小时天气,进行预报订正。2000—2008 年,利用 MICAPS 2.0 系统接收资料,参考新乡市气象台会商记录,开展 24 小时、未来 2～3 天以及临近预报,并开展灾害性天气预报预警业务和制作各类重要天气报告。

中长期天气预报　20 世纪 70 年代中期,开始制作长期天气预报,通过接收中央气象台、河南省气象台的旬、月天气预报,再结合分析本地气象资料、短期天气形势、天气过程周期变化等,制作旬、月天气过程趋势预报;运用数理统计方法和常规气象资料图表及天气谚语、韵律关系等方法,分别做出具有本地特点的补充订正中长期预报。20 世纪 80 年代,为贯彻执行中央气象局提出的"大中小、图资群、长中短相结合"的技术原则,组织力量,多次会战,建立了一整套长期预报的特征指标和方法。长期预报产品有月天气预报、春播预报、三夏天气预报、汛期降水天气预报、秋季天气预报和冬季预报。

③气象信息网络

1981 年 4 月,开始天气图传真接收工作。1985 年 10 月,开通甚高频电话,实现与市气象台直接业务会商。1990 年 7 月,开通气象警报网,各乡镇、各服务单位通过气象警报接收机,定时接收气象服务信息。1998 年 7 月,购置天气预报制作系统,将自制节目录像带送电视台播放。1999 年 8 月 4 日,建成地面卫星接收小站并正式启用。2001 年 4 月,建成县级气象业务系统,制作天气预报所需资料全部通过县级业务系统由网上接收。1999—2005 年,相继开通了因特网,建立了气象网络应用平台、专用服务器和省、市、县办公系统,气象网络通讯线路 X.25 升级换代为数字专用宽带网,开通 100 兆光缆,接收从地面到高空各类天气形势图和云图、雷达拼图等数据,为气象信息的采集、传输处理、分发应用、天气会商、公文处理提供支持。

2.气象服务

公众气象服务　1990 年 7 月,开通气象警报网,各乡镇、各服务单位通过气象警报接收机,定时接收气象服务信息。1998 年 7 月,购置天气预报制作系统,将自制节目录像带送电视台播放。1997 年 6 月,开通"121"天气预报自动咨询电话(2003 年 5 月,新乡市"121"天气预报自动咨询电话实行集约经营,主服务器由新乡市气象局建设维护;2005 年 1月,"121"电话升位为"12121")。2002 年 4 月,开通了"封丘县兴农网"。2008 年,开通了气象商务短信平台,以手机短信方式向全县各级领导及用户发送气象信息。

决策气象服务　20 世纪 80 年代初,决策气象服务方式以书面文字发送为主。20 世纪90 年代后,气象服务产品由电话等向电视、微机终端、互联网等发展,各级领导可通过电脑随时调看实时云图、雷达回波图、中小尺度雨量点雨情。1990 年以前,气象服务产品主要是常规预报产品和情报资料;1990 年后,服务产品更加丰富,除常规预报产品和情报资料外,增加了精细化预报、产量预报、森林火险等级预报等。

人工影响天气　1998 年 4 月,封丘县人民政府人工影响天气办公室成立,挂靠封丘县气象局,购置"三七"高炮 4 门。2001 年 3 月,购置人工增雨火箭发射架 4 部。2003 年 11 月,购置卫星定位仪 1 台。

防雷技术服务 1988 年 5 月,开始对全县防雷装置进行检测。2002 年 4 月,开始对全县计算机信息系统(场地)进行防雷安全检测。2004 年,定期对液化气站、加油站、民爆仓库等高危行业和非煤矿山的防雷设施进行检测检查,并逐渐从防雷检测向防雷工程、雷电灾害评估等方面延伸。

科学管理与气象文化建设

1. 社会管理

2000 年,封丘县人民政府法制办批复确认封丘县气象局具有独立的行政执法主体资格,并为 3 名职工办理了行政执法证。2003 年 1 月,封丘县人民政府办公室发文(封政办〔2003〕22 号),将防雷工程从设计、施工到竣工验收,全部纳入气象行政管理范围。2004 年被封丘县人民政府列为县安全生产委员会成员单位,负责全县防雷安全的管理,定期对液化气站、加油站、民爆仓库等高危行业和非煤矿山的防雷设施进行检测检查。

2. 局务公开

通过户外公示栏等方式,向社会公开气象行政审批办事程序、气象服务内容、服务承诺、气象行政执法依据、服务收费依据及标准等。财务收支、目标考核、基础设施建设、工程招投标等内容,通过职工大会或内部公示栏等方式向职工公开。

3. 党建工作

1958 年 10 月—1984 年 5 月,有党员 1 人。1984 年 5 月—1995 年 6 月,有党员 2 人,编入封丘县农业局党支部。1995 年 7 月,有党员 3 人,成立党支部。截至 2008 年底有党员 3 人。

4. 气象文化建设

1988 年始,开展文明创建规范化建设,改造观测场,装修业务值班室,开辟学习园地,建立法制宣传栏和文明创建标牌等,建有图书阅览室、职工学习室、小型运动场,丰富了职工的文化生活。

1991 年 12 月成功创建县级"文明单位"。1997 年 9 月,升为市级"文明单位",并连续 3 届保持市级"文明单位"荣誉称号。

5. 荣誉与人物

集体荣誉 1978—2008 年,共获集体荣誉 50 项。其中,1978 年,被河南省气象局授予"'双学'先进单位";1999 年、2004 年,先后 2 次被河南省气象局评为全省"人工影响天气工作先进集体"。

个人荣誉 1978—2008 年,个人获奖共 100 人次。其中,卫金豹 1978 年被中央气象局授予"全国气象部门'双学'先进工作者"称号,1983 年被河南省人民政府授予"农业劳动模范"称号。1993 年、2006 年,张耀清 2 次被评为"新乡市劳动模范"。

人物简介 卫金豹,男,1946 年 2 月出生,山西省河津县人。1967 年 7 月毕业于成都气象学校,1984 年 6 月入党。1980 年 1 月—1985 年 1 月,任封丘县气象站副站长,1985 年 1 月—1990 年 1 月任新乡市气象局业务科科长,1990 年 1 月—2001 年 3 月任新乡市气象局副局长,2001 年 3 月—2006 年 2 月任新乡市气象局党组书记、局长,2006 年 3 月退休。卫金豹 1978 年被中央气象局评为"全国气象部门'双学'先进工作者",1983 年被河南省政府授予"农业劳动模范"荣誉称号。

台站建设

1981 年,进行了站址迁移和综合改善。2004 年,站址再次迁移,建设了一期工程办公楼、车炮库;2006 年,进行二期工程建设,办公院内进行了硬化、绿化,对局机关的环境面貌和业务系统进行了大的改造,先后建成了县级地面气象卫星接收小站、县级气象服务终端、天气预报制作系统、决策气象服务、商务短信平台等业务工程。

长垣县气象局

长垣县位于河南省东北部,属新乡市管辖。东靠黄河,与山东省东明县隔河相望,西邻滑县,南与封丘毗连,北与滑县、濮阳接壤,因"县有防垣"而得名。

机构历史沿革

始建情况 1956 年经河南省气象局批准,筹建长垣县气候站,1957 年 1 月 1 日正式开始观测,站址位于长垣县北关外。

站址迁移情况 1957 年 1 月—1978 年 1 月,站址位于县城北关外,北纬 35°13′,东经 114°40′,海拔高度 61.5 米。1978 年 1 月—2001 年 7 月,迁至长垣县西关外,北纬 35°12′,东经 114°40′,海拔高度 61.4 米。2001 年 7 月,迁至城关镇菜园村(长垣县文明路西段路南),北纬 35°12′,东经 114°39′,观测场海拔高度 61.6 米。

历史沿革 建站时名称为长垣县气候站。1960 年 1 月,更名为长垣县气象服务站。1980 年 1 月,更名为长垣县气象站。1990 年 2 月,更名为长垣县气象局。

管理体制 1957—1963 年,归地方领导。1963 年以后,实行上级气象部门与地方政府双重领导。"文革"期间,先归长垣县农业局领导,后归人民武装部领导,又转为农业局领导。1983 年,实行气象部门与地方政府双重领导、以气象部门领导为主的管理体制,豫北气象管理处对长垣县气象站领导。1986 年 4 月,因地方行政区域规划,长垣县气象站划归新乡气象处(后更名为新乡市气象局)管理。

机构设置 1980—1989 年,设立预报组、测报组。1989—2008 年,增加科技服务科室,测报、预报混合值班,共 3 个科室。

单位名称及主要负责人变更情况

单位名称	姓名	职务	任职时间
长垣县气候站	王慎德	站长	1957.01—1960.01
			1960.01—1960.02
长垣县气象服务站	张元海	站长	1960.02—1960.04
	廖学淼	站长	1960.04—1970.04
	谢崇生	站长	1970.04—1977.06
	李国保	站长	1977.06—1979.03
长垣县气象站	朱新义	站长	1979.03—1980.01
			1980.01—1981.12
	郭文奇	副站长(主持工作)	1981.12—1983.03
	宋金襄	副站长(主持工作)	1983.03—1990.02
长垣县气象局		局长	1990.02—1995.03
	王庆恒	副局长(主持工作)	1995.03—2001.12
		局长	2001.12—

人员状况 1957 年建站时,只有 2 人。1978 年底,有在职职工 8 人。2008 年底,有在职职工 8 人。其中:本科学历 1 人,大专学历 3 人,中专学历 4 人;中级职称 5 人,初级职称 3 人。

气象业务与服务

1. 气象业务

①气象观测

地面观测 1957 年 1 月 1 日—1960 年 12 月 31 日,观测时次为地方时,每日进行 01、07、13、19 时 4 次观测。1961 年 1 月 1 日—12 月 31 日,改为北京时 02、08、14、20 时 4 次观测。1962 年 1 月 1 日起,改为北京时 08、14、20 时进行 3 次观测,夜间不守班。

观测项目为云、能见度、天气现象、降水、气压、气温、湿度、浅层地温、风向、风速、小型蒸发、日照、雪深、冻土。

2003 年 11 月,建成自动气象站,并投入业务运行。2004 年 1 月 1 日—2005 年 12 月,为人工站、自动站平行观测。2006 年 1 月 1 日,自动气象站正式投入单轨运行。2007 年,增加自动站草温观测。2008 年,增加电线积冰观测项目。

建站至 1999 年,均为纸质手抄本报表向上级报送。1999 年之后,改为微机制作报表。自动气象站建成后,报表资料自动形成,通过微机直接向上级气象部门传送并拷盘保存备份。2008 年 8 月,完成了长期、永久保存的气象记录档案(建站至 2005 年 12 月),并向河南省气候中心移交。

区域自动站观测 2004 年 6 月—2006 年 5 月,共建成 18 个乡镇(办事处)区域雨量自动观测站。2007 年 9 月,建成恼里镇四要素区域自动气象站。

农业气象观测 1982 年,定为河南省农业气象基本观测站。1986 年起,增加农业气象旬月报发报任务。1990 年 1 月,撤销农业气象基本站,农业气象观测业务转为日常逢 8 日测墒和每句逢 1 日发布农业气象旬月报。1985 年后,开展小麦卫星遥感估产业务。

②天气预报

1957—1980 年,通过收听天气形势,结合本站资料图表,每日早晚制作 24 小时日常天气预报。1985 年,开始利用甚高频电话,每天 17 时与新乡市气象台会商未来 24～48 小时天气,进行预报订正。2000—2008 年,利用 MICAPS 2.0 系统接收资料,参考新乡市气象台会商记录,开展 24 小时、未来 2～3 天以及临近预报,并开展灾害性天气预报预警业务和制作各类重要天气报告。预报内容分为长、中、短期,长、中期天气预报为月报、旬报。

③气象信息网络

1957—1985 年,由人工编报,通过电话向上级气象部门传输雨量报、墒情报。1985 年,甚高频电话开通,通过甚高频电话直接向新乡市气象局口传报文。1999—2005 年,相继开通了因特网,建立了气象网络应用平台及省市县办公系统,气象网络通讯线路从 X.25 升级换代为移动 100 兆光纤,各种报文直接通过微机软件编发。

2. 气象服务

公众气象服务 建站至 1995 年 8 月,主要通过县广电局对外发布天气预报。1995 年 9 月,与长垣县电视台、教育台合作进行电视节目制作,以影视方式播出天气预报。1997 年,开通"121"天气预报自动咨询电话。2000 年 7 月,购置了天气预报节目制作系统,每天将自制的电视天气预报节目录像带送电视台。2008 年,开通手机短信气象服务。

决策气象服务 在"三夏"、高考、汛期、秸秆禁烧及重大活动期间,依靠省、市气象信息共享平台,及时主动地为长垣县委、县政府提供气象保障和决策服务。在"96·8"防洪抢险决策气象服务中,荣获长垣县政府"集体二等奖";2004 年,被长垣县委、县政府评为"2003 年度农村经济工作先进单位"。

人工影响天气 1999 年 6 月,成立长垣县人工影响天气领导小组,挂靠在长垣县气象局,购置"三七"高炮 3 门,6 月开始增雨作业。2001 年 1 月,又购置增雨火箭 2 架,人工增雨车辆 1 部。

防雷技术服务 1989 年,开始对全长垣县防雷装置进行检测。2000 年,成立防雷中心,定期对液化气站、加油站、民爆仓库等高危行业和计算机信息系统、高层建筑进行防雷安全检测,并逐渐从防雷检测向防雷工程、雷电灾害评估等方面延伸。

气象科普宣传 在"3·23"世界气象日和安全生产月期间,举行多种形式的宣传活动。观测场和业务平台不定期向中小学学生开放,讲解气象知识、气象监测设备、天气预报制作流程和人工增雨原理等。

科学管理与气象文化建设

1. 社会管理

2000年，与地方政府协商依法保护气象探测环境问题，并就气象探测环境保护范围在长垣县规划局进行备案。

《通用航空飞行管制条例》和《施放气球管理条例》颁布实施后，开始实施施放气球管理。

2. 政务公开

成立了局务公开领导小组，配备了财务监督人员和监察员。推行阳光工程，每月召开局务会1次，大额资金的支出必须经局务会研究决定，每月把群众关心的热点、难点问题上墙公布。

3. 党建工作

1995年4月，成立长垣县气象局党支部，有党员3人。截至2008年底，有党员3人（其中离退休党员1人）。

每年与新乡市气象局党组和长垣县委签订党风廉政建设目标责任书；完善了"三人议事"工作制度、财务会计等制度，从源头上杜绝腐败发生；经常组织党员上党课，看警示教育片，加强廉政文化建设，从思想上筑牢反腐倡廉防线。

2005年，长垣县气象局党支部被长垣县委组织部评为"2004年度先进党组织"。

4. 气象文化建设

1997年，成立文明单位创建工作领导小组，制定了文明单位创建工作规划、文明工作职责及文明创建工作领导责任追究办法和奖惩制度。建有图书室、乒乓球室，坚持开展丰富多彩的文体活动。

1998年11月，被长垣县委、县政府命名为县级"文明单位"；2002年2月，被新乡市爱国卫生运动委员会命名为市级"卫生先进单位"；2006年，被河南省爱国卫生运动委员会命名为省级"卫生先进单位"；2002—2008年，为市级"文明单位"。

5. 荣誉与人物

集体荣誉 1996年获长垣县委、县政府"'96·8'抗洪抢险集体二等奖"，2004年被长垣县委、县政府评为"2003年度农村经济工作先进单位"，2005年被长垣县委组织部评为"2004年度先进党组织"。

人物简介 宋金襄，男，1948年7月14日出生，汉族，长垣县恼里镇文户村人。1969年7月北京气象专科学校气象专业毕业，先后在延津县气象局、长垣县气象局担任地面测报员、预报员、副局长、局长等职务，1982年被河南省人民政府评为"河南省农业劳动模范"。2008年7月退休。

台站建设

1978 年以前,办公设施非常简陋。

1978 年,站址迁移,征地 0.34 公顷,修建砖木结构办公房 8 间,宿舍房 10 间。

2001 年,站址再次迁移,征地 5400 平方米,建砖混结构办公房面积 295.85 平方米,职工宿舍楼面积 880 平方米,炮库 105 平方米,观测场面积由过去的 16 米×20 米改为 25 米×25 米,拥有 8080 千伏安的变压器及供电设施。2003 年,建成了自动气象观测站,并对办公环境进行了改善,栽种了花草,种植了景观树,环境面貌大为改善。

焦作市气象台站概况

    焦作市位于河南省西北部,太行山南麓,北纬 35°02′~35°30′,东经 112°57′~113°32′。全市总面积 4071 平方千米,辖 4 县 2 市 5 区,人口 361 万。焦作市区西与沁阳接壤,南与武陟、温县为邻,东与新乡获嘉、辉县相交,北与山西晋城陵川交界。东西长 55 千米,南北宽 29 千米,面积 1580 平方千米,地势从东北走向西南,由南至北逐渐增高。

    焦作市属于暖温带大陆性季风气候。太行山的自然屏障及海拔高差的悬殊,使焦作的气候具有明显的地方性特征。气候比较干燥,热量、水分、光能等气候资源较充足,干旱、高温、暴雨、大雾等自然灾害比较频繁。春季干旱多风,夏季炎热多雨,秋季昼暖夜凉,冬季寒冷干燥。年平均气温 15.2℃,无霜期较长,年平均降水量 568.5 毫米。

气象工作基本情况

    所辖台站概况   1984 年 1 月起,管辖博爱县气象站和修武县气象站。1988 年 7 月,正式组建焦作市气象局后,下辖博爱、沁阳、济源、孟县、温县、武陟、修武 7 个县(市)气象局。1997 年 7 月 2 日,所辖济源市气象局划归河南省气象局直管。

    历史沿革   焦作市气候站始建于 1959 年 1 月。1960 年 12 月,更改为焦作市气象服务站(豫气办[1960]16 号)。1970 年 3 月,更名为焦作市气象台革命领导小组。1971 年 3 月,扩充为焦作市气象台(副处级)。1976 年 10 月,更名为河南省焦作市革命委员会气象台。1981 年 12 月,更名为焦作市气象台。1988 年 7 月,正式组建焦作市气象局,由河南省气象局直接领导,规格为正处级。1954 年建立孟县气象站,1955 年建立博爱县气候站,1956 年建立沁阳县气候站,1958 年建立温县气候站和武陟县气候站,1959 年建立修武县气候站;1971 年,所辖气候站均更名气象站;1990 年,所辖县气象站均更名县气象局,实行局、站合一。

    管理体制   焦作市气象台站自建站至 1979 年,隶属地方政府领导,业务受上级气象部门指导。1980 年体制改革,实行气象部门和地方政府(新乡专员公署)双重领导、以气象部门领导为主的管理体制。1988 年 7 月,随着行政划分,焦作与新乡地区分离,正式组建焦作市气象局,由河南省气象局直接领导。

    人员状况   焦作市气候站和 6 县气候站建站时,共有 21 人。截至 2008 年底,全市气象部门有职工 137 人(其中正式职工 87 人,聘用职工 50 人),离退休职工 43 人。在职正式职工中:男 54 人,女 33 人;汉族 86 人,少数民族 1 人;大学本科及以上学历 38 人,大专学历 29 人,中专及以下学历 20 人;高级职称 5 人,中级职称 36 人,初级职称 46 人;30 岁以下 33 人,31~40 岁 17 人,41~50 岁 31 人,50 岁以上 6 人。

党建与精神文明建设 1966 年以前,没有党员。1966 年 6 月,有党员 1 名,参加焦作市农科所党支部组织生活。1972 年 2 月,经博爱县人民武装部党委批准,博爱县气象站第一个建立党支部。随后,各县气象站相继成立党支部。截至 2008 年底,焦作市气象部门有独立党支部 7 个,在职党员 48 人,离退休党员 11 人。截至 2008 年底,焦作市气象局和孟州、博爱、沁阳、修武 4 个县(市)气象局晋升为省级文明单位,温县、武陟县气象局为市级文明单位。2004 年 2 月焦作市气象局被焦作市精神文明建设委员会命名为"文明系统",2006 年 12 月被中国气象局命名为"全国气象部门文明台站标兵"。

领导关怀 2003 年 1 月 19 日,中国气象局副局长刘英金和政工办、老干部办有关同志一行 4 人在河南省气象局局长张绍本、焦作市副市长王林贺等陪同下到焦作市气象局视察工作。2003 年 4 月 19 日,全国人大环境资源委员会副主任、原中国气象局局长温克刚一行,在河南省气象局局长张绍本、焦作市政协主席张明亮等领导陪同下,来焦作市气象局考察慰问。2003 年 8 月 15 日,中国气象局副局长许小峰一行在河南省气象局局长张绍本、副局长王银民、刘金华,焦作市副市长赵建军的陪同下,莅临焦作市气象局调研指导工作。2004 年 10 月 13 日,中国气象局局长秦大河率团在河南省省长助理马万全、河南省气象局局长胡鹏的陪同下,莅临焦作市气象局和孟州市气象局考察工作。2009 年 5 月 26 日,中央纪委驻中国气象局纪检组组长、局党组成员孙先健到焦作市气象局调研指导工作。

主要业务范围

地面气象观测 按照全国统一观测项目任务,每天进行 08、14、20 时 3 个时次的地面观测,夜间不守班。

观测项目有云、能见度、天气现象、气压、气温、风向、风速、降水、冻土、雪深、日照、0~20 厘米地温、小型蒸发等。

武陟县气象局 2004 年 1 月 1 日改造为自动气象观测站,实现地面气压、气温、湿度、风向、风速、降水、地温(包括地表、浅层和深层)自动记录,改变了地面气象要素人工观测的历史。

2006 年 1 月 1 日,焦作市气象局新增紫外线监测仪正式投入使用。2008 年 1 月 1 日,焦作市气象局增加酸雨观测任务。2006 年 4 月 1 日起,焦作市气象部门开展生态气象监测。

农业气象观测 沁阳气象站 1983 年被确定为河南省农业气象观测基本站,承担小麦、玉米生育状况观测任务和作物地段土壤湿度测定工作。2005 年 1 月 1 日起,每旬逢 3 日加测土壤湿度并编报。1990 年,焦作市气象台站开始利用天气—气候等预报模式,制作发布小麦、玉米产量预报;同年 11 月,开始使用气象卫星遥感监测资料服务冬小麦苗情长势,并逐步开展土壤墒情、森林火点、秸秆焚烧等卫星遥感监测资料服务。2003 年 12 月,改农业气象旬报服务为农业气象周报服务,气象服务领域由单一的小麦、玉米等粮食作物向大棚蔬菜、四大怀药、林果等特色农业拓展。

天气预报　1980 年以前,各县气象站通过收听天气形势,结合本站资料图表,每日早晚制作 24 小时日常天气预报。1980 年起,每日 06、12、17 时 3 次制作预报。从初期单纯的气象图加经验的主观定性预报,逐步发展为采用气象雷达、卫星云图、并行计算机系统等先进工具制作客观定量定点数值预报。截至 2008 年底,主要开展常规 24 小时、未来 3 天和月报等短、中长期天气预报以及临近预报,并开展灾害性天气预报预警业务和制作供领导决策的各类重要天气报告。

人工影响天气　焦作人工影响天气工作始于 20 世纪 80 年代,为高炮人工增雨作业。1999 年 10 月起,筹建焦作市地面火箭增雨作业系统,成立了焦作市人民政府人工影响天气领导小组,办公室挂靠焦作市气象局。2001—2003 年,开展火箭人工增雨作业。截至 2008 年底,全市拥有增雨(防雹)火箭作业装备 15 架,人工影响天气作业车辆 7 部和人工增雨(防雹)指挥车 1 部,GPS 定位仪 1 台,火箭增雨(防雹)标准化固定发射点 3 个,车载式移动天气雷达 1 部。作业领域已由单纯的以农业抗旱为主,拓展到生态环境改善、降低森林火险等级、净化空气、秸秆禁烧、水库蓄水等。

决策气象服务　20 世纪 80 年代,多以口头或传真方式向地方政府提供决策服务。20世纪 90 年代起,逐步开发"重要天气报告"、"天气趋势预报"、"汛期天气形势分析"、"三夏专题天气预报"等决策服务产品。1998 年起,开始对外发布森林火险等级预报服务。2004年 8 月,正式对外发布暴雨、暴雪、寒潮、大风、沙尘暴、高温、冰雹、霜冻、大雾、道路结冰等10 种突发气象灾害预警信息。2007 年 6 月 12 日,气象灾害预警信号增加雷电、霾、干旱气象灾害。

公众气象服务　20 世纪 60 年代,利用农村有线广播站播报气象消息。1994 年,与当地广播电视局合作,在地方电视台开播电视天气预报节目。1996 年,焦作市气象局及各县气象局相继开始独立制作电视天气预报节目。1997 年,开通电话"121"自动答询系统。2003 年 3 月,开通手机气象短信业务。截至 2008 年底,通过电视、短信、网络等多种途径,开展日常预报、天气趋势、生活指数、灾害防御、科普知识、农业气象等服务。

焦作市气象局

机构历史沿革

始建情况　1959 年 1 月,正式建立焦作市气候站,当时仅承担少量的气象要素观测任务。

站址迁移情况　建站初期,焦作市气候站位于焦作市墙南村西地(市郊),北纬 35°14′,东经 113°16′,观测场海拔高度 103.7 米。1961 年 1 月,从原址向西北方迁移 400 米,观测场海拔高度 109.4 米。1965 年 8 月 15 日,因观测场地势低洼,整体垫高 10 厘米。1972 年

11月,迁至焦新东路14号(焦作市东苑路88号),观测场海拔高度112.0米。1981年8月10日,观测场由16米×20米扩建为20米×20米。

历史沿革 1960年12月,站名改为焦作市气象服务站(豫气办[1960]16号)。1966年6月,更名为焦作市新乡地区气象台革命委员会焦作服务站。1970年3月,更名为焦作市气象台革命领导小组。1971年3月,扩充为焦作市气象台(副处级)。1976年10月,更名为河南省焦作市革命委员会气象台。1981年12月,更名为焦作市气象台。1984年1月,管辖博爱县气象站和修武县气象站。1988年7月,随着行政划分,焦作与新乡地区分离,正式组建焦作市气象局,由河南省气象局直接领导,规格为正处级。

管理体制 建站时,归焦作市城建局主管。1962年12月,转为焦作市农业局领导。1967年1月—1969年6月,归地方同级革命委员会领导。1971年,转为焦作市人民武装部领导。1974年1月,转为地方同级革命委员会领导,业务受上级气象部门指导。1980年体制改革,实行气象部门与地方政府(新乡专员公署)双重领导、以气象部门领导为主的管理体制。

机构设置 1960—1981年,河南省焦作市气象台设立预报组、观测组、报务组。1981—1988年,设立办公室、观测科、天气科。1988—2006年,设立办公室、人事科、业务科、气象台、观测站、科技服务中心、防雷中心、专业气象服务台。2006年,设立办公室、人事教育科(与党组纪检组合署办公)、业务科3个内设机构和焦作市气象台、焦作市气象科技服务中心、焦作市防雷中心、焦作市气象局财务核算中心(后勤服务中心)4个直属事业单位以及焦作气象观测站(县级局站)。2008年3月,根据上级要求,财务核算中心单独设立。

单位名称及主要负责人变更情况

单位名称	姓名	职务	任职时间
焦作市气候站	谷清河	站长	1959.01—1960.12
焦作市气象服务站	张建斌	站长	1960.12—1963.01
	颜国顺	站长	1963.02—1966.05
焦作市新乡地区气象台革命委员会焦作服务站	张玉虎	站长	1966.06—1970.02
焦作市气象台革命领导小组			1970.03—1971.03
焦作市气象台			1971.03—1976.09
河南省焦作市革命委员会气象台			1976.10—1981.11
焦作市气象台		台长	1981.12—1984.11
	郑国战	台长	1984.12—1988.06
焦作市气象局		副局长(主持工作)	1988.07—1992.03
	季书庚	局长	1992.04—1995.05
	陈中林	局长	1995.06—1997.09
	郑国战	副局长(主持工作)	1997.10—1999.04
	刘跃红	局长	1999.04—

人员状况 1959年建站时,只有职工6人。截至2008年底,有在职职工63人(其中正式职工48人,聘用职工15人),离退休职工18人。在职正式职工中:男29人,女19人;汉

族 47 人,少数民族 1 人;大学本科及以上学历 25 人,大专学历 17 人,中专及以下学历 6 人;高级职称 5 人,中级职称 17 人,初级职称 21 人,无职称 5 人;30 岁以下 20 人,31～40 岁 12 人,41～50 岁 14 人,50 岁以上 2 人。

气象业务与服务

1. 气象业务

①气象观测

地面观测 焦作市气象观测业务始于 1959 年 1 月 1 日,为国家一般气象观测站,承担全国统一观测项目任务,每日进行 08、14、20 时 3 个时次的地面观测,夜间不守班。

观测项目有云、能见度、天气现象、气压、气温、风、降水、冻土、雪深、日照、0～20 厘米地温、小型蒸发。承担土壤含水率测定任务。

1983 年 10 月 1 日,开始编发重要天气报;2001 年 6 月 1 日,开始拍发天气加密报。2004 年 6 月 21 日,6 个一般测墒站开始编发气象旬(月)报墒情段;2006 年 6 月 20 日,增加基本气象段。截至 2008 年底,焦作市气象局观测站承担航危报发报任务;焦作、博爱、温县、孟州等县(市)气象局承担防汛水报发报任务,通过焦作市邮电局报房传递电报;所辖 7 站承担雨情报、墒情报发报。

1985 年 7 月,配发了 PC-1500 袖珍计算机,用于气表-1 的审核。1993 年 10 月 1 日,开始机审报表。1993 年,启用 AHDM 3.0 地面测报程序,完成地面观测数据输入、查算、报表预审、气表-1 和气表-21 封面封底输入等工作。1995 年 10 月,通过计算机网络,正式向河南省气候中心传递 D 文件。1999 年 1 月 1 日起,由河南省气候中心审核报表。2005 年 1 月 1 日,开始使用 2004 版地面气象测报业务系统软件。

酸雨观测 2008 年 1 月 1 日,开始酸雨观测。

紫外线观测 2006 年 1 月 1 日,开始紫外线观测。

区域自动气象站观测 2004—2008 年,焦作市先后布设区域自动气象站 70 个,其中乡镇自动雨量站 64 个,四要素自动气象站 6 个,弥补了人工观测站点密度稀少的不足,实现了气象要素的自动观测和传输。

农业气象观测 20 世纪 80 年代中期,开始开展农业气象旬(月)报服务、关键农事季节气象服务。1990 年,开始利用天气—气候等预报模式制作发布小麦、玉米产量预报;同年 11 月,开始使用气象卫星遥感资料监测冬小麦苗情长势,并逐步开展土壤墒情、森林火点、秸秆焚烧等卫星遥感监测资料服务。2001 年,购买了 ArcGIS 专业地理信息系统,建立焦作市遥感防火地理信息平台,将火点定位精确至村级。2003 年 12 月,改农业气象旬报服务为农业气象周报服务,气象服务领域由单一的小麦、玉米等粮食作物向大棚蔬菜、四大怀药、林果等特色农业拓展。2006 年 3 月,与焦作市农业局建立服务合作机制。

②天气预报

1980 年以前,通过收听天气形势,结合本站资料图表每日早晚制作 24 小时内日常天气预报。1980 年起,每日 06、12、17 时 3 次制作预报,预报方法也从利用气象图加经验的定性预报,逐步发展为采用气象雷达、卫星云图、并行计算机系统等先进工具制作客观定量定点的数值预报。2008 年 5 月,引进的新一代中尺度数值预报 WRF 模式系统投入使用。截至 2008 年底,主要开展常规 24 小时、未来 3 天和月报等短、中长期天气预报以及临近预报,同时开展灾害性天气预报预警业务和制作供领导决策的各类重要天气报告。

③气象信息网络

1985 年 10 月,焦作市气象台安装了高频电话并投入使用。1995 年 4 月,建成焦作市气象局计算机局域网,并投入运行。1996 年 5 月,所辖县(市)气象局开通计算机终端。1997 年 12 月,气象卫星综合利用业务系统 9210 工程建成,开始通过卫星接收资料,开通卫星电话、程控交换机、广播数据自动接收系统。1999 年 6 月 22 日,通过因特网传输雨量报。2001 年,X.25 信息分组交换网建设完成;同年 6 月 1 日,通过 X.25 向河南省气象局编发天气加密报、雨量报、墒情报。2003 年 1 月,CTL-713C 型天气雷达、闪电定位观测系统投入业务使用,7 月 5 日安装卫星云图接收系统,12 月省—市 SDH 气象宽带网投入应用,传输速度达到 2 兆,省—市电视会商系统在此基础上实现。2004 年 8 月,X.25 升级成 SDH气象宽带。2004 年,市—县气象宽带投入应用,传输速度达 2 兆。2005 年,焦作市气象局局域网络以 100 兆宽带整体接入因特网。2006 年,数据处理中心建设完成并投入运行,2月 23 日市—县视频会议系统开通运行,2 月 24 日焦作—晋城开通了视频会商系统。2007年 5 月,"9210"单收站卫星资料接收系统升级为 DVBS 新一代卫星资料接收系统,并与"9210"单收站并行。2008 年 11 月 24 日,"气象应急移动车载系统"投入使用。2008 年 12月,建成电信 MPLS-VPN 备用线路,在此基础上的实景视频监控系统全部到位并投入运行。

2. 气象服务

公众气象服务 20 世纪 60 年代,利用农村有线广播站播报气象消息。1994 年 10 月,与当地广播电视局合作,在焦作电视台开播电视天气预报节目,为公众提供常规预报(24小时预报和市、县预报)服务,时长 2 分钟。1996 年 12 月起,焦作市气象局开始独立制作电视天气预报节目,常规预报服务内容增加了 48 小时预报,时长调整为 3 分钟。2001 年 1月,焦作市虚拟场景系统正式投入使用,配有主持人,服务内容又增加了指数、旅游景点预报,时长 4 分钟。1997 年,开通电话"121"自动答询系统(2003 年 6 月,"12121"气象热线由1 号信令升级为 7 号信令,线路由 30 路扩容为 120 路,同时和移动、联通、网通实现了直连;2003 年 8 月,市、县"121"实行集约化管理;2007 年,"121"更名为"12121")。2003 年 3 月,开通手机气象短信业务。2004 年起,新增服务产品有森林火险预报、生活指数预报、生产运输预报、旅游景区预报、电力专项预报等,服务领域拓展到电力、化工、交通、旅游、冶金、建筑等多个行业。

决策气象服务 1998 年以前,气象服务信息主要是常规预报产品和情报资料。1998年,开始对外发布森林火险等级预报服务。1999 年,向地方领导报送重要气象服务信息等决策气象服务产品,并开展"黄金周"等旅游气象保障服务。2004 年 8 月,正式对外发布暴雨、暴雪、寒潮、大风、沙尘暴、高温、冰雹、霜冻、大雾、道路结冰 10 种突发气象灾害预警信息。2007 年 6 月 12 日,气象灾害预警信号增加雷电、霾、干旱气象灾害。1992 年 9 月,成功组织了河南省七运会焦作开幕式的气象保障服务;为 2000 年 6 月 9 日"中央电视台焦作影视城"开业庆典和中国云台山世界地质公园揭碑开园暨焦作山水国际旅游节提供了良好的气象服务。

人工影响天气　焦作人工影响天气工作始于 20 世纪 80 年代,为高炮人工增雨作业。1999 年 10 月起,筹建焦作市地面火箭增雨作业系统,成立了焦作市人民政府人工影响天气领导小组,办公室挂靠焦作市气象局。2001—2003 年,开展火箭人工增雨作业。截至 2008 年底,全市拥有增雨(防雹)火箭作业装备 15 架,人工影响天气作业车辆 7 部,人工增雨(防雹)指挥车 1 部,GPS 定位仪 1 台,火箭增雨(防雹)标准化固定发射点 3 个,车载式移动天气雷达 1 部。服务领域已由单纯的抗旱增雨,拓展到生态环境改善、降低森林火险等级、净化空气、秸秆禁烧、水库蓄水等,作业期也由冬春秋季增雨(雪)拓展到全年作业。

防雷技术服务　20 世纪 80 年代后期,开始为各单位建筑物避雷设施进行安全检测。2007 年,开展雷击风险评估工作,将新建建筑物竣工验收安装电源避雷器,列入竣工验收项目。2008 年,全面启动中小学防雷设施安装工程。截至 2008 年底,防雷技术服务覆盖到辖区建筑物、公共场所、易燃易爆、电力设备、计算机网络、广播电视、通讯设施等。

气象科普宣传　2001 年起,焦作市气象局利用"3·23"世界气象日和焦作市科普活动周,组织开展对外开放活动,宣传气象科普知识。2003 年 11 月,被河南省青少年科技活动领导小组命名为"河南省青少年科技教育基地";2007 年 10 月,被焦作市科学技术协会命名为"焦作市科普教育基地"。

气象法规建设与社会管理

法规建设　2001 年 12 月 23 日,焦作市人民政府以市长令的形式颁布了《焦作市气象管理实施办法》。2003 年 8 月 6 日,焦作市人民政府下发了《关于加强气象灾害监测预警服务体系建设的意见》(焦政〔2003〕24 号)。2003 年 8 月 14 日,焦作市人民政府下发了《焦作市气象灾害预警信号发布规定》(焦政〔2003〕25 号)。2004 年 1 月 20 日,焦作市人民政府办公室印发了《市人工影响天气发展规划(2004—2010)》(焦政办〔2004〕3 号)。2004 年 8 月,焦作市人民政府办公室转发了《省政府办公厅关于进一步贯彻实施河南省气象条例的通知》(焦政办〔2004〕84 号)。2006 年 9 月,焦作市人民政府办公室下发了《关于进一步做好防雷减灾工作的通知》(焦政办〔2006〕78 号)。2006 年 12 月,焦作市人民政府出台了《关于进一步加快气象事业发展的意见》(焦政〔2006〕42 号)。

制度建设　1999 年,建立了"决策议事规则及其组织工作的规定"、"机关行政管理制度"、"民主集中制度"、"全市气象部门科级干部违反责任制度行为实施领导责任追究的若干规定(暂行)"、"引进人才暂行办法"等 40 项管理制度。2005 年 8 月—2008 年 12 月,又出台了"科级干部谈话制度"、"县(市)局局务会制度"、"工作人员年度考核奖罚办法"、"劳务用工管理办法(暂行)"、"在职职工学历教育管理办法"、"科级领导干部离任前公有财物交接制度"等 34 项管理制度,并将制度汇编成册。

社会管理　2003 年 8 月,焦作市政府下发《关于构建气象灾害预警服务体系的实施意见》,将防雷工程设计、施工到竣工验收,雷击灾害风险评估,避雷装置的年检,全部纳入气象行政管理范围。2004 年,焦作市气象局派人进驻焦作市行政服务大厅,对新建建筑物防雷图纸进行审核。2007 年,开展雷击风险评估工作,将新建建筑物竣工验收安装电源避雷器,列入竣工验收项目。2005 年 4 月,焦作所辖 6 县(市)以及焦作市气象局观测站在当地土地规划部门进行了气象台站探测环境和设施保护标准备案;2007 年 12 月,按照河南省气象部门统一模式,在焦作市及所辖县土地规划局进行了气象台站探测环境和设施保护标准三级备案。

依法行政　2002 年 2 月,成立兼职执法队,依法对全市气球施放进行管理。2005 年 3 月,成立专职执法队,并聘请律师,开展防雷、气球施放、天气预报发布等方面的社会执法活动。2007—2009 年,依法查处了焦作市建港大酒店非法播发气象信息行为。该案经焦作市人民政府行政复议维持了处罚决定,经山阳区人民法院一审胜诉,经焦作市中级人民法院二审调解,已作为典型案例被收录进中国气象局编制的 2008 年案例汇编。2006 年,对气象行政执法依据进行了梳理,7 项气象行政许可项目、67 个气象行政处罚种类通过焦作市政府审查;印发了气象岗位责任制度、气象执法过错责任追究、气象执法标准、气象执法评议考核办法、气象执法主体资格管理、气象执法人员管理、气象执法案卷评查办法、气象执法备案统计报告办法、气象执法经费保障等办法,规范了执法行为。2006 年 10 月,被焦作市委、市政府授予"2001—2005 年全市法制宣传教育和依法治理工作先进单位"称号。

政务公开　重大事件、重要事项、财务状况,均采用政务公开栏、张榜公布或在全体干部职大会上定期不定期向职工公开,并设置了群众意见箱。通过对外公示栏、电视广告等形式,对外公布气象行政审批程序、气象服务内容、收费依据、收费标准等。2005 年 10 月,被中国气象局授予"全国气象部门局务公开先进单位"。

党建与气象文化建设

1. 党建工作

1966 年以前,没有党员。1966 年 6 月,有党员 1 人,参加焦作市农科所党支部组织生活。1975 年 9 月,建立独立党支部,有党员 3 人。截至 2008 年底,有在职党员 22 人,离退休党员 11 人。

2001—2005 年,焦作市气象局机关党支部连续 5 年被焦作市委评为"先进基层党组织"。其中,2005 年 6 月,被河南省委组织部、河南省委保持共产党员先进性教育领导小组办公室、河南省省直机关工委评为"五型机关"。

2. 气象文化建设

通过组织职工开展文艺汇演、合唱比赛、知识竞赛、演讲、报告会、体育比赛、帮扶等丰富多彩的文体活动,增强干部职工的事业心、责任感和单位的凝聚力。

2003 年 3 月、2008 年 11 月,连续两届被中共河南省委、河南省人民政府命名为省级"文明单位"。2004 年 2 月,被焦作市精神文明建设委员会命名为"文明系统"。2006 年 12 月,被中国气象局命名为"全国气象部门文明台站标兵"。

3.荣誉

集体荣誉   2000—2008年,焦作市气象局共获集体荣誉148项。其中,2006年1月被人事部、中国气象局联合授予"全国气象工作先进集体"称号。

个人荣誉   李英敏2002年被焦作市总工会授予"五一劳动模范"称号,获得焦作市"五一"劳动奖章。王媛2002年被焦作市总工会评为"焦作市先进十大女标兵",并获得"五一"劳动奖章。李慧萍2004年被焦作市总工会评为"五一劳动模范",获得焦作市"五一"劳动奖章。杨东旭2008年被焦作市人民政府授予"焦作市劳动模范(先进工作者)"称号。

台站建设

1988年前,焦作市气象局土地总面积8667平方米,其中空地、道路、院占地2997平方米,菜地占3845平方米,球场300平方米;有房屋4栋40间,建筑面积900平方米,房屋形式与结构为平房、水泥预制、起脊房、砖瓦结构。

1990年4月1日,将上述平房、起脊房全部拆迁,动工建设第一栋业务楼,同年11月2日竣工。新建业务楼四层(局部五层),砖混结构,总建筑面积1046平方米。

1999年10月起,进行"两室一场"现代化建设。2001年2月,焦作市气象局雷达业务楼开始动工,次年5月竣工,雷达楼建筑面积1797.32平方米。至2003年9月,综合改善全面完成:更新了机关室内办公设施;规划整修了院内路面,硬化路面1435平方米;在院内修建了草坪、花坛,栽种了风景树,绿化面积达到72%;机关大门前修建8.5米宽、210米长水泥路面,并安装了4柱成排路灯。

沁阳市气象局

沁阳位于河南省西北部,1989年9月撤县建市,总面积623.5平方千米,总人口48万。

机构历史沿革

始建情况   1958年11月,组建沁阳县气候站,位于沁阳城南小顾庄(水利局试验场内)。

站址迁移情况   1960年7月,迁至沁阳县接马寺村西。1967年6月,迁至清平村东南,北纬35°07′,东经112°55′,海拔高度119.6米。

历史沿革   1960年7月,更名为沁阳县气象服务站。1971年7月,更名为沁阳县气象站。1989年12月,更名为沁阳市气象局。2007年1月,由国家一般气象站改为国家气象观测二级站。

管理体制   沁阳县气候站组建初期,业务隶属新乡气象台领导。1960年7月,隶属沁阳县农科所领导。1963年2月,归沁阳县人民委员会直接领导。1971年5月,属沁阳县人民武装部管理,业务属新乡地区气象台。1973年5月,属沁阳县农业局领导。1980年12月,属沁阳县农业委员会领导,业务属新乡地区气象局领导。1988年7月,隶属焦作市气象局领导,实行气象部门与地方政府双重领导、以气象部门领导为主的管理体制。

机构设置 1958—1991年,设立有观测股、预报股。1992年3月,观测股、预报股合称为沁阳市气象台,1982年5月增设农气科,2000年3月,增设沁阳市金象广告信息部,2001年3月,增设局办公室,2000年6月,设立沁阳市新气象防雷技术中心。截至2008年底,设气象台、农气科、办公室、沁阳市金象广告信息部、沁阳市新气象防雷技术中心5个股室。

单位名称及主要负责人变更情况

单位名称	姓名	职务	任职时间
沁阳县气候站	李文炳	站长	1958.11—1960.07
沁阳县气象服务站	刘宏甫	副站长(主持工作)	1960.07—1969.05
	王庆林	股长	1969.05—1971.07
沁阳县气象站	李善祥	站长	1971.07—1972.12
	郑献堂	站长	1972.12—1979.08
	董子琪	副站长(主持工作)	1979.08—1989.12
沁阳市气象局		局长	1989.12—1990.06
	栗志甫	局长	1990.06—2005.03
	李继华	局长	2005.03—

人员状况 1958年建站时,有职工1人。1980年,有职工13人。截至2008年年底,有在职职工15人(其中正式职工8人,聘用职工7人),离退休职工6人。在职职工中:男8人,女7人;大学本科及以上学历3人,大专学历5人;中级职称4人,初级职称2人;30岁以下8人,31~40岁2人,41~50岁3人,50岁以上2人。

气象业务与服务

1. 气象业务

①气象观测

地面观测 1958年11月1日—1959年12月31日,每日进行01、07、13、19时(地方时)4次观测;1960年1月1日—7月31日,每日进行07、13、19时3次观测。1960年8月1日—1976年12月31日,改用北京时,每日进行08、14、20时3次观测;1977年1月1日—1988年12月31日,每日进行02、08、14、20时4次观测;1989年1月1日,改为每日进行08、14、20时3次观测。

1958年11月1日—2008年12月31日,开展气压、气温、湿度、云量、降水量、天气现象、蒸发量、雪深、风向、风速观测;1959年1月1日,增加最高气温、最低气温、能见度观测;1959年1月1日—1959年7月9日、1959年8月1日—1959年10月31日,增加地面状态观测;1960年1月1日,增加气压自记记录;1960年7月1日,增加地面温度、地面最高温度、地面最低温度、5厘米地温、10厘米地温、15厘米地温、20厘米地温、40厘米地温观测；1960年8月1日,增加日照时数观测；1961年1月1日,增加冻土观测；1963年8月1日,取消40厘米地温观测；1964年1月1日—1969年5月24日,增加风自记记录；1975年1月1日,增加气温、湿度自记记录；1975年4月1日,增加降水自记记录。

发报种类有小图报(1963年5月1日,每日05、17时向河南省气象台拍发小图报,05、14、20时向新乡地区拍发小图报,1963年11月15日停止向省、地拍发小图报),雨量报(05、17时拍发),航危报(1969年5月20日,每日04—21时向郑州机场发固定航危报和22—03时预约航危报；1969年8月1日,增加新乡24小时危险报和预约24小时航空报；1973年11月,开始向郑州、上街、新乡、长治、兰州分别报发24小时航危报和预约航危报业务；1977年1月,取消向兰州、西安拍发航危报；1980年4月1日,增加郑州、新乡、长治固定预约航危报；1984年7月10日,取消航危报；1985年1月1日恢复向郑州拍发航危报,1986年1月1日停止向郑州拍发航危报及停止向长治拍发预约航危报),重要天气报(1983年10月1日开始向河南省气象台拍发重要天气报告,2002年7月24日加发定时重要天气报),天气加密报(1999年3月1日,开始发全国地面天气加密报)。

20世纪90年代前,曾用邮电局电报房、甚高频发报；1999年5月10日起,用因特网传输电报；2002年4月5日起,改为用X.25传输电报；2005年7月1日起,通信专线改为移动光纤。

区域自动站观测 2005年,建成王占、葛村、王曲、西向、山王庄、常平、柏乡、西万、木楼、崇义、紫陵、王召、水利局13个乡镇自动雨量站。2007年4月,因撤乡并镇,取消西万、木楼、崇义3个乡镇自动雨量站点。

农业气象观测 1961年7月5日开始,测定土壤水分,测定深度和时次根据服务需要而定。1983年7月,开始逢8日测定5、10、20、30、40、50厘米土壤水分。1994年6月,取消5厘米深度水分测定。1982年1月14日,开始小麦、玉米生育状况及物候观测,小麦、玉米开花抽穗(雄)期一天观测1次,物候现象随时记载,日界为20时,并向河南省气象局发农业气象旬月报。1983年1月,沁阳县气象站被河南省气象局确定为河南省农业气象基本站。从2007年1月1日,沁阳农业气象站需开始编发气象旬(月)报基本气象段、农业气象段、灾情段、地温段、产量段(只编发与作物产量分析资料对应的报文)。1984—1985年,开展小麦、玉米遥感测产工作。1994年6月,取消玉米遥感监测点。1994年8月,取消小麦遥感监测点。2003年10月起,增加向河南省气象局发农业气象周报。2005年1月开始,逢3日进行土壤水分加测并发报,测定2个重复。2006年3月起,开展生态气象监测,主要包括农业、林业气象灾害观测和地质灾害观测。

②天气预报

1960年3月起,沁阳县气象站通过收听天气形势,结合本站资料图表,每日早晚制作24小时日常天气预报及中长期天气预报。2003年8月,开展灾害性天气预报预警业务。

③气象信息网络

1985年前,气象站利用收音机收听陕西、山西、河南及武汉区域中心气象台和上级气象台站播发的天气预报和天气形势。1981年7月,开始使用123气象传真机。1986年10月,安装甚高频电话,用于发报、天气会商、气象信息传输。1986—2000年,利用超短波双边带电台接收武汉区域中心气象台信息,配备 ZSQ-1(123)天气传真接收机,接收北京、欧洲气象中心以及东京气象传真图。1995 年 10 月,配备第一台微机,1996 年 2 月通过计算机网络开始接收天气图、传真图和拍发雨量报、墒情报。2005 年 7 月,建立气象网络应用平台、专用服务器和省市县气象视频会商系统,开通 100 兆光缆,接收从地面到高空各类天气形势图和云图、雷达等数据。

2. 气象服务

公众气象服务 1960 年 7 月,利用农村有线广播站播报气象消息。1990 年 10 月,安装气象警报系统,向有关部门、乡(镇)、村、农业大户和企业等开展天气预报警报信息发布服务。1998 年 6 月正式开通"121"电话自动答询服务,2000 年 10 月更新"121"自动答询系统。1998 年 12 月,由沁阳市气象局制作电视气象节目,通过电视向公众进行日常预报、天气趋势、生活指数、灾害防御、科普知识、农业气象等服务。2005 年 7 月,开通手机气象短信服务平台,至 2008 年底,气象短信用户 10 万余户。2008 年 4 月,建成沁阳市气象网站,发布农业、气象、政务等信息,普及气象科技知识。

决策气象服务 1960—1982 年,以口头或传真方式向沁阳县委、县政府提供决策服务。1983 年起,逐步开发"天气趋势预报"、"汛期天气趋势分析"等决策服务产品。2000 年后,利用气象短信服务平台、传真、电话平台等,向市委、市政府及乡镇领导发送相关预警服务信息。

人工影响天气 2001 年 4 月,沁阳市人民政府人工影响天气领导小组成立,办公室设在沁阳市气象局,沁阳市委、市政府投资购置人工增雨火箭发射架 2 台。2006 年 10 月,建成沁阳市人工影响天气指挥中心和神农山人工增雨作业基地。2005 年 11 月,购置TWR01 小型气象雷达 1 台,2007 年 5 月 8 日,小型气象雷达探测系统安装调试完毕,用于人工增雨和强对流突发天气监测。

防雷技术服务 1988 年 5 月起,对沁阳市各单位建筑物避雷设施开展安全检测。2002 年 6 月起,对沁阳市各类新建建(构)筑物,按照规范要求安装避雷装置。

气象科普宣传 从 1970 年起,组织学生参观气象观测站,开展气象知识专题讲座。2003 年 8 月 8 日,被沁阳市政府定为沁阳市气象科普教育基地,利用世界气象日、全国科普宣传日等对外开放。

科学管理与气象文化建设

社会管理 2000 年 6 月,沁阳市编委发文成立沁阳市防雷技术中心;沁阳市人民政府办公室发文,将防雷工程设计、施工到竣工验收,全部纳入气象行政管理范围。2004 年 7 月,沁阳市政府行政服务中心设立气象窗口。2007 年 3 月,与沁阳市各职能部门签订防雷安全目标责任书,并将防雷减灾工作列入政府考核目标。2007 年 10 月,沁阳市政府成立防雷减灾工作领导小组,办公室设在气象局。

1991 年 8 月,在沁阳市人民政府的指导和协调下,负责管理本行政区域内的施放气球活动,有施放氢气球资质的广告公司经申报取得审批后,方可进行氢气球施放行为。

政务公开 2004 年 12 月起,向社会公开气象行政审批办事程序、气象服务、服务承诺、气象行政执法依据、服务收费依据及标准等。2002 年以来,制定并落实首问责任制、气象服务限时办结、气象电话投诉、气象服务义务监督、领导接待日、财务管理等一系列规章制度,通过会议、文件、黑板报、公开栏等形式,公开局务工作。

2008 年 12 月,沁阳市气象局被中国气象局评为"全国气象部门局务公开示范单位"。

党建工作 1973 年 1 月,成立沁阳县气象站党支部。截至 2008 年底有党员 10 人,(其中在职党员 8 人,离退休党员 2 人)。

2000—2008 年,参与气象部门和地方党委开展的党章、党规、法律法规知识竞赛共 16 次。2002 年起,连续 7 年开展党风廉政教育月活动。2004 年起,每年开展作风建设年活动。2000—2008 年,为规范职工行为,先后制定 30 项工作、学习、服务、财务、党风廉政、卫生安全等方面的规章制度。

2002—2008 年,连续 7 年被沁阳市直机关工委评为"五好党支部"。

气象文化建设 1996 年起,开展争创文明单位活动。1998 年起,每年 3 月开展职业道德教育月活动。2005—2008 年,先后开展"三个代表"、"保持共产党员先进性"、"优质服务活动月"等教育活动,积极组织气象科普宣传周、体育竞技比赛、演讲、结对共建帮扶等活动,丰富文明创建工作的内涵。

2002 年 2 月,被焦作市委、市政府命名为市级文明单位;2006 年 2 月,被河南省委、河南省人民政府授予省级文明单位称号。

集体荣誉

荣誉称号	获奖单位	获奖时间	颁奖单位
河南省重大气象服务先进集体	沁阳市气象局	2002 年	河南省气象局
省级卫生先进单位	沁阳市气象局	2003 年	河南省爱国卫生委员会
全省气象部门优秀县(市)局	沁阳市气象局	2004—2008 年	河南省气象局
河南省人工影响天气工作先进集体	沁阳市气象局	2004—2008 年	河南省气象局
全国气象部门局务公开示范单位	沁阳市气象局	2008 年	中国气象局
全省气象部门精神文明建设先进单位	沁阳市气象局	2008 年	河南省气象局
气象科技服务工作先进集体	沁阳市气象局	2008 年	河南省气象局
河南省重大气象服务先进集体	沁阳市气象局	2008 年	河南省气象局

台站建设

1958 年 11 月建站初期,业务用房 8 间,建筑面积 152 平方米,砖木结构。1983 年,业务用房 20 间,面积 380 平方米,砖混结构。2003 年,在原址建设新业务办公楼,占地 667 平方米,建筑面积 683.4 平方米,砖混结构。2005 年 12 月,建成现代化业务平台。2006 年,征用气象观测场南土地,建成气象小游园。2008 年 7 月,征用观测场西太行办事处自治街土地约 4000 平方米,用于扩大观测场,保护气象探测环境。

孟州市气象局

孟州市位于河南省西北部,焦作市西南隅,全市总面积 541.61 平方千米,人口 37 万,是"唐宋八大家"之首韩愈的故里。

机构历史沿革

始建情况 1954 年 12 月 1 日建立孟县气象站,站址位于孟县城西北角国营农场内,海拔高度 115.9 米。

站址迁移情况 1955 年 8 月 11 日,搬迁到农场西北角约 300 米处。1993 年 7 月 18 日,向北迁移 120 米。2003 年 7 月 1 日,迁移到孟州市生态公园内。

历史沿革 1958 年 9 月,更名为孟县气候站。1960 年 1 月,更名为孟县气候服务站。1969 年 1 月,更名为新乡地区气象台革命委员会孟县服务站。1970 年 2 月,更名为河南省孟县气象站。1981 年 2 月,更名为孟县气象站。1990 年 2 月,更名为孟县气象局。1996 年 5 月,撤县建市后,更名为孟州市气象局。

管理体制 自建站至 1957 年,直属孟县人民委员会,业务属河南省气象局领导。1958 年起,属孟县农业局代管,业务属新乡专署气象科领导。1971 年 5 月,行政属孟县人民武装部领导,业务属新乡地区气象台领导。1973 年 5 月,行政属孟县农业局领导。1980 年 12 月,行政属孟县农业委员会领导,业务属新乡地区气象处领导。1988 年 7 月,隶属焦作市气象局领导,实行气象部门与地方政府双重领导,以气象部门领导为主的管理体制。

机构设置 2000 年 2 月起,下设办公室、气象台、防雷中心、广告公司 4 个股室。

单位名称及主要负责人变更情况

单位名称	姓名	职务	任职时间
孟县气象站	张义安	副站长(主持工作)	1954.12—1957.05
	杨世昌	副站长(主持工作)	1957.05—1958.09
孟县气候站			1958.09—1960.01
孟县气候服务站	王云山	副站长(主持工作)	1960.01—1968.12
			1968.12—1969.01
新乡地区气象台革命委员会孟县服务站			1969.01—1970.02
			1970.02—1974.06
河南省孟县气象站	李 俊(女)	副站长(主持工作)	1974.06—1975.12
	王云山	副站长(主持工作)	1975.12—1976.08
	邹士杰	副站长(主持工作)	1976.08—1976.12

单位名称	姓名	职务	任职时间
河南省孟县气象站	王云山	副站长(主持工作)	1976.12—1980.12
孟县气象站	曹明九	站长	1980.12—1981.02
			1981.02—1990.02
孟县气象局		负责人	1990.02—1990.04
	赵生力	副局长(主持工作)	1990.04—1991.02
	李继华	副局长(主持工作)	1991.02—1996.05
		局长	1996.05—2005.03
孟州市气象局	栗志甫	局长	2005.03—2008.03
	高星军	局长	2008.03—

人员状况　1954 年建站时,有职工 3 人。1980 年,有职工 10 人。截至 2008 年底,有在职职工 17 人(其中正式职工 7 人,聘用职工 10 人),离退休职工 2 人。在职正式职工中:男 6 人,女 1 人;大学本科及以上学历 2 人,大专学历 3 人;中级职称 4 人,初级职称 2 人;41~50 岁 5 人,50 岁以上 2 人。

气象业务与服务

1. 气象业务

①气象观测

地面观测　自建站起,开始正式观测,每日 02、08、14、20 时 4 次基本观测;2 次补充观测(11、17 时)。1989 年 1 月 1 日,取消 02 时观测,由 4 次站改为 3 次站。

1955 年 1 月 1 日,开始执行新规范,观测项目为云、能见度、天气现象、风向、风速、气温(气温自记)、湿度(湿度自记)、气压(气压自记)、雨量、蒸发、日照、冻土、地温、积雪。

主要仪器设备有 EL 型电接风向风速计、大小百叶箱、蒸发器、气压表、气压计、日照计、雨量筒、雨量计、直管地温表、曲管地温表、湿度计、干湿球温度表、温度计、云幕灯、冻土器,以及对时用的收音机、钟表等辅助设备。2005 年,改用 EN 型风向风速计。

电报种类有绘图报、雨量报、墒情报。1955 年 6 月,增加防汛报任务。1959 年 3 月 15 日起,承担航危报业务;1962 年 5 月 26 日,撤销航危报任务。1983 年 10 月 1 日,开始拍发重要天气报。

区域自动站观测　2004 年 6 月,在孟州市白墙水库、赵和、谷旦、城伯、槐树、缑村、生态园、南庄、西虢、化工 10 个乡镇安装了自动雨量站。

农业气象观测　1957 年 7 月 8 日,农业气象观测增加玉米、冬小麦观测,开展农业气象业务。1958 年 7 月,开始土壤湿度测定和物候观测,并提供服务,拍发墒情报。1966 年 3 月,开始拍发气象旬月报。1985 年 6 月,停止拍发墒情报、气象旬月报。1989 年,编写全年气候影响评价。2000 年,编写农业气象旬月报,并服务地方领导和有关部门。2004 年,增加农业气象周报。2008 年 12 月,开始在化工镇贺庄村南孟州市广惠百果园区建设农业气象科技示范园,服务特色农业。

②天气预报

1980年以前,孟县气象站通过收听天气形势,结合本站资料图表,每日早晚制作24小时内日常天气预报。1980年起,每日06、12、17时3次制作预报。2000年后,开展常规24小时、未来3天和月报等短、中长期天气预报以及临近预报,同时开展灾害性天气预报预警业务和制作供领导决策的各类重要天气报告。

③气象信息网络

1980年以前,利用收音机收听湖北省中心气象台和河南省气象台以及山东、河北、山西等气象台站播发的天气预报和天气形势。20世纪80—90年代,配备ZSQ-1A型(123)天气传真接收机,接收北京、欧洲气象中心以及东京的气象传真图。1996年起,通过计算机网络接收天气图、传真图等,拍发雨量报、墒情报,与焦作市气象局交换气象资料。1999年4月,因特网开通。1999年5月,安装使用天气预报人机交互系统。2000年建成PC-VSAT单收站,2001年3月正式业务运行。2002年1月,通信专线X.25投入使用。2005年7月,市、县通信专线由X.25改为2兆SDH光纤。2006年2月,视频会议系统开通运行。

2. 气象服务

公众气象服务　1971年起,利用农村有线广播站播报气象消息。1994年,由孟县电视台制作文字形式气象节目。1998年,由孟州市气象局应用非线性编辑系统制作电视气象节目,开展日常预报、天气趋势、生活指数、灾害防御、农业气象等服务。1999年,"121"气象电话自动答询系统开始运行。2005年4月,开通手机气象短信服务(内容包括24小时、48小时、农事关键季节气象服务和降水实况通报、预警信号发布等)。

决策气象服务　20世纪80年代,多以口头或传真方式向县委、县政府提供决策服务。1982年1月开始做趋势预报,5月开展时段预报和短期预报。1993年,根据焦作市气象台会商意见,开始制作"重要天气报告"(内容包括暴雨、冰雹、大风、寒潮、干旱等灾害性天气的趋势预报及其影响范围和时段预报)。2000年,新增了"汛期天气趋势分析"(内容主要包括6—8月逐月降水天气过程分析,降水量集中时段和干旱出现时段,以及汛期气象服务的重点区域河流、水库等)、"三夏(三秋)专题天气预报"(内容主要包括强降水过程集中时段、分布区域、影响范围及农事生产建议)、"节假日专题天气预报"(内容包括强降水过程集中时段、分布区域、影响范围及出行建议)等决策服务产品。2005年5月,通过孟州市政府网站开展网络气象服务。此外,每年开展节日气象服务,为韩愈故里苹果节、韩愈故里文化旅游节、创建国家卫生城市誓师大会等重大活动提供气象保障服务。2006年,开展气象灾害预评估和灾害预报服务,同年建立了孟州市政府突发公共事件预警信息发布平台。

人工影响天气　从1959年开始,服务飞机飞行治蝗工作。1960年,首次开展人工增雨试验工作。1995年7月,由孟州县政府组织高炮人工增雨作业。从1999年开始,孟州市气象局在上级主管部门的领导下,利用火箭组织开展人工增雨(雪)和人工防雹作业40余次。2005年12月,在孟州市槐树建成人工影响天气标准化固定作业站。

防雷技术服务　1989年5月起,为各单位建筑物避雷设施开展安全检测。2000年4

月,经孟州市机构编制委员会批准,成立孟州市防雷技术中心。2003 年 11 月,获得了中国气象局颁发的防雷资质证书。2008 年 5 月起,对重大工程建设项目开展雷击灾害风险评估。

气象科普宣传 2003 年 11 月,孟州市气象科技园被孟州市人民政府命名为"孟州市科普教育基地",每年利用世界气象日、全国科普宣传日等对外开放,接待中(小)学生和社会其他人士参观。

科学管理与气象文化建设

1. 社会管理

2000 年 4 月,孟州市编委发文成立孟州市防雷技术中心,孟州市气象局将防雷工程设计、施工到竣工验收全部纳入气象行政管理范围,每年对孟州市的一般建筑物、易燃易爆场所、通信设施等单位的防雷防静电装置进行安全检测、图纸审核、施工监督、竣工验收等。

2. 局务公开

2001 年起,将气象行政审批办事程序、气象服务、服务承诺、气象行政执法依据、服务收费依据及标准等内容,向社会公开。2002 年后,认真落实首问责任制、气象服务限时办结、气象电话投诉、气象服务义务监督、领导接待日、财务管理等一系列规章制度,坚持通过会议、文件、黑板报、公开栏等形式,公开局务工作。

3. 党建工作

孟州市气象局党支部成立于 1990 年 4 月 9 日,由孟州市委组织部批准,属一级机构党支部,隶属孟州市直属机关工委。截至 2008 年底,有党员 5 名。

2000 年以来,逐步建立健全教育、制度、监督并重的惩治和预防腐败体系。2004 年起,每年开展领导干部廉政述职和党课教育活动,参与气象部门和地方党委开展的党章、党规、法律法规知识竞赛等,制定完善了局务会议决策、财务、招待、采购、车辆、民主监督 6 项制度,不断增加工作透明度。

4. 气象文化建设

1983 年起,开展争创文明单位活动,建立健全规章制度,改善工作环境,开展丰富多彩的文体活动。

1984 年被命名为县级文明单位;1999 年 3 月,被焦作市委、市政府授予市级"文明单位"称号;2002 年 1 月、2007 年 10 月,连续两届被河南省委、省政府授予省级"文明单位"称号。

5. 荣誉与人物

集体荣誉 1975—2008 年,孟州市气象局先后获集体荣誉 107 项。其中,1975 年获全

254

国气象部门先进单位;1978年获全国气象部门先进单位;1981年12月获河南省人民政府"农业现代化建设和精神文明建设成绩优异奖"。

个人荣誉 1975—2008年,获县、处级以上表彰共69人(次)。其中,曹明九1978年被中国气象局授予全国先进工作者,1982年被河南省政府授予劳动模范;李茂胜同志2008年被孟州市政府评为"劳动模范"。

人物简介 曹明九,1940年6月20日出生于河南省镇平县曲屯乡后曹营村,中专文化程度。1957年8月参加气象工作,1984年11月加入中国共产党,历任气象站副站长、站长,气象局支部书记等职。曾创造连续137个月无错情的全国记录,被国家气象局授予全国技术能手。1978年被河南省气象系统树为标兵,被中国气象局授予全国先进工作者;1982年被河南省政府授予劳动模范。2001年12月因病去世。

台站建设

1983年,有房屋3栋26间,平房,建筑面积464.8平方米。其中砖木结构8间,砖、水泥结构17间。

1998年1月,孟州市气象办公大楼竣工并投入使用,大楼建筑面积1200平方米,为砖混结构,共6层。

2003年初,气象观测站由原址(赵唐村)迁到孟州市西岭生态园内。2003年3月破土动工,6月建成了集气象观测、预报、服务、气象卫星数据处理和科普展览为一体的孟州市气象科技园,7月1日投入正常业务运行。孟州市气象科技园,坐落于生态园中央开阔地带,占地4138平方米,建筑面积516平方米,为砖混结构,一层平房。2003年5月,兴建了2排仿欧式建筑职工住宅院。

焦作孟州市气象局位于生态公园内的观测场

温县气象局

温县地处豫北平原西部,南邻黄河,北依太行,是闻名中外的太极拳发祥地,三国著名军事家司马懿的故里。盛产的山药、地黄、菊花、牛膝"四大怀药"享誉中外。全县总面积462平方千米,辖262个行政村,总人口41.9万。

机构历史沿革

始建情况　1958年10月,温县气候站成立,站址位于温县县城北郊。

站址迁移情况　1986年1月1日,站址迁至温县县城东张圪垱村北地。2007年1月1日,迁至温县县城西新洛路南吕村北地,位于北纬34°57′,东经113°02′,海拔高度106.4米。

历史沿革　1960年2月,更名为温县气象服务站。1960年11月,行政区划温县并入沁阳县,温县气象服务站改为沁阳县温县气象服务站,继续观测两个月,1961年1月停止观测,并入沁阳县气象服务站。1961年9月,温县从沁阳县分离,1962年1月起,在原站址重新开始观测。1968年1月,更名为新乡地区气象台革命委员会温县服务站。1970年7月,更名为温县气象服务站革命领导小组。1971年9月,更名为温县气象站。1988年7月,温县气象站由新乡市气象处划归焦作市气象台管理。1990年2月,更名为温县气象局。2007年1月1日,由国家一般站调整为国家气象观测站二级站。

管理体制　建站至1970年6月,由气象部门和地方政府双重领导。1970年7月—1971年8月,由县人民武装部领导。1971年9月,转为由气象部门与地方政府双重领导,以地方领导为主的管理体制。1980年体制改革,实行气象部门与地方政府双重领导,以气象部门领导为主的管理体制至今。

机构设置　1995年以前,下设测报股和预报股;1996年1月增设办公室,1999年1月成立广告部,2000年4月成立温县防雷技术中心。

单位名称及主要负责人变更情况

单位名称	姓名	职务	任职时间
温县气候站			1958.10—1960.01
温县气象服务站	蒋庆元	站长	1960.02—1960.10
沁阳县温县气象服务站			1960.11—1960.12
并入沁阳县气象服务站			1961.01—1961.12
温县气象服务站	王庆林	站长	1962.01—1967.12
新乡地区气象台革命委员会			1968.01—1969.05
温县气象服务站		站长	1969.06—1970.06
温县气象服务站革命领导小组	郑元笔	组长	1970.07—1971.08
温县气象站		站长	1971.09—1980.06

单位名称	姓名	职务	任职时间
温县气象站	王占国	站长	1980.07—1984.08
	任怀刚	副站长（主持工作）	1984.09—1985.03
		站长	1985.03—1988.07
	辛保安	站长	1988.08—1990.01
温县气象局		局长	1990.02—1992.01
	吴振发	局长	1992.02—

人员状况 1958年建站初期,有职工2人。2008年,有在职职工10人(其中正式职工7人,聘用职工3人),退休职工3人。在职正式职工中:男5人,女2人;本科学历3人,大专学历2人,中专以下学历2人;中级职称3人,初级职称4人;30岁以下2人,31~40岁1人,41~50岁4人。

气象业务与服务

1. 气象业务

①气象观测

地面观测 1958年10月1日起,观测时次采用地方时,每日进行01、07、13、19时4次观测。1960年1月1日起,改为每日进行07、13、19时3次观测。1960年8月1日起,采用北京时每日进行08、14、20时3次观测。

观测项目有云、能见度、天气现象、气压、气温、湿度、风向、风速、降水、雪深、冻土、蒸发、地温等。1962年1月1日,增加日照观测;1980年1月1日起,增加温度自记、湿度自记、气压自记、风向风速自记观测。

电报种类有天气加密报、雨量报、墒情报、防汛报。

区域自动气象站观测 2007年9月,在温县农科所气象科技示范园区建立了四要素自动气象监测站。

②天气预报

1980年以前,通过收听天气形势,结合本站资料图表,每日早晚制作24小时内日常天气预报。1980年以后,每日06、12、17时制作3次天气预报。2000年后,开展常规24小时、未来3天和月报等短、中长期天气预报以及临近预报,并开展灾害性天气预报预警业务和决策气象服务。

③气象信息网络

1999年以前,利用收音机收听湖北省中心气象台和河南省气象台以及陕西、安徽等省气象台站播发的天气预报和天气形势。1996年,通过计算机网络接收天气图、传真图等,拍发雨量报、墒情报,与焦作市气象局交换气象资料。1997年12月,气象卫星综合应用业务系统("9210"工程)建成,开始通过卫星接收资料,开通卫星电话、程控交换机、广播数据自动接收系统。1999年4月,因特网开通。1999年5月,安装使用天气预报人机交互系统。1999年10月建设气象信息卫星单收站,2001年3月PC-VSAT单收站正式投入业务运行。2001 年 12 月通信专线 X. 25 安装结束,2002 年 1 月投入使用。2005 年 7 月,通信专线由 X. 25 改为 2 兆 SDH 光纤。2006 年 2 月,视频会议系统开通运行。

2. 气象服务

公众气象服务 1992 年以前,主要通过广播向全县发布气象信息。1992 年建立气象警报系统,面向有关部门、乡(镇),每天 3 次开展天气预报警报信息发布服务。1998 年 5 月,开通"121"天气预报电话自动答询系统。1998 年,通过电视天气预报栏目发布气象信息。2002 年 4 月,开通兴农网。2008 年,利用手机短信平台发布气象信息。

决策气象服务 20 世纪 80 年代,以口头或书面材料向温县县委、县政府提供决策服务。1992 年 5 月,气象警报发射机正式投入使用,主要服务对象为各乡(镇)政府及相关涉农单位。1995 年以后,形成了重要天气预报、关键农事季节专题预报、重大活动及节假日专题预报等固定服务内容及模式,服务对象也从各级党委、政府、机关事业单位扩展到基层和种养大户,主要服务手段包括信件、电话、传真、电视、短信和网络邮件等。2000 年起,使用卫星监测作物苗情及土壤墒情分析,服务地方政府及相关部门。2004 年起,使用 DVBS 卫星监测地方秸秆禁烧。2008 年,开展气象灾害预评估和灾害预报服务。

1992 年,被温县县委、县政府评为"服务吨粮开发先进单位";1996—2002 年,连续 7 年被温县县委、县政府评为"服务地方经济建设先进单位"。

人工影响天气 2000 年 6 月,成立温县人民政府人工影响天气领导小组,办公室挂靠气象局。2001 年 3 月,购进 CF4-1 型车载四管防雹增雨火箭发射架。2008 年 10 月,在滩区建设标准化人工影响天气作业基地。

防雷技术服务 1987 年起,对温县各单位建筑物防雷设施开展安全检测。1993 年起,对温县各类新建建(构)筑物,按照规范要求安装防雷装置;2008 年 4 月起,对重大工程建设项目开展雷击灾害风险评估。

气象科普宣传 至 2008 年,利用电视天气预报栏目、手机短信、报刊专版、网站等渠道,实施气象科普入村、入企、入校、入社区工程。

科学管理与气象文化建设

社会管理 2000 年 4 月,经温县机构编制委员会批准,成立温县防雷技术中心,承担全县防雷装置设计、施工、技术检测、雷击事故勘察取证等工作。2001 年 7 月,温县政府行政服务中心设立气象窗口,履行气象行政审批职能,规范天气预报发布和传播,对低空飘浮物施放进行审批。

政务公开 2002 年起,将气象行政审批办事程序、气象服务、服务承诺、气象行政执法依据、服务收费依据及标准等内容,向社会公开;对人事变动情况、财务收支情况、固定资产购置情况、离退休人员两费落实情况等,向干部职工公开。

党建工作 从建站至 1999 年 6 月,受党员人数限制,一直没有成立独立党支部。1999 年 7 月,成立中共温县气象局党支部。截至 2008 年 12 月有党员 6 人。

吴振发多次被焦作市委、温县县委评为"优秀共产党员"和"先进党务工作者"。

从 2006 年起,坚持单位领导上党课制度,每年与股(室)主要负责人签订党风廉政建设责任书。以廉政宣传教育月活动为抓手,组织干部职工和家属参加学习党章、加强党员领导干部作风建设和反腐倡廉建设等知识竞赛活动。以权力观教育为重点,加强理想信念、党风党纪、廉洁从政和艰苦奋斗教育。通过开展廉政文化作品征集活动及向领导干部发送廉政短信、贺卡等形式,营造以廉为荣、以贪为耻的良好氛围。

2003—2006年,连续4年被温县县直机关工委评为"先进党支部"。2006年12月召开的中国共产党焦作市第九次代表大会,吴振发同志作为焦作市气象系统唯一正式代表出席会议。

气象文化建设 1990年起,开展争创文明单位活动,先后开展了"为人民服务,树行业新风","告别陋习、树立新风","争做五型干部"等主题活动,及时宣传和表扬在精神文明建设活动中涌现出的好人好事;组织开展各类文体活动和"爱心一日捐"、义务植树、结对帮扶等活动。

1990年11月被评为县级文明单位;1997年4月,晋升为市级文明单位。

集体荣誉 1982—2008年,温县气象局共荣获集体荣誉26次。1997年3月,温县气象局被河南省气象局评为"河南省十佳县(市)气象局"。

台站建设

温县气候站始建时,占地面积5400平方米,建筑面积758平方米,房屋为平房,砖木结构,观测场为16米×20米,1982年6月改为25米×25米。1986年1月,由于修环城公路,温县气象站整体搬迁至县城东张圪垱村北地,占地面积0.5公顷,建筑面积732平方米,业务、办公用房为二层楼房,砖混结构。

2004年起,开始整体搬迁建设。新建局址位于温县县城西新洛路南吕村北地,占地面积近1公顷,建筑面积1608平方米,绿化面积2600平方米,建立了气象业务平台、职工住宅楼、会议室、文体活动室等硬件设施。

博爱县气象局

博爱县位于黄河以北、太行山南麓,北接山西晋城,南隔沁河与温县相望,东界石河与焦作、武陟为邻,西以天然丹河为界与沁阳相望。

机构历史沿革

始建情况 1955年2月建立博爱县气候站,站址设在国营博爱农场(磨头村西北地),同年7月正式开始工作。

站址迁移情况 1964年3月,搬迁到博爱县清化镇曹房村西地,9月1日正式开始工作。2008年1月1日,迁至博爱县鸿昌路中段路北博爱县高级中学西临,北纬35°09′,东经113°05′。

历史沿革 1960年1月,改称博爱县气象服务站。1969年2月,更名为新乡地区气象台革命委员会博爱服务站;同年6月,更名为博爱县革命委员会气象站。1971年7月,更名为河南省博爱气象站。1974年8月,又恢复为博爱县革命委员会气象站。1981年7月,更名为博爱县气象站。1992年4月,更名为博爱县气象局。

管理体制 1955年,业务上受河南省气象局领导,行政上受国营博爱农场领导。1958年,改为博爱县人民政府委员会建制。1962年,业务上受河南省气象局领导,行政上受博爱县人民政府领导。1969年,归博爱县革命委员会建制。1971年,行政上归博爱县人民武装部领导。1973年,行政上由博爱县农业工作办公室(后为农业工作委员会)领导。1982年4月,实行气象部门与地方政府双重领导,以气象部门领导为主的管理体制。

单位名称及主要负责人变更情况

单位名称	姓名	职务	任职时间
博爱县气候站			1955.02—1960.01
博爱县气象服务站			1960.01—1969.02
新乡地区气象台革命委员会博爱服务站	张建斌	站长	1969.02—1969.06
博爱县革命委员会气象站			1969.06—1971.07
河南省博爱气象站			1971.07—1972.01
	琚克德	站长	1972.01—1974.08
博爱县革命委员会气象站			1974.08—1979.02
	张建斌	站长	1979.02—1981.07
			1981.07—1985.02
博爱县气象站	刘孝保	站长	1985.02—1988.06
	陈兴周	站长	1988.06—1989.06
	刘孝保	站长	1989.06—1992.04
		局长	1992.04—2005.09
博爱县气象局	庞善明	局长	2005.09—2006.10
	郭翠英	局长	2006.10—

人员状况 1955年建站时,只有职工2人。2000年,定编为6人。2008年底,有在职职工8人(在编职工6人,劳务用工2人)。在职职工中:本科学历3人,大专学历2人;中级及以上职称2人;40~45岁2人,30~40岁5人,30岁以下1人。

气象业务与服务

1. 气象业务

①气象观测

地面观测 1955年1月1日起,观测时次采用地方时,每日进行01、07、13、19时4次观测。1960年1月1日起,改为每天07、13、19时3次观测。1960年8月1日起,每天08、14、20时(北京时)3次观测。

观测项目有云、能见度、天气现象、气压、气温、湿度、风向、风速、降水、雪深、日照、蒸发、地温、冻土等。

每日05、17时向河南省气象局拍发雨情报;1983年10月,开始向河南省气象台拍发重要天气报。

区域自动气象站观测　2005年,在清化、苏家作、柏山、金城、磨头、月山、阳庙、寨豁、孝敬、许良10个乡镇安装了自动雨量站。2007年7月,在青天河风景区建立了1个四要素自动气象站。

农业气象观测　1957年6月,开展玉米物候观测,同年8月停止气候旬报,改为农业气象旬报,10月增加小麦物候观测。1958年,增加水稻物候观测。1983年7月,开始逢8日测定5、10、20、30、40、50厘米土壤水分;1994年6月,取消5厘米深度水分测定。2003年10月起,向河南省气象局发农气周报。至2008年底,农业气象观测业务主要观测博爱县粮食作物、经济作物、果类、蔬菜等的播种、生长、墒情、苗情、病虫害等情况,执行中国气象局编写的《农业气象观测规范》。

②天气预报

1980年前,通过收音机定时接收天气要素,填在相应的天气底图上,然后手工绘制天气图,分析天气形势,加上台站长期积累的预报经验,每日早晚制作24小时内日常天气预报。1980年起,每日06、12、17时制作3次预报。2000年后,利用县级业务系统接收北京气象传真图、日本气象传真图以及欧洲各要素形势等传真图分析天气,并通过互联网和气象部门的内网调用大量预报资料,与省、市气象台实现面对面的天气会商,制作常规24小时、未来3天和月报等短、中长期天气预报以及临近预报。

2. 气象服务

公众气象服务　建站初期到20世纪80年代,通过农村有线广播站和邮寄旬报、月报方式,向全县发布气象信息。1992年6月,博爱气象服务广播台开播。从20世纪90年代开始,通过电视天气预报、手机短信、网络等手段向社会公众发布中、短期天气预报及灾害性天气预警信号,为社会公众活动提供气象预报服务。1992年,气象预警收发机试机成功,并投入使用。1996年,"121"天气自动答询电话系统建成并投入使用。2001年6月,博爱县气象局采用非线性编辑系统,自己制作录制天气预报节目送电视台播放;并通过手机短信、网络等手段,向社会公众发布中、短期天气预报及灾害性天气预警信号。2003年,建立了"博爱县兴农网"。

决策气象服务　在汛期、农业生产关键时期和大型活动期间,利用网络、雷达,与省、市气象台会商后得出预报结论,并进行滚动订正,及时为领导提供决策服务。20世纪90年代后,逐步开发"重要天气公报"、"农情周报"等决策服务产品;并开展"三夏"、"三秋"、高考、春节等专项气象服务。

人工影响天气　2001年5月,博爱县人工影响天气领导小组成立,领导小组办公室挂靠博爱县气象局。2001年11月,匹配了1辆田野皮卡车和2枚火箭发射架,用于人工增雨、防雹、消雾作业。2001—2008年,共进行人工增雨等作业50余次。

防雷技术服务　20世纪90年代,博爱雷电灾害防御工作开始。2004年6月,博爱县气象局被列为博爱县安全委员会成员单位,负责博爱县防雷安全的管理,服务领域涉及企事业、工矿业、易燃易爆业、通信、教育、银行、邮电等部门。

气象科普宣传 每年的"3·23"世界气象日和全国法制宣传周，利用多种形式宣传气象科普知识，通过广播、电视、报纸、网络、悬挂横幅、组织公众参观气象局、制作专题讲座等，向社会各界普及气象知识。

科学管理与气象文化建设

社会管理 2001年3月，与博爱县建设委员会联合下发《关于加强建设项目防雷工程立项、设计、审核、施工监审和竣工验收的通知》，2002年3月，与博爱县公安局联合下发《关于加强计算机信息系统防雷防静电安全措施的通知》，2002年3月，与博爱县公安消防大队联合下发《关于进一步加强雷电灾害防御安全管理工作的通知》，2003年5月，与博爱县安全委员会联合下发《关于加强防雷防静电设计安装检测管理工作的通知》，依法对博爱县防雷工程专业设计和施工及施放氢气球单位资质认定、施放气球活动许可等实行社会管理。2004年，成立气象行政执法队，5名兼职执法队员全部持证上岗。每年联合安监、消防、教育、建设等部门开展气象行政执法检查。

局务公开 重大事件、重要事项、财务状况等，均采用政务公开栏、张榜公布或通过全体职工大会，定期不定期向职工公开，并设置了群众意见箱。利用对外公示栏、电视广告等形式，对外公布气象行政审批程序、气象服务内容、收费依据、收费标准等。

2005年10月，被中国气象局评为"全国气象部门局务公开先进单位"。

党建工作 1972年2月，建立博爱县气象站党支部，截至2008年底有党员8人（其中离退休党员4人）。

气象文化建设 从2000年开始，开展"争创文明单位、文明职工和文明家庭"、职业道德教育月及结对帮扶等活动，开展编写廉政对联、廉政短信、廉政文章、漫画等廉政文化活动。

2005年8月，被河南省委、省政府授予省级文明单位称号。

集体荣誉

荣誉称号	获奖单位	获奖时间	颁奖单位
市级文明单位	博爱县气象局	2002.02	焦作市委、市政府
全国气象部门局务公开先进单位	博爱县气象局	2005.10	中国气象局
省级文明单位	博爱县气象局	2006.02	河南省委、省政府
2005年度宣传思想工作先进单位	博爱县气象局	2006.03	中共博爱县委
2005年度创先争优先进单位	博爱县气象局	2006.05	博爱县人民政府
省级卫生先进单位	博爱县气象局	2006.03	河南省爱国卫生运动委员会

台站建设

博爱县气象局1964年在清化镇曹房村西地始建时，占地2800平方米。1992年，在原址新盖一座二层砖混结构的职工宿舍楼。2008年1月1日，迁入新址，新址占地1公顷，建筑面积980.5平方米，含办公楼、业务平面、车库、职工食堂等，并建立气象科普园地和标准化观测场。

武陟县气象局

武陟县位于河南省焦作市东南部,北依太行,南临黄河,沁河横穿腹地,与郑州市隔河相望,是焦作市的南大门。全县总面积 832 平方千米,总人口 71.1 万,是"竹林七贤"中的向秀、山涛和明代礼部尚书何塘、三代帝王之师李堂杰、清代名人毛昶熙等历史名人的故里。

机构历史沿革

始建情况 1958 年 10 月 1 日,按国家一般站标准建立武陟县气候站,站址位于武陟县木城镇(原称木栾店)西街 19 号,北纬 35°06′,东经 113°24′,海拔高度 95.3 米。

站址迁移情况 2004 年 1 月 1 日,迁移至武陟县朝阳一街东段路南。

历史沿革 1960 年 2 月 11 日,更名为武陟县气象服务站。1969 年 2 月 10 日,更名为新乡地区气象台革命委员会武陟服务站。1970 年 5 月 1 日,更名为武陟县革命委员会气象服务站。1971 年 8 月 10 日,更名为河南省武陟县气象站。1980 年 7 月 9 日,更名为武陟县气象站。1990 年 1 月,更名为武陟县气象局。

管理体制 自建站至 1959 年 6 月,隶属武陟县人民科学研究院。1959 年 7 月起,由武陟县农业局代管;1963 年 1 月起,由武陟县人民委员会直接领导,气象干部、事业费及业务管理由新乡地区行政专署气象台负责。1968—1980 年,由新乡地区行政专署气象台下放到县里,先后由武陟县农林水电管理站、人民武装部、农业局领导。1981 年,实行由上级气象部门和地方政府双重领导,以地方领导为主的管理体制,属于武陟县农委部门。1988 年起,实行气象部门与地方政府双重领导,以气象部门领导为主的管理体制,隶属于新乡地区革命委员会气象台。1985 年,气象服务工作划归焦作市气象台管理。1988 年 7 月起,人事、业务、财务等统一划归焦作市气象局领导。

机构设置 建站之初,内部没有明确的机构设置。至 1985 年,设立气象站、办公室、财务室 3 个股室。至 2008 年,下设综合办公室、气象台、防雷技术中心 3 个股室和武陟县气象专业服务部、武陟县气象广告部两个下属企业。

单位名称及主要负责人变更情况

单位名称	姓名	职务	任职时间
武陟县气候站	张玉虎	站长	1958.10—1960.02
武陟县气象服务站		站长	1960.02—1966.07
	颜国顺	副站长(主持工作)	1966.07—1969.02
新乡地区气象台革命委员会武陟服务站			1969.02—1970.05
武陟县革命委员会气象服务站			1970.05—1971.08
河南省武陟县气象站			1971.08—1973.08

续表

单位名称	姓名	职务	任职时间
河南省武陟县气象站	张绍宽	站长	1973.08—1976.01
	张俊彩	站长	1976.01—1980.07
			1980.07—1981.01
武陟县气象站	无人负责		1981.01—1981.03
	刘立礼	站长	1981.03—1985.04
	马淑兰	副站长（主持工作）	1985.04—1990.01
		副局长（主持工作）	1990.01—1991.04
		局长	1991.04—1992.12
武陟县气象局	王思通	局长	1992.12—2000.05
	冯晓科	局长	2000.05—2001.08
	冯秀梅	局长	2001.08—2008.03
	刘孝保	局长	2008.03—

人员状况　1958 年建站初期,有职工 3 人。1985 年 12 月底,实有在职职工 8 人,离退休职工 2 人。至 2008 年底,定编 6 人,实有在职职工 8 人(其中在编职工 5 人,劳务用工 3 人),离休职工 1 人,退休职工 6 人。在职职工中,男 4 人,女 4 人;均为汉族,无少数民族;本科以上学历 3 人,大专学历 2 人,高中以下学历 3 人;中级职称 2 人,初级职称 6 人;40～49 岁 2 人,40 岁以下 6 人。

气象业务与服务

1. 气象业务

①气象观测

地面观测　自建站起,开始正式观测,每日进行 08、14、20 时 3 次观测。

观测项目为干湿球温度、气温、地面温度(0 厘米最高、最低,曲管 5、10、15、20 厘米,直管 40 厘米)、风向、风速、日照、雨量、蒸发(小型)、云量、云状、能见度、天气现象、地面状态。1962 年 4 月 1 日,取消直管地温观测。

电报种类有绘图报、雨量报、航空报。1972 年,取消航危报任务;1983 年 10 月 1 日,开始拍发重要天气报。

2004 年 1 月 1 日,安装使用 ZQZ-CⅡ型自动气象站,气温、湿度、风向、风速、地面温度(0、5、10、15、20、40、80、160、320 厘米)、降水采用自动观测。2008 年 1 月 1 日,取消压、温、湿、降水自记仪器观测。

区域自动站观测　2004 年 8 月,在武陟县大封、西陶、大虹桥、北郭、小董、宁郭、三阳、谢旗营、圪垱店、嘉应观、詹店、乔庙 12 个乡镇安装了自动雨量站。2007 年 10 月,雨量站升级为四要素站。

农业气象观测　1982 年起,向武陟县委、县政府和涉农部门提供农业气象旬报、月报,开展小麦、玉米气象条件分析及产量预报和季、年气候影响评价。1986 年 2 月 1 日,停止拍发墒情报;1994年恢复拍发墒情报;2003年12月1日,农业气象旬报改为周报;2006年7月1日,开始拍发农业气象旬月报。

②天气预报

1980年以前,通过收听天气形势广播,结合本站资料图表,每日早晚制作24小时内日常天气预报。1980年起,每日3次制作预报并口头报县电视台播发,每日12时抄收河南省气象台广播预报。2002年后,开展常规24小时、48小时天气预报,同时开展灾害性天气预报预警业务。

③气象信息网络

1980年以前,利用收音机收听河南省气象台播发的天气预报和天气形势。1984年10月,CZ-80型气象传真机开始使用。1986年,安装并使用甚高频电话。1993年7月,焦作—晋城联网,武陟中转站开通。1996年起,通过计算机网络接收天气图、传真图等,拍发雨量报、墒情报,与焦作市气象局交换资料。1997年12月,气象卫星综合应用业务系统("9210"工程)建成,开始通过卫星接收资料,开通卫星电话、程控交换机、广播数据自动接收系统。1999年4月,因特网开通。1999年5月,安装使用天气预报人机交互系统。2000年6月,PC-VSAT单收站设备安装调试成功,2001年3月正式投入使用。2001年12月,通信专线X.25安装结束,2002年1月投入使用。2005年7月,市、县通信专线由X.25改为2兆SDH光纤。2006年2月,视频会议系统开通运行。

2. 气象服务

公众气象服务 1973年起,利用农村有线广播站播报天气预报。1985年起,通过电视播发天气预报。1999年,"121"气象电话自动答询系统开始运行。2000年起,应用非线性编辑系统自己制作电视天气预报节目,由武陟县电视台播出,并在节目中增加了旅游区天气预报;2008年,升级天气预报制作系统,并开展日常预报、生活指数、紫外线指数、人体舒适度指数、晾晒指数等预报服务。2008年6月,开通手机气象短信服务(内容包括24小时、48小时、农事关键季节气象服务和降水实况通报、预警信号发布等)。

决策气象服务 20世纪80年代后期,开始手工编发制作重要天气预报、关键农事预报等,多以口头方式向武陟县委、县政府提供决策服务。1990年以后,将打印的中长期预报、重要天气预报、农业气象情报等服务产品报送各级党委、政府及企事业单位。2000年,基本形成了重要天气预报、重大天气过程预警、关键农事专题预报、重大活动及节假日专题预报等固定模式,服务对象也从各级党委政府、机关事业单位扩大到基层农业合作组织和养殖大户,服务手段也涵盖了信件、电话、传真、电视等。2003年,开始使用卫星监测作物生长情况及土壤墒情分析,通过专题服务形式,为地方政府及相关部门提供服务。2008年,增加气象手机短信服务方式。此外,每年开展节日气象服务,为飞机林带灭虫、汽车短道拉力赛、黄河休闲旅游文化节和其他重要活动提供气象保障服务。2004—2008年,气象服务工作连续5年被武陟县政府通报表彰;2006—2008年,连续3年为全国汽车短道拉力赛提供气象服务,被武陟县委、县政府授予"气象服务先进集体"荣誉称号。

人工影响天气 1999年,购置2套人工增雨火箭发射架、1辆人工增雨作业车,开始人工增雨(雪)作业。至 2008 年,共进行 30 余次作业,特别是在 2007—2008 年的冬春连旱过程中,抓住有利天气时机积极作业,增加了有效降水,为武陟县的小麦丰收作出很大贡献。

防雷技术服务 1990 年 4 月起,为各单位建筑物避雷设施开展安全检测。2000 年 4 月,武陟县机构编制委员会批文,成立武陟县防雷技术中心。2003 年 11 月,获得了中国气象局颁发的防雷资质证书。2008 年 3 月起,对重大工程建设项目开展雷击灾害风险评估。

气象科普宣传 每年世界气象日、全国科普宣传日等,气象局实行对外开放,接待中(小)学生和社会其他人士参观。2003 年 5 月,武陟县气象局被武陟县科技局命名为"武陟县气象科普教育基地"。

科学管理与气象文化建设

社会管理 2000 年 4 月,武陟县机构编制委员会批文成立武陟防雷技术中心。2004 年 4 月,武陟县政府行政服务中心设立气象窗口,防雷装置设计审核和竣工验收行政审批服务进驻行政服务大厅。2004 年 10 月,武陟县人民政府办公室下发《关于明确县防雷减灾工作职责分工的通知》,对气象局、安全生产监督管理局、建设委员会、公安局、文化局等单位的防雷减灾工作职责进行细化明确,将防雷工程设计、施工到竣工验收,全部纳入气象行政管理范围。2007 年 3 月,武陟县政府将防雷减灾工作列入政府考核目标,并与各职能部门签订防雷安全目标责任书。2008 年 8 月,武陟县人民政府下发《关于成立县防雷减灾工作领导小组的通知》,气象局局长为领导小组副组长,办公室设在气象局,将防雷管理由部门管理上升为社会管理,进一步明确发改、建委、安监等成员单位要将防雷安全合格作为各部门行政审批的前置条件。

1991 年 8 月,在武陟县人民政府的指导和协调下,负责管理本行政区域内的施放气球活动,有施放氢气球资质的广告公司经申报取得审批后,方可进行氢气球施放行为。

政务公开 2001 年起,将气象行政审批办事程序、气象服务、服务承诺、气象行政执法依据、服务收费依据及标准等内容,向社会公开。2002 年后,认真落实首问责任制、气象服务限时办结、气象电话投诉、气象服务义务监督、领导接待日、财务管理等一系列规章制度,坚持通过会议、文件、黑板报、公开栏等形式,公开局务工作。

党建工作 1981 年,武陟县气象站党支部建立,由武陟县组织部批准,属一级机构党支部,隶属武陟县直属机关工委,有党员 3 人。1981 年 4 月,有 1 名合同工党员清退返乡之后,党员人数较少,至 1992 年底,期间未发展或增加党员,党务工作一度停止。1993 年 1 月,重新成立武陟县气象局党支部。截至 2008 年底有党员 5 人(其中退休党员 4 人)。

2000 年后,逐步建立健全教育、制度、监督并重的惩治和预防腐败体系。2004 年起,每年开展领导干部廉政述职和党课教育活动,参与气象部门和地方党委开展的党章、党规、法律法规知识竞赛等,制定完善了局务会议决策、财务、招待、采购、车辆、民主监督 6 项制度,不断增加工作透明度。

气象文化建设 1997 年,开始文明单位创建工作,建立健全规章制度,改善工作环境,开展丰富多彩的文体活动。1998年被武陟县委、县政府授予县级文明单位称号。2002年起,实行精神文明建设工作领导责任制,以创建为载体,对局机关进行了绿化、美化、硬化,建成图书室、阅览室、活动室等场所,组织职工开展丰富多彩的文体活动。

2003年2月、2008年1月,连续两届被焦作市委、市政府授予市级文明单位称号。

集体荣誉 1990—2008年,武陟县气象局先后获集体荣誉35项。其中,2004年8月被河南省爱国卫生运动委员会授予"省级卫生先进单位"荣誉称号。2006年1月,被河南省气象局授予"2005年度重大气象服务先进集体"荣誉称号;同年2月,被焦作市政府授予"2005年度人工影响天气工作先进集体"荣誉称号。

台站建设

1958年10月武陟县气候站建站时,占用武陟县人民科学研究院耕地667平方米,建造了25米×25米的观测场(人员、场地均属武陟县人民科学研究院管理)。1959年7月后,气象观测员和观测场用地由武陟县气候站管理。1960年6月,购买武陟县木城镇胜利大队土地2400平方米。1965年,在距观测场30米处正北方向建观测室2间。1972年,在距观测场30米处正北方向、观测室西侧盖房4间,用于办公和住宿。1978年11月,在距观测场35米处、预报室东北侧建职工食堂3间。1982年8月,在距观测场正北方向50米处新建两层楼房16间,用作职工宿舍、办公、仓库。1985年5月,在职工食堂正西方向、院落西侧新盖平房2间。1988年4月,拆除职工食堂和观测室,并在原基础之上新建5间观测、预报、值班用房。

2003年5月,武陟县气象局实施台站搬迁工程,新址位于县朝阳一街东段路南,占地7240.53平方米。2003年12月,建成集气象观测、预报、服务、气象卫星数据处理和科普展览为一体的自动气象观测站,北纬35°06′,东经113°25′,海拔高度91.0米,于2004年1月1日正常业务运行。2004年10月,气象业务楼竣工。2006年底,台站搬迁工程整体竣工,新建气象台观测值班室98平方米,两层业务楼590平方米,配套车炮库房100平方米,院内绿化、美化、取暖、排水等附属设施齐全,环境雅致。

修武县气象局

修武县位于河南省西北部,太行山南麓,东邻获嘉县、辉县市,西与焦作市相依,南与武陟接壤,北同山西省陵川县、泽州市搭界。全县东西宽36.25千米,南北长40千米,总面积676.4平方千米。

机构历史沿革

始建情况 1959年1月1日,建立修武县气候站,站址位于修武县五里源乡大堤屯村农科所。

站址迁移情况 1964年1月1日,由于原站离县城较远,对本县的气象要素代表性较差,由原址迁至城关镇北关村。1966年1月1日,迁至城关镇尚楼村。2007年1月1日,迁至城关镇环城南路东段,位于北纬35°14′,东经113°28′,海拔高度82.7米。

历史沿革 1960年2月11日更名为修武县气象站,同年4月更名为修武县气象服务站。1969年1月,更名为新乡地区气象台革命委员会修武县气象服务站。1970年1月,更名为修武县气象站。1970年4月,更名为修武县革命委员会气象站。1971年7月,更名为修武县气象站。1990年5月,更名为修武县气象局。

管理体制 修武县气候站自1959年1月建站至1968年,隶属修武县农业生产指导组,业务受新乡地区行政专署气象台指导。1968—1971年,隶属新乡地区革命委员会气象台。1971—1984年,先后由修武县农业局、人民武装部领导。1984年—1988年7月,隶属新乡气象处;1988年7月,隶属焦作市气象局领导,实行气象部门与地方政府双重领导,以气象部门领导为主的管理体制。

机构设置 1959年建站初期,未设内部机构。2003—2008年,设业务行政股和科技服务中心两个股级单位。

单位名称及主要负责人变更情况

单位名称	姓名	职务	任职时间
修武县气候站			1959.01—1960.02
修武县气象站			1960.02—1960.04
修武县气象服务站			1960.04—1969.01
新乡地区气象台革命委员会修武县气象服务站	刘金玉	站长	1969.01—1970.01
修武县气象站			1970.01—1970.04
修武县革命委员会气象站			1970.04—1971.07
修武县气象站			1971.07—1976.01
	姚百庚	站长	1976.01—1980.01
	刘金玉	站长	1980.01—1983.12
	徐 萍	站长	1983.12—1990.05
修武县气象局		局长	1990.05—2002.03
	翟伟华	局长	2002.03—2003.04
	郭翠英	局长	2003.04—2006.11
	庞善明	局长	2006.11—

人员状况 1959年建站初期,有职工3人。截至2008年底,在编职工6人,劳务用工6人,退休人员3人。在编职工中:本科学历3人,中级职称3人。

气象业务与服务

1. 气象业务

①气象观测

地面观测 1959年1月1日起,观测时次采用地方时,每日进行01、07、13、19时4次观测。1960年1月1日起,改为每日地方时07、13、19时3次观测。1960年8月1日起,每日进行08、14、20时(北京时)3次观测。

观测项目有云、能见度、天气现象、气压、气温、湿度、风向、风速、降水、雪深、日照、蒸发、地温等。

每日05、17时向河南省气象局拍发雨情报;1983年10月,开始向河南省气象台拍发重要天气报。

区域自动观测 2005年,在城关、王屯、葛庄、郇封、周庄、方庄、五里源、西村、高村、岸上10个乡(镇)安装了自动雨量站。2007年7月,在青龙峡风景区建立了1个四要素自动气象站。

农业气象观测 1959年建站始,开展取土测墒等农业气象业务。1996年9月,与修武县黄淮海开发办公室联合开展农业实用技术推广。2000年开始编写制作农业气象旬报,2003年12月改为农业气象周报。

②天气预报

建站初期,天气预报主要靠上级台传送资料。20世纪70年代,开始制作单站天气预报,之后又演变为转发上级气象台站制作发布的天气预报、对上级气象台站制作的天气预报进行解释订正。2000年后,安装了地面卫星接收系统,天气预报也由原来的室外观察和上级台站预报资料两结合,变为室外观察、上级台资料和气象卫星资料三结合,预报产品不仅有短期预报,还增加了未来3~5天、旬、月等中、长期天气预报和临近预报,以及灾害性天气预报预警和供领导决策的各类重要天气报告。

③气象信息网络

1959年建站时,主要利用收音机收听河南省气象台以及周边气象台站播发的天气预报和天气形势。1980年,安装了ZSQ-1天气传真机,接收北京、日本等气象传真图。1985年,开始使用高频电话接收和传输气象资料。1996年,利用计算机网络接收天气图、传真图等,拍发雨量报、墒情报,与焦作市气象局交换气象资料。1997年12月,气象卫星综合应用业务系统("9210"工程)建成,开始通过卫星接收资料,开通卫星电话、程控交换机、广播数据自动接收系统。1999年4月,因特网开通。2001年建成X.25气象资料传输专用网,2002年1月投入使用。2002年5月局域网建成,ADSL宽带网建成开通。2005年7月,通信专线由X.25改为2兆SDH光纤。2006年2月,视频会议系统开通运行。

2. 气象服务

公众气象服务 20世纪80年代前,主要通过制作黑板报、广播等途径对外发布气象信息。1993年12月,在周庄乡建立了乡—村气象警报对讲网。1994年6月,修武县电视天气预报节目开播,电视天气预报依靠电视台制作,为24小时天气预报。1998年3月,"121"自动气象站答复系统建成并投入使用。2000年11月,修武县气象局独立制作电视节目,通过电视向公众开展日常预报、天气趋势、生活指数、灾害防御、科普知识等服务。2004年6月,建设"兴农网",发布农业、气象、政务等信息。

决策气象服务 20世纪80年代,以口头或传真方式向县委、县政府提供决策服务。20世纪90年代后,在元旦、春节、清明节、五一、端午节、高考、中考等重大活动以及春播和三夏暨秸秆禁烧等重要农事季节,为县委、县政府、人大、政协领导及有关部门提供"重要天气公报"(包括大风、降温、强降水、霜冻、暴雪、寒潮)、"农情周报"等决策气象服务产品。2008年,建立了县政府突发公共事件预警信息发布平台,承担突发公共事件预警信息的发布任务。

人工影响天气 20世纪70年代末,开始探索人工影响天气工作,采取土火箭作业,后利用"三七"高炮进行人工增雨。2002年10月,修武县人民政府人工影响天气领导小组成立,办公室挂靠修武县气象局;同年,由焦作市气象局匹配购置1辆专用车和2架人工增雨火箭架。至2008年年底,实施人工增雨(雪)作业累计40余次。

防雷技术服务 20世纪80年代中后期,开始在修武县范围内进行避雷针安全检测。1998年,修武县编委发文成立修武县防雷技术中心,逐步开展建筑物防雷装置、新建建(构)筑物防雷工程图纸审核、设计评价、竣工验收和计算机信息系统防雷安全检测等工作。

气象科普宣传 1980年,与修武县广播站联合设立气象知识专题讲座节目。2003年,被修武县委宣传部、县教育局、县科技局、县科协四部门认定为"青少年科普教育基地"。2007—2008年,实施气象灾害防御培训工程,建立气象灾害应急联系人、乡镇气象灾害信息员队伍。

科学管理与气象文化建设

社会管理 防雷技术中心成立后,和县消防队、安监局等联合进行防雷安全检查检测;2001年,与修武县建委联合办公,开展防雷工程图纸审核。2003年8月,成立气象行政执法大队,5名兼职执法人员均通过焦作市人民政府法制办培训考核,持证上岗。

政务公开 2004年起,通过户外公示栏、电视广告、网络、报纸等渠道,将气象行政审批办事程序、气象服务内容、服务承诺、气象行政执法依据、服务收费依据及标准等向社会公开。

党建工作 建站至1996年8月,编入修武县农委党支部。1996年8月,成立修武县气象局党支部。截至2008年底,有党员3人。

气象文化建设 修武县气象局院内设有健身园、文化宣传栏、职工学习培训室、图书室。常年坚持开展职工思想道德建设。每年评选文明股(室)、文明职工、文明家庭,每年3月开展职业道德教育月活动。

1990年、1993年,被修武县县委、县政府命名为县级文明单位。1997年、2002年、2007年连续3届被焦作市委、市政府命名为市级文明单位。2008年11月,修武县气象局被河南省委、省政府授予省级文明单位称号。

荣誉 2003年2月、2005年2月,被焦作市气象局评为"计财工作先进单位";1997年、2002年、2007年,被焦作市委、市政府授予"文明单位"称号;2005年、2007年,被河南省气象局授予"重大气象服务先进集体"光荣称号;2005年2月,被焦作市气象局评为"全市目标管理优秀县局";2005年4月,被焦作市人民政府评为"行政执法先进集体"。

台站建设

1959 年建站至 1966 年,修武县气象服务站建设业务办公用房 230 平方米,砖木结构,观测场面积为 16 米×20 米。1983 年,有房屋 4 栋 18 间,建筑面积 396 平方米,其中 14 间为砖木结构平房,4 间为水泥结构平房。1987 年,建设生活用房(二层楼)350 平方米,1996 年洪涝后,房屋受损严重。2005 年新站址开工建设,2007 年迁入新址。期间对局机关的环境面貌和业务系统进行了大的改造,建设了新的业务办公楼。2008 年,安装了玻璃幕墙,建筑、硬化面积 3068 平方米,绿化面积 6670 平方米,建成了 25 米×25 米的标准观测场,成为集气象科普、气象观测为一体的科普实践基地。

濮阳市气象台站概况

濮阳市位于河南省东北部,黄河下游北岸,冀、鲁、豫三省交界处。濮阳市是随着中原油田的勘探开发,于 1983 年 9 月 1 日经国务院批准,由原安阳地区行政分组成立的。1983年 9 月国务院批准建立濮阳市,将原安阳地区所辖滑县、长垣、濮阳、内黄、清丰、南乐、范县、台前 8 县划归濮阳市。1986 年 3 月,濮阳市所辖滑县、内黄县划归安阳市,长垣县划归新乡市。截至 2008 年底,濮阳市辖濮阳县、清丰县、南乐县、范县、台前县及濮阳市华龙区、濮阳高新技术开发区,面积 4188 平方千米,人口 363.3 万。

濮阳市属暖温带半湿润大陆性季风气候,四季分明。主要灾害性天气有干旱、暴雨(雪)、寒潮、高温、大风、雷电、大雾、霜冻等。

气象工作基本情况

所辖台站概况　1986 年 9 月,国家气象局批准成立濮阳市气象台。1989 年 1 月,成立濮阳市气象局,下辖濮阳、清丰、南乐、范县、台前 5 县气象局(站)。

历史沿革　1953 年 9 月,成立濮阳测候站。1959 年 2 月,建立范县气候服务站(1959年 1 月—1964 年 5 月归山东省聊城地区管辖)。1960 年 1 月,建立南乐县气象站。1961 年1 月,建立清丰县气象站。1975 年 1 月,建立台前县气象站。1986 年 9 月,成立濮阳市气象台。1989 年前,濮阳市辖区气象站归属原安阳地区行署气象局(后称豫北气象管理处)管理。1989 年 1 月,濮阳市气象台更名成立濮阳市气象局,同年 12 月濮阳县、清丰县、南乐县、范县、台前县气象站由豫北气象管理处划归濮阳市气象局管理。1990 年 4 月,濮阳市所辖 5 县气象站改称为县气象局。

管理体制　1973 年前,气象部门管理体制经历了从军队建制到地方政府管理、再到地方政府和军队双重领导的演变。1973—1979 年,转为地方同级革命委员会领导,业务受上级气象部门指导。1980 年体制改革后,实行气象部门与地方政府双重领导,以气象部门领导为主的管理体制。

人员状况　1993 年 12 月,全市气象部门在职在编职工 75 人,其中大专及以上学历 18人,中级职称 17 人,党员 31 人。截至 2008 年底,全市气象部门在职在编职工 84 人(含 9名地方编制人员),其中大专及以上学历 70 人(其中本科学历 47 人,研究生学历 3 人),中级及以上职称 40 人(其中高级职称 7 人);退休职工 26 人,离休职工 1 人;编外人员 32 人。

党建与精神文明创建 1978 年,濮阳县气象站有党员 6 人,成立了濮阳境内气象部门第一个党支部;其余站党员少于 3 人,无独立支部。截至 2008 年底,市、县气象局有党支部 6 个,党员 55 人。1992 年,南乐县气象局率先创建成为县级文明单位。20 世纪 90 年代,市、县气象局 6 个创建单位全部创建成为县级以上文明单位。2003 年 2 月,濮阳市气象局创建成为省级文明单位;2008 年 11 月,南乐县气象局创建成为省级文明单位。至 2008 年,全市气象部门有市级文明单位 3 个、省级文明单位 3 个。

主要业务范围

地面气象观测 全市地面气象观测站 5 个,其中国家气象观测一级站 1 个(濮阳县气象局),国家气象观测二级站 4 个。区域自动气象站 80 个,其中四要素站 5 个,单要素雨量站 75 个。国家气象观测二级站承担全国统一观测项目任务,内容包括云、能见度、天气现象、气压、气温、湿度、风向、风速、降水、雪深、日照、蒸发(小型)和地温(0、5、10、15、20 厘米),每日 08、14、20 时 3 次定时观测,向河南省气象台拍发定时加密天气观测报。按河南省气象局规定,在 05 时、17 时编发 12 小时雨量报;定时和不定时编发重要天气报。濮阳县气象观测站每日进行 02、05、08、11、14、17、20、23 时(北京时)8 次定时观测,并拍发天气电报;承担向郑州民航发航空危险天气报发报任务;2007 年 1 月 1 日增加酸雨观测。2004 年开始建立濮阳市地面自动观测站,实现地面气压、气温、湿度、风向、风速、降水、地温(包括地表、浅层和深层)自动记录。全市 5 县气象站的气象观测资料上报到河南省气象局档案馆。

农业气象观测 1956 年 3 月,濮阳县气象站开始进行作物物候观测,并增加土壤湿度观测,观测的作物主要有小麦、玉米、棉花。1961 年底,对农业气象业务进行调整,确定濮阳县气象站为河南省农业气象基本站,进行农业气象观测与服务、拍发农业气象旬(月)报;其余县站为一般农业气象站,只进行土壤湿度观测和相应农业气象服务工作。1967 年 1 月起,农业气象观测业务因"文化大革命"曾一度中断,1972 年以后又恢复观测。1982 年开始,濮阳县气象站还进行木本、草本、候鸟等物候观测。1990 年,濮阳县气象观测站农业气象业务由河南省农业气象基本站升级为国家农业气象基本站。

天气预报 1958 年,濮阳县气象站开始制作并对外发布天气预报,预报方法主要是"土洋结合、以土为主",即根据当地气象资料图表、收听上级气象台预报,结合群众经验、天气谚语、天象、物象等,制作 24 小时和 48 小时天气预报;服务手段主要是手抄报送和电话传报,服务对象主要是政府及有关部门,群众很少能及时收到天气预报。20 世纪 80 年代初,开始用电传机接收北京和日本的天气图预报产品,人工绘制简易天气图。1986 年,濮阳市气象台成立后,天气预报业务引进了计算机,建立了微机网络,可随时调用气象卫星和天气雷达监测资料及国内外的天气预报产品。2004 年,建成省—市天气会商系统。截至 2008 年底,天气预报通过广播、电视、报纸、手机短信、电话、传真、电脑网络向政府和社会公众发布。广播、电视中的天气预报节目已成为收视率最高的节目之一。

人工影响天气 1974 年,在濮阳县气象站进行土火箭人工增雨试验,由于土火箭弹道稳定性差,试验及应用效果欠佳,告停。1987 年 10 月 12 日,河南省人工增雨作业飞机应邀来濮阳市实施人工增雨作业,各县降水量 30～50 毫米,全市小麦得以顺利播种与出苗。1993 年 8 月后,市、县政府相继成立了人工影响天气机构(领导小组),分别在市、县气象局设立办公室。1997 年,清丰县购置"三七"高炮 5 门,7 月 7 日进行首次高射炮人工增雨作业。2000 年 6 月 20 日清丰县气象局又一次用高炮增雨,降水量达 57.0 毫米。2001 年 6 月 20—24 日濮阳市先后实施增雨作业 4 次,各县降雨量 24.9～81.5 毫米,旱情得以解除;当年濮阳市政府拨专款 84 万元,购置了 5 套人工影响天气车载移动火箭发射架,并配备了运载车辆。2003 年,又购置了 14 套人工影响天气车载式移动火箭,初步形成了全市人工增雨作业网。

气象服务 1971 年起,各县利用农村有线广播站播报气象消息。1982 年以前,为一般常规天气预报服务。1982 年,开始向公众发布天气预报预警信息服务。20 世纪世纪 90 年代,各县相继由电视台制作文字形式气象节目,开展日常天气及其趋势预报、气象生活指数、气象灾害防御、科普知识、农业气象等服务。1997 年 2 月,利用"121"天气自动答询电话系统进行公众服务。2002 年 5 月,建立手机短信平台,通过手机平台向公众和地方各级领导发布预警信息及重大天气过程的预报。乡镇自动雨量站建成以后,每次降水过程的雨情也通过短信平台向各级领导发布。

濮阳市气象局

机构历史沿革

始建情况 1986 年 6 月,原安阳地区气象局(豫北气象处)在濮阳市设立流动气象台(在濮阳市大庆路中段油建招待所办公),负责当地天气预报服务和筹备成立濮阳市气象台事宜。同年 9 月,经国家气象局(国气〔1986〕第 301 号)批准,成立了濮阳市气象台。

历史沿革 1989 年 1 月,在濮阳市气象台基础上建立濮阳市气象局,无市气象局直属气象观测站。

机构设置 1987 年,濮阳市气象台下设办公室、预报科、濮阳县气象站。1989 年 1 月,由濮阳市气象台成立濮阳市气象局,局直设办公室、人事科、业务科、预报科(气象台)、服务科 5 个科室。1996 年,濮阳市气象局内设办公室、业务产业服务科、人事政工科(与党组纪检组合署办公)、气象台、气象科技开发中心。2001 年 12 月,局机关设办公室、人事科(与党组纪检组合署办公)、业务科(政策法规科)3 个职能科室;直属事业单位 4 个,分别为濮阳市气象台、濮阳市专业气象台、濮阳市防雷技术中心、濮阳市气象广告中心。2008 年底,局直内设 3 个职能科室(办公室、人事科、业务科),5 个直属事业单位(气象台、气象科技服务中心、防雷技术中心、气象广告中心、财务核算中心),1 个地方气象机构(濮阳市人工影响天气技术中心)。

单位名称及主要负责人变更情况

单位名称	姓名	职务	任职时间
濮阳市流动气象台	张新隆	处长	1986.06—1986.09
			1986.09—1986.12
濮阳市气象台	王银民	副主任(主持工作)	1987.01—1988.06
		副台长(主持工作)	1988.06—1989.01
		副局长(主持工作)	1989.01—1989.06
濮阳市气象局	孙秀岑	局长	1989.06—1993.04
	徐玉梅	局长	1993.04—2000.03
	王运行	局长	2000.03—2009.03
	冯衫	局长	2009.03—

人员状况 1986年6月,豫北气象管理处在濮阳市成立流动气象台,由6人组成。1987年,濮阳市气象台(包括濮阳县气象站)有职工23人,中专学历12人,大学专科及以上学历4人;中级职称2人,初级及以下职称11人。1995年,濮阳市气象局局直在编职工37人,其中中专学历15人,大学专科及以上学历14人;高级职称1人,中级职称12人,初级职称18人。截至2008年底,濮阳市气象局有在编在职职工52人(含地方编制9人),其中研究生学历3人,大学本科学历32人,大学专科学历13人;高级职称7人,中级职称22人;男30人,女22人;平均年龄37.1岁。

气象业务与服务

1. 气象业务

天气雷达探测 濮阳新一代天气雷达站于2002年9月开工建设,2005年6月试运行,2006年5月正式投入使用。雷达(10厘米SB型多普勒雷达)可有效探测400千米范围的风场、温度场和云气物理变化性状。

天气预报 1986年,气象台成立初期,主要依靠收听上级气象部门的气象广播、指导预报、简易天气图和经验制作预报,每日17时对外发布24小时预报。1987年6月1日,开始接收传真天气图,以后逐步发展为卫星云图、气象雷达、并行计算机系统等先进工具制作客观定量定点数值预报,同时还制作喷药指数、灌溉指数等专题预报和穿衣指数、出行指数、紫外线指数等生活指数预报。

气象信息网络 1986年10月,所辖5县气象站全部安装上高频电话并联网使用。1995年4月,建成濮阳市气象局计算机局域网,并投入运行。1996年5月,所辖县气象局开通计算机终端。1997年12月,气象卫星综合应用业务系统("9210"工程)建成,开始通过卫星接收资料,开通卫星电话、程控交换机、广播数据自动接收系统。2001年,X.25信息分组交换网建设完成;同年6月1日,通过X.25向河南省气象局编发天气加密报、雨量报、墒情报。2003年7月10日,安装卫星云图接收系统;12月,省—市SDH气象宽带网投入应用,传输速度达到2兆,省—市电视会商系统在此基础上实现。2004年8月,X.25升级成SDH气象宽带。2004年,市—县气象宽带投入应用,传输速度达2兆。2007年5月,

9210 单收站卫星资料接收系统升级成 DVBS 新一代卫星资料接收系统,并与 9210 单收站并行。2008 年 12 月,建成电信 MPLS-VPN 备用线路,在此基础上的实景视频监控系统全部到位并投入运行。

2. 气象服务

公众气象服务 20 世纪 80 年代以前,通过信函邮递方式向各乡镇发送天气预报信息,用农村有线广播站播报气象消息。1990 年 10 月,用警报器向乡镇播发气象信息。1995 年,建立"风云寻呼台",通过 BB 机向用户传送气象信息。1996 年,与当地广播电视局合作,在濮阳电视台开播电视天气预报节目,每天向公众播报常规预报(24 小时预报和市、县预报),时长 2 分钟。1997 年,开通"121"自动答询电话系统;2003 年 3 月,开通手机气象短信业务。2003 年 6 月,"121"气象热线由 1 号信令升级为 7 号信令,线路由 30 路扩容为 120 路,同时和移动、联通、网通实现了直连(2007 年,"121"更名为"12121")。2004 年起,新增服务产品有生活指数预报、生产运输预报、旅游景区预报、电力专项预报等,服务领域拓展到电力、化工、交通、石油开采、建筑、旅游等多个行业。

决策气象服务 1988 年以前,气象服务信息主要是常规预报产品和情报资料。1988 年后,除向地方领导报送重要气象服务信息等决策气象服务产品,还为"黄金周"旅游、黄河调水调沙试验、人工增雨、大型室外公众集会等提供气象保障服务。2004 年 8 月,正式对外发布暴雨、暴雪、寒潮、大风、沙尘暴、高温、冰雹、霜冻、大雾、道路结冰 10 种突发气象灾害预警信息。2007 年 6 月 12 日,气象灾害预警信号增加雷电、霾、干旱气象灾害。

20 世纪 80 年代后期,开始开展农业气象旬(月)报服务、关键农事季节气象服务。1987 年,开始利用气候—产量预报模式制作发布小麦、玉米、棉花产量预报;同年 11 月,开始使用气象卫星遥感资料监测冬小麦苗情长势,并逐步开展土壤墒情、秸秆焚烧等卫星遥感监测资料服务。2003 年 12 月,改农业气象旬报服务为农业气象周报服务,气象服务领域由单一的小麦、玉米等粮食作物向大棚蔬菜、林果、养殖等特色农业拓展。2005 年 12 月,与濮阳市农业局建立服务合作机制,定期交流气象与农情信息,共同为农业服务。

人工影响天气 1974 年,在濮阳县气象站进行土火箭人工增雨试验,由于土火箭弹道稳定性差,经试验效果欠佳,告停。1987 年 10 月 12 日,河南省人工增雨作业飞机应邀来濮阳市实施人工增雨作业,各县降水量 30～50 毫米,全市小麦得以顺利播种与出苗。此后几年,多次进行飞机人工增雨作业,都取得较好效果。1993 年 8 月后,市、县政府分别成立了人工影响天气机构(领导小组),办公室设在市、县气象局。2001 年 6 月 20—24 日,濮阳市先后实施增雨作业 4 次,各县降雨量 24.9～81.5 毫米,旱情得以解除,节约灌溉经费 1100 万元。当年市政府拨专款 84 万元,购置了 5 套人工影响天气车载移动火箭发射架,并配备了运载车辆。2003 年又购置了 14 套人工影响天气车载式移动火箭,形成了全市的人工增雨作业网。

气象科普宣传 2001 年起,濮阳市气象局利用"3·23"世界气象日和当地科协组织的科普活动周等活动,组织对外开放活动,宣传气象科普知识,还多次到中、小学校举办气象知识科普讲座。2006 年 10 月 1 日,濮阳气象科技馆建成并对外开放。馆设科普展览中心、科技活动中心、4D 动感影院、气象互动区、健身娱乐区等功能区,并与气象台、气象影视中心、阅览厅联并贯通,双电梯直达雷达主塔楼和 20 层观光平台、旋转餐厅。科技馆有声光电等科技科普展品、展台、展板和挂图 300 余(项)件;自主开发了《气象万千》4D 动感专题影片,融知识、科学、艺术、娱乐性于一体,汇气象、天文、地理、历史、数学、物理等多学科,有较强的互动、观赏、体验性,成为公众科普游乐尤其是青少年学习科学知识、培养科技兴趣、启迪开发智力的科技实践教育活动主要场所。气象科技馆于 2008 年 1 月被中国气象局、中国气象学会授予"全国气象科普教育基地";2008 年 8 月,被共青团河南省委授予"河南省青少年科普教育基地"。

气象法规建设与社会管理

法规建设　1996 年 1 月 26 日,濮阳市人民政府印发了《濮阳市防雷安全管理暂行办法》(濮政〔1996〕3 号);2004 年,濮阳市人民政府下发了《濮阳市人民政府关于加强防雷减灾工作的通知》(濮政〔2004〕58 号);2005 年,濮阳市人民政府下发了《濮阳市人民政府关于贯彻落实河南省防雷减灾实施办法的通知》(濮政〔2005〕20 号)。2006 年 10 月 19 日,濮阳市人民政府下发了《濮阳市人民政府关于加快气象事业发展的通知》(濮政〔2006〕64 号)。1988—2008 年,濮阳市气象局先后与劳动、保险、建设、公安消防等部门联合下发了 8 个防雷减灾方面的文件,与市规划局联合下发了 2 个关于加强观测环境保护的文件。

制度建设　2005—2008 年,制定了"中共濮阳市气象局党组工作规则"、"濮阳市气象局职工学历教育管理办法"、"濮阳市气象部门国家气象系统在职在编工作人员年度考核实施细则"、"关于落实职工带薪休假的具体意见"等 74 项管理制度。

社会管理　1994 年,濮阳市气象局、濮阳市规划局联合下发了《关于加强观测环境保护的通知》(濮建字〔1994〕39 号、濮气字〔1994〕8 号);2005 年,濮阳市气象局、濮阳市建设委员会联合下发了《关于加强气象探测环境和设施保护的通知》(濮气发〔2005〕4 号),气象探测环境情况在濮阳市建设委员会进行了备案。2005 年,濮阳市气象局派人进驻濮阳市行政服务大厅,承担对新建建筑物防雷图纸进行审核,对防雷工程专业设计、施工和防雷检测资质管理,对防雷装置设计审核和竣工验收及施放气球单位资质认定,对施放气球活动和大气环境影响评价使用气象资料审查许可等社会管理职能。

政务公开　重大事件、重要事项、财务状况,均采用政务公开栏、张榜公布或全体干部职工大会方式,定期不定期向职工公开,并设置了群众意见箱。通过对外公示栏、电视广告等形式,对外公布气象行政审批程序、气象服务内容、收费依据、收费标准等。2005 年 10 月,被中国气象局授予"全国气象部门局务公开先进单位"。

党建与气象文化建设

1. 党建工作

1987 年 8 月,成立濮阳市气象台临时机关党支部,有党员 11 人。1988 年 5 月,成立濮阳市气象台机关党支部,后更名为濮阳市气象局机关党支部。党建工作归地方工委直接领导。截至 2008 年底,有党员 38 人。

2. 气象文化建设

2006 年,参加濮阳市组织的"市直文明单位结对帮扶农村精神文明建设"活动,被濮阳市政府评为先进单位。2007 年,组织濮阳市气象职工开展爱岗敬业演讲比赛活动。2008年,参加濮阳市迎奥运"联通杯"篮球比赛,获得第一名。2009 年,参加河南省气象部门"张弓杯"文艺汇演,获得三等奖。2010 年,聘请拓展训练公司对职工进行野外拓展训练等。通过这些丰富多彩的文体活动,增强干部职工的事业心、责任感和单位的凝聚力。

1997 年 6 月,被中共濮阳市委、濮阳市人民政府命名为市级"文明单位"。2003 年 2月,被中共河南省委、河南省人民政府命名为省级"文明单位";2008 年届满再次被命名为省级"文明单位"。

3. 荣誉

集体荣誉 1986—2008 年,濮阳市气象局共获得各级各类集体表彰奖励 100 余项。其中,2008 年 11 月被河南省委、省政府授予省级"文明单位",被中国气象局授予"全国气象科普工作先进集体"。

个人荣誉 1986—2008 年,个人荣获省部级以上表彰 5(人)次。

台站建设

1986 年,濮阳市成立流动气象台时在濮阳市大庆路中段油建招待所临时办公。1987年 5 月,濮阳市气象台业务楼在濮阳市建设路(市 2 号路)与昆吾路交叉口西南角动工建设,建筑面积 2500 平方米,占地 4000 平方米。2002 年 9 月,濮阳新一代天气雷达站开工建设,同时依托雷达主楼建设濮阳气象科技馆,总建筑面积 8000 平方米,占地 26000 平方米,总投资 4500 万元。

2006 年 4 月,濮阳新一代天气雷达站竣工。2006 年 5 月,濮阳市气象局由濮阳市人民路 96 号整体搬迁到濮阳市皇甫生态游览区——市黄河路西段路北。

濮阳县气象局

濮阳县位于豫鲁两省交界处、濮阳市南部,南邻黄河。面积 1382 平方千米,人口107.25 万,辖 6 镇 14 乡。

机构历史沿革

始建情况 河南省濮阳测候站始建于 1953 年 9 月,站址在濮阳县城北子路坟,距县城约 4 千米。

站址迁移情况 1968 年 3 月,迁至濮阳县城东关西头路南,北纬 35°42′,东经 115°01′,海拔高度为 52.2 米。2004 年 1 月,迁至濮阳县城南环路东段路南张挥公园东侧,北纬 35°42′,东经 115°01′,海拔高度为 54.1 米。

历史沿革 1953 年 9 月建站,名称为河南省濮阳测候站。1954 年 7 月,更名为河南省濮阳气候站。1955 年 1 月,更名为濮阳县农业气象站。1960 年 4 月,更名为濮阳县气象服务站。1970 年 11 月,更名为濮阳县革命委员会气象站。1971 年 1 月,更名为河南省濮阳县气象站。1984 年 4 月,因撤销濮阳县,更名为濮阳市郊区气象站。1987 年 9 月,随濮阳市郊区政府撤销,恢复为河南省濮阳县气象站。1990 年 4 月,更名为濮阳县气象局。濮阳县气象观测站属国家气候一般站,国家农业气象基本站。

管理体制 1953 年,濮阳测候站筹建期属军队建制,同年 8 月转为地方建制,归濮阳县政府农业水利科领导,业务受气象部门指导。1954 年 6 月转由气象部门领导。1971 年,归濮阳县人民武装部领导。1973 年实行当地政府和气象部门双重领导、以地方领导为主。1978 年转由气象部门管理。1989 年 12 月改由气象部门与濮阳县政府双重领导、以气象部门领导为主。

机构设置 2008 年,濮阳县气象局设地面观测组、农业气象组、气象服务组、濮阳县防雷技术中心、濮阳县人工影响天气办公室。

单位名称及主要负责人变更情况

单位名称	姓名	职务	任职时间
河南省濮阳测候站	李守成	负责人	1953.09—1954.07
河南省濮阳气候站			1954.07—1955.01
濮阳县农业气象站	无记录	无记录	1955.01—1960.01
	张清义	负责人	1960.01—1960.04
濮阳县气象服务站			1960.04—1964.03
	杜修善	站长	1964.03—1970.11
濮阳县革命委员会气象站	曹玉庆	站长	1970.11—1971.01
河南省濮阳县气象站			1971.01—1980.03
	刘清才	站长	1980.03—1984.04
濮阳市郊区气象站			1984.04—1987.09
河南省濮阳县气象站			1987.09—1989.10
濮阳县气象局	牛常修	局长	1989.10—1996.04
	吕永祥	局长	1996.04—2003.04
	王俊峰	局长	2003.04—

人员状况 1953 年建站初期,有职工 4 人。1993 年底,有在编职工 10 人,其中中级职称 2 人,女职工 4 人。截至 2008 年底,有在编职工 9 人,其中大专及以上学历 6 人,中级职称 3 人。

气象业务与服务

1. 气象业务

①气象观测

地面观测 1954年7月起,观测项目有气压、气温、湿度、地面状态、地温(5、10、20、30厘米)、蒸发、最低草温、风向、风速、日照、云、能见度、天气现象、降水量、降水时数、风自记;1983年,增加冻土、积雪、气压自记、气温自记、温度自记观测项目。

每日进行02、08、14、20时4次观测;1980年1月,增加02时观测,夜间守班;1989年1月1日,地面观测由原来的4次观测、夜间守班改为3次观测,取消02时观测,夜间不守班。

建站初期,05、17时发雨量报。1961年7月16日,增加航危报业务;1962年3月16日,确定为"航危报站",航危报时间为05—20时;1962年7月20日,确定为"军事气象情报重点站"。1965年3月10日起,拍发气候报。

2004年1月1日,建立地面气象观测自动站,对温度(含最高、最低)、湿度、风、降水、气压、地面温度(含最高、最低)、浅层地温、深层地温进行自动观测,对云、能见度、天气现象实行人工观测。

酸雨观测 2006年8月,建成酸雨监测系统。

区域自动站观测 2005年4月15日,在全县22个乡镇建立了乡镇雨量站。2006年5月10日,在郎中乡建立了乡镇四要素自动站,自动观测和传输温度、降水、风向、风速数据。

农业气象观测 1956年,开始观测小麦、玉米、棉花作物的生长发育情况,编发气象旬、月报。1957年,实行作物固定地段小麦、玉米、棉花生长发育状况观测。1967年6月,增加了土壤墒情烘干箱。1967年下半年,进行土壤墒情监测,每月8、18、28日观测3次,深度0～30厘米,地段自选。每月1、11、21日向河南省气象局拍发气候报。1971年,土壤墒情监测为固定地段("文化大革命"期间观测有中断)。1979年,开始作物状况观测。1982年10月,开始固定地段测墒,测墒深度为10、20、30、40、50厘米。1996年4月,土壤墒情监测由原来的每月8、18、28日3次,增加了3、13、23日3次监测。

②天气预报

建站初期,天气预报项目单一,预报方法简单,以单站气象资料和农谚作依据,参照上级气象台天气预报广播,制作本地天气预报。

1982年,利用九线图、传真图制作天气预报。

1990年,传递濮阳市气象台发布的天气预报。

1990年8月,由县政府出资3万元,建立起了天气警报系统。

1996年8月以后,利用VSAT单收站、卫星云图、雷达回波及省、市气象台预报产品,进行订正预报,每天发布24小时、48小时天气预报及3～5天中期天气预报;定期发布逐月、季、汛期、半年、一年长期天气趋势预报;不定期制作主要农事季节专题预报和情报。

③气象信息网络

1954—2008 年,航空气象报文主要通过邮政局电报形式进行传输。

1996 年 5 月,建成了市—县传输网络。1998 年 7 月,建成了省、地(市)、县 FTP 业务传输网络。1999 年 8 月,建成了"9210"工程 PC-VSAT 地面单收站。2007 年 4 月,建成了中国气象局、省气象局、市气象局、县气象局 Lotus Notes 办公系统,实现了办公自动化。

2. 气象服务

公众气象服务 1997 年以前,主要通过濮阳县广播站,向全县播发天气预报。1998 年 6 月,建成双路"121"信息电话查询系统,同年 9 月电视天气预报系统建成,并在濮阳县电视台开播天气预报节目。2007 年,开通了气象短信平台,以手机短信方式向全县各级领导发送气象信息。

决策气象服务 20 世纪 80 年代后期,开始手工编发制作重要天气预报、关键农事预报等。1993 年 3 月,气象警报发射机正式投入使用。1995 年 5 月,购置 486 计算机及打印机一台,中长期预报、重要天气预报、农业气象情报等打印产品通过邮寄等方式服务各级党委、政府及企事业单位。1998 年以后,基本形成了重要天气预报、重大天气过程预警、关键农事专题预报、重大活动及节假日专题预报等固定模式,服务对象也从各级党委政府、机关事业单位扩大到基层农业合作组织和养殖大户,主要服务手段也涵盖了信件、电话、传真、电视、短信、网络邮件和 QQ 信息等。2000 年,开始使用卫星监测作物生长情况及土壤墒情分析,服务地方政府及相关部门。2004 年,使用 DVBS 卫星监测地方秸秆禁烧。2008 年 4 月,起草并由濮阳县政府发布了《濮阳县突发气象灾害应急预案》。

人工影响天气 1976 年,开始人工影响天气试验工作,用纸做火箭筒,铁皮制作箭头及尾翼,内装黑火药作动力,自制人工增雨火箭,经多次试验,因作业效果欠佳告停。2001 年,濮阳县人民政府成立濮阳县人工影响天气领导小组,下设办公室,办公地点设在县气象局;同年,购置了 WR-98 型、BL-1 型人工增雨(防雹)火箭炮 4 门。2008 年,在濮阳县胡状乡集水供应站设立第一个人工影响天气标准化固定炮站。

防雷技术服务 1998 年 4 月,濮阳县防雷技术中心挂牌成立,并开始对外进行防雷检测技术服务。1999 年 6 月,濮阳县消防大队和濮阳县防雷技术中心联合行文,对重点项目、重点企业进行防雷安全检查。2001 年以后,开始防雷图纸的设计、审核和验收。2008 年,启动中小学校防雷工程新建及改造项目。

气象科普宣传 每年"3·23"世界气象日、安全生产月、科技周、法制宣传日等,走上街头开展气象科普宣传;节假日,气象局对外开放,通过让公众参观、学习,普及气象科学知识;利用广播电视、报纸杂志、宣传画、手机短信等媒体,宣传全球气候变暖带来的影响及气象防灾减灾、雷电安全防范避险等科普知识。

气象科研 1982 年开展农作物长势卫星遥感监测工作,贾金明主持完成的"濮阳冬小麦卫星遥感综合测产模式研究"课题,1989 年获濮阳市科技进步三等奖。1990—1994 年,贾金明、徐文国、牛常修等开展"濮阳市冬小麦优化灌溉技术研究与应用"课题研究,获河南省黄淮海农业综合开发科技进步二等奖;其姊妹课题"推广优化灌溉,实现小麦稳定增产"，获河南省实用社会科学优秀成果三等奖、获濮阳市实用社会科学优秀成果一等奖。

科学管理与气象文化建设

社会管理 随着 2003 年 7 月 1 日《河南省气象局施放气球管理办法》的出台，濮阳县气象局认真履行管理职能，加强施放氢气球安全监管。一是加强对单位施放气球人员资格培训，提高施放气球人员的操作技能和安全意识；二是加强对县域内施放气球单位或个人的资质、资格审查，严禁无证施放，并做好档案管理；三是要求施放单位与用户签订气球安全协议，杜绝事故的发生。

依据《中华人民共和国气象法》、《河南省气象条例》、《河南省防雷减灾管理办法》，开展全县的防雷行政管理。1999 年，与濮阳县建设部门出台了《关于开展建筑行业安装防雷装置的通知》，规定全县新建、扩建、改建的建筑物（构筑物）均须设计有防雷装置，由濮阳县气象局进行防雷工程图纸审核，竣工验收；对易燃易爆场所、人员聚集场所、计算机网络系统等设施进行防雷安全年检，对存在防雷安全隐患的场所及单位，及时下达了《防雷设施整改通知书》，限期进行整改。

气象观测员按规定每天对观测场周围进行巡查，依法保护气象探测环境。2008 年 5 月 14 日，对观测场外围超高树木进行了砍伐，消除了对气象探测环境的影响。

政务公开 2002 年，成立了濮阳县气象局局务公开工作领导小组，制定了"濮阳县气象局局务公开实施细则"和"濮阳县气象局局务公开考核办法"，将单位办事制度、依据、职责范围、干部人事、财务等重点工作事项予以公开，推行阳光操作，增加行政审批工作的公开性和透明度。

党建工作 建站初期，无党支部。1978 年，成立中共濮阳县气象站党支部，有党员 6 名。截至 2008 年底，有党员 5 名。

成立了党风廉政建设领导小组，实行党风廉政建设责任制，组织干部职工参观"全市反腐倡廉警示教育大型展览"专题教育展览。

气象文化建设 为丰富职工的业余文化体育生活，2004 年 10 月，濮阳县气象局里建成羽毛球场和乒乓球室。2007 年 4 月，建成篮球场。2005 年 10 月和 2007 年 10 月县气象局均派人参加全国气象系统运动会。

1998 年，濮阳县气象局被中共濮阳市委、濮阳市人民政府命名为市级"文明单位"，1998—2008 年连续 11 年保持市级"文明单位"荣誉称号。2008 年 11 月，被中共河南省委、河南省人民政府命名为省级"文明单位"。

荣誉 1998 年，被中共濮阳市委、濮阳市人民政府命名为市级"文明单位"。2008 年，被中共河南省委、河南省人民政府命名为省级"文明单位"。

台站建设

2004 年 1 月，濮阳县气象局整体迁至濮阳县城南环路东段路南张挥公园东侧。新址占地面积 0.73 公顷，建筑面积 712 平方米，建成新气象业务平台以及图书阅览室、党员活动室、职工活动室、球场等;绿化面积达到三分之二,四季常青、三季有花,成为园林式单位;并建成 25 米×25 米标准观测场。

濮阳县气象局观测场环境(2006 年)

濮阳县气象局新址(2004 年)

清丰县气象局

清丰县位于濮阳市中北部,卫河斜跨西北边境,马颊河、潴龙河纵贯县城南北。总面积 828 平方千米,总人口 65 万,辖 3 镇 14 乡。以种植业为主,农林牧综合发展。

机构历史沿革

始建情况 1958 年 10 月开始建立清丰县气象服务站,站址在距清丰县城东北 7.5 千米的高堡,北纬 35°57′,东经 115°09′。

站址迁移情况 1963 年 5 月 19 日,迁到清丰县城西南孙庄,北纬 35°55′,东经115°09′。1967 年 6 月,迁到清丰县城青峰路 98 号,距城中心 1.2 千米,北纬 35°54′,东经 115°07′,海拔高度 49.1 米。2003 年 10 月,迁到清丰县县城东南郊外,106 国道西侧,距县城中心 2.8 千米,北纬 35°54′,东经 115°07′,海拔高度 49.5 米。

历史沿革 1958 年 10 月开始建立清丰县气象服务站。1971 年 1 月,更名为清丰县气象站。1990 年 4 月 18 日,更名为清丰县气象局。

管理体制 1963 年 1 月,归气象部门领导。1969 年 7 月,转交地方领导,1971 年纳入清丰县武装部领导,1973 年划入清丰县农业局领导。1983 年 10 月,实行气象部门与地方政府双重领导,以气象部门领导为主的管理体制。

机构设置 1990 年 4 月更名为清丰县气象局后,设地面观测股、农业气象股、气象服务股,1996 年 2 月成立清丰县防雷技术中心,1997 年 7 月成立清丰县人工影响天气指挥部办公室。

单位名称及主要负责人变更情况

单位名称	姓名	职务	任职时间
清丰县气象服务站	杨吉人	站长	1958.10—1970.12
			1971.01—1972.12
清丰县气象站	李勤广	站长	1973.01—1981.06
	谢丽川	副站长（主持工作）	1981.07—1982.09
	董俊民	站长	1982.10—1983.11
	谢丽川	站长	1983.12—1990.02
	洪学斌	站长	1990.02—1990.04
清丰县气象局		局长	1990.04—1995.12
	吴建河	局长	1996.01—2001.03
	李首兵	局长	2001.04—2002.03
	李金刚	局长	2002.03—

人员状况 1958 年建站初期,有职工 2 人。1993 年底,有职工 8 人,其中,中级职称 2 人,女职工 3 人。截至 2008 年底,有在职职工 10 人(在编职工 6 人,外聘人员 4 人)。在职职工中:大专学历 6 人;中级职称 7 人;50 岁以上 1 人,40～49 岁 4 人,40 岁以下 5 人。退休人员 2 人。

气象业务与服务

1. 气象业务

①气象观测

地面观测 1959 年 1 月 1 日开始地面观测,采用地方时,每日进行 01、07、13、19 时 4 次观测。1960 年 8 月 1 日改为北京时 08、14、20 时 3 次观测。

1959 年 1 月 1 日,观测项目有云、能见度、天气现象、气温、湿度、风向、风速、降水、日照、蒸发、地温(0～20 厘米)。1961 年 1 月 1 日,增加冻土观测;1962 年 1 月 1 日,增加积雪深度观测;1962 年 2 月 1 日,增加气压观测;1963 年 4 月 1 日,停止冻土观测;1978 年 1 月 1 日,增加温度、湿度自计观测;1981 年 1 月 1 日,增加气压自计观测。

建站后,气象月报、年报表用手工抄写方式编制,一式 2 份,上报河南省气象局 1 份,本站留底 1 份。从 1993 年 6 月开始使用微机打印气象报表。

2004 年 1 月 1 日,ZQZ-C 型自动气象站正式运行。

区域自动站观测 2005 年 6 月,在韩村、固城、马庄桥、柳格、双庙、纸房、陆塔、瓦屋头、巩营、仙庄、马村、高堡、大流、古城、阳邵、大屯、城关、王什 18 个乡(镇)安装了自动雨量站。2007 年 9 月,在阳邵乡安装了四要素区域气象自动监测站。

农业气象观测 1980 年 3 月,在小麦和玉米等作物种植地段,每月逢 8、18、28 日 3 次测定土壤重量含水率,观测深度为 0～30 厘米。1983 年 7 月,根据〔1983〕豫气 1 号文件,土壤湿度测定深度由 30 厘米改为 50 厘米。2004 年,开始卫星遥感检测苗情。2006 年 3 月,土壤湿度测定开始 1 米观测。2006—2008 年,开展黄淮平原农业干旱监测预警与综合防御技术推广应用。1981—1982 年,完成《清丰县农业气候资源和区划》编制。

②天气预报

20 世纪 80 年代前,通过收听周边省气象台天气形势广播,结合本站气象资料图表,每日早、晚制作 24 小时内日常天气预报。20 世纪 80 年代起,每日 17 时制作天气预报。2000 年后,开展常规 24 小时、48 小时、未来 3～5 天和旬月报等短、中、长期天气预报以及临近天气预报,并开展灾害性天气预报预警业务和制作为领导决策服务的各类重要天气报告。

③气象信息网络

1999 年前,利用收音机收听河南省气象台以及周边气象台站播发的天气形势和天气预报。1997 年 10 月,增加了计算机,上了远程终端。1999 年 11 月后,先后建立 VSAT 站、气象网络应用平台、专用服务器和省、市、县气象视频会商系统,开通 100 兆光缆,接收从地面到高空各类天气形势图和云图、雷达等数据,为气象信息的采集、传输处理、分发应用、会商分析提供支持。

2. 气象服务

公众气象服务   1971 年起,利用农村有线广播站播报天气预报。1985 年 10 月 10 日,开始启用高频无线电话机。1990 年 9 月,气象警报器启用,向有关部门、乡(镇)、村、农业大户和企业等每天开展天气预报警报信息发布服务。1996 年,在清丰县电视台以文字形式播出气象节目,开展日常天气及其趋势预报、气象生活指数、气象灾害防御、科普知识、农业气象等服务。1998 年 8 月 1 日,开通"121"(2005 年 1 月改号为"12121")天气预报电话自动答询系统。至 2008 年底,通过自动答询电话、传真、电子邮件、信函、广播电视、手机短信等方式,为公众提供气象服务。

决策气象服务   20 世纪 80 年代,主要以口头或电话方式向县委、县政府提供决策服务。20 世纪 90 年代后,逐步增加了"重要天气报告"、"气象周报"、"气象信息"等决策服务产品;气象服务方式也由书面文字发送及电话通知等向微机终端、互联网等发展,各级领导可通过电脑随时调看实时云图、雷达回波图、乡镇雨量点雨情。

人工影响天气   1997 年 9 月,购置 5 门"三七"高炮。1998 年 3 月,对 25 名炮手进行了培训,建立人工增雨作业基地 5 个。1998 年 7 月 7 日,进行了濮阳市首次高炮人工增雨作业。2002 年,配备人工增雨火箭发射装置 2 套。

防雷技术服务   1996 年 2 月,逐步开展建筑物防雷装置安全检测、新建建(构)筑物防雷工程图纸审核、设计评价、竣工验收、计算机信息系统雷电保护等防雷工作。

气象科普宣传   每年利用"3·23"世界气象日、安全生产月、科技周、法制宣传日等活动,走上街头开展气象科普宣传;每逢节假日,气象局对外开放,通过让公众参观,普及气象科学知识;利用广播电视、报纸杂志、宣传画、手机短信等媒体,宣传全球气候变暖带来的影响和气象防灾减灾、雷电安全防范避险等科普知识。

科学管理与气象文化建设

社会管理   2002 年,4 名兼职气象执法人员均通过省政府法制管理办公室培训考核,持证上岗。2003 年起,清丰县气象局每年与县安监、建设、教育等部门联合,开展建(构)筑物和易燃易爆场所防雷安全、低空飘浮物合法施放、保护气象探测环境等方面的气象行政检查和执法。2004 年,清丰县气象观测环境保护标准在清丰县建设局备案,为气象观测环境保护提供重要依据。

政务公开　2002 年起,对气象行政审批办事程序、气象服务、服务承诺、气象行政执法依据、服务收费依据及标准等内容,向社会公开。2006 年,制定下发了"清丰县气象局局务公开工作操作细则",落实首问责任制、气象服务限时办结、气象电话投诉、气象服务义务监督、领导接待日、财务管理等一系列规章制度,坚持上墙、网络、电子屏、黑板报、办事窗口及媒体等 6 个渠道开展局务公开工作。

在内部干部任用、财务收支、目标考核、基础设施建设、工程招投标等方面,通过职工大会或在局政务公示栏张榜等方式,向职工公开。财务情况每半年公示一次,年底对全年收支、职工福利发放、领导干部待遇、劳保、住房公积金等向职工作详细说明。

党建工作　1987 年,成立中共清丰县气象站党支部。1990 年,更名为中共清丰县气象局党支部。截至 2008 年底共有党员 6 人(其中离退休党员 1 人)。

2000—2008 年,参与气象部门和地方党委开展的党章、党规、法律法规知识竞赛共 10 次。2002 年起,连续 7 年开展党风廉政教育月活动。2004 年起,每年开展作风建设年活动。2006 年起,每年开展局领导党风廉政述职报告和党风党纪教育活动,并签订党风廉政建设目标责任书,推进惩治和预防腐败体系建设。2000—2008 年,先后开展了学习"三个代表"重要思想、"保持共产党员先进性"和科学发展观实践教育活动。

气象文化建设　20 世纪 90 年代开始,围绕提高气象工作水平,提高职工素质,深入开展文明单位创建活动。

1999 年,被中共濮阳市委、濮阳市人民政府授予市级"文明单位"称号,连续 3 届保持这一荣誉称号。

荣誉　2007 年 4 月,张凤英被濮阳市委授予劳动模范(先进工作者)称号。

台站建设

2003 年 10 月,建成清丰县国家气象观测站,占地 0.74 公顷,建筑面积 542 平方米,建立了气象业务平台以及图书阅览室、党员活动室、职工活动室以及篮球场;观测场按 25 米×25 米标准建设,观测值班室面积 60 平方米,完成了场室改造,气象观测实现自动化;对新址进行了绿化、美化,绿化面积 3400 平方米,四季常青、三季有花、一季有果,达到园林式单位标准。

清丰县气象局现貌(2004 年)

南乐县气象局

南乐县位于河南省濮阳市北端,冀、鲁、豫三省交界处,辖 9 乡 3 镇,面积 624 平方千米,总人口 49 万。气象工作以服务农业为重点。

机构历史沿革

始建情况　南乐县气象站始建于 1959 年 5 月,当时名称为南乐县试验场,位于县城西南约 3000 米,北纬 36°09′,东经 115°27′,观测场海拔高度 48.6 米,承担国家一般气象观测站任务。

站址迁移情况　1962 年 5 月 8 日,迁至南乐县城西关头公路南,北纬 36°04′,东经 115°11′,观测场海拔高度 48.6 米。1964 年,迁至南乐县城西关头公路南(位于 1962 年址正南方 50 米处,扩建),观测场海拔高度 47.3 米,水银槽海拔高度 48.4 米。1980 年 8 月,迁至南乐县城西关西头公路南(位于 1964 年址正南方 20 米处,扩建),观测场海拔高度 47.9 米,水银槽海拔高度 49.6 米。2004 年 1 月 1 日,迁至南乐县城昌州路西段北侧,北纬 36°05′,东经 115°10′,观测场海拔高度 47.9 米,水银槽海拔高度 49.6 米。

历史沿革　1959 年 5 月 1 日,命名为南乐县试验场。1960 年 1 月 1 日,更名为南乐县农业气象站。1962 年 1 月 1 日,更名为南乐县气象服务站。1971 年 7 月 18 日,更名为南乐县气象站。1973 年 7 月 12 日,更名为南乐县革命委员会气象站。1982 年 1 月 1 日,恢复南乐县气象站名称。1990 年 4 月,实行局站合一,更名为南乐县气象局。

管理体制　自建站至 1959 年 5 月,由气象部门和南乐县人民政府双重领导、以气象部门领导为主。1971 年 7 月—1982 年 1 月,改为以地方领导为主。1982 年 4 月,改为气象部门与地方政府双重领导,以气象部门领导为主的领导体制。

机构设置　局内设置办公室、预报股、测报股,1989 年 7 月增加服务股,2000 年 10 月成立南乐县人工影响天气办公室。

单位名称及主要负责人变更情况

单位名称	姓名	职务	任职时间
南乐县试验场	刘国文	负责人	1959.05—1960.01
南乐县农业气象站			1960.01—1962.01
南乐县气象服务站			1962.01—1971.07
南乐县气象站	赵华容	站长	1971.07—1973.07
南乐县革命委员会气象站	王冠珍	站长	1973.07—1982.01
南乐县气象站			1982.01—1984.11
	张凤彩	站长	1984.11—1990.04
南乐县气象局		局长	1990.04—1998.04
	李首兵	局长	1998.04—2001.04
	韩相斌	局长	2001.04—

人员状况 1993 年底,有职工 8 人,其中,大专以上学历 2 人,中级职称 2 人,女职工 3 人。截至 2008 年底,有在编职工 6 人。其中:中级职称 2 人,初级职称 3 人;研究生学历 1 人,大学学历 3 人,大专学历 1 人。合同工 4 人,退休人员 4 人。

气象业务与服务

1. 气象业务

①气象观测

地面观测 南乐县气象局每日进行 08、14、20 时 3 次地面观测。

观测项目有风向、风速、气温、气压、云、能见度、天气现象、降水、日照、小型蒸发、地面温度、草面温度、雪深、电线积冰等。

观测项目中除草面温度外,均为发报项目。1988 年 6 月 8 日,加入华北暴雨试验加密观测发报。

2004 年 1 月 1 日,自动气象站正式运行。

区域自动站观测 2004 年 10 月 8 日,安装了 4 个乡镇雨量站。2005 年 3 月 1 日,安装了 8 个乡镇雨量站。2007 年 5 月,安装了元村镇四要素站。

农业气象观测 1960 年 1 月 1 日,开始土壤湿度观测。1976 年 6 月,根据〔1976〕农业字 02 号文件,终止农业气象观测和报表业务。1979 年,根据〔1979〕豫气第 34 号文件,恢复土壤湿度的观测。1983 年 7 月,根据〔1983〕豫气 1 号文件要求,土壤湿度测定深度由 30 厘米改为 50 厘米。1984 年 2 月,开始气候资源分析。

②天气预报

1970 年 10 月开始,南乐县气象站通过收听天气形势,结合本站资料图表,每日早晚制作 24 小时内日常天气预报。1991 年后,开展常规 24 小时、48 小时、未来 3～5 天、旬月报等短、中、长期天气预报以及临近预报,并开展灾害性天气预报预警业务和制作供领导决策的各类重要天气报告。

③气象信息网络

1983—1991 年,配备 ZSQ-1(123)天气传真接收机,接收北京、欧洲气象中心以及东京的气象传真图。1985 年 9 月,增设高频电话机。2004—2007 年,建立使用 VSAT 站。1960—1991 年,使用磁石电话,1988 年使用甚高频电话。1991 年 4 月 1 日,增加气象警报发射机及接收机安装。1992 年,开始使用脉冲电话。1993 年,使用 BB 机。1995 年 7 月 8 日,增加了计算机,上了远程终端。2001 年,使用网通 X.25 和 ADSL 通讯。2007 年,使用 GPRS 传输。2008 年,使用中国移动光纤。

2. 气象服务

公众气象服务 1998 年,南乐县气象局与南乐县广播电视局协商,同意在电视台播放南乐天气预报节目,气象局建成多媒体电视天气预报制作系统,将自制天气预报节目录像带送电视台播放。2007 年,开通了气象短信平台,以手机短信方式向全县各级领导发送气象信息。

决策气象服务　20世纪80年代,以口头或传真方式向县委、县政府提供决策气象服务。20世纪90年代后,逐步开发了"重要天气报告"、"气象信息与动态"等决策气象服务产品。2007年,建立了县政府突发公共事件预警信息发布平台,开展气象灾害信息发布工作。

人工影响天气　2000年10月,成立南乐县人工影响天气办公室。2001年,配备人工增雨火箭发射装置1套,2004年增配2套。

防雷技术服务　1998年起,开展建筑物避雷设施安全检测。1999年起,开展各类建筑物避雷装置安装。

气象科普宣传　自20世纪90年代起,在每年的"3·23"世界气象日、气象廉政文化月、安全生产月、科普宣传月,南乐县气象局都组织职工走上大街,解答群众提出的有关气象方面的疑问。至2008年,发放科普宣传品累计达3万余份,手机短信宣传册2万份。

科学管理与气象文化建设

社会管理　按照《中华人民共和国气象法》、《河南省气象条例》等法规赋予的职能,对防雷工程专业设计和施工资质、施放气球单位资质认定、施放气球活动许可等实行社会管理。

政务公开　2005年3月,对气象行政审批办事程序、气象服务内容、服务承诺、气象行政执法依据、服务收费依据及标准等,通过户外公示栏、电视广告、发放宣传单等方式,向社会公开。对财务收支、目标考核、基础设施建设、工程招投标等内容,通过职工大会或上局公示栏张榜等方式,向职工公开。财务每季度公示一次;年底对全年收支、职工奖金福利发放、领导干部待遇、劳保、住房公积金等向职工详细说明;人员聘用、晋职晋级等及时向职工公示或说明。局财务账目每年接受上级财务部门年度审计,并将结果向职工公布。

2005年10月,被中国气象局评为"全国气象部门局务公开先进单位"。

党建工作　1998年,成立中共南乐县气象站党支部。1990年4月,更名为中共南乐县气象局党支部。截至2008年底,共有党员6人(其中离退休党员2人)。

2002—2008年,参与气象部门和地方党委开展的党章、党规、法律法规知识竞赛16次。2002年起,连续7年开展党风廉政教育宣传月活动。2005年起,每年开展局领导党风廉政述职报告和党课教育活动,并签订党风廉政建设目标责任书,推进惩治和防腐败体系建设。

气象文化建设　2007—2008年,南乐县气象局坚持开展了"八荣八耻"、学习实践科学发展观等各类演讲比赛;每年开展岗位大练兵活动;举办春节、元旦联欢会。为了丰富职工的文体生活,购置了文体活动器材,组织职工开展多种健身活动;设立了图书阅览室,购买了5000册图书,每年都有新类型的图书更新。

1992年,被中共南乐县委、南乐县人民政府命名为县级"文明单位"。1996年,被中共濮阳市委、濮阳市人民政府命名为市级"文明单位";1997—2008年连续保持市级"文明单位"称号。2008年11月,被中共河南省委、河南省人民政府命名为省级"文明单位"。

荣誉　1996年被河南省气象局评为"河南省气象信息产品终端效益年活动先进单位"、"先进集体"。1997年2月,被河南省人事厅、河南省气象局表彰为"先进集体"。2004

年11月被河南省人事厅、河南省气象局评为"全省人工影响天气工作先进单位"。2005年10月,被中国气象局授予"全国气象部门局务公开先进单位"称号。2007年1月,被河南省气象局评为"全省人工影响天气工作先进单位"。2008年4月,被河南省气象局评为"全省气象部门精神文明建设先进集体"。2008年11月被中共河南省委、河南省人民政府命名为省级"文明单位"。

台站建设

2003年,在新址开工建设。南乐县气象局新址占地面积0.72公顷,建成的业务办公楼600平方米、职工宿舍楼780平方米,均为抗震八级设计;对新址大院内的环境进行了绿化美化,规划硬化了道路,修建了花坛,种植了草坪、树木等,建成了花园式单位。

范县气象局

范县地处豫北与鲁西南交界处,南北与山东省接壤,黄河经本区流往山东省。原属于山东省聊城地区,1964年5月归属原河南省安阳地区,1983年濮阳建市以来归属河南省濮阳市。范县属暖温带大陆性季风气候,四季分明,主要农作物为小麦、玉米、水稻。

机构历史沿革

始建情况 1959年1月,在山东省范县城关镇金村北(郊外)建立山东省范县气候服务站,地理坐标为北纬35°55′,东经115°29′,观测场为20米×16米,海拔高度47.8米。

站址迁移情况 1963年5月,恢复范县气候服务站,站址在范县城南农场(郊外),北纬35°52′,东经115°29′,观测场海拔高度46.0米。1965年6月13日,迁回范县城关镇金村北(郊外)原址。1985年12月1日,观测场改为25米×25米。2004年12月31日,观测场及范县气象局迁到范县县城新区黄河路西端路南(郊外),北纬35°51′,东经115°29′,观测场海拔高度45.7米。

历史沿革 1962年5月,范县气候服务站撤销。1963年5月,山东省聊城地区气象台指示恢复范县气候服务站。1964年5月,随行政区划范县归属河南省安阳地区,更名为河南省范县气象服务站。1972年1月,更名为范县气象站。1990年4月,更名为范县气象局。

2007年1月,类别由国家气象观测一般站改称国家气象观测二级站。

管理体制 范县气象局自建站至1964年5月,属山东省范县农业局管理,业务受山东省聊城地区气象台指导。1964年5月—1969年11月,隶属河南省范县农业局,业务受河南省安阳地区气象台指导,1969年11月—1972年,隶属范县武装部。1972年以后,为安阳地区气象局管理的独立单位。1989年1月起,隶属濮阳市气象局管理。自1981年7月起,实行由上级气象部门与地方政府双重领导,以气象部门领导为主的管理体制。

机构设置 1990 年 3 月更名为范县气象局后,内设办公室、服务股、业务股。1997 年 4 月,成立范县防雷技术中心。2001 年 8 月,成立了范县人工影响天气办公室。

单位名称及主要负责人变更情况

单位名称	姓名	职务	任职时间
山东省范县气候服务站	赵恩惠	站长	1959.01—1962.05
撤销			1962.05—1963.04
山东省范县气候服务站	赵恩惠	站长	1963.05—1964.05
河南省范县气象服务站			1964.05—1972.01
河南省范县气象站			1972.01—1974.10
	无负责人		1974.11—1976.02
	李国贺	站长	1976.03—1977.07
	无负责人		1977.08—1977.10
	常金存	站长	1977.11—1978.09
	无负责人		1978.10—1979.05
	段宗美	站长	1979.06—1980.11
	张莲芝(女)	站长	1980.12—1984.07
	黄守岭	站长	1984.08—1990.03
河南省范县气象局		局长	1990.04—1991.03
	王爱林	局长	1991.03—1994.03
	韩相斌	局长	1994.04—2001.03
	段传动	局长	2001.04—

注:1974 年 11 月—1976 年 2 月、1977 年 8 月—1977 年 10 月、1978 年 10 月—1979 年 5 月期间无负责人。

人员状况 1959 年建站初期,有职工 3 人。1993 年底,有在编人员 6 人,其中大专学历 1 人,中级职称 1 人,女职工 2 人。至 2008 年底,有在编职工 5 人。其中:大专及以上学历 4 人,中级职称 1 人。聘用人员 4 人,离休人员 1 人,退休人员 2 人。

气象业务与服务

1. 气象业务

①气象观测

地面观测 1959 年 10 月开始,每日 08、14、20 时观测 3 次。观测项目有气压、气温、湿度、地面状态、地温(5、10、20、30 厘米)、蒸发、风向、风速、日照、云、能见度、天气现象、降水量。1983 年,增加冻土、积雪、气压自记、气温自记、湿度自记观测项目。2008 年 1 月 1 日,停止使用人工气压、温度、降水自记,并作好自动站 log 文件备份工作。05、17 时发雨量报,采用电话传递方式。

2008 年 9 月,将建站以来至 2005 年 12 月 31 日的人工观测气象资料全部上交河南省气候中心。

2003 年 11 月 6 日,完成自动气象站建设。2004 年 1 月 1 日,启用了地面气象观测和自动站进行对比观测,对温度(含最高、最低)、湿度、风、降水、气压、地面温度(含最高、最低)、浅层地温、深层地温进行自动观测,云、能见度、天气现象实行人工观测。2006 年 1 月 1 日,自动站进入正式观测运行;2006 年 7 月 1 日,启用新测土壤常数;2007 年 4 月 5 日,自动站采集器主板升级,新增草温观测项目。

区域自动站观测 2004 年 10 月 18 日,完成了濮城镇、辛庄乡、杨集乡、高码头乡、颜村铺乡、陆集乡、龙王庄乡 7 乡(镇)的自动雨量站建设。2005 年 5 月 1 日,在王楼乡、白衣阁乡、孟楼乡、张庄乡、陈庄乡 5 乡(镇)建立了乡镇雨量站。2007 年 9 月 7 日,在范县杨集乡新建四要素自动气象站,即观测温度、降水、风向、风速。

农业气象观测 1967 年下半年,开始观测小麦、玉米等作物的土壤墒情,每月 8 日、18 日、28 日 3 次,观测深度 0~30 厘米,地段自选。1971 年,土壤墒情监测为固定地段。1982 年 10 月开始,固定地段 10、20、30、40、50 厘米测墒。1994 年以后,每逢干旱发生,加测作物苗情上报。2004 年,开始卫星遥感监测苗情。2006 年,使用电热鼓风干燥箱测墒。

②天气预报

1982 年,利用九线图,发布旬天气预报和月天气预报。1990 年,传递安阳市气象局发布的天气预报。1996 年 8 月开始,利用卫星云图、雷达回波及河南省、濮阳市气象台预报产品进行订正预报,每天发布 24 小时天气预报,3~5 天中期天气预报,逐月、季、半年、一年长期天气趋势预报。

③气象信息网络

1954—1993 年,气象报文传输主要通过邮电局电报、电话形式传输。1993 年,购置了第一台计算机,并投入业务运行。1996 年 5 月,建成了市、县传输网络。1998 年 7 月,建成了省、市、县 FTP 业务传输网络。2007 年 4 月,建成了中国气象局、省气象局、市气象局、县气象局 Lotus Notes 办公系统,实现了办公自动化。

2. 气象服务

公众气象服务 1982 年以前,为一般常规天气预报服务。1982 年后,开始向公众发布天气预报预警信息服务。1999 年 5 月,建成了“121”气象信息自动应答电话系统。2002 年 5 月,建立手机短信服务平台。2003 年 10 月 11 日,建成兴农网,为农业农村提供气象信息服务。

决策气象服务 20 世纪 80 年代初,决策气象服务产品为常规预报和情报资料,服务方式以书面文字发送为主。2000 年以后,决策服务产品逐渐增加了精细化预报、产量预报、森林火险等级等,气象服务方式也由书面文字发送及电话通知等向电视、微机终端、互联网等发展。2002 年 5 月,建立手机气象信息服务平台,向地方各级领导发布预警信息及重大天气过程的预报。2003 年 10 月 11 日,建成兴农网,为农业农村提供气象等现代信息服务。乡镇雨量自动站建成以后,每次降水过程的雨情也通过短信平台向领导发布,以便各级领导根据天气情况做出决策指导。

人工影响天气 2001 年,开始开展人工影响天气工作。2001 年,范县人民政府成立范县人工影响天气领导小组,下设办公室,办公地点设在县气象局。至 2008 年,开展人工增雨作业 20 余次。

防雷技术服务 1998 年 1 月,范县防雷技术中心挂牌成立,并开始对外进行防雷检测、防雷工程图纸的设计审查、检测和预警服务。2005 年 3 月,范县安全生产监督管理局和范县防雷技术中心联合行文,对重点项目、重点企业进行防雷安全检查,防雷技术中心坚持每年 1 次定期检测制度和易燃易爆场所每半年 1 次检测制度。

气象科普宣传 每年"3·23"世界气象日、安全生产月、科技周、法制宣传日期间,开展气象科普宣传活动。同时,把观测场当成气象科普园地,每年对学生开展一次以上科普教育活动。

气象科研 王爱林参与的"华北地区小麦优化灌溉技术推广"研究,1994 年 12 月被中国气象局评为气象科技进步(推广类)二等奖。

科学管理与气象文化建设

社会管理 范县气象局从 1986 年开始,按照《河南省避雷装置安装和检测暂行方法》、《濮阳市防雷安全管理暂行办法》和《范县人民政府关于贯彻落实河南省防雷减灾实施办法的通知》,依法开展防雷装置的检测、图纸设计、工程审核、竣工验收等工作;并联合范县安监、消防等部门,定期对重点易燃易爆场所、重要公共设施、计算机网络系统、重点建设项目进行防雷安全检测检查。

按照中国气象局《施放气球管理办法》和《河南省气象局施放气球管理办法》,制定了《范县气象局施放气球管理办法》等管理规定,依法对范县境内施放气球的单位和个人进行严格的资质和安全监管。

按照 2004 年 10 月 1 日出台的《气象探测环境和设施保护办法》,制定了气象探测环境保护专项规划,制作了范县气象观测环境保护示意图和警示牌。2007 年 12 月,气象探测环境保护标准在范县城乡建设管理局备案。

政务公开 2000 年起,对气象行政审批办事程序、气象服务、服务承诺、气象行政执法依据、服务收费依据及标准等内容,向社会公开。2004 年后,逐步落实首问责任制、气象服务限时办结、气象电话投诉、气象服务义务监督、领导接待日、财务管理等一系列规章制度,坚持承诺上墙,实行局务政务公开。

党建工作 1981 年 7 月,建立中共范县气象站党支部。1982 年 4 月,因党员人数变动,党支部撤销,组织关系转入县农林局党支部。1987 年 1 月,重新成立党支部。1989 年 7 月,更名为中共范县气象局党支部。截至 2008 年底,有党员 6 人(其中离退休党员 3 人)。

2002 年起,每年开展作风建设年活动。2004 年起,每年开展局领导党风廉政述职报告和党课教育活动,签订党风廉政目标责任书,推进防腐败体系建设;每年 4 月为党风廉政建设教育宣传月活动,组织党员领导干部学习党章、观看警示片、撰写廉政文章等。

2005—2006 年,被范县直属机关党委评为"先进党支部"。2005 年,在范县直属机关党委组织举办的"保持共产党员先进性教育"活动中,被范县直属机关党委评为范县农业系统"保持共产党员先进性先进局委"。

气象文化建设 1987 年起,开展以争创文明单位为主要内容的精神文明和气象文化活动。1988 年起,每年 3 月开展职业道德教育月活动。2000—2008 年,先后开展"三个代表"、"保持共产党员先进性"、"讲正气、树新风"、"关注民生、转变作风"等教育活动,并把每年的 6 月定为与贫困村(户)、残疾人结对帮扶的帮扶月。2000 年起,每年组织篮球比赛、文艺演出、演讲比赛、公民道德规范进万家、文明家庭评选等活动。2004—2008 年,每年制定和实施精神文明建设活动年度计划,并接受濮阳市文明委的检查指导。

1992 年 6 月,被中共范县县委、范县人民政府命名为县级"文明单位"。2004 年,被中共濮阳市委、濮阳市人民政府命名为市级"文明单位"。

荣誉 1996 年在河南省气象信息产品终端效益年活动中,被河南省气象局表彰为先进单位。1992 年 6 月被中共范县县委、范县人民政府命名为县级"文明单位",2004 年被中共濮阳市委、濮阳市人民政府命名为市级"文明单位"。

台站建设

2004 年底,在范县新区范县气象局新址(占地 1.01 公顷,其中征地 0.71 公顷,租赁 0.3 公顷),建新办公楼、职工宿舍以及家属楼,建筑面积 1801 平方米;观测场按 25 米×25 米标准建设,同时建成地面观测自动气象站,开始自动观测。

2005—2006 年,对新办公区进行整体装修,对路面进行硬化。

2007—2008 年硬化了范县气象局与县城新区之间的土地路面,建成了篮球场,启动"花园式观测场"工程,对观测场周围的草坪进行美化设计。

台前县气象局

台前县位于濮阳市东北部,北、东、南三面与山东省毗邻,黄河、金堤河贯穿全境,面积 454 平方千米,人口 35.02 万,全县三分之一的人口和耕地在黄河滩区,三分之二在北金堤滞洪区。

机构历史沿革

始建情况 河南省台前工委气象站于 1974 年 4 月,在台前县城关镇赵楼村(县城东南约 3 千米)建站,北纬 35°59′,东经 115°52′,观测场 16 米×20 米,海拔高度 42.1 米,1975 年 1 月 1 日正式开展气象观测业务。1982 年 6 月,观测场改扩为 25 米×25 米。

历史沿革 1978 年 10 月建台前县后,1979 年 9 月更名为台前县气象站。1990 年 3 月 6 日,实行局站合一,更名为台前县气象局。

管理体制 1975 年 1 月—1978 年 11 月,归属台前工委领导,业务由气象部门指导。1978 年 12 月建县后,归属台前县农业委员会,业务由气象部门指导。1980 年体制改革后,实行由上级气象部门与地方政府双重领导,以气象部门领导为主的管理体制。1989 年 12 月前,归安阳地区气象局(原豫北气象管理处)管辖;1989 年 12 月以后,归濮阳市气象局管理。

机构设置 1990 年 3 月更名为台前县气象局后,内设办公室、服务股、业务股,1997 年

5月成立台前县防雷技术中心,2001 年 6 月成立台前县人工影响天气办公室。

单位名称及主要负责人变更情况

单位名称	姓名	职务	任职时间
台前工委气象站	张尚朴	站长	1975.01—1979.09
台前县气象站			1979.10—1990.03
台前县气象局		局长	1990.03—1995.07
	段传动	局长	1995.08—2001.03
	胡 辉	局长	2001.04—2002.12
	徐文国	局长	2003.01—2005.02
	崔 力	局长	2005.03—

人员状况 1974 年 4 月建站时,有职工 4 人,其中党员 2 人。1993 年底,在编职工 8 人,其中中级职称 1 人,中共党员 2 人。至 2008 年底,有在编职工 7 人,聘用职工 2 人。其中,大专学历 8 人,中级职称 2 人,中共党员 3 人。

气象业务与服务

1. 气象业务

①气象观测

地面观测 1975 年 1 月 1 日,正式开始气象观测。每日进行 08、14、20 时(北京时)3 次观测。

观测项目有云、能见度、天气现象、气压、气温、湿度、风向、风速、降水、雪深、日照、蒸发(小型)、地温(0、5、15、20 厘米)等。1985 年 1 月 1 日起,增加气压自记观测;1986 年 1 月 1 日起,增加温度、湿度自记观测。

3 个观测时次向河南省气象台拍发定时加密天气观测报,05、17 时编发 12 小时雨量报及定时和不定时重要天气报。

1993 年 3 月以前,全部是手工制作气象观测报表,上报手抄的纸质报表。1993 年 4 月—1995 年 12 月,向濮阳市气象局上报报表底本,由濮阳市气象局将报表资料通过 AHDM 制作报表程序输入微机,形成 D 文件,审核后打印出纸质报表上报河南省气候中心,同时定期报送 D 文件软盘资料。

1996 年 1 月—1998 年 12 月,开始利用 AHDM 报表程序制作报表,通过市—县业务终端将 D 文件资料传至濮阳市气象局,经审核后,利用省—市业务终端上传至河南省气候中心,并上报纸质报表。从 1999 年 1 月开始,利用测报软件制作 D 文件、A 文件,传至濮阳市气象局后,由濮阳市气象局再用 X.25 线路中转上传至河南省气候中心审核。

2003 年 11 月,建成多要素自动站。2004 年 1 月 1 日—12 月 31 日,每日 24 次定时观测(平行观测以人工站为主);2005 年 1 月 1 日—12 月 31 日,每日 24 次定时观测(平行观测以自动站为主);2006 年 1 月 1 日起,每日 24 次定时观测(自动站单轨运行),云、能见度、天气现象仍采用人工观测。

区域自动站观测　2003 年 8 月—2005 年 4 月,在全县 9 个乡镇建设了自动雨量站。2007 年 9 月 10 日,在王集建成了台前县第一个四要素区域气象自动观测站。

农业气象观测　从 1978 年 1 月 1 日,开始土壤湿度农业气象观测,并进行简单的农业气象服务。到了 20 世纪 80 年代,逐渐增加了农业气象旬(月)报、周报,开展了农气情报服务。至 2008 年,开展的项目有小麦长势(遥感)监测、产量预报和土壤墒情监测等。

②天气预报

建站初期,依据云天变化、九线图、简易天气图表(每天定时抄收河南、山东电台的天气形势广播,自填自绘)、群众经验(农谚及天气过程来临前的物候反应)等,进行预报分析,制作短期预报。20 世纪 80 年代后期,通过甚高频与濮阳市气象台进行天气会商。从 1996 年 5 月开始,通过计算机市—县业务终端,调取濮阳市气象台各类天气图、卫星云图、传真图等资料,综合制作短时、短期及中长期天气预报。

③气象信息网络

20 世纪 70 年代,完全依靠手摇式电话机发报。1985 年 5 月,配备了甚高频电话与安阳地区气象台进行气象资料的传送和天气预报的会商,1993 年 7 月,配备了 486 微机。1998 年 7 月,建成了省、市、县 FTP 业务传输网络,从网上调用有关物理量资料和卫星云图,传送气象报告。2001 年以后,陆续开通了 X.25、2 兆光纤、Internet 通信网络。2004 年,随着自动站的正式使用,气象资料通过 2 兆光纤每天 24 次定时向河南省气象局网络中心传输,实现了网络化、自动化;同时移动 GPRS 无线网络模块作为备份线路,提供双重保护。2007 年 4 月,建成了 Lotus Notes 办公系统,实现了办公自动化。

2. 气象服务

公众气象服务　20 世纪 70—80 年代,主要依靠台前县广播站喇叭播送天气预报。1999 年 5 月,开通了"121"气象热线,为公众提供实时气象预报服务。2000 年 10 月 1 日,台前电视台每天在《台前新闻》后播放台前县天气预报,每晚 2 次。

决策气象服务　20 世纪 80 年代初,决策气象服务产品为常规预报和情报资料,服务方式以书面文字发送为主。20 世纪 90 年代后,决策服务产品逐渐增加了精细化预报、产量预报、农作物长势卫星遥感监测、土壤墒情卫星遥感监测、实测雨情、墒情等;气象服务方式也由书面文字发送及电话通知等向电视、微机终端、互联网等发展,各级领导可通过电脑随时调看多种实时气象服务产品。

人工影响天气　2000 年,配备人工增雨火箭发射装置 1 套,开始了人工影响天气工作。2002 年 6 月,购买 BL-1 型火箭发射架 1 部。每年出现干旱时,利用有利天气条件,在濮阳市人工影响天气办公室的组织指导下实施人工增雨作业。

防雷技术服务　1997 年 5 月,成立台前县防雷技术中心,开始了避雷装置检测、防雷设施安装工作。2008 年,启动中小学校防雷工程新建及改造项目。

气象科普宣传　每年"3·23"世界气象日、科技宣传周期间,宣传现代化气象科技、防雷减灾知识,分发气象科普材料,向公众解答气象知识;与台前县科技局联合,组织科普宣传下乡活动。2004 年,台前县气象局被濮阳市科技局命名为台前县青少年科普基地。

科学管理与气象文化建设

社会管理　2004 年 8 月 1 日《河南省防雷减灾实施办法》颁布实施,台前县人民政府办公室发文将防雷工程从设计、施工到竣工验收,全部纳入气象行政管理范围。2004 年,台前县人民政府法制办批复确认县气象局具有独立的行政执法主体资格,并为 3 名职工办理了行政执法证,气象局成立行政执法队。2006 年,被列为县安全生产委员会成员单位,负责全县防雷安全的管理,定期对液化气站、加油站、民爆仓库等高危行业和非煤矿山的防雷设施进行检测检查,对不符合防雷技术规范的单位,责令进行整改。《通用航空飞行管制条例》和《施放气球管理条例》颁布实施后,开始实施施放气球管理。

政务公开　2003 年,台前县气象局成立了局务公开工作领导小组,制定了"台前县气象局局(政)务公开实施办法"等相关制度,向社会公开单位职责、办事依据程序和结果、服务承诺、违诺违纪的投诉处理途径等,接受社会监督。

党建工作　建站初期,只有 2 名党员,组织生活归属台前县农业委员会党支部。1995年 12 月,成立中共台前县气象局党支部,期间发展党员 2 名。2001 年,随着老党员退休离开本地,个别人员调离,又并入台前县农业委员会党支部。2003 年,再次成立中共台前县气象局党支部。2008 年,台前县气象局有党员 3 名。

气象文化建设　1997 年开始,台前县气象局大力倡导文明、健康、科学的生活方式,开展丰富多彩的职工文体活动,先后建立了职工活动室、阅览室,配备了各种文体活动设施,多次开展了乒乓球、象棋、卡拉 OK 比赛,举办了道德规范进万家和党的基本知识竞赛等活动。

1996 年 3 月,被中共台前县委、台前县人民政府命名为台前县"文明单位"。1997 年,被中共濮阳市委、濮阳市人民政府命名为市级"文明单位"。至 2008 年,台前县气象局连续12 年保持市级"文明单位"荣誉称号。

荣誉　1998 年,台前县气象局被中国气象局评为"抗洪抢险先进集体"。

台站建设

建站初期,台前县气象局建筑面积 447.0 平方米,平房 16 间,其中工作用房 5 间 153.2平方米。四周是耕地,通往气象站只有 1 条泥泞土路。20 世纪 80 年代初期,修了 1 条 3 米宽的通往气象局的砖铺路。1989 年,建起了 140 平方米砖瓦结构办公室。1998 年,台前县发生严重内涝,气象局办公楼地基被水浸泡 40 余天,地基下陷,成为危房。2001 年,重新建设了建筑面积为 394 平方米的二层砖混结构综合办公楼。

2003—2005 年,台前县气象局先后对办公楼和公用住房进行了整体装修,把观测场圈入办公区,重新修建了透绿围墙和局机关大门;硬化了路面,铺设了草坪,绿化率达到了 60%。

2007 年,铺设了 1 条通往县城公路的水泥路。2008 年;打了 1 眼 370 余米的深井。

许昌市气象台站概况

　　许昌市位于河南省中部,东邻周口市,西交平顶山市,南界漯河市,北依省会郑州市,距离省会仅 80 千米。京广铁路、京珠高速公路、107 国道纵贯南北;311 国道、地方铁路横穿东西;距新郑国际机场 50 千米。2008 年,许昌市辖 3 县(许昌县、鄢陵县、襄城县)2 市(禹州市、长葛市)1 区(魏都区),总面积 4996 平方千米,总人口 456.41 万,其中许昌市区建成区面积 45.8 平方千米,市区人口 48 万。

　　许昌自然条件优越,属暖温带季风气候,气候温和,光照充足,雨量充沛,无霜期长,四季分明。四季发生的灾害性天气有暴雨(雪)、强雷暴、大风、干旱、低温、连阴雨等。

气象工作基本情况

　　所辖台站概况　　1989 年 12 月之前,管辖的有长葛、鄢陵、禹州、襄城、临颍、郾城、舞阳、宝丰、鲁山、叶县、郏县、舞阳、舞钢县气象站。行政区划调整后,1990 年 1 月—1997 年 8月,管辖长葛、鄢陵、禹州气象局,其他气象局分别划归漯河市气象局、平顶山市气象局管辖。1997 年 8 月,襄城县气象局重新从平顶山市气象局划归许昌市气象局管辖。

　　历史沿革　　许昌市气象局的前身为中国人民解放军河南军区许昌气象站,始建于1952 年 7 月 1 日,设置有测报组和报务组,站址位于许昌市西北大操场(市区)。1953 年 1月 1 日,因城市建设环境破坏,迁站到许昌市东关(郊外),位于原址东南方 2.0 千米处。1953 年 11 月,改名河南省许昌气象站。1958 年 11 月,改名为河南省许昌气象台。1980 年11 月,改名为河南省许昌地区气象局,1984 年,改为许昌气象处。1990 年 1 月,改为许昌市气象局。长葛市气象局始建于 1959 年 1 月 1 日;1994 年 4 月长葛撤县设市,长葛县气象局更名为长葛市气象局;2006 年 7 月 1 日改为国家气象观测站二级站,2008 年 12 月 31 日恢复为国家一般气象站。鄢陵县气象站始建于 1958 年 2 月,为国家一般气象站;1959 年 9月,更名为鄢陵县气象服务站;1971 年 1 月又恢复鄢陵县气象站名称;1990 年 5 月,更名为鄢陵县气象局;2006 年 7 月 1 日改为鄢陵国家气象观测站二级站,2008 年 12 月 31 日恢复为鄢陵国家一般气象站。禹州市气象站始建于 1956 年(禹县气候站);1990 年 8 月 18 日,更名为禹州市气象局。襄城县气象站始建于 1956 年 8 月,1986 年 2 月以前归属许昌地区,之后划入平顶山地区,1997 年 8 月再次划归许昌市;2006 年 7 月 1 日改为国家气象观测站二级站;2008 年 12 月 31 日恢复为襄城国家一般气象站。

台站基本情况

单位名称	建立时间	建立时名称	建立时地址	观测场现址	观测站类别
许昌市气象局	1952 年 7 月	河南军区许昌气象站	许昌西北大操场"市区"		
	1958 年 11 月	河南省许昌气象台	备战路中段(现址)		
	1980 年 11 月	许昌地区气象局	备战路中段(现址)		
	1990 年 1 月	许昌市气象局	文峰路 97 号(现址)		
长葛市气象局	1959 年 1 月 1 日	长葛县气候服务站	老城公社农科所	长葛市东郊飞机场附近	国家一般气象站
鄢陵县气象局	1958 年月 2 月	鄢陵县气候站	县城南方	柏梁镇王岗村北处	国家一般气象站
禹州市气象局	1957 年 1 月 1 日	禹县气候站	禹县东关郊外张良洞	禹县东关郊外张良洞	国家一般气象站
襄城县气象局	1956 年 8 月	襄城县气候站	襄城县紫云大道路东	襄城县城东北郊外	国家一般气象站

人员状况 1952 年 7 月建站时共 8 人,其中组长 1 人,观测员 5 人,机要员 1 人,炊事员 1 人。截至 2008 年 12 月,全市气象部门有在职人员 84 人,离退休人员 46 人。在职人员中,本科以上学历 26 人(取得硕士学位 2 人);中级及以上职称 43 人;50 岁以上 10 人,40~49 岁 39 人,40 岁以下 35 人。

党建和精神文明建设 2008 年底,全市气象部门共有独立党支部 5 个:许昌市气象局机关党支部,禹州市气象局党支部,长葛市气象局党支部,鄢陵县气象局党支部,襄城县气象局党支部;共有党员 87 人(其中在职党员 59 人,退休党员 28 人)。许昌市气象局、长葛市气象局、禹州市气象局、鄢陵县气象局为省级文明单位,襄城县气象局为市级文明单位。禹州市气象局、长葛县气象局创建为"全省气象部门文明台站标兵"单位。许昌市气象局和鄢陵县气象局被许昌市纪委及河南省气象局命名为"廉政文化建设示范点"单位。

主要业务范围

地面气象观测 全市开展的观测项目有云、能见度、天气现象、气压、空气的温度和湿度、风向、风速、降水、雪深、雪压、日照、蒸发、地温(地面、5、10、15、20、40、80、160、320 厘米)、冻土、电线积冰、露天温度、紫外线、酸雨。

农业气象观测 1958 年开始农业气象观测,1967—1976 年因"文化大革命"中断。1977 年重新恢复观测工作。2008 年,有农业气象基本站 2 个,开展项目有小麦、烟草作物生育状况观测,土壤水分状况观测,自然物候(木本植物有毛白杨、泡桐、椿树,草本植物有苍耳、藜)观测,农业自然灾害观测;一般站 3 个,开展土壤水分状况观测。1981 年根据《农业气象观测规范》要求,开始进行完整的农业气象观测。1983 年,开始小麦遥感监测。1994 年,开始执行新的《农业气象观测规范》,观测项目有作物生育状况观测(观测作物有小麦、烟草),土壤水分观测,作物观测地段土壤水分观测。1994 年 8 月开始,每旬逢 3 日加测土壤水分观测。2009 年 11 月开始,每旬逢 3、8 日进行土壤水分自动站观测。

天气预报 天气预报服务产品按照预报时效长短有短期预报、中期预报、短期气候趋势预测。短期天气预报:建站初期,仅开展 12～24 小时天气预报。20 世纪 60 年代初,开始制作 12、24、48 和 72 小时天气预报,通过许昌市广播站对外发布;2008 年底,短期天气预报每天早晨、下午各发布一次,主要内容为未来 3 天内天气、最高和最低气温、风力风向等。中期天气预报:20 世纪 80 年代初,根据中央气象台、河南省气象台预报,结合短期天气预报、本地资料及预报方法,发布逐旬天气预报;2003 年根据周工作需要改为周天气预报,每周日制作并发布。短期气候趋势预测:20 世纪 80 年代中后期,开始制作一个月以上的短期气候趋势预测,主要有月、季预报,制作服务的预报包括汛期、麦收期、麦播期、秋收秋种等产品。

人工影响天气 许昌市人工影响天气工作始于 1988 年,以抗旱减灾为重点。1988 年 5 月,成立了以主管副市长为组长的领导小组和以气象局局长为办公室主任的人工影响天气办公室。2000 年 12 月和 2002 年 3 月,许昌市人民政府两次召开了全市人工影响天气工作会议,全市人工影响天气工作快速发展。2001—2002 年,许昌市新增新型火箭发射架 10 架。截至 2008 年底,许昌市及所属 6 个县(市、区)中除许昌县和魏都区外(无气象机构),均成立了以政府主管领导为组长、气象局局长为副组长的人工影响天气领导小组,人工影响天气领导小组办公室设在当地气象局;全市购置"三七"高炮 6 门,火箭发射架 10 架,人工增雨专用汽车 3 辆,许昌市气象局先后购置了专用微机、摄像机、数码照相机和 GPS 定位仪。

气象服务 在春运、五一、十一假期、三国文化周、鄢陵花木交易博览会、禹州药交会、三夏、中考、高考、汛期等重大社会活动和关键性、转折性、灾害性天气的气象服务中,通过报纸、电视、广播、气象短信、"12121"气象信息电话、传真、网络等提供了全方位、精细化的预报服务,多次得到社会公众的认可和市政府的表彰奖励。

许昌市气象局

机构历史沿革

始建情况 许昌市气象局的前身为中国人民解放军河南军区许昌气象站,始建于 1952 年 7 月 1 日,站址位于许昌市西北大操场(市区)。

站址迁移情况 1953 年 1 月 1 日,迁站到许昌市东关(郊外)。

历史沿革 1953 年 11 月,改名河南省许昌气象站。1958 年 11 月,改名为河南省许昌气象台。1960 年 2 月,更名为河南省许昌专属气象服务台。1980 年 11 月,改名为河南省许昌地区气象局。1984 年 4 月,改为许昌气象处。1990 年 1 月,改为许昌市气象局。

管理体制 1973 年前,管理体制经历了从军队建制到地方政府管理、再到地方政府和军队双重领导的演变。1983 年,实行气象部门与地方政府双重领导、以气象部门领导为主的管理体制。

机构设置 2008 年 12 月,许昌市气象局局机关设办公室、人事教育科(纪检组)和业务科(法规科)3 个管理科室;下设气象台、科技中心、防雷中心和核算中心 4 个直属事业单位;辖禹州市、长葛市、鄢陵县、襄城县 4 个县(市)气象局和许昌气象观测站;许昌市人工影响天气办公室挂靠许昌市气象局。

单位名称及主要负责人变更情况

单位名称	姓名	职务	任职时间
中国人民解放军河南军区许昌气象站	李在智	站长	1952.07—1953.11
河南省许昌气象站	郭儒俊	站长	1953.11—1958.11
河南省许昌气象台	段福成	台长	1958.11—1960.02
河南省许昌专属气象服务台			1960.02—1980.11
河南省许昌地区气象局	付进山	副局长(主持工作)	1980.11—1984.04
许昌气象处	樊风皋	处长	1984.04—1987.02
	杨如意	处长	1987.02—1989.12
许昌市气象局		局长	1990.01—1995.12
	于恩义	局长	1996.01—2005.12
	罗 楠	局长	2005.12—2008.03
	魏延涛	局长	2008.03—

人员状况 1952 年 7 月建站时有职工 8 人。截至 2008 年 12 月,有在职职工 53 人,离退休职工 36 人。在职职工中:男 38 人,女 15 人;汉族 52 人,少数民族 1 人;大学本科及以上学历 15 人,大专学历 23 人,中专及以下学历 15 人;高级职称 6 人,中级职称 24 人,初级职称 23 人;30 岁以下 5 人,31～40 岁 10 人,41～50 岁 29 人,50 岁以上 9 人。

气象业务与服务

1. 气象观测

①地面气象观测

观测时次 每日 02、08、14、20 时 4 次定时观测,夜间守班。

观测项目 1952 年 7 月 1 日开始观测。观测项目有云、能见度、天气现象、气压、空气的温度和湿度、风向、风速、降水、雪深、日照、蒸发、最低草温、地温。2008 年底,观测的项目有云、能见度、天气现象、气压、空气的温度和湿度、风向、风速、降水、雪深、雪压、日照、蒸发、地温、冻土、电线积冰、露天温度。

发报种类 1952 年 8 月 1 日进行地面 24 小时观测。天气报 4 次,补充天气观测报 6 次;1954 年 12 月 1 日 08 时起,增发航空报。1955 年 6 月,开始拍发气候旬报。1957 年 3 月 1 日,参与航线航空报任务。1961 年 6 月 30 日,取消航危报任务。2001 年 4 月起,许昌站汛期停止拍发天气加密报,改为汛期每天 11 时加发 1 份天气报。

电报传输 许昌气象站自建站至 2000 年,通过邮电局用电话方式报送气象报文。2000 年 5 月,开始通过 X.25 分组交换网传输报文。2005 年 4 月 22 日,正式利用 OSSMO

2004 地面测报软件直接传输报文。2005 年 7 月,开通数据宽带传输业务。2008 年 7 月,与电信部门合作又建成 SDH 宽带备份线路,为各类气象报文、自动站观测数据的快速、及时、安全传递与共享,提供了强有力的通信传输多重保障。

气象报表制作 制作的报表有地面气象记录月报表、年报表。1990 年 1 月,地面气象记录月报表开始由人工制作转变为使用计算机制作;1992 起,地面气象记录年报表由人工制作转变为使用计算机制作。

资料管理 许昌市气象局建立有资料档案室,2004 年、2009 年两次荣获国家档案局颁发的"国家二级科技事业单位档案管理"证书,观测站每年 3 月前将上一年度气象观测资料交许昌市气象局档案室保管。河南省气象部门实行气象资料统一管理后,2008 年 11 月,许昌市气象局将气象资料全部交河南省气象局档案室保管。

自动气象观测站 2005 年 7 月,建成半截河、七里店、椹涧、榆林、将官池、蒋李集、尚集、苏桥、小召、张潘、桂村、陈曹 12 个单要素雨量站。

②农业气象观测

观测时次和日界 作物发育期隔日观测,旬末巡视观测。

观测项目 1958 年开始农业气象观测。1967—1976 年,观测中断。1977 年,重新恢复观测工作。观测内容有作物生育期观测、物候观测、土壤水分观测。

观测仪器 观测仪器为土钻、望远镜、直尺、便携式自动土壤水分仪、自动土壤水分烘箱。

农业气象情报 有一周农业气象情报、定期情报和关键农事季节农业气象情报。

农业气象报表 农气表-1、农气表-2-1、农气表-3,均向河南省气象局报送 2 份,留底 1 份。

③土壤湿度观测

每旬逢 8 日,对作物观测地段进行土壤水分观测。1994 年 8 月,开始每旬逢 3 日加测土壤水分。2009 年 10 月,开始每旬逢 3、8 日进行土壤水分自动站对比观测。

④物候观测

观测内容:木本植物有垂柳、楝树、合欢、梧桐,草本植物有苍耳、莲;气象水文现象。

⑤紫外线观测

2005 年 7 月 19 日,紫外线检测仪开始运行。

⑥酸雨观测

2007 年 1 月 1 日,酸雨观测项目正式运行。

2. 气象信息网络

建站之始,气象电报的传递方式为专线电话直通邮电局报房。1985 年后,气象现代化建设加快,截至 2008 年底,许昌市气象局局拥有联网计算机 65 台,基本实现人手一机、业务用机专用化。1996 年,建立了卫星通信 VSAT 小站,气象台撤销了通信填图组,结束了人工填图绘制天气图的历史,预报员分析天气图改用计算机调阅。1999 年安装 X. 25 宽带网,实现省—市—县专线数据传输。2003 年,开通 SDH 宽带等通讯线路,建成省—市—县宽带网。2007 年,通过计算机网络共享,实现了多普勒雷达、卫星遥感、地面加密观测、乡镇雨量资料的实时调阅。

1980 年前，以电台接收气象电报，抄报、填图、绘制天气图，利用收音机收听上级台及周边气象台站播发的天气预报和天气形势等，经综合分析后制作天气预报。1980 年前后，装备了气象传真接收机，利用单边带接收气象信息。1985 年，组建 VHF 甚高频无线电话网，并实现省、地、县三级联网。1994 年，采用计算机接收气象电传报，并自动填图、打印。1996 年，建设"9210"工程，安装 VSAT 双向卫星地面小站系统。2007 年，安装 DVBS 卫星资料接收系统。

3. 天气预报预测

短期天气预报　建站初期，仅开展 12～24 小时天气预报。20 世纪 60 年代初，开始制作 12、24、48 和 72 小时天气预报，通过许昌市广播站对外发布。2008 年底，短期天气预报每天早晨、下午各发布一次，主要内容为未来 3 天内天气、最高和最低气温、风力风向等。

中期天气预报　20 世纪 80 年代初，根据中央气象台、河南省气象台预报，结合短期天气预报、本地资料及预报方法，发布逐句天气预报，并开展服务。2003 年，根据周工作需要，改为周天气预报，每周日制作并发布。

短期气候预测（长期天气预报）　20 世纪 80 年代中后期，开始制作一个月以上的短期气候趋势预报，主要有月、季预报，制作服务的预报包括汛期、麦收期、麦播期、秋收秋种期预报等产品。

4. 气象服务

公众气象服务　1992 年以前，气象服务信息主要是常规预报产品和情报资料。1990 年开始，通过无线警报机为专业用户提供气象资料和预报服务。1993 年，在电视台开辟电视天气预报节目。1996 年 3 月，自行制作的天气预报节目正式在许昌电视台播出。1997 年，开通了"121"气象信息电话；2000 年，实现了"121"由县气象局全部集约到许昌市气象局；2005 年，"121"电话升位为"12121"，同时中继线达到 150 条。2001 年，开通了"许昌兴农网"，增加了气象服务的覆盖面。2002 年，开始手机短信气象服务。2000 年后，气象服务产品除了短期、中期、长期天气预报外，还增加了精细化、电力气象、森林火险等级、地质灾害等预报。

决策气象服务　1990 年以前，决策气象服务以书面文字发送和用电话报告为主。1990 年后，公益和决策服务产品由电话、传真、信函等传递方式向手机短信、电视、微机终端、互联网等传递方式发展，许昌市党政领导可通过电脑随时调看实时云图、雷达回波图、乡镇雨量点的雨情。

人工影响天气　许昌市人工影响天气工作始于 1988 年，以抗旱减灾为重点。1988 年 5 月，成立了以主管副市长为组长的领导小组和以气象局局长为办公室主任的人工影响天气办公室。2000 年 12 月和 2002 年 3 月，许昌市人民政府两次召开了全市人工影响天气工作会议，全市人工影响天气工作快速发展。到 2008 年底，全市购置"三七"高炮 6 门，火箭发射架 10 台，人工增雨专用汽车 3 辆；许昌市气象局先后购置了专用微机、摄像机、数码照相机和 GPS 定位仪。

防雷技术服务　1995 年 10 月，许昌市气象局成立了许昌市防雷中心，承担全市的雷电业务及防雷检测、防雷装置设计审核和竣工验收等防雷技术服务工作。2001 年，许昌市气象局成立许昌市风云防雷工程有限公司，开始从事防雷工程设计、施工等工作。

5. 科学技术

气象科普宣传　每年借世界气象日、科技活动周等活动，气象科技人员上街展出宣传板报，散发宣传材料；到学校、农村、机场等单位开展丰富多彩的气象科技和气象知识宣传讲座；还利用电视、电台、报纸、"12121"电话和"兴农网"宣传气象科普知识。此外，还开放气象台站，邀请各级领导、大中小学生、离退休老干部及社会各行业人员到台站参观学习。

气象科研　1995—2008 年，先后完成科研项目 10 余项。其中，有 3 个课题获河南省气象局科研开发奖，有 3 个课题获许昌市科技开发进步奖。

气象法规建设与社会管理

法规建设　1998—2003 年，许昌市政府先后出台了《许昌市人民政府关于进一步加快发展我市气象事业的通知》（许政〔1998〕60 号）、《许昌市人民政府关于加强防雷安全管理的通知》（许政〔2001〕74 号）、《许昌市人民政府关于加强防雷减灾安全工作的通知》（许政〔2005〕68 号）、《许昌市人民政府关于加快气象事业发展的意见》（许政〔2006〕68 号）、《许昌市人民政府办公室关于加强施放气球安全管理的通知》（许政办〔2003〕78 号）5 个规范性文件。许昌市气象局与许昌市公安局联合印发《关于对全市"计算机系统（场地）"进行防雷安全检测实施意见的通知》（许公通〔2002〕97 号），与许昌市安全生产监督管理局联合印发了《关于转发〈省安全生产监督管理局和省气象局关于加强防雷安全管理工作的通知〉的通知》（许安监管〔2004〕37 号），许昌市安委会印发《许昌市防雷安全隐患排查治理工作方案》的通知（许市安〔2008〕21 号），联合许昌市教育局印发了《关于开展我市学校防雷设施检查的紧急通知》（许教装字〔2008〕136 号）等。

制度建设　先后制定了"执法责任制度"、"执法公示制度"、"错案追究制度"、"法律顾问或法律咨询制度"、"气象行政执法人员行为规范十不准"、"重大具体行政行为备案制度"、"许昌市气象行政执法检查工作流程指导意见"、"气象行政执法文书写作与范本"等依法行政、制约监督制度，编制印发了《许昌市气象局行政执法制度汇编》（许气发〔2005〕26 号）。

社会管理　许昌市气象局对防雷检测、防雷图纸设计审核和竣工验收、施放气球单位资质认定、施放气球活动许可制度、人工影响天气、天气预报发布等实行社会管理。2003 年 7 月 1 日根据《施放气球管理办法》，加强了气球施放活动管理工作，2003 年 8 月对社会人员举办了第一期培训班，对气球施放单位和从业人员实行了资质和资格管理，并开展了施放气球治理检查月活动和多次节日街头巡查气球执法活动等，规范了过去竞争无序的气球施放市场。雷电防护社会管理始于 1989 年，对防雷装置检测中的防雷设施布局、安装及技术要求提供咨询服务和指导。2005 年，许昌市人民政府下发了《许昌市人民政府关于加强防雷减灾安全工作的通知》（许政〔2005〕68 号）文件，进一步明确了气象部门对防雷工作的组织管理职能，促进了许昌市防雷减灾工作的顺利开展。2000 年 1 月《中华人民共和国气象法》实施后，对天气预报发布实施社会管理。

依法行政 2004 年 10 月初,许昌市气象局申报的防雷工程设计图纸审核审批、防雷工程竣工验收审批和气球施放审批等三项行政许可项目经许昌市政府《关于公布行政许可清理结果的决定》(许政〔2004〕60 号)文件批准,于 11 月 8 日正式进入大厅,设立气象审批窗口,实行统一审批,担负气象行政审批职能。2002 年后,许昌市气象局有 13 名气象行政执法人员,4 名气象行政执法监督人员持证上岗,2005 年 8 月成立气象行政执法大队。

政务公开 2001 年 11 月,制定了《许昌市气象局政务公开事项汇编》。2003 年 4 月,落实河南省气象局《进一步推行全省气象部门局务公开的意见》,制定了《许昌市气象局实行局务公开实施方案》,成立了"一把手"为组长的局务公开领导小组,按照"谁主管的工作,谁负责公开"的原则,落实承办单位和责任人。公开的内容:"三重一大"(即重要事项决策,重要干部任免,重大事项安排,大额资金使用)、单位职责、机构设置、收费标准、投诉电话等内容。公开原则:围绕加强民主政治建设和依法行政,以公正、便民、廉政、勤政为基本要求,以监督制约行政权力为着力点,通过推行局务或政务公开,提高气象部门工作人员的政治、业务素质,强化公仆意识,进一步密切党群、干群关系,促进气象部门的改革、发展和稳定。公开的形式:内部公开栏、外部公开栏、会议、局域网、门户网站、文件等。

党建与气象文化建设

1. 党建工作

"文化大革命"期间已成立独立党支部。1980 年,有党员 18 人。截至 2008 年底,有党员 52 人(其中离退休党员 22 人)。

2000 年后,许昌市气象局先后制定了《中共许昌市气象局党组关于加强领导干部党性修养 树立和弘扬优良作风的实施意见》《许昌市气象局党组关于加强干部作风建设 进一步提高执行力的意见》《许昌市气象局关于定期组织干部下访的实施办法》《许昌市气象部门领导干部定期接待群众来访实施办法》《许昌市气象局关于矛盾纠纷排查化解工作的实施办法》《关于加强党组自身建设的四点意见》等多个文件;成立以党组书记为组长的党风廉政建设责任制领导小组,每年制定党风廉政建设责任目标,坚持局长与科(室、局)负责人签订党风廉政建设责任目标制度,坚持每年开展一次党风廉政宣传教育月活动,重视廉政文化建设。

1997 年,许昌市气象局机关党支部被许昌市市直工委评为"创先争优"先进党组织;2004 年,被许昌市市直工委评为"五好党组织";2006 年,被许昌市市直工委评为"先进五好党组织"。2000—2008 年,有 9 位同志被许昌市市直工委评为"优秀共产党员",其中 2006 年 6 月,朱遂欣同志被中共许昌市委员会评为"优秀党务工作者",2007 年 6 月,罗楠同志被中共许昌市机关委员会评为"优秀机关党建工作第一责任人"。2008 年,许昌市气象局先后被许昌市纪律检查委员会、河南省气象局命名为"廉政文化建设示范点"。

2. 气象文化建设

1994 年,建立了文体活动室、图书阅览室,室内设有乒乓球台,备有象棋、围棋、电视机、影视 DVD、录像机、调音设备。2003 年,以重新申报省级文明单位为契机,机关大院修建了羽毛球场,在观测站修建了篮球场。2000—2008年,每年都组织各种文化活动,通过组织职工开展文艺汇演、红歌演唱比赛、演讲比赛、知识竞赛、体育比赛、扶贫献爱心等活动,促进了干部职工的身心健康,调动了干部职工的积极性。

1994年,许昌市气象局被许昌市委、市政府命名为市级"文明单位"。1996年5月,被命名为市级"文明标兵单位"。1998年1月,被中共河南省省委、省人民政府命名为省级"文明单位"。2003年、2008年,省级文明单位5年到届重新申报,再次被命名为省级"文明单位"。

3. 荣誉

集体荣誉

荣誉称号	获奖单位	获奖时间	颁奖单位
荣获光荣榜	许昌市气象局	1991年	许昌市委、市政府
汛期气象服务先进集体	许昌市气象局	1995年5月	中国气象局
市级文明标兵单位	许昌市气象局	1996年5月	许昌市委、市政府
省级文明单位	许昌市气象局	1998年1月	河南省委、省政府
科学技术进步奖	许昌市气象局	2002年5月	河南省人民政府
省级文明单位	许昌市气象局	2004年2月	河南省委、省政府
绿化先进单位	许昌市气象局	2004年11月	许昌市人民政府
服务经济社会发展先进单位	许昌市气象局	2007年4月	许昌市委、市政府
市级文明系统	许昌市气象局	2008年1月	许昌市委、市政府
服务经济社会发展三等奖	许昌市气象局	2008年3月	许昌市委、市政府
服务经济社会发展一等奖	许昌市气象局	2009年3月	许昌市委、市政府
支持"三农"先进单位	许昌市气象局	2009年3月	许昌市委、市政府

参政议政 刘付照同志1991—1995年当选为许昌市二届人大代表,并在二届人大一次会议上当选为大会主席团成员;2001—2006年当选为许昌市四届政协委员。

台站建设

许昌市气象局位于许昌市文峰路97号,占地面积5273平方米,其中空地、道路、大院占地2070平方米,有房屋6栋,建筑面积12600平方米。房屋形式与结构为楼房、砖混二等结构。原业务楼始建于1976年8月,1999年部分业务楼被拆除。1992年5月,许昌市气象局开始启动雷达业务楼建设工作。1994年1月,雷达楼竣工,同年4月1日投入业务使用,雷达楼建筑面积1850平方米,主楼五层,局部八层。2003年4月,711雷达数字化改造完毕并投入业务化应用。2006—2008年,完成了业务楼水电、卫生间等综合设施改造,更新了办公室门窗,粉刷了墙壁,更换了办公设施,安装了安全视频监控系统,规划整修了院内路面,在院内修建了草坪、花坛,栽种了风景树,绿化面积达到60%以上。

禹州市气象局

禹州市位于河南省中部,原称禹县,1988年撤县改市,素有"夏都"、"钧都"、"药都"之美誉。

机构历史沿革

始建情况　1956年筹建禹县气候站,站址位于禹县东关郊外张良洞,观测场位于北纬34°09′,东经113°30′,海拔高度36.0米,1957年1月1日正式投入业务使用。

历史沿革　1959年5月,更名为禹县气象服务站。1981年1月,更名为禹县气象站。1988年6月,禹县撤县改市,更名为禹州市气象站。1990年8月18日,更名为禹州市气象局。

管理体制　自建站至1962年12月,隶属禹县农业局领导,业务受许昌专区气象台指导。1963年1月,改为以气象部门领导为主,地方纳入禹县农委领导。1969年11月—1983年7月,由以气象部门领导为主改为以地方领导为主。其中,1969年11月—1971年10月,成立禹县气象服务站革命领导小组,由禹县革命委员会领导;1971年11月—1973年10月,由禹县人民武装部领导;1973年11月,恢复原来领导体制,归口禹县农业局。1983年8月起,实行气象部门与地方政府双重领导、以气象部门领导为主的管理体制。

机构设置　1994年6月,设立气象科技服务中心、综合业务股。1994年12月,禹州市人工影响天气领导小组成立,下设办公室,挂靠禹州市气象局。2008年底,内设有综合业务股、气象科技服务中心、人工影响天气办公室。

单位名称及主要负责人变更情况

单位名称	姓名	职务	任职时间
禹县气候站	王海青	站长	1957.01—1959.04
禹县气象服务站	陈雨亭	站长	1959.05—1980.12
禹县气象站	苗宗超	站长	1981.01—1984.11
	许柏耀	站长	1984.12—1985.05
	于会元	站长	1985.06—1987.07
	陈雨亭	站长	1987.08—1988.05
禹州市气象站	苗淑红	站长	1988.06—1990.08
禹州市气象局	苗淑红	局长	1990.08—1992.04
	董迎玺	局长	1992.05—1993.09
	苗淑红	局长	1993.10—1994.01
	李铁岭	局长	1994.02—2007.10
	刘玉巧	副局长(主持工作)	2007.11—

人员状况　1957年建站初期,有职工2人。截至2008年底,有在职职工15人(其中在

编职工 8 人,外聘职工 7 人)。在职职工中:大学以上学历 2 人,大专学历 8 人;中级职称 3 人,初级职称 4 人;50 岁以上 2 人,40~49 岁 4 人,40 岁以下 9 人。

气象业务与服务

1. 气象业务

①气象观测

地面观测 1957 年 1 月 1 日起,采用地方时,每日进行 01、07、13、19 时 4 次定时观测。1960 年 8 月 1 日起,改为北京时,每日 08、14、20 时 3 次定时观测,以 20 时为日界。

观测项目有云、能见度、天气现象、气压、气温、湿度、风向、风速、降水、雪深、日照、蒸发、地温等。

2001 年以前,气象电报采用人工编报,通过电话传报给邮电局转发。2001 年起,先后利用分组交换网、宽带网传递气象电报和各种信息。

2008 年 8 月,将 1957—2003 年的气象记录档案气簿-1、温度、湿度、气压、风向、风速、雨量自记纸整理移交河南省气候中心,禹州市气象局只保留 5 年的气象记录档案。

区域自动站观测 2004—2006 年,在全市 22 个乡镇和纸坊水库共建成了 23 个单要素自动雨量观测站。2007—2008 年,在神垕镇、褚河乡、白沙水库、郑湾水库建成了 4 个四要素自动气象监测站,形成了"地面中小尺度气象灾害自动监测网"。

农业气象观测 1959 年 2 月始,开展土壤湿度观测业务,每月逢 8 日测墒。20 世纪 90 年代起,逐步开发农业气象专题分析、农业气象月报、农业气象周报等服务产品,定期向地方政府、涉农部门提供服务。

②天气预报

1970 年起,通过收音机收听武汉区域中心气象台和上级以及周边气象台站播发的天气预报和天气形势,结合本站手工绘制的天气图,制作 24 小时内日常天气预报。1982 年 6 月,接收北京的气象传真和日本的传真图表,利用传真图表独立分析判断天气变化。1997 年 5 月起,通过接收许昌市气象局的指导预报,开展订正天气预报制作业务。2000 年起,开展常规 24 小时、未来 3 天和旬月等短、中、长期天气预报,并开展灾害性天气预报预警业务。

③气象信息网络

1982 年,配备天气传真接收机接收北京和东京的气象传真图。1988 年 4 月,开通甚高频无线对讲通讯电话,实现与许昌市气象局直接业务会商。1990 年,引进卫星云图接收设备,接收低分辨率日本气象卫星云图;2000 年,通过 MICAPS 系统调用高分辨率卫星云图。2001 年起,先后利用分组交换网、宽带网,传递气象电报和各种信息;建立 VSAT 站,接收从地面到高空各类天气形势图和云图、雷达图等数据;建立了气象网络应用平台和省、市、县气象视频会商系统。

2. 气象服务

公众气象服务 1970 年起,通过有线广播站播报气象信息。1999 年,建成气象风云寻呼台;同年 2 月,建成多媒体电视天气预报制作系统,将自制节目录像带送禹州市电视台播放。2004 年,更换天气预报制作设备,应用非线性编辑系统制作电视气象节目,将自制节目刻录成光盘送电视台播放。1997 年 11 月,"121"电话自动答询系统建成并投入使用(2000 年 8 月,对"121"进行数字化升级改造;2003 年 4 月,全市"121"自动答询电话实行集约经营,主服务器移交许昌市气象局管理维护)。2004 年 9 月,建成"禹州兴农网"。此外,每年开展节日气象服务;为禹州钧瓷文化节、中国·禹州药王孙思邈国际医药文化节暨中医药交易大会等重大活动提供气象保障。

决策气象服务 20 世纪 80 年代,以电话或纸质材料形式向政府和有关部门提供决策服务。20 世纪 90 年代,逐步开发"天气趋势预报"、"重要天气报告"、"汛期(5—9 月)天气形势分析"等决策服务产品,建立决策气象服务平台,利用电话、短信平台、网络等多种渠道适时为党委、政府和有关部门提供关键农事季节、突发性、转折性、灾害性天气信息,使领导在第一时间掌握气象信息,科学决策。

防雷技术服务 1989 年起,开展建筑物防雷设施安全检测服务;1995 年起,按照规范要求为禹州市各类新建建(构)筑物安装防雷装置。2004 年,开始定期对液化气站、加油站、民爆仓库等高危行业和非煤矿山的防雷设施进行检查。

人工影响天气 1994 年 12 月,禹州市人工影响天气领导小组成立,办公室设在气象局,配备人工增雨火箭发射装置 2 套、人工增雨高炮 2 门。2008 年 5 月,又购置 TWR-01 型车载式天气雷达,用于人工增雨和强对流突发天气监测。

气象科普宣传 每年"3·23"世界气象日,利用电视、广播、报纸、网络等媒体及散发宣传资料、播放宣传片等形式,开展气象科普宣传,并邀请中小学生、其他社会各界人士来气象局参观学习。

科学管理与气象文化建设

1. 社会管理

2001 年,禹州市人民政府法制办批复确认市气象局具有独立的行政执法主体资格,禹州市气象局成立行政执法队伍,5 名职工通过河南省政府法制办培训考核,取得了行政执法证。

2002 年,禹州市人民政府办公室发文《关于加强防雷防静电设施安装检测管理工作的通知》(禹政办〔2002〕36 号),将防雷工程从设计、施工到竣工验收,全部纳入气象行政管理范围。2003 年 1 月,禹州市政府行政服务中心设立气象服务窗口,承担气象行政审批职能。2004 年,禹州市气象局被禹州市人民政府列为市安全生产委员会成员单位,负责全市防雷安全的管理。

2006 年 5 月绘制了《禹州气象观测环境保护控制图》,为气象观测环境保护提供重要依据。1994 年 3 月禹州市政府下发《关于切实保护气象观测环境的通知》(禹政〔1994〕19 号),2008 年 7 月禹州市政府办公室下发了《关于加强气象探测环境和设施保护工作的通知》(禹政办〔2008〕68 号),为禹州气象探测环境的保护提供了法规支持。

2. 政务公开

2003 年起,对气象行政审批办事程序、气象服务、服务承诺、气象行政执法依据、服务收费依据及标准等内容,通过户外公示栏、电视广告、发放宣传单等方式向社会公开。

3. 党建工作

1990 年 10 月 5 日,成立禹州市气象局党支部,有党员 3 人。截至 2008 年底,有党员 7 人(其中离退休党员 1 人)。

禹州市气象局党支部高度重视党风廉政建设工作,积极开展廉政教育和廉政文化建设活动,每年开展局领导党风廉政述职和党课教育活动,并层层签订党风廉政目标责任书,推进惩治和防腐败体系建设。

2003—2008 年,先后 3 次被禹州市直属机关党委评为"先进党支部"。

4. 气象文化建设

1990 年,开始成立精神文明建设领导小组,定期召开专题会议进行安排部署。1989 年起,每年 5 月开展职业道德教育月活动;先后开展"三个代表"、"保持共产党员先进性"、"干部作风整顿活动"、"学习实践科学发展观"以及气象知识竞赛、技术比武、演讲比赛等活动。2008 年 5 月,与孟州市气象局结成了对口交流合作单位。2004—2008 年,连续 5 年开展"送温暖、献爱心"向困难群众捐款活动。2008 年 6 月,与山货乡楼陈村结成帮扶对象。

2006 年,购置了文体活动器材,成立文娱活动室。2007 年 11 月,举办了禹州市气象局第一届职工运动会。2008 年,购置 1000 多册图书,新建了"职工书屋"。

2008 年 5 月,被河南省气象局评为"精神文明建设先进单位";同年 11 月,被河南省委、省政府授予省级"文明单位"称号。

5. 荣誉与人物

集体荣誉 1978—2008 年,禹州市气象局共获集体荣誉 56 项。其中,1997 年,被中国气象局评为"重大气象服务先进集体"。2005—2008 年,连续两届被河南省气象局评为"河南省气象部门优秀县(市)局"。

人物简介 陈雨亭(1921—2007 年),男,河南禹州人,中共党员,1959 年 5 月到禹县气象服务站主持工作,1980 年 12 月退休。1978 年,被中国气象局授予"全国气象系统劳动模范"称号,并受到党和国家领导人的接见。

台站建设

建站初期只有 2 间房,房屋简陋,设备原始。1979 年,修建砖木结构业务平房 1 栋,共 9 间。1988 年,修建职工宿舍 12 间。1995 年,安装了无塔供水系统和自用变压器,解决了职工的吃水用电问题;修路解决了职工行路难的问题。1998 年,购置住宅用地,修建庭院式二层家属楼,解决了职工住房问题。2003 年,征租借地 1340 平方米,扩建机关局院;9 月,动工兴建业务办公楼,修建车库、炮库,2004 年 1 月完工。2005 年,对院内进行了硬化、绿化。2008 年 6 月,对办公楼进行了装修改造,更新了办公桌椅,购置了电脑、投影仪等;同年 9 月,对局院门前道路进行了拓宽改造。

长葛市气象局

长葛位于河南省中部,隶属许昌市,素有"中原之中"之称,属豫西山地向豫东平原过渡地带。东西51.9千米,南北21.4千米,总面积648.6平方千米。全市辖4乡8镇4个街道办事处360个行政村,人口70万。

机构历史沿革

始建情况 长葛县气象服务站始建于1959年1月1日,属国家一般气象站,站址位于长葛县老城公社农科所。

站址迁移情况 1964年4月,随新县城的迁移,搬迁至长社路长葛县畜牧局西侧。1988年1月1日,迁至长葛市钟繇大道东侧,北纬34°12′,东经113°48′,海拔高度87.7米。

历史沿革 1971年3月,更名为河南省长葛县气象站。1984年9月,更名为长葛县气象站。1991年2月,更名为长葛县气象局。1994年4月,长葛撤县设市,长葛县气象站更名为长葛市气象局。2006年7月1日,改为国家气象观测站二级站;2008年12月31日,恢复为国家一般气象站。

管理体制 自建站至1971年3月,由河南省气象局和长葛县政府双重领导,以河南省气象局领导为主。1971年4月—1982年4月,由以河南省气象局领导为主改为以地方政府领导为主。其中,1971年4月—1973年10月,由长葛县人民武装部管理;1973年11月起,隶属长葛县农业局。1983年4月,改为气象部门与地方政府双重领导,以气象部门领导为主的管理体制。

机构设置 2008年,设业务科、办公室、财务科、防雷中心4个科室。

单位名称及主要负责人变更情况

单位名称	姓名	职务	任职时间
长葛县气象服务站	宋留贤	站长	1959.01—1962.09
	聂荣恩	站长	1962.10—1971.02
河南省长葛县气象站		站长	1971.03—1971.06
	张 智	站长	1971.07—1984.08
长葛县气象站	谷西周	副站长(主持工作)	1984.09—1987.11
		站长	1987.12—1991.01
长葛县气象局		局长	1991.02—1991.05
	蔡建民	局长	1991.06—1993.05
	李育才	局长	1993.06—1994.03
长葛市气象局		局长	1994.04—1995.10
	胥桂英(女)	局长	1995.11—2001.12
	石翠杰(女)	局长	2002.01—

人员状况 1959 年建站时有职工 6 人。1980 年有职工 10 人。截至 2008 年底,有在职职工 11 人(其中正式职工 7 人,聘用职工 4 人),离退休职工 4 人。在职职工中:男 7 人,女 4 人;汉族 10 人,少数民族 1 人;大学本科及以上学历 2 人,大专学历 6 人,中专及以下学历 3 人;中级职称 3 人,初级职称 8 人;30 岁以下 5 人,31~40 岁 3 人,41~50 岁 2 人,50 岁以上 1 人。

气象业务与服务

1. 气象业务

①气象观测

地面观测 1959 年 1 月 1 日—1960 年 6 月 30 日,采用地方时,每日 07、13、19 时 3 次定时观测,夜间不守班。1960 年 8 月 1 日起,采用北京时,每日 08、14、20 时 3 次定时观测,夜间不守班。

观测项目有云、能见度、天气现象、气压、气温、风向、风速、降水、雪深、地温、日照、小型蒸发、电线积冰等。1965 年增加气压自记记录;1976 年增加降水、风向风速自记记录;1977 年 1 月 1 日开始温度、湿度自记记录。自布设自记仪器开始,02 时用订正后的自记记录值代替。

发报种类有天气加密报(2000 年 6 月 1 日—10 月 15 日每日 08 时,2000 年 10 月 16 日—2001 年 3 月 31 日每日 08 和 14 时,向许昌拍发;2001 年 4 月 1 日起,每日 08、14、20 时向河南省气象局拍发),雨量报(每日 05、17 时在过去 12 小时内降水量≥0.1 毫米时向河南省气象局拍发)和重要天气报(每日不定时拍发大风、冰雹、龙卷风、积雪、雾、沙尘暴等重要天气报)。

1986 年以前,利用手摇式电话传输报文、资料。1986 年,开始运用无线电通讯。1997 年,运用计算机网络等通讯技术手段进行业务传输。

编制的报表气表-1 向河南省气象局、许昌市气象局各报送 1 份,气表-21 向中国气象局、河南省气象局、许昌市气象局各报送 1 份,本站留底本 1 份。2007 年 3 月,通过 X.25 分组网向河南省气象局传输原始资料,停止向上级报送纸质报表。

1959—2005 年,由长葛县气象局保管所有历史观测资料和各类报表。2006 年,向河南省气候中心移交建站至 2005 年 12 月 31 日之间的气压、气温、湿度、降水自记纸和气簿-1 等原始记录。2006—2008 年所有观测记录存放在长葛县气象局资料室。

区域自动站观测 2006 年 8 月—2007 年,全市 12 个乡镇陆续建成 12 个自动雨量观测站。2008 年,石固乡升级为四要素自动气象站。

农业气象观测 1961 年 2 月 8 日开始农业气象观测,长葛县气象局利用土钻法,在固定观测地段,每旬逢 8 日采用烘干称重法测定土壤含水率。遇干旱时,在上级的统一安排部署下,逢 3 日加测 1 次土壤墒情。自 2006 年 10 月开始,每旬编发气象旬月报。

②天气预报

短期天气预报 1964 年 6 月,开始作补充天气预报。1980—1992 年,每天通过收听湖北气象广播,绘制 5 种高空、地面天气图,并根据预报需要抄录整理 8 项资料。1986 年 10

月,开通甚高频无线对讲通讯电话,实现与地区气象局直接天气预报会商,同时开通许昌地区各县气象局的甚高频无线通话。

中期天气预报 20世纪80年代初,通过接收河南省气象台的旬、月天气预报,再结合分析本地气象资料、短期天气形势、天气过程的周期变化等,制作一旬天气过程趋势预报。1993年以后,县气象局接收许昌市气象台的预报产品,经订正后发布本地天气预报。

短期气候预测(长期天气预报) 运用数理统计方法和常规气象资料图表及天气谚语、韵律关系等方法,作出具有本地特点的补充订正预报。长期天气预报在20世纪70年代中期开始起步,80年代为贯彻执行中央气象局提出的"大中小、图资群、长中短相结合"技术原则,组织会战,建立了长期预报的特征指标和方法。长期预报产品有春播预报、汛期(6—8月)预报、秋季预报。

③气象信息网络

1986年以前,利用手摇式电话传输报文、资料。1999年11月,对长葛市气象局网络进行改造,建成长葛市气象局机关信息局域网。2000年6月,安装X.25宽带网,实现省—市—县专线数据传输。2000年,建立了PC-VSAT气象卫星地面接收站。2003年底建成省—市10兆宽带网、市—县2兆宽带网。2009年,建成省—市—县电信网络备份宽带网。

2. 气象服务

公众气象服务 1980—1987年,每天下午向长葛县广播站报送未来3天的天气预报,由广播站播送。1998年1月,购买多媒体天气预报制作设备1套,并与长葛市广播电视局协商,在电视台播放自制天气预报节目。1998年5月,气象局同电信局合作,正式开通"121"天气预报自动咨询电话(2001年4月,全市"121"答询电话实行集约管理,主服务器由许昌市气象局建设维护,电话升级为"12121")。

决策气象服务 1992年,县政府拨款购置12部无线通讯接收装置,安装到长葛县防汛抗旱办公室(简称防办)、农业委员会(简称农委)和各乡镇,建成气象预警服务系统,服务单位通过预警接收机定时接收气象服务。2007年,开通了气象决策短信平台,以手机短信方式向全市各级领导发送每日天气预报、天气预警等气象信息。同年,还开通了秸秆禁烧遥感监测服务系统。

人工影响天气 1991年4月,长葛县人民政府人工降雨办公室成立,挂靠长葛县气象局,每次作业使用部队高炮。2001年1月,购买人工影响天气作业火箭发射设备2架、作业车1辆。

防雷技术服务 1988年,开始对长葛市高大建筑物、重点企业、易燃易爆场所进行防雷安全检测。

科学管理与气象文化建设

1. 社会管理

1997年3月,长葛市人民政府下发《关于加强防雷防静电设施安装检测管理工作的通知》(长政〔1997〕12号),将防雷工程从设计、施工到竣工验收,全部纳入气象行政管理范围。2003 年 12 月,长葛市人民政府法制办批复确认市气象局具有独立的行政执法主体资格,并为 5 名干部办理了行政执法证。2004 年气象局成立行政执法队伍。2004 年,气象局被市政府批准成为长葛市人民政府安全生产委员会成员单位,负责全市防雷安全管理工作。

2. 政务公开

对气象行政审批办事程序、气象服务内容、服务承诺、气象行政执法依据、服务收费依据及标准等,通过户外公示栏、电视广告、发放宣传单等方式,向社会公开。干部任用、财务收支、目标考核、基础设施建设、工程招投标等内容,通过职工大会或上局公示栏张榜等方式,向职工公开。财务一般每半年公示一次;年底对全年收支、职工奖金福利发放、领导干部待遇、劳保、住房公积金等向职工作详细说明;干部任用、职工晋职、晋级等及时向职工公示或说明。

2004 年,被中国气象局评为"局务公开先进单位"。

3. 党建工作

1959—1983 年,与长葛县农业局同编为一个党支部。1984 年 10 月,气象站成立党支部。2008 年底,有党员 10 人(其中离退休党员 3 人)。

4. 气象文化建设

开展文明创建规范化建设,改造观测场,装修业务值班室,统一制作局务公开栏、学习园地、法制宣传栏和文明创建标语等宣传用语牌,建设"两室一场"(图书阅览室、职工学习室、小型运动场),拥有图书 3000 余册。

5. 荣誉

集体荣誉 2004 年、2009 年,长葛市气象局被河南省委、省政府授予省级"文明单位"称号。2004 年,被中国气象局评为"局务公开先进单位"。2004 年,被河南省气象局评为"河南省十佳县(市)气象局";2006 年,被河南省气象局授予全省"河南省优秀县(市)气象局"荣誉称号;2007 年被河南省气象局评为"重大气象服务先进集体"。2003—2008 年,气象服务工作连年受到长葛市政府的通令嘉奖。2004—2009 年,连续 6 年被长葛市委组织部授予长葛市先进基层党组织;2005—2009 年,连续 5 年被长葛市委宣传部授予长葛市宣传思想工作暨精神文明建设先进单位称号。

个人荣誉 1991—2008 年,长葛市气象局个人获奖 70 人(次)。

台站建设

建站初期,台站与农场合并办公。1964 年,随新县城的迁移搬迁至长葛市长社路,建有 9 间平房。1988 年,站址迁移后,建成 300 平方米宽敞明亮的办公室和 600 平方米的职工宿舍。20 世纪 90 年代初期,硬化了道路,安装了水塔,架设了用电线路。进入 21 世纪,分期分批对机关院内的环境进行了绿化改造,整修了道路,在庭院内修建了草坪和花坛,重新装修了办公室,改造了业务值班室,完成了业务系统的规范化建设,修建了 2500 多平方米草坪、花坛,栽种了风景树,全局绿化率达到了 60%,硬化了 1000 平方米路面。

鄢陵县气象局

机构历史沿革

始建情况　鄢陵县气象站始建于 1958 年 2 月,站址在县城城南方向,为国家一般气象站。

站址迁移情况　1958 年 11 月,迁至原址北偏东 1.2 千米处。1958 年 12 月,迁至原址南 1.5 千米处。2005 年 1 月,又迁至原址西北 7 千米柏梁镇王岗村北。

历史沿革　1959 年 9 月,鄢陵县气象站更名为鄢陵县气象服务站。1971 年 1 月,又恢复原站名。1990 年 5 月,鄢陵县气象站更名为鄢陵县气象局。2006 年 7 月 1 日,改为鄢陵国家气象观测站二级站。2008 年 12 月 31 日,恢复为鄢陵国家一般气象站。观测场位于北纬 34°07′,东经 114°09′,海拔高度 61.1 米。

管理体制　自建站至 1962 年 12 月,属鄢陵县农业局领导。1963—1968 年,三权收归气象部门。1969—1970 年,体制下放鄢陵县农业局。1971—1973 年,改属鄢陵县人民武装部管理。1974 年起改属鄢陵县农业局建制,业务属气象部门领导。1983 年,实行气象部门与地方政府双重领导,以气象部门领导为主的管理体制。

机构设置　鄢陵县气象局下设办公室、业务股、风云气象科技服务中心和财务股;鄢陵县人工影响天气办公室挂靠鄢陵县气象局。

单位名称及主要负责人变更情况

单位名称	姓名	职务	任职时间
鄢陵县气象站	王长献	临时负责	1958.02—1959.08
鄢陵县气象服务站			1959.09—1960.06
	乔培智	站长	1960.07—1968.12
	王长献	临时负责	1969.01—1970.12
鄢陵县气象站			1971.01—1971.11
	孟水根	站长	1971.12—1974.07
	王长献	站长	1974.08—1990.05
鄢陵县气象局		局长	1990.05—1998.04
	姚继锋	副局长(主持工作)	1998.05—2000.02
		局长	2000.03—

人员状况　1958 年建站时,只有职工 2 人。1980 年,有职工 8 人(其中正式职工 2 人,聘用职工 6 人)。截至 2008 年底,有职工 10 人(其中正式职工 8 人,聘用职工 2 人),退休职工 1 人。在职职工中:男 6 人,女 4 人;汉族 10 人;本科学历 1 人,大专学历 6 人,中专学历 3 人;中级职称 6 人,初级职称 2 人;30 岁以下 1 人,31～40 岁 4 人,41～50 岁 3 人,50 岁

以上 2 人。

气象业务与服务

1. 气象业务

①气象观测

地面观测　1958 年 2 月 1 日起,观测时次采用地方时,每日进行 01、07、13、19 时 4 次观测。1960 年 1 月 1 日起,改为每日 07、13、19 时 3 次观测。1960 年 8 月 1 日起,观测时次采用北京时,每日进行 08、14、20 时 3 次观测,以 20 时为日界。

观测项目有云、能见度、天气现象、气压、气温、湿度、风向、风速、降水、雪深、日照、蒸发、地温等。1976 年 4 月 1 日,增加气压自记记录;1977 年 6 月 20 日,增加风向风速自记记录;1979 年 1 月 1 日,增加温度、湿度自记记录;1980 年 4 月 1 日,增加降水量自记记录,02 时用订正后的自记记录值代替;2009 年 1 月 1 日,增加电线积冰观测。

电报种类有天气加密报、雨量报、重要天气报。雨量报:1963 年 8 月 1 日开始拍发。天气加密报:2000 年 6 月 1 日—2000 年 10 月 15 日,每日 08 时向许昌拍发;2000 年 10 月 16 日—2001 年 3 月 31 日,每日 08、14 时拍发;2001 年 4 月 1 日起,每日 08、14、20 时拍发。重要天气报:2003 年 3 月 1 日开始拍发。

1986 年 11 月以前,报表通过当地邮局传输。1986 年 11 月,通过甚高频无线对讲通讯电话传输。1995 年 6 月,通过许昌—鄢陵区域网传输。1999 年 7 月,通过因特网传输。2001 年 9 月,通过分组交换网(X.25)传输。2005 年 6 月,通过移动宽带传输。

编制的报表有气表-1、气表-21。气表-1 向河南省气象局、许昌市气象局各报送 1 份,气表-21 向中国气象局、河南省气象局、许昌市气象局各报送 1 份,本站留底本 1 份。2007 年 3 月,通过分组网向河南省气象局传输原始资料,停止报送纸质报表。

1989 年以前,气象资料归档本站资料室。1989 年 11 月,根据许昌市气象局规定,对资料进行分类装订整理归档,并指派专人负责。2008 年,根据河南省气象局规定,对建站至 2005 年资料进行整理,并送交河南省气候中心。

2004—2008 年,鄢陵县气象局有 4 人次被中国气象局授予"全国质量优秀测报员"称号。

区域自动站观测　2004 年 10 月,在鄢陵县望田、张桥、马坊乡安装 3 个自动雨量站。2005 年 6 月,在陶城、只乐、陈店乡安装 3 个自动雨量站。2006 年 6 月,在大马、南坞、马栏、安陵、彭店乡安装 5 个乡镇雨量站。2007 年 7 月,在彭店水利站建立了 1 个四要素自动气象监测站。2008 年 9 月,观测业务扩展到全县 11 个乡镇区域自动气象站的数据文件审核归档。

农业气象　1959 年始,开展农业气象业务,用取土钻取得各层次的土壤墒情(湿度)。1985 年以前,只测量土壤墒情。1985—2003 年,编写月、季、年气候评价。1984—1985 年,完成《鄢陵县农业气候资源和区划》编制。1984 年始,向鄢陵县政府、涉农部门、乡镇寄发"农业气象月报"、"农作物气候分析"、"双抢天气趋势"等业务产品。1985 年起,为《鄢陵县地方志》《鄢陵年鉴》提供气候史料。

②天气预报

短期天气预报　1975 年前,鄢陵县气象站通过收听省市天气预报及天象(云、能见度、天气现象)、物象观测,结合气象农谚,进行天气预报。1975—1985 年,通过收听天气形势,结合本站资料图表,每日早晚制作 24 小时内天气预报。1986—1992 年,每天收听湖北气象广播,绘制高空、地面 5 种天气图,并根据预报需要抄录整理 8 项资料。

中期天气预报　20 世纪 80 年代初,通过接收河南省气象台的旬、月天气预报,再结合分析本地气象资料、短期天气形势、天气过程的周期变化等,制作一旬天气过程趋势预报。1993 年以后,由市气象局做出预报传给县气象局,县气象局做订正预报。

短期气候预测(长期天气预报)　运用数理统计方法和常规气象资料图表及天气谚语、韵律关系等方法,分别作出具有本地特点的补充订正预报。长期天气预报在 20 世纪 70 年代中期开始起步,80 年代为贯彻执行中央气象局提出的"大中小、图资群、长中短相结合"技术原则,组织力量,建立长期预报的特征指标和方法。长期预报产品有春播预报、汛期(6—8 月)预报、秋季预报。

③气象信息网络

1975—1995 年,鄢陵县气象站利用收音机收听湖北(武汉区域中心)气象台和上级以及周边气象台站播发的天气预报和天气形势。1981 年,配备 ZSQ-1(123)天气传真接收机,接收北京、欧洲气象中心以及东京的气象传真图。1986 年 11 月,开通甚高频无线对讲通讯电话,实现与许昌地区气象局直接业务会商。1995 年 6 月,安装调试建成微机终端,开通许—鄢区域网。1999 年 7 月,通过因特网向河南省气象台传输资料。2000 年,建立 VSAT 站、气象网络应用平台、专用服务器。2001 年 9 月,建立一般站分组交换网(X.25),实现省—市—县资料上传下达。2005 年 6 月,建成移动宽带传输,加密天气报改由宽带传输。2006 年,建立省、市、县气象视频会商系统,开通 100 兆光缆,接收从地面到高空各类天气形势图和云图、雷达等数据,为气象信息的采集、传输处理、分发应用、会商分析提供支持。2008 年 7 月,与电信部门合作,又建成 SDH 宽带备份线路,为各类气象报文、MICAPS 资料和自动站等各类监测预测数据和气象服务产品的快速、及时、安全传递与共享提供了强有力的通信传输多重保障。

2. 气象服务

公众气象服务　1975 年起,利用农村有线广播站播报气象消息。1993 年 6 月,建立气象警报系统,面向有关部门、乡(镇)、村、花卉大户和企业等每日开展 3 次天气预报警报信息发布服务。1998 年 4 月,开通"121"天气预报电话自动答询系统(2004 年,许昌全市"121"答询电话实行集约经营,主服务器由许昌市气象局建设维护)。1998 年 4 月,建立电视天气预报制作系统。2004 年,建立"鄢陵兴农网"网站,发布农业、气象、政务等各类信息。2005 年,增设手机气象短信业务。2007 年,在鄢陵县政府门户网站发布气象信息。

决策气象服务　20 世纪 80 年代,以口头或打印方式向鄢陵县委、县政府提供决策服务。20 世纪 90 年代,逐步开发"重要天气报告"、"重大节日专题报告"、"汛期天气形势分析"、"中原花木交易博览会专题预报"等决策服务产品。1990 年,开展气象灾害预评估和灾害预报服务。2006 年 7 月，开通手机气象短信发布平台，发布气象灾害预警、预报和雨情等信息。2007 年，开通了秸秆禁烧遥感监测服务系统。

人工影响天气　1995 年，成立鄢陵县人工影响天气领导小组（指挥部），配备"三七"高炮 2 门。2001 年 6 月，又配备人工增雨火箭发射装置 2 套。

防雷技术服务　1990 年，开始避雷设施检测工作。1999 年起，对鄢陵县各类新建建（构）筑物按照规范要求安装避雷装置。

气象科普宣传　1975 年以来，先后到鄢陵县实验小学、安陵镇唐庄小学等 10 余所中、小学校进行气象知识讲座。2007 年，《许昌科技报》曾在第二版以气象专版形式刊载气象科普知识。2008 年 8 月，建成气象科普长廊。每年的"3·23"世界气象日，通过设立版面、悬挂条幅、电视讲座等形式，进行防雷、人工增雨、灾害预警等科普知识宣传。

科学管理与气象文化建设

1. 社会管理

1995 年 3 月，鄢陵县人民政府印发了《转发县气象局等单位〈关于加强我县避雷装置的安装、检测、管理工作的意见〉的通知》，明确了气象部门对雷电防御工作的社会管理职责。2007 年 9 月，鄢陵县人民政府下发了《关于加强防雷减灾安全工作的通知》。2006 年 3 月，鄢陵县政府审批办证中心设立气象窗口，承担气象行政审批职能。2003 年 12 月，成立气象行政执法大队，7 名兼职执法人员均通过河南省政府法制办培训考核，持证上岗。2006—2008 年，与安监、公安、消防、教育等部门联合开展气象行政执法检查 20 余次。

2005 年，国家一般气象站气象探测环境保护技术规定在鄢陵县建设局备案，把气象探测环境保护纳入鄢陵县城市规划。

2. 政务公开

2002 年起，对气象行政审批办事程序、气象服务、服务承诺、气象行政执法依据、服务收费依据及标准等内容，向社会公开。2003 年，列入许昌市气象部门局务公开试点单位，2007 年制定下发了《局务公开工作操作细则》，2008 年录入县廉政网，坚持通过上墙、网络、黑板报、办事窗口及媒体等渠道向外公开。干部任用、财务收支、目标考核、基础设施建设、工程招投标等内容，通过职工大会或局公示栏张榜等方式，向职工公开。一般每季度公示一次，年底对全年收支、职工奖金福利发放、领导干部待遇、劳保、住房公积金等，向职工作详细说明。

3. 党建工作

1960 年 7 月，仅有党员 1 名。1985—1994 年，增加到 3 名，一直被编入鄢陵新兽医站党支部。1995 年 7 月，建立鄢陵县气象局党支部。截至 2008 年底，有党员 5 名（其中离退休党员 1 名）。

2007—2009 年，被鄢陵县直属机关党委评为"先进党支部"。2009 年 8 月，被许昌市委宣传部命名为"许昌市2008年度先进基层党校"。

2000—2009年,参与气象部门和地方党委开展的党章、党规、法律法规知识竞赛。2002年起,连续8年开展党风廉政教育月活动。每年开展局领导党风廉政述职和党课教育活动,并层层签订党风廉政目标责任书。2008年5月,获得2007年度全县党风廉政建设先进单位。2008年7月,被中共许昌市纪律检查委员会命名为许昌市廉政文化建设示范点。2008年8月,获得鄢陵县委宣传部、纪检委等单位举办的"蜡梅之乡民间廉政文化文艺汇演"一等奖。2009年11月,被河南省气象局命名为河南省气象部门廉政文化建设示范点。

4. 气象文化建设

1991年,利用气象科技服务收入,美化了庭院,硬化了道路。1996年被评为许昌市文明单位。2001年2月,被许昌市政府命名为"许昌市双文明标兵单位"。2005年,开展文明创建规范化建设,改造观测场,装修业务值班室,统一制作局务公开栏、学习园地、科普长廊和文明创建标语等宣传用语牌,建设"两室一场",增加了健身器材,拥有图书3000册,政治学习有制度、文体活动有场所、电化教育有设施,职工生活丰富多彩。2007年1月,被许昌市政府命名为许昌市"文明单位标兵"。2008年4月,被河南省气象局评为"河南省气象部门精神文明建设先进单位"。2009年,被河南省委、省政府命名为河南省"文明单位"。

5. 荣誉

集体荣誉 1988—2008年,鄢陵县气象局共获得集体荣誉43项。其中,2008年被河南省气象局评为"河南省气象部门精神文明建设先进单位"。2009年,被河南省委、省政府授予"文明单位"称号。

个人荣誉 1982年,王长献同志被河南省政府评为"河南省劳动模范"。

人物简介 王长献,男,1939年出生在鄢陵县,汉族。1954年8月参加工作,先后在鄢陵县只乐区政府、鄢陵县政府办公室工作,1958年2月开始在鄢陵县气象站工作,曾任站长、局长,1998年7月退休。1982年,王长献同志被河南省政府评为"河南省劳动模范"。

台站建设

鄢陵县气象局历经3次创业。始建于1958年2月,当时只有1间房。1979年,建起了16间办公、职工宿舍房,解决了职工基本生活问题。1991年,建家属楼1幢,开始了第二次创业。1998—1999年,建成了县级地面气象卫星接收小站、县级气象服务终端等多项业务工程。2004年,建成了600平方米宽敞明亮的办公楼。2005年台站整体搬迁,新址占地1公顷,装修了办公室、业务值班室,完成了业务系统的规范化建设。随后对局机关的环境面貌和业务系统进行了大的改造,修建了草坪、花坛,栽种了风景树,全局绿化率达到了70%,硬化了1290平方米路面;建起了气象地面卫星接收站、业务监控系统、决策气象服务短信平台等业务系统工程。

襄城县气象局

襄城县位于河南省中部,因周襄王曾在此居住,故名襄城。襄城县有明朝时全国八大书院之一的紫云书院,有始建于唐武德年间的"中州第一禅林"的乾明寺等。襄城县农产品资源丰富,尤其是烟叶种植已有 360 多年的历史,1958 年被毛泽东主席赞誉为"烟叶王国"。

历史机构沿革

始建情况 1956 年 8 月,按国家一般站标准建成襄城县气候站,开展气象业务,站址位于襄城县紫云大道路东(原城关镇东关郊外)。

站址迁移情况 1979 年 1 月,站址迁至襄城县城东北郊外,北纬 33°51′,东经 113°30′,海拔高度 80.4 米。

历史沿革 建站时名称为襄城县气候站。1960 年 3 月,更名为襄城县气象服务站。1969 年 6 月,更名为襄城县林牧气象革命领导小组。1970 年 7 月,更名为襄城县气象服务站。1974 年 1 月,更名为襄城县气象服务站。1991 年 2 月,更名为襄城县气象局。2006 年 7 月 1 日,改称为国家气象观测站二级站,2008 年 12 月 31 日恢复称襄城国家一般气象站。

管理体制 自建站至 1971 年 3 月,由河南省气象局和襄城县政府双重领导,以河南省气象局领导为主。1971 年 4 月—1982 年 4 月,由以河南省气象局领导为主改为以地方领导为主。其中,1971 年 4 月—1973 年 10 月,由襄城县人民武装部管理;1973 年 11 月改由襄城县农业局领导。1983 年 4 月,实行气象部门与地方政府双重领导,以气象部门领导为主的管理体制。

机构设置 2008 年,下设机构有办公室、业务股、农气股、防雷中心、襄城县风云科技服务中心。

单位名称及主要负责人变更情况

单位名称	姓名	职务	任职时间
襄城县气候站	宋长福	站长	1956.08—1960.03
襄城县气象服务站			1960.03—1960.11
	师炳黎	站长	1960.12—1962.12
	宋长福	站长	1963.01—1964.12
	宋海欣	站长	1965.01—1966.07
	鲁心正	站长	1966.08—1969.06
襄城县林牧气象革命领导小组			1969.06—1969.12
	孙盛延	站长	1970.01—1970.07

单位名称	姓名	职务	任职时间
襄城县气象服务站	孙盛延	站长	1970.07—1971.09
	张银方	站长	1971.09—1973.12
襄城县气象站	鲁心正	站长	1974.01—1980.01
	扈松年	站长	1980.02—1991.01
		局长	1991.02—1997.12
襄城县气象局	郑洪恩	副局长(主持工作)	1998.01—1998.12
	张树立	局长	1999.01—2000.12
	郑洪恩	副局长(主持工作)	2001.01—2002.12
		局长	2003.01—2006.03
	王卫民	局长	2006.04—

人员状况 1956 年建站初期有职工 6 人。截至 2008 年底,有在职职工 9 人(其中正式职工 8 人,聘用职工 1 人),退休职工 4 人。正式职工中:男 6 人,女 2 人;汉族 8 人;大专及以上学历 7 人,高中学历 1 人;中级职称 4 人,初级职称 4 人;30 岁以下 4 人,41～50 岁 3 人,50 岁以上 1 人。

气象业务与服务

1. 气象业务

①气象观测

地面观测 观测项目有云、能见度、天气现象、气压、气温、湿度、风向、风速、降水、雪深、日照、蒸发、地温、电线积冰等。

1956 年 8 月起,观测时采用地方时,每日进行 01、07、13、19 时 4 次观测。1972 年 5 月起,采用北京时,改为每日 08、14、20 时 3 次观测。

发报种类有天气加密报(2000 年 6 月 1 日—10 月 15 日每日 08 时、2000 年 10 月 16日—2001 年 3 月 31 日每日 08 和 14 时,向许昌拍发;2001 年 4 月 1 日开始,每日 08、14、20时向河南省气象局拍发),雨量报(每日 05、17 时在过去 12 小时内降水量≥0.1 毫米时向河南省气象局拍发)和重要天气报(每日不定时拍发大风、冰雹、龙卷风、积雪、雾、沙尘暴等重要天气报)。

1986 年以前,利用手摇式电话传输报文、资料。1986 年,开始运用无线电通讯。1997年,运用计算机网络等通讯技术手段进行业务传输。

襄城县国家一般站编制的报表气表-1 向河南省气象局、许昌市气象局各报送 1 份,编制的报表气表-21 向中国气象局、河南省气象局、许昌市气象局各报送 1 份,本站留底本 1份。2007 年 3 月,通过 X.25 分组网向河南省气象局传输原始资料,停止向上级报送纸质报表。

1959—2005 年,由襄城县气象局保管所有历史观测资料和各类报表。2006 年,向河南省气候中心移交建站至 2005 年 12 月 31 日之间的气压、气温、湿度、降水自记纸和气簿-1

等原始记录。2006—2008 年所有观测记录存放在襄城县气象局资料室。

区域自动站观测　2008 年，完成了 16 个乡镇自动雨量站的建设，并在王洛镇郭村、汾陈乡庚河村、方庄村建立了四要素（风向、风速、雨量、AWS1-A 温度）自动气象监测站。2009 年 7 月，完成 ZQZ-C 型自动气象站的安装并正式运行。

农业气象观测　1958—1962 年，以作物发育期、土壤墒情为主要内容；1963—1980 年，以土壤墒情、雨情为主要服务内容。由于历史条件等原因，资料不完整连续。1981 年，根据《农业气象观测规范》要求，开始进行完整的农业气象观测。1994 年，开始执行新的《农业气象观测规范》，观测项目有作物（小麦、烟草）生育状况观测，土壤水分观测（作物观测地段土壤水分观测，每旬逢 8 日进行；1994 年 8 月，开始每旬逢 3 日加测土壤水分观测；2009 年 11 月，开始每旬逢 3、8 日进行土壤水分自动站观测），物候观测（木本植物有毛白杨、泡桐、椿树，草本植物有苍耳、藜；气象水文现象），小麦遥感监测（1983 年开始）。1986 年，开始编发气象旬月报；1994 年 8 月，开始发送土壤墒情报及加测土壤墒情报。制作的农业气象表-1、农业气象表-2-1、农业气象表-3，均向河南省气象局报送 1 份，留底 1 份。

②天气预报

短期天气预报　1959 年 1 月，襄城县气象站开始作补充天气预报。1980—1992 年，每天通过收听湖北气象广播，绘制 5 种高空、地面天气图，并根据预报需要抄录整理 8 项资料。1993 年以后，接收许昌市气象台的预报产品，经订正后发布本地天气预报。

中期天气预报　20 世纪 80 年代初，通过接收河南省气象台的旬、月天气预报，再结合分析本地气象资料、短期天气形势、天气过程的周期变化等，制作一旬天气过程趋势预报。

短期气候预测（长期天气预报）　运用数理统计方法和常规气象资料图表及天气谚语、韵律关系等方法，分别作出具有本地特点的补充订正预报。长期天气预报在 20 世纪 70 年代中期开始起步，80 年代为贯彻执行中央气象局提出的"大中小、图资群、长中短相结合"技术原则，组织力量，建立了长期预报的特征指标和方法。长期预报产品有春播预报、汛期（6—8 月）预报、秋季预报。

③气象信息网络

1980 年前，气象站利用收音机收听武汉中心气象台和上级以及周边气象台站播发的天气预报和天气形势。2001 年，建成气象卫星综合应用业务系统（简称"9210"工程），通过 VSAT 通信网络与分布在全国的 300 多个卫星地面站相连，实现了全球气象资料共享。2002 年 9 月，建成了 100 兆专线局内局域网，开通了 ADSL 宽带网。

2. 气象服务

公众气象服务　1957 年，由襄城县邮电局报房传递向全县发布气象信息。1964 年，利用农村有线广播站播报天气预报。1995 年，由襄城县电视台制作文字形式气象节目，并相继开展天气预报警报服务和风云寻呼气象服务。1996 年，与电信部门合作，开展了"121"天气预报电话自动答询服务。1998 年，在襄城县电视台开播电视天气预报节目。2005 年，由襄城县气象局应用非线性编辑系统制作电视气象节目，为公众提供日常预报、天气趋势、灾害预防、科普知识、农业气象等服务。2008 年，开始在襄城县市政广场电子屏循环播出气象信息。

决策气象服务 20 世纪 80 年代前,以口头方式向襄城县委、县政府提供决策服务。1990—2008 年,逐步开发重要天气预报、气象周报、农时季节天气预报、汛期气象预报、特色农业专题服务、突发气象灾害预警、产量预报、气候影响评价、适时墒情、气象遥感信息等决策服务产品;每年开展黄金周气象服务,为风筝节、元宵灯会等重大节日提供气象保障。

人工影响天气 2003 年,襄城县成立人工影响天气领导小组,下设人工影响天气办公室(在襄城县气象局),配备人工增雨流动作业火箭发射装置 2 套,中兴皮卡 1 辆。2006 年 5 月,开始在烟叶种植大乡设立固定防雹炮点,每年 6—8 月为全县烟叶生产提供防雹作业。

防雷技术服务 1995 年起,为襄城县各单位建筑物避雷设施开展安全检测。2003 年起,对襄城县各类新建建(构)筑物按照规范要求安装避雷装置,全县加油站、液化气站安装避雷装置与静电检测率达 30%。2006 年 10 月,首次开展新建建筑物防雷设计图纸审核服务。2008 年 7 月,完成了全县农村中小学现代远程教育工程防雷系统检测验收工作。

气象科普宣传 每年"3·23"世界气象日和全国科普宣传周,在县城重要街道设立宣传咨询台,设置宣传版面、标语,提供气象科技咨询、讲解灾害防御、宣传科普知识等;并邀请中小学生到气象局参观,由工作人员向学生们讲解气象知识及各种仪器的作用,丰富了学生课外生活,增长了知识。

科学管理与气象文化建设

社会管理 2003 年 6 月 6 日,襄城县政府审批办证中心设立气象窗口,承担气象行政审批职能,规范天气预报发布和传播,实行低空飘浮物施放审批制度。2004 年、2005 年两次参与行政审批制度改革,取消部分审批项目,规范行政审批手续;4 名兼职执法人员均通过河南省政府法制办培训考核,持证上岗。为加强雷电灾害防御工作的依法管理工作,襄城县人民政府下发了《关于加强防雷减灾安全工作的通知》(襄政〔2007〕11 号)文件,襄城县气象局和襄城县教体局联合下发了《关于加强我县中小学校防雷安全工作的通知》。

政务公开 2002 年成立了局务公开工作领导小组,组长由局长担任,副组长由兼职纪检员担任,2006 年 5 月成立了政务公开工作监督小组,由群众威信高的技术骨干、基本群众、退休干部组成;制定了"襄城县气象局局务公开实施细则"、"襄城县气象局局务公开考核办法"、"襄城县气象局局务公开考核标准",对局务工作实行阳光操作。

党建工作 1956—1990 年,襄城县气象局(站)党员人数始终只有 1~2 人,无独立党支部。2004 年 11 月,成立襄城县气象局党支部。截至 2008 年底,有正式党员 9 人(其中离退休党员 3 人,预备党员 1 人)。

气象文化建设 把每年入汛前的 5 月定为"职业道德教育活动月",广泛进行职业道德教育,培养职工严谨务实的工作作风。坚持以全心全意为人民服务思想为核心,以弘扬集体主义、爱国主义精神为行为准则,以社会公德、职业道德、家庭美德、个人品德"四德"教育为主线,积极开展文明创建活动,在全局开展了"尽职业责任、守职业道德、创职业佳绩"活动。

1996—1997 年、1998—1999 年、2000—2001 年度,获得襄城县"文明单位";2002—2006 年度、2007 年度,获许昌市"文明单位"。

荣誉 2001 年,襄城县气象局被河南省气象局评为"重大气象服务先进集体";2005 年被河南省气象局评为"人工影响天气先进集体"。2001 年、2002 年,被许昌市气象局评为"人工影响天气先进单位";2004 年,获得许昌市气象局"目标考评优秀奖"。2003 年、2005—2008 年,被襄城县政府评为"支持烟叶生产先进单位";2008 年,被襄城县政府评为全县安全生产先进单位。

台站建设

2005 年,襄城县气象局占地 3470 平方米,其中办公楼 1 栋,车库、炮库 1 栋。2006 年 6 月,进行了院所改造,增设羽毛球场,并在办公楼门前设置了以发展理念、服务理念、励廉警句及"八荣八耻"等为主要内容的宣传牌、展板。2007 年 4 月,襄城县气象局整体搬迁项目获得中国气象局批准,在万桥村征地近 1 公顷,用于新址用地,迁建项目 2008 年底仍在实施当中。

漯河市气象台站概况

漯河位于河南省中部偏南(北纬 33°24′～33°59′,东经 113°27′～114°16′),伏牛山东麓平原和淮北平原交错带,沙河与澧河在此交汇,"沙澧"二字已成为漯河的代名词。商周时期,漯河小镇就逐渐形成,因濒邻隐水(今沙河),故称隐阳城,属召陵县管辖。1948 年 7 月,设立县级漯河市。1949 年 1 月,漯河市与郾城县合署办公;同年 10 月,漯河和郾城分设。1960 年 6 月,郾城县并入漯河市。1986 年 1 月,经国务院批准,漯河市由县级市升格为省辖市,辖郾城、舞阳、临颍 3 个县和源汇区,总面积约 2640 平方千米。2004 年新的行政区划调整后,辖区由原来的郾城、临颍、舞阳、源汇区"三县一区"调整为郾城、源汇、召陵三区和临颍、舞阳二县。漯河市地处暖温带大陆性季风气候区,具有亚热带向温带过渡的明显特征。四季分配是春、秋较短,冬、夏较长。由于受季风的影响,全年降水量极不均匀,雨量大部集中在 6、7、8 三个月,年际之间降水量变化幅度较大,经常出现暴雨、沥涝、干旱和干热风等气象灾害。

气象工作基本情况

所辖台站概况 1955 年 10 月建立郾城气象站。1986 年随着地方行政区划调整,郾城气象站更名为漯河市气象站。1990 年 12 月升格为漯河市气象局,辖 1 个地面气象观测站(漯河市观测站)和舞阳、临颍两个县气象局(站)。

历史沿革 始建时名为郾城气象站,1986 年更名为漯河市气象站,1990 年升级为漯河市气象局。1958 年 11 月建立临颍县气象站,1992 年 10 月更名为临颍县气象局;1956 年 10 月建成舞阳县气候站,1973 年 8 月更名为舞阳县气象站,1990 年 9 月更名为舞阳县气象局。

管理体制 郾城县气象站自 1955 年成立后,与后来建立的舞阳县气象站和临颍县气象站一起共同隶属许昌地区气象处管理。1958 年,除业务领导以气象部门为主外,人、财、物等统归地方党政领导。1962 年,收归气象部门领导。1969 年 12 月,气象部门划归军队系统,以各级武装部门领导为主,人、财、物等归当地政府管理。1973—1981 年,由地方管理。1981 年,实行气象部门与地方政府双重领导,以气象部门领导为主的管理体制。

人员状况 全市气象部门 1959 年只有 4 人,1970 年有 4 人,1980 年有 8 人,1990 年达到 54 人。2008 年,定编为 52 人,实有在编人数 50 人。其中:本科学历 26 人,大专学历 11 人;高级职称 6 人,中级职称 26 人。

党建与精神文明建设 2008 年底,全市(含县局)有党支部 4 个,党员 33 人,其中在职党员 23 人,离退休党员 10 人。全市气象部门全部建成省级"文明单位"。其中,漯河市气象局连续 3 届蝉联省级"文明单位"称号;1998 年被河南省气象局授予"全省气象部门文明单位建设示范单位";2002 年被中国气象局授予"全国气象部门双文明建设先进单位";2003 年被中央文明委命名为"全国创建文明行业先进单位"。

领导关怀 2002 年 7 月 12 日,中国气象局纪检组组长孙先健一行来漯河市气象局检查指导工作。

2005 年 8 月 17 日,中国气象局副局长许小峰视察指导工作,并给予沙澧河流域气象中心建设项目高度关注。

2006 年 4 月 19—21 日,由中国气象局主办、河南省气象局、漯河市政府承办、漯河市气象局协办的"双汇杯"全国气象行业乒乓球运动会在漯河市体育中心举行,中国气象局副局长许小峰出席了开幕式。

2006 年 9 月 17 日,中国气象局副局长王守荣、计财司于新文出席沙澧河流域气象中心奠基仪式。

主要业务范围

地面气象观测 辖漯河市观测站和舞阳、临颍 2 个县观测站,均为国家一般气象观测站。国家一般气象观测站承担全国统一观测项目任务,内容包括云、能见度、天气现象、气压、气温、湿度、风、降水、雪深、日照、蒸发(小型)、地温(距地面 0、5、10、15、20 厘米),每天 08、14、20 时 3 次定时观测,向河南省气象台拍发区域天气加密电报。

2002 年,开始建设地面自动观测站,改变了地面气象要素人工观测的历史,实现地面气压、气温、湿度、风向、风速、降水、地温(包括地表、浅层和深层)自动记录。截止到 2008 年底,全市共建成 3 个国家自动气象站(舞阳、临颍、漯河市局观测站,为七要素站)和 6 个区域自动气象站(在乡镇设立,为四要素站)。2008 年新增地面酸雨观测业务。

天气雷达监测 天气雷达站建于 2001 年,2008 年底随着沙澧河流域气象中心的正式搬迁,启用新一代天气雷达,监测暴雨及强对流天气系统活动。

区域自动站观测 截至 2008 年底,全市共建成 1 个国家自动气象站(为七要素站)和 2 个区域自动气象站(在乡镇设立,为四要素站)。

天气预报 天气预报发展主要有四个阶段:第一阶段(建站至 20 世纪 60 年代初),通过天象物象、老农经验等结合本站温、压、湿变化,制作天气预报。第二阶段(20 世纪 60 年代初至 70 年代),利用天气图和单站资料建立各种天气模式,制作天气预报。第三阶段(20 世纪 80 年代后),由天气图结合数值预报传真图、雷达图,制作天气预报,初步建立了现代天气预报体系。第四阶段(1997 年后),是现代气象预报阶段,以人机交互系统为平台,综合分析天气形势、卫星云图、雷达图和数值预报产品等资料,做出天气预报和天气警报。

人工影响天气 1995 年 6 月,漯河市人民政府人工影响天气办公室成立,挂靠漯河市气象局,1995 年、1998 年和 2000 年购置"三七"双管高炮 14 门、增雨火箭 4 门,增雨火力网覆盖漯河市各县区。自 1997 年 7 月 1 日增雨作业成功后,平均每年成功进行人工增雨作业 2~4 次。

气象服务 20 世纪 80 年代初,决策气象服务主要以书面文字发送为主。20 世纪 90 年代后,决策产品由电话、传真、信函等向电视、微机终端、互联网等发展,各级领导可通过电脑随时调看实时云图、雷达回波图、中小尺度雨量点的雨情。1990 年,气象服务信息主要是常规预报产品和情报资料。1996 年开辟电视天气预报节目,服务内容更加贴近生活,产品包括精细化预报、产量预报、森林火险等级等。1996 年,"121"天气自动答询电话系统建成并投入使用。1999 年,开通了"漯河兴农网",为天气预报信息进村入户提供了有利条件。漯河市气象局还通过电话、信函、无线警报机为专业用户提供气象资料和预报服务。1996 年后,陆续为辖区内防汛、铁路、电力、保险、公路等部门建成气象终端,开展预报和资料服务,并于 2004 年通过 Internet 网络向所有公众和专业用户提供气象预报和监测资料。

漯河市气象局

漯河以优美的环境被评价为国家园林城市、全国绿化模范城市、中国特色魅力城市、中国人居环境范例和全国闻名的食品城。截至 2008 年底,漯河城区面积 1020 平方千米,市区建成面积 35.4 平方千米;城区人口 125 万,市区人口 34.7 万。

漯河地处平原地带,地貌自西北向东南略微倾斜,境内有大小河流 81 条,均属淮河水系,主要河流有沙河、澧河、颍河等。漯河市地处暖温带大陆性季风气候,具有亚热带向温带过渡的明显特征。四季分配是春、秋较短,冬、夏较长。由于受季风的影响,全年降水量极不均匀,雨量大部集中在 6、7、8 三个月;年际之间降水量变化幅度较大,经常出现暴雨、沥涝、干旱和干热风等气象灾害。

机构历史沿革

始建情况 1955 年 10 月建立郾城气象站,为国家一般气象站,站址位于北纬 33°36′,东经 114°03′,观测场海拔高度 60.8 米。

站址迁移情况 2007 年,观测站搬迁到漯河市金山路与龙江路交汇处,地理坐标为北纬 33°36′,东经 114°03′,观测场海拔高度 58.7 米。

历史沿革 1955 年 11 月,成立河南省郾城气候站,1958 年 1 月更名为河南省郾城气象站,1959 年 2 月,更名为河南省郾城气象服务站,1960 年 6 月更名为漯河市气象服务站,1961 年 10 月,更名为郾城气象服务站,1971 年 11 月更名为河南省郾城气象站,1987 年 7 月,随着地方行政区划调整,郾城气象站更名为漯河市气象站。1990 年 12 月,升格为漯河市气象局(正处级)。2007 年,成立河南省沙澧河流域气象中心(漯河市气象局局长为中心主任,成员有河南省气象局有关处室及二级单位领导,洛阳、南阳、平顶山、许昌、周口和漯河6市气象局主管业务服务工作的领导),一个单位两块牌子,集约管理洛阳、南阳、平顶山、许昌、周口和漯河6个市(地)的防灾减灾气象服务工作。

管理体制　郾城县气象站1955年建立后,隶属许昌地区气象处管理。1958年,除业务由气象部门领导外,人、财、物等统归地方政府领导。1962年,又收归气象部门领导。1969年12月,中央气象局与总参气象局合并,气象部门再次划归军队系统,由各级武装部门领导为主,人、财、物等归当地政府管理。1973年,中央气象局与总参气象局分开,回归国务院系统,省以下气象部门实行地方政府领导为主的管理体制。1986年1月,漯河市由县级市升格为省辖市后,郾城气象站更名为漯河气象站,实行气象部门与地方政府双重领导,以气象部门领导为主的管理体制。

机构设置　1990年,漯河市气象局正式组建,县级单位,内设办公室、业务科、服务科、预报科。1996年,内设办公室、业务产业服务科、人事政工科、气象台、科技开发中心、观测站;辖临颍、舞阳两个县气象局。2008年底,内设人事科、业务科、综合办公室、气象台、人工影响天气办公室、专业气象台、防雷减灾中心和科技产业开发中心;辖临颍、舞阳两个县气象局。

单位名称及主要负责人变更情况

单位名称	姓名	职务	任职时间
河南省郾城气候站	王大贤	负责人	1955.11—1957.12
河南省郾城气象站			1958.01—1959.01
河南省郾城气象服务站			1959.02—1960.05
漯河市气象服务站	周世诚	站长	1960.06—1961.09
郾城气象服务站			1961.10—1971.10
			1971.11—1976.12
河南省郾城气象站	李保刚	站长	1977.01—1980.01
	翟国欣	负责人	1980.02—1984.02
		副站长(主持工作)	1984.08—1987.04
漯河市气象站	黎锦祥	副站长(主持工作)	1987.04—1990.12
漯河市气象局	庞绳武	局长	1990.12—1995.04
	赵规划	局长	1995.05—

人员状况　1955年建站时有4人,1959年有4人。1970年有4人。1980年有8人。1990年达到54人。2008年,定编为52人,实有在编职工51人,在编职工中:大专及以上学历37人(其中本科学历26人)中级及以上职称32人(其中高级职称6人)。

气象业务与服务

1. 气象业务

①气象观测

地面观测　漯河气象观测站承担全国统一观测项目,内容包括云、能见度、天气现象、气压、气温、湿度、风、降水、雪深、日照、蒸发(小型)、地温(距地面 0、5、10、15、20 厘米);每日 08、14、20 时 3 次定时观测;向河南省气象台拍发区域天气加密电报。2002 年开始建设地面自动观测站,实现地面气压、气温、湿度、风向、风速、降水、地温(包括地表、浅层和深层)自动记录。

雷达监测 天气雷达站建于 2001 年,2008 年底随着沙澧河流域气象中心的正式挂牌,启用新一代天气雷达,监测暴雨及强对流天气系统活动。

天气雷达

②天气预报

1980 年以前,通过收听天气形势、气象电报,绘制简易天气图,结合本站资料图表,每日早晚制作 12~24 小时天气预报。1980 年后,增加日本传真、欧洲 96 小时传真,每日 06、12、17 时 3 次制作预报。1997 年 MI-CAPS 系统和"9210"工程建成,发展为采用气象雷达、卫星云图、欧洲形势预报、日本传真、国内数值模式等资料制作客观定量定点数值预报。截至 2008 年底,主要开展常规 24 小时、未来 3 天和月报等短、中长期天气预报以及临近预报,同时开展灾害性天气预报预警业务和制作供领导决策的各类重要天气报告。

③气象信息网络

1980 年前,利用电台接收气象电报,利用收音机收听上级台及周边气象台播发的天气预报和天气形势。1980 年前后,装备了气象传真接收机,利用单边带接收气象信息。1985 年,组建 VHF 甚高频无线电话网,并实现省、地、县三级联网。1993 年,采用计算机接收气象电传报,并自动填图、打印。1997 年 12 月,气象卫星综合应用业务系统("9210"工程)建成,开始通过卫星接收资料,开通卫星电话、程控交换机、广播数据自动接收系统。1998 年,711 雷达投入使用。2001 年,X.25 信息分组交换网建设完成,通过 X.25 向河南省气象局编发天气加密报、雨量报、墒情报。2003 年 12 月,省—市 SDH 气象宽带网投入应用,传输速度达到 2 兆,省—市电视会商系统在此基础上实现。2004 年,市—县气象光纤宽带投入应用,传输速度达 2 兆。2006 年,漯河市气象局局域网络以 10 兆宽带整体接入因特网。2007 年 6 月,VSAT 单收站卫星资料接收系统升级成 DVBS 新一代卫星资料接收系统。2008 年 12 月,建成电信 MPLS-VPN 备用线路,在此基础上的实景视频监控系统全部到位并投入运行,漯河市气象局升级为 100 兆局域办公业务网络,713C 雷达投入业务使用。

2. 气象服务

公众气象服务 1990 年,气象服务信息主要是常规预报产品和情报资料。1996 年,开辟电视天气预报节目,服务内容更加贴近生活,产品包括精细化预报、产量预报、森林火险等级等。1996 年,"121"天气自动答询电话系统建成并投入使用。1999 年,开通了漯河兴农网,为天气预报信息进村入户提供了有利条件。2004 年,通过 Internet 网络向公众提供气象预报和监测资料。

决策气象服务 20世纪80年代初,决策气象服务产品以书面文字发送为主。20世纪90年代后,决策服务产品逐渐由电话、传真、信函等方式传递向电视、微机终端、互联网等专递方式发展,各级领导可通过电脑随时调看实时云图、雷达回波图、中小尺度雨量点的雨情。1996年,服务产品又增加了苗情、墒情、着火点、重要天气过程。2007年,增加了气候变化、气候可行性论证。

人工影响天气 1995年6月,漯河市人民政府人工影响天气办公室成立,挂靠漯河市气象局,1995年、1998年和2000年,漯河市财政投资购置"三七"双管高炮14门、增雨火箭4门,增雨火力覆盖了漯河市各县区。1997—2008年,实施人工增雨作业16次,创直接经济效益2亿元。

防雷技术服务 防雷工作从20世纪80年代末期开始起步。2000年,成立漯河市龙腾防雷公司。2006年,成立漯河市防雷减灾办公室。2006年,开展防雷设施设计、审核及竣工验收。2008年,新增雷击灾害评估业务。

气象法规建设与管理

气象法规建设 1995年—2006年8月,漯河市人民政府先后下发《关于加强人工影响天气工作的通知》(漯政〔1995〕91号),《漯河市气象工作管理办法》(漯河市人民政府令第13号),《漯河(2004—2010)人影发展规划》(漯政办〔2004〕99号),《漯河市政府关于进一步贯彻实施〈河南省气象条例〉的通知》(漯政办〔2004〕102号),《关于贯彻国务院办公厅国办发〔2005〕22号文件精神 进一步加强我市人工影响天气工作的通知》(漯政办〔2005〕49号)。2003年,形成了《关于进一步贯彻〈中华人民共和国气象法〉和〈河南省气象条例〉 加快地方气象事业发展的决议》(漯人常〔2003〕9号),通过了《漯河市气象工作管理办法》(漯河市人民政府令第13号),下发了《关于市气象探测观测基地和人工影响天气基地建设会议纪要》(漯政纪〔2004〕68号)。2004年,漯河市发改委下发了《关于漯河市气象局人工影响天气基地和气象预测探测基地建设项目可行性研究报告的批复》(漯发改农经〔2004〕01号)。

1995—2008年,漯河市气象局与相关单位进行沟通,先后联合下发了一系列加强气象防灾减灾的有关文件。1995年,漯河市气象局与漯河市公安局下发《关于加强工业民用易燃易爆建(构)筑物防雷设施设计安装检测和规范化管理的通知》(漯公消字〔1995〕14号);1996年与漯河市教育局联合下发《关于加强防雷设施安全技术检测的通知》(漯教育字〔1996〕57号),同年11月与漯河市消防支队联合下发《漯河市防火防爆防静电防雷规范化实施细则》;1997年7月,与漯河市粮食局联合下发《关于利用气象科技做好粮食储运工作的通知》(漯粮字〔1997〕6号);2003年,与漯河市公安消防支队联合下发《关于加强易燃易爆场所防雷防静电检测工作的通知》(漯气发〔2003〕14号);2004年,与漯河市安监局联合下发《关于加强防雷安全管理工作的通知》和《漯河市防雷安全检查工作实施方案》(漯安监〔2004〕13号);2005年,与漯河市教育局联合下发《关于对全市各类学校进行防雷安全检查的通知》(漯气发〔2005〕32号);2008年,漯河市安监局5月连续下发漯安监发〔2008〕13号和漯安监发〔2008〕14号文件,要求加强防雷安全隐患排查治理和加强气象灾害防御工作。

制度建设 2004 年,出台了"行政服务承诺制度"、"限时办结制度"、"首问负责制度"和"一次性告知制度"。2006—2008 年,先后制定了"漯河市气象局行政执法责任分解表"、"气象行政执法主体资格管理办法"、"气象行政执法人员管理办法"、"气象行政执法案卷评查办法"、"气象行政执法备案统计报告办法"、"气象行政执法经营保障办法"、"气象行政执法评议考核办法"、"气象行政执法过错责任追究办法"、"气象行政执法标准"等。

社会管理 依据《中华人民共和国气象法》,漯河市气象局对防雷检测、防雷图纸设计审核和竣工验收、施放气球单位资质认定、施放气球活动许可制度、人工影响天气、天气预报发布等实行社会管理。雷电防护社会管理始于 1990 年。对防雷装置检测中的防雷设施布局、安装及技术要求提供咨询服务和指导。1995 年 10 月成立了漯河市防雷中心。2006年成立漯河市防雷减灾办公室。

依法行政 2004 年 9 月,漯河市气象局申报的防雷工程设计图纸审核审批、防雷工程竣工验收审批、建设项目大气环境影响评价使用气象资料审查、升放无人驾驶自由气球或者系留气球单位资质认定和升放无人驾驶自由气球或者系留气球活动审批等 5 项行政许可项目经漯河市人民政府《关于公布行政许可清理结果的决定》文件批准,正式在漯河市行政服务中心设立气象审批窗口,实行统一审批。2002 年,漯河市气象局有 12 人次分获由河南省人民政府颁发的行政执法证或行政执法监督证,并相继持证上岗。2004 年 9 月,正式成立气象行政执法大队,配备专职人员进行气象行政执法,并在漯河市人民政府 2007 年举行的全市依法行政工作创优活动中,获得示范先进单位称号。

政务公开 1998 年年初,漯河市气象局成立了由职能科室人员兼职的企业管理办公室,开始实施企务公开,规范实体企业的物化成本、杂支成本和工资成本。1999 年初,漯河市气象局的局务公开在全局展开。2005 年 2 月,"爱岗敬业先进典型"、"人才专项基金"、"外聘人员优胜劣汰制"实行民主票决。自 2004 年起,每季度对企务公开检查情况进行通报。2005 年 10 月 13 日,漯河市气象局被中国气象局授予"全国气象部门局务公开先进单位"。公开形式主要有会议公示、文件公示、张榜公示、信息公示、口头公示和科室二级公开、网站等多种形式,达到快速、简洁、保质的目的。2007 年编制了"漯河市气象局行政职能和政务公开目录"。

党建与气象文化建设

1. 党建工作

1991 年,成立漯河市气象局党支部。2003 年,成立漯河市气象局党总支,下辖 2 个支部。党建工作归地方工委直接领导。截至 2008 年底,漯河市气象局共有党支部 4 个,党员 31 人(其中在职党员 21 人,离退休党员 10 人)。

2005—2008 年,漯河市气象局每年与各科室和县气象局签订党风廉政责任状,参与气象部门和地方党委开展的党章、党规、法律法规知识竞赛,每年定期开展党风廉政建设宣传月活动。

2. 气象文化建设

1997 年起,每两年举办一次全市气象部门"气象杯"职工运动会。2005 年,承办河南省气象系统运动会。2006 年,协办"双汇杯"全国气象行业乒乓球运动会,被中国气象局授予"最佳贡献奖"。2008 年,建成篮球场、羽毛球场和乒乓球室、健身房、卡拉 OK 室、文化宣传栏、职工阅览室及老干活动室等文体活动场所。

1995 年,漯河市气象局被漯河市委、市政府评为市级"文明单位"。1997 年,被河南省委、省政府授予省级"文明单位",至 2008 年,已蝉联 4 届。1998 年,被河南省气象局授予"全省气象部门文明单位建设示范单位"。2002 年,被中国气象局授予"全国气象部门双文明建设先进单位"。2003 年,被中央文明委命名为"全国创建文明行业先进单位"。

3. 荣誉

集体荣誉

荣誉称号	获奖单位	获奖时间	颁奖单位
省级文明单位	漯河市气象局	1997 年	河南省文明委
全省气象部门文明单位建设示范单位	漯河市气象局	1998 年	河南省气象局
全国气象部门双文明建设先进单位	漯河市气象局	2002 年	中国气象局
全国创建文明行业先进单位	漯河市气象局	2003 年	中央文明委
全省气象部门地市级综合目标考评特别优秀奖	漯河市气象局	1995—2005 年	河南省气象局
全省气象部门地市级综合目标考评连续 5 年稳居第一名	漯河市气象局	1996—2000 年	河南省气象局
全省气象部门地市级综合目标考评第一名	漯河市气象局	2004 年	河南省气象局
全省气象部门地市级综合目标考评第三名	漯河市气象局	2005 年	河南省气象局
全省气象部门政务公开先进单位	漯河市气象局	2005 年	河南省气象局
突出贡献奖	漯河市气象局	2006 年	漯河市委、市政府

个人荣誉 2004 年,漯河市委、市政府为赵规划记三等功。

参政议政 2006 年 12 月,赵规划当选中共漯河市委第五次代表大会代表,并当选市委委员。

台站建设

1990 年,漯河市气象局正式组建,升格为正县级单位,新建 1 幢营业办公楼,建筑面积1000 平方米。

1999 年,建成漯河市气象局雷达楼,建筑总面积 1690 平方米,6 月漯河市气象局搬入新楼办公。

2007 年 5 月,漯河市气象观测站新址建成。新观测站形似飞碟,占地 0.66 公顷,坐落于占地 54 公顷的森林公园内。观测站内部装修美观大方,宽敞明亮的办公用房与高雅的内部格局设计相得益彰,并配备现代化办公家具和中央空调,集工作、生活于一体。

沙澧河流域气象中心建设历经 2 年 3 个月,于 2008 年 12 月 9 日建成。项目建设规模12000 平方米,投入资金 5200 万元,使用了河南省第一个 DLP 大屏幕拼接墙,实现了全流域气象观测场的实景监控。沙澧河流域气象中心集防灾减灾、人影科研、科普教育、旅游观光为一体,是漯河市北入口的标志性亮点建筑;院内有篮球场、羽毛球场和室内乒乓球室场、健身房、卡拉 OK 室、文化宣传栏、党员学习活动室、阅览室及老干活动室等文体活动场所,设有职工餐厅(为全局干部职工提供免费工作午餐,并配有专门接送职工上下班的班车);还在中心办公楼西边,建设了 2 栋职工公寓。

漯河市气象局办公楼(2008 年 12 月)

漯河市气象局一角(2008 年 12 月)

舞阳县气象局

舞阳县位于河南省中部偏南,地处淮河流域,海拔高度 62~102 米,地势南高北低,西高于东,自西向东缓斜,分为岗地、平原和洼地,全县总面积 777 平方千米,耕地 76 万亩[①],辖 7 镇 7 乡、397 个行政村,人口 60 万。舞阳南临舞水,北跨沙澧二河,三河横跨全境,形成了独特的风景线。

---

① 1 亩＝1/15 公顷,全书同。

舞阳属暖温带大陆性气候。温暖多雨、阳光充沛,四季分明,夏季多偏南风,冬季多偏北风,年平均气温 14.6℃,年降水量 862.3 毫米,年均日照 2060.4 小时,无霜期 220 天左右,盛产小麦、玉米、大豆、烟叶等农作物。

机构历史沿革

始建情况 1956 年 10 月,建成舞阳县气候站,站址在舞阳县城北 2000 米的枣林郭村,北纬 33°27′,东经 113°35′,海拔高度 91.1 米。

历史沿革 1960 年 2 月,更名为河南省舞阳县气象站。1960 年 3 月,更名为舞阳县气象服务站。1973 年 8 月,更名为河南省舞阳县气象站。1990 年 9 月,更名为舞阳县气象局。2006 年 7 月 1 日改称为舞阳县国家气象观测二级站,2008 年 12 月 31 日恢复为舞阳国家一般气象站。

管理体制 1956 年建站至 1962 年,隶属舞阳县农业局。1963 年,隶属于许昌地区气象局和舞阳县农业局双重领导。1969 年,隶属于舞阳县农业局领导。1971 年起,隶属于县人民武装部领导。1983 年隶属于许昌地区气象局领导,实行上级气象部门与地方政府双重领导,以气象部门领导为主的管理体制。1986 年隶属于许昌气象处管辖,1991 年隶属于漯河市气象局管辖。

机构设置 2001 年,舞阳县气象局设办公室、业务股、科技服务股。

单位名称及主要负责人变更情况

单位名称	姓名	职务	任职时间
舞阳县气候站	陆秀杞	站长	1956.10—1960.02
河南省舞阳县气象站			1960.02—1960.03
舞阳县气象服务站			1960.03—1971.10
	段全志	站长	1971.10—1973.08
河南省舞阳县气象站			1973.08—1984.09
	邱如基	站长	1984.09—1989.04
	刘跃红	站长	1989.04—1990.08
		局长	1990.09—1991.01
舞阳县气象局	杨翠玲(女)	局长	1991.01—1995.11
	张运国	局长	1995.11—1999.06
	李新国	局长	1999.06—2005.06
	周国政	局长	2005.06—2008.11
	马 耀	局长	2008.11—

人员状况 1956 年建站时,只有职工 2 人。截至 2008 年底,有在职职工 9 人(其中在编职工 7 人,聘用职工 2 人)。其中,大学学历 2 人,大专学历 2 人,中专学历 3 人;中级职称 2 人,初级职称 5 人;40～49 岁 4 人,40 岁以下 5 人。

气象业务与服务

1. 气象业务

①气象观测

地面观测　1956 年 11 月 1 日起,观测时采用地方时,每日进行 01、07、13、19 时 4 次观测;1960 年 1 月 1 日起,改为每日 07、13、19 时 3 次观测。1960 年 8 月 1 日起,改为北京时每日 02、08、14、20 时 4 次观测,1988 年 7 月,又改为每日 08、14、20 时 3 次观测。

观测项目有干、湿球温度,云,能见度,天气现象,日照,蒸发,风,积雪,降水和地面状态。1988 年 7 月,观测项目有风向、风速、气温、气压、湿度、云、能见度、天气现象、降水、日照、小型蒸发、地面温度、浅层地温、雪深、电线积冰等。

发报种类有 08、14、20 时 3 个时次的定时天气加密报(内容有云、能见度、天气现象、气压、气温、风向、风速、降水、雪深、地温等),重要天气报(内容有降水、大风、雨凇、积雪、冰雹、龙卷风、雷暴、视程障碍等),雨量报(05、17 时)。1961 年 5 月 1 日,承担每日 04—20 时拍发郑州、武昌航危报任务;1964 年 4 月 12 日,取消郑州、武昌航危报任务。1971 年 1 月 1 日,增加鲁山、信阳、长葛、许昌航危报任务,1976 年取消航危报任务。

编制地面气象记录月报表气表-1 和地面气象记录年报表气表-21。

区域自动站观测　2004—2008 年,在全县 14 个乡镇建设单要素自动雨量站及北舞渡四要素自动气象站。

②天气预报

气象预报有短期、中期和长期天气预报,主要是作补充、订正天气预报。

③气象信息网络

1998 年 3 月,开通"121"天气预报自动答询电话系统。1999 年 7 月,建成了 VSAT 卫星地面单收站。2001 年 10 月,建成 X.25 分组交换网并投入使用。2005 年,实现了市—县宽带网络建设。

2. 气象服务

公众气象服务　1971 年起,利用农村有线广播站播报气象消息。1993 年,由舞阳县电视台制作文字形式气象节目。1998 年 8 月 1 日,由舞阳县气象局应用非线性编辑系统制作电视气象节目。1998 年 3 月,"121"天气预报自动答询系统开通。2006 年,电视气象节目主持人走上荧屏播讲气象,开展日常预报、天气趋势、生活指数、灾害防御、科普知识、农业气象等服务。2002 年,开通了手机短信气象服务。2005 年始,周报、重要天气预报和其他气象信息在原来常规渠道传播的基础上开始利用政府网站、县委信息科、政府信息科等网络平台发布。2006 年,开通了手机短信预警服务,短信用户 20 万余户。

决策气象服务　20 世纪 80 年代初,决策气象服务产品为常规预报和情报资料,服务方式以书面文字发送为主。20 世纪 90 年代后,基本形成了重要天气预报、重大天气过程预警、关键农事专题预报、重大活动及节假日专题预报等固定模式,服务对象也从各级党委政府、机关事业单位扩大到基层农业合作组织和养殖大户,主要服务手段也涵盖了信件、电话、传真、电视、短信、网络邮件和 QQ 信息等。2000 年,开始使用卫星监测作物生长情况及土壤墒情分析,服务地方政府及相关部门。2004 年,使用 DVBS 卫星监测地方秸秆禁烧。

人工影响天气 1993 年,舞阳县人民政府成立舞阳县人工影响天气领导小组。1995 年 8 月,购进 65 式双"三七"高射炮 4 门。2000 年 9 月,购进车载式人工影响天气火箭发射架 1 台。自 1997 年 7 月 1 日增雨作业成功后,平均每年成功进行人工增雨作业 2～4 次。

防雷技术服务 1999 年,舞阳县科技防雷服务中心挂牌成立,并开始对外进行防雷检测技术服务。2001 年以后,开始延伸到各行各业的相关设施,并开始防雷图纸的设计、审核和验收。2008 年,启动中小学校防雷工程新建及改造项目。

气象科普宣传 2002 年,舞阳县气象局开始参与舞阳科技文化局的科技宣传周活动,走上大街进行气象科普宣传,发放气象知识宣传页。每年的 3 月 23 日,舞阳县气象局业务平台对社会开放,接待中小学生等进行参观学习,同时在电视台制作科普宣传节目,向社会普及气象知识。

科学管理与气象文化建设

社会管理 2000 年 12 月,舞阳县行政服务中心设立气象窗口,承担气象行政审批职能,规范天气预报发布和传播,实行低空飘浮物施放和建筑物防雷审批制度。

2000 年 3 月,成立了气象行政执法队,执法人员均持证上岗。2000—2008 年,与安监、建设、消防、教育等部门联合开展了 10 次气象行政执法检查。

2004 年,绘制了《舞阳县气象观测环境保护控制图》,并在县建设局备案。2008 年,完成了《探测环境保护专业规划》编制。

1992 年,成立县防雷检测中心,逐步开展建筑物防雷装置、新建建(构)筑物防雷工程图纸审核、设计评价、竣工验收、计算机信息系统等防雷安全检测,与县建设局联合开展防雷工程图纸审核。

政务公开 2000 年,开展局务公开工作,制定了局务公开的具体实施细则和措施,并在工作中不断补充、修改和完善。对气象行政审批办事程序、气象服务内容、服务承诺、气象行政执法依据、服务收费依据及标准等,通过户外公示栏向社会公开。财务收支、目标考核、基础设施建设、工程招投标等内容,采取职工大会或局内公示栏张榜等方式,向职工公开。

2007 年,被中国气象局评为"气象部门局务公开先进单位"。

党建工作 1996 年,建立舞阳县气象局党支部。截至 2008 年底,有 4 名党员(全为在职党员)。

2007 年 4 月,被舞阳县委评为"先进基层党支部"。

气象文化建设 2000 年起,开展了"文明股室、文明家庭、文明职工"等创建活动及社会公德、职业道德、家庭美德等弘扬社会主义荣辱观的教育活动。

为丰富职工的文化体育生活,院内设有篮球场、羽毛球场,办公楼内设有活动室、图书阅览室(2008 年存书 1000 余册)和乒乓球室。

2001 年 1 月,被河南省委、省政府授予省级"文明单位"称号;2007 年 11 月届满后,进行了重新申报,并再次被授予省级"文明单位"称号。

荣誉 2000—2007 年,舞阳县气象局先后被河南省气象局授予"河南省十佳县局"、"河南省优秀县局"、"重大气象服务先进集体"、"全省电视天气预报先进单位"等荣誉称号。2001—2007 年,被河南省委、省政府授予省级"文明单位"。2007 年,被中国气象局评为"气象部门局务公开先进单位"、"汛期气象服务先进集体"。2004 年被漯河市委、市政府授予"抗洪救灾先进集体"。

台站建设

舞阳县气象站 1956 年 10 月初建时,只有 1 间房,2 个人。2004 年,把原来的平房改建成了二层欧式小楼,建筑面积 450 平方米,并建设了炮库,把 200 米的土路修建成柏油马路,对办公区和家属区进行了绿化、美化,将生锈严重的钢筋围墙更换成美观的铁艺围墙,硬化了道路,建成了花园式的气象台站;购置了新的办公设施,树立起了明显的气象行业徽标,建成了 70 平方米的业务平面。

临颍县气象局

临颍县地处中原腹地,因濒临颍水而得名。全县辖 9 镇 6 乡、364 个行政村,人口 73 万,面积 821 平方千米。临颍县地势平坦,是黄淮平原的一部分,中部的土岗,俗称 45 里黄土岗,系山前冲积扇被大面积侵蚀后的孑遗。地貌自西北向东南略微倾斜,最高海拔高度为 74.2 米,最低海拔高度为 53 米,平均海拔高度 63.6 米,平均地面坡降为 0.58‰。境内土质有黑黏土、两合土、黄壤土、黄黏土、黄沙土、淤土,耕作性能好,肥力较高,宜于多种农作物生长。

机构历史沿革

始建情况 1958 年 11 月,按国家一般站标准筹建临颍县气象站,站址位于南街村老水塔,北纬 33°49′,东经 113°57′,海拔高度 63.2 米。

站址迁移情况 1975 年 11 月底,站址迁至城关镇西五里头村。2003 年 11 月 1 日,观测场向南平移 50 米,位于北纬 33°48′,东经 113°55′,海拔高度 60.0 米。

历史沿革 1959 年 1 月 1 日—1971 年 10 月 31 日为临颍气象服务站,1971 年 11 月 1 日—1993 年 4 月 30 日为临颍县气象站。1993 年 5 月,更名为临颍县气象局。2007 年 1 月 1 日,改称为临颍国家气象观测站二级站;2008 年 1 月 1 日,类别名称恢复为国家一般气象站。

管理体制 1958 年建站至 1971 年 1 月,临颍县气象站隶属临颍县农业局管理,许昌地区气象台指导业务工作。1971 年 2 月,纳入临颍县人民武装部领导。1974 年 7 月,重新纳入临颍县农业局领导。1981 年起,实行气象部门与地方政府双重领导,以气象部门领导为主的管理体制。1989 年 10 月起,划归漯河市气象局管理。

机构设置 2001 年,临颍县气象局设办公室、业务股、科技服务股。

单位名称及主要负责人变更情况

单位名称	姓名	职务	任职时间
临颍县气象服务站	王裕华	站长	1958.11—1970.12
	王忠欣	站长	1971.01—1971.10
			1971.10—1975.12
临颍县气象站	葛根灿	站长	1976.01—1981.12
	李恩荣	站长	1982.01—1988.11
	于会元	站长	1988.12—1990.11
	张保经	站长	1990.12—1992.10
		局长	1992.10—1992.12
临颍县气象局	张宏敏	局长	1992.12—2003.01
	宋玉民	局长	2003.02—2004.01
	郭贺奇	局长	2004.02—2005.04
	李 伟	局长	2005.05—

人员状况 1959 年建站初期,有职工 6 人。截至 2008 年底,共有在职职工 9 人(在编职工 7 人,聘用职工 2 人)。其中:大学及以上学历 9 人;中级职称 4 人,初级职称 2 人;40 岁以上 3 人,40 岁以下 6 人。

气象业务与服务

1. 气象业务

①气象观测

地面观测 1959 年 1 月 1 日起,观测采用地方时,每日进行 01、07、13、19 时 4 次观测;1960 年 1 月 1 日起,改为每天 07、13、19 时 3 次观测;1960 年 8 月 1 日起,每天 08、14、20 时(北京时)3 次观测。

观测项目有云、能见度、天气现象、气压、气温、湿度、风向、风速、降水、雪深、日照、蒸发、地温等。

2001 年 4 月,开始发地面加密报。

2003 年 7 月,完成 ZQZ-CⅡ型自动气象站安装并开始试运行,2005 年起正式运行。

区域自动站观测 2004—2006 年,在窝城、王孟、石桥、繁城、固厢、巨陵、大郭、杜曲、台陈、皇帝庙、瓦店、三家店、陈庄、王岗建立了 14 个单要素自动气象监测站。2007 年,在王岗滕寺建立了四要素自动气象站。

农业气象观测 1970 年起开展农业气象业务。1989 年始,编写季、年气候影响评价,2008 年开始增加专题气候影响评价。20 世纪 90 年代,开始利用卫星遥感技术开展小麦苗情监测。2005 年后,旬预报改为周预报服务;开展了"春播期间天气预报"、"晚霜冻预报"、"烟叶移栽期预报"、"三夏期间天气趋势预报"、"小麦产量预报"、"夏玉米抽雄期间预报"、

"秋季低温预报"、"夏玉米产量预报"、"麦播期预报"等。2008 年起,开始对干旱、冰冻、暴雨洪涝等灾害性天气进行预评估。

②天气预报

1970 年 10 月始,通过收听天气形势,结合本站资料图表,每日晚上制作 24 小时内日常天气预报。1980 年以后,每日 07、17 时 2 次制作预报。2000 年后,开展常规 24 小时、未来 3~5 天和旬月报等短、中、长期天气预报以及临近预报,并开展灾害性天气预报预警业务和制作供领导决策的各类重要天气报告。

③气象信息网络

1994 年以前,气象站利用收音机收听河南省气象台早、中、晚 3 次指导预报和 13 时的天气形势。1994—2000 年,利用 VHF 甚高频电台接收漷河市气象局指导预报和天气形式。1995—1998 年,使用 ZSQ-1 天气传真接收机接收北京、欧洲气象中心、日本的气象传真图。1999 年,建立 VSAT 单收站,同年开通 X.25 分组交换网。2003 年,开通 10 兆光缆,开始接收河南省气象台的各种指导预报和雷达等气象信息产品。2008 年,建立省市县气象视频会议系统和实景观测及自动站线路备份系统。

2. 气象服务

公众气象服务 1971 年起,利用农村有线广播站播报气象消息。1993 年,在临颍电视台播出文字形式的气象节目。1995 年,开通"121"天气预报自动答询系统(2004 年集约到漷河市气象局,改号为"12121")。1998 年 8 月 1 日,县气象局应用非线性编辑系统制作电视气象节目,送交电视台播出;2006 年,电视气象节目主持人走上荧屏播讲气象,开展日常预报、天气趋势、生活指数、灾害防御、科普知识、农业气象等服务。2001 年 8 月,建立"临颍兴农网"。2002 年,开通了手机短信气象服务。2005 年始,周报、重要天气预报和其他气象信息在原来常规渠道传播的基础上,开始利用政府网站、县委信息科、政府信息科等网络平台发布。2006 年,开通了手机短信预警服务。

决策气象服务 20 世纪 80 年代以前,主要通过口头、电话、纸质材料等向县委、县政府提供决策服务。20 世纪 90 年代后,紧紧围绕当地工农业生产实际,开展冬小麦、夏玉米等作物的产前、产中和产后系列化服务工作;除"春播"、"汛期"、"三夏"、"三秋"等关键农事季节的天气预报外,又开发了"天气预报"(旬报和周报)、"重要天气预报"、"气象情报"等决策服务产品;还为五一、十一、春节、元宵节等节日及植树造林、两会、中高考、大型招商会等重大社会活动提供专项气象服务。

人工影响天气 1995 年,成立县人工影响天气指挥部,下设指挥部办公室,配备人工增雨高炮 4 门、人工增雨火箭发射装置 1 套,建立人工增雨作业基地 5 个。2001 年,临颍县气象局人工增雨工作获得县政府特殊贡献奖。

防雷技术服务 1989 年,开始防雷检测。1999 年,成立临颍县防雷技术中心,逐步开展建筑物防雷装置、新建建(构)筑物防雷工程图纸审核、设计评价、竣工验收、计算机信息系统等防雷安全检测。

气象科普宣传 每年"3·23"世界气象日,通过电视、手机短信、网站等渠道,进行气象科普宣传。1987 年和 2005 年,分别为《临颍县志》、《临颍年鉴》提供气候史料。2004 年,被漯河市和临颍县科协命名为青少年气象科普基地。

科学管理与气象文化建设

1. 社会管理

2008年1月,气象探测环境保护正式列入临颍县乡城建规划,并永久备案。

临颍县行政服务中心成立于2002年,气象局为第一批进驻单位,并开展施放氢气球审核、防雷装置设计审核、防雷竣工验收、气象资料审核等多种气象行政审批审核业务。

2. 政务公开

对气象行政审批办事程序、气象服务内容、服务承诺、气象行政执法依据、服务收费依据及标准等,通过户外公示栏向社会公开;财务收支、目标考核、基础设施建设、工程招投标等内容,采取职工大会或局内公示栏张榜等方式,向职工公开。

3. 党建工作

临颍县气象局党支部成立于2001年。截至2008年底,共有党员7人(其中退休党员1人)。

临颍县气象局党支部成立后,多次参与气象部门和地方党委开展的党章、党规、法律法规知识竞赛。2002—2008年,连续7年开展党风廉政教育月活动。2006年起,每年开展局领导党风廉政述职报告和党课教育活动,并层层签订党风廉政目标责任书,推进惩治和防腐败体系建设。

4. 气象文化建设

1992年起,开展争创文明单位活动。2000—2008年,先后开展"三个代表"、"保持共产党员先进性"、"科学发展观"等教育活动,并先后与临颍县窝城镇白坡村、固厢乡小师村、台陈镇台陈村结对共建,与贫困户、残疾人结对帮扶。2000—2008年,组织职工参加了漯河市气象局组织的第一届、第二届、第三届、第四届"气象杯"运动会。

1992—1996年,被临颍县文明办命名为县级"文明单位"。1997—2004年,被漯河市文明委命名为市级"文明单位"。2005年—2008年12月,被河南省委、省政府命名为省级"文明单位"。

5. 荣誉

集体荣誉

荣誉称号	获奖单位	获奖时间	颁奖单位
十佳县气象局	临颍县气象局	1998—2002年	河南省气象局
青少年科普教育基地	临颍县气象局	2003年5月	漯河市科协
省级文明单位	临颍县气象局	2004年1月	河南省委、省政府
全省人工影响天气工作先进集体	临颍县气象局	2005年2月	河南省人事厅、省气象局

荣誉称号	获奖单位	获奖时间	颁奖单位
2005 年度政务公开先进单位	临颍县气象局	2006 年 2 月	漯河市气象局
2005 年度服务三农先进单位	临颍县气象局	2006 年 3 月	临颍县委、县政府
达标先进县局	临颍县气象局	2007 年 1 月	漯河市气象局
达标先进县局	临颍县气象局	2008 年 1 月	漯河市气象局
优秀县局先进	临颍县气象局	2008 年 2 月	河南省气象局
达标先进单位	临颍县气象局	2009 年 1 月	漯河市气象局
档案管理先进单位	临颍县气象局	2009 年 3 月	河南省科技档案局
安全生产先进单位	临颍县气象局	2009 年 3 月	临颍县委、县政府

参政议政 李伟 2007—2008 年当选为临颍县第八届政协委员。

台站建设

2001 年 4 月—2002 年 12 月,完成观测站局办公楼和家属楼为一体的综合楼建设,建筑面积为 1200 平方米。2003 年完成自动气象站建设,租地 2000 平方米,建成 25 米×25 米标准观测场。2003—2004 年,绿化面积 2100 平方米。2007 年 10 月,建设长为 900 余米的道路,并改建了大门,建设了气象业务平台、图书阅览室、职工活动室、档案室、职工宿舍等硬件设施。

三门峡市气象台站概况

三门峡市地处河南省西部丘陵山区,位于豫晋陕三省交界处,辖 3 县、2 市、1 区和 1 个省级经济技术开发区。面积 10496 平方千米,人口 221.8 万。山地丘陵面积占总面积的 91%,素有"五山四岭一分川"的说法。三门峡市属暖温带半干旱内陆性气候,四季分明,春秋短、冬夏长,春季干燥多大风,夏季炎热多雨水,秋季温和湿润,冬季雨雪少且寒冷。主要气象灾害有干旱、洪涝、连阴雨、干热风、大风、冰雹、霜冻、寒潮、大雪等。

气象工作基本情况

所辖台站概况 三门峡市气象局辖三门峡市和卢氏、渑池、灵宝 4 个气象观测站,1 个新一代天气雷达站。2007 年之前,三门峡市气象观测站为省级基本站,卢氏气象站为国家级基本站,渑池和灵宝气象站为一般气象站;2007 年之后,分别改称为国家一级站,国家观象台和国家二级站。

区域自动站观测 2004—2008 年,三门峡市先后布设区域自动气象站 88 个,其中乡镇自动雨量站 76 个,四要素自动气象站 12 个,弥补了人工观测站点密度的不足,实现了气象要素的自动观测和传输。

历史沿革 三门峡市气象台始建于 1957 年,创建时名称为三门峡市气象台。1960 年 9 月,更名为三门峡市气象服务台。1967 年 6 月,更名为三门峡市气象台。1989 年 6 月,正式组建三门峡市气象局,规格为正处级。卢氏气象站始建于 1952 年,渑池气象站、灵宝气象站均始建于 1956 年。三门峡市气象局成立前,卢氏、渑池、灵宝 3 个县气象站均隶属洛阳市气象处。1990 年 1 月,三门峡市气象局正式接管渑池、卢氏、灵宝气象站。

管理体制 1956 年 6 月,为支援三门峡水利枢纽工程建设,成立三门峡气象台,由水利部第十一工程局领导,业务归河南省气象局领导。1960 年,三门峡气象台更名为三门峡市气象服务台,与水利部第十一工程局脱离关系,由地方政府和河南省气象局共同领导,划归农业系统,原农业局领导的气候站和各乡气象哨划归三门峡市气象服务台。1970—1973 年,实行由地方人民武装部和河南省气象局双重管理体制。1973—1980 年,实行地方政府和河南省气象局双重管理体制。1984 年,实行由河南省气象部门与地方政府双重领导,以气象部门领导为主的管理体制。

人员状况　1989年6月三门峡市气象局成立时,全市气象部门有在职职工61人。1993年有74人。2003年有74人(公务员15人,事业单位人员59人)。截至2008年底,有在职职工80人。其中:本科及以上学历36人,大专及以下学历44人;高级职称3人,中级职称29人。

党建与精神文明建设　截至2008年底,全市气象部门有党支部4个,在职党员37人,离退休党员11人。三门峡市气象局党支部2008年被三门峡市委表彰为抗震救灾、抗洪抢险暨城市分行业创五好先进基层党组织,自1994年起连年被市直工委表彰为先进基层党组织。

全市气象部门文明单位创建率达100％。三门峡市气象局1992年被三门峡市委、市政府命名为市级文明单位,1996年被命名为市级文明单位标兵,1997年被河南省委、省政府命名为省级文明单位,1998年被三门峡市委、市政府评为市级文明系统。卢氏县气象局1993年被卢氏县委、县政府评为县级文明单位,1995年被三门峡市委、市政府命名为市级文明单位,1998年、2002年连续被评为市级文明单位标兵,2006年被河南省委、省政府命名为省级文明单位。灵宝市气象局1998年被灵宝市委、市政府命名为市(县)级文明单位,2001年被三门峡市委、市政府命名为市级文明单位,2004年、2006年先后被三门峡市委、市政府命名为市级文明单位标兵,2008年11月被河南省委、省政府命名为省级文明单位,同年被河南省气象局表彰为全省气象部门精神文明建设先进单位。渑池县气象局1995年被渑池县委、县政府命名为县级文明单位,2003年创建为市级文明单位并一直保持至2008年。

主要业务范围

地面气象观测　1957年6月1日—2006年12月31日,非汛期每天进行02、08、14、20时4次观测,汛期增加05、11、17时3次观测。2007年1月1日起,每天有02、05、08、11、14、17、20、23时8次观测,夜间守班。

观测项目有云、能见度、天气现象、气压、气温、湿度、风向、风速、降水、雪深、日照、蒸发、地温、电线积冰等。2005年6月27日,开始紫外线观测。

2006年1月1日,ZQZ-CⅡ型自动站单轨运行,实现气压、气温、湿度、风向、风速、降水、地温(包括地表、浅层和深层)自动记录。同年7月8日,增加草面温度观测。2006年12月10日,始建酸雨观测项目,2007年1月1日开始观测。

发报种类有天气报(内容有云、能见度、天气现象、气压、气温、风向、风速、降水、雪深、地温等);航空报(内容有云、能见度、天气现象、风向、风速等),当出现危险天气时,5分钟内及时向所有需要航空报的单位拍发危险报;重要天气报(内容有暴雨、大风、雨凇、积雪、冰雹、龙卷风、视程障碍现象、雷暴等)。

农业气象　1959年6月,开始编发墒情报。1977年,开始编发不定期农业气象情报。1981年开始执行周年气象服务方案。1982年,开始农作物生育期、物候、土壤水分状况观测。至2008年,观测农作物品种为冬小麦、夏玉米。每月逢3、8日进行土壤水分状况观测,测定深度为0～50厘米;每月逢10日及月末编发农业气象旬(月)报,2003年9月29日,增加农业气象周报,每周六发报。2006年3月2日,开始执行《生态气象观测规范(试行)》,进行森林植被遥感及生态气候评价。2008年4月10日,开始土壤水分自动观测。

天气预报　三门峡天气预报业务始于1957年初。从20世纪60年代到21世纪初,预报工具由手工填图发展到自动化业务系统,所用气象资料从天气图、单站图表发展到气象卫星云图、雷达产品、观测时空加密的自动气象站资料和闪电定位观测资料,预报产品也在短、中、长期天气预报的基础上,增加了短时预报、气象预警信号、农用天气预报、高温中暑气象等级预报、人工影响天气潜势预报、重要天气预报和专题天气预报等。

人工影响天气 1990 年开展人工影响天气作业。2001 年,研究课题"地市级人影指挥系统(含立体地理模型)"在省内外得到推广。2004 年,三门峡市人民政府办公室转发市人工影响天气领导小组《三门峡市 2004—2010 年人工影响天气发展规划》(三政办〔2004〕16 号)。2007 年,在河南省开展人工消雨作业并获得成功,为"7·29"陕县支建煤矿淹井事件应急救援赢得宝贵时间。至 2008 年,全市共有人工影响天气作业指挥人员 10 名,作业炮手 120 名;"三七"高炮 17 门,火箭发射架 21 台,地面燃烧炉 2 套,火箭运载车 5 辆;流动作业炮(火箭)点 41 个,固定作业基地 30 个,标准炮库 18 个,弹药库 1 个,作业控制面积已超过土地面积的 30%。

决策气象服务 20 世纪 80 年代,以口头或传真方式向市委、市政府提供决策服务。20 世纪 90 年代后,以"重要天气报告"、"专题气象预报"等形式向政府提供决策服务产品。2008 年,开始进行气象灾害预报评估和灾害预报服务,并建立市政府突发公共事件预警信息发布平台。每年还开展节假日气象服务,为黄河旅游节、"三夏"、高考、中招考试等重大活动提供气象保障。

公众气象服务 1994 年,利用农村有线广播站播报气象信息。1997 年,由三门峡市气象局应用非线性编辑系统制作电视气象节目,开展日常预报、天气趋势、生活指数、灾害防御、科普知识、农业气象等服务,至 2008 年,三门峡电视台、教育电视台、陕州电视台均开设气象电视节目。2001 年,开通手机气象短信业务,至 2008 年,气象短信用户逾 10 万户。2000 年,建设三门峡兴农网,提供各种农业气象和天气预报服务。

三门峡市气象局

三门峡市地处中纬度地带,河南省西部,北与山西省运城市隔黄河相望,西与陕西省渭南市接壤,东邻古都洛阳,南与南阳毗邻。辖 6 个县(市、区),总面积 10475 平方千米,总人口 228 万。

机构历史沿革

始建情况 1957 年 1 月 1 日,正式建立三门峡市气象台,承担地面观测、天气预报制作发布业务。台址位于湖滨区西郊,北纬 34°48′,东经 111°11′,观测场海拔高度 389.9 米。

站址迁移情况 1973 年 11 月,观测场迁至原址东北方向 1200 米处上村西,海拔高度 410.1 米。1992 年 12 月 26 日,观测场向西迁 33 米,海拔高度 409.9 米。建站至 2008 年,观测场标准一直为 25 米×25 米。

历史沿革 1960 年 9 月 15 日,更名为三门峡市气象服务台。1967 年 6 月,更名为三门峡市气象台。1989年6月,正式组建三门峡市气象局,规格为正处级。1990年1月,三门峡市气象局正式接管渑池、卢氏、灵宝气象站。

机构设置 1989年,三门峡市气象局成立时,设办公室、业务科、天气科、人事政工科4个科室。1991年,成立人工影响天气办公室。1993年,增设服务科。1995年,天气科更名为气象台,人事政工科与办公室合署办公,同时成立天气预报中心、防雷技术检测中心。1996年,服务科更名为科技服务中心。1997年10月,成立风云气象寻呼台。1999年,成立专业气象服务台。2000年,设办公室(人事政工科)、业务产业服务科、气象台、防雷技术检测中心、天气预报制作中心、风云气象寻呼台、专业气象服务台、科技服务中心8个科室。2006年,根据《三门峡市国家气象系统机构编制调整方案》(豫气发〔2006〕160号)要求,设办公室(计划财务科)、人事教育科(与党组纪检组合署办公)、业务科(政策法规科、人工影响天气办公室)3个内设科室,气象台、气象科技服务中心、防雷中心、财务核算中心(后勤服务中心)4个直属事业单位,成立三门峡气象观测站(机构规格为正科级)。

单位名称及主要负责人变更情况

单位名称	姓名	职务	任职时间
三门峡市气象台	张子魁	台长	1957.01—1960.09
			1960.09—1962.04
三门峡市气象服务台	张进东	台长	1962.04—1962.09
	张思杰	台长	1962.09—1967.05
			1967.06—1970.04
三门峡市气象台	王凤吾	台长	1970.05—1984.07
	魏金峰	台长	1984.08—1987.11
	李德录	台长	1987.12—1989.06
三门峡市气象局		局长	1989.06—2001.02
	武小明	副局长(主持工作)	2001.03—2002.02
		局长	2002.02—

人员状况 三门峡气象台成立时,为县级单位。1957年7月,有干部职工38人。1961年,随着三门峡市降为专辖市,三门峡市气象台降为县局级,干部职工减少到12人。1986年,三门峡市又升为省辖市,三门峡市气象台恢复为县级单位,干部职工增加至26人。1989年6月,三门峡市气象局成立时,有在职职工34人。1993年有45人。截至2008年底,有在职职工53人。其中:本科及以上学历26人,大专及以下学历27人;高级职称2人,中级职称17人。

气象业务与服务

1. 气象业务

①气象观测

地面观测 1957年6月1日—2006年12月31日,非汛期每日进行02、08、14、20时4次观测,汛期增加05、11、17时3次观测;2007年1月1日起,每日有02、05、08、11、14、17、20、23时8次观测;夜间守班。

观测项目有云、能见度、天气现象、气压、气温、湿度、风向、风速、降水、雪深、日照、蒸发、地温、电线积冰等。

2006年1月1日,自动站单轨运行,实现气压、气温、湿度、风向、风速、降水、地温(包括地表、浅层和深层)自动记录。同年7月8日,增加草面温度观测。

发报种类有天气报(内容有云、能见度、天气现象、气压、气温、风向、风速、降水、雪深、地温等);航空报(内容有云、能见度、天气现象、风向、风速等),出现危险天气时,5分钟内及时向所有需要航空报的单位拍发危险报;重要天气报(内容有暴雨、大风、雨凇、积雪、冰雹、龙卷风、视程障碍现象、雷暴等)。

酸雨观测 2006年12月10日,建设酸雨观测项目。2007年1月1日,开始观测。

紫外线观测 2005年6月27日,开始紫外线观测。

农业气象观测 1959年6月,开始编发墒情报。1977年,开始编发不定期农业气象情报。1981年,开始执行周年气象服务方案。1982年,开始农作物生育期、物候、土壤水分状况观测。2008年观测农作物品种有冬小麦、夏玉米。每月逢3、8日进行土壤水分状况观测,测定深度为0～50厘米;每月逢10日及月末编发农业气象旬(月)报,2003年9月29日,增加农业气象周报,每周六发报。2006年3月2日,开始执行《生态气象观测规范(试行)》,进行森林植被遥感及生态气候评价。2008年4月10日,开始土壤水分自动观测。

②天气预报

三门峡天气预报业务始于1957年初。1980年以前,主要通过收听天气形势,结合本站资料图表,每日早晚制作24小时内日常天气预报。1980年后,每日06、12、17时3次制作预报,从初期单纯的天气图加经验的主观定性预报,逐步发展为采用气象雷达、卫星云图,并运用计算机系统等先进工具制作客观定量定点数值预报。1997年,三门峡布设714C天气雷达,并投入业务运行之后,在汛期增加短时天气预报业务。2004年开始周预报和人工影响天气潜势预报。截至2008年6月,开展常规24小时、未来3天和月报等短、中长期天气预报以及临近预报,同时开展灾害性天气预报预警业务和制作各类重要天气报告供领导决策。2008年6月之后,每日05:00—06:20、06:45—10:05、10:40—16:05上传预报时效分别为48小时、72小时、120小时的城镇预报。

③气象信息网络

1987年10月,三门峡及所辖县气象站全部安装高频电话并联网使用。1996年8月,建成三门峡市气象局计算机Novell局域网,并投入运行。1997年5月,改造为NT局域网。1998年5月,所辖县(市)局开通计算机终端。1998年2月,气象卫星综合应用业务系统("9210"工程)建成,开始通过卫星接收资料,开通卫星电话、程控交换机、广播数据自动接收系统。2001年,X.25信息分组交换网完成建设;同年6月1日,通过X.25向河南省气象局编发天气加密报、雨量报、墒情报等。2003年12月,省—市SDH气象宽带网投入应用,传输速度达到2兆,省—市电视会商系统在此基础上实现。2004年8月,X.25升级成2兆SDH气象宽带。2005年,三门峡市气象局局域网络以10兆宽带接入因特网。2007年6月,"9210"单收站卫星资料接收系统升级为DVBS新一代卫星资料接收系统。2008年12月,建成电信MPLS-VPN备用线路,与网通2兆SDH互为备份,在此基础上的实景视频监控系统全部建成并投入运行。

2. 气象服务

公众气象服务 20 世纪 60 年代,利用农村有线广播站播报气象预报。1994 年 10 月,与当地广播电视局合作,在三门峡电视台开播电视天气预报节目,内容为 24 小时预报和市、县预报,时长 2 分钟。1996 年 12 月起,三门峡市气象局开始独立制作电视天气预报节目,内容为 24 小时和 48 小时预报及市、县预报,时长调整为 3 分钟。1997 年,开通电话"121"自动答询系统;2003 年 6 月,"121"气象热线由 1 号信令升级为 7 号信令,线路由 30 路扩容为 120 路,同时和移动、联通、网通实现了直连(2003 年 8 月,市、县"121"实行集约化管理;2007 年,"121"更名为"12121")。2003 年 3 月,开通手机气象短信业务。2004 年起,新增服务产品有森林火险等级预报、生活指数预报、生产运输预报、旅游景区预报、电力专项预报等,服务领域拓展到电力、化工、交通、旅游、冶金、建筑等多个行业。

决策气象服务 1998 年以前,气象服务信息主要是常规预报产品和情报资料。1998 年,开始对外发布森林火险等级预报。1999 年,向地方领导报送重要气象服务信息等决策气象服务产品,并开展旅游气象保障服务。2004 年 8 月,正式对外发布暴雨、暴雪、寒潮、大风、沙尘暴、高温、冰雹、霜冻、大雾、道路结冰 10 种突发气象灾害预警信息。2007 年 6 月 12 日,气象灾害预警信号增加雷电、霾、干旱气象灾害。1995—2008 年,为黄河旅游节开幕式提供气象保障服务。

人工影响天气 三门峡人工影响天气工作始于 20 世纪 90 年代,为高炮人工增雨作业。1992 年 4 月起,筹建三门峡市地面增雨作业系统,成立了三门峡市人民政府人工影响天气领导小组,办公室挂靠三门峡市气象局。全市拥有增雨(防雹)火箭作业装备 27 架,人工增雨"三七"高炮 17 门,人工影响天气作业车辆 5 部,人工增雨(防雹)指挥车 1 部,GPS 定位仪 4 台,增雨(防雹)标准化固定发射点 25 个。作业目的由单纯为农业服务拓展到改善生态环境、降低森林火险等级、净化空气等,作业期也由冬春秋季增雨(雪)拓展到全年作业。

防雷技术服务 1989 年,三门峡市气象局开始对建(构)筑物防雷、避雷装置开展安全检测服务。1996 年,开展计算机信息系统防雷工程安装和检测服务。2001 年对新建建筑物防雷图纸进行审核。

气象科普宣传 2001 年起,每年"3·23"世界气象日、科普活动周、安全生产集中宣传日,组织开展气象科普知识宣传活动。2003 年 9 月,被命名为"三门峡市科技教育基地"。2005 年 10 月,被命名为"河南省青少年科技教育基地"。

气象法规建设与社会管理

法规建设 1998 年,三门峡市政府下发《三门峡市防雷安全管理暂行办法的通知》(三政〔1998〕46 号)。2004 年,三门峡市政府下发《三门峡市人民政府关于加强防雷减灾工作的通知》(三政〔2004〕61 号)。2005 年,三门峡市人民政府办公室印发《关于加强乡镇自动雨量站管理工作的通知》(三政办明电〔2005〕75 号)。

社会管理 2001 年 12 月,气象有关业务进驻三门峡市行政服务大厅,对新建建筑物防雷图纸进行审核,对升放无人驾驶自由气球、系留气球单位进行资质认定。2005 年,三门峡市所辖卢氏、渑池、灵宝 3 县(市)气象观测站全部在当地建设规划部门进行了气象台站探测环境和设施保护标准备案;2007—2008年,按照河南省气象部门统一模式,在三门峡市及所辖县建设规划部门进行了气象台站探测环境和设施保护标准三级备案。2002—2008年,面向社会举办了3期施放气球管理培训班。

制度建设 2001—2008年,先后制定了"党风廉政建设目标管理八项规章制度"、"人工影响天气制度汇编"、"新一代天气雷达管理规章制度"、"发票管理制度"、"科技服务财务管理及成本核算制度"、"财务管理制度"、"车辆管理制度"、"公务出差制度"、"公务接待制度"、"监督制度"、"信访工作联席会议制度"、"会计核算中心报账制度"、"气象行政执法责任制度"、"行政执法评议考核实施细则"、"党组领导干部民主生活会制度"、"党组民主集中制和议事制度"、"民主监督制度"等50余项制度。

政务公开 对"三重一大"(重要事项、重要干部任免、重大事项安排,大额资金使用和财务状况)内容,采用政务公开栏、局域网、会议、文件、张榜公布等形式,定期不定期对职工进行公开。对单位职责、机构设置、气象服务内容、气象行政审批程序、收费依据和标准,通过公示栏、门户网站、电视广告,对外进行公开。

党建与气象文化建设

1. 党建工作

1970年,建立三门峡市气象台党支部,有党员3人,王凤吾任党支部书记。2008年底,在职党员25人,离退休党员8人。

2008年,三门峡市气象局党支部被三门峡市委表彰为抗震救灾、抗洪抢险暨城市分行业创"五好"活动先进基层党组织。2001—2008年,连续8年被三门峡市直工委授予先进基层党组织、党建目标先进单位、群团工作先进单位。2005年,被市直工委表彰为十佳诚信单位。2006年,被市直工委表彰为十佳红旗党组织。2007年,被市直工委授予十佳学习型机关。2001—2008年,11人次受到三门峡市委表彰,25人次受到三门峡市直工委表彰。

2. 气象文化建设

2001—2008年,每年开展1次全局干部职工文体活动。2007年、2008年,利用元旦、元宵、三八、十一等节日,组织开展文艺演出、知识竞赛、演讲比赛等活动,增强干部职工的事业心、责任感和单位的凝聚力。

1998年、2004年、2009年,连续3届被中共河南省委、河南省人民政府命名为省级文明单位。1999年、2005年,被三门峡市精神文明建设委员会命名为文明系统。

3. 荣誉

集体荣誉 2000—2008年,三门峡市气象局共获集体荣誉136项。地厅级以上表彰主要有:2000—2008年,连年被三门峡市委表彰为"贯彻执行党风廉政建设责任制优秀单位",被河南省气象局表彰为"目标考核优秀单位"。2001—2007年,被三门峡市委表彰为全市"目标管理工作先进单位"。1999年、2000年,被三门峡市政府表彰为"支持烟叶生产先进单位"。2003年,被河南省气象局表彰为"创建文明单位工作先进集体"。2005年,被三门峡市政府表彰为全市"体育工作先进集体",被三门峡市纪委表彰为"纪检监察工作先进单位"。2008年,被三门峡市政府表彰为"林业工作先进单位",被河南省气象局表彰为全省"气象部门精神文明建设先进单位"。

个人荣誉 2006年宋建予获得三门峡市"五一"劳动奖章,2004年袁文胜获得三门峡市"三八红旗手"称号,截至2008年,共有5人获全国质量优秀测报员,1人获全国优秀值班预报员,8人获科技事业单位"国家二级"档案管理突出贡献个人。

台站建设

1987年前,三门峡市气象局占地总面积为13235平方米。建有房屋7排57间,建筑面积1141平方米,房屋形式与结构为平房、水泥预制、起脊房、砖瓦结构。其中,业务办公用房721平方米,住房420平方米。

1986年8月,将原平房拆除,开始动工建设第一栋住宅楼,1987年7月竣工。新建住宅楼三层,砖混结构,总建筑面积1175.58平方米。

1992年5月,动工建设第二栋住宅楼,1993年8月竣工。新建住宅楼三层,砖混结构,总建筑面积1202.4平方米。

1994年11月,动工建设雷达楼,1997年8月竣工。新建雷达楼五层(局部八层),砖混结构,总建筑面积1520平方米。

1999年10月,进行"两室一场"现代化建设。

2004年11月,将原观测业务平房拆除,建设砖混结构一层观测业务用房,建筑面积200平方米,于2005年7月竣工。

2003年5月13日,雷达塔楼工程在陕县张汴乡庙后村开工,占地0.3公顷,设计为全框架结构,主体三层,塔楼四层,高15米,建筑面积589.43平方米,于2004年5月28日竣工并通过验收。

2006年5月18日,雷达信息处理楼在三门峡市区甘棠路南端开工,占地1公顷,设计为五层框架建筑,高18.6米,建筑面积3162.70平方米,于2007年9月12日竣工并投入使用。

三门峡市气象局雷达站全景

灵宝市气象局

灵宝市位于河南省西部,豫晋陕三省交界处,南依秦岭、北濒黄河,分别与陕西省洛南县、潼关县,山西省芮城县、平路县,河南省陕县、洛宁县、卢氏县接壤。介于北纬34°44′~34°71′,东经110°21′~111°11′之间,东西长76千米,南北宽69千米,总面积3011平方千米。灵宝市辖10镇5乡,440个村委会,3588个村民小组,总人口73.22万。灵宝市历史悠久,文化灿烂,风光秀美,资源丰富,黄金产量连续16年稳居全国县级第二位,灵宝的苹果和大枣驰名中外。

机构历史沿革

始建情况 1956年,河南省气象局在灵宝县虢镇筹建灵宝虢镇气候站,站址位于北纬34°31′,东经110°54′,海拔高度436.3米,1957年1月1日开始投入使用。

站址迁移情况 1977年1月1日,迁至焦村镇焦村,站址位于北纬34°31′,东经110°51′,海拔高度474.0米。2006年1月1日,迁至灵宝市函谷路北段,站址位于北纬34°32′,东经110°53′,海拔高度390.4米。

历史沿革 1959年4月,更名为灵宝县气象服务站。1967年1月,更名为灵宝县科学试验站。1971年12月,更名为灵宝县气象站。1990年4月,更名为灵宝县气象局。1993年7月,随灵宝撤县建市,更名为灵宝市气象局。

管理体制 自建站至1989年12月,行政上先后归灵宝县人民武装部、农业局等单位管理,业务隶属洛阳市气象局管理。1984年,实行气象部门与地方政府双重领导,以气象部门领导为主的管理体制。1990年1月,由洛阳市气象局划转三门峡市气象局管理。

机构设置 1993年,设地面测报股、天气预报股、农业气象股、科技服务股。2008年,设业务股、科技服务股、防雷中心、天气预报制作中心和办公室。

单位名称及主要负责人变更情况

单位名称	姓名	职务	任职时间
灵宝虢镇气候站	王治安	站长	1957.01—1958.02
	严文学	站长	1958.03—1959.03
灵宝县气象服务站	辛育斌	站长	1959.04—1962.10
	陈敬岳	站长	1962.11—1966.12
灵宝县科学试验站			1967.01—1971.11
灵宝县气象站	王继科	站长	1971.12—1972.12
	郭玉臣	站长	1973.01—1974.12
	贺畔玺	站长	1975.01—1977.12
	索好旺	站长	1978.01—1980.09

单位名称	姓名	职务	任职时间
灵宝县气象站	赵满苍	站长	1980.10—1981.12
	王英民	站长	1982.01—1983.12
	赵满苍	站长	1983.12—1984.09
	雷明高	站长	1984.09—1988.11
灵宝县气象局	郭田升	站长	1988.12—1990.03
		局长	1990.04—1993.02
	刘相民	副局长（主持工作）	1993.02—1993.06
灵宝市气象局	刘春超	副局长（主持工作）	1993.07—1996.04
	范学林	局长	1996.04—

人员状况　1957年建站初期,有职工3人。截至2008年底,有在编职工7人,聘用职工3人。在编职工中:本科学历4人,大专学历1人;高级职称1人,初级职称6人;40～50岁3人,30～39岁2人,30岁以下2人。

气象业务与服务

1.气象业务

①气象观测

地面观测　1957年1月1日开始观测,每日进行08、14、20时3次定时观测,夜间不守班。1960年1月1日,改为07、13、19时3次观测。1960年8月1日,恢复08、14、20时(北京时)3次观测。

观测项目有云、能见度、天气现象、气温、湿度、风向、风速、蒸发、日照、地面状态、降水、积雪深度等。

2005年10月,在函古路北段气象观测场完成ZQZ-CⅡ型自动气象站安装并试运行,2006年起正式运行。

区域自动站观测　2005—2008年,在灵宝13个乡镇全部安装了自动雨量站,并在窄口水库、朱阳梁庄、寺河磨湾、故县冯家塬建立了4个四要素自动气象监测站,初步建成10千米格距的地面中小尺度气象灾害自动监测网。

农业气象观测　1970年始,开展土壤墒情观测业务。至2008年,除土壤墒情观测外,还进行气候影响评价及粮食产量预报。

②天气预报

1970年10月始,通过广播收听天气形势,结合本站资料图表,每日早晚制作24小时天气预报。20世纪80年代初起,每日06、10、15时3次制作预报。2000—2008年,开展常规24小时、未来3～5天和旬月报等短、中、长期天气预报及临近预报,并开展灾害性天气预报预警业务、制作各类重要天气报告供领导决策。

③气象信息网络

1988年前,利用收音机收听武汉区域中心气象台和上级以及周边省气象台播发的天气预报和天气形势。1988—2000年,利用超短波双边带电台接收武汉区域中心气象信息,配备 ZSQ-1(123)天气传真接收机接收北京、欧洲气象中心以及东京的气象传真图。1999年后,先后建立 VSAT 站、MICAPS 系统和市、县气象视频会商系统,接收从地面到高空各类天气形势图和云图、雷达资料等,为气象信息的采集、传输处理、分发应用、会商分析提供支持。

2. 气象服务

公众气象服务 1971年起,利用农村有线广播站播报气象预报。1996年,开通"121"天气预报电话自动答询系统。1997年,应用非线性编辑系统制作电视气象节目,开展日常预报、天气趋势、生活指数、灾害防御、科普知识、农业气象等服务。2006年,利用手机短信平台,开通手机 3~5 天和 24 小时气象短信服务。1997年,被河南省气象局评为电视天气预报节目制作系统建设先进单位、"121"服务系统建设先进单位。

决策气象服务 20 世纪 80 年代,以口头或传真方式向县委、县政府提供决策服务。20 世纪 90 年代后,逐步提供"重要天气报告"、"天气快报"、"汛期(5—9月)天气预测"等决策服务产品。

防雷技术服务 1990年始,开展建筑物避雷设施安全检测业务。1999年,为全市各类新建建(构)筑物按照规范要求安装避雷装置。

人工影响天气 1997年5月,灵宝市成立人工影响天气领导小组,具体工作由灵宝市气象局指挥、水利局实施。2000年4月27日,增雨高炮正式交接。至 2008 年,全市共配备人工增雨火箭发射装置 6 套,建立人工增雨作业固定炮点 8 个。

气象科普宣传 1999年,开始和灵宝市电视台合作,利用天气预报节目向广大观众宣传科普知识;每年世界气象日期间,对外宣传气象科普知识;应用电视气象、手机短信等渠道,实施气象科普入村、入企、入校、入社区。全市科普教育受众面达 30 万余人。

科学管理与气象文化建设

社会管理 1989年成立灵宝县避雷设施检测中心(1995年10月5日更名为灵宝市防雷技术中心),承担防雷设施的检测、验收及雷电灾害的调查鉴定工作。

政务公开 2002年始,对气象行政审批办事程序、气象服务、服务承诺、气象行政执法依据、服务收费依据及标准等内容,向社会公开。

党建工作 1985年4月,建立灵宝县气象站党支部,有党员4人。2002年8月,并入灵宝市科技局党支部。2005年8月,重新设中共灵宝市气象局党支部。截至 2008 年 12 月,共有党员4人。

2000—2008年,先后开展了"三个代表"重要思想、"保持共产党员先进性"、"深入学习实践科学发展观活动"等多项专题教育活动;2000—2008年,党风廉政建设目标责任制考核连续为优秀。

气象文化建设 1996年起,开展创建文明单位活动。1998年被灵宝市委、市政府命名为市(县)级文明单位。2001年,被三门峡市委、市政府命名为市级文明单位。2004年、2006年先后两届被三门峡市委、市政府命名为市级文明单位标兵。2008年11月,被中共河南省委、省政府命名为省级文明单位;同年,被河南省气象局表彰为"全省气象部门精神文明建设先进单位"。

荣誉 1998—2008 年,共获地厅级以上集体荣誉 21 项。其中,2003 年、2004 年,被河南省气象局命名为"全省气象部门十佳县(市)气象局"。2004 年,被河南省人事厅、河南省气象局联合表彰为"全省人工影响天气工作先进集体"。1999 年、2003 年、2004 年,先后 3 次被河南省气象局评为"重大气象服务先进集体"。2000 年,被河南省人事厅、河南省气象局联合表彰为"河南省气象系统先进集体"。2008 年 1 月 25 日,被河南省气象局表彰为"2007 年度河南省人工影响天气工作先进集体";同年 4 月 16 日,被河南气象局表彰为"全省气象部门精神文明建设先进单位"。

台站建设

2006 年,气象局进行整体搬迁。大院占地 0.7 公顷,建筑面积 700 平方米;观测场按正八边形建设;建成了高标准的篮球场、文体活动室、荣誉室;大院内修建了凉亭,铺设了景观小路。2008 年,对大门、上下水管道、用电设施等进行了改造;新栽植了一批绿化树种,达到四季常绿、三季有花。

1977 年 1 月建成的灵宝县气象站

2006 年建成的灵宝市气象局

渑池县气象局

渑池县地处河南省西部丘陵山区,总面积 1368 平方千米,辖 12 个乡镇,235 个行政村,总人口 34 万。渑池县历史悠久,境内有五千年文明史的仰韶文化遗址,秦赵会盟台举世闻名。

机构历史沿革

始建情况 1956 年,河南省气象局在渑池县城西北陈村乡万寿寺农场筹建河南省渑池万寿寺气候站,1956 年 8 月建成,1957 年 1 月 1 日投入使用。站址位于北纬 34°49′,东经 111°42′,海拔高度 616.2 米。

站址迁移情况　1959 年 1 月 1 日,迁站至渑池县物资局院内,位于北纬 34°46′,东经 111°46′,海拔高度 495.0 米。1962 年 1 月 1 日,迁站至渑池县城东北小寨,位于北纬 34°46′,东经 111°46′,海拔高度 505.8 米。1984 年 1 月 1 日,迁站至渑池县城北岭(城关镇南街村),位于北纬 34°46′,东经 111°46′,海拔高度 519.6 米。2008 年 1 月 1 日,迁观测场于渑池县乔岭路西侧黄河路北侧,位于北纬 34°46′,东经 111°46′,海拔高度 523.6 米。

历史沿革　建站时名称为河南省渑池万寿寺气候站。1959 年 1 月,改名为河南省渑池气象站。1960 年 3 月,改名为渑池县气象服务站。1971 年 4 月,改名为河南省渑池县气象站。1990 年 4 月,改名为渑池县气象局。

管理体制　自 1956 年 8 月建站至 1958 年,行政由渑池县人民政府委托万寿寺农场代管,业务归河南省气象局指导。1959 年,实行地方政府和气象系统双重领导、以地方政府领导为主的体制,业务受洛阳地区(后改为洛阳市)气象台、后改为洛阳气象处(局)领导,其中 1967—1972 年由渑池县武装部业务科管理。1984 年 7 月,实行气象部门与地方政府双重领导,以气象部门领导为主的管理体制。

机构设置　1984 年,设立测报股、预报股和农气股。1993 年 1 月,增设渑池县气象科技服务公司,挂靠渑池县气象局。1997 年,增设渑池县新气象广告公司。2006 年,共设有业务股和渑池县防雷工程有限公司。2008 年 9 月,增设法规股。截至 2008 年底,共设有业务股、法规股和渑池县防雷工程有限公司 3 个股室。

单位名称及主要负责人变更情况

单位名称	姓名	职务	任职时间
渑池万寿寺气候站	王朝俊	负责人	1956.08—1959.01
渑池气象站			1959.01—1960.03
渑池县气象服务站	郑天敬	副站长(主持工作)	1960.03—1961.12
		站长	1962.01—1968.08
	肖中杰	站长	1968.08—1971.04
渑池县气象站			1971.04—1971.08
	上官二发	站长	1971.08—1975.07
	许海	站长	1975.08—1984.07
	李振华	站长	1984.07—1990.04
		负责人	1990.04—1990.10
渑池县气象局	孙拴恩	副局长(主持工作)	1990.10—1991.04
	陈世银	局长	1991.04—1992.06
	孙拴恩	副局长(主持工作)	1992.06—1993.03
	郑金盈	局长	1993.03—1999.11
	丁永魁	副局长(主持工作)	1999.11—2001.11
		局长	2001.12—

人员状况　1956 年 8 月建站初期有职工 2 人(均为男性),初中文化,平均年龄 19 岁。截至 2008 年底,有在编职工 7 人(男 5 人,女 2 人)。其中:本科学历 6 人;中级职称 5 人,初级职称 2 人;50 岁以上 1 人,40～49 岁 3 人,40 岁以下 3 人。

气象业务与服务

1. 气象业务

①气象观测

地面观测　1957 年 1 月 1 日,观测时次为 08、14、20 时每日 3 次,夜间不守班。1960 年 1 月 1 日,改为 07、13、19 时观测。1960 年 8 月 1 日,改为 08、14、20 时观测。

观测项目有云、能见度、天气现象、气压、气温、湿度、风向、风速、降水、雪深、日照、蒸发、地温等。1960 年 1 月 1 日,停止地面、地中温度观测一年;1961 年 1 月,停止地面状态观测;1965 年 1 月 1 日,增加冻土、气压、积雪密度(雪压)观测;1975 年 1 月 1 日,增加温、压、湿自记,02 时记录用自记代替;1976 年 4 月 1 日,启用雨量自记;1980 年 1 月 1 日,停止冻土及积雪密度观测,增加风向风速观测。

1959 年 8 月—1962 年 4 月,每日 14 时发 MH 航危报;1961 年 3 月—1962 年 6 月,发 AV 航危报。

区域自动气象站观测　2006 年,建成乡镇自动雨量站 12 个,2007 年 8 月,建成四要素自动气象站 1 个。

②农业气象

1958—1966 年,建立农村气象哨,每个乡有 1～2 名兼职气象员,负责传递预报和上报雨量。1981 年,完成《渑池县气候资料汇编》(1957—1980 年)。1985 年,完成《渑池县农业资源调查和农业区划汇编》编制。1982 年,开始向县政府、涉农部门和各乡镇寄发气象预报(月报)及旬、月、季天气预报、关键农事天气预报及生产建议。1985 年,开始向《渑池县志》《渑池年鉴》提供气候史料。

③天气预报

1957 年,采用收听广播加订正的方法,制作天气预报;后通过收听天气形势,结合本站资料图表,每日早晚制作 72 小时内天气预报。1983 年,开始增加月预报。1992 年,增加旬报、节假日和关键农事等短、中、长期天气预报以及临近预报,同时开展灾害性天气预报预警业务,制作各类重要天气报告供领导决策。

④气象信息网络

1984 年以前,气象站利用收音机收听武汉区域中心气象台和上级以及周边气象台播发的天气预报和天气形势,并绘制简易天气图。1985 年,配备 ZSQ-1(123)天气传真接收机,接收北京、欧洲气象中心以及东京的气象传真图。1999—2005 年,建设了 VSAT 站、X.25 分组交换网、气象网络应用平台、专用服务器和市县气象视频会商系统,开通 10 兆光纤,接收从地面到高空各类天气形势图和云图、雷达回波图等资料,为气象信息的采集、传输处理、分发应用、会商分析提供支持。

2. 气象服务

公众气象服务 1994 年以前,主要通过广播和邮寄旬报方式向全县发布气象信息。1994 年,建立气象警报系统,向有关部门、乡(镇)、村、农业大户和企业等每天 2 次开展天气预报警报信息发布服务。1996 年,开通"121"(2005 年 1 月改号为"12121")天气预报电话自动答询系统。1998 年,由渑池县气象局应用非线性编辑系统制作电视气象节目,开展天气预报、天气趋势预报等服务。2004 年,相继开通了手机、小灵通气象短信服务。至 2008 年,12 个乡镇全部设兼职气象信息员。

决策气象服务 20 世纪 80 年代,以口头或电话方式向渑池县委、县政府提供决策服务。20 世纪 90 年代,印发《渑池气象》,提供气象预报、气候评价、病虫害预测等决策服务产品。2004 年,开始利用手机短信平台向渑池县委、县政府及渑池防汛抗旱指挥部门提供决策服务。

人工影响天气 1991 年,开始利用高炮进行人工影响天气。1994 年,购置高炮 3 门。2002 年,购置人工增雨火箭发射装置 3 套。2004 年,成立渑池县人工影响天气办公室。2005 年,购置人工增雨火箭发射装置 3 套。2007 年,建成人工增雨防雹作业基地 4 个。2007—2008 年,对 4 个增雨防雹基地作业人员共计 40 人次开展 2 次培训。

防雷技术服务 1989 年,开始对建筑物防雷装置进行安全检测。2006 年,开展学校防雷减灾工作,2008 年已完成对全县中小学校防雷安全的调研工作,并分步实施防雷工程。

气象科普宣传 2006 年,在人才培养、资源共享、科学研究等方面与渑池县职业中专建立了长期合作关系,渑池县气象局为渑池县职业中专实验实习基地。每年的"3·23"世界气象日,气象局都向中小学生开放。

科学管理与气象文化建设

社会管理 1989 年,成立防雷装置检测队伍,2003 年成立渑池县防雷技术中心,逐步开展建筑物防雷装置、新建建(构)筑物防雷工程图纸审核、竣工验收、计算机信息系统等防雷安全检测。

2003 年 10 月 18 日,渑池县行政服务中心设立气象窗口,承担气象行政审批职能,实行防雷装置设计审核和竣工验收制度,并对天气预报发布和传播行为进行规范。

2004 年 1 月,成立气象行政执法队,3 名兼职执法人员均通过渑池县法制办培训考核,持证上岗。2005—2008 年,渑池县气象局与渑池县安全生产监督管理局、渑池县消防队、渑池县教育局等部门联合开展气象行政执法检查 10 余次。

政务公开 2005 年,渑池县气象局对气象行政审批办事程序、气象服务、服务承诺、气象行政执法依据等内容,向社会公开。渑池县气象局落实首问责任制、气象服务限时办结、气象电话投诉、气象服务义务监督、财务管理等一系列规章制度,积极开展局务公开工作。

党建工作 1985 年 6 月以前,组织关系在渑池县农业局党支部,1985 年 6 月以后,组织关系转入渑池县农村经济工作委员会。1999 年 12 月,建立中共渑池县气象局党支部。

截至 2008 年底,有党员 4 人。

2000—2008 年,渑池县气象局连年参与气象部门和地方党委开展的党章、党规、法律法规知识竞赛。2002—2008 年,渑池县气象局连续 7 年开展党风廉政教育月活动。2004—2008 年,每年开展作风纪律整顿活动。

2005 年,中共渑池县气象局党支部被渑池县直机关工委评为"五好先进党支部"。

气象文化建设 1995 年,开展争创文明单位活动。2000—2008 年,先后开展"三个代表"、"保持共产党员先进性"、"三好一强"(思想好、作风好、形象好、能力强)等教育活动;组织开展春游、文艺演出、运动会等文化体育活动。

荣誉 1998—2008 年,渑池县气象局获地厅级以上集体荣誉 10 项。其中,1998 年,被河南省气象局评为"天气预报制作先进单位";1999 年,被河南省气象局评为"气象科技服务先进单位";2001 年,被河南省档案局评为省级"档案工作目标管理先进单位";2002 年,被河南省气象局评为"重大气象服务先进集体"、"科技服务与产业发展先进单位";2003年、2008 年,两次被三门峡市委、市政府命名为市级文明单位;2005 年、2006 年,被河南省气象局评为"重大气象服务先进集体";2008 年,被河南省气象局评为"人工影响天气先进集体"。

台站建设

2008 年,渑池县气象观测站新址占地 0.8 公顷,建筑面积 830 平方米,观测场按标准建设,实现集气象科普和气象观测业务为一体;绿化面积 3000 平方米;建立了气象预警业务平台、气象灾害培训基地、图书阅览室、党员活动室、职工活动室和文体活动场所。

卢氏县气象局

卢氏县位于豫陕两省交界处,河南省西部边陲,居黄河、长江分水岭南北两麓,跨崤山、熊耳、伏牛三山,总面积 4004 平方千米,下辖 8 镇 11 乡,353 个行政村,总人口 37 万,是河南省面积最大、人口密度最小、平均海拔最高的深山区贫困县和革命老区县。

机构历史沿革

始建情况 1952 年 7 月,由中国人民解放军河南省军区在卢氏县城关镇寨子村建设中国人民解放军河南军区卢氏气象站,位于北纬 34°03′,东经 111°02′,海拔高度 568.8 米。1952 年 7 月 1 日,开始有正式观测记录。

历史沿革 1953 年 11 月,更名为河南省卢氏气象站。1955 年 1 月,更名为河南省人民政府气象局卢氏气象站。1955 年 6 月,更名为河南省卢氏气象站。1960 年 4 月,更名为河南省卢氏气象服务站。1968 年 5 月,更名为河南省卢氏县气象站。1990 年 5 月,更名为卢氏县气象局。

管理体制　自 1952 年 7 月建站至 1953 年 10 月,属部队建制,实行军事化管理。1953 年 11 月—1958 年,由气象部门直接领导。1959 年起,实行地方政府和气象系统双重领导、以地方政府领导为主的管理体制,业务受洛阳地区行署气象处领导,其中 1967—1972 年由卢氏县人民武装部业务科管理。1984 年,实行气象部门与地方政府双重领导,以气象部门领导为主的管理体制。1990 年 1 月,由洛阳市气象局改为三门峡市气象局领导。

机构设置　1989 年,设立测报股、高空股、预报股和农业气象股;1990 年,增设防雷装置检测组;2003 年成立卢氏县防雷技术中心。至 2008 年,共设 4 个股室和 1 个防雷技术中心。

单位名称及主要负责人变更情况

单位名称	姓名	职务	任职时间
中国人民解放军河南军区卢氏气象站	汪永钦	站长	1952.07—1952.10
	冯泰吉	站长	1952.11—1953.04
	张子魁	站长	1953.05—1953.11
河南省卢氏气象站			1953.11—1955.01
河南省人民政府气象局卢氏气象站			1955.01—1955.06
			1955.06—1957.02
河南省卢氏气象站	王秉信	站长	1957.03—1958.09
	魏先兴	站长	1958.10—1960.04
			1960.04—1961.01
河南省卢氏气象服务站	魏道弥	站长	1961.02—1966.05
	吴振藻	站长	1966.06—1968.05
			1968.05—1972.03
	刘海江	站长	1972.04—1975.03
河南省卢氏县气象站	吕　强	站长	1975.04—1979.02
	李玉端	站长	1979.03—1985.01
	杨定中	站长	1985.02—1989.01
	宋建予	站长	1989.02—1990.05
		局长	1990.05—1998.04
卢氏县气象局	李延民	局长	1998.05—2007.11
	范学武	局长	2007.11—

人员状况　1952 年建站初期,仅有职工 2 人。截至 2008 年底,有在职职工 16 人(正式在编职工 14 人,聘用职工 2 人)。在职职工中:本科学历 1 人,大专学历 9 人;中级职称 8 人;50 岁以上 2 人,40~49 岁 4 人,30~39 岁 4 人,30 岁以下 6 人。

气象业务与服务

1. 气象业务

①气象观测

地面观测　1952 年 7 月 1 日起,观测时次为 03、06、09、12、14、18、21、24 时每日 8 次,

夜间守班。1954年1月1日起,改为每日01、07、13、19时4次观测。1960年1月1日,改为07、13、19时3次观测。1961年1月1日起,观测时次采用北京时02、08、14、20时4次观测和05、11、17、23时4次补充观测。

观测项目为云、能见度、天气现象、气压、气温、湿度、风向、风速、降水、雪深、日照、蒸发、最低草面温度、温度自记、湿度自记、气压自记等。1954年1月1日起,最低草面温度改为地面0厘米温度,并增加曲管5～20厘米地温观测;1961年1月1日,增加日照观测;1961年10月1日,增加直管40、80、160、320厘米地温观测;1965年1月1日,增加冻土观测;1967年1月1日,取消直管160、320厘米地温观测;1971年1月1日,增加风向、风速自记观测;1976年4月1日,启用雨量自记;1980年1月1日,停止直管40、80厘米地温观测;2002年1月1日EN型自动风向风速仪投入使用。

2004年1月1日,自动气象站建成并开始平行观测。2007年1月1日—2008年12月31日,观测业务切换为基准站观测模式,24小时定时观测;观测项目为云、能见度、天气现象、气压、气温、湿度、风向、风速、降水、雪深、日照、蒸发、草面温度、电线积冰、温度自记、湿度自记、气压自记等。

1991年1月1日—2008年12月31日,承担郑州、安阳等地航危报业务;一直承担重要天气报、雨量报等发报业务。

区域自动站观测 2006年5月开始区域自动气象站建设,2006—2007年相继建成16个乡镇自动雨量站和1个四要素自动气象站;2008年又建成了19个太阳能自动雨量站并投入运行。区域自动站自建成时开始自动观测。2008年10月,开始区域站报表审核上报。

农业气象观测 1958—1965年,建立乡级农村气象哨,负责作物观测及土壤水分测定。1980年,开始作物观测、土壤水分测定及物候观测。1972年,完成《卢氏县气候资料汇编》(1957—1970年)。1994年,完成《卢氏站气候资料累年簿》(1971—1990年)。1984年,完成《卢氏县农业气候区划报告(初稿)》编制。1987年,每旬向卢氏县委、县政府及涉农部门送发"卢氏气象",1995年改为"农业气象信息",每月1次。2008年,增加关键农事天气预报、墒情快报及生产建议和病虫害监测预报和特色作物观测预报。1997年起,为《卢氏县志》《卢氏年鉴》提供气候史料。

高空观测 1958年1月1日,开始小球测风观测,观测时次为07、19时。1987年1月1日,开始雷达单测风观测,雷达型号为701B型雷达;1998年4月16日,雷达更换为701A型;2003年8月1日,更换为车载式701A型雷达;2004年9月1日,新雷达楼投入使用,启用固定701A型雷达;2007年4月1日,雷达换代为701-X型雷达。1958年1月1日,观测计算工具为绘图板;1984年6月1日,启用702P计算程序;1986年4月1日,改为PC-1500袖珍计算机;1999年1月1日,改为微机测算。

②天气预报

自1970年起,通过收听天气形势,结合本站资料图表,每日早晚制作72小时内天气预报。1983年,开始增加月预报。1992—2008年,开展常规72小时、旬月报、节假日和关键农事等短、中、长期天气预报及临近预报,并开展灾害性天气预报预警业务、制作各类重要天气报告供领导决策。

③气象信息网络

1984年以前,气象站利用收音机收听湖北、陕西、河南等气象台和上级及周边气象台播发的天气预报和天气形势。1985年,配备 ZSQ-1(123)天气传真接收机接收北京、欧洲气象中心及东京的气象传真图。1999—2005年,X.25分组交换网、市县宽带网、气象网络应用平台、专用服务器和市县气象视频会商系统等投入业务运行,开通2兆光纤,为气象信息的采集、传输处理、分发应用、会商分析提供了支持。应用县级天气预报服务系统和气象决策服务系统,接收从地面到高空各类天气形势图和云图、雷达等数据。

2. 气象服务

公众气象服务　1994年以前,通过广播和邮寄旬报方式向全县发布气象信息。1994年,建立气象警报系统,向有关部门、乡(镇)、村、农业大户和企业等每天2次开展天气预报警报信息发布服务。1996年,开通"121"(2005年1月改号为"12121")天气预报电话自动答询系统。2004年,相继开通了手机、小灵通气象短信服务。2006年,利用手机短信平台发布气象信息。

决策气象服务　20世纪80年代,以口头或电话方式向卢氏县委、县政府提供决策服务。20世纪90年代,印发《气象信息》,向县委、县政府提供气象预报、气候评价、病虫害预测等决策服务产品。2007年,开始利用手机短信平台及时向县委、县政府及防汛抗旱部门提供决策服务。

人工影响天气　2000年3月,成立了卢氏县人工影响天气领导小组。2000年开始,由卢氏县气象局负责,卢氏县武装部组织民兵实施人工增雨作业。2003年,开展了人工防雹作业。至2008年,防雹固定作业点6个,4个流动火箭作业点,6门高炮,4门火箭发射架,配备了GPS卫星定位仪,在全县范围内设置了沙河、官道口、五里川、官坡、横涧、木桐6个炮点,并建专用炮库,达到通路、通电、通电话,确保通讯畅通,初步建立了人工影响天气作业体系。

防雷技术服务　1990年,开始为卢氏县各单位建筑物避雷设施进行安全检测。1999年,为全县各类新建建(构)筑物按照规范要求安装避雷装置。

气象科普宣传　在全县人大政协"两会"、三级干部会等大型会议和"3·23"世界气象日期间,组织干部职工走上街头,采取悬挂横幅标语、设立咨询台、分发气象宣传资料等多种形式,向公众宣传气象科技知识,特别对保护气象探测环境、人工影响天气等人民群众普遍关心的问题进行重点宣传,并现场接受群众咨询;在气象部门网站上设立气象科普宣传内容,方便群众随时上网查询;对19个乡镇兼职气象信息员进行气象知识培训,并通过他们加大科普宣传;对6个增雨防雹基地作业人员进行气象及人工影响天气知识的培训。

科学管理与气象文化建设

1. 社会管理

2005年9月,将气象探测环境保护的有关文件在卢氏县建设局进行备案,卢氏县建设局以《关于加强气象探测环境保护问题》的复函(卢建函〔2005〕7号),对气象探测环境保护备案情况进行了正式回复。2007年3月,与卢氏县建设局联合发布《关于保护气象探测环境的公告》(卢气字〔2007〕10号),在所在地周边公布张贴。2005—2008年,对可能影响气象探测环境的行为进行了多次执法,有效保护了气象探测环境。

1990年,成立防雷装置检测队伍。2003年,成立卢氏县防雷技术中心,承担对社会防雷设施的检测、验收及雷电灾害的调查鉴定工作,逐步开展建筑物防雷装置、新建建(构)筑物防雷工程图纸审核、竣工验收、计算机信息系统等防雷安全检测业务。

2. 政务公开

2005年,对气象行政审批办事程序、气象服务、服务承诺、气象行政执法依据等内容,向社会公开。落实首问责任制、气象服务限时办结、气象电话投诉、气象服务义务监督、财务管理等一系列规章制度。2005年,被中国气象局评为"气象部门局务公开先进单位"。

3. 党建工作

1985年6月以前,设党小组,归卢氏县农业局党支部管理。1995年8月,成立卢氏县气象局党支部,隶属中共卢氏县县直党委,2002年10月转属中共卢氏县农业局党委。支部共有党员6名(其中离退休党员1名)。

2000—2008年,每年均参与气象部门和地方党委开展的党章、党规、法律法规知识竞赛。2002—2008年,连续7年开展党风廉政教育月活动。2004—2008年,每年开展作风纪律整顿活动,并签订党风廉政建设目标责任书,推进惩治和防腐败体系建设。

2008年,被中共卢氏县委授予"五好先进党支部"称号。

4. 气象文化建设

2000—2008年,先后开展"三个代表"、"保持共产党员先进性"、"讲正气、树新风、谋发展、促和谐主题活动"、"深入学习实践科学发展观活动"等多项专题学习活动,并与驻卢武警中队开展共建活动,对贫困村(户)、残疾人进行帮扶。2007年起,每年组织春游、文艺演出、演讲比赛等活动,积极参加三门峡市气象局文艺演出、卢氏县体育运动会等活动。

1993年,被卢氏县委、县政府评为县级文明单位。1995年,获市级文明单位荣誉称号;1998年、2002年连续两届被三门峡市委、市政府评为市级文明单位标兵。2006年被河南省委、省政府命名为省级文明单位。

5. 荣誉

集体荣誉 2000—2008年,获地厅级以上集体荣誉6项。其中,2006年,被河南省委、省政府评为省级文明单位;2005年,被中国气象局授予"气象部门局务公开先进单位";2001年,被河南省档案局评为省级"档案工作目标管理先进单位";2000年、2007年,先后两次被河南省气象局评为"人工影响天气先进集体";2007年,获评全省气象部门"优秀县(市)气象局"。

个人荣誉 2005年,3人次获250班无错情;2008年,1人次获250班无错情,分别被中国气象局授予"全国质量优秀测报员"荣誉称号。

台站建设

　　2003—2008 年,持续进行环境改造,先后建绿化带、种植花带、草坪、硬化路面等。全局占地 7612.16 平方米,建筑面积 861.77 平方米,拥有水泥硬化路面 1000 多平方米,绿化面积近 3000 平方米,达到四季常青、三季有花。办公室、业务平面装修后,配备了空调、饮水机等办公用品,进一步完善了文明学校、荣誉室、活动室、图书阅览室等气象文化设施。

南阳市气象台站概况

南阳市位于河南省西南部豫鄂陕交界处,东接河南省驻马店、信阳市,北与平顶山市毗邻,西和陕西商州相连,南与湖北随州市、襄樊市接壤。东西长 263 千米,南北宽 168 千米,面积为 26600 平方千米。2008 年,人口 1100 万,辖 10 县 1 市 3 区。南阳气候宜人,古人曾用"春前有雨花开早,秋后无霜花落迟"的诗句来赞扬南阳良好的气候条件;也有"河南粮仓"之美誉。南阳市地处北亚热带向北暖温带的过渡地带,属典型的大陆性半湿润季风气候,四季分明,冬季寒冷,极端最低气温可达－21.2℃,雨雪较少;春季温暖,雨水均匀,多大风天气;夏季酷热,极端最高气温可达 41.4℃,雨量较多;秋季凉爽,雨水逐渐减少。年平均气温 14.9℃,年降水量 787.4 毫米,无霜期 220～240 天,年日照时数 2047 小时。主要气象灾害有旱、涝、冰雹、干热风、连阴雨、寒潮、霜冻、大风等。

气象工作基本情况

所辖台站情况 南阳市气象局辖桐柏、唐河、新野、邓州、淅川、西峡、内乡、镇平、南召、方城、社旗 11 个县(市)气象局(观测站)和南阳市国家基准气候站。

历史沿革 1952 年 7 月,建成河南省军区南阳气象站。1958 年 2 月,更名为河南省南阳中心气象台。1958 年 9 月,更名为南阳专员公署气象台。1960 年 5 月,更名为南阳专员公署气象服务台。1969 年 5 月,与地区水文站合并,称为南阳地区水文气象服务站。1973 年 3 月,撤销南阳地区水文气象服务站,建立南阳区气象台和南阳地区水文站。1979 年 7 月,更名为河南省南阳地区革命委员会气象局。1984 年 7 月,更名为河南省南阳地区气象处。1989 年 8 月,更名为河南省南阳地区气象局。1994 年 7 月,更名为南阳市气象局。

1956—1958 年,先后建立邓县、内黄县、方城县、西峡县、淅川县、南召县、桐柏县、唐河县气候站和新野县、镇平县气象站,1967 年建立社旗县气象服务站;1970 年,所辖县气候站、气象服务站均更名为县气象站;1990 年,县气象站均更名为县气象局,实行局、站合一。

管理体制 1952 年 7 月建站时,由南阳军分区和河南省军区气象科双重领导。1953 年 10 月,由南阳专员公署办公室领导。1955 年 1 月,由河南省人民政府气象局和南阳专员公署双重领导。1958 年 2 月,由南阳专员公署领导,上级业务部门为业务指导。1971 年 1 月,实行军事部门与地方政府双重领导、以军队为主的管理体制。1973 年,由地方政府管理。1983年10月,实行气象部门与地方政府双重领导、以气象部门领导为主的管理体制。

人员状况 建站时有职工4人。1980年有193人。截至2008年底,全市共有在职职工165人(含县气象局)。其中:硕士研究生学历1人,大学学历35人,大专学历57人,中专学历71人,高中及以下学历1人;男104人,女61人;汉族156人,回族6人,蒙古族3人;高级职称12人,中级职称74人。

党建与精神文明建设 初建时,党员少,均参加农业局党组织活动。1965年,成立第一个党支部,有党员9人。1982年8月成立中共河南省南阳地区气象局党组。1989年成立中共河南省南阳地区气象局总支部委员会,下设4个支部,有党员43人。2002年11月,建立了中共河南省南阳市气象局机关委员会,有党员61人。截至2008年底,除新野县气象局外,全市气象部门有10个县气象局建立了党支部,共有党员134人,其中在职86人,离退休48人。2002年3月,全市气象部门全部建成市级以上文明单位,其中南阳市、唐河县气象局为省级文明单位;南阳市气象系统被南阳市委、市政府命名为市级"文明单位建设先进系统"。

领导关怀 1991年9月26日,国家气象局副局长温克刚视察了南阳地区气象局、南阳国家基准气候站。

2006年12月29日,中国气象局副局长刘英金视察南阳市气象局,还视察了桐柏县、唐河县、内乡县气象局。

2007年4月14日,中国气象局原局长温克刚视察南阳市气象局、气象台和新一代天气雷达。

2007年9月13日,中央纪律检查委员会驻中国气象局纪律检查组组长孙先健一行到南阳市气象局调研。

主要业务范围

地面气象观测 2008年,共有12个国家级地面气象观测站。其中,南阳站为国家基准气候站,每日观测24次,并拍发天气电报,是全球气象情报交换站,担负国际气候月报交换任务。西峡、桐柏是国家基本气象站,每日02、08、14、20时4次定时观测及05、11、17、23时补充定时观测,并拍发天气电报和补充天气电报。其他为国家二级气象观测站,承担全国统一观测任务,每日08、14、20时3次定时观测,向河南省气象台拍发区域天气加密电报,夜间不守班。观测项目有云、能见度、天气现象、气压、空气温度和湿度、风向、风速、降水、雪深、日照、蒸发(小型)、冻土、浅层地温。南阳、西峡站1956年11月和1997年3月分别增加E-601大型蒸发观测。1962年7月1日国家基本气象观测站增加深层地温、雪压、电线积冰、E-601大型蒸发观测。国家一般气象观测站2008年增加电线积冰观测。南阳、桐柏、西峡站承担航空危险天气发报任务,2005年1月取消。

2003年开始,全市12个观测站相继建成地面自动观测站。2007年2月,建成区域自动气象站219个,其中,四要素站36个,单要素站183个。2006年1月1日—2008年底,地面观测资料以自动站记录作为正式记录。2004年3—8月,承担OSSMO 2004业务软件实验任务。2005年5月,增加紫外线观测。2006年11月16日,增加草面(雪面)温度观测。

高空气象观测 南阳气象观测站1958年11月1日开展测风业务,观测时次为07和19时,使用设备为经纬仪,观测20#测风球。

1966 年 4 月 1 日,增加了探空业务。1976 年 12 月,701 型雷达开始使用。探空仪由 24 型发射机改为 59 型探空仪。1993 年 4 月,正式启用 701C 雷达。1997 年,由中国气象科学研究院研发的探空记录整理系统软件投入运行,同年 10 月探空回答器由电子管改为晶体管。2005 年 6 月,701X 雷达开始使用。2005 年 12 月 1 日,开始用 L 波段雷达观测 GTS-1 型电子探空仪,每天进行 2 次观测。观测项目有大气温度、湿度、风向、风速、高度。

天气雷达观测 711 天气雷达业务始于 1976 年 5 月。2006 年 12 月 5 日,南阳新一代天气雷达(5 厘米 CB 型多普勒雷达)安装调试并通过了专家现场测试,2007 年 2 月投入试运行。2008 年 1 月 1 日全面更替 711 雷达,用于监测和预警暴雨及强对流天气系统。

农业气象观测 南阳市有国家一级农业气象站 2 个(南阳气象观测站和内乡县气象观测站);河南省农业气象基本站 1 个(方城县气象观测站)。承担农作物全生育期观测,向各级政府定期或不定期提供农业气象报、墒情报、灾情报、二十四节气报、干旱监测、森林植被遥感监测;小麦、玉米、棉花全生育期农业气象条件分析与产量趋势、产量预报、气候影响评价、病虫害防治等业务产品。

人工影响天气 1991 年 10 月,成立南阳市人工影响天气领导小组,办公室设在南阳市气象局。1996 年 5 月,各县(市)相继成立了人工影响天气办公室(设在气象局)。到 2008 年底,全市有 43 门"三七"式高炮、27 套车载式增雨消雹移动火箭,建设固定炮站 42 座,持证上岗作业指挥人员和炮手 184 人。

天气预报 天气预报发展主要有四个阶段:第一阶段(建站至 20 世纪 60 年代初),通过天象物象、老农经验等结合本站温、压、湿变化,制作天气预报。第二阶段(20 世纪 60 年代初至 70 年代),利用天气图和单站资料建立各种天气模式,制作天气预报。第三阶段(20 世纪 80 年代后),由天气图结合数值预报传真图、雷达图,制作天气预报,初步建立了现代天气预报体系。第四阶段(1997 年后),是现代气象预报阶段,以人机交互系统为平台,综合分析天气形势、卫星云图、雷达图和数值预报产品等资料,做出精细化预报、灾害性天气落区指导预报、灾害性天气警报。

气象服务 1992 年以前,主要通过广播电台向公众发布天气预报。之后,通过电视台、电台、报纸、"12121"、寻呼机、手机短信和互联网向公众发布精细化天气预报和森林火险等级预报、高速公路预报、生活气象预报等预报产品。1990 年以前,决策气象服务主要以书面和电话报送为主;之后,决策服务产品由电话、传真、信函向电视、微机终端、互联网、电子政务系统等发展。

南阳市气象局

机构历史沿革

始建情况 南阳市气象局前身为中国人民解放军河南省军区南阳气象站,始建于

1952年7月1日,站址位于南阳市解放路军分区门口,北纬33°04′,东经112°32′。

站址迁移情况 1954年9月21日,迁至南阳市北郊瓦房庄。1960年5月,迁至南阳市东郊老庄北,北纬33°02′,东经112°35′。

历史沿革 1953年10月,改名为河南省南阳气象站。1955年1月,改为河南省人民政府气象局南阳气象站。1955年6月,改为河南省南阳气象站。1958年2月,扩建为河南省南阳中心气象台。1960年5月,改为河南省南阳专员公署气象服务台。1968年9月,改为河南省南阳地区革命委员会气象台。1969年5月,改为河南省南阳地区水文气象服务台。1973年3月,改为南阳地区气象台。1976年5月,改为河南省南阳地区革命委员会气象台。1979年7月,改为河南省南阳地区革命委员会气象局。1984年7月,改为河南省南阳地区气象处。1989年8月,更名为河南省南阳地区气象局。1994年7月,更名为河南省南阳市气象局。

管理体制 1952年建站时,由南阳军分区和河南省军区气象科双重领导。1953年10月,由南阳专员公署办公室领导。1955年1月,由河南省人民政府气象局和南阳专员公署双重领导。1958年2月,由南阳专员公署领导,上级气象部门为业务指导。1971年1月,实行军事部门与地方政府双重领导、以军队为主的体制。1973年,由南阳行政公署建制领导,实行双重领导以地方为主的体制。1983年10月,实行气象部门与地方政府双重领导、以气象部门领导为主的管理体制。

机构设置 2008年,局机关设办公室(财务核算)、人事科、法规科、业务科4个职能科室;下设气象台(网络管理中心)、观测站(国家基准气候站)、专业气象台(科技中心)、防雷中心4个直属事业单位;辖桐柏县、唐河县、新野县、邓州市、淅川县、西峡县、内乡县、镇平县、南召县、方城县、社旗县11个县(市)气象局;南阳市人工影响天气办公室挂靠南阳市气象局。

单位名称及主要负责人变更情况

单位名称	姓名	职务	任职时间
中国人民解放军河南省军区南阳气象站	杨天录	站长	1952.07—1953.10
河南省南阳气象站			1953.10—1954.05
			1954.05—1954.12
河南省人民政府气象局南阳气象站	郭儒俊	站长	1955.01—1955.06
			1955.06—1956.01
河南省南阳气象站			1956.01—1958.02
	邢祖恩	站长	1958.02—1960.02
河南省南阳中心气象台			
	郑立才	副台长(主持工作)	1960.02—1960.05
河南省南阳专员公署气象服务台			1960.05—1964.05
	王肇年	台长	1964.05—1968.09
河南省南阳地区革命委员会气象台	陈 政	副台长(主持工作)	1968.09—1969.05
			1969.05—1969.10
河南省南阳地区水文气象服务台	符明义	台长	1969.10—1973.03
南阳地区气象台			1973.03—1976.05
河南省南阳地区革命委员会气象台	薛协印	副台长(主持工作)	1976.05—1978.02
	牛 忠	台长	1978.02—1979.07

续表

单位名称	姓名	职务	任职时间
河南省南阳地区革命委员会气象局	牛 忠	局长	1979.07—1981.01
	杨有来	局长	1981.06—1984.06
南阳地区气象处	董 波	副处长(主持工作)	1984.07—1988.06
		处长	1988.06—1989.08
		局长	1989.08—1990.05
南阳地区气象局	闫宗法	局长	1990.05—1992.07
	王银民	副局长(主持工作)	1992.07—1993.06
		局长	1993.06—1994.07
南阳市气象局			1994.07—1996.05
	李海彬	局长	1996.05—

人员状况 建站时有职工 4 人。1980 年有职工 95 人。截至 2008 年底,有在职职工 83 人,离退休职工 67 人。在职职工中:男 49 人,女 34 人;汉族 79 人,回族 3 人,蒙古族 1 人;硕士研究生学历 1 人,大学本科学历 30 人,大专学历 28 人,中专学历 24 人;高级职称 10 人,中级职称 41 人,初级职称 28 人;30 岁以下 13 人,31~40 岁 21 人,41~50 岁 33 人, 50 岁以上 16 人。

气象业务与服务

1. 气象观测

①地面气象观测

观测项目 1952 年 7 月 1 日开始观测。观测项目有云、能见度、天气现象、气压、空气的温度和湿度、风、降水、雪深、日照、蒸发、最低草温、地温。2008 年底,观测项目有云、能见度、天气现象、气压、空气的温度和湿度、风、降水、雪深、雪压、日照、蒸发、地温、冻土、电线积冰、露天温度。

观测时次 1952 年 7 月 1 日,进行地面 24 小时观测。

发报种类 天气报 4 次,补充天气观测报 6 次。1954 年 9 月,增加不定时危险天气报告,12 月增加拍发 05、11、17、23 时补充天气报和 03—22 时的航危报。1955 年,增加拍发气候旬报。1988 年 1 月 1 日,发报时间为 4 次定时和 4 次补充天气报。2001 年 4 月起,汛期停止拍发天气加密报,改为汛期每天 11 时加发 1 份天气报。

电报传输 自建站至 2000 年,通过邮电局用电话方式报送气象报文。2000 年 5 月,开始通过 X.25 分组交换网传输报文。2005 年 4 月 22 日,正式利用 OSSMO 2004 地面测报软件直接传输报文。2005 年 7 月,开通数据宽带传输业务。2008 年 7 月,与电信部门合作,建成 SDH 宽带备份线路,为各类气象报文、自动站观测数据的快速及时安全传递与共享,提供了强有力的通信传输多重保障。

气象报表制作 制作的报表有地面气象记录月报表、年报表。1990 年 1 月,地面气象记录月报表开始由人工制作转变为使用计算机制作;1992 年起,地面气象记录年报表由人工制作转变为使用计算机制作。

资料管理 南阳市气象局建立有资料档案室,2004年、2009年两次荣获国家档案局颁发的"国家二级科技事业单位档案管理"证书,观测站每年3月前将上一年度气象观测资料交南阳市气象局档案室保管。河南省气象部门实行气象资料统一管理后,2008年11月,南阳市气象局将气象资料全部交河南省气候中心保管。

自动气象站观测 2003年9月,地面自动站建设完成并投入业务运行,至2008年底人工站和自动站平行观测。自动站观测项目有温度、湿度、降水、风向、风速、气压、地温、辐射、蒸发。观测时次为每日24次。2003年3月10日,开始承担沙尘暴数据上传试验。2004年1月1日—2005年12月31日,地面观测资料以人工站记录作为正式记录,2006年1月1日—2008年,地面观测资料以自动站记录作为正式记录。2006年11月16日,增加草面(雪面)温度观测。

②高空观测

南阳探空站承担着探空资料全球交换的任务。1958年11月1日07时开展测风业务,观测时次为07时和19时,使用的设备为经纬仪,观测20♯测风球。

1966年4月1日,探空观测时次为07时用高频收音机接受信号,探空球为80♯;19时只使用20♯球进行测风观测,所需探测结果均从表格中查取。同年8月1日开始,探空观测时次改为每日07时和19时2次,同时测风改用经纬仪观测探空球测风,利用24型发射机发送探空信号,地面用收报机接收,探空结果仍从表格中查取计算所得。

1976年12月,701型雷达开始使用。探空仪由24型发射机改为59型探空仪,高空风从绘图板或表格中查取,1981年改用DS-7型计算器,输入仰角、方位角度数和斜距,计算出高空风。1984年6月,探空计算开始使用PC-1500袖珍计算机。

1990年1月701雷达改型大修,1991年12月1日调试完成进行对比观测。1993年4月8日,正式启用701C雷达。计算机由PC-1500袖珍计算机更新为奔Ⅱ、奔Ⅲ及奔月系列。1997年,探空记录整理系统软件投入运行,同年10月探空回答器由电子管改为晶体管。1999年12月,由杭州市气象局主持研发改进的整理系统代替了原气科院研发的系统软件。2005年6月16日,701X雷达开始使用。2005年12月1日,开始使用L波段雷达观测GTS-1型电子探空仪进行高空探测。

③农业气象观测

1958年开始农业气象观测。1967—1976年,观测中断。1977年,恢复观测业务,观测内容有作物生育期观测、物候观测、土壤水分观测。

观测仪器为土钻、望远镜、直尺、便携式自动土壤水分仪、自动土壤水分烘箱。

农业气象情报有定期农业气象情报和关键农事季节农业气象情报。

农业气象报表有农气表-1、农气表-21、农气表-3,均向河南省气象局报送2份,留底1份。

每旬逢8日,对作物观测地段进行土壤水分观测。1994年8月,开始每旬逢3日加测土壤水分。

④紫外线观测

2005年7月19日,紫外线检测仪开始运行。

⑤酸雨观测

2007年1月1日,酸雨观测项目正式运行。

2. 气象信息网络

建站之始,气象电报的传递方式为专线电话直通邮电局报房。1980年前,以电台接收气象电报,抄报、填图、绘制天气图,利用收音机收听上级气象台及周边气象台站播发的天气预报和天气形势等。1980年前后,装备了气象传真接收机,利用单边带接收气象信息。1985年,组建VHF甚高频无线电话网,并实现省、地、县三级联网。1994年,采用计算机接收气象电传报,并自动填图、打印。1996年,建立了卫星通信VSAT小站,气象台撤销了通信填图组,结束了人工填图绘制天气图的历史,预报员分析天气图改用计算机调阅。1999年,安装X.25宽带网,实现省—市—县专线数据传输。2003年,开通SDH宽带等通讯线路,建成省—市—县宽带网。2007年,安装DVBS卫星资料接收系统。

3. 天气预报预测

短期天气预报 建站初期,仅开展12~24小时天气预报。20世纪60年代初,开始制作12、24、48和72小时天气预报,通过南阳市广播站对外发布。2008年底,短期天气预报每天早晨、下午各发布一次,主要内容为未来3天内天气、最高和最低气温、风力风向等。

中期天气预报 20世纪80年代初,根据中央气象台、河南省气象台预报,结合短期天气预报、本地资料及预报方法,发布逐旬天气预报。2003年,根据周工作需要,改为周天气预报,每周日制作并发布。

短期气候预测(长期天气预报) 20世纪80年代中后期,开始制作一个月以上的短期气候趋势预报,主要有月、季预报,制作服务的预报包括汛期、麦收期、麦播期、秋收秋种期预报等产品。

4. 气象服务

①公众气象服务

1992年以前,气象服务信息主要是常规预报产品和情报资料。1990年开始,通过无线警报机为专业用户提供气象资料和预报服务。1993年,在电视台开辟电视天气预报节目。1996年3月,自行制作的天气预报节目正式在南阳市电视台播出。1997年,开通了"121"气象信息电话(2000年,由南阳市气象局集约化经营;2005年,"121"电话升位为"12121",同时中继线达到150条)。2001年,开通了"南阳兴农网",增加了气象服务的覆盖面。2002年,开始手机短信气象服务。2000年后,气象服务产品除了短期、中期、长期天气预报外,还增加了精细化、电力气象、森林火险等级、地质灾害等预报。

②决策气象服务

1990年以前,决策气象服务以书面文字发送和用电话报告为主。1990年后,决策服务产品由电话、传真、信函等向手机短信、电视、微机终端、互联网等发展,市委、市政府领导可通过电脑随时调看实时云图、雷达回波图、乡镇雨量点的雨情。

③人工影响天气

南阳市人工影响天气工作始于1988年,以抗旱减灾为重点,由市政府组织,借用部队高炮和人员进行人工影响天气作业。1991年10月,南阳市成立了以主管副市长为组长的领导小组和以气象局局长为办公室主任的人工影响天气办公室。

④防雷技术服务

1998年10月,成立南阳市防雷中心。2006年,开展防雷工程的设计、审核、竣工验收、定期检测、雷灾调查、雷击风险评估、防雷科普宣传等业务。

⑤科学技术

气象科普宣传 每年利用世界气象日、科技活动周等活动,气象科技人员上街展出宣传板报,散发宣传材料;到学校、农村、机场等地开展丰富多彩的气象科技和气象知识宣传讲座;还利用电视、电台、报纸、"12121"特服电话和"兴农网"宣传气象科普知识。此外,还开放气象台站,邀请各级领导、大中小学生及社会各行业人员到台站参观。

气象科研 2000年,"南阳市暴雨专家系统"获南阳市科研二等奖;2001年,"南阳市冰雹成因分析判别系统"获南阳市科研二等奖;2003年,"南阳市人工影响天气测控自动化研究与应用"获南阳市政府科研二等奖;2004年,"南阳市气象局办公自动化系统"获河南省气象局科研二等奖,"南阳市人工影响天气综合技术系统"获河南省气象局科研三等奖,"南阳市紫外线指数预报"获南阳市科研三等奖;2005年,"南阳市人工消雹作业条件判别分析"获河南省气象局科研二等奖。

气象法规建设与社会管理

法规建设 1998年,南阳市政府出台了《南阳市人民政府关于进一步加快发展我市气象事业的通知》。2001年,南阳市政府下发《南阳市人民政府关于加强防雷安全管理的通知》。2003年,南阳市人民政府办公室下发《南阳市人民政府办公室关于加强施放气球安全管理的通知》。2004年,南阳市气象局与南阳市安全生产监督管理局联合印发了《关于转发〈省安全生产监督局和省气象局关于加强防雷安全管理工作的通知〉的通知》;2004年11月,南阳市人民政府令(第4号)《南阳市防雷减灾管理规定》发布后,南阳市气象局相继下发了《建设工程防雷项目管理办法》《关于加强建设项目防雷装置设计、安装、跟踪检查、竣工验收的通知》。

制度建设 南阳市气象局政策法规科成立后,制定了"执法责任制度"、"错案追究制度"、"法律顾问或法律咨询制度"、"重大行政行为备案制度"、"气象行政执法公开制度"等依法行政、制约监督制度。

社会管理 实行了"施放气球单位认定"和"施放气球活动许可证"制度,规范了全市彩球施放市场;对防雷工程专业设计、工程图纸、施工资质进行审核,对施工过程、竣工验收实行全程监控;对电台、电视台、报刊等新闻媒体的气象信息、灾害性天气发布,实行由气象部门统一发布制度;对抗旱、救灾、抗洪抢险、防洪预案的制定和实施,气象部门实施了全程的服务和指导。

依法行政 2004 年 11 月,南阳市气象局申报的"防雷工程设计图纸审核审批"、"防雷工程竣工验收审批"和"气球施放审批"三项行政许可项目已经南阳市政府批准,于 12 月 1 日设立气象审批窗口实行统一审批,担负起气象行政审批的职能。

政务公开 2003 年 4 月,落实河南省气象局《进一步推行全省气象部门局务公开的意见》,制定了《南阳市气象局实行局务公开实施方案》,成立了局务公开领导小组,按照"谁主管,谁公开"的原则,对气象行政审批内容、办理程序、服务内容、服务承诺、单位职责及干部任用、财务收支、目标考核、设施建设、工程招标、职工晋职、晋级等,都张榜公示,征求意见。通过局务或政务公开,增加工作透明度,提高了气象人员的政治、业务素质;强化了服务、公仆意识,密切了党群、干群关系,促进了安定团结。

党建与气象文化建设

1. 党建工作

建站初期,党员少,参加农业局党组织活动。1965 年,南阳专员公署气象服务台建立了南阳气象部门第一个党支部,有党员 9 人。1982 年 8 月成立中共河南省南阳地区气象局党组。1989 年 5 月,建立了中共南阳地区气象局总支部委员会,有党员 43 人。1990 年 12 月,成立气象局总支部,下设机关 4 个党支部。2002 年 11 月,建立中共南阳市气象局机关委员会,有党员 61 人。截至 2008 年底,南阳市气象局共有党员 75 人(其中离退休党员 25 人)。

2000 年以后,南阳市气象局制定了"南阳市气象局党组关于加强领导干部作风建设进一步提高执政能力的实施意见"、"南阳市气象局关于加强党组自身建设的意见"及"南阳市气象局关于加强领导干部定期接待群众来访实施办法";每年结合发展新党员,党委、支部组织学习新党章、入党宣誓等活动,结合党风廉政教育月,学习领导干部廉洁自律的规定,开展各级领导干部作风廉政述职的报告,层层签订党风廉政建设目标责任书,建立群众监督机制。

1958—2008 年,被南阳专员公署办公室支部委员会和南阳市气象局机关支部、总支、党委评为优秀共产党员 97 人次;1965—2008 年,被南阳市气象局总支、党委评为优秀党务工作者 25 人次。

2. 气象文化建设

1985 年起,开展争创文明单位活动,成立了文明领导小组,公布了文明市民、文明家庭标准,制定了文明公约和守则,提倡争当文明家庭、文明个人,创文明楼道、文明科室,建文明单位、文明系统。

1996 年 3 月,南阳市气象局被中共南阳市委、市直机关工作委员会命名为县级文明单位,1997 年 3 月,被授予县级标兵文明单位。1998 年 3 月,被南阳市委、市政府授予市级文明单位;2000 年 3 月,又被授予市级标兵文明单位。2002 年 3 月,被河南省委、省政府授予省级文明单位;2007 年到届重新申报,再次被命名为省级文明单位。

3. 荣誉

集体荣誉

荣誉称号	获奖单位	获奖时间	颁奖单位
在农业科学技术推广中作出显著成绩	南阳地区气象局	1982 年	国家农业委员会、国家科学技术委员会
汛期服务先进单位	南阳地区气象处	1987 年	南阳地区行政公署
在久旱转雨预报服务中做出显著成绩	南阳地区气象局	1989 年	国家气象局
计划生育先进单位	南阳地区气象局	1990—1997 年连续 8 年	南阳市委、市政府
三夏服务先进单位	南阳地区气象局	1993 年	南阳地区行政公署
县级文明单位	南阳地区气象局	1996 年	南阳市委、市政府
标兵文明单位	南阳市气象局	1997 年	南阳市委、市政府
市级文明单位	南阳市气象局	1998 年	南阳市委、市政府
服务夏粮生产先进单位	南阳市气象局	1998 年	南阳市政府
广场文化先进单位	南阳市气象局	1999 年	南阳市委、市政府
综合考评十佳单位	南阳市气象局	1999 年	南阳市委、市政府
创建文明城市活动先进单位	南阳市气象局	2000 年、2001 年	南阳市委、市政府
汛期服务先进单位	南阳市气象局	2000 年等 9 次	南阳市政府
市级标兵文明单位	南阳市气象局	2000 年	南阳市委、市政府
先进党组织	南阳市气象局	2000 年	南阳市委
麦播服务先进单位	南阳市气象局	2001 年	南阳市政府
省级文明单位	南阳市气象局	2002 年	河南省委、省政府
文明建设先进系统	南阳市气象局	2002 年	南阳市委、市政府
两节一会服务先进系统	南阳市气象局	2002 年 2003 年	南阳市委、市政府
河南省目标管理先进单位	南阳市气象局	2003 年	河南省气象局
政府法制工作先进单位	南阳市气象局	2003 年	南阳市政府
春运服务工作先进单位	南阳市气象局	2003 年	南阳市政府
政务信息先进单位	南阳市气象局	2003 年	南阳市委、市政府
驻村工作队先进单位	南阳市气象局	2004 年	南阳市委、市政府
建设学习型机关先进单位	南阳市气象局	2004 年	南阳市政府
气象服务先进单位	南阳市气象局	2005 年	南阳市政府
服务烟叶生产先进单位	南阳市气象局	2005 年	南阳市政府
全省目标考评特别优秀奖	南阳市气象局	2006 年	河南省气象局
南阳市政府目标考评先进单位	南阳市气象局	2006 年	南阳市政府
创建中国·南阳伏牛山世界地质公园先进单位	南阳市气象局	2007 年	南阳市委、市政府

荣誉称号	获奖单位	获奖时间	颁奖单位
防汛抗洪抢险先进单位	南阳市气象局	2007 年	南阳市政府
省级文明单位	南阳市气象局	2007 年	河南省委、省政府
人工影响天气先进集体	南阳市气象局	2008 年	河南省气象局
文明建设先进系统	南阳市气象局	2008 年	南阳市委、市政府

参政议政 古永保 1969—1973 年当选为中国共产党空军七一九七部队第九届党代会代表。徐星华 1996—2003 年当选为南阳市政协常委。王宇翔 2002 年 12 月—2007 年 11 月当选为河南省人民代表大会代表。李海彬 2004—2006 年当选为中国共产党南阳市第三届党代会代表。卫晓英 1994—2009 年当选为南阳市人民代表大会代表。冯起富 1999—2005 年当选为南阳市政协委员。

台站建设

1952 年 7 月 1 日建站时,条件非常艰苦,1 间 15 平方米的小屋,既是观测室、自记仪器室,还是气压室和宿舍;观测场 9 米×6 米,是用木桩和铁丝网围成;仪器、设备陈旧。

1960 年 4 月迁址后,建设有地面、高空工作室及生活用房 5 间。1986 年 9 月,建起了二层职工住宅楼 16 套。1988 年,新建二层办公楼。1999 年,建设成 20 套职工住宅楼。2007 年 4 月,修建道路及硬化了 1500 平方米的地面,改建了大门,修建了健身场所,购置了健身器材。至 2008 年,南阳市气象局 10370 平方米的新办公楼和雷达机房装修已接近尾声,百米高的雷达塔楼已成为南阳市的景观建筑。

西峡县气象局

西峡县位于河南省西南部,地处伏牛山腹地,地势北高南低。总面积 3454 平方千米,总人口 42 万,下辖 16 个乡镇、3 个街道办事处,是豫鄂陕三省结合部的经济开发金三角、商品集散中心。

西峡县处于北亚热带向暖温带的过渡区域,属大陆性半湿润气候,境内北部为高山地形,南部为丘陵地形。海拔高度自南向北呈递增趋势,境内最低处丹水马边村海拔高度 181 米,最高处犄角尖海拔高度 2212.5 米,自然坡降为 33.3%的背风向阳大斜面,形成了在同一纬度上独特的气候条件。

机构历史沿革

始建情况 西峡县气候观测站始建于 1956 年 12 月 1 日,站址位于西峡县城东北侧莲花寺岗郊,地理坐标北纬 33°18′,东经 111°30′,海拔高度 250.3 米,系国家基本气象观测站,六类艰苦台站,1957 年 1 月 1 日开始气象业务。

历史沿革　建站时,名称为西峡县气候服务站。1971 年 1 月 1 日,更名为西峡县气象站,属基本气象观测站。1990 年 6 月 30 日,更名为西峡县气象局,正科级事业单位。

管理体制　1956—1961 年,归南阳气象站领导。1962—1965 年,归属西峡县农业局领导。1966—1970 年,由西峡县人民武装部管理。1971 年—1983 年 9 月,归西峡县农业局管理。1983 年 10 月,实行气象部门与地方政府双重领导,以气象部门领导为主的管理体制。

机构设置　2008 年,下设地面测报股,气象预报、电视图片制作和农业气象股,人工影响天气及防雷中心 3 个股室;档案管理和财务工作分别由股室人员兼职负责。

单位名称及主要负责人变更情况

单位名称	姓名	职务	任职时间
西峡县气象服务站	荣奎生	站长	1956.12—1959.08
	陆昌远	站长	1959.09—1965.06
	李孟更	站长	1965.07—1968.07
	陈丙申	站长	1968.08—1969.01
西峡县气象站	赵焕运	站长	1969.02—1971.01
			1971.02—1972.01
	黄朝福	站长	1972.02—1973.06
	封光平	站长	1973.07—1984.09
西峡县气象局	王有志	站长	1984.10—1990.06
		局长	1990.07—1992.07
	李义和	副局长(主持工作)	1992.08—1993.05
	庞中林	局长	1993.06—1994.08
	张书信	局长	1994.09—1998.05
	李义和	局长	1998.06—2000.12
	禹相杰	局长	2001.01—

人员状况　建站初期,有职工 5 人。2008 年,有在职职工 11 人。其中:大学本科学历 6 人,大专学历 3 人;高级职称 1 人,中级职称 4 人;50～55 岁 3 人,40～49 岁 3 人,40 岁以下 5 人。

气象业务与服务

1. 气象业务

①气象观测

地面观测　每日进行 02、05、08、11、14、17、20、23 时 8 次观测。

观测项目有云、能见度、天气现象、气压、气温、湿度、风向、风速、降水、雪深、蒸发、日照、地温、冻土、电线积冰等。

建站时,报文通过电话传当地邮电局再发至河南省气象台。2006 年,以自动气象站资料为准,所采集数据通过网络传送至河南省气象数据网络中心。

建站后,气象月、年报表以纸质形式报至南阳气象站,由南阳气象站统一报送河南省气象台。1992年,报表用 PC-1500 袖珍计算机制作成数据磁带上报河南省气象局。2001年,报表通过计算机网络传输至河南省气象局。

2003年5月,建成 ZQZ-CII₁ 型自动气象站并开始试运行。2006年1月1日,自动气象站单轨运行,自动站采集的资料与人工观测资料存于计算机中备份,按月归档、保存、上报。

区域自动站观测 2005年,在2个乡镇建成自动雨量观测站。2006年,建成自动雨量站15个。2007年,在耍荷关建成四要素自动气象观测站。

农业气象观测 建站后,每月8、18、28日测墒,依据墒情和各种作物发育情况等为地方提供农业气象服务,数据报送南阳市气象局。

②天气预报

建站初期,通过收音机收听天气形势,结合本站气象资料和本地的气候特点,制作天气预报。2000年后,通过气象视频会商、雷达云图,结合河南省、南阳市气象台指导预报,制作出本县天气预报;同时开展灾害性天气的预报、预警及各类重要天气报告业务。

经多年工作积累,研发出"逆向周期模糊判别作超长期预报"模式,在每年年初做出年度天气趋势预报。

③气象信息网络

1995年5月,建成市—县远程终端。1998年12月,建成拨号网络,实现 FTP 上传,并接通互联网。2003年3月,建成 X.25 数据传输专线,11月建成移动光纤通信终端,实现自动气象站数据实时上传。2002年7月,省—市—县光纤通信投入使用。2007年1月,实现雷达资料及省、市其他业务资料共享。

2. 气象服务

公众气象服务 1996年,同西峡县电信局合作,开通"121"天气预报自动答询电话系统(2005年,"121"自动答询电话升位为"12121")。1997年,建立电视气象影视制作系统,将自制天气预报节目送西峡县电视台播放。2006年,通过移动通信网络,开通气象服务短信平台,以手机短信方式向各级领导和旅游部门发布气象预报预警信息。

决策气象服务 20世纪80年代开始,西峡县气象局将年、月、旬天气预报打印成文及时送交县委、县政府及领导指挥部门,重要天气情报随时向县领导汇报,并通知相关单位和部门。20世纪90年代后,根据西峡县的实际情况,为重大社会活动和农业生产提供专项气象服务:2006年为"中国·南阳伏牛山世界地质公园"揭碑暨首届"西峡伏牛山恐龙文化旅游"提供的气象服务,受到各级领导赞誉;为第四届中国张仲景医药文化节、玉雕节暨商贸洽谈会(简称"两节一会")提供的气象保障服务,受到与会的各级领导及专家好评;"伏牛山南坡生态变化对降水的影响"和"伏牛山冰雹源地的形成规律及高炮消雹的最佳位置"科研成果应用到实际工作中,为全县的烟叶生产和猕猴桃生产提供了保障;1993年,根据食用菌的生物学特性,制作了具有山区特色的滚动式"食用菌专题天气预报"。

人工影响天气 1998年8月,西峡县人民政府人工影响天气领导小组办公室成立,购入2门高炮,进行人工影响天气作业。2003年添购4门高炮、1台增雨火箭架,结合山区防御冰雹的特点,在冰雹源地和冰雹移动的路线上建成6个固定炮点,用于防雹、消雹和人工增雨作业。

防雷技术服务 2005年9月,西峡县防雷减灾工作领导小组办公室成立,开始开展建筑物防雷装置安装、新建和改建建筑防雷图纸审核工作,定期对易燃易爆场所、计算机机房、各旅游景区等地的防雷、防静电设施进行安全指导及检测。

气象科普宣传 利用每年的世界气象日及西峡县政府组织的科技活动周、安全生产月等活动,设宣传台、发放防雷安全知识小册子和书面宣传材料,并在本地电视节目上设立专题讲座,进行气象科普宣传和防雷安全知识宣传;定期在西峡县电视台《农民之友》节目进行气象知识专题宣传;每年定期在县城内的各主要交通要道和各乡镇重要醒目位置,设立雷电防御等气象防灾减灾科普知识、"12121"电话使用知识宣传版块。

科学管理与气象文化建设

社会管理 西峡地处深山区,雷电灾害较多。2007年,制定了《西峡县气象局防雷产业目标管理实施办法》,加强防雷市场的规范管理,提高建筑工程的防雷安全性。

通过加强气象执法和主动向全县领导干部宣传、讲解气象观测环境对社会经济发展的重要性,提高全社会保护气象观测环境的意识,使西峡气象观测环境得到了有效保护。

政务公开 制定了政务公开制度,成立了政务公开领导小组,严格按照制度和规定程序进行政务公开。对财务收支情况进行不定期公示;对局内较大的财务支出,事先交局内议事小组进行讨论、决策后实施。通过各种方式的政务民主公开,维护了单位和谐稳定的局面。

党建工作 建站初期,党员较少,党建工作归西峡县农业办公室党支部管理。1998年9月,成立中共西峡县气象局党支部,当时有党员5名。截至2008年底,有党员8名(其中离退休党员2人)。

气象文化建设 西峡县气象局大力开展文明单位创建活动,积极参加县政府举办的文艺宣传活动。2008年初,建成图书室、文化室、健身场地;美化庭院,种植玫瑰园;当年年底,建成西峡县菌、果、药特色经济作物生态示范园,打造优美环境。

1996年被中共西峡县委、县政府命名为县级文明单位。1998年,被中共南阳市委、市政府命名为市级文明单位。

荣誉 有2人获得250班无错情;先后有35人次获得"河南省气象局先进工作者"称号;32人次获得市委、市政府奖励;5人次取得省科技成果二等奖,1人被市委、市政府评为南阳市第六届青年科技奖。

台站建设

1956年建站时,占地0.42公顷,只有3间简易房,位于县城东北2千米处,四周无人家,时有野猪和狼出没。1981年,用1台手扶拖拉机与莲花大队换取0.14公顷土地,使局(站)总占地面积达到5600平方米。2001年,对气象局的进出道路进行了硬化。2003年,对局院整体环境进行彻底改造,拆除旧、险瓦房和土房,建成办公平房。在院内建生态示范园,种植猕猴桃、山茱萸、金银花等,打造花园式办公环境。

镇平县气象局

镇平县地处河南省西南部,南阳盆地西北侧,伏牛山南麓,地势北高南低,山区、丘陵、平原阶梯状分布,总面积1500平方千米,总人口95.1万,辖12镇11乡,被誉为"中国玉雕之乡"、"中国地毯之乡"、"中国金鱼之乡"和"中国民间艺术之乡"。

机构历史沿革

始建情况 镇平县气象站始建于1958年8月,设在距离镇平县城东北1000米的大尧庄村南,1958年9月1日开始气象观测。

站址迁移情况 1961年12月18日,迁至镇平县城东关三里河泰山庙一高中门前。1964年,迁至镇平县城东北耿家庄村外,1965年1月1日正式运行。1984年8月,因镇平县扩建312国道(建设路),观测场北移140米,即北纬33°03′,东经112°14′,海拔高度191.4米。

历史沿革 1958年建站时,名称为镇平县气象站。1960年2月11日,改为镇平县气象服务站,属一般气象站。1979年1月,改为镇平县气象站。1990年9月,更名为镇平县气象局。

管理体制 建站至1965年,属南阳地区气象局和镇平县农业局双重领导。1968年,属镇平县人民武装部管理。1979年,属南阳地区气象局和镇平县农业局双重领导。1983年,实行南阳市气象局和镇平县人民政府双重领导、以南阳市气象局领导为主的管理体制。

机构设置 1991年设地面观测股和天气预报股,1992年增设科技服务股;1996年镇平县人民政府人工影响天气领导小组成立,办公室设在县气象局。

单位名称及主要负责人变更情况

单位名称	姓名	职务	任职时间
镇平县气象站	秦玉川	负责人	1958.08—1960.02
			1960.02—1961.12
镇平县气象服务站	刘天合	副站长(主持工作)	1961.12—1966.12
	王有志	副站长(主持工作)	1974.01—1979.01
镇平县气象站			1979.01—1984.08
	张书信	副站长(主持工作)	1984.08—1990.09
		副局长(主持工作)	1990.09—1990.10
	吴丰堂(回族)	副局长(主持工作)	1990.10—1992.06
镇平县气象局	王有志	局长	1992.06—2000.06
	高桂兰	副局长(主持工作)	2000.07—2002.04
		局长	2002.04—

人员状况 建站之初只有1~2人,至1996年达到14人(其中退休职工4人)。截至2008年底,有在职职工11人(其中正式职工8人,聘用人员3人)。在职职工中:男8人,女3人;汉族8人,回族3人;本科学历2人,大专学历1人,中专及以下学历7人;中级职称1人,初级职称7人;大于50岁4人,40~49岁1人,30~39岁3人,25~29岁1人。

气象业务与服务

1. 气象业务

①气象观测

地面观测 镇平县气象局属国家一般气象观测站。1958年9月1日开始每日进行02、08、14、20时4次地面气象观测。1959年11月4日,改为08、14、20时3次观测。

观测项目有气温、地温、能见度、云量、云状、风向、风速、天气现象、降水、蒸发、日照、地面状态及雪深。1959年4月1日,增加曲管地温观测;1962年6月1日,停止能见度、日照、蒸发观测;1976年1月,增加气压、温度、湿度自记。

1993年,气表-1制作由手工抄写改为电脑打印。

区域自动站观测 2006年,完成覆盖全县23个乡镇自动雨量站网的建设。2007年,建成张林区域自动气象站并投入业务运行。2008年12月,在高丘和陡坡建成2个四要素区域气象站。

农业气象观测 1978年,镇平县气象局协同县农委、农业局等单位完成全县气候普查工作。1984年1月,开展土壤墒情观测,每月逢8日取5~50厘米深土,烘干观测土壤墒情。2000年,开始制作旬、月、季度、年气候评价及小麦、玉米产量预报等。

②天气预报

1980年前,利用收音机收听武汉中心气象台和周边气象台播发的天气形势及天气预报,绘制天气图,制作本县天气预报。1984年,增设传真机接收北京、欧洲气象中心及东京的气象资料,绘制天气图,制作天气预报。1986年,开始使用高频电话全区联网会商天气。1994年,开始根据南阳市气象台指导预报作出24小时天气预报。1999年建成VSAT地面气象卫星接收站。2007年开始,周边雷达资料及卫星云图在实际工作中得到应用。

③气象信息网络

1993年,建成拨号网络,实现FTP上传,并接通互联网。1995年,建成市—县远程终端。2003年,建成X.25数据传输专线。2005年省—市—县光纤通信投入使用,全面实现无纸化办公。2006年,实现市—县MICAPS资源共享。2007年5月,实现雷达资料及省、市其他业务资料共享。

2. 气象服务

公众气象服务 1996年,开通"121"气象服务声讯电话。1997年6月,购置电视天气预报节目制作系统,6月28日正式在镇平县电视台开播电视《天气预报》栏目,每晚《镇平新闻》后播出两次,时长2~3分钟,向全县公众发布中期和短期天气预报。1997年,开设南阳市气象风云寻呼台镇平县服务部,利用传呼机为广大用户发布各类气象信息。2006年开通手机短信平台,发布重要天气信息及灾害性天气预警信息。2003年开始,每年分别制作中考、高考期间天气预报,印制专题气象信息,送达镇平县教育局、招生办及各考点学校,还通过广播、电视和手机短信平台向广大考生及家长发布气象信息。

决策气象服务 20世纪80年代开始,镇平县气象局结合本县实际,围绕关键农事季节,向县委、县政府提供天气预报、气候预测以及雨情、墒情、灾情等气象信息。每年对春旱、汛期天气趋势进行分析,为全县各级领导部署农业生产提供决策依据。镇平县气象局成立汛期气象服务领导小组、灾害性天气发布小组、汛期应急抢险小组,制定汛期气象服务应急预案,对异常天气现象和重要天气过程及时做出预报并提出建议。自1996年始,每月和汛期的每旬印制气象信息,送达县委、县政府、人大、政协和县防汛办公室、农业局、林业局、水利局等部门,通过县委机要局向各乡镇发送传真;每年"玉雕节"从筹备到举办期间,除每天两次电话向筹委会和县委、县政府办公室汇报天气实况及中、短期预报外,还印制"玉雕节专题气象信息"报送至县委、县政府和筹委会领导,为"玉雕节"提供全程气象服务;每年在烟叶生产的各个关键时期,向县政府烟叶办公室汇报长、中、短期天气预报,并通过县委机要局传真把预报传送到各个植烟乡镇。

人工影响天气 1995年11月,购置人工影响天气"三七"高炮2门,微机1台,建炮库2间,车库2间。1996年3月,成立镇平县人工影响天气领导小组,办公室设在气象局,负责人工影响天气工作的具体实施。2001年,又购置2门火箭炮。2003年6月,购置了人工影响天气指挥车。

防雷技术服务 2003年,镇平县气象局成立防雷检测中心,开始对外进行防雷检测技术服务,对全县范围内的高大建(构)筑物、易燃易爆场所、学校、医院等地进行防雷、防静电检测。2008年,开始对部分防雷工程图纸进行审核。

气象科普宣传 每年世界气象日期间,镇平县气象局均组织职工走上街头,积极开展气象科普宣传,发放气象知识宣传页,邀请县委、政府领导及学校、农、林、水等单位人员召开座谈会,并在电视台制作科普宣传节目,向社会公众普及气象知识。

科学管理与气象文化建设

1. 社会管理

2006年,镇平县人民政府办公室下发了《关于印发镇平县防雷防静电安全工作目标考核办法的通知》(镇政办〔2006〕102号)后,防雷防静电安全工作纳入全县目标管理考核体系;2007年镇平县政府办下发了《关于开展镇平县防雷防静电安全检查工作的通知》(镇政办〔2007〕56号),开始进行防雷设施工程设计、安装。

随着城市建设的发展,镇平县气象局高度重视气象探测环境保护。观测员每天把观测场周围气象探测环境是否变化作为一项观测内容,记录在值班日志中;按照2004年发布的中国气象局7号令的要求,把保护气象探测环境的相关法律、法规和镇平县气象局基本情况登记表及《镇平县气象局气象探测环境和设施保护标准备案书》于2007年12月分别报送县主管领导和国土资源局等相关单位,并在县建设局备案,得到建设局"在城乡建设规划中保护气象探测环境"的回函。

2008年12月,镇平县政府决定在气象观测场北边建设4万平方米廉租房示范区,县气象局获悉后立即把保护气象探测环境的法规向镇平县主要领导汇报,取得县领导的大力支持,经县委、县政府研究决定,同意修改廉租房示范区的设计图纸,把廉租房示范区向东北移动,不得影响气象探测环境,并且只有在征得气象部门同意的情况下才能破土动工。

2. 政务公开

镇平县气象局制定了政务局务对外、对内公开制度,凡是重大事项、财务收支等,都分别向社会和局职工不定期进行公开。

2007年9月13日,中国气象局纪检组组长孙先健到镇平县气象局视察政务公开工作时,称镇平县气象局"风清气正";并被中国气象局评为"2008年度政务公开工作先进示范点"。

3. 党建工作

2000年之前,由于党员人数少,党员归镇平县农委支部管理。2000年,成立中共镇平县气象局党支部。2004年12月,中共镇平县气象局党支部换届选举时,共有5名党员。截至2008年12月,有党员4人。

镇平县气象局注重加强党的作风建设,党员特别是党员领导干部以身作则,坚持自查自纠,坚决抵制不正之风的侵蚀;创建学习型党组织,积极组织党员开展各类专题学习活动,增强党员意识,始终保持共产党员的先进性。

镇平县气象局深入开展党风廉政建设宣传教育活动,认真组织学习《中国共产党党内监督条例(试行)》和《中国共产党纪律处分条例》,制定了"镇平县气象局自觉接受党风廉政监督的公开承诺",领导干部签订了党风廉政建设责任书。

2008年6月,被中共镇平县委评为"先进基层党组织";2007年6月,2名党员被中共镇平县委评为优秀党务工作者,1名党员被评为优秀共产党员。

4. 气象文化建设

镇平县气象局从1995年开始精神文明创建活动。2003年6月,建设了图书室、阅览室和职工活动室,购置了健身器材,修建了职工健身场地。每年在五一、十一等节假日,开展象棋、乒乓球、自行车慢骑等形式多样的文体活动,活跃职工文化生活;开展争创文明个人、文明科室和文明家庭活动;定期组织老干部学习,重要节假日走访慰问老干部,不断改善老干部福利待遇。

镇平县气象局于1997年、1998年先后被县委、县政府命名为"文明单位"和"标兵文明单位";1999年被中共南阳市委、市政府命名为市级"文明单位",2006年、2008年、2009年分别被南阳市委、市政府命名为市级"标兵文明单位";2008年4月被河南省气象局评为"全省精神文明建设先进单位"。

5. 荣誉

集体荣誉　2004 年被河南省人事厅和河南省气象局联合授予"全省人工影响天气工作先进集体"。2006 年被河南省气象局评为"全省气象工作先进集体",2008 年被河南省气象局评为"2007—2008 年度全省优秀县(市)气象局",2008 年 4 月被河南省气象局评为"全省精神文明建设先进单位"。被中国气象局评为 2008 年度政务公开工作先进示范点。2003—2008 年,连续 6 年被镇平县政府评为"服务烟叶生产收购工作先进单位"。

参政议政　2007 年高桂兰被选为镇平县第十届政协常委。

台站建设

1958 年 8 月建站时,只有 3 间民房。1964 年,建普通瓦房 7 间。1974 年,建房 4 间。1975 年,在局院西侧建二层楼房。1976 年,加建围墙。1977 年,建水塔 1 个。1979 年,建楼房二层共 8 间。1983 年,把北面瓦房改建为二层办公楼。1984 年 1 月,征地 0.11 公顷用于新建观测场及道路。1995 年 12 月,邻 312 国道建综合单元楼 1 栋。2003 年 6 月,拆除原北侧办公楼和东侧库房,建综合办公楼 1 座,建筑面积约 700 平方米,对前后院分别进行了绿化、硬化,建成了花园式单位。

淅川县气象局

淅川县位于河南省西南部,与陕西、湖北省相邻,地处伏牛山山区,地理特征大体为"七山一水二分田"。淅川历史悠久,文化灿烂,古为商於之地,是楚始都"丹阳"所在地和楚文化的发祥地,南北文化的交汇点。

机构历史沿革

始建情况　1957 年 1 月建立淅川县气候站,位于淅川县城北城关乡堰尚村(郊区),观测场位于北纬 32°59′,东经 111°22′,海拔高度 153.2 米,属国家一般气象观测站。

站址迁移情况　1964 年 11 月,迁至淅川县上集公社郑湾村前土城,观测场位于北纬 33°08′,东经 111°30′,海拔高度 190.0 米。1977 年 6 月,迁至淅川县上集公社郑湾大队董家村前,观测场位于北纬 33°08′,东经 111°30′,海拔高度 194.5 米。

历史沿革　建站时名称为淅川县气候站。1960 年 9 月,更名为淅川县气象服务站。1972 年 8 月,更名为淅川县气象站。1990 年 3 月,更名为淅川县气象局。

管理体制　1983 年前,归地方领导。1983 年 12 月起,实行气象部门与地方政府双重领导,以气象部门领导为主的管理体制。

机构设置　1990 年,内设业务科、气象科技服务开发中心、防雷技术中心。1996 年 8 月,成立淅川县人工影响天气领导小组,办公室设在气象局,局长兼任办公室主任,内设气象台、气象科技服务开发中心、防雷技术中心。

单位名称及主要负责人变更情况

单位名称	姓名	职务	任职时间
淅川县气候站	王喜章	站长	1957.01—1960.08
			1960.09—1965.01
淅川县气象服务站	杨林敏	站长	1965.02—1968.10
	庞中林	站长	1968.11—1971.06
	李玉亭	站长	1971.07—1972.07
			1972.08—1975.05
淅川县气象站	杨永中	站长	1975.06—1978.09
	黎恒泰	站长	1978.09—1984.09
	寇保山	站长	1984.09—1990.03
		局长	1990.03—1999.12
淅川县气象局	禹相杰	局长	1999.12—2001.01
	宋志军	局长	2001.01—2004.04
	高建红	副局长（主持工作）	2004.04—2006.03
	宗勇伟	局长	2006.03—2008.04
	高建红	副局长（主持工作）	2008.04—

人员状况　1957年建站时，只有职工2人。1978年，定编为3人。2008年底，有在编职工7人，聘用人员3人。在编职工中：大专学历6人，本科学历1人；中级职称3人。

气象业务与服务

1. 气象业务

①气象观测

地面观测　1957年1月1日起，每日进行02、08、14、20时4次观测；1960年1月1日，改为每日07、13、19时3次观测；1960年8月1日起，为每日08、14、20时3次观测。

观测项目有风向、风速、气温、气压、云、能见度、天气现象、降水、日照、小型蒸发、电线积冰等。

1993年开始机制报表。

2002年4月1日，每天向河南省气象局编发08、14、20时3次加密报；2003年3月增发重要天气报。

区域自动站观测　2005—2006年，建立了14个乡镇自动雨量站。2007年，在香花镇宋岗码头新建了四要素自动气象站。

农业气象观测　从建站开始，进行墒情监测并向河南省气象局发报。1960年11月，由每2日测墒发墒情报改为每5日测墒发墒情报；1963年11月，每月逢8日取土、逢9日发报。1985—1988年，利用卫星遥感技术向县政府提供小麦苗情监测和产量预报信息；1985年，开始撰写气候评价，并向县政府职能部门提供农业气象服务材料。2009年6月，开展了特色农作物生育期观测和取土测墒业务,并结合农作物不同生育期编写农业气象预报和关键农事季节预报。

②天气预报

1958 年 6 月,开始作补充天气预报。1982 年后,根据天气预报需要,共抄录整理 55 项资料、绘制简易天气图等 9 种基本图表,对建站后有气象资料以来的各种灾害性天气个例进行建档,对气候分析材料、预报服务调查与灾害性天气调查材料、预报方法使用效果检验、预报质量月报表等均建立了相应的业务技术档案。1999 年 6 月,建成 VSAT 地面气象卫星接收站,利用 MICAPS 气象信息综合分析处理系统进行各类预报资料的处理分析。

③气象信息网络

1985 年 5 月,传真机正式投入使用。1987 年 5 月,地—县甚高频电话开通使用,实现与地区气象局直接业务会商。1999 年 6 月,VSAT 单收站(县级气象信息地面卫星单收站系统)投入业务运行。2002 年 9 月,X.25 专线安装并开通,重要天气报通过 X.25 线路直接发送到河南省气象台。

2. 气象服务

公众气象服务　1998 年 10 月,建成电视天气预报制作系统(2007 年、2008 年天气预报制作系统两次升级)。1999 年 10 月,开通电话"121"自动答询系统,向社会公众提供天气预报服务,让公众及时了解到最新的天气预报和情报。2002 年 3 月,筹建并开通了淅川气象兴农网,为农业、农村、农民提供了市场、科技、气象等各类信息服务。2006 年,通过移动通信网络,开通了气象短信平台,以手机短信方式向全县各级领导发送气象信息。

决策气象服务　20 世纪 80 年代初,决策气象服务产品为常规预报和情报资料,服务方式以书面文字发送为主。20 世纪 90 年代后,决策服务产品逐渐增加了精细化预报、产量预报、森林火险等级预报等;气象服务方式也由书面文字发送及电话通知等向电视、微机终端、互联网等发展,各级领导可通过电脑随时调看实时云图、雷达回波图、雨量点雨情;建立健全了灾害性天气预警系统,建立完善了突发事件应急气象保障业务系统,对灾害性天气预警发布进行了统一规范,准确及时为各级政府提供各种气象信息以及决策建议,对突发性、关键性、灾害性天气,根据危害程度、影响范围和持续时间等向各级政府和社会公众发布预警信息。

人工影响天气　1986 年 8 月成立淅川县人工影响天气领导小组,1996 年成立淅川县人民政府人工影响天气办公室。1996—1997 年,分两批购置 6 门 65 式双"三七"高射炮。1998 年,先后建成毛堂、老城、盛湾、荆关 4 个固定炮点和九重、香花 2 个流动炮点。1999 年底,建成人工影响天气作业指挥中心。2001 年 8 月,购置车载火箭 1 部。

防雷技术服务　1996 年,开始定期对液化气站、加油站、民爆仓库等高危场所的防雷设施进行安全检查,开展防雷工程设计审核、竣工验收、定期检测、防雷工程安装等相关服务。

气象科普宣传　世界气象日期间,通过电视、制作标语、分发宣传彩页和宣传材料等形式,宣传、普及气象科学知识及雷电防御知识。

科学管理与气象文化建设

社会管理 2008年,根据中国气象局保护大气探测环境有关精神,就本县探测环境的保护工作制定了相关措施:成立了依法保护气象探测环境工作领导小组;与建设、规划部门加强配合,避免破坏气象探测环境事件的发生;每个职工主动担负起保护气象探测环境的义务责任,注意观察周边环境变化;建立探测环境变化月报告制度,制作了"环境保护警示牌",并严格实行气象探测环境保护责任制。

根据《中华人民共和国气象法》、《河南省气象条例》等法规规定,每年对全县范围的建(构)筑物、易燃易爆场所、学校、油库、炸药库、加油站等地的防雷、防静电设施进行检查、检测,消除安全隐患。2001年8月,淅川县人民政府印发《关于加强防雷管理工作的通知》(淅政文〔2001〕84号),在设定的行政许可事项范围内对实施该行政许可作出了具体规定;下发了《关于切实加强防雷减灾工作的通知》(淅政〔2004〕34号),切实从源头上抓好雷电防御工作;以县安全委员会名义下发了《关于加强防雷安全管理和防雷装置安全检测工作的意见的通知》(淅政安〔2004〕4号),并和县公安局联合印发了《关于计算机信息系统防雷、防静电设施安全检查、检测和安装的通知》,规定计算机系统防雷、防静电工作由公安局负责监督管理,县气象局负责检测安装。

政务公开 对气象行政审批办事程序、气象服务内容、服务承诺、气象行政执法依据、有关服务依据标准等,通过户外公示栏,向社会公开。人员聘用、财务收支、目标考核、基础设施建设等事项,及时向职工公开。单位财务一般每半年公示一次,年底对全年收支、职工奖金福利发放、领导干部待遇、劳保、住房公积金等向职工作详细说明。

党建工作 1957年1月—1976年11月,有党员2人,归淅川县农业局党支部管理。1979年10月,淅川气象局成立党支部,归淅川县农经委党总支管理。有党员3人。1991年1月,有党员4人。2001年6月,有党员6人。2004年3月,有党员6人。截至2008年底,有党员6人(其中离退休党员2人)。

气象文化建设 淅川县气象局深入持久地开展文明单位创建工作,坚持开展"文明科室"、"文明家庭"、"文明职工"评比活动,改造观测场,统一制作局务公开栏、法制宣传栏和文明创建标语等。

2001年,被南阳市委、市政府命名为市级文明单位。

荣誉 2000年12月,被河南省人事厅、河南省气象局授予"全省人工影响天气工作先进集体"荣誉称号。

台站建设

1957年1月始建时,设备原始,房屋简陋。1986年6月,拆除原危房,改建为两层宿舍楼。1995年6月,又拆除危房11间,改建为办公室,对院内环境进行了改造,规划整修了道路,在庭院内修建了草坪和花坛。

2008年,在淅川县上集镇谢岭村四组,选定0.97公顷土地,进行淅川县气象局新址建设。新址总建筑面积1500平方米,其中职工宿舍7套共700平方米,办公室12间共800平方米。

内乡县气象局

内乡县位于河南省西南部,伏牛山南,东连镇平,西邻淅川、西峡,南接邓州,北依嵩县、南召县。

机构历史沿革

始建情况　内乡县气候站始建于 1956 年 10 月,站址在内乡县湍东镇陵园路 6 号,北纬 33°03′,东经 111°52′,海拔高度 159.1 米。

历史沿革　建站时,名称为内乡县气候站。1964 年 9 月,更名为内乡县气象服务站。1973 年 11 月,更名为内乡县气象站。1990 年 3 月,更名为内乡县气象局。

管理体制　自建站至 1963 年 3 月,以内乡县地方领导为主。1963 年 4 月—1971 年 5 月,以气象部门管理为主。1971 年 6 月—1972 年 12 月,由内乡县人民武装部管理。1973 年 1 月—1982 年,属内乡县农委管理。1983 年以后,实行气象部门与地方政府双重领导、以气象部门领导为主的管理体制。

机构设置　2008 年,设农业气象办公室、测报办公室、气象科技服务开发中心、防雷技术中心。1996 年 8 月,成立内乡县人工影响天气领导小组,办公室设在气象局,局长兼任办公室主任。

单位名称及主要负责人变更情况

单位名称	姓名	职务	任职时间
内乡县气候站	宋群发	负责人	1956.10—1961.05
	王廷有	站长	1961.06—1962.05
	崔炳定	站长	1962.06—1964.08
内乡县气象服务站			1964.09—1970.09
	赵昌盛	站长	1970.10—1973.10
内乡县气象站			1973.11—1974.09
	马同有	站长	1974.10—1977.12
	刘天义	站长	1978.01—1984.10
	刚有祥	站长	1984.11—1990.03
内乡县气象局		局长	1990.03—1996.12
	冯起富	局长	1997.01—1998.12
	赵丰飞	局长	1999.01—2002.02
	郑绍勋	局长	2002.03—2004.09
	孙庆阳	局长	2004.10—

人员状况　1956 年建站时,只有职工 2 人。1978 年,定编为 4 人。截至 2008 年底,有在编职工 7 人,聘用职工 3 人。在编职工 7 人中:大专学历 6 人,本科学历 1 人;中级职称 2

人；40～49岁的3人，40岁以下4人。

气象业务与服务

1. 气象业务

①气象观测

地面观测　建站后，每日进行08、14、20时3个时次地面观测，05、17时2个时次的雨量观测。

观测项目有风向、风速、气温、气压、空气湿度、云、能见度、天气现象、降水、日照、小型蒸发、地面温度、草面温度、雪深；2008年增加电线积冰观测。

每年向河南省气象台编发小天气图报、雨量报、重要天气报，1993年3月1日停发小天气图报，改发加密天气报。

2005年10月1日，完成ZQZ-CⅡ₁型自动气象站安装并开始试运行。2006年开始人工、自动观测双轨运行。2008年1月1日，正式启用自动气象站设备。

区域自动气象站观测　2005—2006年，在全县14个乡镇建立了自动雨量站。2008年，在赵店乡大峪炮站新建了温度、湿度、风向风速、降水四要素自动气象监测站1个。

农业气象观测　1980年以前，开展玉米、小麦作物生育期观测和取土测墒业务，但记录资料零乱。1980年，成立农业气象组，先后开始车前子、榆树、野菊花、苹果等植株的主要生育期观测。

1958年1月10日—1980年10月20日，土壤墒情测定取土深5～30厘米；1980年10月20日，测土深改为5～50厘米；1994年1月，改为0～50厘米。1981年2月8日，由旬末测定改为逢8日测定。

1980年3月23日，开始春玉米生育期观测（因观测地段春玉米不播种，1981年3月31日停止春玉米观测），同年6月开始夏玉米观测，同年10月11日开始小麦生育期观测。1982年6月中断夏玉米观测，1983年6月3日恢复夏玉米观测。

1981年，开展专题农业气候分析业务。1983年3月29日，开始发送麦播适宜期预报；5月20日，开始小麦成熟期预报、作物产量趋势及量化预报；10月，开展年度农业气候评价。1998年，增加对本县农业、林业、交通、通讯等主要行业编写的"气候影响评价"，为县政府及涉农部门服务。

②天气预报

短期天气预报　1962年12月，通过收听天气形势，结合本站资料图表，每日早晚制作24小时天气预报。20世纪80年代初起，每日06、17时2次制作预报。2000年后，开展常规24小时预报。

中期天气预报　20世纪80年代初，通过传真接收中央气象台、河南省气象台的旬、月天气预报，再结合分析本地气象资料、短期天气形势、天气过程的周期变化等，制作一旬天气过程趋势预报。

短期气候预测（长期天气预报）　长期天气预报业务在20世纪70年代中期起步，80年代为适应预报工作发展需要，进一步贯彻执行中央气象局提出的"大中小、图资群、长中短相结合"技术原则,组织力量,多次会战,建立一整套长期预报的特征指标和方法。

③气象信息网络

1980年前,利用收音机收听武汉中心气象台和周边气象台播发的天气预报和天气形势。1981—2000年,配备天气传真接收机,接收北京、欧洲气象中心以及东京的气象传真资料。2000—2005年,建立VSAT站、气象网络应用平台、专用服务器和省—市—县气象视频会商系统。

气象信息发布:1986年以前,主要通过广播和邮寄旬报方式向全县发布气象信息。1986年建立气象警报系统,面向有关部门每天3时次开展天气预报警报信息发布服务。

2. 气象服务

公众气象服务 1986年以前,主要通过广播和邮寄旬月报向全县公众发布气象预报。1986年建立气象警报系统,每天3时次开展天气预报警报预报发布服务。1996年,开通"121"天气预报电话自动答询系统。1997年,建立电视气象影视制作系统。2002年4月,开通兴农网,向全县发布气象信息。2006年,利用手机短信每天3~5次发布气象信息。

决策气象服务 20世纪80年代初,决策气象服务产品为常规预报和情报资料,服务方式以书面文字发送为主。20世纪90年代后,决策服务产品逐渐增加了精细化预报、产量预报、森林火险等级预报等,气象服务方式也由书面文字发送及电话通知等向电视、微机终端、互联网等发展,各级领导可通过电脑随时调看实时云图、雷达回波图、雨量点雨情。1995—2008年,先后荣获内乡县委、县政府"防汛工作先进单位"、"服务农村经济先进单位"、"支持夏粮生产先进单位"等荣誉称号。

人工影响天气 1996年,成立内乡县人工影响天气办公室,购买"三七"高炮2门。2002年11月,配备火箭发射车1部,同年12月建成炮库1座;固定炮点1个;临时炮点2个。2005年7月13日,配备组合地面火箭WR-98/ID2台和组合拖车火箭1台。2007年1月6日,配备9394厂QF3-1火箭发射架2部。1997—2008年,开展了人工增雨、人工消雹工作。

防雷技术服务 1990年成立县防雷中心,开始对建筑物防雷装置,新建筑物防雷图纸审核、设计评价、竣工验收,易燃易爆场所、计算机信息系统等进行防雷安全检测;定期对全县范围内的建(构)筑物、易燃易爆场所、学校、油库、炸药库、加油站等"重地"的防雷、防静电设施进行检查、检测。

气象科普宣传 1980年前后,与县广播站联合设立气象知识讲座,内容有"气象广播用语解释"、"降水及降水级别的划分"、"作物发育不同时期的适宜温度"等。2000—2008年,每年均在节假日和世界气象日期间,通过提供咨询、分发宣传材料等进行气象科普宣传。

科学管理与气象文化建设

社会管理 2004年8月1日《河南省防雷减灾实施办法》颁布实施。2004年11月,内乡县政府下发《关于贯彻落实〈河南省防雷减灾实施办法〉的实施意见》,明确了全县防雷工作的重点和范围,确定了气象部门的职责。

2000年,内乡县人民政府法制办批复确认县气象局具有独立的行政执法主体资格,并为4名职工办理了行政执法证,气象局成立行政执法队伍。

2003年,内乡县气象局被县政府列为县安全生产委员会成员单位,负责全县防雷安全的管理,定期对液化气站、加油站等高危行业和非煤矿山的防雷设施进行检测检查,对不符合防雷技术规范的单位,责令进行整改。

《通用航空飞行管制条例》和《施放气球管理条例》颁布实施后,开始对施放气球业务进行管理。

政务公开 对气象行政审批办事程序、气象服务内容、服务承诺、气象行政执法依据、服务收费依据及标准等,通过户外公示栏等方式,向社会公开。财务收支、目标考核、基础设施建设、工程招投标等内容,采取职工大会或局内公示栏张榜等方式,向职工公开。

党建工作 1983年3月,内乡县气象局成立党支部。1986年,党支部解散。2005年,重新成立党支部。截至2008年12月,有党员6人(其中离退休党员3人)。

气象文化建设 坚持开展"文明科室"、"文明家庭"、"文明职工"评比活动,改造观测场,统一制作局务公开栏、法制宣传栏和文明创建标语等。建设"两室一场"(图书阅览室、职工学习室、小型运动场),拥有图书1700册。积极参加并组织职工乐于参与的文艺演出和户外健身,丰富职工的业余文化生活。

1990—2000年,连续被内乡县委、县政府命名为县级文明单位。2001年,被南阳市委、市政府命名为市级文明单位;2002年,被命名为市级标兵文明单位。

荣誉 2001—2007年,连续被中共南阳市委、南阳市人民政府命名为市级文明单位。

台站建设

1997年,建办公楼1栋422.69平方米,职工宿舍3栋1500平方米,车库1栋150平方米。

2000—2003年,分期对机关院内环境进行了绿化改造,重新修建装饰了门面综合楼,改造了业务值班室;修建了2500多平方米草坪、花坛,栽种了风景树,绿化率达到了60%,硬化路面1100平方米;建立气象卫星地面接收站、自动观测站及决策气象服务、商务短信平台等。

社旗县气象局

社旗县位于河南省西南部、南阳盆地的东北部边沿,东接泌阳县,西与宛城区毗连,北与方城县交界,南同唐河县为邻。

机构历史沿革

始建情况　1967年1月1日,社旗县气象服务站始建,站址位于社旗县城关镇三里庄大队陈庄村西北500米。

站址迁移情况　1975年1月1日,迁至城关镇三里庄大队陈庄村北500米。1995年10月1日,迁至城关镇尚营村北500米。2005年1月1日,迁至赊店镇宋庄村北800米,北纬33°04′,东经112°56′,观测场海拔高度118.0米。

历史沿革　建站时名称为社旗县气象服务站。1970年9月,更名为社旗县气象站。1990年2月,更名为社旗县气象局。

管理体制　自建站至1971年8月,归社旗县人民武装部领导,业务归上级气象部门领导。1971年—1983年9月,归社旗县农业局领导。1983年10月,实行气象部门与地方政府双重领导,以气象部门领导为主的管理体制。

机构设置　建站伊始即成立地面测报组,1980年设立农业气象组,1990年4月成立社旗县防雷检测站,1996年12月成立社旗县人工影响天气办公室。

单位名称及主要负责人变更情况

单位名称	姓名	职务	任职时间
社旗县气象服务站	无		1967.01—1970.08
社旗县气象站	无		1970.09—1971.08
	刘聚才	站长	1971.09—1977.05
	刘元甲	站长	1977.06—1982.02
	牛淑荣	站长	1982.03—1984.07
	褚新建	站长	1984.08—1986.12
	刘 晓	站长	1987.01—1988.07
	王德坡	站长	1988.07—1990.01
社旗县气象局	王德坡	局长	1990.02—1999.04
	李祥宁	局长	1999.05—2006.03
	马群寅	副局长(主持工作)	2006.04—2007.03
	李祥宁	局长	2007.04—

人员状况　建站之初,仅有职工1人。1978年,有在职职工5人。截至2008年底,有在职职工8人(其中正式职工5人,聘用职工3人),在职职工中:男6人,女2人,全部为汉族;本科学历2人,大专学历1人,中专学历2人,高中文化3人;中级职称2人,初级职称3人;50~55岁1人,40~49岁4人,40岁以下3人。

气象业务与服务

1. 气象业务

①气象观测

地面观测　1967年1月1日,每日进行08、14、20时3个时次地面观测。观测项目有云、能见度、天气现象、气压、气温、湿度、风向、风速、降水、雪深、日照、小型蒸发、地温等。

每日 05 和 17 时编发雨量报。2002 年 4 月 1 日,每日编发 08、14、20 时 3 个时次的天气加密报。

1993 年,使用计算机取代人工查算,报表制作改为计算机编制。

每年向中国气象局、河南省气象局、南阳市气象局报送地面气象观测记录年报表 1 份,每月向省、市气象局报送地面气象观测记录月报表 1 份,本站留底本 1 份。

1997 年 10 月—1998 年 5 月,因县政府匹配建设资金不到位,无法正常开展工作,经河南省气象局同意,停止全部气象业务工作。

区域自动气象站观测　2005 年,在 11 个乡镇建设了自动雨量站。2007 年,在苗店乡建设了 1 个四要素区域自动气象站。

农业气象观测　1967 年 1 月 1 日,开始土壤水分测定,取土深 10～100 厘米;1983 年后,改为取土深 5～50 厘米;1994 年 1 月,改为取土深 0～50 厘米。1981 年 2 月 8 日起,由旬末测定改为逢 8 日测定。

②天气预报

短期天气预报　1967 年建站后,通过收听天气形势,结合上级指导和本站资料,每天下午制作 24 小时天气预报。20 世纪 80 年代起,每日 07、17 时 2 次制作 2～3 天天气预报。

中长期天气预报　20 世纪 80 年代,通过传真接受中央气象、河南省气象台和南阳市气象台的旬、月、周天气预报,再结合分析本地情况,制作旬、月、周天气过程趋势预报。长期天气预报主要有春播预报、三夏预报、汛期(6—8 月)预报、麦播预报等。

③气象信息网络

1980 年前,利用收音机收听武汉中心气象台和周边气象台播发的天气预报和天气形势。1984 年,安装气象传真机,开始接收北京、欧洲、日本发射的各种气象传真、天气图表。1985 年 5 月,建立高频电话网络,实现省、市和邻近区域内直接业务会商,及时取得有关台站的气象资料。1999 年,建成 VSAT 小型卫星地面接收站。2000—2005 年,逐步建立气象网络应用平台、专用服务器和省—市—县气象视频会商系统。

2. 气象服务

公众气象服务　1986 年以前,主要通过广播、邮寄和直接送发方式向全县发布气象信息。1986 年以后,逐步开展各种专业气象服务。建立气象警报系统,面向有关部门每天 3 时次开展天气预报警报信息发布。1994 年,开通气象风云寻呼业务,变单一服务为综合科技服务。1997 年,每天由社旗县电视台根据县气象局提供的天气预报,制作、播放天气预报。1996 年,开通“121”天气预报自动答询系统(2005 年气象信息咨询电话升位为“12121”)。2002 年 4 月,开通兴农网,向全县发布气象信息。2003 年,开通手机短信天气预报业务。2007 年,开通气象信息平台,以手机短信方式向全县各级领导、有关部门和气象信息员发送灾害性天气预警和生产建议等气象信息。

决策气象服务　建站初期至 1995 年,主要使用电话汇报、打印文件报送、专人汇报等方式向县委、县政府及农业、水利部门提供天气预报以及雨情、墒情、灾情等气象信息。

1995—2008 年,除继续使用电话汇报、专人汇报等方式外,陆续增加"风云寻呼台"、"12121"声讯电话服务、短信平台、重要天气简报、乡镇自动雨量站、农村气象信息员等新的服务方式。根据气象灾害的类别有针对性地向县委、县政府及水利、交通、卫生、教育、旅游、安监等部门提供决策服务。

人工影响天气 1997 年 8 月,成立人工影响天气领导小组,领导小组下设办公室,办公室设在气象局。至 2008 年,共有"三七"高炮 2 门、火箭 1 门,没有建设固定炮站,根据需要适时开展流动增雨和防雹作业。

防雷技术服务 1990 年开始进行防雷检测业务;2001 年,开展防雷图纸的设计审核和竣工验收工作。每年重点对易燃易爆场所、高层建筑和人员密集的重要公共场所进行防雷检测,对新(该、扩)建的建(构)筑物进行防雷图纸设计审核和竣工验收。

气象科普宣传 每年"3·23"世界气象日和法制宣传月期间,组织职工走向街头、田间、社区,利用宣传版面、散发宣传材料、悬挂横幅、设置咨询台、赠送图书等各种形式,宣传气象科普知识,提高群众对气象的认知和支持。2006 年起,"3·23"世界气象日前,开放气象局,接待公众参观,进一步加强科普宣传。

科学管理与气象文化建设

社会管理 2001 年开始,每年对易燃易爆场所、高层建筑和人员密集的重要公共场所进行防雷检测,对新(改、扩)建的建(构)筑物进行防雷图纸设计审核和竣工验收。2005 年,行政审批项目进驻社旗县行政审批中心办理。

政务公开 2002 年 3 月,成立局务公开领导小组,按照《河南省气象部门局(政)务公开工作考核细则》和《深入推进全省气象部门内部政务公开工作的补充意见》的要求,定期或不定期向社会公布社旗县气象局履行社会管理职能的法律依据、工作流程和办理期限;向本局所有人员公开重要事项、大额财务收支、中远期工作安排、奖惩制度的实施、人事任命等内容。公开方式为文件公开、会议公开和公示栏公开。

党建工作 建站初期,没有党员。1970 年,从外地调入党员 1 人,与社旗县人民武装部机关党支部成立联合支部。1971 年又与社旗县农业局成立联合支部。1988 年,成立独立支部。截至 2008 年底,有党员 4 人(其中离退休党员 1 人)。

2007 年 3 月刘书明被社旗县委评为"优秀共产党员"。

气象文化建设 1999 年起深入开展文明单位创建活动,每年评选"文明科室"、"文明职工"和"文明家庭"。2004 年 2 月,社旗县气象局被南阳市委、市政府命名为市级文明单位。

荣誉 2001 年 12 月 12 日,被河南省档案局评为"档案工作目标管理先进单位";2008 年 3 月,被社旗县委、县政府授予"安全生产先进单位";2002—2008 年均被南阳市气象局评为年度目标考评优秀达标单位。

台站建设

1967 年 1 月 1 日建站之初,有 1 排 10 间瓦房作为办公和生活用房。1975 年 1 月 1 日搬迁到新址后,站址占地面积 3237.5 平方米,建 2 排瓦房共 17 间。1993 年,改造成 1 栋三层楼房共 24 间。1995 年搬迁新址后,站址占地面积 3333.5 平方米,建设 2 排瓦房共 18 间。2005 年 1 月 1 日,站址搬迁新址,新址占地面积 4666.9 平方米,建设 1 栋二层办公楼 16 间,并建其他用房 3 间。

邓州市气象局

古有夏帝仲康封其子于邓,始有邓国。今邓州市位于河南省西南部,东接南阳市卧龙区、新野县,西连淅川县,南接湖北省襄阳县、老河口市,北邻内乡县、镇平县,总面积 2294.4 平方千米。

机构历史沿革

始建情况   1956 年 8 月,于邓县构林乡魏集村始建河南省邓县构林气候站,北纬 32°27′,东经 112°08′,1957 年 1 月正式开展观测业务。

站址迁移情况   1958 年 8 月,北迁 30 千米至邓县城关镇韩庄寺,北纬 32°27′,东经 112°08′;同年 11 月,迁往县城东贾庄村。1962 年 10 月,迁至城东赵营村西,北纬 32°42′,东经 112°07′。1972 年 12 月,迁至城郊乡张白村,北纬 32°27′,东经 112°05′。2004 年 1 月,向东北方向迁移 3.5 千米至邓州市东城街道办事处陈湾居委会北京大道北端,观测场位于北纬 32°42′,东经 112°07′,海拔高度 107.6 米。

历史沿革   建站时,名称为河南省邓县构林气候站。1958 年 8 月,更名为邓县气象站。1960 年 2 月,更名为邓县气象服务站。1980 年 5 月,更名为邓县气象站。1989 年 1 月,更名为邓州市气象站。1990 年 6 月,更名为邓州市气象局。

管理体制   自建站至 1963 年 1 月,以邓县地方领导为主。1963 年 2 月—1968 年 5 月,以气象部门管理为主。1968 年 6 月—1972 年 12 月,由邓县人民武装部管理。1973 年 1 月—1983 年,属邓县农委管理。1983 年,实行气象部门与地方政府双重领导,以气象部门领导为主的管理体制。

机构设置   1957 年 1 月建站时设地面观测组、农气观测组;1965 年 8 月设天气预报组;1989 年 6 月设科技服务中心;2008 年 12 月设防雷中心。

单位名称及主要负责人变更情况

单位名称	姓名	职务	任职时间
河南省邓县构林气候站	闫中阳	站长	1957.01—1958.07
邓县气象站			1958.08—1960.01
邓县气象服务站	孙成甫	站长	1960.02—1962.07
	邢祖恩	站长	1962.08—1965.07

单位名称	姓名	职务	任职时间
邓县气象服务站	李开秀	站长	1965.08—1968.12
	郑德亭	站长	1969.01—1970.12
	贾先跃	站长	1971.01—1973.12
邓县气象站	陈道昌	站长	1974.01—1980.04
			1980.05—1983.04
	侯中信	站长	1983.05—1984.08
邓州市气象站	李海彬	站长	1984.09—1989.01
			1989.01—1990.06
邓州市气象局	罗明运	局长	1990.06—1990.10
	段吉华	局长	1990.11—2005.01
	李　莉	局长	2005.01—

人员状况　1957 年建站时,只有职工 2 人。1978 年底,有职工 8 人。2006 年,定编为 8 人。截至 2008 年底,在编职工 8 人,聘用职工 2 人。其中:本科学历 1 人,大专学历 2 人,中专学历 7 人;中级职称 3 人,初级职称 5 人;50～55 岁 3 人,40～49 岁 2 人,40 岁以下 5 人。

气象业务与服务

1. 气象业务

①气象观测

地面观测　1957 年 1 月 1 日起,每日 01、07、13、19 时(地方时)进行 4 次观测,夜间不守班。1960 年 7 月 1 日,改为每日 07、13、19 时(地方时)3 次观测。1960 年 8 月 1 日起,每日 02、08、14、20 时(北京时)4 次观测。1989 年 1 月 1 日,取消 02 时观测,改为每天 08、14、20 时(北京时)3 次观测,夜间不守班。

观测项目有风向、风速、气温、气压、空气湿度、云、能见度、天气现象、降水、日照、小型蒸发、地面温度和浅层地温、雪深;2008 年增加电线积冰观测。

每年向河南省气象台编发小天气图报、雨量报、重要天气报;1993 年 3 月 1 日停发小天气图报,改发加密天气报;1958 年 1 月—1992 年 12 月,每日 05—20 时发航危报、水情报,每年 5 月 15 日—10 月 31 日向南阳防汛办发水情报供河南省水利部门监测水文情况使用。

编制的气表-1 和气表-21 向省、地(市)气象局各传 1 份。1993 年 4 月,开始用微机制作报表,只向上级通过内网传送电子文件,不再上报纸质报表。2000 年 6 月 1 日,使用 AHDM 4.1 程序查算制作报表;2005 年 1 月起,使用 OSSMO 2004 软件编报和编制报表;2005 年 6 月,使用移动光纤传输。

2003 年 12 月,建成 ZQZ 自动气象观测站。2005 年 10 月试运行。2006 年 1 月,开始双轨对比观测。2008 年 1 月 1 日,单轨运行,自动观测项目有气压、气温、相对湿度、风向、风速、降水、地温等。

区域自动气象站观测　2005 年春季建成 27 个乡镇自动雨量站,2005 年 8 月投入业务使用。2007—2008 年,在邓州市农科所、构林乡、腰店乡崔营村建设 3 个四要素自动气象观测站。

农业气象观测　1958 年开始土壤水分测定,1958 年 1 月 10 日—1980 年 10 月 20 日取土深 5～30 厘米,1980 年 10 月 20 日后测土深改为 5～50 厘米,1994 年 1 月测土深由 5～50 厘米改为 0～50 厘米;1981 年 2 月 8 日起,由旬末测定改为逢 8 日测定。1980 年开始小麦和玉米生育期观测,2005 年停止观测。

②天气预报

短期天气预报　20 世纪 70 年代,结合本站资料图表,每日早晚制作 24 小时内天气预报。20 世纪 90 年代初,利用传真天气图和上级指导预报,结合本站资料,每天制作未来 3 天天气预报。2000 年 2 月后,利用卫星接收资料及 MICAPS 系统通过网络接收的各种气象信息资料和河南省、南阳市气象台的预报产品,开展 24 小时、未来 3～5 天和临近预报。

短期气候预测(长期天气预报)　长期天气预报制作在 20 世纪 70 年代中期开始起步,80 年代贯彻执行中央气象局提出的"大中小、图资群、长中短相结合"技术原则,建立一整套长期预报的特征指标和方法。长期预报产品主要有月预报、春播预报、三夏期间预报、汛期预报、秋季预报和冬季预报。

③气象信息网络

1980 年前,利用收音机收听武汉区域气象中心和河南省气象台以及周边气象台播发的天气预报和天气形势。1981 年,配备了传真接收机,接收北京、欧洲气象中心以及日本东京的气象传真图。1985 年 10 月,安装了甚高频电话,利用甚高频电话和南阳市气象台进行天气会商。2000 年,完成地面卫星小站建设,并利用 MICAPS 系统接收和使用高分辨率卫星云图和地面、高空天气形势图等。1999—2005 年,相继开通了因特网,建立了气象网络应用平台、专用服务器和省、市、县办公系统,气象网络通讯线路 X.25 升级换代为数字专用宽带网,开通 100 兆光缆,接收从地面到高空各类天气形势图和云图、雷达拼图等资料,为气象信息的采集、传输处理、分发应用、天气会商、公文处理提供支持。

2. 气象服务

公众气象服务　1986 年以前,主要通过广播和邮寄旬、月报方式向全县发布气象信息。1996 年,通过电视向公众发布气象预报服务。2002 年 4 月,开通兴农网。1997 年 6 月,同电信局联合,开通"121"天气预报自动答询电话(2003 年 11 月,"121"电话实行集约化经营,县气象局只进行实时订正预报;2005 年 1 月"121"升位为"12121")。2005 年,开展手机短信预订服务。2006 年 3 月,建立邓州市农业气象公益服务平台,当年拥有用户 3000 人,农民用户占 85%;2007 年 11 月用户增至 10031 人;2008 年增至 3 万人,其中农民用户 18927 人(占 63%),用户已覆盖到每一个村民小组和社区。

决策气象服务　20 世纪 80 年代初,决策气象服务产品为常规预报和情报资料,服务方式以书面文字发送为主。20 世纪 90 年代后,决策服务产品逐渐增加了精细化预报、产量预报、气候评价等,气象服务方式也由书面文字发送及电话通知等向电视、微机终端、互联网等发展,各级领导可通过电脑随时调看实时云图、雷达回波图、雨量点雨情。2006 年,开始通过农业气象服务短信平台向决策用户发布各种气象信息。

人工影响天气 1996 年,邓州市人民政府成立人工影响天气办公室,挂靠气象局,购置高炮 2 门。2005 年,购 CF4-1、2001-252 火箭发射架 1 架。2007 年,购 QF3-1(a)、2006-0406 火箭发射架 1 架。2007 年,建立固定炮库 2 座。

防雷技术服务 1986 年 4 月开展防雷装置检测服务。2002 年 4 月,开始对全市计算机信息系统(场地)进行防雷安全检测。

气象科普宣传 每年世界气象日期间,在城区主要街道摆放宣传版面和宣传咨询台,并采用粉刷墙体标语、过街横幅及组织培训乡镇气象信息员、邀请相关单位座谈等形式,宣传普及气象法规及防雷知识等。

科学管理与气象文化建设

1. 社会管理

邓州市人民政府办公室于 2001 年 3 月 1 日发文,明确防雷工程从设计、安装、检测由避雷设施安检中心负责。2007 年 4 月和 6 月又先后下发《关于加强学校防雷安全工作的通知》(邓政办〔2007〕54 号)、《关于开展防雷减灾专项安全检查工作的通知》(邓政办〔2007〕122 号),将防雷安全工作纳入气象行政管理范围。

2000 年邓州市人民政府法制办批复确认市气象局具有独立的行政执法主体资格,并为 4 名职工办理了行政执法证,气象局成立行政执法队伍。

2006 年,被列为市安全生产委员会成员单位,负责全市防雷安全的管理,定期对液化气站、加油站、民爆仓库等高危行业的防雷设施进行检测检查,对不符合防雷技术规范的单位,责令整改。

《通用航空飞行管制条例》和《施放气球管理办法》颁布实施后,开始实施施放气球管理。

2. 政务公开

对气象行政审批办事程序、气象服务内容、服务承诺、气象行政执法依据、服务收费依据及标准等,通过户外公示栏等方式,向社会公开。对干部职工关注的财务管理、职称评聘、干部任用、目标考核、基础设施、工程招投标等内容,采取召开职工大会和局内公示相结合形式,向职工公示或说明。

3. 党建工作

党支部组织建设初期,党员归农业局支部。1993 年 10 月成立气象局党支部,有 6 名党员。截至 2008 年底,有党员 5 名(其中离退休党员 3 名)。

4. 气象文化建设

1985 年,成立精神文明建设领导小组,设立专门的办公室,制定创建规划和规章制度;

开展创建文明科室、文明个人活动。2005年,建设了"两室一场",拥有图书3300多册。2007年8月,安装健身器材1套。

1989年,被邓州市委、市政府评为邓州市(县级)"文明单位"。1999年1月,晋升为南阳市级"文明单位";2008年为市级"标兵文明单位"。

5. 荣誉

集体荣誉 2007年5月18日,南阳市气象系统在邓州市召开了"南阳市汛期气象服务暨农业气象服平台建设现场会",推广"邓州气象服务模式"。邓州市气象局被河南省气象局评为"档案管理先进集体"(2003年)、"重大气象服务先进集体"(2006年、2008年)、"人工影响天气先进集体"(2007年)。

个人荣誉 李莉2007年被南阳市委、市政府授予南阳市劳动模范。

台站建设

建站初期,仅有2间小房。

1993年5月,建成1160平方米综合楼。1995年,建成16间500平方米业务用房。2004年1月,350平方米新业务楼在气象观测站启用。2004—2008年,对新址进行园内绿化建设,工作环境由荒草地变成了花园式单位。

新野县气象局

新野县位于河南省西南部边缘,宛襄盆地中心,唐、白河水系汇流地带,属汉水流域,海拔高度在77.3~107.4米之间。新野历史悠久,文化灿烂,是三国历史文化名城,西汉初年置县。

机构历史沿革

始建情况 新野县气象服务站始建于1958年1月,位于新野县城东五里窑,北纬32°33′,东经112°23′,海拔高度87.9米,属国家一般气象观测站,1958年11月1日正式开始地面气象观测。

历史沿革 始建时,名称为新野县气象服务站。1971年1月1日,更名为新野县气象站。1990年6月,更名为新野县气象局,正科级事业单位。

管理体制 建站至1971年,为新野县农业局代管的二级单位。1971年,由新野县人民武装部主管。1973年,改为由新野县政府领导,新野县农业局代管,属二级单位。1982年,实行气象部门与地方政府双重领导,以气象部门领导为主的管理体制。

机构设置 2008年,下设办公室、业务科、气象服务科、人工影响天气办公室。

单位名称及主要负责人变更情况

单位名称	姓名	职务	任职时间
新野县气象服务站	易法铭	站长	1958.03—1969.05
	王子善	站长	1969.06—1971.01
新野县气象站			1971.01—1984.06
	孙清兰	站长	1984.07—1990.06
		局长	1990.06—1993.09
新野县气象局	卫晓英	局长	1993.09—2007.04
	王建军	副局长(主持工作)	2007.04—2009.04
	宗永伟	局长	2009.04—

人员状况　建站时,在职职工 3 人。1978 年,在职职工 6 人。2008 年底,在编在职人员 7 人,外聘人员 3 人,退休人员 4 人。在编职工中:中级职称 6 人;本科学历 2 人,大专学历 2 人;40～50 岁 6 人,40 岁以下 1 人。

气象业务与服务

1. 气象业务

①气象观测

地面观测　1960 年 1 月 1 日,每日进行 07、13、19 时(地方时)3 次观测。1960 年 8 月 1 日,改为每日 02、08、14、20 时(北京时)4 次观测。

观测项目有云、能见度、天气现象、气压、气温、湿度、风向、风速、降水、雪深、日照、蒸发、地温等。

1985 年 6 月 1 日—7 月 31 日,05—17 时向内乡机场发航空危险报。

2005 年 10 月,AMS-Ⅱ型自动气象站安装并开始试运行。2006 年,人工、自动站观测双轨运行。2008 年 1 月 1 日,正式启用自动气象站设备。自动气象站全部采用仪器自动采集、记录,替代了人工观测。

区域自动站观测　2005 年 7 月,在沙堰等 6 个乡镇建立自动雨量观测站;2006 年 9 月,在施庵等 6 个乡镇建立自动雨量观测站。2007 年 8 月,在五星镇建成四要素自动监测站 1 个。

农业气象观测　1959 年,开始开展小麦、棉花、玉米作物生育期状况评定、观测业务。1958 年 1 月 10 日—1980 年 10 月 20 日,测墒取土深 5～30 厘米;1980 年 10 月 20 日,测土深改为 5～50 厘米;1994 年 1 月,测土深改为 0～50 厘米。1981 年 2 月 8 日,由旬末土墒测定改为逢 8 日测定。1984 年,增加气候影响评价。定时向省、市气象局发农业气象周报、墒情报、气象旬(月)报,遇到干旱天气加密观测并发报;定时向南阳市气象局上报服务报表、气候评价、生态环境评价;承担三夏、春播、秋播及关键农事期间气象预报和产量分析预报。2008 年年底,在城郊乡筹建农业气象示范园,进行特色农业作物(苹果)的生育期观测。

②天气预报

短期天气预报 1962 年 12 月,通过收听天气形势,结合本站资料图表,每日早晚制作 24 小时天气预报。20 世纪 80 年代初起,每日 06、17 时 2 次制作预报。2000 年后,开展常规 24 小时预报。

中期天气预报 20 世纪 80 年代初,通过传真接收中央气象台、河南省气象台的旬、月天气预报,再结合分析本地气象资料、短期天气形势、天气过程的周期变化等,制作一旬天气过程趋势预报。

短期气候预测(长期天气预报) 运用数理统计方法和常规气象资料图表及人工经验,做出有本地特点的补充订正预报。

③气象信息网络

1980 年前,利用收音机收听武汉中心气象台和周边气象台播发的天气预报和天气形势。1981 年,配备天气传真接收机,接收北京、欧洲气象中心以及东京的气象传真资料。2000—2005 年,建立 VSAT 站、气象网络应用平台、专用服务器和省—市—县气象视频会商系统。

2. 气象服务

公众气象服务 1986 年以前,主要通过广播和邮寄旬预报向全县公众发布气象信息预报。1986 年,建立气象警报系统,每天 3 时次开展发布天气预报警报服务。1996 年,开通"121"天气预报电话自动答询系统。1998 年,建立电视气象影视制作系统,负责每日的电视天气预报传递。2002 年 4 月,开通农业气象信息网,通过"兴农网"发布气象服务信息。2007 年,开始利用手机短信向公众发布气象信息。

决策气象服务 每年汛期,成立汛期服务领导小组、灾害性天气发布小组,制定了各类汛期气象服务应急预案。6—8 月天气预报作出后,每天派人送到主管县长手中,出现异常天气和重要天气过程时局长亲自向主管县长汇报,并利用各类信息发布手段,及时向各级党政、新闻媒体、有关部门和社会公众提供全面的决策服务和公益服务,确保安全度汛。新野县作为豫西南最大的蔬菜生产基地,在蔬菜栽种期和收获期,制作专题气象服务,根据地温和墒情,分析利弊条件,提出生产建议。

人工影响天气 1996 年,新野县人民政府成立人工影响天气办公室,同年 8 月购买"三七"高射炮 2 门,成立了以副县长为组长的人工影响天气领导小组。2001 年,购置增雨消雹高炮 3 门。2002 年 11 月,配备火箭发射车 1 部,建设固定炮点 3 个。2005 年 7 月,配备 WR-98/ID 型组合地面火箭 2 台和组合拖车火箭 1 台。2007 年 1 月,配备 QF3-1 火箭发射架 2 具,并由前期的流动作业点,改为设施完善的固定炮点。1997—2008 年,共作业 68 次,出动高炮 250 门次,发射增雨炮弹 6500 发,增雨火箭 50 枚,直接经济效益超亿元。

防雷技术服务 1990 年,成立新野县防雷中心,开始对建筑物、易燃易爆场所、计算机信息系统等进行防雷装置安全检测工作。2004 年,开展防雷工程图纸设计、审核、竣工验收;定期对全县范围内的建(构)筑物、油库、炸药库、加油站等易燃易爆重点场所,学校、计算机信息系统等进行防雷、防静电安全检查、检测服务。2005 年,对重大工程建设项目开展雷击灾害风险评估。2008 年,开展中小学校防雷安全管理工作。

气象科普宣传 2000—2008 年,在世界气象日、安全生产月、防灾减灾日、重大节假日期间,组织人员走进工厂、社区、学校,开展气象法律法规宣传,普及气象防灾减灾知识;以《中华人民共和国气象法》《河南省气象条例》等气象法规及气象防灾减灾知识为主题,制作版面,悬挂标语,设立科普咨询台,发放防雷减灾安全图片,解答群众提出的问题等,增强公众的防灾减灾意识,普及气象常识。

科学管理与气象文化建设

社会管理 1997 年,新野县人民政府办公室下发了《关于加强防雷安全检测工作的通知》,首次以文件形式明确规定气象部门为防雷安全检测主管部门,并要求油库、液化气站、化工等易燃易爆和城区四层以上高层建筑物、构建物必须接受防雷安全年度检测。2003 年,新野县人民政府安委会下发了《关于加强防雷安全管理的通知》,再次明确气象部门是防雷管理的唯一职能部门,并要求消防、建设等部门在行使职能时充分配合气象局加强防雷安全社会管理工作。2004 年,气象局成立行政执法大队,定期对全县建筑物的防雷设施进行检查,对存在重大雷电安全隐患的单位,责令进行整改。

《通用航空飞行管理条例》和《施放气球管理办法》颁布实施后,开始进行氢气球施放管理。

1994 年,新野县政府下发了《关于切实保护气象观测环境的通知》(新政〔1994〕64 号),在观测场东、西、南 100 米范围内划定"保护区"。2005 年按照中国气象局《气象探测环境和设施保护办法》,气象探测环境和设施保护又在新野县规划局进行了备案。由于保护意识强,措施得力,从建站至 2008 年,新野县气象观测环境一直保持良好。

政务公开 新野县气象局成立了政务公开领导小组和监督小组,并制订了小组成员的工作职责。对气象行政审批办事程序、气象服务内容、服务承诺、气象行政执法、有关依据及标准等,均向社会公开。对人员聘用、财务收支、目标考评、基建建设、办公用品的购置与管理等,建立了严格的执行标准和管理办法。每年年底对大额收支、职工奖金福利发放、领导干部待遇、职工晋职晋级等向职工详细公示。

党建工作 建站初期至 2008 年,党员较少,党建工作归新野县农业办公室党支部管理。截至 2008 年底有党员 3 人。

2000 年后,新野县气象局积极开展廉政教育和廉政文化建设活动,把党风廉政建设工作与行政工作一起部署、一起考核,定期进行党风廉政建设和反腐倡廉的学习。

气象文化建设 1995—2008 年,新野县气象局始终把领导班子的自身建设和职工队伍的思想建设作为精神文明创建的重要内容,通过开展业务知识、政治理论、法律法规学习,造就了一支高素质的职工队伍,锤炼了爱岗敬业、奉献社会的气象人精神。

1998 年,被中共南阳市委、市政府授予市级文明单位称号;2006 年,再次被命名为市级文明单位;2008 年,被授予市级"标兵文明单位"荣誉称号。

荣誉 2007 年,获省级档案管理先进集体。2005—2008 年,连续 4 年获南阳市气象局优秀达标单位。2003—2007 年,连续 5 年被新野县防汛抗旱指挥部评为"防汛服务工作先进单位";2007—2008 年,连续 2 年被新野县安委会评为"安全生产先进单位"。

台站建设

新野县气象局建站之初,在一片荒坟地上平坟建站,生活条件艰苦。1979年,在距离观测场100米处盖平房7间。1990年,又建平房7间。1995年,新建办公房10间237平方米。1996年,新建职工单元楼1幢二层。

2007年,安装了变压器,新架电缆线200米,保障了电力正常供应;打深水井50米,安装无塔供水设备;修建透绿围墙,硬化了路面,修建了文体设施,更换了办公设备,绿化面积2300平方米。通过综合台站改善,新野县气象局面貌焕然一新,环境面貌实现了优化、美化、绿化。

2005年6月15日,为保证自动观测站顺利建设,租原种场土地460平方米,租期5年;2008年6月1日为了加强探测环境保护,租原种场土地2300平方米,租期5年。

南召县气象局

南召县历史悠久,南召猿人遗址是国内发现的七大古人类遗址之一。秦昭王三十五年(公元前272年)始置雉县,其后多有废并,境域和县治屡有变迁,明成化十二年(1476年)置南召县。南召县位于河南省西南部,伏牛山南麓,南阳盆地北缘,曾先后被国家有关部委命名为"中国柞蚕之乡"、"中国辛夷之乡"、"全国民间艺术之乡"。

机构历史沿革

始建情况   1957年2月,南召县气候站始建,站址位于城关镇南郊常房庄(郊外),北纬33°27′,东经112°44′,海拔高度198.2米。

站址迁移情况   2004年1月,迁至城郊乡阎沟村(郊外),北纬33°29′,东经112°25′,海拔高度231.1米。

历史沿革   建站时名称为南召县气候站。1959年4月,更名为南召县气象站。1961年1月,更名为南召县气象服务站。1968年1月,更名为南召县气象站革命委员会。1981年1月,更名为南召县气象站。1990年4月,更名为南召县气象局。

管理体制   自建站至1968年5月,由上级业务主管部门和地方政府双重领导、以上级业务管理部门领导为主。1968年6月—1982年12月,由南召县人民政府管理。1983年,实行气象部门与地方政府双重领导、以气象部门领导为主的管理体制。

机构设置   1980年,设地面观测股和天气预报股;1981年,又设立科技服务股。1996年,南召县人民政府人工影响天气领导小组成立,办公室设在县气象局。

单位名称及主要负责人变更情况

单位名称	姓名	职务	任职时间
南召县气候站	申瑞祥	站长	1957.07—1959.03
南召县气象站			1959.04—1960.09
南召县气象站	姜海亭	站长	1960.10—1960.12
南召县气象服务站			1961.01—1967.12
南召县气象站革命委员会			1968.01—1980.12
			1981.01—1984.08
南召县气象站	毕敬克	站长	1984.09—1986.06
	姜海亭	站长	1986.07—1988.05
	赵春青	站长	1988.06—1990.03
南召县气象局		局长	1990.04—2008.03
	宗永伟	局长	2008.04—

人员状况　1956 年建站时,只有职工 3 人。1978 年,有在职职工 11 人。2008 年底,有在职职工 9 人。在职职工中:本科学历 2 人,大专学历 3 人,中专学历 2 人,高中学历 2 人;中级职称 6 人,初级职称 3 人;50～55 岁 1 人,40～49 岁 4 人,40 岁以下 4 人。

气象业务与服务

1. 气象业务

①气象观测

地面观测　1956 年 10 月 5 日,为每日进行 02、08、14、20 时 4 次观测,夜间不守班。1961 年 7 月 1 日,改为每日 08、14、20 时 3 次观测。

观测项目有风向、风速、气温、气压、空气湿度、云、能见度、天气现象、降水、日照、小型蒸发、地面温度和浅层地温、雪深;2008 年增加电线积冰观测。

每年向河南省气象台编发小天气图报、雨量报、重要天气报;1993 年 3 月 1 日,停发小天气图报,改发加密天气报;1959 年 1 月起,承担鲁山、郑州预约航危报任务。

区域自动气象站观测　2005—2006 年,相继建成乡镇自动雨量站 16 个。2007 年 9 月,在鸭河口水库建成四要素自动气象站 1 个。

农业气象观测　从 1958 年开始,进行墒情监测并向河南省气象局发报。1981 年,开始每月逢 8 日取土、逢 9 日发报。1983 年,开始撰写气候评价,并向南召县政府职能部门提供农业气象服务材料。

②天气预报

短期天气预报　20 世纪 60 年代,通过收听天气形势,结合本站资料图表,制作 24 小时内天气预报。20 世纪 90 年代后,根据卫星云图、欧亚数值预报图,结合本站观测得到的各种信息资料,做出 3～5 天数值预报。

短期气候预测(长期天气预报)　长期天气预报制作在 20 世纪 70 年代中期开始起步,80 年代贯彻执行中央气象局提出的“大中小、图资群、长中短相结合”技术原则,建立一整

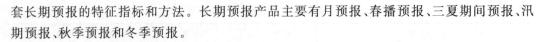
套长期预报的特征指标和方法。长期预报产品主要有月预报、春播预报、三夏期间预报、汛期预报、秋季预报和冬季预报。

③气象信息网络

1980年前,利用收音机收听武汉区域气象中心和河南省气象台以及周边气象台播发的天气预报和天气形势。1981年,配备了传真接收机,接收北京、欧洲气象中心以及日本东京的气象传真图。1985年10月,安装了甚高频电话,利用甚高频电话和南阳市气象台进行天气会商。1999—2005年,相继开通了因特网,建立了气象网络应用平台、专用服务器和省、市、县办公系统,气象网络通讯线路X.25升级换代为数字专用宽带网,开通100兆光缆,接收从地面到高空各类天气形势图和云图、雷达拼图等资料,为气象信息的采集、传输处理、分发应用、天气会商、公文处理提供支持。

2. 气象服务

公众气象服务 1985年,天气预报信息通过电话传至广播局,通过广播播放天气预报。1997年,开通"121"天气预报自动咨询电话(2003年,南阳全市"121"答询电话实行集约经营,由南阳市气象局负责建设、维护、管理;2005年1月"121"电话改号为"12121")。2002年,建成"南召县兴农网"。2007年,建成多媒体电视天气预报制作系统,将自制节目录像带送南召县电视台播放;建立了气象灾害预警信息发布平台,利用手机短信发布气象灾害预警信息。

决策气象服务 20世纪80年代初,决策气象服务产品为常规预报和情报资料,服务方式以书面文字发送为主。20世纪90年代后,决策服务产品逐渐增加了精细化预报、产量预报、森林火险等级预报等,气象服务方式也由书面文字发送及电话通知等向电视、微机终端、互联网等发展,各级领导可通过电脑随时调看实时云图、雷达回波图、雨量点雨情。1995—2008年,先后被南召县委、县政府评为"服务农业先进单位"、"服务农村经济先进单位"、"支持夏粮生产先进单位"等。

人工影响天气 1996年,南召县人民政府人工影响天气领导小组成立,办公室设在县气象局。同年,购买"三七"高炮3门,开始了人工影响天气工作。2003年,购买BL-1型火箭发射架1部。

防雷技术服务 1994年,开展防雷设施检测业务。2002年与县政府联合下发了《关于加强建(构)筑物防雷装置设计、施工管理的通知》(召政文〔2002〕101号),在全县进行防雷安全检测服务。

气象科普宣传 为宣传普及气象法规、"12121"及防雷知识,利用节假日,在城区主要街道设宣传栏和咨询台,通过咨询、组织培训乡镇气象信息员、邀请相关单位座谈等形式,开展气象科普宣传。

科学管理与气象文化建设

社会管理 2004年8月1日,《河南省防雷减灾实施办法》颁布实施,南召县人民政府办公室发文将防雷工程从设计、施工到竣工验收,全部纳入气象行政管理范围。2001年9月25日,南召县人民政府以召政文〔2001〕109号批复确认县气象局具有独立的行政执法主体资格,并为 3 名职工办理了行政执法证,气象局成立行政执法队伍。

2006 年,被南召县安全生产委员会列为县安全生产委员会成员单位,负责全县防雷安全的管理,定期对液化气站、加油站等高危行业和非煤矿山的防雷设施进行检测检查,对不符合防雷技术规范的单位,责令进行整改。

《通用航空飞行管制条例》和《施放气球管理办法》颁布实施后,开始实施施放气球管理。

政务公开　对气象行政审批办事程序、气象服务内容、服务承诺、气象行政执法依据、服务收费依据及标准等,通过户外公示栏等方式,向社会公开。财务收支、目标考核、基础设施建设、工程招投标等内容,采取召开职工大会或局内公示栏张榜等方式,向职工公开。

党建工作　1991 年,南召县气象局成立党支部时有党员 3 人;截至 2008 年底有党员 6人(其中离退休党员 1 人)。

在局务公开、党务公开方面,严格按照上级部门要求,层层签订党风廉政建设目标责任书并抓好落实。

气象文化建设　2004—2008 年,先后建立了图书阅览室、职工活动室,大力开展群众性文体活动及“送温暖、献爱心”等活动。

1991—2004 年,连续被南召县委、县政府命名为县级文明单位。2005 年,被南阳市委、市政府命名为市级文明单位。

集体荣誉　1986 年,南召县气象局被中国气象局授予“重大气象服务先进单位”。2005 年,被南阳市委、市政府命名为市级文明单位;被南召县委、县政府评为“抗洪救灾先进集体”。

台站建设

建站时,在南召县城关镇南外大队征用土地 0.2 公顷,办公用 3 间瓦房。1978 年 12月,征用土地 0.17 公顷,1979 年 5 月新建二层业务楼。至 1983 年,占地总面积为 3983 平方米,业务与生活用房建筑面积 458.1 平方米。

1984 年,新建 1 幢 12 套职工生活用房。1994 年又为职工安装了自来水。1998 年,南召县气象局在县城伏山路南段进行了重新选址。新址于 2004 年动工建设,2005 年 6 月竣工投入使用。新址占地 7291 平方米,新建业务楼三层 713 平方米。2005 年,对办公设施全部进行了更新,购置了办公桌椅,安装了空调、有线电视、宽带网络等。

方城县气象局

方城县位于河南省西南部,南阳盆地东北隅;西界南召,东邻舞阳、泌阳,南接社旗、南阳,北靠鲁山、叶县。总面积 2518.2 平方千米。现辖 16 个乡镇,557 个行政村,总人口 103万,是南阳市农业大县。

机构历史沿革

建站情况 1956 年 10 月,方城县气候站始建,站址位于方城县城南方劵桥乡大龙庄村,北纬 33°09′,东经 112°59′。

站址迁移情况 1959 年 1 月 1 日,迁移至方城县城北关外胡家庄村东,北纬 33°17′,东经 113°00′。1963 年 1 月 1 日,观测场东移近 100 米。

历史沿革 1958 年 12 月,更名为方城县气象站。1960 年 3 月,更名为方城县气象服务站。1966 年 4 月,更名为方城县气象站。1990 年 11 月,更名为方城县气象局。

管理体制 自建站至 1983 年 10 月,由方城县农业局、水利局、人民武装部等单位代管。其中,1967—1968 年间由方城县农业局主管。1983 年 11 月,实行气象部门与地方政府双重领导,以气象部门领导为主的管理体制。

机构设置 1982 年,设地面观测组、农业气象组、天气预报组。1989 年 5 月组建气象科技服务专业队伍,1990 年 4 月成立防雷中心,1996 年 12 月成立方城县人工影响天气办公室。

单位名称及主要负责人变更情况

单位名称	姓名	职务	任职时间
方城县气候站	李明生	站长	1956.10—1958.12
方城县气象站			1958.12—1960.03
方城县气象服务站			1960.03—1966.04
方城县气象站			1966.04—1984.09
	郑日均	站长	1984.09—1990.11
方城县气象局		局长	1990.11—1997.04
	武 斌	局长	1997.04—

人员状况 1956 年 10 月建站时有职工 2 人。1959 年,增加到 5 人。截至 2008 年底,共有 14 人,其中在编职工 9 人,外聘职工 5 人。在编人员中:中级职称 4 人,初级及以下职称 5 人。

气象业务与服务

1. 气象业务

①气象观测

地面观测 1957 年 1 月 1 日—1959 年 12 月 31 日,观测时次采用地方时,每日进行 01、07、13、19 时 4 次观测。1960 年 1 月 1 日—1960 年 7 月 31 日,每日进行 07、13、19 时 3 次观测。1960 年 8 月 1 日始,采用北京时,每日进行 08、14、20 时 3 次观测。

观测项目有云、能见度、天气现象、气压、气温、湿度、风向、风速、降水、雪深、日照、蒸发、地温等。

1960 年 8 月,开始承担航危报业务。1994 年,取消航危报,改发天气报和重要天气报。

2002年4月,改为天气加密报。

2000年开始机制报表。

2005年10月1日,建成ZQZ-CⅡ₁型自动气象站并试运行。2006年人工、自动观测双轨运行。2008年1月1日起,正式启用自动气象站设备。

区域自动站观测 2005年6月,建立16个乡镇自动雨量站。2007年9月,在拐河建成四要素自动气象监测站1个。

农业气象观测 20世纪50年代末60年代初,记录资料零乱。1980年1月,成立农业气象组。

1980年2月,开始车前草主要生育期观测;1980年3月,开始对榆树、野菊花、苹果、楝树等主要生育期观测及家燕观测;6月,开始蚱蝉观测。

1981年6月开始夏玉米观测,同年10月开始小麦生育期观测;1982年6月中断夏玉米观测,1983年6月恢复夏玉米观测。

1958年1月—1980年10月,土壤水分测定取土深5～30厘米;1980年10月,测土深改为5～50厘米;1994年1月,测土深改为10～50厘米。1981年2月,由旬末测定改为逢8日测定。

②天气预报

短期天气预报 1962年10月开始,通过收听天气形势,结合本站资料图表,每日早晚两次制作24小时天气预报。20世纪80年代初期到90年代末,每日06、17时制作预报。2000—2005年,建立VSAT站、气象网络平台、专用服务器和省—市—县视频会商系统,开展灾害性天气预报预警及各类重要天气报告。

短期气候预测(长期天气预报) 长期天气预报制作在20世纪70年代中期起步,在80年代初贯彻执行中央气象局提出的"大中小、图资群、长中短相结合"的技术原则,选取气象相关因子群,建立一整套长期气象预报的特征指标和方法。长期预报产品主要有月预报、春播预报、三夏期间预报、汛期预报、秋季预报和冬季预报。

2. 气象服务

公众气象服务 1982年以前,主要通过广播和邮寄旬报方式向全县公众发布气象信息。1982年9月,建立气象警报系统,向有关部门每天3时次开展天气预报警报信息发布。1996年10月,开通天气预报"121"电话自动答询系统。1997年8月,建立电视天气预报制作系统。

决策气象服务 20世纪80年代以前,将重要天气情报用电话向县领导汇报,或打印成文送交县委、县政府和水利等相关部门。1981年,开展专题农业气候分析及预报。1983年,开始做农业气象小麦适播期、成熟期、产量趋势及量化预报。1998年,增加对主要行业的季度气候影响评价。

人工影响天气 1996年12月,成立方城县人工影响天气办公室,购买"三七"高炮2门。2002年11月,配备火箭发射车1部,建成炮库1座,固定炮点1个,临时炮点2个。2005年7月,配备组合地面火箭WR-98/ID2台和组合拖车火箭1台。2007年1月,配备9394厂QF3-1火箭发射架2具。1997—2008年,开展了人工增雨、人工消雹作业。

防雷技术服务　1990年,成立县防雷中心,开始对建筑物防雷装置、易燃易爆场所、计算机信息系统等防雷设施检测。2004年,开展防雷工程,工程图纸设计、审核、竣工验收。2005年,对重大工程建设项目开展雷击灾害风险评估。2008年,开展中小学校防雷安全管理工作。

风能开发　2004年初,方城县气象局提出利用方城风力资源发展风力发电的建议,得到方城县委、县政府及南阳市气象局的支持。方城县气象局组织技术小组,翻山越岭,调查风能资源,收集相关资料。2007年1月12日,方城风电筹建处揭牌仪式在望花湖风景区举行。2007年1月26日,方城风电厂可行性研究报告审查会在郑州举行。2007年12月15日,方城风电厂一期工程正式开工建设。2008年12月,方城风电厂一期工程完成。

光能开发　2006年3月,方城县气象局局长武斌向方城县政府请缨,由气象局完成太阳能的普查任务。县政府于2006年5月向县气象局拨专款10万元,用于建立方城太阳能发电厂。2006年7月,太阳能总辐射仪、直接辐射仪和净辐射仪的安装调试工作结束,正式启动太阳能观测记录工作。

气象科普宣传　1980年前后,与方城县广播站联合设立气象知识讲座,内容有"气象广播用语解释"、"降水及降水级别的划分"、"作物发育不同期的适宜温度"等。1990—2008年,每年均在节假日和世界气象日期间,通过提供咨询、分发宣传材料等进行气象科普宣传。

科学管理与气象文化建设

1. 社会管理

1980—2007年,对观测场四周的环境变化进行记载。2008年,根据中国气象局保护大气探测环境有关精神,对本县探测环境的保护工作制定了如下措施:一是成立依法保护气象探测环境工作领导小组;二是积极向县委、县政府领导汇报,并与建设、规划部门联系与沟通,避免破坏气象探测环境事件的发生;三是每个干部职工都主动负起保护气象探测环境的义务和责任,做到早发现,早处理;四是按照要求建立探测环境变化月报告制度,依照法规制作了"环境保护警示牌",并严格实行气象探测环境保护责任制。

2003年开始,在汛期之前,对全县范围的建筑物、易燃易爆场所、学校、油库、炸药库、加油站等场所的防雷、防静电设施进行检查、检测。2004年县政府下发了《关于认真贯彻执行〈南阳市防雷减灾管理规定〉切实加强防雷减灾工作的通知》(方政〔2004〕74号);2005年与县教体局联合下发了《关于加强全县各级学校防雷安全管理工作的通知》(方气发〔2005〕6号);2006年与方城县委共同下发了《关于转发〈南阳市施放气球安全管理规定〉的通知》(方气发〔2006〕3号);2006年与县安监局联合下发了《关于加强防雷安全管理工作的通知》(方气发〔2006〕6号)。

2. 政务公开

2004年成立了局务公开领导小组,拟定了"工作职责"、"服务项目"、"办事依据"、"办事纪律"、"违纪处罚"、"服务承诺"、"监督办法"等条文,并通过局务公开公示栏,对社会公开。对本单位财务收支、职称评定、基建招标等有关内容,在局内部进行公示,促进了决策民主,管理规范。

2005年,被中国气象局评为"气象部门局务公开工作先进单位"。

3. 党建工作

1956年10月,因党员少,归方城县农业局党支部管理。1971年8月,党员参加方城县人民武装部党委活动。1973年1月,成立方城县气象站党支部。1984年,有党员3名。截至2008年底,有党员7名(其中离退休党员4名)。

2003—2006年,以正面教育、制度建设、规范干部行为为切入点,开展党风廉政建设和反腐败工作。2006年起,县局领导和南阳市气象局领导签订"党风廉政建设目标责任书",并进行党风廉政建设责任自查。

2007—2008年,把学习党章作为"党风廉政宣传教育月"活动主题,掀起贯彻落实党章的热潮,开展多种形式的党章学习贯彻活动;并从教育、制度、监督等多方面、多角度促进党风廉政建设。教育崇廉,营造尊廉崇廉氛围,探索教育方法增强教育的有效性;制度保廉,把遵守法规和制度建设落实贯穿于教育、管理、监督、惩治的各个环节;监督促廉,紧紧围绕决策和执行等重要环节,加强对权力的监督。

4. 气象文化建设

1987年起,坚持开展党纪政纪、法律法规和传统美德教育;在文明单位创建过程中,形成"领导带头自觉抓,群团组织配合抓,全员参与共同抓"的创建局面。

2007年4月,建立340平方米的休闲广场一个;购置了健身器材和体育设施,为职工加强体育锻炼、提高身体素质提供了保障;同年7月,建图书阅览室一个。

1999年4月,被方城县委、县政府命名为文明单位;2002年,被评为方城县标兵文明单位。2004年,被南阳市委、市政府命名为市级文明单位,同时被授予"卫生先进单位"。2008年,被南阳市文明委评为市级标兵文明单位。

5. 荣誉

集体荣誉　1978年10月,方城县气象局获全国"双学"先进单位。1982年12月,被河南省委、省政府评为"河南省农业先进集体"。2001年11月,被河南省档案局评为省级"档案先进达标单位"。2004年3月,被南阳市政府评为"卫生先进单位"。2005年12月,被中国气象局评为"气象部门局务公开先进单位"。2006年3月,被方城县委、县政府评为"诚信机关";2007年3月,被方城县委、县政府评为"平安建设先进单位";2008年3月,被方城县委、县政府评为"目标管理先进单位"。

个人荣誉　1982年12月,李明生获河南省农业战线劳动模范荣誉称号。

台站建设

1963年,建砖木结构小瓦房5间(含住宿和办公)。1967—1968年,先后在院东建瓦房3间,在院东南部建瓦房4间。1974—1975年,在院西南部建瓦房3间,但办公条件仍较简陋。

1995 年 10 月,在后院建成职工集资住宅楼 1 栋(三层 12 套)。

2002 年,对办公大院进行改造。2003 年 9 月,新建欧式办公楼 1 幢,并对院内道路及对外通道进行硬化。2007 年 4 月,建成绿荫广场,种植多种花草树木;硬化休闲广场 1 个,面积 340 平方米,购置了健身器材和体育设施,为干部职工加强体育锻炼、提高身体素质提供了条件。

唐河县气象局

唐河位于河南省西南部,南阳盆地东部,豫鄂两省交界处,辖 19 个乡镇 2 个街道办事处,人口 132 万,土地总面积 2512 平方千米,耕地 16 万公顷,地处北纬 32°21′~32°55′,东经 112°28′~113°18′。

机构历史沿革

始建情况 1958 年始建唐河县气候站,站址位于唐河县城东门外北高庄,观测场位于北纬 32°41′,东经 112°51′,海拔高度 109.5 米,1959 年 1 月 1 日正式开始地面气象观测。

历史沿革 1958 年 6 月接管县水文站气象观测仪器,成立唐河县气候站。1960 年 1 月,更名为唐河县气象服务站。1973 年 3 月,更名为唐河县气象站。1990 年 3 月,更名为唐河县气象局,正科级事业单位。

管理体制 自建站至 1963 年 1 月,由河南省气象局和唐河县政府双重领导,以河南省气象局领导为主。1963 年,以地方领导为主。1963 年 1 月—1982 年 12 月,先后由唐河县农业局和农业委员会领导。1983 年,实行气象部门与地方政府双重领导,以气象部门领导为主的管理体制。

机构设置 2008 年,下设综合办公室、业务股、人工影响天气中心、防雷中心、气象科技服务中心。

单位名称及主要负责人变更情况

单位名称	姓名	职务	任职时间
唐河县气候站	罗明运	站长	1958.06—1959.12
唐河县气象服务站			1960.01—1973.02
			1973.03—1976.10
唐河县气象站	王永泰	站长	1976.10—1983.12
	常春芳	站长	1983.12—1990.02
唐河县气象局		局长	1990.03—1997.11
唐河县气象局	孙庆阳	局长	1997.11—2003.08
	刘晓天	局长	2003.08—

人员状况 1958 年建站时,只有职工 3 人。1978 年,有在职职工 7 人。截至 2008 年底,有在职职工 6 人,其中:50 岁以上 1 人,40～49 岁 2 人,30～39 岁 1 人,30 岁以下 2 人;本科学历 3 人,大专学历 3 人;高级职称 1 人,中级职称 2 人,初级职称 3 人。

气象业务与服务

1. 气象业务

①气象观测

地面观测 1958 年 7 月 5 日—1981 年 12 月 31 日,每日进行 08、14、20 时 3 个时次地面观测,每天编发 3 个时次的天气加密报。1982 年 1 月 1 日—2007 年 5 月 1 日,每天进行 05、08、11、14、17、20 时 6 个时次地面观测,每天编发 6 个时次的天气加密报,并按照上级业务部门规定的时间编发雨量报。

观测项目包括云、能见度、天气现象、气压、气温、湿度、风向、风速、降水、雪深、日照、蒸发、地温等。

每月向河南省、南阳市气象局报送地面气象观测记录月报表,每年向中国气象局、河南省气象局、南阳市气象局报送气象观测记录年报表。

1993 年,使用计算机取代人工编报,报表制作改为计算机编制。

2004 年 8 月,自动气象站建成并投入试用。2007 年 12 月 31 日,自动站开始单轨运行,每天编发 08、14、20 时 3 个时次的天气加密报,定时发送 12 小时雨量报。观测项目包括气压、气温、湿度、风向、风速、降水、草温、地温等。人工站每天只进行 20 时定时观测,观测项目包括云、能见度、天气现象、日照、冻土、定时降水量等,停止人工站月报表和年报表的编制。

区域气象站观测 2004—2008 年,相继建成乡镇自动雨量站 15 个,四要素(温度、雨量、风向、风速)自动气象站 4 个。

农业气象观测 1960 年 5 月,开始土壤水分测定观测,取土深 10～100 厘米;1983 年后,改为取土深 5～50 厘米;1994 年 1 月,改为取土深 0～50 厘米。1981 年 2 月 8 日,由旬末测墒改为逢 8 日测墒。2006 年 10 月 1 日,增加周六作物的观测和"周报"的编发。2008 年,增加土壤重量含水率的测量。

②天气预报

短期天气预报 1958 年,开始制作订正天气预报,每天早、晚两次,由唐河县广播站播发。

中期天气预报 20 世纪 80 年代初,通过传真接收上级气象台旬月预报,订正后制作出旬预报。

短期气候预测(长期天气预报) 用数理统计等方法,制作棉播、麦播期预报,三夏、麦收期、汛期预报,月、年趋势预报等。

③气象信息网络

1980 年前,利用收音机特定频率接收河南省、武汉中心气象台和周边气象台播发的天气预报和高空、地面天气形势。1984 年开始通过传真机接收日本卫星发射的北京、欧洲、日本的高空、地面天气形势图、数值预报产品等气象资料。1985 年 5 月,建立高频电话网络,实现省、市、县气象业务会商及气象资料和信息互通。1999 年,建成卫星地面单收站(VSAT)。2000—2005 年,逐步建立气象业务传输网络、专用服务器和省、市、县气象视频会商系统。

2. 气象服务

公众气象服务 1986 年以前,主要通过广播和邮寄、人工送达的方式向县政府及有关部门发布气象信息和旬、月预报。1982 年,对有关部门、单位提供针对性的天气信息。1986 年以后,建立气象警报系统,利用气象警报接收机开展专业气象服务。1998 年,开通气象风云寻呼业务。1985 年,建立高频电话网络,实现市、县信息上传下达。1997 年,建立电视图片制作系统,自制天气预报节目录像带,由唐河县电视台每天播放唐河天气预报,2003 年更新为数码播出,至 2008 年播放频道已扩大至唐河 1 套、唐河 2 套、唐河经济频道。1996 年,开通"121"天气预报自动答询系统。2002 年 4 月,开通兴农网。2003 年开通手机短信天气预报业务。

为解决气象信息传播"最后一千米"问题,提高气象灾害预警信息的发布速度,避免和减轻突发气象灾害造成的损失,2005 年,通过移动信息网络开通气象信息公益平台,以手机短信方式向全县各级领导、相关部门和农村气象信息员发送气象信息。2007 年,唐河县气象局建立起以人工影响天气炮手为主体的农村气象信息员队伍。

决策气象服务 20 世纪 80 年代以前,采用书面汇报的方式向县领导提供重要天气情况。20 世纪 80 年代以后,决策服务产品主要有常规天气预报和重要天气预报,采用书面文字和电话方式向县委、县政府汇报天气情况。20 世纪 90 年代以后,随着雷达通讯网络等现代化设施相继建成应用,预报服务内容逐渐丰富,有常规天气预报、重要天气预报、农业气象预报、重大活动及节日天气预报、气候评价等专题预报,采用短信平台、电视、电话、传真、网络邮件、视频会商等形式向各级党委政府、机关企事业单位提供决策服务。2004 年来,随着全县 20 个乡镇的自动雨量站和 3 个四要素自动气象站的建成,进一步完善了决策服务网络。

人工影响天气 1996 年,在全县开展人工影响天气工作,成立了由县主管领导任组长的领导小组,建成了 8 个固定炮站和 4 个火箭炮站,每站有固定炮手 2 名,临时炮手 4 名,制定了各类工作人员的职责任务、作业行动规程、作业安全制度。1999 年,建成 860 平方米的人工影响天气指挥中心大楼,配备气象卫星云图接收设备,安装 711B1 数字化天气雷达,形成了功能完善的人工影响天气网络、无线电通讯网络、雨情墒情网络,具有县级特色的现代化人工影响天气指挥系统。

1998 年,聘请南京信息工程大学增雨防雹专家李子华教授,来唐河帮助开展科研和培训工作,建立了"唐河县人工影响天气决策指挥系统"平台。

1997 年,唐河的人工影响天气工作被定为"唐河模式"在全省推广;1998 年,受到"中国科普万里行"记者团的专题采访;2001 年,代表河南省县级机构接受全国 9 部委专家咨评组对河南省人工影响天气工作进行咨评;连续多年被省、市评为"人工影响天气工作先进单位"。至 2008 年,共进行增雨、增雪、防雹作业 90 次,据县政府估算,经济效益达 6 亿元。

防雷技术服务 1990 年,开始对全县范围内的建(构)筑物、易燃易爆场所等防雷装置性能进行检测。2002年,开始对全县新建建(构)筑物防雷装置设计图纸进行审核和竣工验收。

气象科普宣传 每年"3·23"世界气象日,在唐河县电视台播放主管领导讲话,播放各类气象知识和防灾避险知识;走进校园,深入乡村、社区,向群众赠送挂图、图书和光碟,发放材料,普及气象科学知识;在唐河县委、县政府组织的"科技、文化、卫生"三下乡活动和其他宣传活动中,通过摆放展板、悬挂横幅、设立气象科技咨询台等方式,向公众宣传气象法规,介绍气象科普知识,热情接受群众咨询。

科学研究 1997年,"唐河县高炮人工增雨、防雹应用技术研究"获得南阳市科学技术进步二等奖;2003年,"豫西南主要气象因子对金花梨生长发育影响的观察研究"获南阳市科学技术进步二等奖;"唐河县人工增雨防雹作业系统的研究"、"人工高炮增雨、防雹作业的时机和部位",分别获得2003年南阳市自然科技优秀学术成果二等奖和三等奖;2007年,"人工催化作业与干旱年雨滴谱分布的研究"获得南阳市科学技术进步二等奖和南阳市自然科学优秀学术成果二等奖;2008年,"县级人工催化作业决策指挥系统"获得南阳市科学技术进步二等奖。另外,参与完成的"夏季短期大到暴雨EMOS预报方法"荣获1988年河南省气象科学技术进步一等奖、1989年河南省科学技术进步三等奖;"南阳市人工影响天气测控自动化系统研究与应用"获得2003年南阳市科学技术进步二等奖;"人工消雹作业条件判据分析研究"2007年获得河南省气象局科学研究技术开发二等奖;与县档案局合作的"气候对档案影响的研究",获2002年河南省档案局科技项目二等奖。

论文《河南省唐河县人工增雨防雹作业系统的研究》、《干旱年降雨微结构特征及高炮作业对微结构的影响》,被收录入2000年第十三届全国云雾物理、人工影响天气讨论会论文集;《唐河县人工影响天气决策指挥系统》获2006年鄂豫川气象协作区优秀论文一等奖,《实施人工增雨开发空中水资源》、《增雨火箭弹发射最佳仰角探讨》、《人工增雨作业器具的维护和故障处理》等论文获2006年鄂豫川气象协作区优秀论文二等奖。

科学管理与气象文化建设

1. 社会管理

1990年5月10日,唐河县气象局、唐河县劳动人事局、唐河县保险公司联合下发了《关于在全县进行避雷装置检测的通知》,开始对全县范围的建(构)筑物、易燃易爆场所等防雷、防静电装置进行检查、检测,消除安全隐患。2004年7月30日,唐河县人民政府下发了《唐河县人民政府关于贯彻〈河南省防雷减灾实施办法〉的意见》(唐政〔2004〕86号),明确了气象部门防雷减灾行政审批职能,开始了对新建、改建、扩建建筑物进行防雷装置设计审核和竣工验收工作。

唐河县气象局加强与唐河县政府法制办、安监局、建设局、规划局、消防大队等部门的合作,分别于2004年7月和2006年7月召开全县防雷减灾工作会议,促进了防雷管理工作的开展。

2. 政务公开

2002年4月,成立局务公开工作领导小组和局务公开工作监督小组,拟定了局务公开的内容和方法,制定了党风廉政建设制度、局务公开制度、重大事项报告制度、车辆管理制度、招待制度等。2006年12月1日,成立了由廉政监督员参加的3人议事小组,重大事项局务会研究,定期将局里重大事项和群众关心的财务收支、招待费用、车辆使用、职称评定、基建招标等有关内容进行公示,局务公开工作逐步走向正规化、制度化。2005年,被中国气象局授予"气象部门局务公开工作先进单位"称号。

3. 党建工作

建站初期,归唐河县农业局党支部管理。20世纪70年代中期至80年代初期,受农委党委管理,气象局为党支部。1986年成立党支部时有党员3人;截至2008年底有党员5人(其中离退休党员1人)。

唐河县气象局成立了思想政治工作领导小组、党风廉政建设工作领导小组,坚持每月20日党员活动制度,围绕"公民道德进万家","三讲一树","讲正气、树新风","新解放、新跨越、新崛起","党风廉正宣传教育月","解放思想,深入学习实践科学发展观"等各类主题鲜明、内容丰富、形式多样的活动,营造了努力拼搏、积极向上的氛围。

4. 气象文化建设

2002年,建立了职工活动室,购置了乒乓球、羽毛球、象棋、跳棋等娱乐器材。2003年,建立了职工图书室、阅览室,丰富了职工业余生活。2007年,购置了6套健身器材,建立了室外健身场地。2007年,选派2名职工参加河南省气象系统第二届职工运动会,取得了2银1铜的好成绩。同年参加唐河县第一届职工运动会,又取得了1银1铜的好成绩。2008年参加唐河县第二届职工运动会,取得了2银的好成绩。

1996年1月,南阳市气象系统精神文明建设经验交流现场会在唐河县气象局召开。1997年和2001年,唐河县气象局作为先进典型,分别在省、市气象部门精神文明建设工作会议上发言。1998年,唐河县电视台以专题片的形式播放了唐河县气象局精神文明建设先进事迹。

唐河县气象局与唐河县武警中队开展军民共建、平安唐河建设活动。

2006年,在全县平安建设工作会议上,唐河县气象局作为先进典型发言。2007年、2008年,被县综治委评为县安全生产先进单位和平安唐河建设先进单位。

唐河县气象局于1998年晋升为省级文明单位,2005年顺利通过届满验收,保持省级文明单位称号。

5. 荣誉和人物

集体荣誉 1998年晋升为省级文明单位,2005年顺利通过届满验收,保持省级文明单位称号。1992年和1996年被河南省气象局评为"汛期气象服务先进集体",1994年被河南省气象局评为"服务先进单位",1996年被河南省气象局命名为"汛期服务先进单位"、"人工增雨服务先进单位",1997年被河南省气象局评为"河南省重大气象服务先进集体",2004年被河南省气象局评为"科技开发技术先进集体",1998年和2005年被河南省气象局授予"全省气象部门十佳县(市)气象局",2006年被河南省气象局授予"全省气象部门优秀县(市)气象局"。1997年和2001年被河南省人事厅、河南省气象局评为全省"气象系统先进集体",2000年和2004年被河南省人事厅、河南省气象局命名为"人工影响天气工作先进单位"。2001年晋升"档案管理省级先进单位",2007年顺利通过复查认证,保持"档案管理省级先进单位"称号。2005年被中国气象局授予"气象部门局务公开工作先进单位"称号。2001年、2003—2005年、2007年、2009年分别获全市县气象局目标考评第一名。

人物简介 常春芳,女,中共党员,曾任唐河县气象局党支部书记、局长。1982年被河南省人民政府评为"河南省农业系统劳动模范",1994年被南阳地区行政公署评为"南阳地区劳动模范",1991年被国家气象局评为"1991年度防汛减灾气象服务先进个人",1996年被南阳市委评为"优秀共产党员",1997年被河南省气象局、河南省人事厅评为"全省气象系统先进工作者",1995年被河南省气象局评为"全省优秀县气象局长",1998年被河南省气象局评为"河南省人工影响天气先进工作者",1995年被河南省气象局评为"1994年度汛期气象服务先进个人",1999年被南阳市妇联、南阳市人事局评为"三八红旗手"、"巾帼科技致富带头人",1990年、1992年、1993年被唐河县政府评为"棉花生产先进工作者"等。退休后继续发挥余热,2002年分别被中国气象局离退休干部办公室和河南省气象局评为"'四好'先进个人"、"2001年度全省气象部门离退休干部'三自四好'活动先进个人"。

台站建设

1958年建站初期,只有6间砖木房。1968年,建成3间砖木办公房。1971年,加盖3间砖木职工用房。1979年,建成二层办公楼。1989年,新购地0.1公顷,建成二层职工家属楼。1991年,修建院内花园。1997年,建成仿古六角凉亭和仿古围墙200多米。1999年,购地480平方米,建成人工影响天气指挥中心大楼。2007年,购置了6套健身器材建成职工室外活动场地,围绕活动场地新种植花草400多平方米,油漆维修了欧式铁艺围栏300米。2008年,建成650平方米的气象信息传输中心大楼,并修建花圃、硬化道路,院内栽种数十种树木,绿化覆盖率达到90%以上,使机关院内有花园、草坪、亭台、池塘,达到了春有花、夏有荫、秋有果、冬有青。

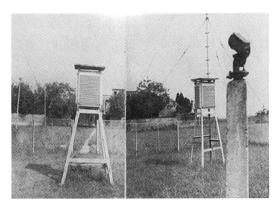

20世纪70年代末期观测场　　　　　　　　现址观测场全景

现在的台站办公区全景

桐柏县气象局

桐柏县位于河南省南部南阳地区的东南边缘,总面积 1941 平方千米,辖 9 镇 7 乡,总人口 44 万,耕地 3.2 万公顷,水面 1.9 万公顷,山林草坡 13.9 万公顷,有"七山一水二分田"之称。

机构历史沿革

始建情况　桐柏县气候站始建于 1957 年 3 月,站址位于桐柏县桐银路南段,北纬 32°22′,东经 113°23′,观测场海拔高度 145.2 米,同年 11 月正式开始每日 3 次定时观测。

历史沿革　1957 年 3 月始建时,名称为桐柏县气候站。1959 年 1 月,更名为桐柏县气象站。1960 年 3 月,更名为桐柏县气象服务站。1968 年 10 月,更名为桐柏县气象站革命领导小组。1969 年 8 月,更名为桐柏县气象服务站。1970 年 6 月,更名为桐柏县气象站。1990 年 8 月,更名为桐柏县气象局,正科级事业单位。

管理体制　建站至 1971 年,受上级气象部门和当地政府双重领导(由桐柏县农业局代管)、以气象部门领导为主。1972 年,受桐柏县人民武装部领导。1974 年,归桐柏县政府领导。1983 年,实行气象部门与地方政府双重领导,以气象部门领导为主的管理体制。

机构设置　2008 年,下设地面测报股,气象预报、电视图片制作和农业气象股,人工影响天气及防雷中心 3 个股室;档案管理和财务工作分别由股室人员兼职负责。

单位名称及主要负责人变更情况

单位名称	姓名	职务	任职时间
桐柏县气候站	王子善	站长	1957.03—1959.01
桐柏县气象站			1959.01—1960.03
桐柏县气象服务站			1960.03—1968.10
桐柏县气象站革命领导小组			1968.10—1969.08
桐柏县气象服务站	李长太	站长	1969.08—1970.05
			1970.06—1974.07
桐柏县气象站	崔丙寅	站长	1974.07—1978.10
	李长太	站长	1978.10—1981.05
	毛占国	站长	1981.05—1987.12
	姜诗敏	站长	1987.12—1988.08
	陆昌源	站长	1988.08—1989.05
	庞中林	站长	1989.05—1990.08
桐柏县气象局		局长	1990.08—1992.03
	张书信	局长	1992.03—1993.07
	吉 萍	局长	1993.07—1999.12
	李明章	局长	1999.12—

人员状况 建站初,仅有技术人员 2 人。至 2008 年底,有在职职工 11 人(其中在编 6 人,外聘 5 人)。在编人员中:大学本科 2 人,专科 4 人。40 岁以上 2 人,30～40 岁 2 人, 20～30 岁 2 人;高级职称 1 人,中级职称 3 人,初级职称 2 人。

气象业务与服务

1. 气象业务

①气象观测

地面观测 1957 年 11 月 1 日起,观测时次采用地方时,每日进行 01、07、13、19 时 4 次 观测;1960 年 1 月 1 日,改为每日 07、13、19 时 3 次观测。1960 年 8 月 1 日,采用北京时,每 日进行 08、14、20 时 3 次观测。2007 年 1 月 1 日,桐柏观测站晋升为国家观测基本站,每日 02、08、14、20 时 4 次定时观测,昼夜守班。

观测项目有云、能见度、天气现象、气压、气温、湿度、风向、风速、降水、雪深、日照、蒸 发、地温等。

1958 年 1 月 3 日,增加了雨量报;1960 年 8 月 1 日,开始承担航空危险报业务;1999 年 3 月,增发加密天气报;1994 年起取消航空危险报,改发地面天气报和重要天气报;2002 年 7 月 24 日,加发重要天气报。2007 年 1 月 1 日,桐柏观测站晋升为国家观测基本站,每日 发 8 次天气报。

2005 年 10 月 1 日,完成 ZQZ-CⅡ$_1$ 型自动气象站安装并开始试运行;2006 年开始人 工、自动站双轨运行;2008 年 1 月 1 日,自动站单轨运行,停用人工自记仪器。

区域自动站观测 2005 年 7 月 12 日,14 个乡镇自动雨量站安装完成并投入使用。

2007 年 8 月 15 日,在黄岗建成四要素自动气象监测站。

农业气象观测 1981 年,开始测土壤墒情和编发墒情报。1981—1983 年,参加了桐柏县"农业资源分析与区划"工作,负责《农业资源分析与区划》的编写,获南阳地区"科技进步二等奖"。1983—1984 年,参加了河南省气象局组织的"利用卫星遥感技术预测小麦产量"的试验工作,在毛集、固县、城郊 3 个乡镇选取代表高、中、低产量试验点,对小麦全生育期跟踪监测。1983 年 10 月—1988 年春季,参加了河南省气象局在吴城镇示范草场建立牧业气象试验站工作,并对场内牧草和基本气象要素进行观测记录。1998 年,增加对本县农业、林业、交通、通讯等主要行业编写的《气候影响评价》。1983 年,开始对小麦、水稻两种农作物做生育期系统观测记录并编制报表。1992 年,因农作物观测不具代表性,取消农作物观测,保留测墒和发墒情报。

②天气预报

1962 年 10 月始,通过收听天气形势,结合本站图表等资料,每日早、晚制作 24 小时天气预报。20 世纪 80 年代初起,每日 06、17 时 2 次制作天气预报。2000 年后,开展常规 24 小时、未来 3～5 天和旬月报等短、中、长期天气预报以及临近天气预报,并开展灾害性天气预报预警、各类重要天气报告业务。

③气象信息网络

1980 年前,利用收音机收听武汉中心气象台和周边气象台广播的天气预报和天气形势。2000 年,配备传真接收机接收北京、欧洲气象中心以及东京的气象传真资料。2000—2005 年,建立气象网络应用平台,接收卫星云图、雷达回波图、利用专用服务器进行视频会商。

2. 气象服务

公众气象服务 1986 年以前,主要通过广播和邮寄旬、月报方式向全县发布气象信息。1986 年,建立气象预警系统,面向有关部门每天 3 次开展天气预报警报信息发布服务。1997 年,建立电视气象影视制作系统,负责每日的电视天气预报节目制作。1999 年 6 月,开通"121"天气预报电话自动答询系统。2004 年,开通"兴农网",向全县发布气象信息。2006 年,建立了手机短信服务平台。2002 年,获河南省气象局"第四届全省电视气象节目观摩评比县级电视图片制作优秀奖"和"最佳科学信息奖"。

决策气象服务 20 世纪 80 年代以前,重要天气情报通过电话或打印成文报送县委、县政府及水利、农业、交通、安全等相关单位和领导。1981 年,开始开展专题农业气候分析;1983 年,开始发放不定期农业气象情报。2006 年起,随着手机的普及,建立了手机短信服务平台。2004 年开通"兴农网",向全县发布气象信息。2003 年,桐柏县气象局获得河南省"重大气象服务先进集体";2006 年、2007 年,获南阳市委、市政府"抗洪抢险先进集体",4人次获得市委、市政府"抗洪抢险先进个人"。

人工影响天气 1996 年 6 月,成立桐柏县人工影响天气办公室。1996 年 8 月,成立桐柏县人工影响天气指挥中心,并建成人工影响天气基地,配备了"三七"高炮、KG110 对讲机等。2002 年,购置 WR-1B 型增雨防雹火箭及运载增雨防雹火箭的工具车。增雨防雹炮手实行军事化管理,制定作业规程,确定职责,持证上岗。2005 年 7 月 13 日,又配备了 2 台

WR-98/ID 型组合地面火箭。

防雷技术服务 1990 年,成立桐柏县防雷中心,开始安装建筑物防雷装置,对新建建筑物防雷图纸审核、施工监理、竣工验收,以及对易燃易爆场所等开展防雷安全检测等业务。

气象科普宣传 2000—2008 年,在节假日和世界气象日期间,通过悬挂宣传横幅、制作宣传版面、设立咨询台、散发宣传材料、刷写墙体广告、出动宣传车等形式,宣传气象科普知识,并通过赠送气象科普图书、册子等,使气象科普知识走进学校,走进课堂,走进村组。

科学管理与气象文化建设

社会管理 1973 年,县政府行文,规定观测场东西两侧 50 米内不得建房并立碑警示。2000 年后,为保护桐柏县大气探测环境,成立了依法保护气象探测环境工作领导小组;与桐柏县建设、规划部门加强联系与沟通,进行了观测环境保护标准备案,避免破坏气象探测环境事件的发生;气象局职工主动负起保护气象探测环境的责任义务,随时注意观察周边环境的变化,并在测报值班日记中记录;建立探测环境变化月报告制度,制作了环境保护警示牌,并严格实行气象探测环境保护责任制。

1996 年后,对全县范围的建(构)筑物、易燃易爆场所、学校、油库、炸药库、加油站等地点进行防雷、防静电安全检查、检测,消除安全隐患。

政务公开 成立了局务公开领导小组和监督小组,拟定了局务公开的内容和方法。对本单位财务收支、职称评定、基建招标等有关内容,进行挂牌公示。2006 年,廉政监督员参加三人议事小组。

党建工作 1957 年建站至 1985 年,由于气象部门党员少,没有成立独立的支部,党员先后归桐柏县农业局、人民武装部、农委支部管理。1985 年,正式成立党支部,有党员 4 人,归属县直党委管理。截至 2008 年底,有党员 6 人(其中离退休党员 3 人)。

气象文化建设 桐柏县气象局成立了以局长为组长的精神文明建设领导小组,每年均制定创建规划,组织开展党纪政纪、法律法规和弘扬传统美德、加强职业道德等学习教育活动,开展以"和谐共处"为主题的文明家庭、文明科室评选活动和以"美化庭院"为主题的环境卫生整治活动,同时积极组织职工参加当地创建活动及爱心捐款、捐资助学等活动。

1996 年,被桐柏县委、县政府命名为县级文明单位;1997 年,被命名为县级标兵文明单位。1998 年,被中共南阳市委、南阳市人民政府命名为市级文明单位;1999 年、2000 年,被中共南阳市委、南阳市人民政府命名为市级标兵文明单位。

集体荣誉 1996 年、1998 年,2 次荣获河南省气象局"十佳县(市)气象局"称号。2001 年,获河南省省级档案先进达标单位。2002 年,获河南省气象局"第四届全省电视气象节目观摩评比县级电视图片制作优秀奖"和"最佳科学信息奖"。2004 年,荣获河南省"重大气象服务先进集体"。2006 年、2007 年,获南阳市委、市政府"抗洪抢险先进集体"。

台站建设

建站初期,桐柏县气象站与桐柏县农业局共用一个院落,办公及职工住房为砖瓦房,建筑面积 180 平方米,水是自提的井水。

2008 年,桐柏县气象局办公和职工住房面积 580 平方米,交通便利,水、电设施齐全;硬化美化了庭院,种植了多种花草树木,是名副其实的花园式庭院;购置了健身器材,建成了图书馆和老干部活动室。

商丘市气象台站概况

  商丘市位于豫鲁苏皖四省结合部,是河南省东部区域性城市,素有豫东门户之称。辖6县、1市、3区,全市总面积1.07万平方千米,总人口820万。属暖温带季风气候,四季分明、雨热同期、旱涝不均。春季温暖多风,少雨干旱;夏季炎热,雨量集中,易成涝灾,间有雷雨冰雹危害;秋季凉爽,日照长,雨水偏少;冬季寒冷少雨雪,多偏北风。全市年均降水量681~800毫米,时空分布不均,自西北向东南逐渐增加。四季降水量差异明显:一半以上的降水集中在夏季,占年降水量的54%;秋季和春季雨量接近,分别占年降水量的21%和19%;冬季降水量最少,占年降水量的6%。年平均气温13.9~14.3℃,极端最低气温-23.4℃(永城,1968年),极端最高气温43.6℃(民权,1966年)。年平均日照时数为2204.4~2427.6小时,无霜期平均为207~214天。日照充足,太阳辐射量大,光能、热能等气候资源丰富。

  气象灾害主要有暴雨、暴雪、干旱、雷电、冰雹、大雾、大风、低温、高温、霜冻、寒潮等。

气象工作基本情况

  所辖台站概况 商丘市气象局下辖睢阳区、梁园区、永城市、夏邑县、虞城县、柘城县、宁陵县、睢县、民权县9个县(市、区)气象局,8个地面气象观测站(1个国家基准气候站,1个国家基本气象站,6个国家一般气象站),8个农业气象观测站(1个国家一级基本农业气象观测站,1个国家二级基本农业气象观测站,6个国家一般农业气象观测站)和1个天气雷达站。

  历史沿革 商丘测候站建于1953年,是全商丘市最早的气象机构。1955年10月,建立民权县气候站;1956年12月,建立柘城县气候站、永城县气候站;1957年11月,建立夏邑县气候站;1958年9月,建立睢县气候站;1958年10月,建立虞城县气候站;1959年1月,建立商丘县气候站、宁陵县气候站;2001年6月,成立梁园区气象局。1960年全区台站最多,为15个站。1960年2月,开封、商丘两地区合并,商丘气象台对各县站的业务管理职能移交开封气象台,商丘气象台归商丘市政府领导,更名为商丘市气象服务台。1962年,开封、商丘两地区分开,商丘气象台由商丘市移交商丘专署领导,更名为商丘地区气象服务台。1965年5月,鹿邑、郸城、沈丘、淮阳、太康、项城6个县气象站划归周口地区管理。

1977年,兰考县气象站由开封划归商丘管理;1980年,兰考县气象站复归开封地区领导。1960年5月,撤销商丘县气象站;1979年1月,重建商丘县气象站;1985年1月,商丘县气象站停止全部业务。1960年8月1日,商丘气象站被确定为国家基本气象站。1993年1月,升格为国家基准气候站。2007年1月1日,更名为国家气候观象台。2009年1月1日,恢复为国家基准气候站。2007年1月1日,永城气象站升格为国家一级气象站;2009年1月1日,更改为国家基本气象站。

管理体制 1953年8月1日,经河南省人民政府农林厅批准,成立河南省人民政府农林厅商丘测候站。1955年以后,陆续建立各县气象机构。1970年以前,管理体制由地方政府领导演变为地方政府领导、业务受上级气象部门指导。1983年8月,实行上级气象部门与地方政府双重领导,以气象部门领导为主的管理体制。

人员状况 建站时,有职工2人。1980年,有职工111人。截至2008年底,有在职职工165人(其中正式职工117人,聘用职工48人),离退休职工60人。在职正式职工中:男93人,女24人;汉族116人,少数民族1人;大学本科及以上学历38人,大专学历57人,中专以下学历22人;高级职称12人,中级职称46人,初级职称45人;30岁以下29人,31~40岁32人,41~50岁33人,50岁以上23人。党员83人(其中离退休党员26人),民主党派5人。

党建与精神文明建设 全市气象系统建立独立党支部8个,党员总数83人(在职党员57人,离退休党员26人)。商丘市气象系统为全市文明系统,商丘市气象局为省级文明单位,各县(市、区)气象局均为市级文明单位。

领导关怀 2001年11月3日,中国气象局副局长李黄到商丘、永城、夏邑气象局视察工作。

2002年1月17日,河南省人大常委会主任任克礼到商丘市气象局视察兴农网。

2002年4月2日,河南省委常委、副省长王明义到商丘市气象局视察兴农网。

2002年5月13日,河南省委副书记王全书到商丘市气象局视察兴农网。

2003年7月8日,中国气象局副局长许小峰到商丘检查气象工作,先后视察了商丘国家基准气候观测站,商丘市气象台、兴农网中心,夏邑及睢县气象局。

2004年1月16日,中国气象局党组成员、纪检组组长孙先健到商丘市气象局和睢县气象局进行慰问。

主要业务范围

地面气象观测 商丘市气象局观测站是国家基准气候站,每天24次定时观测,02、08、14、20时拍发天气报,05、11、17、23时拍发补充天气报。永城市气象局观测站是国家基本气象站,每天4次定时观测,02、08、14、20时拍发天气报,05、11、17、23时拍发补充天气报,24小时拍发航空报。睢县、民权、虞城、柘城、宁陵、夏邑6个县气象局是国家一般气象站,每天进行08、14、20时3次定时观测,并拍发加密天气报。1985年,商丘气象站配备PC-1500袖珍计算机,取代人工编报和制作报表;1993年,配备联想286微型计算机。2003年9月,第一台CAWS600-B自动气象站在商丘建成,标志着商丘自动气象站建设正式启动。至2003年12月,7个县气象局陆续建成ZQZ-CⅡ型自动气象站。2004年1月1日,自动气象站正式投入使用,实现地面气压、气温、湿度、风向、风速、降水、蒸发、地温(包括地面、浅层和深层)、草面温度自动记录,实行人工站和自动站并行观测。2006 年,自动气象站单轨运行,商丘基准站人工站与自动站长期并行观测,基本站、一般站每天 20 时进行 1 次人工站与自动站对比观测。另建成 162 个区域自动气象站,其中单要素乡镇雨量站 155 个,四要素站 7 个。

天气雷达探测 1980 年 7 月,正式启用 711 型气象测雨雷达。1990 年,完成 711 测雨雷达数字化改造并投入业务使用。2007 年 12 月,新一代多普勒天气雷达(CINRAD/SB)开始试运行。

农业气象观测 农业气象观测业务始于 1955 年的商丘气候站。一般农业气象观测站开展土壤水分观测、发报、制作土壤湿度年简表。商丘国家基准气候站是国家一级基本农业气象观测站,增加了小麦、玉米生育期及生育状况和自然物候观测,1986 年增加了小麦卫星遥感苗情监测及服务、产量预报服务项目。永城市气象局是国家二级基本农业气象观测站,增加了小麦、大豆生育期及生育状况和自然物候观测项目。观测内容和方法执行中国气象局编写的《农业气象观测规范》。

天气预报 商丘天气预报业务始于 1958 年 10 月,当时绘制天气图,只制作短期(24 小时)天气预报。1960 年起,增加中、长期天气预报(2000 年后改为短期气候预测),1995 年增加周报,取消旬报。2008 年,预报服务内容有短时(0~12 小时)预报、短期(0~72 小时)预报、中期(4~10 天)预报、短期气候预测(月、季、年、关键农事季节)、重大灾害性天气专题预报、灾害性天气预警信号。

人工影响天气 1989 年 6 月,商丘市人工影响天气工作全面开展,成立商丘市人工影响天气领导小组,办公室设在气象局,各县(市、区)相继建立相应机构。主要开展增雨、消雹工作。截至 2008 年底,全市共有高炮 38 门,火箭 38 台。

气象服务 20 世纪 80 年代以前,主要以书面形式送达各种专题气象服务材料,包括周报、月报、关键农事季节天气预报、气候评价、降水与墒情实况资料、重大关键性天气公告、小麦苗情遥感分析等。20 世纪 90 年代始,利用电话、传真与电视、无线警报机、微机终端、互联网、寻呼、手机短信、兴农网等多种渠道发布天气预报和空气质量、紫外线指数等生活气象预报。

商丘市气象局

机构历史沿革

始建情况 商丘市气象局的前身是商丘测候站,始建于 1953 年 8 月,地址在商丘县城南七里新官庄商丘专区农场,北纬 34°27′,东经 115°49′。

站址迁移情况 1955 年 6 月,迁至商丘市东郊农业试验站内。1964 年 7 月,迁至农科所西侧,北纬 34°27′,东经 115°40′,海拔高度 50.1 米。

历史沿革 1953 年 8 月,始建商丘测候站。1955 年 7 月,更名为商丘气候站。1958 年 5 月,更名为商丘气象站。1960 年 2 月,更名为商丘市气象服务台。1962 年 1 月,更名为商丘专区气象服务台。1966 年 7 月,更名为商丘专员公署气象台。1968 年 7 月,更名为商丘地区农业服务站。1970 年 12 月,更名为商丘地区气象台。1975 年 7 月,更名为商丘地区革命委员会气象台。1980 年 7 月,建立商丘地区气象局。1989 年 10 月,更名为商丘地区气象处。1997 年 12 月,商丘撤地设市,更名为商丘市气象局。

1960 年 8 月 1 日,商丘气象观测站被确定为国家基本站;1993 年 1 月 1 日,被确定为国家基准气候站;2007 年 1 月 1 日,为国家气候观象台;2009 年 1 月 1 日,恢复为国家基准气候站。

管理体制 1953 年 8 月 1 日,经河南省人民政府农林厅批准,成立河南省人民政府农林厅商丘测候站,由商丘专区农场代管。1954 年 6 月 1 日,由河南省人民政府气象科领导,商丘专署代管。1955 年 1 月 5 日,由河南省人民政府气象局领导,商丘专署代管。1958 年 7 月,由河南省气象局和商丘专署双重领导。1960 年 2 月,由商丘市人民委员会领导,开封气象台负责业务管理。1962 年 6 月,业务由河南省气象局管理,行政由商丘专署领导。1966 年 7 月,由河南省气象局和商丘专署双重领导、以商丘专署领导为主。1970 年 12 月,由商丘地区革命委员会和河南省气象局双重领导。1971 年 8 月,气象部门由军队和地方双重领导、以军队领导为主。1975 年 7 月,由军队划归地方,受商丘地区革命委员会和河南省气象局双重领导、以地方领导为主。1976 年 1 月,商丘行署和河南省气象局双重领导,归口商丘地区农委。1983 年 8 月,实行气象部门与地方政府双重领导、以气象部门为主的管理体制。

机构设置 2008 年,商丘市气象局内设机构 4 个:办公室、人事科(和党组纪检组合署办公)、业务科、法规科;直属单位 11 个:气象台、雷达站、基准气候站、财务核算中心、气象科技服务中心、防雷技术中心、气象影视中心(含兴农网)、防雷减灾办公室、人工影响天气办公室、气象行政执法队、现代农业气象服务中心。

单位名称及主要负责人变更情况

单位名称	姓名	职务	任职时间
商丘测候站	杨义龙	站长(兼)	1953.08—1955.06
商丘气候站	高俊林	站长(兼)	1955.07—1958.04
商丘气象站	陈慈雨	副站长(主持工作)	1958.05—1960.01
商丘市气象服务台	朱新猷	副台长(主持工作)	1960.02—1961.12
商丘专区气象服务台	王立宪	副台长(主持工作)	1962.01—1963.08
	李文庆	台长	1963.09—1966.06
商丘专员公署气象台			1966.07—1968.06
商丘地区农业服务站	侯伟勋	副主任(主持工作)	1968.07—1970.11
商丘地区气象台	张振德	台长	1970.12—1971.07
	谢永庆	教导员(军代表)	1971.08—1975.06
商丘地区革命委员会气象台	李文庆	台长	1975.07—1980.06
	张贵芳	副台长(主持工作)	1978.01—1980.06

单位名称	姓名	职务	任职时间
商丘地区气象局	朱金镶	局长	1980.07—1983.12
	朱传文	局长	1984.01—1989.09
商丘地区气象处		处长	1989.10—1995.03
	柳俊高	处长	1995.04—1997.11
商丘市气象局		局长	1997.12—1998.01
	王继民	局长	1998.02—

人员状况 建站时有职工 2 人。1980 年有职工 59 人。截至 2008 年底,有在职职工 96 人(其中正式职工 67 人;聘用职工 29 人),离退休职工 38 人。在职正式职工中:男 54 人,女 13 人;汉族 66 人,少数民族 1 人;大学本科及以上学历 27 人,大专学历 31 人,中专及以下学历 9 人;高级职称 6 人,中级职称 29 人,初级职称 22 人;30 岁以下 14 人,31～40 岁 20 人,41～50 岁 18 人,50 岁以上 15 人。

气象业务与服务

1. 气象观测

①地面气象观测

观测项目 商丘测候站 1953 年 8 月 1 日开始观测,观测项目有气温、最高气温、湿度、地面状态、5～80 厘米地温、蒸发、日照、最低草温、云、降水、天气现象和雪深、雪压。1960 年 8 月 1 日,确定为国家基本站,观测项目有云、能见度、天气现象、气压、气温、湿度、风向、风速、降水、雪深、雪压、日照、蒸发(大型和小型)、地温(地面、浅层、深层)、冻土、电线积冰。1993 年 1 月 1 日,被确定为国家基准气候站,承担全国统一观测项目。

观测时次 1953 年 8 月 1 日起,观测时次为 02、08、14、20 时每日 4 次,夜间守班。1960 年 8 月 1 日起,观测时次为 02、05、08、11、14、17、20、23 时每日 8 次。1993 年 1 月 1 日起,24 小时连续观测。

发报种类 天气报:开始编发天气报时间为 1958 年 7 月 23 日,发报时次为 02、05、08、11、14、17 和 20 时;雨量报:发报时次为为 05、17 时;重要天气报:1983 年 10 月 1 日,开始编发重要天气报;航危报:1961 年 6 月 19 日—1975 年 8 月 31 日,拍发航危报。

自动气象观测站 2004 年 1 月 1 日,自动站正式投入业务使用,实现了气压、温度、风向、风速、降水、蒸发、地温、草面温度的自动记录。每天 24 小时观测,02、08、14、20 时 4 次拍发天气报,23、05、11、17 时拍发补充天气报,05 和 17 时拍发雨量报,同时担负重要天气报(定时和不定时)发报任务。

②农业气象观测

1955 年开展农业气象工作。1960 年,成立国家农业气象基本站,属国家二级站。主要承担农作物生育状况观测、物候观测、土壤湿度测定、试验研究、产量预测等工作。

③雷达观测

1980年7月,正式启用711型气象测雨雷达。1990年,由成都信息工程学院技术人员将711测雨雷达改造为 XDR-X 波段数字化雷达,并投入业务使用。

2007年12月,商丘新一代多普勒天气雷达开始试运行。按中国气象局《新一代天气雷达观测规定》,5月1日—9月30日每天24小时开机,其他时间每天10—15时连续运行观测。

④高空观测

根据豫气观字[1959]38号文件要求,1959年6月1日开始,每日07、19时2次经纬仪高空风观测,1961年5月24日停止观测。

2. 气象信息网络

1979年,117型传真机和单边带、51型电传安装使用,结束了手工抄报的历史。1984年10月,PC-1500袖珍计算机应用到天气预报工作中,之后长城、苹果、联想等微机陆续应用到各项气象业务中去。1985年10月,建成全区甚高频电话网络。1994年4月,建成商丘市气象局计算机局域网,并投入运行。1995年5月,所辖县(市)气象局开通计算机网络终端。1996年,气象卫星综合应用业务系统("9210"工程)建成,通过广播数据自动接收系统,接收中央气象台天气图等有关资料,取消人工填图。1999年6月,通过因特网传输雨量报。2001年,X.25信息分组交换网建设完成,同年6月,通过X.25向河南省气象局编发加密天气报、雨量报、墒情报。2003年7月,安装卫星云图接收系统,12月,省—市SDH气象宽带网投入应用,传输速度达到2兆,省—市电视会商系统在此基础上实现。2004年8月,X.25升级成SDH气象宽带。2004年,市—县气象宽带投入应用,传输速度达2兆。2005年,商丘市气象局局域网络以10兆宽带整体接入因特网。2007年5月,"9210"单收站卫星资料接收系统升级成DVBS新一代卫星资料接收系统。2008年12月,利用电信MPLS-VPN备用线路,建成实景视频监控系统。

3. 天气预报预测

商丘市气象台负责长、中、短期预报的制作和发布任务,同时负责对所辖县(市、区)气象局进行业务指导。按时效分为短期、中期、长期预报;按内容分为要素预报和形势预报;按性质分为天气预报和灾害性天气预警。预报方法从初期单纯的天气图加经验的主观定性预报,逐步发展为采用气象雷达、卫星云图、计算机系统等多种先进技术制作客观定量定点定时数值预报。

短期天气预报 20世纪50年代,使用简易手工天气图做预报。20世纪70年代,引进统计学方法,正式开展数值天气预报。20世纪80年代,研制动力统计预报方法和各种物理量的诊断分析。20世纪90年代,以气象信息综合处理系统(简称MICAPS)为基本工作平台,制作短期预报。

中期天气预报 20世纪50年代,利用资料统计和群众经验,制作中期预报。20世纪60—70年代,选取相似过程,通过各种相关图、点聚图、相关曲线和频率分析等,建立指标站、指标区,利用中期天气预报的指标制作预报。20世纪80年代以后,除参考中央气象台及日本、欧洲预报中心的中期数值预报产品外,还研制了晴雨模式(MOS)预报方法。

短期气候预测(月、季、年) 对当地气候背景、相关气候系统进行监测、分析,采用动力—统计相结合的客观定量预报方法。内容为总降水量趋势、气温趋势、早晚霜冻、干热风等。

灾害性天气预警信号 预报或实况达到灾害性天气预警标准时,按照《气象灾害预警信号发布与传播办法》规定,制作发布相关气象灾害预警信号。

4. 气象服务

公众气象服务 通过广播、电视、报纸、互联网、手机短信、电话、新闻发布会等,向社会公众发布常规天气预报,2000年增加了空气质量、紫外线指数等预报。

决策气象服务 20世纪80年代以前,决策气象服务主要以书面形式送达各种专题气象服务材料,包括周报、月报、关键农事季节天气预报、气候评价、降水与墒情实况资料、重大关键性天气公告、小麦苗情遥感分析等。20世纪90年代始,利用电话、传真与电视、微机终端、互联网、手机短信等多种渠道开展服务。

专业与专项气象服务 专业气象服务是针对社会需求开展的专项气象服务,始于1985年。1989年,开展防雷检测服务。1990年,开展天气预警气象信息服务。1996年,开展"12121"气象信息电话服务和电视天气预报气象服务。1997年,建成风云寻呼台,提供寻呼气象服务;2004年手机短信取代寻呼气象服务。2001年,建成商丘兴农网,为"三农"提供农业科技信息服务。

人工影响天气 人工影响天气工作始于1977年6月,当时此项工作仅处于试验阶段,由解放军某部高炮营负责实施,使用"三七"高炮4门,利用商丘空军机场雷达进行指挥。1978年以后,此项工作停止。1989年6月,恢复人工影响天气工作。2004年,被河南省人事厅、河南省气象局授予"人工影响天气工作先进集体"荣誉称号。

5. 科学技术

气象科普宣传 利用电视、电台、报纸、手机短信等媒体,对气象知识进行广泛宣传,多次参加商丘市安全生产月活动。1977年,全区建立气象哨26个,收集气象谚语、传播气象预报和气象科普知识。每年世界气象日、全国科普日等重大活动,开展气象科普宣传。2003年、2007年,与商丘市电视台联合举办大气探测环境保护和气象法律法规知识竞赛。

气象科研 1975—2008年,共获科研成果18项。其中,省部级14项,地市级4项。

气象法规建设与社会管理

法规建设 2005年,商丘市政府下发《关于加强防雷减灾工作的通知》(商政文〔2005〕52号);2006年,商丘市政府下发《关于加强气象事业发展的若干意见》(商政文〔2006〕68号);2009年2月,商丘市政府办公室下发《关于印发商丘市雷击风险评估办法的通知》(商政办〔2009〕7号)。

制度建设 2008年,重新修订完善了"商丘市气象局机关管理制度",主要有目标考核制度、安全生产管理制度、应急管理制度、人事奖惩制度、考勤休假制度、会议制度、学习制度、业务值班制度、档案管理制度、后勤管理制度、财务管理制度、党组议事制度、民主生活会制度、党支部工作制度、党风廉政和精神文明建设制度、离退休干部工作制度。

社会管理 2005年,经商丘市人民政府批准,成立商丘市防雷减灾办公室,随后下发了《关于进一步加强防雷减灾工作的通知》(商政〔2005〕52号),开始履行防雷减灾社会管理职能和承担各类防雷装置的管理工作。2005年11月,商丘市气象局与商丘市商务局联合下发《关于加强成品油经营单位防雷装置安装、检测的通知》(商气发〔2005〕55号);2006年,与商丘市建设委员会联合下发《关于加强建设项目防雷工程设计审核、竣工验收管理的通知》(商气发〔2006〕32号);2007年,与商丘市教育局联合下发《关于转发河南省气象局河南省教育厅〈关于加强学校防雷安全工作的通知〉的通知》(商气发〔2007〕29号)。此外,还实施施放气球的管理:2003年8月,商丘市气象局与中国人民解放军94353部队联合下发《关于加强施放气球和通用航空飞行活动管理的通知》(商气发〔2003〕30号);2004年5月,与中国人民解放军94353部队、商丘市安全生产监督管理局联合下发《关于加强施放气球安全管理工作的通知》(商气发〔2004〕19号);2006年6月,与商丘市安全生产监督管理局联合下发《关于规范我市彩球市场 杜绝安全隐患的通知》(商气发〔2006〕30号)。

依法行政 2002年7月,成立商丘市气象行政执法大队,对社会履行气象行政执法管理,防雷工程设计审核验收、公众媒体传播气象信息和气球等充气升空物技术资格认证等3项行政审批项目进入商丘市政府行政审批服务大厅,进行公开审批。2008年,商丘市人大常委会下发《关于印发商丘市人大常委会〈中华人民共和国气象法〉执法检查方案的通知》(商人常办〔2008〕10号)。

政务公开 公开内容:气象服务,政策法规,气象行政审批受理事项、受理范围、缴交材料、办理程序、办理时限等,干部选拔,职称评聘,评先评优,财务支出,重大工程项目建设,以及群众关心的其他事项。公开形式:利用局务公开栏、网络、会议、文件等形式,做到及时公开,接受群众监督。

党建与气象文化建设

1. 党建工作

1959年,成立商丘市气象站党支部,党员4人。2000年,成立离退休干部党支部。截至2008年底,有党员60人(其中在职党员37人,离退休党员23人)。党建工作隶属商丘市委市直工作委员会领导。

1993—2008年,连续16年被商丘市直工委评为"先进基层党组织"。

2. 气象文化建设

2005年,与商丘市移动公司、电信公司等单位举办春节联欢活动。2008年,先后扩建阅览室、荣誉室、文体活动室,组建文艺宣传队伍,建设廉政文化长廊等,气象文化建设丰富多彩。

1993年,被商丘市文明委评为"市级文明单位"。1998年,被河南省委、省政府评为"省级文明单位"。1999年,被商丘市文明委评为"市级文明系统"。2009年,被河南省气象局授予"廉政文化示范点"、被河南省纪委等部门授予"廉政文化进机关示范点"荣誉称号。

3. 荣誉与人物

集体荣誉 截至 2008 年,共获集体荣誉 55 项。其中,省部级 11 项,地市级 44 项。

个人荣誉 截至 2008 年,共获个人荣誉 46 项。其中,省部级 23 项,地市级 23 项。王体亮同志 1978 年 11 月出席全国气象部门先进集体、先进工作者代表"双学"会议,受到国家领导人接见。

人物简介 王天杰(1934 年 9 月—2003 年 10 月),山东济南市人,1956 年 8 月南京大学气象专科毕业,分配到河南省气象干部训练班工作。1958 年 10 月,调商丘市气象局工作,直至退休。1988 年 2 月入党,历任预报科科长、气象台台长。完成了《商丘地区暴雨情况的概率分析》、《商丘地区干热风成因及预报方法》、《商丘地区寒潮天气过程影响下灾害性雨凇天气分析及预报》等论文,1982 年被河南省人民政府评为河南省农业劳动模范。

台站建设

1953 年 8 月商丘测候站始建时,占地 667 平方米,借用农场房屋 2 间为办公兼住室。1955 年 6 月,初建房屋 3 间,后增加到 16 间,共占地 2700 平方米。1964 年 7 月,迁于农科所西侧,占有土地 2.4 公顷;同年 10 月,初建房屋 15 间。1978 年,建四层办公楼 1 幢,建筑面积为 1726 平方米。1984 年,建住宅楼 1 幢,建筑面积为 1716 平方米。1994 年,建住宅楼 2 幢,建筑面积为 1960 平方米。1999 年,观测场改造,建标准化值班室,面积 210 平方米。2000 年 10 月,局机关搬迁到商丘市归德南路,与商丘市市委毗邻,建五层办公楼 1 幢,面积为 2800 平方米,家属楼 1 幢。2007 年 5 月,在商丘市金世纪广场北段,建成高达 106 米、面积 5100 平方米的雷达塔楼和六层 4800 平方米的办公楼。

现在的商丘市气象局南邻金世纪绿地广场,北接运河景观带。院内绿树成荫、花团锦簇,夜晚灯光闪耀,环境怡人。

永城市气象局

机构历史沿革

始建情况 永城县气象站 1956 年 12 月建站于候岭武庄,位于北纬 33°54′,东经 116°25′,海拔高度 33.0 米。

站址迁移情况 1959 年 1 月 1 日,迁至永城县东关外。1980 年 1 月 1 日,迁至永城县城镇公社东关大队东关六队。2004 年 1 月 1 日,迁至永城市东城区中心公园西南侧,北纬 33°58′,东经 116°27′,海拔高度 32.5 米。

历史沿革 1990 年 4 月,更名为永城县气象局。1996 年 12 月,随着永城撤县建市,更名为永城市气象局。2007 年 1 月 1 日,调整为国家气象观测一级站;2008 年 12 月 31 日,调整为国家基本气象站。

管理体制 1956—1970 年实行双重领导,以地方行政领导为主。1970 年 12 月—1973 年 1 月,由永城县人民武装部直接领导。1973—1982 年,归永城县水利局领导。1983 年 8 月,实行气象部门与地方政府双重领导,以气象部门领导为主的管理体制。

机构设置 1990 年以前,设办公室、预报组、观测组和农业气象组。1990 年 11 月,增加人工增雨办公室。1992 年 3 月,增设专业气象服务股。2003 年 3 月,成立永城市防雷技术中心。

单位名称及主要负责人变更情况

单位名称	姓名	职务	任职时间
永城县气象站	胡春明	站长	1956.12—1972.04
	郭子龙	党代表	1972.04—1977.07
	望思敬	站长	1977.07—1982.03
永城县气象局	张东岳	站长	1982.03—1990.04
		局长	1990.04—1992.08
	王玉海	局长	1992.08—1995.11
	张东岳	局长	1995.11—1996.11
			1996.12—1998.11
永城市气象局	张 杰	局长	1998.11—2001.04
	王玉海	局长	2001.04—2005.12
	郭宜秀	局长	2005.12—2008.03
	丁国超	局长	2008.03—

人员状况 建站时有职工 4 人。1980 年有职工 14 人。截至 2008 年底,有在职职工 14 人(其中:正式职工 10 人,聘用职工 4 人),退休职工 6 人。在职职工中:男 10 人,女 4 人;汉族 14 人;大学本科及以上学历 3 人,大专学历 7 人,中专及以下学历 4 人;高级职称 1 人,中级职称 2 人,初级职称 4 人;30 岁以下 4 人,31~40 岁 4 人,41~50 岁 4 人,50 岁以上 2 人。

气象业务与服务

1. 气象业务

①气象观测

地面观测 观测项目:云、能见度、天气现象、气压、气温、湿度、风向、风速、降水、雪深、日照、蒸发、地温。

观测时次:1957 年 1 月 1 日—2006 年 12 月 31 日,每日 08、14、20 时 3 次;2007 年 1 月 1 日起,每日 02、05、08、11、14、17、20、23 时 8 次。

发报内容:每日 05、17 时发雨量报,1980 年前,日降水量达到 10.0 毫米以上的,05 时向安徽合肥发报,1995 年后停发;1984—2006 年 6 月 15 日至 8 月 31 日汛期期间,每日 14

时向郑州、商丘发小天气图报;1971 年 6 月 1 日—8 月 31 日,每日 18 时发航危报 1 次;1972 年 9 月 1 日后,每日 05—20 时每小时发 1 份航空报;2007 年 1 月 1 日,调整为国家气象观测一级站,开始发天气报。

每年编制 12 份月报表、1 份年报表。1995 年前,人工编制报表。1996 年 1 月,开始微机输入,1996 年 8 月正式通过网络上传报表。

2003 年 12 月,ZQZ-CⅡ$_1$ 型自动气象站建成,开始人工、自动站平行观测。2006 年 1 月 1 日,转入自动气象站单轨运行,观测项目全部采用仪器自动采集、记录,替代了人工观测;停止压、温、湿、风、降水自记纸的整理,3 次定时只作记号,20 时定时人工观测 1 次,并调整最高、最低与自动站作比较,人工站报表只抄录目测项目。

区域自动站观测　2004 年,建成自动雨量站 25 个。2007 年,建成四要素自动站 3 个。

农业气象观测　作为河南省农业气象基本站,1958 年 3 月 1 日—8 月 6 日,开展目测土壤湿度业务,1959 年 3 月 8 日目测 0～100 厘米土壤湿度;1962 年土壤湿度观测由 0～100 厘米改为 0～30 厘米;1980 年 3 月 5 日,土壤湿度观测由 0～30 厘米改为 0～50 厘米;1994 年 6 月 9 日,土壤湿度观测由 0～50 厘米改为 10～50 厘米。2005 年 1 月 1 日开始,在作物观测地段每月逢 3 日加测土壤湿度。1958 年 2 月开始农作物生育状况观测,1961 年 10 月停止农作物生育状况观测,1980 年 3 月 5 日恢复农作物生育观测,观测项目有冬小麦、夏大豆、夏玉米等。1980 年 3 月 5 日,增加自然物候观测,观测项目有旱柳、泡桐、枣树、苍耳子、蒲公英、芦苇、蝉、蛙、河流、湖泊冻结和解冻等。1965 年 4 月 1 日,开始编发农业气象旬、月报。2003 年 10 月 4 日,开始编发农业气象周报。2007 年 1 月 1 日,旬、月报增加地温段和产量段内容。1980 年,开始编发农业气象情报,平均每年 7～8 次。主要预报有春播作物适播期、小麦干热风、小麦成熟期、小麦播种期、小麦产量、夏播作物播种期。1982 年完成永城县农业气候区划。

②天气预报

短期天气预报　1958 年 6 月,开始进行补充天气预报。1982 年,每天抄录整理 38 项资料、绘制简易天气图,并对气象资料个例进行建档。

中期天气预报　1980 年,通过传真接收中央气象台的旬、月天气预报,并结合本地资料制作一旬天气过程趋势预报。2003 年 10 月,开始制作一周天气预报,旬报停止。

短期气候预测(长期天气预报)　20 世纪 70 年代中期起步,1980 年开始建立一整套长期预报特征指标和方法,并开展春播预报、汛期预报、麦播期预报、秋季预报、年度预报。

③气象信息网络

1981 年前,主要采用专线电话向电信局传递雨量报、航危报,利用电话和上级业务部门会商天气,利用收音机收听安徽省气象台和河南省气象台以及周边气象台播发的天气预报和天气形势。1981 年,配备了传真接收机,接收北京、欧洲气象中心以及日本东京的气象传真图。1985 年,配备 PC-1500 袖珍计算机,试用于编报和制作报表;同年 7 月,安装了甚高频电话,利用甚高频电话和商丘市气象台进行天气会商。1999 年 7 月,完成地面卫星小站建设,并利用 MICAPS 系统接收和使用高分辨率卫星云图和地面、高空天气形势图等。1995—2005 年,相继开通了因特网,建立了气象网络应用平台、专用服务器和省、市、县办公系统,气象网络通信线路 X.25 升级换代为数字专用宽带网,开通 100 兆光缆,接收从地面到高空各类天气形势图和云图、雷达拼图等资料,为气象信息的采集、传输处理、分发应用、天气会商、公文处理提供支持。

2. 气象服务

公众气象服务 1985年以前,天气预报主要通过永城县广播电台向公众发布天气预报。1989年9月,购置发射机和50部无线通讯警报接收装置,建立气象预警服务系统,每天早上、中午和下午广播3次。1996年3月,气象局提供天气预报,由永城县电视台播放。1996年7月,与电信合作开通"121"天气预报自动咨询电话,为公众服务。1999年3月,建成多媒体电视天气预报制作系统,将自制节目录像带送永城市电视台播放。2006年7月,通过手机短信向公众和各级领导发送气象信息。2008年6月,与永城市地质矿产局合作通过手机短信发布地质灾害天气预报。

决策气象服务 20世纪80年代初,决策气象服务产品为常规预报和情报资料,服务方式以书面文字发送为主。20世纪90年代以后,决策服务产品逐渐增加了精细化天气预报、作物产量预报、干旱等级预报、地质灾害天气预报等,服务方式也逐渐向寻呼机、电视、微机终端、互联网、手机短信等发展。

人工影响天气 1990年11月,永城县成立人工增雨领导小组,下设办公室,设在气象局。1993年,购买5门"三七"高炮。2001年,购买了人工增雨火箭发射架5具,同时配备了人工增雨皮卡车1辆。2008年和2009年,被商丘市气象局评为人工影响天气工作先进单位,并获永城市政府嘉奖。

防雷技术服务 1990年,开展防雷设施检测。1993年,开始避雷针的设计安装施工。2003年3月,成立永城市防雷技术中心。2008年7月,防雷工程装置设计审核和竣工验收业务集中到市政府行政服务大厅气象窗口办理,并对29个乡镇中、小学校进行了防雷安全检查。

科学管理与气象文化建设

1. 社会管理

2004年8月1日《河南省防雷减灾实施办法》颁布实施,2005年永城市人民政府办公室发文将防雷工程从设计、施工到竣工验收,全部纳入气象行政管理范围。气象局成立行政执法队伍。2005—2008年,每年联合消防、安全生产监督、城建、教育等部门,对易燃易爆场所、娱乐场所、建筑物和学校开展执法大检查,并根据《施放气球管理办法》,对施放气球进行管理。

2009年5月5日,永城市人民政府办公室下发了《关于加强气象探测环境保护的通知》(永政办〔2009〕37号),明确要求将探测环境纳入城市整体规划。

2. 政务公开

对气象行政审批办事程序、气象服务内容、服务承诺、气象行政执法依据、服务收费依据及标准等,通过户外公示栏、电视广告、发放宣传单等方式向社会公开。干部任用、职工晋职晋级、目标考核、基础设施建设、工程招投标等内容,通过职工大会或公示栏张榜等方式向职工公开。财务每 3 个月公示一次,年底对全年收支、职工奖金福利发放、领导干部待遇、劳保、住房公积金等向职工作详细说明。

3. 党建工作

1977 年 7 月,成立永城县气象站党支部。截至 2008 年底,有党员 9 人(其中离退休党员 4 人)。

4. 气象文化建设

1981 年后,先后建立了图书阅览室、职工活动室,坚持每年开展群众性文体活动及"送温暖、献爱心"等活动。

1996 年,获商丘市级文明单位荣誉并保持至今。

5. 荣誉

集体荣誉 截至 2008 年,共获集体荣誉 43 项。其中,1978 年,被评为"双学"先进气象站;1998 年,被商丘市文明委评为市级"文明单位";2000 年,被河南省气象局评为"河南省气象部门十佳县气象局"。

个人荣誉 1978 年 11 月,望思敬到北京出席"双学"会议,受到党和国家领导人接见。

台站建设

2003 年以前,办公环境非常简陋,办公房为砖木结构瓦房,有的房屋已成危房。2003 年底,气象局观测站从老城搬迁到新城。2003—2006 年,征地 1.7 公顷,建办公楼 1 幢,面积 1300 平方米,完成了从老城区到新城区的搬迁。

夏邑县气象局

机构历史沿革

始建情况 夏邑县气候站建于 1957 年 11 月。1958 年 1 月 1 日,正式开始地面气象观测,站址位于县城北 500 米闫刘庄乡村。

站址迁移情况 1961 年,在原站址向东南迁移 500 米。2007 年 1 月 1 日,向西北方迁移 500 米,位于二环路西段法院北 500 米闫刘庄乡村,北纬 34°15′,东经 116°08′,海拔高度 41.0 米。

历史沿革 1957 年 11 月,成立夏邑县气候站。1960 年 3 月,更名为夏邑县气象服务站。1971 年 5 月,更名为夏邑县气象站。1990 年 5 月,更名夏邑县气象局,为国家一般站。

管理体制 1957—1970年,实行双重领导,以地方行政领导为主。1970年12月—1973年1月,由夏邑县人民武装部直接领导。1973—1982年,由夏邑县农业局代管。1983年8月,实行气象部门与地方政府双重领导体制,以气象部门领导为主的管理体制。

机构设置 1980年内设观测组、预报组、农业气象组、办公室。1989年成立人工增雨领导小组办公室,1990年成立防雷减灾办公室、气象服务组。

单位名称及主要负责人变更情况

单位名称	姓名	职务	任职时间
夏邑县气候站	赵常安	站长	1957.11—1960.03
夏邑县气象服务站			1960.03—1963.01
	翟永强	站长	1963.01—1968.06
	任　灿	站长	1968.06—1971.05
			1971.05—1974.01
	朱进银	站长	1974.01—1976.01
夏邑县气象站	任　灿	站长	1976.01—1980.05
	程丕太	站长	1980.05—1984.08
	张　峰	站长	1984.08—1990.05
		局长	1990.05—1996.11
夏邑县气象局	郭仪秀	局长	1996.11—2005.11
	张建昆	局长	2005.11—

人员状况 建站时有职工2人。1980年有7人。截至2008年底,有在职职工7人。其中:大专及以上学历5人,其他2人;中级职称1人,初级职称5人,其他1人;50岁以上4人,40～49岁1人,40岁以下2人。

气象业务与服务

1. 气象业务

①气象观测

地面观测 1959年1月—1960年7月,采用地方时,每日07、13、19时观测3次。1960年8月,改为北京时,每日08、14、20时观测3次。1961—2006年,每年在6月15日—8月31日期间,增加05、11、17时3次观测。常年不守夜班。

1959年1月1日,观测项目有云、能见度、天气现象、风向、风速、气温、湿度、降水、日照,当年又增加地温、蒸发观测项目。1975年开始,02时记录用订正后的自记记录代替。2004年,增加深层地温观测;2008年,增加电线积冰观测。

2003年12月,安装ZQZ-CⅡ型自动气象站,观测项目有气压、气温、湿度、风向、风速、降水、地温。2004年1—12月,人工、自动仪器进行平行观测,以人工观测为主。2005年1—12月,改为以自动站观测记录为主。2006年1月,自动站正式投入单轨业务运行。

农业气象观测 1960年2月,开展物候观测,并进行墒情、灾情调查。

区域自动站观测 2004年5月,在20个乡镇建立自动雨量站。

②天气预报

短期天气预报 1959 年开始制作补充天气预报。1977 年参加商丘地区气象台组织的全区预报会战,建立一整套简易实用的预报工具与模式。1978 年 10 月—1983 年 12 月,进行预报业务基本建设,抄录整理资料 51 项,绘制简易天气图 3 种,气象要素曲线图 7 种,并建立预报业务技术档案。

中期天气预报 20 世纪 70 年代,分析整理高空、地面气象资料,找出相关模式,制作旬天气过程趋势预报。

短期气候预测(长期天气预报) 要运用数理统计方法和常规气象图表及天气谚语、韵律关系等方法,分别作出具有本地特点的补充订正预报。1995 年 10 月,商丘地区预报体制改革,县局改为传递预报。

③气象信息网络

1980 年前,利用收音机收听河南、安徽、山东省气象台发布的天气预报和天气形势。1981 年,配备了天气图传真接收机,接收北京和日本的传真图表,并制作天气预报。1987 年,通过甚高频无线对讲电话,实现与商丘地区气象台天气会商。1995 年以后,逐步配备了计算机,开通了互联网,建立了气象网络应用平台。

2. 气象服务

公众气象服务 1977 年,在孔庄、业庙、李集、骆集 4 个乡建立气象哨,负责墒情、农情和雨情服务。1991 年,建成气象预警服务系统,同年 8 月正式对外开展服务,每天上、下午各广播一次。1994 年,夏邑县电视台制作、播放天气预报。1997 年 7 月,开通夏邑县"121"天气预报自动答询电话(2005 年"121"改号为"12121",2007 年实行全市集约服务)。2002 年,建成多媒体电视天气预报制作系统,将自制节目录像带送电视台播放。

决策气象服务 20 世纪 80 年代,决策气象服务产品为常规预报和情报资料,服务方式以书面文字发送为主。20 世纪 90 年代后,决策服务产品逐渐增加了精细化预报、产量预报,服务方式也由书面文字发送及电话通知等向电视、微机终端、互联网等发展,各级领导可通过电脑随时调看实时卫星云图、雷达回波图、雨量点雨情。

人工影响天气 人工影响天气工作始于 1989 年,当年购置"三七"高炮 4 门、炮弹 500 发,组织培训高炮人工增雨队伍,开展人工增雨作业。

防雷技术服务 1989 年,开始对全县防雷装置进行检测,进行高层建筑物防雷安全检测。

科学管理与气象文化建设

社会管理 2004 年,随着《河南省防雷减灾实施办法》颁布实施和中国气象局《施放气球管理办法》颁布,夏邑县气象局成立气象行政执法队伍,对夏邑全县防雷安全、氢气球施放等实施社会管理。

政务公开 对气象行政审批办事程序、气象服务内容、服务承诺、气象行政执法依据,通过户外公示栏、电视广告、发放宣传单等方式向社会公开。2006 年,对财务收支、目标考核、基础设施建设等内容,通过局务公示栏张榜方式,向职工公开。财务每季度公示一次,职工福利、领导干部待遇、劳保、住房公积金等向职工详细说明。

党建工作 1987 年以前只有中共党员 1 人,编入农业局办公室党支部。1988 年 1 月,成立夏邑县气象站党支部,1990 年 5 月更名为夏邑县气象局党支部,由夏邑县直工委领导。截至 2008 年底,有党员 4 人(其中离退休党员 2 人)。

气象文化建设 1998—2000 年,先后建立了图书阅览室、职工活动室,坚持开展群众性文体活动及"送温暖、献爱心"等活动。

1999 年,被商丘市文明委评为市级"文明单位"。

集体荣誉 1996—1997 年,夏邑县气象局被商丘市气象局评为综合目标考评第一名。2002—2003 年,被夏邑县政府评为目标考评第一名。

台站建设

1957 年,建造 6 间平房和观测平台、大门、围墙。1960 年,征地 2540 平方米,建办公室 13 间,围墙 500 米,观测场进行了搬迁扩建。2006 年,征地 1 公顷,建办公室 14 间,围墙 500 米,观测场扩建为 25 米×25 米,2007 年 1 月 1 日迁入新址。2008 年,硬化院内外路面,对环境进行了绿化,建成园林式单位。

虞城县气象局

机构历史沿革

始建情况 1958 年 10 月,筹建虞城县气候站,站址位于县城东 1.5 千米罗庄农场南,北纬 34°31′,东经 115°57′,海拔高度 48.0 米。1959 年 1 月 1 日,正式开始地面气象观测。

站址迁移情况 1960 年,观测场北移 300 米。1974 年 6 月因观测环境破坏,南移 300 米,北纬 34°23′,东经 115°53′,海拔高度 46.2 米。1982 年 5 月,因扩建观测场,南移 30 米,海拔高度 46.3 米。

历史沿革 1958 年始建时为虞城县气候站。1960 年 3 月,更名为虞城县气象服务站。1969 年 4 月,更名为虞城县农业服务站。1971 年 5 月,更名为虞城县气象站。1990 年 5 月,更名为虞城县气象局。

管理体制 1958—1970 年实行双重领导,以地方行政领导为主。1970 年 12 月—1973 年 1 月,由虞城县人民武装部直接领导。1973—1982 年,由虞城县农业局代管。1983 年 8 月,实行气象部门与地方政府双重领导体制,以气象部门领导为主的管理体制。

机构设置 1990—2008 年,内设业务股和服务股。

单位名称及主要负责人变更情况

单位名称	姓名	职务	任职时间
虞城县气候站	赵秀清	站长	1959.01—1960.02
虞城县气象服务站	姬朝立	站长	1960.03—1969.03
虞城县农业服务站			1969.04—1971.04
虞城县气象站	祝兴兰	站长	1971.05—1973.08
	姬朝立	站长	1973.09—1980.11
	朱传文	站长	1980.12—1984.05
	张 敏	站长	1984.06—1990.04
虞城县气象局		局长	1990.05—1990.12
	胡 冰	局长	1991.01—1993.07
	张德领	局长	1993.08—1995.06
	冉献忠	局长	1995.07—1997.01
	张德领	局长	1997.02—2005.11
	吴俊祥	局长	2005.12—

人员状况　建站时有职工 2 人。1980 年有 6 人。截至 2008 年底,有在职职工 8 人(其中正式职工 7 人,聘用职工 1 人)。在职职工中:男 7 人,女 1 人;汉族 8 人;大学本科及以上学历 1 人,大专学历 2 人,中专及以下学历 5 人;中级职称 4 人,初级职称 3 人;30 岁以下 2 人,31～40 岁 1 人,41～50 岁 3 人,50 岁以上 2 人。

气象业务与服务

1. 气象业务

①气象观测

地面观测　1959 年 1 月 1 日,观测项目有云、能见度、天气现象、风向、风速、气温、湿度、气压、降水、日照、地温、蒸发观测;2004 年增加深层地温观测;2008 年增加电线积冰观测。1975—2005 年 12 月 31 日,02 时记录用订正后的自记记录代替。1959 年 1 月—1960 年 7 月,每日地方时 07、13、19 时观测 3 次。1960 年 8 月,观测时间改为北京时 08、14、20 时。1961—1995 年,本站自定 11、17 时增加 2 次观测。1981—1995 年,每年 5—9 月期间 05 时增加 1 次观测。常年不守夜班。

发报种类有天气加密报(2005 年 1 月—2008 年 12 月)、雨量报(1959 年 1 月—2008 年 12 月)、重要天气报(2005 年 1 月—2008 年 12 月)。

制作地面气象观测月报表、年报表。

2003 年上半年,ZQZ-CⅡ型自动气象站开始筹备安装,下半年试运行。自动站观测项目有气压、气温、湿度、风向、风速、降水、地温等。2004 年 1—12 月,人工仪器和自动站进行平行观测,记录以人工观测为主。2005 年 1—12 月,记录以自动站记录为准。2006 年 1 月,自动站正式投入单轨业务运行。

区域自动站观测　2004 年 5 月,相继建成乡镇自动雨量站 31 个。

435

农业气象观测 1960 年 2 月 17 日,开展农业气象观测和墒情、灾情调查;每月 8、18、28 日测墒,10、20 日及月底 20 时发旬月报。1986—2008 年发气象情报。2008 年 1 月,开始小麦、玉米发育期观测。观测仪器为取土钻、铝盒、电烘箱。

②天气预报预测

短期天气预报 1959 年建站开始做补充天气预报。1976 年,商丘地区气象台组织全区预报业务骨干在虞城县气象站搞预报会战,建立了一整套完备的预报工具与模式。

1978 年 10 月—1983 年 12 月,进行了预报业务基本建设。县气象站根据预报业务需要,共抄录整理资料 51 项,绘制简易天气图 3 种,气象要素曲线图 7 种。

中期天气预报 分析整理高空、地面气象资料,找出了相关模式,制作旬天气过程趋势预报。

短期气候预测(长期天气预报) 运用数理统计方法和常规气象图表、天气谚语等经验方法,分别做出具有本地特点的补充订正预报。1995 年 10 月,商丘地区预报体制改革,改为传递预报。

③气象信息网络

建站至 1998 年,每份气象电报需通过电话,口传电信局,再传至河南省气象局。1998—2003 年,通过商丘市气象局业务网传发报文。2005 年 1 月,随着自动站投入使用及光纤网络建成,气象电报传输实现网络化、自动化。

2. 气象服务

公众气象服务 1959 年,每日两次通过广播播发天气预报。1977 年,在刘集等乡镇建 3 个气象哨,负责墒情、农情和雨情服务。1991 年春,建成气象预警服务系统,同年 8 月正式使用预警系统,每天上、下午各广播一次,服务单位通过预警接收机定时接收气象信息服务。1994 年,由县气象局提供天气预报信息,电视台制作、播放虞城天气预报。2002 年,建成多媒体电视天气预报制作系统,将自制节目录像带送电视台播放。1997 年 7 月,与电信局合作,正式开通"121"天气预报自动答询电话。2002 年 6 月,建成农村信息网,全县 31 个乡镇均配备计算机和档案柜,两次组织乡村信息员培训,把气象信息和农业技术信息传递到乡镇领导和农民中去。

决策气象服务 20 世纪 80 年代初,决策气象服务产品为常规预报和情报资料,服务方式以书面文字发送为主。20 世纪 90 年代后期,决策服务产品逐渐增加了精细化预报、产量预报、紫外线等级预报等,服务方式也由书面文字发送及电话通知等向电视、微机终端、互联网等发展,各级领导可通过电脑随时调看实时卫星云图、雷达回波图、雨量点雨情。1995—2008 年,先后荣获虞城县委、县政府"服务农业先进单位"、"服务农村经济先进单位"、"支持夏粮生产先进单位"等荣誉。

人工影响天气 1989 年,正式开展人工影响天气工作,并成立人工增雨领导小组,购置"三七"高炮 4 门,炮弹 500 发,组织培训了一支高炮人工增雨队伍。

防雷技术服务 1988 年 3 月开展防雷工作。1990 年成立服务股,负责全县防雷设施检测工作,为全县雷电安全提供服务。

科学管理与气象文化建设

社会管理 2004 年,虞城县人民政府办公室下发《关于加强防雷减灾工作的通知》(虞政办〔2004〕85 号),规定虞城县建设项目防雷装置设计、跟踪检测、竣工验收等由县气象局负责,或由气象局授权单位实施。

政务公开 对气象行政审批办事程序,气象服务内容、服务承诺、气象行政执法依据,通过对外公示栏、电视广告、发放宣传单等方式向社会公开。财务收支、目标考核、基础设施建设等内容,通过局务公示栏张榜方式向职工公开。财务每季度公示一次,职工福利、领导干部待遇、住房公积金等向职工详细说明。

党建工作 1958 年 9 月—1971 年 5 月,有党员 1 人,编入虞城县委办公室党支部。1971 年 6 月—1972 年 12 月,有党员 1 人,编入虞城县人民武装部党支部。1973 年 1 月—1979 年 5 月,编入虞城县农业局办公室党支部。1979 年 6 月—1986 年 12 月,有党员 2 人,编入虞城县农场联合支部。1987 年 1 月,虞城县气象局建立党支部,有党员 4 人。截至 2008 年底,有党员 5 人(无离退休党员)。

气象文化建设 1996 年后,开展文明创建活动,改造观测场,装修业务值班室,统一制作局务公开栏、学习园地、法制宣传栏和文明创建标语等;建设"两室一场"(图书室、职工学习室、小型运动场),拥有图书 1400 册。

1997 年,被商丘市文明委评为市级文明单位。

集体荣誉 2007 年,虞城县气象局被虞城县委、县政府评为先进单位。

台站建设

1974 年,建造平房 12 间及观测平台、大门和围墙。1982 年,征地 2400 平方米,建办公室 10 间,围墙 380 米,完成观测场搬迁扩建和仪器安装。2006—2007 年,新建了办公用房、职工宿舍和炮库,完善了 ZQZ-CⅡ型地面自动观测站,规范了业务平台。2008 年,完成了围墙、用电改造、大门、环境绿化、硬化等设计和工程。

柘城县气象局

机构历史沿革

始建情况 柘城县气候站始建于 1956 年 12 月,站址在牛城公社农场内。

站址迁移情况 1964 年 5 月 1 日,迁至柘城县城关镇南郊,北纬 34°04′,东经 115°18′,海拔高度 47.2 米。

历史沿革 始建时名称为柘城县气候站。1969 年 5 月,更名为柘城县气象站。1990 年 4 月,更名为柘城县气象局。

管理体制　1956—1970 年实行双重领导,以地方行政领导为主。1970 年 12 月—1973 年 1 月,由柘城县人民武装部领导。1973—1982 年,改为地方政府领导为主。1983 年 8 月,实行气象部门与地方政府双重领导,以气象部门领导为主的管理体制。

机构设置　1980 年,内设预报和测报两个组。1993 年 5 月,两组合一为业务股。1996 年,成立科技服务股,开展防雷业务。

单位名称及主要负责人变更情况

单位名称	姓名	职务	任职时间
柘城县气候站	李立基	站长	1957.01—1969.04
柘城县气象站			1969.05—1984.07
柘城县气象局	毛德贞	站长	1984.08—1990.08
		局长	1990.09—1996.11
	杨崇钦	局长	1996.12—2006.11
	丁国超	局长	2006.12—2008.03
	宋玉峰	局长	2008.04—

人员状况　建站时有职工 2 人。1980 年有 6 人。截至 2008 年底,有在职职工 8 人(在编职工 5 人,临时工 3 人)。在职职工中,本科学历 2 人,大专学历 4 人,高中学历 2 人;高级职称 1 人,中级职称 2 人,初级及以下职称 5 人。

气象业务与服务

1. 气象业务

①气象观测

地面观测　建站初期,地面观测项目有气温、湿度、风向、风速、蒸发、雨量、日照、天气现象、云、雪深、地面状态。2008 年,观测项目有风向、风速、气温、湿度、气压、降水、蒸发、云、天气现象、能见度、地温、草面温度、雪深、电线积冰等。

每天编发 08、14 和 20 时 3 次天气加密报,05 和 17 时编发雨量报,遇有重要天气编发重要天气报。

1996 年 4 月,开始使用电子计算机。1999 年 1 月,使用河南省地面测报程序;6 月使用安徽地面测报程序。

2003 年 12 月 1 日,自动气象站建成并投入试用,编发报由人工改为计算机编发。2004 年 1 月 1 日,执行新的《地面气象观测规范》,实行人工仪器和自动站平行观测。2006 年 1 月 1 日,自动站开始单轨运行,以自动站资料为准发报,停止气压、气温、湿度、风和降水自记纸的整理,20 时人工观测全部气象要素,并与自动站各要素对比。

建站至 1995 年,气象月报、年报表都是用手工抄写方式编制,一式 3 份,上报河南省气象局和商丘市气象局各 1 份,本站留底 1 份。1996 年开始,利用计算机网络传至商丘市气象局业务科。

农业气象观测　主要业务项目有农作物观测,每旬测墒发报,开展气候评价等业务。

区域自动站观测 2005—2006年,相继建成乡镇自动雨量站21个。2008年3月,在胡襄镇建成1个四要素自动气象站。

②天气预报

自建站到20世纪70年代,只做短期预报(24小时和48小时)。1980年,开始按照上级业务部门要求进行预报业务"四基本"(基本资料、基本图表、基本档案和基本方法)建设,对出现的各种灾害性天气个例进行建档,研制短、中、长期预报方法。1984年6月,配发CZ-80传真机,接收北京和日本气象传真图。1985年10月,安装使用甚高频电话,直接与商丘地区气象局和周边县气象局业务会商。常规预报有短、中、长期、季、年度及专题预报。1996年以后,按照省、市气象局业务部门要求,只发布订正预报。2000年建立重大天气预警发布平台。

2. 气象服务

公众气象服务 1956年,开始通过广播向全县播送天气预报。1990年12月,建立气象预报警报系统,为23个乡镇和单位服务,每天早晚两次定时广播。1995年,开始通过电视台对外播出天气预报。1997年,开通"121"天气预报自动答询系统,2005年升级为"12121"。2002年建成柘城县兴农网,为农民和专业户提供气象信息。

决策气象服务 1990年前,靠人工和电话汇报天气预报。2000年后,对重大、关键性、转折性天气预报以书面形式上报县委、县政府和相关部门。2008年,开通气象短信平台,以手机短信方式为领导提供决策服务。2002年,获柘城首届国际辣椒节特殊贡献奖。

人工影响天气 1990年10月开展高炮人工增雨业务,2003年增加火箭人工增雨。2005年、2007年被柘城县政府评为人工增雨先进单位。

防雷技术服务 1989年8月,开始对全县防雷装置进行检测。1995年,正式组建柘城县防雷中心,负责全县防雷设施的验收、技术检测等工作。

科学管理与气象文化建设

社会管理 2002年4月,柘城县土地管理局、城建局、城关镇、气象局联合下发关于保护观测环境"四不准"规定。2003年,柘城县安全生产监督管理局、气象局联合下发《关于安装雷电灾害防护装置的通知》。2006年8月,柘城县建设委员会、气象局联合下发《关于加强建设项目防雷工程设计审核竣工验收管理工作的通知》。2007年6月,柘城县教育体育局、气象局联合下发《关于加强学校防雷安全工作的通知》。

政务公开 对气象行政审批办事程序、气象服务内容、收费标准、气象行政执法依据等,通过公示栏、发放宣传单、进村入户等方式,向社会及群众公开;财务收支情况、干部选拔、职工晋职晋级等,向职工进行公示。

党建工作 1980年建立党支部,有党员4人。截至2008年底,有党员5人(其中退休党员2人)。

2000年、2003年被柘城县直工委评为先进党支部。

气象文化建设 1997年2月,成立精神文明建设领导小组,制订精神文明建设规划。

1999 年 4 月,制作学习园地、法治宣传栏和文明标语牌,建图书阅览室和篮球场、羽毛球场。自 1999 年起,每年均开展文明家庭评比活动和职工文体活动。

1997 年,被命名为县级"文明单位"。1999 年,升级为市级"文明单位";2001 年被命名为市级"标兵文明单位",2008 年 1 月再次被命名为市级"文明单位标兵"。

集体荣誉 2000 年获柘城县委、县政府年度目标管理"奋进杯"银杯;2002 年获柘城县委、县政府年度目标管理"奋进杯"铜杯;2005 年、2007 年获商丘市气象局工作目标优秀达标奖。

台站建设

1964 年 4 月 1 日,迁至柘城县城南郊,建有平房 3 间。1979 年 7 月,在观测场南征用土地 667 平方米。1981 年,原旧房拆除,重建二层楼房,23 间。2003 年 12 月 1 日,建成自动气象站。2004 年建成气象综合业务楼,面积 1000 平方米;2003—2008 年,逐步对院内环境进行绿化、硬化和美化,修建草坪和花坛。

宁陵县气象局

宁陵县地处商丘市西部,全县辖 10 乡、4 镇、365 个行政村,总面积 785.7 平方千米。宁陵县历史悠久,具有 4000 多年的文明史,夏、商、周时为葛伯国,系葛姓祖籍之源,春秋时称宁邑,战国时又名信陵,秦时谓宁陵城,公元前 122 年西汉武帝始置宁陵县。

机构历史沿革

始建情况 宁陵县气候站始建于 1959 年 1 月,地址位于县城东关。

站址迁移 1964 年 5 月 1 日,迁至宁陵县北关外,北纬 34°28′,东经 115°25′,海拔高度 54.4 米。

历史沿革 1959 年 1 月,成立宁陵县气候站。1960 年 2 月,更名为宁陵县气象服务站。1971 年 9 月,更名为宁陵县气象站。1990 年 7 月,更名为宁陵县气象局。

管理体制 1959—1970 年实行双重领导,以地方行政领导为主,归县农业局领导。1970 年 12 月—1973 年 1 月,以县人民武装部领导为主。1973—1982 年,实行由地方政府和上级气象部门双重领导,以地方政府领导为主的体制,归属县农业局管理。1983 年 8 月,实行气象部门与地方政府双重领导,以气象部门领导为主的管理体制。

机构设置 1980 年,内设预报和测报两个组。1993 年 5 月,两组合为业务股。1998 年,设办公室、业务股、科技服务股。

单位名称及主要负责人变更情况

单位名称	姓名	职务	任职时间
宁陵县气候站	何传增	副站长（主持工作）	1959.01—1960.02
宁陵县气象服务站			1960.02—1970.12
	徐德品	站长	1971.01—1971.09
宁陵县气象站	吴全兴	站长	1971.09—1984.12
	张俊江	站长	1984.12—1989.04
	桑培志	副站长（主持工作）	1989.05—1990.07
宁陵县气象局		局长	1990.07—1996.09
	杨谦俊	局长	1996.09—

人员状况 建站时有职工 3 人。1980 年 7 人。截至 2008 年底,有在职职工 12 人(其中正式职工 6 人,聘用职工 6 人),退休职工 1 人。正式职工中:男 4 人,女 2 人;汉族 6 人;大学本科学历 2 人,大专学历 4 人;高级职称 1 人,中级职称 2 人,初级职称 3 人;30 岁以下 1 人,31～40 岁 3 人,41～50 岁 1 人,50 岁以上 1 人。

气象业务与服务

1. 气象业务

①气象观测

地面观测 观测项目有云、能见度、天气现象、气压、气温、湿度、地温、风向、风速、降水量、日照、蒸发、积雪、雪压和电线积冰等。

观测时次为 08、14 和 20 时 3 次观测,夜间不守班。

发报种类为天气加密报、雨量报、重要天气报。

农业气象观测 农业气象工作始于 1959 年,为农业气象观测三级站(省农业气象一般站),进行土壤湿度观测,编发不定期农业气象情报。1978 年,开展全县农业资源调查,编制了《宁陵县农业气候资源分析》。1980 年,开展农作物生育状况观测。

区域自动站观测 2005—2006 年,相继建成乡镇自动雨量站 13 个。2008 年 3 月,在张弓镇建成 1 个四要素自动气象站。

②天气预报

自建站到 20 世纪 70 年代,只做短期预报(24 小时和 48 小时)。1980 年,开始按照上级业务部门要求,进行预报业务"四基本"建设,制作短、中、长期预报。1984 年 6 月,河南省气象局配发 CZ-80 传真机,接收北京和日本气象传真图,供参考分析。1985 年 10 月,安装使用甚高频电话,直接与市气象局和周边县气象局进行业务会商。1996 年以后,按照省、市气象局业务部门要求,只发布订正预报,不做考核。

③气象信息网络

1999 年,建立气象卫星地面接收站("9210"系统),接收和使用高分辨率卫星云图和地面、高空天气形势图等。1999—2005 年,相继开通了因特网,建立了气象网络应用平台、专用服务器和省、市、县办公系统,气象网络通信线路 X.25 升级换代为数字专用宽带网。

2. 气象服务

公众气象服务 1956 年,开始通过广播向全县公众提供气象服务。1997 年,开通"121"天气预报自动答询系统(2005 年升级为"12121")。1998 年,开始通过电视台对外播出天气预报。2002 年,建成了宁陵县农村综合经济信息中心(兴农网)。2004 年被评为河南省重大气象服务先进单位。

决策气象服务 1990 年前,主要靠人工和电话汇报。2000 年后,对重大、关键性、转折性天气气候事件以书面形式上报县委、县政府和相关部门。2008 年,开通气象短信平台,以手机短信方式为领导提供决策服务。服务产品包括长、中、短期天气预报,重要天气预报,专题气象预报,卫星遥感苗情、雨情、土壤墒情等气象情报,农业生产建议,气候分析与应用等。

人工影响天气 1989 年开展人工影响天气工作,建立了人工影响天气组织管理机构,购置增雨高炮 4 门,组建了 20 余人的人工影响天气队伍。2008 年,有人工增雨指挥车 1辆,车载式增雨火箭 4 部,增雨高炮 4 门,固定作业炮点 2 个。

防雷技术服务 1989 年,开始开展防雷设施监测工作。

科学管理与气象文化建设

1. 社会管理

1997 年宁陵县政府下发《关于避雷设施设计、安装、检测的通知》,2005 年宁陵县政府办公室下发《宁陵县人民政府办公室关于加强防雷减灾工作的通知》,对落实防雷安全责任制、防雷安全检查、新建建筑物防雷安全管理和雷电灾害调查、鉴定等工作做了明确规定。

2002 年,根据行政执法属地化管理的原则,明确 2 人负责法制工作。有 4 名职工取得行政执法证。2002—2008 年,每年联合消防、安全生产监督、城建等部门,开展易燃易爆场所、建筑物和农药市场的执法大检查,共查处违反气象法律法规案件 8 起。

2. 政务公开

2002 年 5 月,实行政务公开,对财务收支、固定资产购置、业务招待费等内容按要求及时公开,并对局内文明职工和先进工作者评选表彰情况予以公布。坚持民主制度,广泛征求群众意见,做到决策过程、实施过程、实施结果三公开,自觉接受职工全过程监督。

3. 党建工作

2009 年 6 月之前,党员组织生活归宁陵县农业委员会管理,2009 年 7 月成立了独立党支部,有党员 3 人。截至 2008 年底有党员 3 人(其中离退休人员 1 人)。

4. 气象文化建设

认真贯彻落实党中央提出的"在抓物质文明建设的同时,认真抓好精神文明建设"的指导方针,深入开展爱国主义、集体主义教育;组织干部职工和退休干部外出学习考察,接受爱国主义教育,积极参加文体活动和文艺演出;把文明单位创建活动列入年度工作目标,加强思想政治教育,开展争创文明科室、文明职工活动;购买乒乓球台、羽毛球、棋牌等文体设施,开展丰富多彩的文体活动。

1996 年,获县级文明单位。2000 年,被商丘市委、市政府命名为市级文明单位。

5. 荣誉

集体荣誉 1996 年,被河南省气象局评为"人工增雨服务工作先进集体"。1997 年被河南省气象局评为"'121'服务系统建设先进单位"。2000 年被河南省人事厅、河南省气象局评为"全省人工影响天气工作先进集体";被商丘市人民政府评为"人影工作先进单位"和"兴农网建设工作先进单位"。2003 年、2004 年,连续 2 年被河南省气象局评为"全省十佳县气象局"。2004 年获河南省重大气象服务先进单位。

参政议政 1997 年,杨谦俊同志当选为宁陵县第十二届人民代表大会代表。1998 年起,郭振玲同志连续三届当选为宁陵县政协委员。

台站建设

1964 年 5 月迁至宁陵县建设东路后,陆续建设了观测值班室、会议室、休息室。1995 年,建职工家属楼 1 幢。到 2003 年,原建办公房为砖木结构瓦房,年久失修,已成危房。2004—2008 年进行台站综合改造,建 1000 平方米综合业务楼,硬化绿化了院落 2200 平方米。

睢县气象局

睢县位于商丘市西南部,总面积 924 平方千米,人口 80 万。睢县历史文化悠久,自秦始皇统一中国后,于此地设县。因县城位于"春秋五霸"之一的宋襄公陵墓附近,故称襄邑。金元以来,改称睢州。民国后称睢县。

机构历史沿革

始建情况 1958 年 9 月建睢县气候站,位于县城东关外农业科学研究所北侧,北纬34°26′,东经 115°06′,海拔高度 56.3 米。1959 年 1 月,地面气象观测工作正式启动,承担国家一般气象站工作任务。

历史沿革 1960 年 2 月,更名为睢县气象服务站。1971 年 6 月—1990 年 6 月,更名为睢县气象站。1990 年 7 月,更名为睢县气象局。

管理体制 1958—1970 年实行双重领导,以地方行政领导为主。1970 年 12 月—1973年 1 月,以睢县人民武装部领导为主。1973—1982 年,改为地方政府领导为主,隶属睢县农业局管理。1983 年 8 月,实行气象部门与地方政府双重领导,以气象部门领导为主的管理体制。

机构设置 2008 年,设有业务股、防雷中心、人工影响天气办公室、兴农网信息中心。

单位名称及主要负责人变更情况

单位名称	姓名	职务	任职时间
睢县气候站	杨树礼	负责人	1958.09—1960.01
睢县气象服务站			1960.02—1971.05
睢县气象站	王守法	站长	1971.06—1990.06
睢县气象局		局长	1990.07—1992.08
	汤新海	局长	1992.09—

人员状况 建站时有职工 3 人。1980 年有 5 人。截至 2008 年底,定编 6 人,实有在编职工 4 人,临时工 3 人。在编职工中,大学本科学历 2 人,大学专科学历 2 人;30～35 岁 2 人,40～45 岁 2 人;高级职称 1 人,初级职称 3 人。

气象业务与服务

1. 气象业务

①气象观测

地面观测 1959 年,观测项目有云状、云量、能见度、天气现象、气温、湿度、地温、风向、风速、降水量、日照、蒸发、地面状态、积雪深度。1961 年 6 月停止温度、湿度自记记录的观测,1962 年 7 月 1 日停止蒸发、日照的观测。1965 年 1 月蒸发、日照恢复观测,1965 年 1 月 1 日增加气压观测,1975 年 1 月恢复温度、湿度自记记录的观测。2003 年 12 月,自动站建成,增加 40、80、160 和 320 厘米深层地温观测,除云状、云量、云高、能见度、天气现象、日照、蒸发和雪深仍采用人工观测外,其余项目均自动观测。2004 年 1 月—2005 年 12 月,自动站与人工站双轨运行。2006 年 1 月,自动站单轨运行,取消温度、湿度、气压自记观测,保留人工观测仪器,只在每天的 20 时进行对比观测。2007 年 4 月,自动站增加草面温度观测。截至 2008 年,观测项目有云状、云量、云高、能见度、天气现象、日照、蒸发和雪深、气温、湿度、地温、草面(雪面)温度、风向、风速、降水量(自动观测)。

1959 年 1 月,定时观测时次为 08、14、20 时(北京时)3 次,夜间不守班。1960 年 1 月 1 日,观测时制改为地方时 07、13、19 时观测;同年 8 月 1 日,观测时间改回北京时每日 08、14、20 时 3 次观测。

1959 年起,制作天气报,用电话传递给睢县邮电局,05、17 时向商丘市气象局拍发雨量报。1986 年 6 月,增加向商丘市气象局拍发 14 时小图报,2001 年 3 月 31 日停止。1999 年 3 月,开始向河南省气象局拍发 08 时加密天气报。2001 年 4 月 1 日—2008 年,向河南省气象局增加拍发 01、20 时加密天气报。2008 年,增加雷暴、视程障碍等重要天气报的拍发。截至 2008 年,拍发报为 08、14、20 时天气加密报,05、17 时定时雨量报和不定时重要天气报。

观测数据每月(年)形成文件上传河南省气象局。编制的报表有气表-1、气表-21。

2000—2005 年,使用计算机编制报表,并通过网络上报河南省气象局,纸质报表经河南省气象局业务主管部门审核后存档保存。2006 年起,纸质报表不再上报,台站存档保存,只上传电子报表。

区域自动站观测 2004—2006 年,相继建成乡镇自动雨量站 19 个。2007 年 10 月,在孙聚寨乡建成四要素自动气象站 1 个。

农业气象观测 1959 年,开始土壤湿度观测,并编发不定期农业气象情报。1980 年,开始进行农作物生育状况定期观测,每月逢 8、18、28 日测墒,逢 10、20 日和月末编发旬(月)报,每季度根据气象资料编制气候评价。1998—2008 年,根据河南省气象科学研究所下发的小麦卫星遥感苗情和墒情图统计,分析土壤墒情与小麦苗情,提出合理化的生产建议,不定期为地方农业生产服务。2003 年 12 月,每周六加发一次上周气候资料和最近一次的土壤墒情,即周报。

②天气预报

1997 年以前,利用气象传真图表和高频电话与商丘市气象局会商独立制作短、中、长期天气预报。1998 年开始,取消独立制作天气预报,改为以商丘市气象台指导预报为主,只做订正预报。

③气象信息网络

1980 年前,利用收音机收听武汉区域气象中心和河南省气象台以及周边气象台播发的天气预报和天气形势。1984 年 12 月,安装了甚高频电话,利用甚高频电话和地区气象台进行天气会商。2001 年,完成地面卫星小站建设,并利用 MICAPS 系统接收和使用高分辨率卫星云图和地面、高空天气形势图等。1999—2005 年,相继开通了因特网,建立了气象网络应用平台、专用服务器和省、市、县办公系统,气象网络通信线路 X. 25 升级换代为数字专用宽带网,开通 100 兆光缆,接收从地面到高空各类天气形势图和云图、雷达拼图等资料,为气象信息的采集、传输处理、分发应用、天气会商、公文处理提供支持。

2. 气象服务

公众气象服务 1959 年,开始通过广播向全县播送天气预报。1995 年,开始通过电视台对外发布天气预报。1998 年,建立以防灾减灾服务为主的风云气象寻呼网。1998 年,开通“121”天气预报自动答询系统,1999—2008 年改为人工录制,2005 年升级为“12121”。2000 年,在互联网上建立“睢县之窗”和“睢县气象天地”。2001 年,建立“睢县兴农网”。2004 年,在睢县城湖滨广场建成了商丘市首个兴农网信息发布电子大屏幕。2006 年在睢县电视台开设“睢县气象天地”专题气象服务栏目。2008 年建成气象预警信息发布平台。

决策气象服务 20 世纪 90 年代前,主要靠人工和电话向县委、县政府领导汇报天气预报。2000 年,对于重大、关键性、转折性天气事件和重大社会政治经济活动时期的天气状况,在事件前、事件中、事件后分别以信息快报的形式上报县委、县政府和相关部门。

人工影响天气 1993 年 6 月,组建睢县人工影响天气组织机构和作业基地。2008 年,拥有“三七”高炮 4 门,火箭发射架 4 套,专用车辆 3 部,专用库(房)450 平方米,专(兼)职管理和作业人员 24 人,已经形成完善的人工影响天气管理、指挥和作业体系,覆盖率达到 90%。自 1993 年开展人工影响天气工作以来,先后进行人工增雨作业 60 次,累计出动高炮和火箭 280 门次,发射炮弹和火箭弹 18000 发,累计增水 2 亿立方米。

防雷技术服务 1989 年 8 月,开始对全县防雷装置进行检测。2002 年 4 月 10 日,与县公安局联合下发了《关于对计算机信息系统(场地)进行防雷安全检测的通知》,开始对全县计算机信息系统(场地)进行防雷安全检测。

气象科普宣传 每年 3 月 23 日,组织职工在街道、小区宣传气象科普、防雷安全知识,发放宣传材料,普及气象法律、法规。

科学管理与气象文化建设

1. 社会管理

2000 年《中华人民共和国气象法》颁布,睢县气象局开始担负气象探测环境、气象灾害防御、气候资源利用等项工作的社会管理职能。

2004 年 8 月 1 日《河南省防雷减灾实施办法》颁布实施,睢县气象局对防雷减灾工作进行社会管理,并联合公安消防、安监、教育等部门发文,对学校、重点单位、大型建设工程防雷设施进行安全检测和验收。

2005 年《施放气球管理办法》开始执行,睢县气象局加强施放气球管理工作,依法对全县气球施放进行行政审批。

2. 政务公开

2002 年,开始结合本单位实际,从群众最为关心的事情做起,先后对内、对外公开 82 期,涉及 15 大类共计 80 多个具体事项。对外公开的内容涵盖办事机构职责、办事程序、气象收费标准、服务承诺、服务标准和投诉处理等;对内公开涵盖党风廉政建设、职工福利分配、职称评定、岗位调整、人才录用、干部提拔任命、业务发展、工程招投标、岗位设置等方面内容。通过政务公开栏、办事效率卡和电话语音信箱、互联网、广场电子大屏幕等形式,将气象服务的项目、工作流程、办理时限、服务规范等向社会公开,取得了较好效果。

3. 党建工作

1958—1960 年,有党员 1 人;1961—1971 年,有党员 2 人;1972—1978 年,有党员 3 人;1979—1996 年,有党员 5 人;1997—2008 年,有党员 4 人。没成立独立支部前,参加睢县农业局党支部活动,1979 年 7 月,成立独立党支部。截至 2008 年底有党员 4 人(其中离退休党员 2 人)。

睢县气象局党支部积极开展"树形象、创一流、比贡献"主题实践活动,把"支部班子坚强、党员队伍过硬、基础工作扎实、思想工作有效、保证监督有力"作为活动成效的标尺。同时还开展了"抓党员、带队伍、促工作"系列活动,摸索出一套适合睢县气象局党支部建设实际的"一示两评两结三动"活动形式,即承诺公示每月一点评、每季一讲评,半年一小结、全年一总结,领导带动、活动推动、评议促动。

4. 气象文化建设

本着"小型多样,就地广泛,职工欢迎,业余为主"的原则,2008 年购买了篮球架、乒乓球台、健身器材等,为职工文体活动提供场所,丰富职工的文化生活,增强职工的身心健康。

1996 年,被睢县文明委命名为县级"文明单位"。1998 年,被商丘市文明委命名为市级"文明单位"。2001 年,被命名为市级"文明单位标兵";2006 年,再次蝉联市级"文明单位标兵"称号。

5. 荣誉

集体荣誉 1997—2008 年,获各种集体荣誉 38 项。其中,2006 年被中国气象局授予"局务公开先进单位"。

个人荣誉 1992—2008 年,获个人获奖 50 项(次)。其中,1997 年汤新海被商丘市总工会评为"商丘市十佳职工",并颁发"五一劳动奖章"。

台站建设

2000 年,职工全部搬进户均 200 多平方米的别墅式住宅小区。2002 年,完成道路建设。2004 年,新建和改建办公楼 600 平方米,新建库房 210 平方米,硬化地面 1550 平方米,同时对水、电、路、沟进行改造。2005—2006 年,对新、旧办公楼内部进行整体装修。2007—2008 年,分期分批对机关院内的环境进行绿化改造,修建花坛和草坪,规划修整院内道路、建造小型亭台和石桥,开挖荷花和观赏鱼池。

民权县气象局

1928 年,冯玉祥将军据孙中山先生"民族、民权、民生"三民主义学说,划睢县北三区、杞县北五区为"民权县",是为民权县之始。民权县位于商丘市西部,黄河故道经过县境东北部,陇海铁路从东南至西北斜贯县境。全县总面积 1221.69 平方千米,耕地 73 余万公顷,2008 年人口 84 万,属典型农业县,粮食作物以小麦、玉米为主,经济作物主要有棉花、花生、烟叶等。

机构历史沿革

始建情况 民权县气候站始建于 1955 年,站址位于东郊国营民权农场,北纬 34°40′,东经 115°11′,海拔高度为 60.6 米。当年 10 月 1 日,开始气象观测,承担国家一般气象站工作任务。

站址迁移情况 1959 年 1 月 1 日,迁址于民权县城南郊刘店村南。

历史沿革 1955 年 10 月,由河南省气象局筹建民权县气候站。1960 年 11 月,开封、商丘两地区合并,更名为民权县气象服务站。1970 年 7 月,更名为民权县气象站。1990 年 4 月,更名为民权县气象局。

管理体制 1955—1970 年,实行双重领导,以地方行政领导为主,由民权县农业局管理,属县直二级机构。1968 年,与民权县农业系统 8 个单位共同成立革命委员会。1970 年 12 月—1973 年 1 月,由民权县人民武装部军事科直接领导。1973—1982 年,以地方政府领导为主。1983 年 8 月,实行气象部门与地方政府双重领导,以气象部门领导为主的管理体制。

机构设置 1990 年以前,民权县气象站没有明确的下设机构,只是根据业务工作的需要,大致分为观测和预报两部分。1990 年,成立民权县气象局,内设观测股、科技服务股、预报股、农业气象股、防雷中心等 5 个股室。

单位名称及主要负责人变更情况

单位名称	姓名	职务	任职时间
民权县气候站	杨华堂	站长	1955.10—1960.01
民权县气象服务站	高金臣	站长	1960.02—1964.03
	金长生	站长	1964.04—1970.06
			1970.07—1973.09
民权县气象站	贾清海	站长	1973.10—1975.09
	崔怀仁	站长	1975.10—1985.01
	段学信	站长	1985.02—1990.03
民权县气象局		局长	1990.04—1990.08
	刘勇军	局长	1990.09—1996.06
	程 龙	局长	1996.07—1997.10
	宁德峰	局长	1997.11—2005.12
	王建廷	局长	2006.01—

人员状况 建站时,有职工 2 人。1980 年有职工 10 人。截至 2008 年底,有在职职工 7 人(其中正式职工 5 人,聘用职工 2 人),离退休职工 6 人。正式职工中:大专学历 2 人,中专学历 2 人,高中学历 1 人;高级职称 1 人,中级职称 1 人,初级职称 2 人;50～55 岁 1 人,30～40 岁 3 人,30 岁以下 1 人。

气象业务与服务

1. 气象业务

①气象观测

地面观测 1955 年 10 月—1960 年 7 月,采用地方时,每日进行 01、07、13、19 时 4 次观测,以 19 时为日界;1960 年 8 月,改用北京时,以 20 时为日界。1960 年 8 月—1961 年 12 月,每日进行 02、08、14、20 时 4 次观测,夜间不守班。1962—1979 年,取消 02 时定时观测,改为 08、14、20 时 3 次定时观测,夜间不守班。1980—1988 年,恢复 02 时定时观测,夜间不守班。1989 年以后,取消 02 时定时观测。

观测项目有云、能见度、天气现象、气压、气温、湿度、风向、风速、小型蒸发、降水、日照、地温。1962 年 6 月 5 日,根据河南省气象局通知,停止能见度、蒸发、冻土观测。1965 年 1 月,恢复蒸发观测。1976 年 1 月 1 日,02 时温度、湿度用订正后的自记记录代替。1979 年 1 月 1 日,02 时气压用订正后的自记记录代替。4 月 1 日,恢复能见度观测。2003 年 11 月,自动气象站设备安装完成并运行后,新增深层地温观测。

1961 年 6 月 19 日,调整为航危报发报站。1962 年 3 月 10 日,调整为气候发报站点。1982 年 6 月 15 日—8 月 31 日,向河南省气象局拍发小天气图报。1983 年 10 月 1 日,开始拍发重要天气报。2008 年 7 月 1 日,执行《河南省重要天气报告编发细则》,新增加了雷暴和视程障碍现象等发报内容。

1993 年 4 月,地面气象月报表使用微机制作,只上报底本,不再进行旬、月统计。1996 年 4 月,商丘全区微机广域网开通,开始上传电子文档报表。

区域自动站观测　2004—2006 年,相继建成乡镇自动雨量站 18 个。2007 年 4 月在伯党乡建成四要素自动气象站 1 个。

农业气象观测　农业气象业务始于 1956 年,为省定作物物候观测站。1961 年,河南省气象局对全省农业气象网点进行调整,变更为基本农业气象观测站。1980 年,重新恢复为农业气候观测站,开展花生和葡萄生育期观测。1983 年,完成农业气候区划工作。

②天气预报

民权县气象局补充订正天气预报始于 1958 年 5 月,当时只对农场发布短中期预报。1976 年,商丘地区气象台组织全区预报业务人员,经 4 个多月的会战,建立了一整套完备的预报工具与模式,在全区推广使用。1978 年以后,根据预报需要,抄录整理 50 项资料,绘制简易天气图等 3 种基本图表及 7 种气象要素曲线图。1995 年 10 月,民权县气象局不再作预报,采用市气象台的指导预报进行预报服务。

③气象信息网络

1987 年前,利用收音机收听武汉区域气象中心和河南省气象台以及周边气象台播发的天气预报和天气形势。1987 年,安装了甚高频电话,利用甚高频电话和商丘市气象台进行天气会商。1997 年,完成地面卫星小站建设,并利用 MICAPS 系统接收和使用高分辨率卫星云图和地面、高空天气形势图等。1999—2005 年,相继开通了因特网,建立了气象网络应用平台和省、市、县办公系统,气象网络通讯线路 X.25 升级换代为数字专用宽带网,开通 100 兆光缆,接收从地面到高空各类天气形势图和云图、雷达拼图等资料,为气象信息的采集、传输处理、分发应用、天气会商、公文处理提供支持。

2. 气象服务

公众气象服务　20 世纪 80 年代前,每天早晚两次通过广播发布天气预报。1991 年,在全县范围内建立了气象警报系统,服务内容有天气预报和基本气象信息。1997 年,建立了“121”天气预报电话自动答询系统。1998 年,建立了风云寻呼通讯系统。2001 年,建立民权县兴农网。

决策气象服务　20 世纪 80 年代初,决策气象服务产品为常规预报和情报资料,服务方式以书面文字发送为主。20 世纪 90 年代后,决策服务产品逐渐增加了精细化预报、产量预报等,气象服务载体也由书面文字发送及电话通知等向微机终端、互联网等发展。

人工影响天气　1990年11月,首次进行"三七"高炮人工影响天气作业。1991年,人工影响天气正式列为气象服务内容,民权县政府成立人工影响天气办公室,办公室设在气象局。2004年,被河南省气象局评为"人工影响天气工作先进单位"。2007年,民权县政府将6名人工影响天气工作人员列入编制。

科学管理与气象文化建设

1. 社会管理

2000年,随着《中华人民共和国气象法》的颁布,民权县气象局担负了在民权县属地内气象探测、预报、服务和气象灾害防御、气候资源利用、气象科学技术研究等活动的行政管理工作。2006年,民权县人民政府下发了《民权县人民政府关于加强防雷减灾工作的通知》(民政〔2006〕39号),民权县气象局担负全县防雷减灾工作的社会管理。根据《施放气球管理办法》,对全县施放气球进行审批。

2. 党建工作

1984年以前由于党员少,没有成立独立的党支部,党员组织生活归农业局二支部管理。1984年,成立了独立党支部,有党员3人。截至2008年底有党员3人(其中离退休党员1人)。

3. 气象文化建设

民权县气象局始终把气象文化建设和创建文明单位活动纳入局办公议事日程,常抓不懈,每年都召开几次专题会议研究,部署气象文化建设和创建工作。

1994年,民权县气象局被商丘市文明委命名为市级文明单位。2008年,被河南省气象局评为"全省气象部门精神文明建设先进单位"。

4. 荣誉

集体荣誉　2004年,民权县气象局被河南省气象局评为全省综合目标考核"十佳县局"。2005—2007年受到县政府通令嘉奖。2008年获民权县人民政府"争先进位"杯银杯奖。

个人荣誉　1957年4月,杨华堂同志被评为全国气象先进工作者,作为与会代表参加全国群英会。

参政议政　2007年3月,王浩汤同志当选民权县政协第八届委员会常务委员。

台站建设

1992年,建职工家属楼1幢。2005—2008年,新建综合办公室,对办公室进行了装修,硬化绿化了办公区。

睢阳区气象局

机构历史沿革

始建情况　1959 年 1 月始建,单位名称为商丘县气候站,位于商丘县城西关外,北纬 34°23′,东经 115°35′。

站址迁移情况　1979 年 1 月,迁往原址西北 250 米处,更名为商丘县气象站。

历史沿革　建站时称为商丘县气候站。1960 年 2 月,更名为商丘县气象服务站。1960 年 5 月,商丘县和商丘市合并,商丘县站撤销。1979 年 1 月,根据河南省气象局批示重新建站,更名为商丘县气象站。1989 年 7 月,更名为商丘县气象局。1997 年 12 月,随商丘地改市行政区划调整,在商丘县气象局基础上组建了睢阳区气象局。

管理体制　1959 年 1 月,实行地方人民政府和气象部门双重领导,以地方行政领导为主,由县农业科直接管理,属县直二级机构,业务由气象部门管理。1960 年 5 月 1 日,与商丘市合并,撤销商丘县气候站,停止一切业务工作。1979 年 1 月,重新建立商丘县气象站,由上级气象部门和地方人民政府双重领导,以地方人民政府领导为主,属县直一级机构。1983 年 8 月,实行上级气象部门与地方政府双重领导,以气象部门领导为主的管理体制。

机构设置　2008 年设有气象服务股、办公室、人工影响天气办公室。

单位名称及主要负责人变更情况

单位名称	姓名	职务	任职时间
商丘县气候站	季 怀	站长	1959.01—1960.02
商丘县气象服务站			1960.02—1960.04
该站撤销			1960.05—1978.12
商丘县气象站	李齐玉	副站长(主持工作)	1979.01—1980.01
	耿仁杰	站长	1980.02—1985.02
	王广俊	站长	1985.03—1987.05
	何传增	站长	1987.06—1989.06
商丘县气象局		局长	1989.07—1992.09
	王庆亮	局长	1992.10—1997.12
睢阳区气象局			1997.12—1998.12
	丁国超	局长	1998.12—2003.10
	王建廷	局长	2003.10—2005.12
	宁德峰	局长	2005.12—

人员状况　建站时人员只有 4 人。1980 年有 6 人。截至 2008 年底,有在职职工 5 人,退休职工 1 人。在职职工中:男 4 人,女 1 人;汉族 5 人;大学本科及以上学历 2 人,大专学历 2 人,中专及以下学历 1 人;中级职称 2 人,初级职称 1 人;30 岁以下 1 人,31～40 岁 2 人,41～50 岁

2人。

气象业务与服务

1. 气象业务

①气象观测

地面观测 1959年1月1日,开始地面气象观测,观测时次为08、14、20时3次观测,夜间不守班。1960年1月1日,改为地方时07、13、19时3次观测,不作报表,夜间不守班。

观测项目有云量、云状、能见度、天气现象、气压、气温、风向、风速、蒸发、日照、地面温度、浅层地温、降水、雪深、地面状态。1960年5月1日,停止地面气象观测。1979年1月1日,重新建站开始观测记录。1979年4月1日,恢复能见度观测,02时气温、湿度用自记记录代替。1980年1月1日,开始执行新规范。1980年1月1日,02时气压用自记记录代替。1985年1月,停止地面气象观测。

每日05、17时通过电话传递到邮电局,向省气象台和商丘地区气象台拍发雨量报。用手工抄写方式编制气象月报、年报表,一式3份,分别上报河南省气象局、商丘地区气象局各1份,商丘县气象站留底稿1份。

区域自动站观测 2005年,建成14个乡镇自动雨量站并投入使用。

②天气预报

短期天气预报 20世纪70年代,通过收听天气形势,结合本站资料图表,每日早晚制作24小时天气预报。20世纪90年代初,利用传真天气图和上级台指导预报,结合本站资料,每天制作未来3天天气预报。2001年以来,以传递商丘市气象局预报为主,开展24小时、未来3~5天和临近预报。

短期气候预测(长期天气预报) 长期天气预报制作在20世纪70年代中期开始起步,80年代贯彻执行中央气象局提出的"大中小、图资群、长中短相结合"技术原则,建立一整套长期预报的特征指标和方法。长期预报产品主要有月预报、春播预报、三夏期间预报、汛期预报、秋季预报和冬季预报。

③气象信息网络

1980年前,利用收音机收听武汉区域气象中心和河南省气象台以及周边气象台播发的天气预报和天气形势。1981年,配备了传真接收机,接收北京、欧洲气象中心以及日本东京的气象传真图。1985年10月,安装了甚高频电话,利用甚高频电话和商丘市气象台进行天气会商。2001年,开通了因特网,建立了气象网络应用平台、专用服务器和省、市、县(区)办公系统,为气象信息的传输处理、分发应用、天气会商、公文处理提供支持。

2. 气象服务

公众气象服务 1985年9月,天气预报信息通过电话传输至广播局,在广播电台播放天气预报。2002年3月1日,建成"睢阳区兴农网"。2007年,建立了气象灾害预警信息"随心呼"发布平台,利用手机短信发布气象灾害预警信息,利用"随心呼"短信平台向全区各级领导、学校、重点企业、农业生产专业户、养殖专业户发布气象信息。2004 年被商丘市气象局评为"全市兴农网建设先进单位"。

决策气象服务 20 世纪 80 年代初,决策气象服务产品为常规预报和情报资料,服务方式以书面文字发送为主。20 世纪 90 年代后,决策服务产品逐渐增加了精细化预报、产量预报、森林火险等级预报等,以电话、兴农网站、纸质材料、手机短信方式,向各级领导及涉农部门提供服务。2005 年,建立了乡镇自动雨量站,为各级领导和有关部门提供雨量点雨情。2001—2008 年连续 8 年被区委、区政府评为"服务夏粮生产及种植业结构调整先进单位"。

人工影响天气 1990 年,成立了人工影响天气领导小组,办公室设在气象局,当年购置双管"三七"高炮 4 门。2008 年,有固定炮点 3 个,流动炮点 2 个,车载火箭 3 部。每年作业 3~7 次。2005 年被商丘市气象局评为人工影响天气工作先进单位。2007 年被河南省气象局评为"全省人工影响天气工作先进集体"。

科学管理与气象文化建设

1. 社会管理

2004 年 8 月 1 日《河南省防雷减灾实施办法》颁布实施,睢阳区人民政府办公室发文将防雷工程从设计、施工到竣工验收,全部纳入气象行政管理范围。

2. 政务公开

对气象行政审批办事程序、气象服务内容、服务承诺、气象行政执法依据、服务收费依据及标准等,通过户外公示栏等方式,向社会公开;财务收支、目标考核、基础设施建设、工程招投标等内容,通过职工大会或局内公示栏张榜等方式,向职工公开。

3. 党建工作

1983 年成立党支部,有党员 3 人,2008 年,有党员 3 人(无退休党员)。每年组织党员到革命教育基地参观学习及开展慰问困难户、"金秋助学"、捐款等活动。

2005—2008 年,被商丘市睢阳区委、区政府评为"先进党支部"。2006—2008 年,宁德峰连续 3 年被睢阳区委评为"优秀党员"。

4. 气象文化建设

2006—2008 年,坚持每年开展群众性文体活动、"送温暖、献爱心"活动以及文明创建活动。

5. 荣誉

集体荣誉 2005—2008 年,连续 4 年荣获商丘市气象系统"综合目标考评先进单位",2005—2008 年被商丘市睢阳区委、区政府评为"农田水利基本建设'红旗渠精神杯'先进单位"。

个人荣誉 2007—2008 年,任霞连续 2 年被睢阳区委评为"三八红旗手"。

台站建设

2005 年用房为 20 世纪 70 年代所建,办公房为砖木结构,由于年久无法修复,已成危房,无法办公。2006 年,经睢阳区政府领导协调,办公地点临时安排在睢阳区司法局四楼。2006 年 8 月,对办公室进行了装修,并购买了办公设备。

信阳市气象台站概况

信阳市位于河南省南部,东与安徽为邻,南与湖北接壤,处于鄂豫皖三省的结合部,辖8县2区,总面积1.89万平方千米,总人口800万。

信阳市地跨淮河,位于我国北亚热带和暖温带的地理分界线(秦岭—淮河)上,是亚热带向暖温带气候过渡区,属典型的季风气候。区内气候资源丰富,降水丰沛,四季分明。由于气象要素时空分布不均,天气气候复杂多变,气象灾害频繁。

信阳山川秀美、人杰地灵,楚风豫韵在这里交融,人文景观和自然风光交相辉映,名山、名水、名寺、名城相互映衬,素有"江南北国,北国江南"之美誉。

气象工作基本情况

所辖台站概况　信阳市辖信阳、固始、潢川、新县、鸡公山、商城、罗山、息县、淮滨、光山10个气象观测站和信阳市气象台。其中,信阳、固始气象观测站为国家基本气象观测站,其余为国家一般气象观测站。

历史沿革　1950—1958年,相继建成信阳、固始、潢川、新县、鸡公山、商城、罗山、息县、淮滨、光山气象站。1980年,在信阳地区气象台的基础上成立信阳地区气象局,机构规格为正处级单位。

管理体制　建立初期,信阳、固始气象站属军队管理,其余台站属地方政府管理。1971—1973年,除个别台站属地方政府管理外,大部分属军队管理。1974—1982年,转为地方领导,业务受上级气象部门指导。1983年体制改革,实行上级气象部门与地方政府双重领导,以气象部门领导为主的管理体制。

人员状况　信阳建立第一个气象站时,只有职工3人。1990年,全市气象部门有在职职工185人。2000年,有164人。2008年,定编为133人。2008年底,实有在编职工138人,其中:大学学历33人,大专学历45人;高级职称10人,中级职称70人;男职工103人,女职工35人。

党建与精神文明建设　1958年7月,建立固始县气象站党支部。2008年底,全市气象部门有机关党委1个,党支部12个,党员83人。截至2008年底,全市气象部门共有省级文明单位1个,市级文明单位8个,全市气象部门为市级文明系统。

领导关怀 1991年8月中国气象局副局长马鹤年、2005年8月中国气象局副局长许小峰、2005年12月中国气象局副局长刘英金、2006年4月中纪委驻中国气象局纪检组组长孙先健,先后视察信阳市气象局。

主要业务范围

地面气象观测 全市气象观测始于1951年的信阳气象站。1952—1959年,固始、潢川、新县、鸡公山、商城、罗山、息县、淮滨、光山气象站相继开展地面气象观测业务。

截至2008年底,全市有地面气象观测站10个,其中2个国家基本气象观测站,国家一般气象观测站8个;自动气象站2个;区域自动气象站147个,其中单要素站140个、四要素站7个。

国家一般气象观测站承担全国统一观测任务,观测项目包括云、能见度、天气现象、气压、气温、湿度、风向、风速、降水、雪深、日照、蒸发(小型)和地温(距地面0、5、10、15、20厘米),每日08、14、20时3次定时观测,向河南省气象台拍发河南省区域天气加密电报,并按规定的种类和电码及数据格式编发各种地面气象报告,参加全国气象情报交换。

信阳和固始国家基本气象站除承担国家一般气象观测站的观测项目外,还增加了电线积冰厚度与重量观测、雪压和E-601大型蒸发观测,固始站还增加冻土、日射(辐射)观测。每日进行02、08、14、20时4次定时观测,并拍发天气电报;进行05、11、17、23时补充定时观测,拍发补充天气报告。信阳国家基本气象站是全球气象情报交换站,担负国际气候月报交换任务;固始县气象站为亚洲区域气象情报资料交换站。

2003年,开始建设地面自动观测站,改变了地面气象要素人工观测的历史,实现地面气压、气温、湿度、风向、风速、降水、地温(包括地表、浅层和深层)自动记录。截至2008年底,全市完成了140个区域自动雨量站、7个四要素站区域自动气象站建设。2008年12月,全市基层台站的气象资料按时按规定上交到河南省气候中心。

农业气象观测 信阳市农业气象工作的历史分为初建、停顿、恢复、发展四个阶段。

初建阶段始于1956年秋季,止于1967年6月。当时开展农作物物候、土壤湿度目测及土壤蒸发的简易观测。从1958年3月开始,每月逢8、18、28日器测0～100厘米土壤湿度,记录观测结果并制作农业气象报表。信阳、固始气象站作为中央气象局确定的农业气象观测站,从1959开始向中央气象局拍发农气旬(月)报。

1967年7月—1974年12月,全市农业气象工作受"文革"影响,陷于停顿状态。

1975—1980年9月,是农业气象工作的恢复阶段。1975年1月,地区气象台和各县气象站先后组建农业气象组,开展农业气象业务和服务。1979年,信阳、固始恢复向中央气象局拍发农业气象旬(月)报。

1980年10月以后,为农业气象业务大发展阶段。特别是党的十一届三中全会以后,一大批新技术、新方法迅速投入应用,业务服务领域不断拓展,服务效益显著。至2008年,全市农业气象工作已步入科学化、规范化、制度化、法制化的发展轨道。

天气预报 1958—2008年,发天气预报业务开展大致分为四个阶段。

20世纪50年代末至60年末为起步阶段。开始即时填绘高空、地面天气图,整理天气预报基本资料,制作1～2天的短期天气要素预报;县级站主要制作本站短期补充订正预报。

20世纪70年代初至80年代初为发展阶段。除了天气预报方法的普遍应用之外,统计预报方法也得到了迅速发展,各级台站普遍确立了一些统计预报方法,预报时效也由短期预报逐步延长到中期预报(旬报)和长期预报(周、季预报),但预报能力仍较低。

20世纪80年代中期至90年代初为各业务现代化建设起步阶段。数值预报产品、气象卫星、天气雷达探测资料等开始应用于天气预报业务,特别是计算机技术、无线通信技术在天气预报业务中得到初步应用,使预报业务的自动化程度得到提高,长、中、短期和短时天气预报的完整体系基本建成,天气预报业务技术和水平逐步提高。

20世纪90年代中期至2008年为天气预报业务现代化建设快速发展阶段。以"9210"工程建设并投入业务运行为标志,计算机网络和现代通信技术得到普遍应用,MICAPS(人机交互系统)业务化,气象信息资料传输及加工处理基本实现了自动化、无纸化,新一代天气预报业务流程基本建立,中期数值预报投入业务化应用,气象卫星、天气雷达等探测技术得到进一步发展,中、短期和短时天气预报技术水平迅速提高,初步实现了气象业务现代化。气象预报业务从简单预报发展到人工和自动化相结合的综合业务体系,预报产品更加多样化和人性化。截至2008年,预报产品主要有短时预报、短期预报、周报、旬报、月报、季报、年报、地质灾害气象预报、森林火险等级气象预报、各种生活指数预报以及各种专题专项预报等。

人工影响天气 1959年下半年,河南省气象局首次开展人工控制局部天气试验研究工作。当时的信阳气象站,曾研制土火箭,开展人工降雨试验,后受"文革"影响,这项工作被迫中断。

1988年成立信阳地区人工增雨作业临时指挥部,紧急筹备增雨作业,借助军队力量在全地区首次实施了人工增雨高炮作业并获得成功。1992年地区、县两级都相继成立了人工影响天气指挥部,1997年更名为人工影响天气领导小组,期间多次借助军队力量实施人工增雨高炮作业。2000年,经信阳政府批准,正式组建全市人工增雨作业体系。

人工影响天气已由过去的单一依靠人工观测云层、利用军队"三七"高炮发射碘化银炮弹作业,发展到利用气象卫星、713C天气雷达等先进探测手段,形成以车载式火箭为主、"三七"高炮作业为辅的气象部门开展作业的新局面。2000年,全市购置20门65式双"三七"高炮。2001年,全市又购置20套BL-1型火箭发射架和20部火箭运载车辆。

公众气象服务 1958年之前,市、县气象站只提供气象资料服务。1958年开始,市级气象台制作1~2天的短期天气要素预报,县级站主要制作本站短期补充订正预报。服务方式最初只有广播站广播、电话答询等少数几种。1996年,电视天气预报节目开播。1997年,"12121"信息电话开通。至2008年,公众气象服务方式已发展到电视天气预报节目、广播电台、"12121"信息电话、手机气象短信、户外电子显示屏、门户网站、报纸等多种,服务内容也由当初的晴雨预报发展到24、48小时天气预报,一周天气预报,农用天气预报,生活指数预报及灾害性天气预警信号等气象信息。截至2008年底,全市手机气象短信用户20万,"12121"信息电话年拨打量357万人次。

决策气象服务 20世纪80年代以前,为党政领导机关提供决策气象服务,以当面汇报和送达书面文字材料的方式为主。20世纪90年代后期,市、县气象部门按照"主动、及时、准确、科学、高效"的要求向党政领导部门提供防汛、抗旱以及重大灾害性、关键性、转折性天气预报、警报等决策气象服务,服务方式有书面汇报、电话、传真、微机终端、手机短信、决策服务平台等,服务产品有重要天气报告、气象信息专报、专题材料等。

信阳市气象局

机构历史沿革

始建情况　信阳军分区气象站始建于 1950 年 12 月,站址设在信阳市南关外建设路 5 号。

站址迁移情况　1954 年 1 月,站址迁至信阳市郊区大拱桥。1980 年 1 月 1 日,迁至信阳市西郊谭山。

历史沿革　1954 年 1 月,信阳军分区气象站更名为信阳气象站。1958 年 10 月,更名为信阳专署气象台。1960 年 3 月,更名为信阳专署气象服务台。1968 年 1 月,更名为信阳地区气象台。1970 年 1 月,信阳地区气象台与信阳地区水文站合并为信阳地区气象水文服务站。1971 年 3 月,与信阳地区水文站分开,恢复信阳地区气象台。1980 年 8 月,在信阳地区气象台基础上建立信阳地区气象局,机构规格为正处级。1983 年 9 月,信阳地区气象局更名为信阳地区气象处。1989 年 12 月,更名为信阳地区气象局。1998 年 10 月,信阳撤地设市,更名为信阳市气象局。

管理体制　信阳军分区气象站建立后至 1953 年 12 月,行政管理隶属河南省信阳军分区领导,业务工作由中南军区气象管理处管理。1954 年 1 月,信阳军分区气象站转归为地方政府建制,实行气象部门与地方政府双重领导、以气象部门为主的管理体制,归属河南省气象局和信阳行署领导。1958 年 10 月,调整为当地政府与气象部门双重领导、以地方政府为主的管理体制。1968 年 1 月,由信阳地区革命委员会直接领导。1970 年,隶属信阳地区水电局领导。1971 年,由信阳军分区直接领导。1973 年 5 月,转为信阳地区革命委员会与河南省气象局双重领导、以信阳地区革命委员会领导为主的领导体制。1980 年,实行气象部门与地方政府双重领导、以气象部门领导为主的管理体制。

机构设置　1960 年 3 月,信阳专署气象服务台下设管理组、观测组、预报组、农气组、办公室。1973 年 5 月,信阳地区气象台下设观测组、预报通填组、业务管理组、政工组、办公室。1980 年成立信阳地区气象局,内设办公室、人事科、业务科 3 个职能单位,下设观测组、预报组、农业气象组 3 个业务单位。2002 年,内设办公室、人事科(与党组纪检组合署办公)、业务科、政策法规科 4 个正科级职能机构,信阳市气象台、信阳市专业气象台、信阳市气象科技服务中心、信阳市气象观测站、信阳市农业气象试验站 5 个正科级事业单位。2006 年 9 月,内设办公室(计划财务科)、人事教育科(与党组纪检组合署办公)、业务科、政策法规科 4 个正科级职能机构,信阳市气象台(信阳市气象决策服务中心)、信阳市气象科技服务中心(信阳市专业气象台)、信阳市防雷中心、信阳市气象局后勤服务中心(信阳市气象局财务核算中心)4个正科级事业单位。2000年4月起,增设地方气象机构信阳市人工影响天气领导小组办公室,在信阳市气象局业务科加挂该机构牌子。

单位名称及主要负责人变更情况

单位名称	姓名	民族	职务	任职时间
信阳军分区气象站	李在智	汉	站长	1950.12—1951.12
	王继云	汉	站长	1952.01—1954.01
信阳气象站			站长	1954.01—1958.10
信阳专署气象台	韩芳兰	汉	台长	1958.10—1960.03
			台长	1960.03—1962.01
信阳专署气象服务台	李德文	汉	台长	1962.01—1965.01
	韩芳兰	汉	台长	1965.01—1968.01
信阳地区气象台	郑永泉	汉	台长	1968.01—1970.01
信阳地区气象水文服务站	刘茂盛	汉	站长	1970.01—1971.03
信阳地区气象台	陈兴国	汉	台长	1971.03—1973.06
	马力耕	汉	台长	1973.06—1980.09
信阳地区气象局	王天法	汉	副局长(主持工作)	1980.09—1983.09
信阳地区气象处	卢厚敏	汉	处长	1983.09—1989.12
			局长	1989.12—1990.01
信阳地区气象局	张桂泉	汉	局长	1990.01—1992.07
	宋德强	汉	副局长(主持工作)	1992.07—1993.07
			局长	1993.07—1998.10
信阳市气象局				1998.10—

人员状况 1950年建站时,只有职工3人。1980年,有46人。截至2008年底,有在职职工76人(其中正式职工63人,聘用职工13人),离退休职工34人。正式职工中:男43人,女20人;汉族61人,少数民族2人;大学本科及以上学历27人,大专学历17人,中专及以下学历19人;高级职称6人,中级职称34人,初级职称19人;30岁以下6人,31～40岁10人,41～50岁35人,50岁以上12人。

气象业务与服务

1. 气象业务

①气象观测

地面观测 信阳气象站从1951年1月1日起正式开始观测,每日进行02、08、14、20时4次定时观测,夜间守班。1954年12月1日,执行中央气象局颁发的《气象观测暂行规范(地面部分)》,每天增加03、04、06、07、09、10、12、13、15、16、18、19、21、22时的航空报和05、11、17、23时的补充绘图报观测。1960年1月1日,改为每日01、07、13、19时4次定时观测(地方时)。1960年8月1日起,改为每日02、08、14、20时4次定时观测(北京时)。

观测项目为云量、云状、气温、气压、湿度、地温、日照、蒸发量、风向、风速、能见度、天气现象、降水量、电线积冰、雪深、雪压、遥测雨量。

发报种类有绘图报、补绘报、航危报、雨量报、重要天气报、天气加密报、气象旬(月)报等。

制作气表-1、气表-21。

紫外线观测 2005年12月6日,正式开展紫外线观测。

酸雨观测 2008年1月1日,正式开展酸雨观测业务。

农业气象观测 农业气象观测始于1956年秋季,当时开展农作物物候、土壤湿度目测及土壤蒸发的简易观测。从1958年3月开始,每月逢8、18、28日器测0～100厘米土壤湿度,记录观测结果并制作农业气象报表。信阳作为中央气象局确定的农业气象观测站,从1959年开始向中央气象台拍发农业气象旬(月)报。1967年7月—1974年12月,受"文革"影响,陷于停顿状态。1975年1月,组建农业气象组,开展农业气象业务。1979年,恢复向中央气象局拍发农业气象旬(月)报。1980年9月,正式成立信阳地区气象局农业气象试验站(后改为信阳市农业气象试验站),为国家一级农业气象试验站。截至2008年底,已开展水稻生育状况观测、小麦生育状况观测、油菜生育状况观测、农业气象灾害观测、非固定地段土壤湿度观测、自然物候观测、冬小麦产量遥感系列化监测、信阳毛尖茶叶观测以及河南省气象局规定的其他土壤水分加测项目;每旬定期向中国气象局传输气象旬(月)报电码(HD-03)规定的农业气象段222//、灾情段333//、产量段555//、地方补充段6////规定的相关内容以及中国气象局规定的土壤湿度墒情报和河南省气象局规定的土壤湿度加测报的内容;制作和上报农气表-1、农气表-2-1、农气表-3。

天气雷达探测 信阳天气雷达站2005年8月建成并投入使用,系CTL-713C型雷达,重点是探测暴雨及强对流天气系统。

其他观测 1956年1月,开始小球经纬仪测风,制作高表-11。1989年10月1日,停止小球经纬仪测风业务。

②天气预报

短期天气预报 1958年10月始,开展短期天气预报业务。20世纪50—60年代,短期天气预报方法主要通过人工抄收上级台的天气形势及预报广播,再结合本地的天气要素变化、群众看天经验以及天气气候背景,制作当地的天气预报。20世纪70年代,以天气图和气象要素综合时间剖面图结合的预报方法为主。20世纪80年代,逐步发展到以释用数值天气预报产品和卫星云图传真图为重点的预报方法。20世纪90年代后期至21世纪初,天气预报业务基本实现由传统的以预报员天气学经验为主要方法和以天气图为主要工具的技术路线,向以人机交互处理系统为平台、以数值天气预报产品为基础、综合应用各种技术方法的技术路线过渡。

中长期天气预报 20世纪70年代初,中长期天气预报以天气气候学方法为主。20世纪70年代中期,普及数理统计预报方法。20世纪80年代初,利用各种物理量的变化及其与大气环流和天气变化关系,制作中长期预报。20世纪90年代后期开始,释用数值预报产品成为中长期天气预报的主要方法之一。至2008年,信阳市气象局的预报产品主要有短时预报、短期预报、周报、旬报、月报、季报、年报、地质灾害气象预报、森林火险等级气预报、各种生活指数预报以及各种专题专项预报等。

③气象信息网络

信阳市气象观测站从建站起,就使用电话专线通信,将观测实况编成电码,在规定的时间内利用电信部门的报房专线电话报送当地邮电局。信阳市气象台 1979 年使用 117 型传真接收机。1982 年使用单边带接收机,装备定频接收机 ZSQ-123 和 Z-80 气象传真接收机。1985 年,组建 VHF 甚高频无线电话网,并实现地—省、地—县的双向通话。1997 年,9210 工程建成并投入业务使用,气象台安装 VSAT 双向卫星地面小站系统。1999 年,X.25 分组交换网建立并使用,信阳市气象观测站的气象电报通过 X.25 分组交换网传递,结束了气象电报通过邮电局传递的历史。2003 年,建成了市与省、2005 年建成了市与县之间传输速度为 2 兆的 SDH 宽带通信网。2003 年底,实现省—市视频会商。2007 年,安装 DVBS 卫星资料接收系统。

2. 气象服务

公众气象服务 20 世纪 80 年代以前,天气预报通过广播站向公众广播。1996 年,电视天气预报节目开播。1997 年 6 月,"121"信息电话开通(2004 年升位为"12121",2005 年 9 月由信阳市气象局集约化管理)。1997 年 12 月,建成信阳风云寻呼台,开始提供寻呼气象服务。2002 年,开展手机气象短信服务。至 2008 年,公众气象服务方式已发展到电视天气预报节目、广播电台、"12121"信息电话、手机气象短信、户外电子显示屏、门户网站、报纸等多种,服务内容也由当初的晴雨预报发展到 24、48 小时天气预报,一周天气预报,农用天气预报,生活指数预报及灾害性天气预警信号等多种。

决策气象服务 针对重大气象灾害天气、重大活动和节日,向政府、相关部门提供气象信息和决策服务信息。20 世纪 80 年代中期之前,主要是通过电话、当面汇报、信函等方式提供服务。1990 年,增加了气象警报网接收系统。20 世纪 90 年代至 20 世纪末,决策气象服务产品主要以电话、当面汇报、传真方式传递;进入 21 世纪后,传递渠道又增加了手机短信、微机终端、互联网等。从 2008 年开始,每年制订《信阳市气象局决策气象服务方案》,规范决策气象服务的业务流程、服务内容、服务时间和服务形式等。服务产品包括气象信息快报、气象信息专报、重要天气报告以及专题气象服务材料等。

防雷技术服务 1989 年 3 月,开始开展避雷装置检测工作,当初主要是检测建(构)筑物。1995 年 9 月,成立信阳地区防雷技术中心(后更名为信阳市防雷中心)。1998 年 5 月开始,信阳市防雷中心对易燃易爆场所、计算机信息系统等方面进行定期检测。截至 2008 年底,信阳市防雷中心已开展建(构)筑物防雷装置安全性能定期检测、电子信息系统防雷防静电检测、易燃易爆场所防雷检测、新建建(构)筑物防雷装置施工技术检测、雷击风险评估等多项技术服务以及雷灾调查、防雷科普等工作。

气象科普宣传 2003 年 4 月,信阳市气象局被信阳市科协命名为"信阳市科普教育基地";同年 10 月,被河南省青少年科技活动领导小组命名为"河南省青少年科技教育基地"。

气象科研 1980—2008 年,获得地厅级科技进步三等奖以上奖励的科技成果有 50 项。其中:信阳市气象局参加研究开发的"杂交水稻气象科研应用",1982 年获得国家科委科技成果一等奖;信阳市气象局参加研究开发的"杂交稻气象条件试验研究",1982 年获得国家气象局科技成果二等奖;信阳市气象局参加研究开发的"淮河致洪暴雨研究",1996年获得安徽省科学技术进步奖二等奖;信阳市气象局研究开发的"信阳微机远程终端应用技术研究",1993年获得信阳地区科技进步奖一等奖;信阳市气象局参加研究开发的"河南信阳大别山区四县低产田综合开发研究",1995年获得信阳地区科学技术进步奖一等奖;信阳市气象局研究开发的"数值预报产品效果评估研究与应用"研究成果,2005年在河南省推广应用,并被评为2006年度河南省气象局科学研究与技术开发奖一等奖。

气象法规建设与社会管理

法规建设   2000—2008年,信阳市人民政府下发了《关于进一步加强我市气象工作的通知》(信政文〔2006〕121号)、《关于建设区域自动气象观测站的通知》(信政办〔2008〕24号)等文件。1989—2008年,信阳市气象局与信阳市公安局联合下发了《关于对计算机信息系统(场地)进行防雷、防静电检测的通知》(信公通〔2002〕02号),与信阳市消防支队联合下发了《关于进一步加强防雷安全工作的通知》(信气发〔2002〕38号),与信阳市安监局联合下发《关于加强防雷安全管理工作的通知》(信安监〔2004〕21号),与信阳市教育局联合下发了《关于切实加强全市学校防雷安全工作的通知》(信气发〔2007〕29号)等。

制度建设   1990—2008年,信阳市气象局制定了"信阳市气象局汛期气象服务值班制度"、"信阳市气象局灾害性天气联防制度"、"信阳市气象局紧急重大情况报告制度"、"信阳市气象局安全生产管理办法"、"信阳市气象局接待新闻记者采访管理办法"、"信阳市气象局天气气候事件新闻发布会制度"、"信阳市气象局保密制度"、"信阳市气象局气象科技服务财务管理办法"、"信阳市气象局车辆管理制度"、"信阳市气象局水电管理规定"等涵盖综合管理、业务服务、财务管理、气象宣传、应急管理、安全生产、电子政务、机要保密、档案管理、机关事务的管理制度。

社会管理   根据《中华人民共和国气象法》、《气象探测环境和设施保护办法》,以及中国气象局、建设部联合下发的《关于加强气象探测环境保护的通知》要求,2007年12月30日,信阳市气象观测站完成了气象探测环境在信阳市规划局的保护备案。在地方政府支持下,依法制止影响气象探测环境的行为。中国气象局《防雷减灾管理办法》和《河南省防雷减灾实施办法》的颁布实施,使防雷减灾工作进入依法发展的轨道。2002年4月,成立信阳市气象局防雷减灾管理办公室(挂靠信阳市气象局政策法规科)。2004年9月,防雷行政许可业务进入信阳市行政服务中心窗口办理,规范了防雷装置设计审核和竣工验收的报建审批程序,加强了防雷工程专业设计和施工资质管理。此外,还承担对施放气球单位资质认定、施放气球活动许可等社会管理工作。

依法行政   为规范执法行为,信阳市气象局制定了"信阳市气象部门依法行政重大政策专家咨询论证制度"、"信阳市气象部门行政执法过错及错案责任追究制度"、"信阳市气象部门行政执法监督检查制度"和"信阳市气象部门重大行政处罚审查备案制度"等;为规范气象行政审批工作,制定了信阳市气象局行政许可办事流程,规范了气象行政许可项目的办事程序、申报材料要求、办理时限等,提高了办事效率,方便了气象行政许可相对人;组织全市气象部门开展气象法规宣传月活动和气象法律知识竞赛活动;加强队伍建设、知识培训、部门合作和普法宣传等工作,提升执法能力。2000—2008年,信阳市气象局查处违法案件和纠正违法行为达 300 余起。

政务公开 2003 年 4 月,成立局务公开协调领导小组,加强局务公开工作。对重大事项、财务收支、基建项目、人事任免、评先评优、职称评审等重要问题,通过公开栏、局内网、通报会等形式,及时向单位职工公开。对气象法律法规、规范性文件、办事指南、机构设置等,通过信阳市政府网、信阳市气象局门户网站、新闻发布会、信息公开栏、报纸等形式,主动向社会公开。

党建与气象文化建设

1. 党建工作

1962 年前,信阳专署气象服务台的党员编入农林水支部过组织生活。

1962 年,成立了党支部,有党员 5 人。1970 年,信阳地区气象台和信阳地区水文站合并,气象台党员并入信阳地区气象水文服务站支部过组织生活。1980 年 9 月,成立信阳地区气象局党组。2008 年,成立信阳市气象局机关党委,下辖 4 个支部,党建工作归中共信阳市直机关工委直接领导。截至 2008 年底,信阳市气象局有党员 46 人(其中在职党员 33 人,离退休党员 13 人)。

1980—2008 年,信阳市气象局机关党支部 12 次被信阳市直机关工委评为"优秀基层党组织",25 人次被信阳市直机关工委授予"优秀共产党员"称号。

2000 年成立信阳市气象局党风廉政建设责任制领导小组;2002 年制订"党风廉政建设责任实施办法";2003 年开始市气象局党组书记每年与市气象局各科室负责人、各县气象局局长签订党风廉政建设责任书,明确责任分解、考核、追究。信阳市气象局以"党风廉政宣传教育月"等活动为载体,加强党员干部的党性修养和廉洁意识。

在信阳市社会各界民主评议行风政风活动中,信阳市气象局 2004—2006 年连续 3 年被评为先进单位。

2. 气象文化建设

1995 年,成立信阳地区气象局精神文明建设领导小组,制定精神文明建设实施方案,经常举办体育项目比赛和歌咏比赛,开展廉政对联评选和廉政书法竞赛等活动。

为丰富职工业余文化体育生活,信阳市气象局院内建有篮球场、羽毛球场、乒乓球室、健身休闲花园、文化宣传长廊、党员学习活动室、阅览室及老干活动室等。

1996 年,被信阳市委、市政府评为市级"文明单位"。1999 年,被信阳市委、市政府评为市级"文明系统"。2002 年被河南省委、省政府评为省级"文明单位"。2006 年,被信阳市精神文明建设指导委员会授予"优秀省级文明单位"。2007 年 2 月,被中华全国妇女联合会、全国妇女"巾帼建功"活动领导小组授予"全国巾帼文明岗"称号。2008 年,被河南省气象局授予"全省气象部门精神文明建设先进单位"称号。

3. 荣誉与人物

集体荣誉 1980—2008 年,信阳市气象局获省部级表彰 3 项、地厅级表彰 76 项。

个人荣誉 1980—2008 年,个人获省部级表彰 6 项、地厅级表彰 91 项。

人物简介 李峰,男,汉族,1954 年 12 月出生,本科学历,中共党员,工程师,河南省项城市人。1989—2005 年任项城市气象局局长、党支部书记,2005—2008 年任信阳市气象局副局长、党组成员。1993 年被国家气象局授予全国优秀气象站(局)长称号;1999 年被河南省人民政府授予河南省劳动模范。

台站建设

1950 年建站时,办公房只有 6 间小房(约 120 平方米)。

1982 年,有房屋 5 幢,29 间,建筑总面积 732 平方米。其中,工作用房 11 间,使用面积 244 平方米;生活用房 14 间,使用面积 320 平方米;其他用房 4 间,使用面积 94 平方米。

2001 年,信阳市气象局房屋建筑总面积 7974 平方米,其中工作用房 1899 平方米,住宅用房面积 5233 平方米,辅助用房面积 842 平方米。

2005 年,信阳市气象局搬迁到信阳市浉河区三里店,房屋建筑总面积 13806 平方米,其中工作用房 5799 平方米,住宅用房面积 7117 平方米(工作人员每人 1 套住房),辅助用房面积 890 平方米。1998 年起,相继对办公区和住宅区进行环境整治。

2002 年 3 月,被信阳市人民政府授予"花园式单位"称号。

罗山县气象局

罗山县位于河南省东南部,大别山北麓,淮河南岸,南北长 63 千米,东西宽 41 千米,面积 2077 平方千米。罗山历史悠久,文化灿烂,隋开皇十六年始置县。辖 19 个乡镇,300 个行政村(居委会),截至 2008 年底,有人口 73 万。

机构历史沿革

始建情况 罗山县气象服务站始建于 1958 年 11 月,为国家一般气象站,站址位于罗山县城东 1 千米的马园村,测场位于北纬 32°13′,东经 114°33′,海拔高度 55.7 米。

站址迁移情况 1962 年 11 月 1 日,站址迁至罗山县城西南 3 千米处的龙山乡。1964 年 6 月 1 日,迁回始建址。

历史沿革 建站时名称为罗山县气象服务站。1986 年 1 月,改称罗山县气象站。1990 年 4 月,更名为罗山县气象局。

管理体制 建站至 1972 年 1 月,隶属县罗山农林局,业务受信阳地区气象台指导。1972 年 2 月—1973 年 9 月,纳入县罗山人民武装部领导。1973 年 10 月,划入罗山县农牧局领导。1984 年 4 月,实行气象部门与地方政府双重领导,以气象部门领导为主的管理体制。

机构设置 1976 年 7 月,站内设观测组、预报组。1986 年 1 月,下设观测股、预报组、农气股。1990 年 4 月,内设基础业务股、科技服务股、办公室,2004 年注册了罗山县祥云气象服务部。

单位名称及主要负责人变更情况

单位名称	姓名	职务	任职时间
罗山县气象服务站	凌万科	站长	1958.11—1961.09
	(不详)		1961.10—1963.03
	范忠正	站长	1963.04—1968.09
	刘俭让	站长	1968.10—1976.09
	张玉晃	副站长(主持工作)	1976.10—1977.04
	徐福德	站长	1977.05—1979.05
	魏家凤	站长	1979.06—1980.09
	李松凯	站长	1980.10—1984.05
罗山县气象站	张玉晃	站长	1984.06—1986.01
		站长	1986.01—1990.04
罗山县气象局		局长	1990.04—1996.04
	李水花	局长	1996.04—

人员状况 1958 年建站时,仅有职工 3 人。截至 2008 年底,有在编职工 7 人。其中:大学本科学历 1 人,专科学历 2 人,中专及以下学历 4 人;高级职称 1 人,中级职称 2 人,初级职称 4 人;50 岁以上 4 人,40～49 岁 2 人,40 岁以下的 1 人。

气象业务与服务

1. 气象业务

①气象观测

地面观测 1959 年 1 月 1 日起,观测时次采用北京时,每日进行 08、14、20 时 3 次观测。观测项目有云、能见度、天气现象、气压、气温、湿度、风向、风速、降水、雪深、日照、蒸发、浅层地温等。1975 年 1 月 1 日开始,压、温、湿 02 时记录用自记记录代替;1980 年 1 月 1 日开始,风的 02 时记录用自记记录代替。1976 年,为预防地震,增设了 40、80、160、320 厘米深层地温观测项目。2008 年起,承担全县 18 个乡镇雨量站和 1 个自动气象站数据汇集等业务。

区域自动站观测 2005 年,在罗山县高店、子路、涩港、定远 4 乡镇建立自动雨量站,进行乡镇雨量监测。2006—2007 年,又在 14 个乡镇建立自动雨量站。2007 年 9 月,在罗山县南部董寨鸟类自然保护区建立四要素自动气象站。

农业气象观测 1979—1984 年,在罗山县农业技术推广站开展小麦、水稻分期播种试验,寻找最佳播期并提供服务。1982—1984 年,完成《罗山县农业气候资源和区划》编制,获信阳地区科技成果三等奖。1982 年设立农业气象组,向县政府、涉农部门、乡镇寄发农业气象月报;1985 年起,编写全年气候影响评价。从 1980 年起,开展小麦、水稻生育期观测和土壤湿度观测,并开展农业气象情报预报服务。1990—1993 年,进行小麦、水稻双高

(高产、高效益)农业气象指标研究,获信阳市科技成果三等奖。

②天气预报

1970年10月—1990年,通过收听天气形势,结合本站资料图表,每日早晚制作24小时日常天气预报。1990年起,开展常规24小时、48小时、未来3～5天和旬(月)报等短、中、长期天气预报以及临近预报,并开展灾害性天气预报预警业务和制作供领导决策的各类重要天气报告。

③气象信息网络

1980年以前,利用收音机收听武汉区域中心气象台和安徽省气象台以及河南省气象台播发的天气预报和天气形势。1981年4月,配备了传真机,用来接收北京、欧洲气象中心以及东京的气象传真图。1986年11月,开通了与市县气象局联网的甚高频电话。1998年,建立了与信阳市气象台联网的网络终端。2007年,建立气象网络应用平台,开通了100兆光缆,接收从地面到高空各类天气形势图和云图、雷达等数据,为气象信息的采集、传输处理、分发应用、会商分析提供通信支持。

2. 气象服务

公众气象服务 1971年起,利用罗山县有线广播站播报天气预报。1991年7月,建立了乡镇气象警报网,面向全县所有乡镇每天两次发布气象信息。1994年12月,在罗山县教育电视台以滚动字幕的形式播报天气预报节目。1997年7月,开通了气象信息电话自动答询系统。2000年11月1日,开始由罗山县气象局应用非线性编辑系统制作电视气象节目在县教育电视台播放。2005年,开通了手机短信气象服务。2006年5月1日,开始在罗山县电视台向社会公众播放气象局制作的电视天气预报,开展24小时预报、天气趋势、灾害防御、农业气象等服务。2007年,电视天气预报节目增加了虚拟主持人,丰富了形式和内容,提高了收视率。2008年,建立了灾害天气直报系统。

决策气象服务 1980年开始,以口头或书面形式向罗山县委、县政府提供决策服务。1990年起,开发了"气象预报"、"农业气象情报"、"汛期(6—8月)天气趋势分析"等决策服务产品,2000年又开发了"年景气候趋势预报"气象决策服务产品,2004年增加每周天气预报服务产品。2007年,开展气象灾害预警预报服务。

人工影响天气 2000年成立县人工影响天气办公室,配备高炮2台、人工增雨火箭发射装置2套,干旱年景开展人工增雨作业。

防雷技术服务 1995年,成立避雷设施检测小组。1996年,成立防雷设施检测中心,逐步开展建筑物防雷装置安全性能检测工作。2005年,开始新建建(构)筑物防雷工程图纸审核、设计评价、竣工验收。

气象科普宣传 1997—2000年,参与罗山县科协组织的广播科普知识专题讲座节目。2003年,在罗山县气象局建立中小学气象科普实践教育基地。2000—2008年,每年在3月23日"世界气象日"、6月"安全生产月"、9月17日的"全国科普日"等纪念活动中,印发大量气象科普材料,到乡村集镇宣传气象防灾减灾知识;在罗山县电视台播放专题,宣传防雷电知识和气象探测环境保护规定。

气象科研 1982—1984年,完成《罗山县农业气候资源和区划》编制,获信阳地区科技成果三等奖。1990—1993年,进行小麦水稻双高(高产、高效益)农业气象指标研究,获信阳市科技成果三等奖。

科学管理与气象文化建设

社会管理 2005年5月,县政府印发的《罗山县重特大安全事故应急救援预案的通知》,把气象局列为指挥部成员单位,承担现场气象监测、预报和服务职责。2005年6月,《罗山县安全生产监督管理责任制度的通知》(罗政〔2005〕25号),赋予气象局防雷装置安全性能检测和管理职能。

2004年8月,罗山县政府发文《关于公布行政许可清理结果的决定》,明确气象局属行政许可实施单位,设立气象行政审批窗口,新建建(构)筑物防雷工程图纸审核、设计评价、竣工验收许可项目限定2日内办结。

2005年,气象探测环境保护有关法律法规及技术规定在县建设局进行了书面备案,为气象观测环境保护提供了依据。

2005年5月,罗山县气象局成立法制办公室,4名兼职执法人员均通过县政府法制办培训考核,持证上岗。2006—2008年,与罗山县安监、教育、消防等部门联合开展气象行政执法检查4次,制止违法施放气球、违法播发天气预报行为6次。

政务公开 2002年起,将气象行政审批办事程序、服务承诺、气象行政执法依据、服务收费依据及标准等内容,向社会公开。2003年,列入信阳市县级气象部门局务公开试点单位。2004年,制定下发了《局务公开工作操作细则》,落实首问负责、限时办结、气象电话投诉、财务管理等一系列规章制度,坚持通过墙上、网上、办事窗口及媒体等多渠道进行局务公开。

2005年,被中国气象局评为"局务公开先进单位"。

党建工作 1984年3月,建立罗山县气象站党支部。1990年10月,更名为罗山县气象局党支部。截至2008年底,在职职工中有党员6名。

2000—2008年,参与气象部门和地方党委开展的党章、党规及法律法规知识竞赛共8次。2003年起,每年开展党风廉政教育月活动。2005年起,每年开展作风建设活动。2006年起,每年开展局领导党风廉政述职报告和党课教育活动,并层层签订党风廉政建设目标责任书,推进惩治和防腐败体系建设。

气象文化建设 1989年起,开展争创文明单位活动。1990年起,每年3月开展职业道德教育月活动。2006年,相继开展了"三个代表"、"保持共产党员先进性"等教育活动。

1995—2008年,被信阳市委、市政府连续三届授予市级"文明单位"称号。

荣誉 建站至2008年,罗山县气象局共获得百班无错情奖励11人(次)、250班无错情奖励2人(次)。

台站建设

1958年11月建成罗山县气象观测站,观测场为16米×20米。1980年10月,根据新规范要求观测场南迁18米,按25米×25米的标准扩建。

1958 年借用土地和房屋。1964 年 12 月建房竣工,建筑面积为 174 平方米。1964—1981 年,共征地 0.6 公顷,1980 年在气象局东边建 1 幢两层办公小楼,建筑面积 630 平方米。

1991 年,将南面房屋改建成 8 间平房。2001 年,建炮库 2 间,占地面积 100 平方米。

2005 年,按照总体规划进行了台站综合改善,在局属地内建透视围栏;业务办公用房面积达到 325 平方米,职工住房达 1600 平方米。围栏内进行了绿化,绿化面积 1000 平方米。修建了自来水管道,接入了城镇自来水。

息县气象局

息县位于河南省东南部,大别山北麓,面积 1835 平方千米,2008 年人口约 100 万。息县历史悠久,人杰地灵,自公元前 1122 年周武王分封赐土,羽达建息国,距今已 3000 多年。公元前 682 年被楚文王占领,改置息县。息县地跨淮河两岸,淮河以南为缓丘,淮北为平原,四季分明,物阜年华,兼有南北特点,广纳内陆优势,自古就有"有钱难买息县坡,一半干饭一半馍"之说。

机构历史沿革

始建情况 息县气候站始建于 1958 年,站址位于息县息州大道西段大王庄,北纬 32°21′,东经 114°44′,海拔高度 48.9 米,1959 年 1 月 1 日开始气象观测业务。

站址迁移情况 1972 年 11 月,观测场北移 192 米。

历史沿革 1960 年 3 月,息县气候站改为息县气象服务站。1971 年 6 月,改为息县气象站。1989 年 10 月,改名为息县气象局。

管理体制 1959 年,属息县人民委员会建制,业务工作由气象部门指导。1963 年,由信阳专署气象台主管。1969 年,由息县农林局代管。1971 年,由息县水利局代管。1973 年 5 月,由水利局移交县人民武装部管理。1973 年 7 月,由县人民武装部交水利局代管。1981 年 12 月,由信阳地区气象局接管。1983 年起,实行气象部门与地方政府双重领导,以气象部门领导为主的管理体制。

机构设置 1959—1976 年,地面观测、天气预报和农业气象服务工作合班完成。1977—1988 年,增设测报股、预报股和农业气象股。1993 年又将地面测报、天气预报合并为基础业务股,设气象服务股。1996 年,设防雷中心。2000 年,成立息县人工影响天气领导小组办公室。2001 年,设防雷减灾办公室。2004 年,注册了蓝天科技服务部,负责对外气象科技服务工作。

单位名称及主要负责人变更情况

单位名称	姓名	职务	任职时间
息县气候站	陈仲连	站长	1959.01—1960.02
息县气象服务站			1960.03—1961.03
	李春华	站长	1961.04—1971.05
息县气象站			1971.06—1984.05
	朱定志	站长	1984.06—1989.09
息县气象局		副局长(主持工作)	1989.10—1990.04
	杨祖鹏	局长	1990.05—1996.08
	罗玉平	局长	1996.09—

人员状况 建站时有在职职工 2 人。1980 年,有在职职工 8 人。截至 2008 年底,有在职职工 12 人(其中正式职工 9 人,聘用职工 3 人),离退休职工 5 人。正式职工中:男 8 人,女 1 人,汉族 9 人;大学本科及以上学历 1 人,大专学历 4 人,中专及以下学历 4 人;中级职称 2 人,初级职称 7 人;30 岁以下 2 人,31～40 岁 1 人,41～50 岁 3 人,50 岁以上 3 人。

气象业务与服务

1. 气象业务

①气象观测

地面观测 1959 年—1960 年 6 月 30 日,采用地方时,每日进行 01、07、13、19 时 4 次定时观测;1960 年 7 月 1 日—1961 年 6 月 30 日,改为北京时,每日进行 02、08、14、20 时 4 次观测;1961 年 7 月 1 日,改为每日进行 08、14、20 时 3 次观测,夜间不守班。

建站开始,观测项目有云、能见度、天气现象、风向、风速、气温、湿度、降水、蒸发、地温、积雪深度。1962 年 6 月 1 日,取消小型蒸发、日照、能见度的观测和记录;1965 年 1 月 1 日,恢复小型蒸发、日照、能见度的观测和记录;1966 年 1 月 1 日,增加气压自记观测;1973 年 1 月 1 日,启用动槽式水银气压表观测气压;1975 年 1 月 1 日,启用气温、湿度自记仪器;1976 年 4 月 1 日,增加雨量自记观测。2008 年 11 月,增加电线积冰观测。

发报种类有加密天气报(1959 年 1 月 1 日—2009 年 12 月 31 日,每日 08、14、20 时向河南省气象局编发加密天气报),小图报(1959 年 1 月 1 日—1983 年 12 月,每日 14 时向河南省气象局拍发小图报),雨量报(1959 年 1 月 1 日—2008 年 12 月 31 日,每日 05、17 时向河南省气象局拍发雨量报),重要天气报(1983 年 10 月—2008 年 12 月,向北京、郑州编发重要天气报,分定时和不定时,定时为 08、14、20 时,不定时为出现时在规定的时效内编发)。

1959—1986 年 11 月,报文通过息县邮电局专线上传;1986—2001 年 4 月,利用其高频无线电话传递报文和政务信息。2001 年 4 月—2009 年 12 月,利用县级业务系统网络传递报文和各类气象信息及政务信息。

编制纸质报表气表-1 和气表-21,报河南省气象局和信阳市气象局各 1 份,本站留底本

1份。2000年11月,通过FTP内网向河南省气象局传输原始资料,同时停止报送纸质报表。2005年以前的气象资料中的气簿-1、气簿-2、农气簿-1-(小麦)、农气簿-1-(水稻)、农气簿-2-(小麦)、气压、气温、湿度、风向、风速、降水自记记录,于2008年12月全部移交给河南省气候中心管理。

区域自动站观测　2005—2007年,在息县17个乡镇建成雨量站并投入使用。2008年7月,息县项店四要素自动气象站投入使用。

农业气象观测　1959—2009年12月,每月8、18、28日3次定点测墒,干旱期间加密测墒,以20时为日界。自建气候站起,就有小麦、水稻、棉花发育期一般性记录,并有每旬8日的土壤水分和部分推广试验的土壤水分记录,承担水稻、小麦作物发育期状况观测。1981年10月,开展小麦发育期观测。1982年4月,开展水稻发育期观测。观测仪器有取土钻、铝盒、天平、电热恒温干燥箱、轻便烘土箱。每旬逢8日测定土壤水分,并编发墒情报;每月中旬编发1次农业气象报;2003年10月5日,又增加了农业气象周报。每年的水稻、小麦全过程发育期结束后,制作农业气象报表和农业气象土壤水分简表,一式3份,上报河南省气象局气候资料室、信阳市气象局各1份,留底本1份,并保存资料档案。

②天气预报

短期天气预报业务始于1959年,当时由气象站制作24小时天气预报,预测未来1~3天内的天气情况。20世纪70年代起,在天气预报业务中,广泛应用数值统计预报方法,其时效由短期预报逐步向中长期预报(旬、月、季)过渡。1985年7月,不再独立制作中长期天气预报,而是结合本站气候特点,对上一级气象台发布的中长期指导性天气预报进行分析、订正,形成息县气象站的天气预报。

③气象信息网络

1959—1986年11月,信息接收主要是广播、电话、信函等。1986年,增加了甚高频无线电话。2001年,增加了无线通信、互联网等。

2. 气象服务

公众气象服务　1959—1994年,24~48小时天气预报通过电话传递息县广播站,利用有线广播对社会服务。1996年,开通"121"天气预报自动咨询电话。1995年,在息县电视台以滚动字幕的形式对社会发布天气预报,1998年6月起将自制的气象节目录像带送电视台播放。2007年,增加了无线短信息电子显示屏、手机短信和电子邮箱等方式发布气象信息。

决策气象服务　1959—2004年,以口头或电话汇报、文字材料送达的方式为领导决策服务。2005年以后,以手机短信方式向县各级领导发送气象信息,以彩色打印的最新雨量图、雷达回波图和最新天气形势分析资料向县领导汇报。

人工影响天气　1999年9月,向信阳市气象局提出人工影响天气论证报告。2000年4月6日,信阳市人民政府批转了信阳市气象局《关于建立我市人工增雨作业体系实施意见》。随后,息县人民政府出资购置65式双"三七"高炮2门,同年成立了息县人工影响天气工作领导机构,组建了作业队伍,进行了岗位培训。2001年,息县政府与河南省政府投资购置 2 台(套)车载式人工增雨火箭设备。

防雷技术服务　1990 年,开始城区避雷设施检测工作,主要为全县各行业楼房和大型工厂及加油站进行每年定期安全检测,并发合格证书,对不合格单位,责令其进行整改。1996 年以后,逐步开展建筑物防雷装置检测,新建(构)筑物防雷工程图纸审核、竣工验收,计算机信息系统防雷安全检测。

气象科普宣传　每年世界气象日、气象法规宣传月和息县科普宣传日期间,组织职工上街头、下乡村,向群众宣传气象科普知识,引导群众科学利用气象知识、气象情报,合理避灾减灾。2003 年,被息县科委命名为息县青少年科普教育基地。

气象科研　息县气象科技人员气象科研项目有"杂交水稻制种气象条件分析"(1978年)、"息县农业气候区划报告"(1979 年)、"息县弱筋小麦生长气候条件分析"(2008年)等。

科学管理与气象文化建设

1. 社会管理

2002 年,息县防雷行政审批工作进入县政府审批大厅。2004 年 3 月,息县人民政府审批中心设立气象窗口,承担气象行政审批职能。2007 年,将移动、网通、联通纳入防雷检测管理体系,并对违反《中华人民共和国气象法》施放探空气球、拒不接受防雷检测和破坏气象探测环境的行为进行了查处。

2. 政务公开

2002 年起,对气象行政审批办事程序、气象服务内容、服务承诺、气象行政执法依据、服务收费依据及标准等,通过户外公示栏向社会公开。2003 年制定了局务公开工作操作细则,财务收支、目标考核、基础设施建设、工程招投标等,通过职工大会或公示栏张榜等方式,向职工公开。

3. 党建工作

1961 年 3 月,成立党支部。截至 2008 年底,有党员 12 人(其中离退休党员 4 人)。

息县气象局建立党风廉政建设"一把手"汇报制度,每半年听取一次落实党风廉政建设责任目标汇报,同时向上一级党组织和息县纪委、信阳市气象局纪检组报告党风廉政建设责任目标落实情况,切实担负起本单位加强反腐倡廉政建设的重大政治责任。

1980—2008 年,息县气象局累计 26 人(次)获得县级以上优秀共产党员荣誉。

4. 气象文化建设

息县气象局文体活动有场所,配备有电视机、录像机和音响等设施,经常开展群众性的文化娱乐活动。

1998 年,荣获县级"文明单位"。2000 年 1 月,荣获市级"文明单位",2005 年届满,经重新申报于 2006 年再次获得市级"文明单位"称号。

5. 荣誉

集体荣誉　1999年,息县气象局被河南省气象局评为科技服务先进集体。

个人荣誉　1998年,何华获得信阳市"五一"劳动奖章。2006年,罗玉平被河南省人事厅、河南省气象局评为"全省气象工作先进个人"。

台站建设

1994年,建成平顶职工居住房12间,建筑面积528平方米。1998年,兴建综合楼1幢,面积1000平方米。1998—2002年,分期对机关院内环境进行绿化改造,规划整修了道路;装饰了门面综合楼;改造了业务值班室,完成了业务系统的规范化建设;在庭院内修建草坪和花坛,草坪、花坛面积达到1200多平方米,栽种了风景树,全局绿化率达到80%以上,硬化了1400平方米路面。

淮滨县气象局

淮滨县位于河南省东南部,面积1208平方千米,辖17个乡镇、289个行政村(居委会),截至2008年,有人口76万。

机构历史沿革

始建情况　淮滨县气象站筹建于1958年11月,站址位于淮滨县西关郊外,1959年1月1日开始地面观测工作,为国家一般气象站。观测场位于北纬32°27′,东经115°25′,海拔高度29.7米。

站址迁移情况　2004年1月1日,迁至淮滨县城关镇桂花村,观测场位于北纬32°28′,东经115°26′,海拔高度34.9米。

历史沿革　1958年建站时,名称为淮滨县气象站。1990年4月,更名为淮滨县气象局。

管理体制　建站至1970年12月,隶属淮滨县农林局,业务受信阳地区气象台指导。1971年1月,归淮滨县人民武装部领导。1974年12月,归淮滨县农业局领导。1983年10月,实行气象部门与地方政府双重领导,以气象部门领导为主的管理体制。

机构设置　1975年7月,站内设观测组、预报组。1986年,下设观测股、预报组、农业气象股。1990年,内设基础业务股、科技服务股、办公室。

单位名称及主要负责人变更情况

单位名称	姓名	职务	任职时间
淮滨县气象站	郑声华	站长	1959.01—1960.02
	陈仲连	站长	1960.02—1961.11
	李春华	站长	1961.11—1963.10
	贺已才	站长	1963.10—1965.04
	徐家林	站长	1965.04—1973.09
	任祥业	站长	1973.09—1975.07
	徐家林	站长	1975.07—1980.03
	程家畅	站长	1980.03—1980.07
	孙本义	站长	1980.07—1981.05
	卢金璧	站长	1981.05—1984.06
	李 磊	站长	1984.06—1990.03
淮滨县气象局		局长	1990.04—1995.11
	刘幸洲	局长	1995.11—2000.07
	唐学民	局长	2000.07—

人员状况　1958 年建站时,仅有职工 3 人。2008 年底,有在编职工 9 人。其中:大学学历 2 人,大专学历 3 人,中专及以下学历 4 人;中级职称 2 人,初级职称 3 人;50 岁以上 3 人,40～49 岁 3 人,40 岁以下 3 人。

气象业务与服务

1. 气象业务

①气象观测

地面观测　1959 年 1 月 1 日起,观测时次采用北京时,每日进行 08、14、20 时 3 次观测。

观测项目有云、能见度、天气现象、气压、气温、湿度、风向、风速、降水、雪深、日照、蒸发、浅层地温等。1975 年 1 月 1 日开始,压、温、湿 02 时记录用自记记录代替,1980 年 1 月 1 日开始,风的 02 时记录用自记记录代替。

区域自动气象站观测　2005 年,在淮滨县防胡、赵集、王岗、台头、谷堆、期思、新里等 7 个乡镇率先建成自动雨量站,进行乡镇雨量监测。2006—2007 又在 7 个乡镇建设自动雨量站。2007 年 9 月,在淮滨县张庄村建成一个四要素自动气象站。

农业气象观测　1977 年以后,逐步开展杂交水稻制种观测及小麦、大豆等作物观测。1984—1985 年,完成《淮滨县农业气候资源和区划》的编制工作,并荣获淮滨县科技成果二等奖。

②天气预报

1970 年 10 月起,通过收听天气形势,结合本站资料图表,每日早晚制作 24 小时日常天气预报。1990 年以来,开展常规 24 小时、48 小时、未来 3～5 天和旬(月)报等短、中、长期天气预报以及临近预报,并开展灾害性天气预报预警业务和制作供领导决策的各类重要天气报告。

③气象信息网络

1980年以前,利用收音机收听武汉区域中心气象台和安徽省气象台以及河南省气象台播发的天气预报和天气形势。1981年4月,配备了传真机,用来接收北京、欧洲气象中心以及东京的气象传真图。1986年11月,开通了与市、县气象局联网的甚高频电话。1998年,建立了与信阳市气象台联网的网络终端。2007年,建立气象网络应用平台,开通了100兆光缆,接收从地面到高空各类天气形势图和云图、雷达等数据,为气象信息的采集、传输处理、分发应用、会商分析提供通信支持。

2. 气象服务

公众气象服务　1970年起,利用农村有线广播,向全县人民发布短时天气预报,为广大农民提供气象预报服务。1997年,开通了气象信息电话自动答询系统。2000年,开通了"风云寻呼"业务,提供日常短期预报、天气趋势预报、生活指数、灾害防御、科普知识、农业气象等服务。2001年,开通24小时预报气象短信业务,服务用户发展到6万多户。2002年,开通电视天气预报服务,后因故中断,只在"三夏"期间播放滚动气象预报字幕。2005年,开通了手机短信气象服务。2008年,建立了灾害天气直报系统。

决策气象服务　2000年以前以口头或文字的方式向县委、县政府及农业部门提供决策气象服务。2000年以后,实行"重要天气报告"制度,如有寒潮、大风、暴雪、暴雨,均以"重要天气报告"的形式及时向县委、县政府等部门报告,特别是在汛期,有时一天发出几次预警信号,并通过防汛办、广电局播报;还建立了县政府突发公共事件预警信息业务平台,承担突发公共事件预警信息的发布与管理。

防雷技术服务　1990年起,为淮滨县各单位建筑物避雷设施开展安全检测。

人工影响天气　2000年,成立淮滨县人工影响天气办公室,配备高炮2台、人工增雨火箭发射装置2套,干旱年景开展人工增雨作业。

气象科普宣传　1997—2000年,参与县科协组织的推广科普知识专题讲座节目。2003年,在淮滨县气象局建立中小学气象科普实践教育基地。2000—2008年,每年在"3·23"世界气象日、6月"安全生产月"、9月17日的"全国科普日"等活动中,印发大量气象科普材料,到乡村集镇宣传气象防灾减灾知识;在县电视台播放专题片,宣传防雷电知识和气象探测环境保护规定。

科学管理与气象文化建设

社会管理　2004年,淮滨县政府审批中心设立了气象服务窗口,承担气象行政审批职能,审核建筑防雷设计图纸、验收防雷设施、规范行政审批手续。2002年,淮滨县气象局成立行政执法队,4名兼职执法人员均通过淮滨县法制办执法培训,取得了河南省人民政府颁发的行政执法证,持证上岗。2006—2008年,与安监、教育、消防等部门联合开展气象行政执法检查4次,制止了违法施放气球、违法播发天气预报行为6次。

政务公开　2002年起,将气象行政审批办事程序、服务承诺、气象行政执法依据、服务收费依据及标准等内容,向社会公开。2003年列入信阳市县级气象部门局务公开试点单位。2004年,制定下发了《局务公开工作操作细则》,落实首问负责、限时办结、气象电话投诉、财务管理等一系列规章制度,坚持通过上墙、上网、办事窗口及媒体等多渠道进行局务公开。

党建工作 1959年1月—1975年,有党员1人,归淮滨县农业局党支部领导。1975年6月,党员增至5人,成立了党支部,至2008年,党员发展到9人(其中离退休党员2人)。

2000—2008年,参与气象部门和地方党委开展的党章、党规及法律法规知识竞赛共8次。2003年起,每年开展党风廉政教育月活动。2005年起,每年开展作风建设活动。2006年起,每年开展局领导党风廉政述职报告和党课教育活动,并层层签订党风廉政建设目标责任书,推进惩治和防腐败体系建设。

2001年、2005年和2008年先后3次被淮滨县委组织部评为"优秀党支部"、"先进党支部"。

气象文化建设 1989年起,开展争创文明单位活动。1990年起,每年3月开展职业道德教育月活动。2006年,相继开展了"三个代表"、"保持共产党员先进性"等教育活动。

1998年,被信阳市委、市政府授予市级"文明单位"称号;2003年和2008年届满后,两次被重新认定为市级"文明单位"。

荣誉 2005年,被河南省气象局评为"重大气象服务先进集体"。2006年,被河南省气象局评为"汛期气象服务先进集体"。

台站建设

淮滨县气象局1958年11月建站时,占地面积2600平方米。

2004年迁站后,新址占地面积6466.20平方米,建成办公楼1栋,建筑面积为874.33平方米;家属楼1栋,面积为2265.60平方米;炮库100平方米。并开展植树、种草、垒石造景,形成了有路有绿、有绿有景、花艳草青的环境,绿地率达到59%,绿化覆盖率达到72%。

潢川县气象局

潢川县位于河南省的东南部,信阳市中部,南依大别山,北邻淮河,地处豫、鄂、皖三省的连接地带,全县总人口80万,总面积1666.1平方千米。潢川县历史积淀丰厚,文化光辉灿烂。境内有黄国故城遗址、团中央干校旧址等著名景点,是战国春申君黄歇故里和中华黄姓发源地。春秋时为黄国,汉置弋阳郡,北齐置定城,唐宋元明为光州,清代升光州为直隶州,民国二年改光州为潢川县。1949年1月31日,潢川解放,设潢川专署,1952年并入信阳至今。

机构历史沿革

始建情况 潢川县气候站始建于1956年12月1日,位于潢川县城关北关外飞机场,观测场位于北纬 32°09′,东经 115°02′,海拔高度 41.9 米。

站址迁移情况　2006 年 1 月 1 日,站址迁至潢川县隆古乡方店村新塘村民组,观测场位于北纬 32°10′,东经 115°03′,海拔高度 42.8 米。

历史沿革　1956 年建站时,名称为河南省潢川县气候站。1958 年 10 月 1 日,更名为潢川县气象站。1968 年 12 月 1 日,更名为潢川县气象服务站。1976 年 1 月,又改称潢川县气象站。1990 年 3 月,更名为潢川县气象局。

管理体制　自 1956 年 12 月 1 日建站至 1958 年 9 月,隶属潢川县农业局领导。1958 年 10 月 1 日,实行上级业务部门和潢川县农业局双重领导。1968 年 12 月 1 日,直属潢川县革命委员会生产指挥部领导。1983 年 10 月起,实行气象部门与地方政府双重领导,以气象部门领导为主的管理体制。

机构设置　1983 年,内设气象测报股、预报股、农业气象股。1993 年,内设气象业务股、气象服务股、办公室。2002 年,内设气象基础业务股、防雷中心、办公室。

单位名称及主要负责人变更情况

单位名称	姓名	职务	任职时间
潢川县气候站	杨绪籴	站长	1956.12—1958.10
潢川县气象站	楚国运	站长	1958.10—1968.12
潢川县气象服务站			1968.12—1976.01
			1976.01—1976.12
潢川县气象站	吴国祥	站长	1976.12—1980.05
	刘志荣	站长	1980.05—1987.10
	林嗣诚	站长	1987.10—1990.03
潢川县气象局	林嗣诚	局长	1990.03—1991.02
	孙永霞(女)	局长	1991.02—1997.01
	蒋国安	局长	1997.01—2002.02
	朱定志	局长	2002.02—2007.06
	王慧(女)	副局长(主持工作)	2007.06—

人员状况　1956 年建站时,有职工 3 人。2008 年底,有在编职工 9 人,聘用职工 4 人。在编职工中:大学学历 2 人,大专学历 2 人,中专学历 4 人,高中学历 1 人;中级职称 6 人,初级职称 3 人;50 岁以上 6 人,40～49 岁 1 人,40 岁以下 2 人。

气象业务与服务

1. 气象业务

①气象观测

地面观测　气象观测始于 1956 年 12 月 1 日,每日进行 02、08、14、20 时 4 个时次地面观测,夜间不守班。1961 年 7 月 1 日,由 4 个观测时次改为 08、14、20 时 3 个时次。1980 年 1 月 1 日,增加 02 时人工观测,夜间不守班。

观测项目有气温、湿度、云、能见度、天气现象、小型蒸发、降水、风向、风速、日照、地温、雪深等。1963 年 6 月 1 日开始,02 时气压值用气压计的订正值代替。

1962 年 3 月 16 日,增加每天 05—20 时航危报,时次为 1 小时 1 次,利用电话通过当地邮局传递;雨量报每天 05、17 时利用电话通过当地邮局传递;1983 年 10 月 1 日编发重要天气报,每天 05、08、11、14、17、20 时 6 次定时编发。天气报的内容有云、能见度、天气现象、气压、气温、风向、风速、降水、雪深、雷暴、大风、暴雨、冰雪、积雪、龙卷风等。

制作气表-1 月报表 3 份,气表-21 年报表 3 份,用手工抄写方式分别上报河南省气象局、信阳市气象局各报 1 份,本站留底本 1 份。2000 年,开始使用计算机制作报表,通过互联网向河南省气象局传输原始资料,停止报送纸质报表。

区域自动站观测 截至 2008 年底,潢川县建有 13 个乡镇自动雨量站,3 个四要素区域自动气象站。

农业气象观测 自气候站成立起,就有小麦、水稻、棉花发育期一般性记录,并有每旬 8 日的土壤水分和一些推广试验的土壤水分记录。1983 年农业气象业务步入正轨,此后潢川农业气象业务升为河南省二级观测站,承担水稻、小麦、作物发育期状况观测。每旬逢 8 日测定土壤水分,2006 年增加了每旬逢 3 日测定土壤水分,并编发墒情。每月中旬编发 1 次农业气象报,2003 年 10 月 5 日又增加了农业气象周报。每年水稻、小麦全过程发育期结束后,制作农气表-1 和农气表-2-1,还制作农气表-3 和农气土壤水分简表,用人工抄写方式一式 3 份分别上报河南省气象局气候资料室、信阳市气象局各 1 份,本站留底本 1 份,并保存资料档案。

②天气预报

天气预报业务始于 1958 年,当时由气象站制作 24 小时天气预报,预测未来 1～3 天内的天气情况,并将天气预报利用电话向县广播站报送,由县广播站向全县乡、村播报,直接服务于工农业生产。

20 世纪 50—60 年代,预报业务仅是单站补充预报,只制作短期天气预报。20 世纪 70 年代起,在天气预报业务中,广泛应用数值统计预报方法,其时效由短期预报逐步向中期预报(旬)和长期预报(月、季)过渡。1985 年 7 月后,县级气象台(站)不再独立制作中、长期天气预报,只是根据上一级气象台发布的中、长期指导性天气预报,结合本站情况,通过分析、订正成为本县站的天气预报。

③气象信息网络

1985 年前,利用收音机收听武汉区域中心气象台和上级以及周边气象台站播发的天气预报和天气形势。1985 年 6 月,配备 ZSQ-1(123)天气传真接收机,接收北京、欧洲气象中心以及东京的气象传真图。1988 年,配置甚高频无线电话,接收信阳市气象台下传的卫星云图分析、雷达资料及指导预报。1996 年 7 月,建成信阳市气象台微机广域网潢川远程终端,可登录信阳市气象台天气预报应用平台浏览。2001 年,建成县级卫星通信 VSAT 接收站,24 小时不间断接收气象卫星广播下行资料。1999 年起,通过因特网登录信阳市气象台服务器,可下载河南省气象台天气形势分析,地面、高空各类天气形势图和云图、雷达等数据,能动态演示高空环流和地面气象要素变化,为气象信息的采集、分发应用、会商分析提供支持。

2. 气象服务

公众气象服务 1995 年以前,主要通过广播向全县发布短期气象信息,采用邮寄方式发布中长期天气预报。1995 年,利用高频电话建立气象警报系统发射台,面向有关部门、企事业单位等开展天气预报、警报信息发布服务。1997 年 8 月 18 日,同电信局合作,正式开通"121"天气预报自动咨询电话,改变了过去单一的靠有线广播收听天气预报的方式,并增加了气象与健康、紫外线预报、空气质量预报等内容(2005 年,全市县气象局"12121"信息电话实行市气象局集约管理,统一建设维护)。

决策气象服务 2006 年以前主要通过口头和书面形式报送重要灾害性天气预报警报。2006 年,开始向县主要领导和有关部门负责人编发手机短信服务。为加强汛期气象服务,每年汛期建立汛期气象服务领导小组、灾害性天气发布组和后勤保障组,实行 24 小时值守班制度。

人工影响天气 1999 年 9 月,向信阳市气象局提出人工影响天气论证报告。2000 年 4 月 6 日,信阳市政府批转了信阳市气象局《关于建立我市人工增雨作业体系实施意见》,随后潢川县政府投资购置 65 式双"三七"高炮 2 门,同年成立了县人工影响天气工作领导机构,组建了作业队伍,进行了岗位培训。2001 年,潢川县政府又投资购置 2 台(套)车载式人工增雨火箭设备。

防雷技术服务 1995 年,设立潢川防雷技术中心,逐步开展建筑物防雷装置安全性能定期检测,新建建(构)筑物防雷装置设计审核、竣工验收,计算机信息系统防雷安全检测等。

气象科普宣传 1976 年,开始在潢川县城繁华街道利用板报、墙报进行气象科普宣传,同时在县广播站播发气象知识广播稿。2000—2008 年,利用"3·23"世界气象日、科协成立纪念日、安全生产宣传周、"12·4"全国法制宣传日等时机,采用在潢川县城繁华地段设立咨询台、宣传展板,印发宣传单,发表电视讲话,拍电视专题新闻,开座谈会等形式,宣传和普及气象知识和雷电防御知识。

气象科研 1995 年 4 月,向河南省气象局申报甲鱼(鳖)试验项目得到批准,同年建甲鱼池面积 60 平方米,达到试验要求后进行养殖,开始孵化试验。1995 年 10 月,对 423 个小麦新品种进行试验并推广。

科学管理与气象文化建设

1. 社会管理

1995 年成立潢川防雷技术中心后,逐步开展建筑物防雷装置检测、新建建(构)筑物防雷工程图纸审核、设计评价、竣工验收、计算机信息系统防雷安全检测。2005 年 1 月 1 日,潢川县政府下发《行政许可防雷装置设计审核和竣工验收》(潢政文〔2004〕82 号),2007 年 5 月,下发《关于进一步加强我县防雷工作》(潢政〔2007〕34 号)。2007 年 12 月,潢川气象局与潢川县教育局联合发出《关于切实加强全县中小学校防雷安全工作的通知》(潢气发〔2007〕36 号),2008 年,与县公安局联合发出《关于对全县计算机信息系统进行防雷安全检查的通知》(潢公〔2008〕30号),将"全县防雷设施是否完善,是否经县防雷主管部门检测验收"纳入年度安全生产工作计划。并同潢川县安监局联合开展防雷安全专项检查,重点抽检易燃易爆场所、重要公共设施以及公共聚集场所。

2. 政务公开

2002年,设立政务公开栏,将气象行政审批办事程序、气象服务、服务承诺、气象行政执法依据、服务收费依据及标准等内容,向社会公开。2006年,制定下发了《局务公开工作操作细则》,落实首问责任制、气象服务限时办结、气象电话投诉、气象服务义务监督、财务管理等一系列规章制度,坚持通过上墙、网络、展板、办事窗口及媒体等5个渠道开展政务公开工作。

3. 党建工作

1956年1月—1963年12月,有党员1人,编入潢川县农林局党支部。1963年12月—1979年12月,有党员2人,编入潢川县农业局党支部。1979年12月—1991年12月,有党员5人,编入潢川县农科所党支部。1991年12月—1994年11月17日,有党员3人,与潢川县农科所成立联合党支部。1994年11月17日,经潢川县委批准,成立潢川县气象局党支部。至2008年,有党员6人(其中离退休党员1人)。

自1994年11月成立党支部后,历届党支部都重视对党员和职工进行"爱岗敬业、艰苦奋斗、团结协作、无私奉献"的集体主义教育,坚持每月召开一次党的民主生活会,组织党员学习文件,发挥党支部的战斗堡垒作用和党员的模范带头作用,培养了一支爱岗敬业、不怕困难、不惧艰险、特别能战斗的专业队伍。

1994—2008年,有30人(次)先后荣获中共潢川县委、县直属工作委员会表彰的优秀党务工作者、优秀共产党员称号。

4. 气象文化建设

在文明创建工作中,加强领导班子建设和文明单位建设,狠抓优质服务;建立健全各项规章制度并严格执行;努力改善工作环境和生活环境;开展经常性的政治理论、法律法规学习。

1999年和2005年,连续两届被信阳市委、市政府授予市级"文明单位"称号。

5. 荣誉

集体荣誉 1985年5月,被河南省气象局评为全省气象小麦遥感测产先进单位。1997年11月,荣获河南省气象局"汛期服务先进单位"称号。1998年2月,荣获河南省气象局"'121'服务系统先进单位"荣誉。

个人荣誉 孙永霞1992年被国家防汛抗旱总指挥部、人事部授予"防汛抗旱先进模范"荣誉称号。王慧6次荣获潢川县委表彰的"三八红旗手"和巾帼建功标兵。

台站建设

2003 年 10 月 31 日,在潢川县隆古乡方店村新塘村民组征地 1.54 公顷,新建了办公楼和观测场。2006 年 1 月 1 日新站址正式启用并开展气象观测。迁入新址后,领导班子组织职工开展义务劳动,打扫卫生、植树栽花、平整场地、清污排水,美化了工作和生活环境。

固始县气象局

固始县位于鄂、豫、皖三省交界处,河南省东南部,面积 2946 平方千米,2008 年总人口 162 万,为河南省第一人口大县。固始县历史悠久,文化积淀丰厚,东汉建武二年(公元 26 年),汉光武帝刘秀取"欲善其终,必固其始"之意,建立固始县。从唐初开始,固始人五次南徙落籍,为闽粤台港同胞、海外侨胞的乡关祖地,是蜚声海内外的"唐人故里,中原侨乡"。

机构历史沿革

始建情况 中国人民解放军河南省军区固始气象站始建于 1952 年 7 月 1 日,站址设在固始县人民政府院内。隶属于中国人民解放军中南军区气象处河南省气象科,全称为中国人民解放军河南省军区固始气象站,由县人民武装部军事科负责管理。建站时全站共有 3 人,主要任务为地面气象观测。

站址迁移情况 1954 年 1 月,站址迁至固始县城关北后街 29 号。1955 年 10 月,迁至县城西关福音堂附近。1956 年 1 月,站址向西南迁移 500 米。2004 年 1 月 1 日,迁至固始县城郊乡岳桥村土铺村民组、204 省道西侧,观测场位于北纬 32°10′,东经 115°37′,海拔高度 42.9 米。

历史沿革 1954 年 1 月,更名为河南省固始气象站,确定为国家基本地面气象观测站。1955 年 1 月,更名为河南省人民政府气象局固始气象站;同年 6 月,恢复河南省固始气象站名称。1960 年 2 月,更名为河南省固始气象服务站。1973 年 3 月,改称河南省固始县气象站名称。1990 年 3 月,更名为固始县气象局。固始气象站为国家基本气象站、国家农业气象基本站、三级太阳辐射站。

管理体制 固始气象站自成立至 1953 年,为军事建制。1954 年,直属河南省气象局领导,地方政府农业局代管。1970 年 2 月,由固始县人民武装部管理。1971 年 2 月—1973 年 3 月,先后划归固始县农业局、水电局、农林局代管。1973 年 3 月,由固始县农业局代管。1983 年,实行气象部门与地方政府双重领导,以气象部门领导为主的管理体制。

机构设置 1979 年正式确定固始站为国家农业气象基本观测站,成立农业气象组。1984 年 6 月,内设机构为地面气象观测股、农业气象股、天气预报股。2008 年,内设地面气象观测股、农业气象股、天气预报股、防雷中心、办公室、固始县蓝天气象科技服务有限责任公司。

单位名称及主要负责人变更情况

单位名称	姓名	职务	任职时间
中国人民解放军河南省军区固始气象站	吴振藻	副主任(主持工作)	1952.07—1954.01
河南省固始气象站	文耀林	副主任(主持工作)	1954.01—1955.01
河南省人民政府气象局固始气象站			1955.01—1955.06
河南省固始气象服务站			1955.06—1960.02
河南省固始气象站		站长	1960.02—1960.03
	陶祥佐	负责人	1960.03—1961.01
	刘继武	站长	1961.01—1963.03
	文耀林	站长	1963.03—1970.06
	姚华秀	站长	1970.06—1970.11
	邓家旺	站长	1970.12—1971.10
	黄世凯	站长	1971.11—1973.03
河南省固始县气象站	文耀林	站长	1973.03—1984.06
	祁中贵	站长	1984.06—1990.03
		局长	1990.03—1991.04
固始县气象局	汪幼文	副局长(主持工作)	1991.04—1994.08
	刘业斌	局长	1994.08—1995.06
	杨忠福	局长	1995.06—

人员状况 1952年建站时有3人。截至2008年底,有在编职工16人。其中:大学学历1人,大专学历6人;中级职称7人,初级职称8人;50岁以上9人,40~49岁3人,40岁以下4人。

气象业务与服务

1. 气象业务

①气象观测

地面观测 1952年8月1日起,每天进行06、09、12、15、18、20时6次观测,03、04时订正;1953年1月,改为8次观测,每天夜间守班。

观测项目有云、能见度、天气现象、气压、气温、湿度、风向、风速、降水、雪深、雪压、电线积冰、日照、蒸发、地温(0~320厘米)、草温等。

编发02、08、14、20时4次定时绘图报。1955年1月,增加编发辅助绘图报。1957年2月,开始编发航空报、危险天气通报。1962年7月,增加地面气候月报。1965年3月,编发24小时固定航危报。1983年10月,增加编发重要天气报。2005年1月,取消航危报,仅编发天气报、重要天气报、雨量报。

编制气表-1、气表-5、气表-6、气表-21。

2004年1月,建成CAWS600型自动气象站,实行人工与自动站双轨运行。2007年1月,全部实行自动气象站微机发报、编制报表。

农业气象观测 1979 年,正式确定固始站为国家农业气象基本观测站,成立农业气象组。观测项目有小麦、水稻生育期观测,物候观测,作物段土壤水分观测并向国家气象局上报报表,同时编发气候旬(月)报、土壤墒情报。2009 年,新增国家级油菜全生育期观测、省级茶叶观测并上报报表。

日射(辐射)观测 1960 年 4 月,开始乙种日射观测,观测项目为太阳总辐射。采用地方平均时,从日出后 30 分至日落前 30 分,每小时观测 1 次。编制气表-33(乙)。阴雨天有降水时,仪器加盖不观测。1990 年 1 月,改用 RYJ-2 仪器自动观测。1996 年 1 月,改用 RYJ-4 仪器自动观测,PC-1500 袖珍计算机制作报表。2004 年 1 月并入 CAWS600 型自动气象站自动观测。

区域自动站观测 2005 年 10 月 20 日,建成三河尖、陈集、胡族铺、张广庙、黎集、方集、陈淋子 7 个乡镇自动雨量站并投入使用。2007 年 9 月 7 日,建成张老埠乡区域自动气象站并投入使用。

②天气预报

1955 年 1 月开始,通过收听天气形势广播绘制天气图,结合本站资料图表,每日早晚制作 12～24 小时内日常天气预报。2000 年开始,开展常规 24～48 小时、未来 3～5 天和旬(月)等短、中、长期天气预报以及临近预报,并开展灾害性天气预报预警业务和制作供领导决策的各类重要天气报告。

③气象信息网络

1986 年以前,主要通过电话、广播、电视和邮寄方式向全县发布气象信息。1980 年,配置了 123 无线传真接收机。1986 年 11 月,安装了业务用 M5 甚高频无线电话。1995 年 6 月,建成武汉气象雷达数字化远程终端系统。1999 年 12 月,建成"9210"工程 VSAT 卫星单收站。

2. 气象服务

公众气象服务 1956 年 10 月开始,利用有线广播播报天气预报。1991 年,由固始县电视台以滚动字幕形式播出气象预报节目。1997 年 4 月,开通"121"(2005 年 1 月号码改为"12121")天气预报电话自动答询系统。2002 年,利用小灵通、手机短信每天 2 次发布气象信息。

决策气象服务 20 世纪 80 年代以前,以口头或文字形式向县委、县政府提供决策服务。20 世纪 80 年代以后,逐步开发"重要天气报告"、"年度天气趋势预报"、"春播期天气预报"、"三夏期天气预报"、"汛期(6—8 月)天气预报"、"三秋期天气预报"、"麦播期天气预报"等决策服务产品;并为春运、高考、中考、茶叶节、油菜节、根亲文化节等重大社会活动提供气象保障服务。2008 年 4 月,建立了固始县政府突发公共事件应急平台数据库,参与全县突发公共事件应急气象保障工作。

人工影响天气 1976 年 3 月,经固始县生产指挥部批准,在县七○七厂试制土火箭,进行人工增雨试验。1988 年 8 月,在中国人民解放军高炮部队帮助下,开展了首次人工增雨作业。1992 年 8 月,成立固始县人工影响天气指挥部,在县气象局设立指挥部办公室,局主要领导担任副指挥长兼办公室主任。2000 年 8 月,配备双管"三七"高射炮 3

门。2001 年 12 月,增配人工增雨火箭发射装置 2 套,建立人工增雨作业主副炮点 8 个。

防雷技术服务　1986 年,开始对固始县各单位建筑物避雷设施开展安全检测,对全县各类新建建(构)筑物按照规范要求安装避雷装置。1990 年,成立固始县避雷装置检测中心,逐步开展新建建(构)筑物防雷工程图纸审核、设计评价、竣工验收及计算机信息系统防雷安全检测。

气象科普宣传　1977 年,开始在固始县城繁华街道利用板报、墙报进行气象科普宣传,同时在县广播站播发气象知识广播稿。1999 年,与固始县科学技术协会合作,建立中小学气象科普实践教育基地。2000 年起,每逢世界气象日、科协成立纪念日、安全生产宣传周,均在县城繁华地段设立咨询台、宣传展板,印发宣传单。每年举办 2～4 次电视气象专访或专题节目。

科学管理与气象文化建设

1. 社会管理

2001 年 1 月,成立气象行政执法队,4 名兼职执法人员均通过固始县政府法制办培训考核,持证上岗。2002—2008 年,与安监、消防、建设、教育等部门联合开展气象行政执法检查 20 余次。

2003 年 6 月,进入固始县政府行政审批中心综合窗口,承担气象行政审批职能,规范防雷、庆典彩球施放审批制度。

2005 年,绘制了《固始气象观测环境保护控制图》,先后在国土、环保、规划、建设等部门进行备案,为气象观测环境保护提供重要依据。

2. 政务公开

2002 年,设立政务公开栏,将气象行政审批办事程序、气象服务、服务承诺、气象行政执法依据、服务收费依据及标准等内容,向社会公开。2006 年,制定下发了局务公开工作操作细则,落实首问责任制、气象服务限时办结、气象电话投诉、气象服务义务监督、财务管理等一系列规章制度,坚持通过上墙、网络、展板、办事窗口及媒体等 5 个渠道开展政务公开工作。

3. 党建工作

1958 年以前,无独立的党组织,在固始县政府联合党支部内过组织生活。1958 年 7 月,建立固始县气象站党支部,1978 年 9 月,建立了中国共产党固始县气象站支部委员会。1990 年 3 月,更名为中国共产党固始县气象局支部委员会,下设 2 个党小组。截至 2008 年底,共有党员 17 人(其中退休党员 6 人)。

2000—2008 年,参与气象部门和地方党委开展的党章、党规及法律法规知识竞赛共 12 次。2002 年起,连续 7 年开展党风廉政教育月活动。2004 年起,每年开展作风建设年活动。2006 年起,每年开展局领导党风廉政述职报告和党课教育活动,并层层签订党风廉政

目标责任书,推进惩治和防腐败体系建设。2008年,在各个值班室、办公室统一订制了"五禁止、十不准"警示牌,并随时监督检查执行情况。

3. 气象文化建设

1987年起,先后开展了"争先创优","五讲四美三热爱",综合治理"脏、乱、差",建设一流台站活动及开展各种义务劳动。

2000—2008年,先后开展"三个代表","保持共产党员先进性","三新","讲、树、促"等教育活动;并与固始县直机关一道,开展与贫困村(户)、残疾人、困难职工、留守儿童结对帮扶,帮助计划生育落后村,干部下乡任村长等活动;与其他县直机关单位共同组织开展文体比赛活动。1974年购置了14英寸黑白电视机,在职工观看的同时还热情接待附近居民群众前来观看;还先后办起了乒乓球室、图书室,丰富了职工业余文化生活。

1996年12月,创建成为县级"文明单位"。1998年2月,创建成为地(市)级"文明单位"。

4. 荣誉与人物

集体荣誉

荣誉称号	获奖时间	颁奖单位
全国农业战线先进集体	1957.04	政务院
全国农业战线群英会	1959.04	国务院
全国气象双学先进单位	1978.09	中央气象局
全省农业先进单位	1978.05	河南省政府
淮河流域能量与水分循环试验地面气象加密观测先进单位	1999.01	中国气象局
气象基本业务建设先进单位	1985.03	河南省气象局
气象小麦遥感测产先进单位	1985.05	河南省气象局
汛期服务先进单位	1992.11	河南省气象局
"121"服务系统先进单位	1998.02	河南省气象局

个人荣誉 建站以来,共有7人(次)获得省部级以上表彰,91人(次)获得地市级以下表彰。

人物简介 文耀林,男,1929年12月出生,1954年1月调任固始气象站任副主任、副站长、站长。1957年4月、1959年4月和1978年9月先后3次因工作成绩突出,被评为出席全国农业战线先进集体的代表,受到党和国家领导人的亲切接见。

台站建设

建站初期,在固始县人民政府院内仅有1块场地、1间值班室和1间住室。1954年1月,在县城西关福音堂附近建立了独立的气象站。1956年9月,站址迁至城关镇西关郊外,开始挖饮水井,架设照明电、有线电话。

1971年11月,建成了二层(6间)的办公楼。1978年,安装自来水。1987年6月,建成

了2排共30间砖木结构职工家属平房。1992年9月,306平方米业务楼建成投入使用。1994年1月,建成457平方米的职工住宅楼。2002年,县政府在城郊岳桥村204省道西置换补偿土地0.86公顷,作为气象局新办公用地。2004年1月1日,新自动站观测场建成投入使用。2005年5月,675平方米新办公楼建成,办公区整体搬迁到城郊岳桥村。

商城县气象局

商城县位于豫、鄂、皖三省交界处,地处大别山腹地,江淮之间。地形南北狭,东西宽。地势南北倾斜,逐级降低。南部山地,海拔多在千米上,面积占全县面积的40%。大部分地区被燕山期花岗岩侵入,地层展布方向大致呈北西西向。商城县地处亚热带北部的大别山北麓,生态环境优越,自然条件良好,自然资源较为丰富。

机构历史沿革

始建情况 商城县气候站始建于1957年,站址位于商城县城关西大畈,观测场设在距气候站南76米处,位于北纬31°49′,东经115°23′。

站址迁移情况 1979年,观测场向北迁移60米。2006年,迁至距旧址西北方向1900米处的鲇鱼山乡新华村方塆村民组,观测场位于北纬31°49′,东经115°23′,海拔高度91.6米。

历史沿革 1957年12月,称商城县气候站。1958年11月,更名为商城县气象站。1960年2月,更名为商城县气象服务站。1971年5月,更名为商城县气象站。1990年3月,更名为商城县气象局。1983年9月以前为股级单位,1983年9月以后为正科级单位。

管理体制 1958年1月—1963年,归商城县农业局领导。1963—1971年,以气象部门管理为主,地方由商城县农业局代管。1971年5月—1973年5月,由商城县人民武装部领导。1974—1983年,由商城县农业委员会领导。1983年9月起,实行气象部门与地方政府双重领导,以气象部门领导为主的管理体制。

机构设置 1958—1976年,地面观测、天气预报和农业气象服务工作合班完成。1977—1988年,设测报股、预报股和农业气象服务股。1993年,将地面测报、天气预报合并设基础业务股,将专业气象有偿服务与农业气象合并设专职气象有偿服务股;1996年设防雷中心,2000年成立商城县人工影响天气领导小组办公室和商城县气象科技综合服务部,2001年设防雷减灾办公室。

单位名称及主要负责人变更情况

单位名称	姓名	职务	任职时间
商城县气候站	赵汝成	站长	1958.01—1958.11
商城县气象站			1958.11—1960.02

续表

单位名称	姓名	职务	任职时间
商城县气象服务站	赵汝成	站长	1960.02—1961.01
	柳学乾	站长	1961.01—1971.05
商城县气象站			1971.05—1971.07
	朱宏志	代管	1971.07—1973.07
	柳学乾	站长	1973.07—1983.12
商城县气象局	杨绪籴	站长	1984.01—1990.03
		局长	1990.03—1991.03
	赵 豫	局长	1991.03—

人员状况 1957 年,有职工 2 人。2008 年底,有在编职工 6 人,其中:大学学历 3 人,大专学历 2 人,中专学历 1 人;副研级职称 1 人,中级职称 3 人,初级职称 2 人;50 岁以上 2 人,40～49 岁 2 人,40 岁以下 2 人。

气象业务与服务

1. 气象业务

①气象观测

地面观测 商城县气象站属于国家一般气象站。从 1958 年开始,每日 08、14 和 20 时 3 次定时观测,夜间不守班。

观测项目有云、能见度、天气现象、气压、气温、湿度、风向、风速、降水、雪深、日照、蒸发、地表温度和浅层地温等。1966 年 1 月 1 日增加气压自记观测,1975 年 1 月 1 日增加气温自记观测,1975 年 6 月增加湿度自记观测,1976 年 4 月 1 日增加雨量自记观测,1978 年 7 月 1 日增加电接风自记观测,2008 年 11 月增加电线积冰观测。

1958 年 1 月 1 日—2008 年 12 月 31 日,每日 05、17 时向河南省气象局拍发雨量报;1958 年 1 月 1 日—2006 年 12 月,每日 14 时向河南省气象局拍发小图报;1958 年 1 月 1 日—2008 年 12 月 31 日,每日 08、14、20 时向河南省气象局编发加密天气报;1958—2008 年 12 月,向中央气象台、省气象台编发重要天气报,分定时和不定时,定时为 08、14、20 时,不定时为出现时在规定的时效内编发。

编制报表气表-1 和气表-21,报河南省气象局和信阳市气象局各 1 份,本站留底本 1 份。

2000 年 11 月,通过 FTP 内网向河南省气象局传输原始资料,同时停止报送纸质报表。

2005 年以前的气簿-1、气簿-2、气压、气温、湿度、风向、风速、降水自记记录,于 2008 年 12 月全部移交给河南省气候中心管理。

区域自动站观测 2005—2006 年,在商城县 18 个乡镇安装了自动雨量站(鲇鱼山乡由商城县气象局代替)。2007 年,河凤桥乡自动雨量站由四要素自动站替代,自动观测和上传风向、风速、降水和气温。

农业气象观测 1958—2008 年,每月 8、18、28 日定点测墒,干旱期间加密测墒。1981

年 10 月—2000 年 6 月,开展小麦发育期观测。1981 年 9 月—2008 年 12 月,编发和编写农业气象旬、月报。1982 年 4 月—2000 年 7 月,开展水稻发育期观测。1990 年—2008 年 12 月,撰写服务材料。1994 年 8 月 21 日—2008 年 12 月 21 日,每月 1、11、21 日向河南省气象局、信阳市气象局编发墒情报。2003 年 9 月—2008 年 12 月,向信阳市气象局编发农业气象周报。

②天气预报

1958—1969 年,利用收音机收听中央、武汉和合肥气象台发布的天气预报后,结合本地的物候、天象,制作短期天气预报。1970—1998 年,利用收音机接收武汉区域中心气象台发布的全国基本观测台站的高空及地面大气探测资料,填写在地面、850、700 和 500 百帕小天气图上,然后绘制等压和等温线,依据图上的等压、等温线分析天气形势,同时参考河南、湖北和安徽省气象台发布的天气预报,制作本县天气预报。1981—1993 年,使用气象定频接收机,接收日本静止气象卫星发送的云图、高空和地面大气探测传真资料,作为预报的补充依据。1999 年—2008 年 12 月,从信阳市气象局局域网服务器上调取河南省气象台和信阳市气象台的预报指导产品,然后根据本站的气象要素实况,对预报指导产品进行订正。但修改信阳市气象台发布的重要天气预报时,必须与信阳市气象台会商取得一致意见后才能修改。

制作长期天气预报于 20 世纪 70 年代中期开始。80 年代,为贯彻执行中央气象局提出的"大中小、图资群、长中短"相结合的技术原则,组织力量,多次会战,建立了一整套制作长期预报的特征指标和方法,应用于长期预报工作中。长期预报产品有春播预报、汛期(6—8月)预报。

③气象信息网络

1980 年以前,利用收音机收听武汉区域中心气象台和安徽省气象台以及河南省气象台播发的天气预报和天气形势。1981 年 4 月,利用传真机接收北京、欧洲气象中心以及东京的气象传真图。1986 年 11 月,开通市、县气象局联网的甚高频电话。1998 年,建立了与信阳市气象台联网的网络终端。2007 年,建立了气象网络应用平台,开通了 100 兆光缆,接收从地面到高空各类天气形势图和云图、雷达等数据,为气象信息的采集、传输处理、分发应用、会商分析提供通信支持。

1958 年,报文通过商城县邮电局专线上传。1986 年,利用甚高频无线电话传递报文和政务信息。2001 年 4 月,利用县级业务系统网络传递报文和各类气象信息及政务信息。

2. 气象服务

公众气象服务 20 世纪 80 年代以前,24～48 小时商城县天气预报通过电话传递到商城县广播站,利用有线广播对社会服务。1994 年,在余集、上石桥、李集、丰集、汪桥、河凤桥、四顾墩、苏仙石、双春铺、鄢岗、武桥 11 个乡镇建立气象警报系统。2004 年 4 月 1 日,开始在商城县电视台以滚动字幕的形式对社会发布天气预报。2008 年,开始在商城县电视台播放由商城县气象局制作的影视天气预报节目;并按照商城县委、县政府的要求,在互联网上建立了商城县气象局网站,在网站上发布气象信息,多渠道地服务于社会。2005 年 12 月,与商城县电信局合作,建立"121"电话自动答询气象服务平台,通过该平台向社会提供短、中、长期天气预报和森林火险等级气象服务(2007年集约到信阳市气象局开展)。

决策气象服务 1991年以前,主要通过电话、人工传送和邮寄方式向县领导和有关部门及全县发布气象信息。遇有重大灾害性天气,由站长以口头或书面形式向县委、县政府提供决策服务。1991年开始,以"农业气象情报"、"汛期(6—8月)天气趋势分析"等产品向县委、县政府和有关部门提供服务。2006年3月,开通了手机短信决策服务平台。2008年,开展气象灾害预警预报服务。

人工影响天气 2000年,为了抗旱减灾的需要,商城县政府成立商城县人工影响天气领导小组,领导小组下设办公室,办公室设在商城县气象局。同年,商城县人民政府投资购置2门"三七"高炮,建立了人工影响天气作业体系。2001年,商城县人民政府与河南省人民政府共同投资,购置车载式火箭2台套。至2008年底,商城县气象局共开展人工增雨作业15次。

防雷技术服务 1991年开始,在商城县开展了防雷装置安全性能检测工作。2002年,开始在商城县开展防雷装置的安装和防雷装置设计审核、竣工验收工作。

气象科普宣传 1991年以前,以邀请中小学生来站参观的方式,向社会宣传普及气象知识。1995年以后,通过在电视台播放有关气象科学发展的专题片,利用"3·23"世界气象日、全国科普日等节日,上街办展板,送科技下乡,向来站参观的中小学生讲解气象知识方式及利用商城县科协等组织的科普专刊等途径,宣传气象知识。2003年,被商城县科学技术协会授牌定为科普教育基地。

气象科研 1994年在商城县开展了"利用大别山的气候资源优势开发特优水稻"研究项目,获得河南省气象科学技术进步四等奖。

科学管理与气象文化建设

1. 社会管理

2001年设防雷减灾办公室,依据商城县人民政府办公室下发的《批转县气象局关于贯彻执行〈防雷减灾管理办法〉的实施意见的通知》(商政文〔2002〕52号),行使防雷减灾管理职能。

2007进入商城县行政审批大厅,行使行政许可职能,依法管理防雷减灾、天气预报发布与传播和氢气球施放审批工作。

2. 政务公开

对气象行政审批办事程序、气象服务内容、服务承诺、气象行政执法依据、服务收费依据及标准等,通过户外公示栏向社会公开。财务收支、目标考核、基础设施建设、工程招投标等,通过职工大会或公示栏张榜等方式,向职工公开。财务一般每半年公示一次,年底对全年收支、职工奖金福利发放、领导干部待遇、劳保、住房公积金等向职工作详细说明。

3. 党建工作

1986年以前,由于党员人数少,党员活动先后编入商城县国营农场党支部、商城县人民武装部党委、商城县农业局党委和商城县人民政府党总支。商城县气象站支部委员会成立于 1986 年,2000 年中共商城县气象局支部委员会调整为独立一级机构党组织。截至 2008 年底,共有党员 6 名(其中退休党员 3 名)。

4. 气象文化建设

1993 年 12 月,商城县气象局被商城县委、县政府命名为县级"文明单位"。1997 年 12 月,被信阳市委、市政府命名为市级"文明单位",2003 年再次获此荣誉。2008 年,创建为市级园林单位,并重新申报市级"文明单位"成功。

5. 荣誉

集体荣誉   2004 年荣获河南省气象局颁发的"重大气象服务先进集体"荣誉称号。
参政议政   王金海 1987—1997 年连任商城县第三、四、五届政协委员。

台站建设

1957 年初建站时,只有 3 间青砖黑瓦平房,1 间为办公室,2 间为职工住室,建筑面积大约 75 平方米。1963 年,在 3 间平房的西侧,搭建了 3 间草房作职工住房。1964—1965 年,在 3 间平房基础上向东延伸又建 6 间相同的平房和 1 间小厨房。1972 年,在 10 间平房的东侧,建 3 间平房。1979—1980 年,在 10 间平房南 20 米处,建 1 幢二层 10 间砖混结构的办公楼和 3 间平房,办公楼与 3 间平房之间建大门连接,形成一个占地 1890 平方米的小院。

1991 年,河南省气象部门进行第一次台站综合改善时,拆除 3 幢旧平房,建 1 幢三层 6 套共 349 平方米的住宅楼。

2004—2007 年,商城县气象局新址占地 7260 平方米。建围墙高 2.5 米、长 326 米,是一座 89 米×79 米的四方形院子,大门为长 10 米、高 6 米的欧式建筑。院内新建办公楼和职工住宅楼各 1 幢,新建二层半的办公楼,建筑面积 575 平方米,除满足各股室工作用房外,还有老干部活动室、图书室和视频会议室以及车库、炮库;职工住房是 1 幢二层 9 套共 1824 平方米单门独院的连体住宅楼。气象观测场设在大院的西南角,比院内地平线高 3 米。余下空地全部进行美化、绿化和硬化,硬化面积 1200 平方米,绿化面积 1800 平方米,建景观回廊 15 米,修建半篮篮球场 1 个,健身场 300 平方米,并安装健身器材 5 套。

2008 年被信阳市委命名为市级园林单位。

光山县气象局

光山县历史悠久,源远流长。周时,弦子受封,建国光山;春秋时,楚灭弦,遂属楚地;秦时,属九江郡;汉初,设立江夏郡,境内设西阳、轩县;公元 589 年更光城曰光山县,隶属豫州。

机构历史沿革

始建情况　光山县气象站始建于 1958 年冬季,站址位于北郊宝相寺(保险寺),1959年 1 月 1 日开始地面观测工作,为每日 3 次观测站。

站址迁移情况　1962 年 1 月 1 日,迁至城南曹围孜。1966 年 8 月 1 日,迁至光山县城西李围孜,观测场位于北纬 32°02′,东经 114°54′,海拔高度 49.6 米。

历史沿革　1958 年冬—1960 年 2 月称光山县气象站。1960 年 2 月—1971 年 5 月称光山县气象服务站。1971 年 5 月—1990 年 1 月称光山县气象站。1990 年 1 月至今称光山县气象局。1983 年 9 月以前为股级单位,1983 年 9 月以后为正科级单位。

管理体制　自 1958 年 12 月建站起,由光山县人民政府领导。1966 年 12 月起,由光山县革命委员会领导。1981 年 1 月起,由光山县人民政府领导。1984 年 4 月,实行由上级气象部门和地方政府双重领导、以气象部门领导为主的管理体制。

机构设置　1975 年,下设测报组、预报组、农业气象组。1987 年,测报组、预报组、农气组合并为基础业务股。1990 年,业务办公室、财务室、后勤组合并为综合办公室。1990,年成立防雷中心。2001 年,将原来的天气预报制作业务、天气预报图片广告业务和彩球施放业务合并,成立蓝天气象服务部。

单位名称及主要负责人变更情况

单位名称	姓名	职务	任职时间
光山县气象站	张国臣	站长	1959.01—1959.12
			1959.12—1960.02
光山县气象服务站	王永习	站长	1960.02—1971.05
			1971.05—1971.12
光山县气象站	李运孚	站长	1971.12—1981.11
	陶祥佐	站长	1981.11—1990.01
光山县气象局		局长	1990.01—1993.10
	杨金胜	局长	1993.10—

人员状况　1958 年建站时,有职工 3 人。2008 年底,有在职职工 11 人(其中正式职工8 人,聘用职工 3 人),退休职工 1 人。在职职工中:男 9 人,女 2 人;大专学历 7 人,中专及以下学历 4 人;高级职称 1 人,中级职称 4 人,初级职称 2 人;30 岁以下 3 人,31~40 岁 3人,41~50 岁 3 人,50 岁以上 2 人。

气象业务与服务

1. 气象业务

①气象观测

地面观测　自建站起,每日进行 08、14、20 时 3 次定时观测,夜晚不守班。

观测项目包括云、能见度、天气现象、气压、气温、湿度、风向、风速、降水、雪深、日照、蒸发、地面及浅层地温等。1975 年 1 月 1 日开始,压、温、湿 02 时记录用自记记录代替;1980年 1 月 1 日开始,风的 02 时记录用自记记录代替。

1964 年 1 月开始,每日 14 时拍发 1 次小图报。1971 年 1 月 1 日,05、17 时拍发雨量报。

区域自动站观测 2006 年,在孙铁铺、罗陈、砖桥和白雀等乡镇建设了 10 个乡镇雨量站。2007 年,又建 7 个乡镇雨量站和 1 个四要素区域自动气象站,形成了覆盖各乡镇的区域自动观测站网络。

农业气象观测 1975—1980 年,由于地方的需要,从事农业气象工作人员长期驻在文殊、寨河等乡的农科队,进行水稻田间气候观测和冬小麦不同时段分区播种观测试验。1987—1989 年连续 3 年开展苎麻种植观测。

②天气预报

建站之初,制作补充天气预报。1970 年 10 月开始,通过收听天气形势,结合本站资料图表,每日早晚制作 24 小时内日常天气预报。从 1990 年开始,开展常规 24 小时、未来 3～5 天和旬(月)报等短、中、长期天气预报以及临近预报。2008 年,开展灾害性天气预报预警服务业务。

③气象信息网络

1980 年以前,利用收音机收听武汉区域中心气象台和安徽气象台以及河南省气象台播发的天气预报和天气形势。1980 年 4 月,配备了传真机,接收北京、欧洲气象中心以及东京的气象传真图。1986 年 11 月,使用甚高频电话,与信阳市气象局进行无线通信,主要用于小图报、雨量报的传递和预报指导产品的接收、天气会商等。1998 年,建立了与信阳市气象台联网的网络终端。2007 年,建立气象网络应用平台,开通了 100 兆光缆,接收从地面到高空各类天气形势图和云图、雷达等数据,为气象信息的采集、传输处理、分发应用、会商分析提供通信支持。

2. 气象服务

公众气象服务 1991 年以前,主要通过广播、电话、人工传送和邮寄方式向县领导和有关部门及全县发布气象信息。1991 年,建立了气象警报系统,面向全县所有乡镇每天两次发布气象信息。1997 年 7 月,开通了气象信息"121"电话自动答询系统。1994 年 10 月,光山县气象局与县电视台合作,将天气预报电话传到电视台,电视台每天 3 次发布天气预报。1998 年,建立了电视气象影视制作系统,将制作好的天气预报录像带送至电视台,2006 年改为 U 盘传送。2006 年,建立了气象信息平台,开通了手机短信气象服务。2008年,建立了灾害天气直报系统。

决策气象服务 1991 年以前,主要通过电话、人工传送和邮寄方式向县领导和有关部门及全县发布气象信息。遇有重大灾害性天气由站长以口头或书面形式向县委、县政府提供决策服务。1991 年开始,每年年初制作"年景气候趋势预测"、"农业气象情报"和"汛期(6—8 月)天气趋势分析"等产品,并为节日和重大社会活动提供气象保障服务。

人工影响天气 2000 年成立光山县人工影响天气领导小组,办公室设在气象局,配备

"三七"高炮 2 门、长兴田野皮卡车 2 辆,2001 年又配备人工增雨火箭发射装置 2 套,在干旱年景开展人工增雨作业。

防雷技术服务 1990 年 3 月,光山县政府办公室转发了光山县气象站、保险公司、劳动局《关于在全县开展建筑物避雷装置检测的报告》的通知,当年开始对全县各单位、企业的建筑物避雷装置安全检测。1996 年,设立光山县防雷中心,从事防雷检测工作。1996 年,开始开展建筑物防雷装置的安装工作。

气象科普宣传 1994 年以前,主要是应邀到光山县农业高中讲授气象专业课或者让中小学生来观测站参观等方式,向社会宣传气象知识。1995 年以后,主要宣传途径为:一是在电视台播放有关气象科学发展的专题片;二是利用"3·23"世界气象日、全国科普日等节日,上街办展板;三是送科技下乡;四是向来站参观的中小学生讲解气象知识;五是通过光山县科协等组织的科普专刊等途径,宣传气象知识。2003 年,被光山县科学技术协会授牌定为科普教育基地。

气象科研 1987—1989 连续 3 年开展苎麻种植观测,运用有效积温与不同收获期苎麻的纤维指数进行对比实验取得成功,国家气象局、中国气象学会授予光山县气象站"全国气象科技扶贫三等奖"。1983 年,农业区划获"河南省人民政府农业区划重大科技成果"三等奖。2000—2003 年,参加全省统一组织的"河南优质稻米高产高效低耗栽培技术研究开发"和"大豆优质高产综合技术研究与应用"项目,获河南省农牧渔业丰收计划项目一等奖。

科学管理与气象文化建设

1. 社会管理

2002 年 5 月,光山县气象局成立法制办公室,5 名兼职执法人员均顺利通过光山县政府法制办公室培训考核,领取了执法证,持证上岗。2004 年 4 月,光山县人民政府依据《河南省防雷减灾实施办法》,召开了防雷管理职能分工县长办公会,形成了会议纪要。2004 年 11 月,光山县人民政府发文《关于加强我县防雷减灾管理工作的通知》(光政文〔2004〕86 号),明确了气象部门的防雷减灾管理职能,同年光山县气象局派人进入光山县行政审批大厅,行使行政许可职能,依法管理防雷减灾、天气预报发布与传播和彩球施放审批工作。

根据《中华人民共和国气象法》、《气象探测环境和设施保护办法》,以及中国气象局、建设部联合下发的《关于加强气象探测环境保护的通知》和豫气发〔2004〕158 号文件的要求,光山县气象局将光山县国家一般站气象探测环境保护相关文件、资料、图表等材料,送达光山县建设局备案。2007 年 12 月 10 日,在县规划局成立之时,再次送交光山县规划局备案,有效地保护了探测环境。

2. 政务公开

2005 年 1 月,成立了以局长为组长的局务公开领导小组,组长负总责。制作了对外局务公开公示栏,将本局的办事机构设置及职能、办事人员及职责、办公地点及联系电话、办事依据、办事程序、办事条件、办事效果、服务承诺及气象执法所涉及的服务项目、收费标准、审批权限、监督办法等,予以公布。在办公楼的门厅中设立对内公开栏,将单位的重要决策、经营收入、招待费、交通费、通信费和各股室的内部奖金分配以及各类补助费等费用进行公布,对评先、职称评定等人选进行公示,接受群众监督。

2006年,光山气象局被中国气象局评为"全国气象部门局务公开先进单位"。

3. 党建工作

1978年,成立光山气象站党支部,当时有党员7人,截至2008年底共有党员6人(其中离退休党员1人)。

1998—2008年,多次参加气象部门和地方党委组织的党章、党规和法律法规知识竞赛。

2002—2008年,连续7年开展党风廉政教育月活动。2005年起,每年开展局领导党风廉政述职报告和党课教育活动,并层层签订党风廉政目标责任书,推进惩治和防腐败体系建设。

1998—2008年,先后有6人(次)被中共光山县委授予优秀共产党员称号。

4. 气象文化建设

1996年,建立了文化娱乐室,室内购置有电视、VCD、音响和射灯。1996—2008年,每逢五一、十一等节日都组织职工开展棋牌比赛,丰富了职工的文化生活;在值班室和办公楼的走廊墙壁挂立积极向上的名人格言,增添了单位的文化氛围。

光山县气象局在1994年创县级"文明单位";1996年创市级"文明单位",2003年再次被信阳市委、市政府命名为市级"文明单位"。

5. 荣誉

集体荣誉　1978年,被国家气象局授予"全国气象系统先进单位"荣誉称号。1986年被国家气象局授予"天气预报先进集体"称号。1989年,被国家气象局、中国气象学会授予"科技扶贫先进集体"称号。

个人荣誉　陶祥佐1978年被国家气象局授予"全国气象系统先进工作者"称号。1987—2008年,有16人(次)创连续百班无错情;有2人(次)创连续250班无错情,被国家气象局评为"质量优秀测报员";有1人被信阳市委、市政府评为"抗雪灾服务先进个人"。

参政议政　杨金胜2007年当选为光山县政协委员。

台站建设

1966年,光山县气象站办公及职工宿舍建筑面积仅有294平方米,1975年扩建后达到336平方米。1993年,建职工住宅412平方米。1998年,又建职工住宅384平方米。2001年,建值班室1间、炮库2间,计130平方米。2004年建两层办公楼1幢,建筑面积为206平方米,新楼投入使用后更换了所有办公家具。从1995年有第一台电脑用于卫星云图接收开始,到2004年底已有9台电脑用于业务工作和办公,达到人均一台电脑。

2008年,光山县气象局占地面积4158平方米,院内硬化、绿化面积合计达1360平方米。

2005年,获市级"花园式单位"称号;2008年,获县级"园林式单位"称号。

新县气象局

新县地处大别山腹地,鄂豫皖三省结合部,跨长江、淮河两大流域,素有"三省通衢"、"中原南门"之称,是全国著名的革命老区和"将军县"。全县总面积1612平方千米,截至2008年底,总人口34.8万。

机构历史沿革

始建情况 新县气候站1957年1月1日始建于新县城关红星街何湾,地理位置北纬31°38′,东经114°51′,观测场海拔高度91.9米,承担国家一般气象站任务。

站址迁移情况 1979年1月1日,迁至新县城关东风岭山顶,在原址东北约1200米处,海拔高度128.7米。

历史沿革 1959年7月1日,新县气候站更名新县气象站。1960年3月,更名为新县气象服务站。1961年5月,名称恢复为新县气象站。1990年3月,更名为新县气象局。

管理体制 从建站至1969年,隶属新县农业局,业务受信阳地区气象台指导。1969年底,归新县人民武装部领导。1973年10月,再次划入县农业局领导。1983年10月,实行气象部门与地方政府双重领导,以气象部门领导为主的管理体制。

机构设置 1984年,内设气象测报股、预报股、农业气象股。1993年,内设气象业务股、气象服务股、办公室。2002年4月,内设气象业务股、防雷中心、办公室。

单位名称及主要负责人变更情况

单位名称	姓名	职务	任职时间
新县气候站	不详		1957.01—1958.07
			1958.08—1959.06
新县气象站	赵学新	副站长(主持工作)	1959.07—1960.02
新县气象服务站			1960.03—1961.04
			1961.05—1961.10
新县气象站	林兰	副站长(主持工作)	1961.10—1962.11
	赵学新	副站长(主持工作)	1962.11—1984.05
	陈世银	副站长(主持工作)	1984.05—1990.03
		副局长(主持工作)	1990.03—1990.09
新县气象局	余孝华	副局长(主持工作)	1990.09—1992.05
		局长	1992.05—2002.01
	姚根生	副局长(主持工作)	2002.01—2006.03
	卢孝发	副局长(主持工作)	2006.03—2007.03
		局长	2007.03—

人员状况　1957 年建站初期,有职工 2 人。1980 年,有职工 10 人。2008 年底,有在职职工 9 人(均为正式职工);退休人员 5 人。在职职工中:大专学历 4 人,中专学历 5 人;中级职称 7 人,初级职称 2 人;41～50 岁 7 人,50 岁以上 2 人;女职工 2 人。

气象业务与服务

1. 气象业务

①气象观测

地面观测　1957 年 1 月 1 日,开始地面气象观测,观测时次采用地方时,每天进行 01、07、13、19 时 4 次定时观测。1960 年 8 月 1 日起,采用北京时,改为每日 02、08、14、20 时 4 次观测。1962 年 6 月 1 日起,改为每日 08、14、20 时 3 次定时观测。

初建时,观测项目有云、能见度、天气现象、气温、湿度、降水、风向、风速、蒸发、雪深。1961 年 11 月 30 日观测冻土,1979 年 12 月 31 日停止观测;1961 年 1 月 1 日,开始观测日照,地面 0 厘米温度,地面最高、最低温度,曲管 5、10、15、20、40、80、160、320 厘米地温;1962 年 1 月 1 日,开始观测气压;1962 年 5 月 31 日,停止观测蒸发量和 80、160、320 厘米地温;1965 年 1 月 1 日,恢复观测蒸发量。1979 年 12 月 31 日,停止观测 40、80 厘米地温。2008 年底,观测项目有云、能见度、天气现象、气压、气温、湿度、降水、风向、风速、蒸发、雪深、日照、电线积冰,以及地面 0 厘米温度,地面最高、最低温度,曲管 5、10、15、20 厘米地温等。

1960 年 1 月 1 日,开始承担预约航危报业务;1961 年 8 月 1 日起,担任每日 05—20 时固定航危报任务,1986 年 1 月 1 日取消。

1998 年 8 月,开始应用微机制作气象报表。1999 年 4 月,气象电报编制实现自动化,天气加密报和雨量报通过 FTP 内网上传。2008 年 12 月,1957—2005 年长期和永久保存的气象记录档案移交河南省气候中心。

区域自动站观测　2005 年 9 月,建成箭河、陈店、郭家河、陡山河、卡房、千斤、吴陈河、浉湾、周河、田铺 10 个乡镇自动雨量站。2006 年 6 月,建成沙窝、苏河、新集、泗店、八里 5 个乡镇和香山、长洲河 2 个中型水库自动雨量站,完成了全县雨量自动观测站网布局。该站网观测数据是县政府掌握全县雨情、指导全县防汛抗旱工作的重要决策依据。

农业气象观测　1965 年 11 月,开展季节性土壤湿度观测,不定期为各级领导机关、农业部门专题制作春播、秋播适宜期预报。1982 年起,编发农业气象旬、(月)报。1983 年,设立农气股,主要业务有为开展小麦、水稻作物生育状况简易观测,定期观测土壤湿度,开展农业气象服务;制作简易报表并分别向信阳市气象台拍发气象旬(月)报电报、向河南省气象台拍发墒情。1994 年,开始进行全年土壤测墒。2003 年 12 月起,编发农业气象周报。1982—1985 年,为配合国家气象局组织的大别山区气候资源调查,在代嘴乡朱冲村村部(海拔 300 米)、蜂子笼(海拔 500 米),田铺乡桃花尖(海拔 800 米)、黄毛尖(海拔 1000 米)设立 4 个气候资源观测点,开展为期 3 年的气候资源考察工作。

②天气预报

1958 年建站之初,靠收听省级气象台天气预报结合本地气象要素,参考天气谚语、物象,制作单站补充订正天气预报。1963 年 8 月起,接收武汉中心气象台天气广播,收听天气形势,点绘简易地面天气图。1976 年起,加绘 850、700、500 百帕高空天气图,结合本站资料图表,每日早晚制作 48 小时内短期天气预报。20 世纪 80 年代初起,增加旬(月)报等中、长期天气预报,不定时制作供领导决策参考的各类重要天气报告、预报等。2004 年 8 月,开展灾害性天气预警业务。

③气象信息网络

1985 年前,利用收音机收听武汉区域中心气象台和上级以及周边气象台站播发的天气预报和天气形势。1985 年 6 月,配备 ZSQ-1(123)天气传真接收机接收北京、欧洲气象中心以及东京的气象传真图。1988 年,配置甚高频无线电话,接收信阳市气象台卜传的卫星云图分析、雷达资料及指导预报。1996 年 7 月,建成信阳市气象台微机广域网新县远程终端,能登录信阳市气象台天气预报应用平台浏览。2001 年 7 月,建成县级卫星通信 VSAT 接收站,24 小时不间断接收气象卫星广播下行资料。1999 年 4 月,通过因特网登录信阳市气象台服务器,可下载河南省气象台天气形势分析,地面、高空各类天气形势图和云图、雷达等数据,能动态演示高空环流和地面气象要素变化,为气象信息的采集、分发应用、会商分析提供支持。

2. 气象服务

公众气象服务 1966 年 6 月起,每天早晚两次制作 24～48 小时短期天气预报,利用新县有线广播向全县广播。1976 年,在全县三级干部会上,第一次用文字发布全年降水趋势预报。1995 年,利用高频电话建立气象警报系统发射台,面向有关部门、企事业单位等开展天气预报、警报信息发布服务。1997 年 10 月,通过"121"天气预报电话自动答询系统,开展短期、中期、长期天气预报和森林火险气象等级预报服务。2007 年 12 月,应用非线性编辑系统制作短期县内分区天气预报和森林火险气象等级预报电视气象节目,每天在 20 时《新县新闻》和 22 时《晚间新闻》后播出。

决策气象服务 每天固定向县委、县政府、防汛抗旱指挥部电话传递短期天气预报以及雨情、灾情服务,中、长期趋势天气预报文字报送,重要灾害性天气预报警报则由主要领导以书面形式向县领导面报,2004 年 7 月起,传真至县委、县政府、防汛指挥部。2006 年,开始向县主要领导和有关部门负责人编发手机短信服务;2008 年,扩大到乡镇主要负责人和各水库防汛责任人。为加强汛期气象服务,从 1991 年开始,每年汛期建立汛期气象服务领导小组、灾害性天气发布组和后勤保障组,实行 24 小时值守班制度。

人工影响天气 2000 年 4 月,成立新县人工增雨指挥部,在气象局设立办公室,负责全县人工影响天气的日常工作。2000 年 8 月,县政府投资购进部队退役 65 式双管"三七"高炮 1 门,在浒湾、千斤、泗店、陡山河、箭厂河、代咀等乡镇设立人工增雨作业炮点,从浒湾乡在职职工中培训高炮作业炮手 4 人。2001 年,县政府与省政府投资购置 BL-1 型车载式人工增雨火箭 2 台套。2002 年,建成炮库 2 间、弹药库 1 间,在职干部 4 人经过培训成为火箭炮作业炮手。2007 年 1 月 4 日—2 月 5 日大旱,全县森林火警频发,2 月 7 日首次专为森林防火实施火箭增雨作业并获成功。

防雷技术服务 1989 年,开展建筑物避雷设施安全检测。1995 年 4 月,成立新县防雷技术中心,逐步开展建筑物防雷装置安全性能定期检测,新建建(构)筑物防雷装置设计审核、竣工验收,计算机信息系统防雷安全检测等。

气象科普宣传　1983—2007年,在新县广播站科普专栏不定期开展内容以农业气象为主的气象科普知识专题讲座。1997年10月—2002年,利用"12121"电话自动答询系统设立气象科普窗口,播出气象与生活小知识。2001—2008年,每年3月23日组织开展世界气象日宣传咨询活动,在新县城关解放路繁华地段悬挂横幅标语,展出宣传展板,散发气象宣传单,设立气象咨询台,答复公众咨询。全县气象科普受教育群众累积达10万余人。

气象科研　1988年10月—1994年,参与完成的"中低山区蔬菜高产栽培"课题获1991年度河南省气象科学技术进步三等奖,"山区农林牧综合治理的方法示范推广"和"利用大别山的气候资源优势开发特优水稻"课题分别获1994年度河南省气象科学技术进步四等奖。

科学管理与气象文化建设

1. 社会管理

2000年,新县安全生产委员会印发了《加强我县防雷减灾安全管理工作的通知》(新安字〔2002〕2号),并与公安局、教体局联合印发了《关于防雷装置设计审核、安装和检测验收的通知》(新公〔2002〕27号)、《加强我县中小学防雷减灾安全管理的通知》(新教体字〔2002〕23号)等文件,依法开展防雷减灾社会管理。2005年1月,在县政府行政审批中心设立气象窗口,行使气象行政审批职能。审批项目有:防雷装置设计审核、防雷装置竣工验收、施放无人驾驶自由气球或系留气球活动审批、大气环境影响评价使用的气象资料审查、进行气象业务服务活动许可等。2004—2008年,与安全生产监督管理局、质量技术监督管理局、教育局等部门联合在全县开展防雷装置安全检查,排查雷电安全隐患,对部分不合格防雷设施进行了整改。

2007年11月,将《气象台站探测环境和设施保护标准备案书》以及气象探测环境和设施保护方面有关的法律、法规和保护标准等材料送县建设局备案,将气象探测环境和设施保护要求纳入城乡建设规划,依法给予保护。

2004年4月,成立突发灾害事件气象服务领导和灾情调查小组。2006年4月,印发《新县气象局应急处置气象服务工作预案》,承担气象防灾减灾管理职能,并纳入县政府公共事件应急体系。

2. 政务公开

2002年11月起,建立局务公开制度,成立局务公开领导小组和监督小组,依据局务公开制度设立局务公开公示栏,向社会公布气象部门职能职责,服务范围和权限,办事政策依据,办事程序和标准,办事结果,办事纪律,服务承诺和投诉渠道。在内部设公示栏,不定期公开重大事项、干部考核、任免和内部事务等,定期公开财务开支、考勤、水电管理等事项。

3. 党建工作

1992 年 7 月以前,因党员人数少,先后在新县农业局、科技局、农业委员会等党支部参加组织生活。

1992 年 7 月,成立中共新县气象局支部委员会,隶属新县县委,有党员 5 人。截至 2008 年底,有党员 8 人(其中离退休党员 2 人)。

新县气象局每年参与地方党委开展的党章、党规学习及党风廉政教育月活动。2004 年起,实行党风廉政建设责任制度,将各项党风廉政目标责任层层分解,逐项落实到人,局领导每年向新县干部廉洁自律办公室进行党风廉政建设责任述职报告。

1992—2008 年,先后有 3 人(次)被县委表彰为"优秀共产党员",3 人(次)被县委评为"优秀党务工作者"。1998 年 11 月,杨祖鹏被新县委、县政府授予"新县专业技术拔尖人才"称号。

4. 气象文化建设

1985 年起,开展争创文明单位活动,被新县委、县政府命名为县级"文明单位"。1995 年 1 月,被信阳市委、市政府命名为市级"文明单位",2003 年 3 月届满申报,再次被命名为市级"文明单位"。

5. 荣誉

集体荣誉 1990—1992 年连续 3 年被信阳地区气象局授予先进单位称号,1993 年获鄂豫皖三省气象科技扶贫工作集体奖,1997 年"121"气象电话答询获省气象局表彰,2006 年度被市气象局授予"全市气候资料综合质量先进单位"、"全市人工影响天气先进集体"称号。2007 年度获全市"重大气象服务先进集体"、"信息网络综合质量先进单位"等荣誉。2007—2008 年度,被河南省气象局评为"2008 年度重大气象服务先进集体"、"2007—2008 年度全省气象部门优秀县局"。1994—2008 年历年气象工作被县委、县政府表彰为目标考评优秀达标或达标先进单位。2007 年度优化经济发展环境工作被县委、县政府授予先进单位。2007—2008 年,平安建设和安全生产工作连年均获县先进单位。

个人荣誉 1976—2008 年,新县气象局个人获县处级以上表彰 31 人(次)。其中,有 3 人(次)被信阳市气象局评为"人工影响天气先进个人"、"汛期气象服务先进工作者",有 2 人(次)分别被信阳地委行署和新县县委、县政府评为"抗洪救灾先进个人",1 人被信阳市气象局评为"重大气象服务先进个人",10 人(次)"百班无错情"受到河南省气象局表彰。

参政议政 余孝华于 1998 年 2 月当选新县第十届人大代表。杨中原于 2003 年 9 月和 2007 年 3 月被党支部推荐为第七届、第八届新县政协委员。

台站建设

新县气象站始建于县城西郊何湾,地势低,三面环山,代表性差,1976 年在城关北头东风岭山顶新建,于 1978 年建成砖瓦结构平房 20 间,其中 8 间用于业务办公,1979 年 1 月 1 日投入使用。1982 年上山道路修建成土面公路,1993 年改建为水泥路面。

初建时观测场规格为 25 米×25 米,1964 年 11 月 30 日改为 16 米×20 米,2008 年 9 月观测场面积扩大为 20 米×20 米。

2004 年 11 月,建成两层办公楼 1 座,建筑面积 349 平方米。

2008 年,在办公楼西侧新建人工增雨炮库两层,建筑面积 100 平方米;整理修缮了上山道路,重建了供水系统,新建了自来水塔。

鸡公山气象局

鸡公山处于大别山西端,豫鄂两省交界处。鸡公山年平均气温 12.2℃,年平均降水量 1380.6 毫米,年极端最低气温－16.4℃,年雾日 149 天,素有"云中公园"之称。

机构历史沿革

始建情况 鸡公山气候站始建于 1957 年 11 月,站址位于信阳市鸡公山风景区报晓峰下,北纬 31°48′,东经 114°04′,观测场海拔高度 733.5 米,承担国家一般气象站任务。

历史沿革 1960 年 3 月,鸡公山气候站更名为信阳专区鸡公山林业气象服务站。1971 年 10 月,更名为信阳县鸡公山气象站。1990 年 3 月,更名为河南省鸡公山气象局。鸡公山气象站 1964 年 10 月定为五类艰苦台站,1989 年 3 月定为四类艰苦台站。

单位名称及主要负责人变更情况

单位名称	姓名	职务	任职时间
鸡公山气候站	苏茂生	站长	1957.11—1960.03
鸡公山林业气象服务站			1960.03—1962.10
	张东升	站长	1962.10—1971.10
			1971.10—1974.02
信阳县鸡公山气象站	杨清河	站长	1974.02—1986.03
	米传洋	副站长(主持工作)	1986.03—1989.04
	王德生	副站长(主持工作)	1989.04—1990.03
河南省鸡公山气象局		副局长(主持工作)	1990.03—1992.06
	翟安国	副局长(主持工作)	1992.06—1992.12
	曹德耀	局长	1993.01—

人员状况 鸡公山气象局自 1957 年成立,先后有 22 名正式职工在山上工作生活过。2008 年,编制 3 人,在编职工 1 人,聘用工作人员 2 人,其中大专学历 1 人。

气象业务与服务

1. 气象业务

鸡公山气象局的主要业务是完成地面一般站的气象观测,2007 年 1 月 1 日起每天向省气候中心传输 3 次地面加密天气报,制作气象月报和年报报表。

气象观测 每日进行 08、14、20 时 3 个时次地面观测。

观测项目有风向、风速、气温、气压、云、能见度、天气现象、降水、日照、小型蒸发、地面温度、浅层地温、雪深、电线积冰等。

1993 年 1 月,开展微机报表业务,向信阳地区气象局报送气表-1 底本,由信阳地区气象局业务科为鸡公山气象局制作微机报表。2000 年 4 月,购置了第一台微机,2000 年 5 月开始用微机制作气表-1。2007 年 1 月 1 日,开始编发地面加密天气报,利用无线 GPRS 传输报文。

气象信息网络 1986 年 11 月,安装了甚高频中转电话,与信阳市气象局及所辖县气象局之间进行气象报文传输及政令传达。1990 年 6 月 1 日,武汉远程终端雷达数传机正式投入使用,为信阳市、驻马店市气象局提供雷达回波图及武汉中心气象台的预报产品。2007 年 1 月 1 日,利用无线 GPRS 传输报文。2008 年 10 月,开通了移动光缆通信,气象报文通过局域网传输,通过办公自动化、MICAPS 业务系统通接收省、市气象局各类指令。

2. 气象服务

鸡公山气象局没有开展天气预报工作,仅利用信阳市气象台发布的天气预报,向鸡公山管理区提供旅游气象服务。

党建与荣誉

党建 鸡公山气象局单位小,人员少,组织机构难以健全,2008 年有 2 名党员(均为退休职工),组织关系放在鸡公山办事处党支部,参加办事处党支部的活动。

荣誉 建站至 2008 年,有 9 人(次)获得百班无错情奖励,有 1 人被中国气象局评为优秀观测员。

台站建设

鸡公山气象局位于海拔 733.5 米的高山上,远离市区。建站之初,没通公路,无水无电,工作艰难,生活艰苦。办公、生活混居在 214 平方米的一幢平房内,生活用品、仪器设备需要步行近 5 千米山路挑上山,吃水靠肩挑,照明用煤油灯、蜡烛。冬季常有冻雨产生,路面奇滑,工作时需要在脚上捆上布条防滑;雨凇常将百叶箱冻结,观测时需要用工具撬开箱门。1970 年以前,鸡公山由驻山部队发电提供不定时夜晚照明。1971 年,地方政府架设了高压电线,基本保证了工作及生活用电需要。1963 年 7 月,由当时的武汉军区将公路修通,方便了通行。1975 年,由河南省气象局投资兴建了 145 平方米的办公室,办公、生活分开。1986 年,兴建了 3 套职工住宅(平房)。1998 年,由河南省气象局部分投资及职工集资,将 3 套职工住宅(平房)拆除,兴建了 1 幢一单元两层 4 套住宅楼,使在艰苦台站工作的气象职工过上了通水、通电,电话、闭路电视进家的城市生活。2004 年,河南省气象局投资,对办公用房进行了综合改造。2007 年、2008 年,对鸡公山气象局办公生活配套设施进行了修缮。2007 年 10 月,中国气象局为鸡公山气象局配备了汽车,解决了艰苦台站的交通问题。

周口市气象台站概况

周口市位于河南省东南部,北纬 33°05′~34°20′,东经 114°15′~115°40′,海拔高度 35.5~64.3 米。面积 11959 平方千米,人口 1070 万。属暖温带季风气候,四季分明,光照充足,雨热同期,气象灾害较多,尤以旱涝为重。

所属台站概况　周口市下辖川汇区、项城市、扶沟县、西华县、商水县、太康县、鹿邑县、郸城县、淮阳县、沈丘县、国营黄泛区农场 11 个县级气象观测站。其中,西华县气象观测站是国家基本气象站,其他为国家一般气象站;国营黄泛区农场气象观测站是国家农业气象观测基本站,沈丘县、太康县观测站为河南省农业气象观测基本站。

历史沿革　1953 年 7 月,在国营黄泛区农场郭庄建立了第一个气象站(当时称为西华气象站)。1965 年前,建立扶沟、周口气象站和国营黄泛区农场农业气象试验站(隶属许昌专区),以及鹿邑、太康、郸城、项城、淮阳气象站(隶属商丘专区)。1965 年 7 月,成立周口地区行政公署气象科(1966 年改为气象台),开始对辖区内各站进行业务管理。1978 年,建立商水气象站。1979 年 5 月,成立周口地区气象局。1989 年 8 月,各县级气象站改为各县级气象局。2000 年 8 月,周口地区气象局改为周口市气象局。

管理体制　1953 年,隶属军队管理。1960 年,为气象部门和地方双重领导、以地方领导为主。1969 年 9 月,实行军队和地方双重领导、以军队领导为主。1972 年 9 月,由周口地区革命委员会和河南省气象局双重领导、以地方领导为主。1983 年 10 月,实行气象部门与地方政府双重领导、以气象部门领导为主的管理体制。

人员状况　1953 年,仅有气象正式职工 10 人。1980 年,增加到 111 人。截至 2008 年底,全市气象部门在职职工 130 人。其中:本科及以上学历 48 人,专科及以下学历 82 人;高级职称 11 人,初级职称 51 人;中共党员 69 人。

党建与精神文明建设　截至 2008 年底,周口市气象部门成立有周口市气象局机关党支部和项城市、扶沟县、西华县、商水县、太康县、鹿邑县、郸城县、淮阳县、沈丘县、黄泛区农场等县气象局支部 11 个。全市气象部门全部建成市级以上文明单位,其中省级文明单位 6 个,市级文明单位 5 个。

领导关怀　2002 年,中国气象局副局长郑国光到周口视察工作,并题词勉励全市气象工作者:"准确及时,优质服务,开拓创新,再创辉煌"。

主要业务范围

地面气象观测　地面气象观测项目有云、能见度、天气现象、气压、空气的温度和湿度、风向、风速、降水、雪深、日照、蒸发（小型）、地温（距地面 0、5、10、15、20 厘米）；西华站增加 E-601 大型蒸发、冻土、雪压、电线积冰、深层地温等。西华站每日进行 02、08、14、20 时 4 次定时观测及 05、11、17、23 时补充定时观测，拍发天气电报和补充天气报告，并拍发航空天气报，为亚洲区域气象情报资料交换站。其他各站每日进行 08、14、20 时 3 次定时观测，向河南省气象台拍发区域天气加密报。

农业气象观测　1955 年，西华县气象站开始进行小麦物候观测。1980 年，确定国营黄泛区农场气象站为国家农业气象基本站；1981 年，确定太康、沈丘站为河南省农业气象基本站。1981—1984 年，完成了农业气候区划研究，周口地区气象局被河南省政府授予农业区划先进单位，淮阳县气象站被国家气象局命名为县级区划先进单位。至 2008 年，全市开展有小麦、玉米、棉花等农作物以及粮食总产产量预报、农用天气预报、农作物生长发育状况预报、农业气象灾害预报等，发布有市冬小麦苗情卫星遥感监测信息、土壤墒情及植被指数卫星遥感监测信息、卫星遥感秸秆焚烧火点监测信息以及农业气象周报、旬（月）报、墒情等情报产品。

天气预报　周口天气预报业务始于 1957 年，主要制作 1～3 天的短期预报。1978—2008 年，周口气象预报业务快速发展，逐渐从分析手工填绘天气图制作预报发展到以数值预报为基础、综合运用多种探测资料及多种技术方法的预报预测系统，预报内容也由长、中、短期天气预报拓展到短时（临近）天气预报、气象灾害预警以及涉及人民群众生产、生活的各种指数预报。

人工影响天气　至 2008 年底，全市拥有高炮 37 门，火箭发射系统 16 套，卫星云图接收系统 3 套，通信设备 40 台套，指挥车、拖炮车 16 辆，作业设备年检仪器 2 套。1996—2008 年，共适时组织高炮（火箭）人工增雨作业 40 多次。

气象服务　20 世纪 80 年代之前，通过广播定时播放短期天气预报；遇有重大天气过程，在《周口日报》随时刊登天气公告；在关键农事季节，通过书面或者口头方式及时向各级党政领导和有关部门提供气象信息。1985 年，开始开展气象卫星遥感监测小麦苗情与测产服务，至 1990 年普及到全市 182 个乡镇。1997 年，开通"121"天气预报信息自动答询系统。2001 年，开通了"周口兴农网"。2005 年，建成手机短信预警系统和手机短信政府决策服务系统，通过手机短信向各级党政部门和用户发布气象灾害预报预警信息，为专业用户提供定制服务。2008 年底，手机短信稳定用户已达 15 万，"12121"气象信息日拨打量超过 1 万人次。

周口市气象局

机构历史沿革

始建情况　周口地区行政公署气象科始建于 1965 年 7 月，办公地址在周口市八一路。

站址迁移情况 1966年,原商水县气象站并入周口地区气象台,改名为地区行政公署气象台观测组,站址位于周口镇西郊外林场内。1967年11月,迁至周口镇八一路中段东闫庄。1974年7月,迁至周口镇西南前王庄,地理坐标北纬33°37′,东经114°37′,海拔高度44.6米。

历史沿革 1969年7月,改名为周口地区气象台。1979年5月,改名为周口地区气象局。1984年11月,改名为周口地区气象处。1989年8月,再次改名为周口地区气象局。2000年8月,改名为周口市气象局。

管理体制 成立之初,隶属地区专署和河南省气象局双重领导,以专署领导为主。1969年9月,实行军队和地方双重领导,以军队领导为主。1972年9月,由周口地区革命委员会和省气象局双重领导,以地方为主。1983年,实行气象部门与地方政府双重领导,以气象部门领导为主的管理体制。

机构设置 2008年12月,周口市气象局内设办公室、人事教育科、业务科、法规科4个管理科室和气象台、科技服务中心、防雷中心、网络中心、财务核算中心5个直属单位,周口市人工影响天气办公室挂靠在市气象局。

单位名称及主要负责人变更情况

单位名称	姓名	职务	任职时间
周口地区行政公署气象科	李 均	科长	1965.07—1969.06
周口地区气象台		台长	1969.07—1979.05
周口地区气象局	高武胜	副局长(主持工作)	1979.05—1980.03
	原兰亭	局长	1980.03—1983.12
	傅元民	副局长(主持工作)	1983.12—1984.11
周口地区气象处	邢宏宇	处长	1984.11—1989.08
周口地区气象局		局长	1989.08—1989.11
	刘兴明	局长	1989.11—1992.12
	刘金华	局长	1992.12—1998.03
	傅元民	局长	1998.03—2000.08
周口市气象局		局长	2000.08—2002.08
	朱艳杰	局长	2002.09—

人员状况 1965年7月,成立之初共有职工16人。1980年有职工43人。至2008年底,市气象局有在职职工63人,其中研究生学历2人,大学本科学历29人,专科学历32人;高级职称9人,中级职称19人。

气象业务与服务

1. 气象观测

①地面气象观测

观测项目 常年观测的项目有云、能见度、天气现象、气压、空气的温度和湿度、风向、风速、降水、雪深、日照、蒸发、地温、电线积冰。2004年11月,增加露天环境温度观测。

观测时次 每天进行 08、14、20 时 3 次定时观测,编发天气加密报。

电报传输 建站之初,通过邮电局用电话方式报送气象报文。2000 年,开始通过 X.25 分组交换网传输报文。2005 年,利用 OSSMO 2004 地面测报软件直接传输报文。2005 年,开通数据宽带传输业务。2008 年,与电信部门合作,建成 SDH 宽带备份线路。

气象报表制作 制作的报表有地面气象记录月报表、年报表。1990 年,地面气象记录月报表开始由人工制作转变为使用计算机制作。1992 年,地面气象记录年报表由人工制作转变为使用计算机制作。

②土壤湿度观测

每旬逢 8 日,对作物观测地段进行土壤水分观测。

③紫外线观测

2006 年 1 月 1 日,紫外线检测仪开始运行。

2. 气象信息网络

1965 年,使用电子管收音机接收 05、08、14 时地面实况和 08 时 500、700、850 百帕等压高空图资料。1975 年开始配备传真机,接收北京气象中心广播的"欧亚分析图"、"数值环值预报图"。1985 年,组建 VHF 甚高频无线电话网,并实现省、地、县三级联网。1994 年,采用计算机接收气象电传报,并自动填图、打印。1998 年,建设"9210"工程,安装 VSAT 双向卫星地面小站系统。2000 年,安装 X.25 宽带网,实现省—市—县专线数据传输。2003 年,开通 SDH 宽带等通信线路,建成省—市—县宽带网。2007 年,安装 DVBS 卫星资料接收系统,实现了天气雷达、卫星遥感、地面加密观测、乡镇雨量资料的实时调阅。

3. 天气预报预测

短期天气预报 1965 年,主要业务是制作 1~3 天的短期预报。2008 年底,短期天气预报每天早晨、下午各发布一次,主要内容为未来 3 天内天气、最高和最低气温、风力风向等。

中期天气预报 1965 年开展有中(3~10 天)长(月、季)期天气预报业务。2003 年,开展周天气预报,每周日制作并发布。

短期气候预测(长期天气预报) 20 世纪 80 年代中后期,开始制作一个月以上的短期气候趋势预报,主要有月、季预报,制作服务的预报包括汛期、麦收期、麦播期、秋收秋种期预报等产品。

4. 气象服务

公众气象服务 1992 年以前,气象服务信息主要是常规预报产品和情报资料,通过电台发出。1993 年,在电视台开辟电视天气预报节目。1997 年,开通了"121"气象信息电话。2001 年,开通了"周口兴农网"。2007 年,气象服务增加了紫外线强度、人体舒适度等各种指数预报。

决策气象服务 1990 年以前,决策气象服务以书面文字发送和用电话报告为主。

1990年后,公益和决策服务产品由电话、传真、信函等向手机短信、电视、微机终端、互联网等发展。2005年,建成手机短信预警系统和手机短信政府决策服务系统。

人工影响天气　1975年7月,开始人工增雨试验。1996年12月,成立以主抓农业的副专员为组长的人工影响天气工作领导小组,小组下设办公室,地区气象局局长任办公室主任,办公地点设在气象局,同时将人工影响天气作业人员纳入地方编制,经费纳入地方财政。

防雷技术服务　1998年,成立周口市防雷中心。2003年,"防雷装置设计审核及竣工验收"项目进驻周口市行政服务中心。2008年,全市开展的防雷业务有防雷设施设计、审核、工程竣工验收、定期检测、雷灾调查、雷击风险评估、防雷科普宣传等业务。

5. 科学技术

气象科普宣传　每年利用世界气象日、科技活动周、科普日等活动,举办宣传板报,发放宣传材料;利用电视、电台、报纸和"兴农网"宣传气象科普知识。此外,还开放气象台站,邀请各级领导、大中小学生及社会各行业人员到台站参观学习。2000—2008年,共为各类学校授课180场次,听课人数达9800人(次);利用《周口科技报》办气象专刊8期,发表气象科普文章96篇。

气象科研　至2008年底,先后完成并获省、市科技开发进步奖科研项目20余项,发表论文100多篇。其中,"周口市农业经济信息网络系统"获河南省科技进步三等奖。论文《牛流行热初探》参加了第一届牛流行性热及相关弹状病毒国际学术交流会。

气象法规建设与社会管理

法规建设　1991年3月,周口地区行署下发《关于对全区避雷装置实行安全检测的通知》;同年8月,周口市政府印发《关于贯彻河南省防雷减灾实施办法的通知》。2007年5月,与市教育局、市安监局联合印发《关于加强学校防雷安全工作的通知》。

制度建设　先后制定了"执法责任制度"、"执法公示制度"、"错案追究制度"、"法律顾问或法律咨询制度"、"重大具体行政行为备案制度"等依法行政、制约监督制度。

社会管理　主要是对辖区内防雷检测、防雷图纸设计审核和竣工验收、施放气球单位资质认定、施放气球活动许可制度、人工影响天气、天气预报发布等实行社会管理。2002年,周口市气象局成立法规科。2003年,在周口市行政服务大厅设立"防雷工程设计图纸审核审批、防雷工程竣工验收审批和气球施放审批"等三项行政许可项目管理气象窗口。2005年,成立气象行政执法大队。

政务公开　重大事件、重要事项、财务状况,均采用政务公开栏、张榜公布或在全体干部职大会上定期不定期向职工公开,并设置了群众意见箱。通过对外公示栏、电视广告等形式,对外公布气象行政审批程序、气象服务内容、收费依据、收费标准等。

党建与气象文化建设

1. 党建工作

1966年2月,成立周口市气象局党支部,党建工作归地直党委直接领导。截至2008年底,共有党员47人(其中在职党员34人,离退休党员13人)。

1990—2008年,周口市气象局机关党支部先后8次被市(地)直工委表彰为"先进基层党组织"和"五好党支部";2007年、2008年党风廉政建设工作连续两年被周口市委、市政府评为"目标考核优秀单位"。

2. 气象文化建设

周口市气象局高度重视气象文化建设,坚持把气象文化建设同气象业务放在同等重要的地位,坚持举办"新时期气象人精神"演讲比赛、职工运动会、党的知识竞赛、业务技能竞赛等活动,促进了气象文化建设,并在地方举办的活动中多次获奖。

1996年被河南省委、省政府授予省级"文明单位"荣誉称号,并保持至2008年。

3. 荣誉与人物

集体荣誉 1965—2008年,周口市气象局共获95项地厅级以上荣誉。其中,1983年,被河南省人民政府表彰为"农业区划先进单位"、"科技先进单位";1996年被河南省委、省政府授予省级"文明单位"荣誉称号,保持至2008年;2000年,被中国气象局表彰为"重大气象服务先进集体";2001年,被河南省社会治安综合治理委员会授予省级"治安模范单位"。

人物简介 ★朱艳杰,男,生于1970年9月,河南郸城县人,中共党员,1987年8月参加工作,在职研究生学历,工程师。历任周口市固墙镇党委副书记、袁老乡乡长,周口市气象局副局长、党组书记、局长。

主持的科研项目荣获河南省科学技术进步三等奖2项、河南省气象科学技术进步二等奖2项,周口市科学技术进步奖一等奖1项、二等奖3项,其中"周口市农业经济信息网络系统"被确认为河南省科学技术成果。组织撰写的《农业结构调整气象决策服务系统》,在全省农业气象灾害防御及农业气候资源开发利用学术交流会上被评为优秀论文,并作为创新项目被河南省气象局评为专业服务一等奖。1993年,被周口地委宣传部、地区文明委授予"优秀青年"称号;2003年,被中共周口市委评为"优秀工作队员",被周口市委组织部、市人事局、市科协技术委员会评为"青年科技专家";2004年,被河南省人民政府授予"劳动模范"称号。

★傅元民,男,生于1945年6月,河南省睢县人,中共党员,1970年毕业于南京气象学院,同年8月参加工作,预报高级工程师。历任山西省繁峙县气象站站长,周口地区气象台副台长,周口市气象局副局长、局长等职。1981年,被中共周口地委评为"优秀共产党员"。1982年,被河南省人民政府授予"农业劳动模范"称号。2005年6月退休。

★葛姣,女,生于1964年10月,中共党员,河南省扶沟县人,1989年12月毕业于北京气象学院,天气气候高级工程师。历任预报员、气象台副台长、专业气象台台长、周口市气象局副局长。曾荣获"河南省优秀预报员","河南省气象科技服务先进个人",周口市"巾帼成才"标兵,周口市第一届、第二届"三八红旗手"。2000年,被河南省委、省政府表彰为"抗洪抢险先进个人"。2004年,被周口市委、市政府表彰为"先进个人"。2007年,被周口市委宣传部、市妇联评为周口市第二届"十大女杰"。

参政议政 朱艳杰2007年当选为周口市政协第二届常委。

台站建设

1965年,周口市气象局有平房10余间。1981年,建成四层办公大楼,砖混结构,总建筑面积2000多平方米。2008年,周口市气象局气象服务大楼经市委、市政府批准立项,并于当年10月动工兴建,建筑共计18层,高度达80多米,总建筑面积达8000多平方米。

西华县气象局

西华县历史悠久,自汉高帝置县以来,县城县名几经合并、更改,至唐景云元年(公元710年)复名西华,相沿至今,隶属河南省周口市。

机构历史沿革

始建情况 1953年7月,组建西华气象站,站址在西华县境内黄泛区农场郭庄村。

站址迁移情况 1965年1月,站址迁至西华县城南关,观测场位于北纬33°47′,东经114°31′,海拔高度52.6米。

历史沿革 1960年2月,更名为西华县气象服务站。1965年1月站址迁至西华县城南关,恢复西华县气象站名称。1989年8月,更名为西华县气象局。

管理体制 1953年7月—1960年1月,隶属许昌军分区。1960年2月—1967年底,隶属河南省气象局。1968年1月—1981年2月,先后归属西华县人民武装部、农业水管站、农业局。1984年8月,实行气象部门与地方政府双重领导,以气象部门领导为主的管理体制。

机构设置 1990年,设有测报股、天气预报股、农业气象股、办公室;1998年增设人工影响天气办公室、财务室;2004年增设防雷办公室。

单位名称及主要负责人变更情况

单位名称	姓名	职务	任职时间
西华气象站	李 钧	站长	1953.07—1959.05
	崔太玉	站长	1959.06—1960.01
西华县气象服务站	何 喜	副站长(主持工作)	1960.02—1961.11
	崔太玉	站长	1961.12—1965.01

续表

单位名称	姓名	职务	任职时间
西华县气象站	崔太玉	站长	1965.01—1983.09
	金保慈	副站长(主持工作)	1983.10—1984.08
	段同心	副站长(主持工作)	1984.09—1985.10
		站长	1985.10—1989.07
		局长	1989.08—1989.11
西华县气象局	张振中	副局长(主持工作)	1989.12—1991.08
		局长	1991.09—1997.10
	蒋顺喜	副局长(主持工作)	1997.11—1997.12
		局长	1998.01—2005.04
	高伟力	局长	2005.05—

人员状况 西华县气象局成立时,编制 4 人。1960 年,编制 8 人。1964 年,编制 10 人。1987 年,编制 15 人。1997 年,气象编制 11 人,地方编制 10 人。2008 年,气象编制 11 人(含退休 3 人),地方编制 11 人。其中,本科学历 8 人,专科学历 6 人。

气象业务与服务

1. 气象业务

①气象观测

地面观测 西华气象观测站为气象观测国家基本站,1965 年 1 月起,每日进行 02、05、08、11、14、17、20、23 时 8 个时次地面观测。

观测项目有风向、风速、气温、地温、草面温度、气压、降水、日照、蒸发、云、能见度、天气现象、雪深、电线积冰等。

建站后,每天通过邮电局 4 次传输地面绘图报和 3 次补助绘图报,24 小时传输航空报。1996 年,通过网通公司传输航空报。

2003 年 8 月 1 日 ZQZ-Ⅱ型自动气象站建成投入业务运行,采集的数据每天定时 8 次通过 SDY(GDRS 备份线路)宽带网传递到河南省气象局气象数据网络中心,气象电报传输实现了自动化、网络化。

建站后,气象月报、年报气表用手工方式编制,一式 3 份,分别上报河南省气象局气候资料室、周口市气象局各 1 份,本站留底 1 份;从 1965 年起编制 4 份,增加国家气象局 1 份。1990 年,开始使用微机打印气象报表。

酸雨观测 2008 年,开始酸雨观测。

区域自动站观测 2005—2006 年,相继建成乡镇自动雨量站 17 个。2007 年,建成四要素自动气象站 1 个。

农业气象观测 1981 年起,每月逢 8、18、28 日取土查墒,并向周口市气象局编发墒情报;出现干旱时段时,每月逢 3、13、23 日加测土壤墒情,并向周口市气象局加发墒情报。1981 年起,向河南省、周口市气象局编发旬报、月报;2002 年起,向河南省、周口市气象局编发周报。

②天气预报

20世纪70年代,通过收听天气形势,结合本站资料图表,每日早晚制作24小时内天气预报。20世纪90年代初,利用传真天气图和上级台指导预报,结合本站资料,每天制作未来3天天气预报。2001年以来,利用卫星接收资料及MICAPS系统通过网络接收的各种气象信息资料和河南省、周口市气象台的预报产品,开展24小时、未来3～5天和临近预报。

③气象信息网络

1980年前,利用收音机收听武汉区域气象中心和河南省气象台以及周边气象台播发的天气预报和天气形势。1981年,配备了传真接收机,接收北京、欧洲气象中心以及日本东京的气象传真图。1985年10月,安装了甚高频电话,利用甚高频电话和周口市气象台进行天气会商。2001年,完成地面卫星小站建设,并利用MICAPS系统接收和使用高分辨率卫星云图和地面、高空天气形势图等。1999—2005年,相继开通了因特网,建立了气象网络应用平台、专用服务器和省、市、县办公系统,气象网络通信线路X.25升级换代为数字专用宽带网,开通100兆光缆,接收从地面到高空各类天气形势图和云图、雷达拼图等资料,为气象信息的采集、传输处理、分发应用、天气会商、公文处理提供支持。

2. 气象服务

公众气象服务 1954年建站时,就在县广播局每日播放一次48小时天气预报。1996年6月,同电信局合作,正式开通"121"天气预报自动咨询电话(2007年全市"121"咨询电话实行集约经营,主服务器由周口市气象局建设维护;2006年1月"121"电话升位为"12121")。2001年9月,建起了西华县兴农网,并在全县各乡镇、场开通了信息站。2007年,通过移动通信网络开通了气象商务短信平台,以手机短信方式向全县城各级领导发送气象信息。

决策气象服务 自建站开始,就利用气象信息向各级政府进行气象服务。1980年以后,决策气象服务产品为常规预报和情报资料,服务方式以书面文字发送为主。20世纪90年代后,决策服务产品逐渐增加了精细化预报、产量预报等,气象服务方式也由书面文字发送及电话通知等向电视、微机终端、互联网等发展,各级领导可通过电脑随时调看实时云图、雷达回波图、雨量点雨情。2006年,通过电子显示屏向县委、县政府等政府部门发布气象信息。先后荣获西华县委、县政府"服务农业先进单位"、"服务农村经济先进单位"、"支持夏粮生产先进单位"等荣誉。

人工影响天气 1995年,西华县人民政府人工影响天气领导小组成立,办公室设在县气象局。同年11月,购买"三七"高炮5门,开始了人工影响天气工作。

气象科普宣传 每年"3·23"世界气象日、安全生产月期间,通过电视台播报、人民广场发放宣传单和座谈会等形式进行气象科普宣传。

防雷技术服务 1990年3月,开始对全县防雷装置进行检测。进入21世纪,防雷工作得到了进一步加强。

科学管理与气象文化建设

1. 社会管理

2004年8月1日《河南省防雷减灾实施办法》颁布实施后,西华县人民政府办公室发文将防雷工程从设计、施工到竣工验收,全部纳入气象行政管理范围。同年,西华县人民政府法制办批复确认西华县气象局具有独立的行政执法主体资格,并为3名职工办理了行政执法证,气象局成立行政执法队伍。2006年,被列为县安全生产委员会成员单位,负责全县防雷安全的管理,定期对液化气站、加油站、民爆仓库等高危行业和非煤矿山的防雷设施进行检测检查,对不符合防雷技术规范的单位,责令进行整改。

《通用航空飞行管制条例》和《施放气球管理办法》颁布实施后,开始实施施放气球管理。

2. 政务公开

对气象行政审批办事程序、气象服务内容、服务承诺、气象行政执法依据、服务收费依据及标准等,通过户外公示栏等向社会公开;财务收支、目标考核、基础设施建设、工程招投标等内容,采取职工大会或局内公示栏张榜等方式向职工公开。

3. 党建工作

1984年,西华县气象局成立党支部。截至2008年底、有党员6名(某中离退休党员2名)。

党支部把勤政廉政、务实工作作为开展各项业务工作的基础,在局务公开、党务公开方面,严格按照上级部门要求,层层签订党风廉政建设目标责任书。

2003年,西华县气象局党支部获西华县"先进基层党组织"荣誉称号。

4. 气象文化建设

1996年之后,先后建立了图书阅览室、职工活动室,在每年的三八、五一、十一、元旦等节日里,召开各种形式的座谈会,组织职工开展丰富多彩、形式多样的文化体育活动及"送温暖、献爱心"等活动,形成了全局职工办文明事、做文明人、团结友爱、互帮互助、尊老爱幼的良好风尚。

1982年,被西华县委、县政府命名为县级"文明单位"。1986年,被周口地委、行署命名为地级"文明单位"。2005年,被河南省委、省政府命名为省级"文明单位"。

5. 荣誉

集体荣誉 1995—2008年,被河南省气象局先后6次评为全省"十佳县(市)气象局",2次评为"重大气象服务先进单位",1次评为"连续五年文明创建先进单位";1996年以来一直是省级"卫生先进单位"。

个人荣誉 1995—2008年,先后12人次获国家级优秀测报员称号,73人次获省级优秀测报员称号。

台站建设

1996年,建成三层综合办公楼1幢,建筑面积712平方米;建成炮库、车库、弹药库10间,建筑面积245平方米。

2000年,打80米深水井1眼,并实现了无塔供水。

2005 年,对办公大楼进行内外装修,新装铁艺大门及排水管道 100 米,硬化大门外道路 5 米×80 米、办公区 900 平方米。

扶沟县气象局

机构历史沿革

始建情况　1958 年 10 月,按国家一般站标准筹建扶沟县气候站。1959 年 1 月 1 日,开展气象业务,站址位于城东 1500 米的翟庄,北纬 34°03′,东经 114°28′。

站址迁移情况　1961 年 8 月,搬迁到县城东 5000 米的位营。1963 年 12 月,搬迁到县城西北角花园村。1967 年 12 月,搬迁到城北大王庄村。1984 年 12 月,搬迁到城东北石楼村西,位于北纬 34°05′,东经 114°24′,海拔高度 58.3 米。

历史沿革　建站时名称为扶沟县气候站。1959 年 5 月,更名为扶沟县气象服务站。1971 年 1 月,更名为扶沟县气象站。1989 年 8 月,更名为扶沟县气象局。

管理体制　1959—1964 年,隶属许昌专区气象台管理。1965 年以后,属周口地区(市)气象处(局)管理。1959 年 1 月,隶属扶沟县农业局。1969 年 12 月,归扶沟县人民武装部领导。1973 年 4 月,划归扶沟县农林局领导。1984 年 8 月起,实行气象部门与地方政府双重领导,以气象部门领导为主的管理体制。

机构设置　1989 年,设办公室、测报股、预报股。2002 年,设办公室、业务股、科技产业股和人工影响天气办公室。

单位名称及主要负责人变更情况

单位名称	姓名	职务	任职时间
扶沟县气候站	赫广明	站长	1959.01—1959.04
扶沟县气象服务站			1959.05—1969.01
	何清芳	负责人	1969.01—1970.12
扶沟县气象站			1971.01—1979.07
	穆殿举	站长	1979.08—1989.07
		局长	1989.08—1991.06
扶沟县气象局	梅梦雪(女)	副局长(主持工作)	1991.07—1992.09
	张梅英(女)	局长	1992.09—2001.01
	孔德芝(女)	局长	2001.01—2003.11
	赫丙兴	局长	2003.11—

人员状况　建站时,有职工 2 人。1980 年,有职工 8 人。截至 2008 年底,有在职职工 23 人(其中正式职工 7 人;地方编制职工 16 人),离退休职工 1 人。在职职工中:男 14 人,女 9 人;汉族 23 人;大学本科及以上学历 1 人,大专学历 4 人,中专及以下学历 18 人;中级

职称 5 人,初级职称 2 人;30 岁以下 4 人,31~40 岁 8 人,41~50 岁 7 人,50 岁以上 4 人。

气象业务与服务

1. 气象业务

①气象观测

地面观测 1959 年 1 月 1 日,观测时次采用地方时,每日进行 01、07、13、19 时 4 次观测;1960 年 1 月 1 日,改为每日 07、13、19 时 3 次观测。1961 年 1 月 1 日,改用北京时,每日 08、14、20 时 3 次观测。

观测项目有云、能见度、天气现象、气温、湿度、风向、风速、降水、积雪、蒸发;1961 年 1 月 1 日,增加地温、冻土和日照观测;1962 年 6 月 1 日,停止日照、蒸发观测;1965 年 1 月 1 日,恢复日照、蒸发观测,增加气压观测。

1961 年 6 月 19 日,开始向机场编发航危报;1962 年 4 月停止航危报的编发。1983 年 6 月 15 日—8 月 31 日,每日 05、08、11、14、17、20 时编发天气加密报。雨量报逢雨天 05、17 时 2 次发往河南省气象局。1985 年 7 月 1 日起,拍发重要天气报。2001 年 4 月 1 日起,每日 08、14、20 时向国家气象中心拍发天气加密报。2007 年 6 月 15 日,取消 05、11、17 时天气加密报。

1983 年 6 月 15 日,开始编发天气加密报,通过邮电局传输报文。2002 年 1 月,通过 X.25 传输电报。2005 年 8 月,电报通过光缆宽带传输。

建站后,气象月报、年报表用手工方式编制,一式 3 份,分别上报河南省气象局气候资料室、周口市气象局各 1 份,本站留底 1 份,1993 年 4 月,开始用微机制作报表。

建站后获取的各种气象记录资料,均由本局保管;2008 年 10 月,1959 年 1 月 1 日—2005 年 12 月 31 日的气象记录,移交到河南省气候中心。

区域自动站观测 2005—2006 年,在全县 13 个乡镇建立了自动雨量观测站。2007 年,在大新乡郑桥建立 1 个四要素区域自动观测站。

农业气象观测 1983 年,开始每月 3 次的土壤水分测定,并编发墒情报和旬报。2003 年 12 月起,编发农业气象周报。1989 年开始,编写全年气候影响评价。1992 年,开展小麦长势卫星遥感监测和土壤墒情监测服务。2000 年,开展农业气象灾害监测、预测和影响评估。

②天气预报

短期天气预报 1980 年以前,通过收听天气形势广播,结合本站资料图表,每日早晚制作 24 小时天气预报;1980—1999 年,通过短波收听武汉区域中心气象信息广播,结合本站历史资料,制作未来 3 天预报。1999 年后,利用卫星接收资料及 MICAPS 系统通过网络接收的各种气象信息资料和河南省气象台、周口市气象台的预报产品,开展 24 小时、未来 3~5 天和临近预报。

中期天气预报 2005 年以后,通过网络接收中央、省、市气象台的旬、月天气预报,再结合本地资料和短期天气形势及天气过程的演变规律,制作扶沟县旬、月天气过程趋势预报,供决策部门参考。

短期气候预测(长期天气预报) 参考省、市气象台的长期天气预报,再结合本地的气候特点进行订正。

③气象信息网络

1980年前,气象站利用收音机收听武汉区域中心气象台和上级以及周边气象台播发的天气预报和天气形势。1981—1999年,利用短波收音机接收武汉区域中心气象信息。1985年11月,高频电话正式投入业务使用。1999年5月,建立PC-VSAT站,接收地面、高空资料及卫星云图。2002年1月,X.25投入业务使用。2005年8月,市、县宽带网投入业务运行,解决了报文、公文预警信号发布及灾情上报问题。

2. 气象服务

公众气象服务 20世纪70年代,利用农村有线广播站播报气象消息。20世纪90年代,由扶沟县电视台制作文字形式气象节目。1999年,由扶沟县气象局应用非线性编辑系统制作电视气象节目。1998年,开通"121"天气预报电话自动答询系统。2003年,开通3~5天和24小时手机气象短信服务。

决策气象服务 20世纪80年代前,为扶沟县委、县政府提供长、中、短期天气预报,关键性、转折性、突发性灾害天气预报,以及汛期天气预报等决策气象服务产品。20世纪90年代后,逐步开发"重要天气报告"、"气象信息"、"汛期(5—9月)天气趋势分析"等决策服务产品;并为高考、中考以及扶沟县的重大活动和重要庆典提供专项气象保障服务。2008年,开展气象灾害预评估和灾害预报服务。

人工影响天气 1996年,成立扶沟县人工影响天气领导小组办公室,组长由分管农业的副县长担任。1997年1月,扶沟县正式发文将人工影响天气工作人员纳入编制,经费和人员工资均纳入县财政预算,配备有"三七"高炮4门、火箭发射装置2套。

防雷技术服务 1991年,开始对扶沟县所有易燃、易爆、危险场所和高大建筑物、构筑物及公共建筑场所进行防雷安全检查。1999年,为全县各类新建建(构)筑物按照规范要求安装避雷装置。2005年10月,对重大工程建设项目开展雷击灾害风险评估。

气象科普宣传 在每年的"3·23"世界气象日和安全生产月以及节假日期间,通过设立宣传版面、悬挂条幅、电视讲座等方式,进行防雷知识、人工影响天气知识、灾害预警等科普知识宣传。

科学管理与气象文化建设

社会管理 2005年,绘制了《扶沟县气象观测环境保护控制图》并送县建设规划管理部门备案,为气象观测环境保护提供依据。

2007年3月,扶沟县政府行政审批服务大厅设立气象窗口,承担气象行政审批职能,规范天气预报发布和传播,实行低空飘浮物施放审批制度。

2007年8月,成立气象行政执法队,7名兼职执法人员均通过河南省政府法制办培训考核,持证上岗。2007—2008年,与安监、教育等部门联合开展气象行政执法检查20余次。

政务公开 对气象行政审批办事程序、气象服务内容、服务承诺、气象行政执法依据、服务收费依据及标准等,通过户外公示栏、电视广告、发放宣传单等,向社会公开。财务收支、目标考核、基础设施建设、工程招投标等内容,采取职工大会或张榜公示等方式,向职工公开。财务一般每半年公示一次,年底对全年收支、职工奖金福利发放、劳保、住房公积金等向职工作详细说明。

2006年10月,被中国气象局表彰为"气象部门局务公开先进单位"。

党建工作 1971年3月—1972年12月,有党员1人,编入扶沟县邮电局党支部。1979年8月,党员增至2人,编入扶沟县农业局党支部。1991年6月,党员增至3人。1999年4月,建立扶沟县气象局党支部,党员增至7人。2003年11月,党员增至9人。截至2008年底,有党员9人(其中离退休党员1人)。

2000—2008年,开展"情系民生,勤政廉政"为主题的廉政教育和党风廉政建设宣传教育月活动。

2008年度,被扶沟县委评为党风廉政建设先进单位。

气象文化建设 2000年后,扶沟县气象局积极开展文明单位创建活动,改造观测场,装修业务值班室,统一制作局务公开栏、学习园地、法制宣传栏和文明创建标语等宣传用语牌;建设"两室一场"(图书阅览室、职工学习室、小型体育场),拥有藏书、报刊杂志3590余册,丰富了职工的业余生活。

2004年第一次被河南省委、省政府评为2004—2008年"文明单位",届满后2009年又被评为2009—2013年省级"文明单位"。

集体荣誉 1993—2008年,县气象局获地厅级以上集体荣誉23项。其中,1993年被中国气象局评为"气象服务先进集体";1996—2004年,连续9年被河南省气象局授予"十佳县(市)气象局"称号;2001年,被河南省人事厅、河南省气象局评为"气象服务先进集体";2003—2008年度,被河南省委、省政府连续2届命名为省级"文明单位";2004年,被河南省气象局评为"重大气象服务先进集体";2005年,科技事业单位档案管理晋升国家二级,被中国气象局授予"局务公开先进单位"。2007—2008年度,被河南省气象局授予"优秀县(市)气象局"称号。

台站建设

扶沟县气象局占地面积5662.5平方米。1997年,新建730平方米宿舍楼1栋;1998年,新建926平方米综合业务楼1栋。2003—2008年,分期分批对机关院内的环境进行了硬化绿化,硬化面积近1000平方米,绿化面积1500平方米,铺设柏油路面800米,使县气象局变成了风景秀丽的花园式单位。

鹿邑县气象局

鹿邑县属河南省东部,处黄淮平原,东邻安徽亳州市,西接太康、淮阳,南与郸城毗邻,北与商丘(县)、柘城接壤。东西长 50.5 千米,南北宽 40.5 千米。总面积 1245.4 平方千米,可耕地 8.7 万公顷,人口 125 万。属潮土、沙礓黑土类。地面平坦而低缓倾斜;西北略高,海拔高度 46.3 米;东南偏低,海拔高度 37.4 米;相对高度差 8.9 米。鹿邑县历史悠久,从境内栾台、隐山等古遗址发现,远在 6000 多年以前已有人类在此植禾、渔、猎,繁衍生息。是春秋时期思想家、道教始祖——老子的诞生地;是中国名酒——宋河粮液的生产地,素有"中华文化的摇篮"之美誉。老子故里被国家定为 4A 级旅游景区。

机构历史沿革

始建情况　鹿邑县气象服务站始建于 1958 年 7 月,地址在鹿邑县城西南土家元村外,位于北纬 33°50′,东经 115°29′,海拔高度 40.6 米。

站址迁移情况　1959 年 1 月,迁至位于鹿邑县城东北大闸路 60 号,距县城中心约 5 千米,北纬 33°53′,东经 115°29′,海拔高度 40.5 米。2004 年 1 月 1 日,迁至大闸北,位于北纬 33°52′,东经 115°29′,海拔高度 41.3 米。

历史沿革　1959 年 1 月,鹿邑县气象服务站更名为鹿邑县气象站。1989 年 8 月,更名为鹿邑县气象局。

管理体制　鹿邑县气象站自建站至 1965 年 6 月,隶属商丘地区管辖,于 1965 年 7 月划归周口。"文化大革命"期间实行军管,后转交地方,由鹿邑县农业局领导。1983 年 10 月,隶属周口市气象局管理;实行气象部门与地方政府双重领导、以气象部门领导为主的管理体制。

机构设置　1989 年设办公室、预报股、测报股,1995 年增设防雷中心,1996 年增设人工影响天气办公室。

单位名称及主要负责人变更情况

单位名称	姓名	职务	任职时间
鹿邑县气象服务站	张思荣	站长	1958.07—1959.01
鹿邑县气象站			1959.01—1962.03
	贾乃西	站长	1962.04—1964.05
	赵　杰	站长	1964.06—1975.07
	高继友	站长	1975.08—1978.08
	赵　杰	站长	1978.10—1984.07
	莫西凤	站长	1984.08—1989.01
	崔跃福	站长	1989.02—1989.08
鹿邑县气象站		局长	1989.08—1990.04
	蒋顺喜	局长	1990.05—1991.09
	申子章	局长	1991.10—2001.12
	晏振国	局长	2002.01—2005.04
	王洪涛	局长	2005.05—

人员状况　1958 年 7 月建站时,有职工 4 人。2008 年,共有在职职工 20 人,(其中气象在编职工 8 人,地方编制 4 人,聘用 8 人)。在职职工中:大学及以上学历 9 人,大专学历

9人;高级职称1人,中级职称4人,初级职称8人;50岁以上2人,40～49岁6人,40岁以下12人。

气象业务与服务

1. 气象业务

①气象观测

地面观测 地面观测1958年10月1日起,观测时次采用地方时,每日07、13、19时每天3次观测;2000年,改为北京时,每日08、14、20时每天3次观测。

观测项目有风向、风速、气温、气压、云、能见度、湿度、降水、日照、小型蒸发、地温、雪深、冻土、电线积冰等。

2004年1月1日,鹿邑县气象局建成ZQZ-CⅡ$_1$型多要素国家级自动气象站,开始第一年平行观测;2006年1月1日,自动气象站转入单轨业务运行。

2006年8月15日,停止发往周口气象台的雨量报。

区域自动站观测 2007年5月起,相继在全县18个乡镇建起了自动雨量站和四要素自动监测站。2008年起,承担全县18个乡(镇)自动雨量站和四要素自动监测站数据汇集,制作报表上报等业务。

农业气象观测 1970年始,每月3次(8、18、28日)取土测墒,并拍发墒情报。1980年,和鹿邑县农业局完成鹿邑县土壤普查。1989年,成立农业气象股,开始农业气象服务业务,向县委、县政府及涉农部门、乡镇等发布"农业气象旬、月报"、"旱情分析"、"小麦适播期预报"、"玉米适播期预报"、"小麦遥感苗情分析"、"农作物病虫害预报与防治"、"小麦产量预报"、"夏玉米产量预报"、"小麦全生育期气候影响评价"、"夏玉米全生育期气候影响评价"、"三夏期间天气趋势分析"等业务产品;1990年起,编写季、年气候影响评价,为鹿邑县统计局《鹿邑县年鉴》提供气候史料。1990年,完成《鹿邑县农业气候资源和区划》编制,获河南省农业区划科技成果三等奖。2001年7月,鹿邑县兴农网开通。2003年起开始周报服务业务。2008年底,开始在马铺镇邵庄行政村烟叶育苗基地筹建农业气象科技示范园,于2009年10月建成,并开始进行特色农业经济作物的生育期观测。

②天气预报

1960年开始,县气象服务站通过收听天气形势,结合本站资料和有关图表及当地有关天气谚语等,每日制作24小时内日常天气预报。1978年10月1日起,每日06、10、15时3次制作预报。1989—2008年,开展常规24时,未来3～5天和旬(月)报等短、中、长期天气预报以及临近预报,并开展灾害性天气预报预警业务和制作各类重要天气报告。2007年5月1日,开始使用由王洪涛、刘学义、张勇、王华4人研制的鹿邑县降水预报系统软件。

③气象信息网络

1985年前,气象站利用收音机收听武汉区域中心气象台和上级及周边气象台播发的天气预报和天气形势。1985年,配备ZSO-1(123)天气传真接收机,接收北京、欧洲气象中心以及东京的气象传真图。1985年11月,使用高频电话(gx3000)与省市气象台联络。2000—2008 年,使用"9210"工程卫星接收机,建立 VSAT 站、气象网络应用平台、专用服务器和省市县气象视频会商系统,开通 10 兆光纤,接收从地面到高空各类天气形势图和云图、雷达等数据,为气象信息的采集、传输处理、分发应用、会商分析提供支持。

2. 气象服务

公众气象服务 1990 年前,利用农村有线广播站播报气象消息。1990 年,由鹿邑县电视台制作文字形式的气象节目;2002 年 8 月 6 日,由气象局利用多媒体编辑系统制作电视气象节目,开展日常天气预报、天气趋势、生活指数、灾害防御、科普知识、农业气象等服务。2004 年,开通手机天气预报短信服务。至 2008 年底,短信用户 30 万余户。2008 年,在县委、县政府和老子故里"太清宫"开通气象公共电子显示屏。

决策气象服务 20 世纪 80 年前,以口头和电话方式向县委、县政府提供决策服务。20 世纪 90 年代后,逐步开发"重要天气报告"、"气象信息与动态"、"汛期(6 月—9 月 20 日)天气趋势分析"等决策服务产品;每年开展节日气象服务,并为老子庙会、老子文化节等重大社会活动提供气象保障。

人工影响天气 1996 年,成立县人工影响天气办公室,配备人工增雨"三七"高炮 4门、火箭发射装置 2 套,建立人工增雨作业基地 6 个。

防雷技术服务 1995 年,开始为鹿邑县各单位建筑设施进行安全检测。2000 年,为全县各类新建建(构)筑物按照规范要求安装避雷装置。2006 年 4 月成立气象局防雷中心。2007 年 1 月起,对重大工程建设项目开展雷击灾害风险评估。

科学管理与气象文化建设

1. 社会管理

2004 年 4 月 15 日,鹿邑县政府下发《加强建设项目防雷工程管理工作》文件(鹿政文〔2004〕11 号),将防雷工程从设计、施工到竣工验收,全部纳入气象行政管理范围。2004 年9 月 20 号,鹿邑县行政服务大厅设立气象窗口,承担气象行政审批职能,规范天气预报发布和传播,实行低空飘浮物施放审批制度。

2005 年 6 月,成立气象行政执法大队,8 名兼职执法人员均通过河南省政府法制办培训考核,持证上岗。2005—2008 年,与公安、消防、安监、石油、建设、教育等部门联合开展气象行政执法检查 40 余次。

2008 年,联合鹿邑县城建局制订了《鹿邑县气象观测环境保护专业规划》,为鹿邑县气象观测环境保护提供重要依据。

2. 政务公开

2003 年,对气象行政审批办事程序、气象服务、服务承诺、气象行政执法依据,服务收费依据及标准等内容,向社会公开;并建立了局务公开栏,财务管理等一系列规章制度坚持上墙公开。

3. 党建工作

1985 年 6 月 10 日,建立鹿邑县气象站党支部,当时有党员 4 人。2008 年,有党员 6 人(其中离退休党员 2 人)。

2005—2008 年,每年开展局领导党风廉政述职报告和党课教育活动,并签订党风廉政目标责任书,推进惩治和防腐败体系建设;参与气象部门和地方党委组织的党章、党政、法律、法规知识竞赛共 8 次。

2000—2008 年,连续 8 年被县直机关工委授予"五好优秀党支部"称号;先后有 5 人 8 次被县直机关工委授予"优秀共产党员"称号。2008 年,被周口市委授予"优秀基层党校"光荣称号。

4. 气象文化建设

2000—2008 年,先后开展"三个代表、保持共产党员先进性"等教育活动;与驻鹿消防官兵、社区结对共建,与贫困村(户)、残疾人结对帮扶;建有气象影视演播厅、图书室、阅览室、党员活动室、职工活动室,职工文体生活丰富多彩。

2000—2008 年,被河南省委、省政府连续 3 届授予省级"文明单位"。

5. 荣誉与人物

集体荣誉 1997—2008 年气象局获地厅级以上集体荣誉 21 项。其中,1997 年被河南省气象局、河南省人事厅评为"全省气象系统先进集体"。1998—1999 年,连续 2 年被河南省气象局授予"全省气象部门十佳县(市)气象局"。2007—2008 年,被河南省气象局授予"全省气象部门优秀县(市)气象局"。2000—2008 年,被河南省委、省政府连续 3 届授予省级"文明单位"。1999 年 11 月达档案管理省标一级;2000 年,河南省气象局授予鹿邑县气象局"档案管理先进单位"。

个人荣誉 1995—2008 年,先后有 7 人获 28 个百班无错情好成绩。

人物简介 莫西凤,女,中共党员,1937 年 1 月出生于山东省莒南县。1956 年 3 月参加工作,任山东省济南气象台填图员;1958 年 3 月调入山东省惠民地区气象台,任观测员;1962 年 2 月调入河南省鹿邑县气象服务站,任测报员。1983 年 3 月被河南省人民政府授予"三八"红旗手称号,1983 年 9 月被中华全国妇联授予全国"三八"红旗手称号。1984 年 8 月任鹿邑县气象站站长。1985 年 12 月,荣获河南省农业系统劳动模范称号。

台站建设

2004 年 10 月 1 日,新业务综合楼工程正式开工建设。2006 年 12 月 9 日,业务综合楼交付使用,鹿邑县气象局整体迁入大闸北气象局大院内;12 月 16 日县政府举行揭牌仪式,正式启用气象灾害预警中心。新址占地 1.04 公顷;业务综合办公楼占地 2670 平方米,建筑面积 2300 平方米;绿化面积 5600 平方米;硬化 1800 平方米;建立了气象预警中心业务平台,气象影视演播厅、图书室、阅览室、党员活动室、职工活动室等。

郸城县气象局

郸城历史悠久,战国后期属楚,汉置"郸"县。郸城文化底蕴深厚,春秋时,老子执炉炼丹于洺水之滨,丹成后著《道德经》,便有"丹成"称谓,今洺河北岸尚存老君庙、炼丹炉遗址。县域总面积 1504 平方千米,人口 131 万,北邻商丘、开封,西邻许昌、驻马店,东部和安徽的阜阳地区相接,地势呈西北高东南低,从西北向东南缓慢降低,没有山川、丘陵,全是一望无际的平原。

机构历史沿革

始建情况 郸城县气象服务站始建于 1958 年 1 月,位于郸城县北谷集,北纬 34°48′,东经 115°11′,海拔高度 41.4 米。1959 年 1 月 1 日正式开始地面气象观测。

历史沿革 1959 年 1 月正式开始工作,名称为郸城县气象服务站。1971 年 1 月 1 日,更名为郸城县气象站,属一般气象观测站。1990 年 4 月 12 日,更名为郸城县气象局,正科级事业单位。

管理体制 1958 年 1 月 1 日建站后隶属商丘地区管理。1965 年 7 月,划归周口地区,隶属周口地区气象台和郸城县农业局管理。1984 年,实行气象部门与地方政府双重领导、以气象部门领导为主的管理体制。1986 年隶属周口地区气象局管理处。

机构设置 2008 年,内设办公室、预报股、测报股、农气股、人工增雨办公室和防雷中心。

单位名称及主要负责人变更情况

单位名称	姓名	职务	任职时间
郸城县气象服务站	孙铭伦	副站长	1959.01—1965.07
郸城县气象站	杨建业	站长	1965.07—1971.01
			1971.01—1983.10
	枞凤鲁	站长	1983.10—1985.05
	张培德	站长	1985.05—1988.11
	赵昌斌	站长	1988.11—1989.06
郸城县气象局	梁祖宪	站长	1989.06—1990.04
		局长	1990.04—2005.05
	晏振国	局长	2005.05—

人员状况 建站时,有在职职工 2 人。1980 年,有在职职工 6 人。2008 年底,在职职工 29 人。在职职工中:男 20 人,女 9 人;全为汉族;本科学历 5 人,大专学历 6 人,中专及以下学历 18 人;中级职称 3 人,初级职称 6 人;50 岁以上 3 人,40～49 岁 5 人,30～39 岁 18 人,25～29 岁 3 人。

气象业务与服务

1. 气象业务

①气象观测

地面观测 郸城县气象局属国家一般气象观测站。1959年1月1日正式开始08、14、20时3次定时观测,夜间不守班。

1959年观测项目有云、能见度、天气现象、气温、气压、湿度、风向、风速、降水、雪深、日照;1960年1月1日增加5、10、15厘米地温观测和蒸发观测;1977年10月1日增加温度和湿度自记观测及自记纸整理;1979年1月1日增加气压自记观测及自记纸整理;1979年12月1日,增加风向风速自记观测及自记纸整理(EL型),同时开始承担汛期(6—8月)05、11、17时加密观测任务。

以拨号网络方式编发天气加密报、地面小图报(汛期)报告,以及05、17时雨量报和不定时重要天气报。

区域自动站观测 区域自动气象站建设自2004年5月开始,截至2008年底,共建成汲水乡、南丰镇、张完乡、丁村乡、秋渠乡、宁平乡、虎岗乡、吴台乡、双楼乡、宜路镇、东风乡、钱店镇、巴集乡、汲冢镇、胡集乡、李楼乡16个自动雨量站和白马镇、石槽乡2个四要素自动气象站(温度、雨量、风向、风速),区域自动站自建成时开始自动观测。2008年10月,开始区域自动站报表审核上报。

农业气象观测 郸城县属河南省农业气象观测一般站。1983年7月,开始土壤湿度观测,农业气象服务产品有作物播种期预报、霜冻预报、小麦产量预报、季度农业气候预报。1993年以后,主要农业气象服务产品为根据土壤墒情、蒸发量、降水、日照、气温等实况,结合农作物不同生育期编写的农业气象预报和关键农事季节预报。

②天气预报

1973年,通过整理历史资料,分析天气过程前后要素变化特征,梳理本地天气变化规律,天气预报工作才逐步展开,尝试建立了一些统计方法,搜集整理了一些本地天气谚语和群众经验,但技术手段仍然以人工为主,主要预报方法包括绘制天气图、三线图。1994年7月,建成PC-VSAT地面气象卫星接收站。2001年1月1日利用MICAPS气象信息综合分析处理系统进行各类预报资料的处理分析,实现了人工资料自动传输。2006年,实现省、市、县业务资料共享。2007年1月,周边雷达资料及卫星云图在实际工作中得到应用。

③气象信息网络

1995年5月,建成市—县远程终端。1998年12月,建成拨号网络,实现FTP上传,并接通互联网。2003年3月,建成X.25数据传输专线;同年11月,建成移动光纤通信终端,实现自动气象站数据实时上传。2005年7月,省—市—县光纤通信投入使用,全面实现无纸化办公。2006年2月,实现市—县MICAPS资源共享。2007年1月,实现雷达资料及省、市其他业务资料共享。2008年9月,实现市县互联网共享。

2. 气象服务

公众气象服务 1997年3月,气象风云寻呼正式投入使用。2002年3月,建成"121"信息电话查询系统(后改为"12121"),并在郸城县电视台开播天气预报节目。

决策气象服务 20世纪70年代后期,开始手工编发制作重要天气预报、关键农事预报等。1995年4月,购置586计算机和彩色打印机各一台,观测数据开始信息化,中长期预报、重要天气预报、农业气象情报等打印产品通过邮寄等方式服务各级党委、政府及企事业单位。1998年以后,基本形成了重要天气预报、重大天气过程预警、关键农事专题预报、重大活动及节假日专题预报等固定模式,服务对象也从各级党委政府、机关事业单位扩大到基层农业合作组织和养殖大户,主要服务手段也涵盖了信件、电话、传真、电视、短信、网络邮件和QQ信息等。2000年,开始使用卫星监测作物生长情况及土壤墒情分析,服务地方政府及相关部门。2008年5月,起草了《郸城县突发气象灾害应急预案》。

人工影响天气 1996年3月,郸城县人民政府成立郸城县人工影响天气领导小组,下设办公室,办公地点设在县气象局。1997年9月,郸城县编制委员会郸编〔1997〕79号文正式批复成立郸城县人工增雨作业站,体制核定为事业编制。1996年5月,购进65式双"三七"高射炮5门。2003年7月,购进后拖式人工影响天气火箭发射架2台。

防雷技术服务 1991年,开始避雷设施检测工作。1994年经县政府批准,成立防雷减灾办公室。2000年以后,根据《中华人民共和国气象法》和《防雷减灾管理办法》,在防雷检测的基础上,逐步开展了新建建(构)筑物防雷工程图纸审核、竣工验收、风险评估及易燃易爆场所、计算机信息系统等防雷安全检测。2004年,与郸城县安全生产监督管理办公室联合,对全县境内的所有易燃易爆场所和窑厂进行全面检查,发现存在安全隐患的单位和个人,立即停业整顿。2008年,启动中小学校防雷工程新建及改造项目。

气象科普宣传 2003年,郸城县气象局开始科技宣传周活动,走上大街进行气象科普宣传,发放气象知识宣传页。每年的3月23日世界气象日,郸城县气象局业务平台对社会开放,接待中小学生等进行参观学习,同时在电视台制作科普宣传节目,向社会普及气象知识。

科学管理与气象文化建设

社会管理 2005年,郸城县人民政府办公室下发了《关于加强防雷安全检测工作的通知》,首次以文件形式明确规定气象部门为防雷安全检测主管部门,并要求油库、化工厂等易燃易爆场所和城区四层以上的建(构)筑物必须接受防雷安全年度检测。2006年,郸城县人民政府安全委员会下发了《关于加强防雷安全管理工作的通知》,再次明确气象部门是防雷管理的唯一职能部门,并要求消防、建设等部门在行使职能时充分配合气象部门加强防雷安全社会管理工作。

2005年12月,郸城县气象局向县政府法制办申办了气象行政执法证件。2005—2008年,郸城县气象局对郸城县多处建设单位、加油站等进行行政执法,开展防雷安全专项检查,仅2008年,就发出气象行政执法告知书12份,其中12家按规定报送了审核材料或接受防雷安全检查。

政务公开 2005年,成立郸城县气象局政务公开领导小组和监督小组,依法对外、对内进行政务公开。对外公开内容包括气象行政审批办事程序、气象服务内容、服务承诺、气象行政执法依据、服务收费依据及标准、落实首问责任制、气象服务限时办结、气象电话投诉等,通过户外公示栏、电视广告、发放宣传单等方式向社会公开。内部公开包括财务和重大事项、人事任免等。

党建工作 1998年,由中共郸城县县直工作委员会批准,成立郸城县气象局党支部,截至2008年12月,有党员12人(全为在职职工)。

2007年4月,开始设纪检监察员,并进入局决策班子,加强对党风廉政建设的领导和管理;坚持党风廉政建设宣传月活动中,组织干部职工集中学习党的政策,通过举办座谈会及组织自学、集中学习等形式,进行党风廉政教育,提高拒腐防变能力。

2004年7月1日,党支部被郸城县直工作委员会评为"先进基层党支部";2006—2008年,连续3年党支部被郸城县直工作委员会评为"先进基层党支部"。

2008年5月,被河南省气象局评为"廉政文化建设示范点"。

气象文化建设 2001年,以创建省级文明单位为契机,着力进行文明细胞建设,建立健全了精神文明建设考核奖惩制度,定期组织干部职工进行文体活动,积极参加郸城县组织的各项公益宣传和文化活动;建成文体活动室1个,乒乓球场、羽毛球场各1个,备有象棋、围棋等娱乐工具,另外还有电视机、影视DVD、录像机等。

2001—2008年连续两届被河南省委、省政府授予省级"文明单位"。2008年9月被中国气象局命名为"全国文明单位示范台站标兵"。

集体荣誉 1997—2008年获地厅级集体荣誉13项。其中,1997—1998年连续两年被河南省气象局评为"人工增雨服务工作先进集体";1997年3月被河南省气象局评为"气象科技服务先进集体";1997—2004年8次被河南省气象局授予"十佳优秀县(市)气象局"称号;2003年11月被河南省气象局评为"创建文明单位工作先进集体";2003年、2007年、2008年被河南省气象局评为"全省重大气象服务先进集体";2001—2008年连续两届被河南省委、省政府授予省级"文明单位";2006年12月被河南省爱委会表彰为"卫生先进单位";2008年9月被中国气象局命名为"全国文明单位示范台站标兵";2008年5月被河南省气象局评为"廉政文化建设示范点"。

台站建设

建站初期,只有8间平房,面积160平方米。1996年,新建3层业务办公用房共1100平方米。2002年,集资建设了职工住宅楼。

1998年后,注重台站建设,硬化路面,修建篮球场和下水道,对办公楼室内进行整体装修,各股室配备电脑,种植草坪花卉3000多平方米。

2006年被郸城县创建文明县城活动指挥部评为"县直机关文明庭院"。

淮阳县气象局

淮阳县地处豫东平原周口市腹心,辖 6 镇 13 乡,497 个行政村,面积 1406.6 平方千米,总耕地 10.3 万公顷,总人口 134 万。淮阳地处北纬 33°20′～34°00′,东经 114°38′～115°04′,境域系黄河冲积平原,地势西北高、东南低,属温带季风性半湿润气候。淮阳是豫东农业大县。

机构历史沿革

始建概况 淮阳气象分站始建于 1953 年 12 月,地址在曹河西国营农场内,北纬 33°49′,东经 114°48′,观测场海拔高度 49 米,1954 年 1 月 1 日开始正式观测。

站址迁移情况 1960 年 1 月,迁至城关镇西关外(城郊),北纬 33°44′,东经 114°51′,海拔高度 45.9 米。1979 年 1 月,迁至城关镇西关外(城郊)另一处,北纬 33°44′,东经 114°51′,海拔高度 45.5 米。

历史沿革 1955 年 1 月,更名为淮阳气候站。1960 年 3 月,更名为淮阳县气象服务站。1980 年 1 月,更名为淮阳县气象站。1989 年 8 月,更名为淮阳县气象局。

管理体制 建站至 1964 年 12 月隶属商丘专区气象台管理,1959 年 1 月隶属淮阳县农业局。1969 年 12 月,归淮阳县人民武装部领导。1973 年 4 月,划入淮阳县农林局领导。1984 年 8 月起,实行气象部门与地方政府双重领导,以气象部门领导为主的管理体制。

机构设置 1989 年,设办公室、测报股、预报股。2002 年,设办公室、业务股、科技产业股和人工影响天气办公室。

单位名称及主要负责人变更情况

单位名称	姓名	职务	任职时间
淮阳气象分站	杨建业	站长	1953.12—1954.12
淮阳气候站			1955.01—1958.12
	张承德	站长	1959.01—1960.02
淮阳县气象服务站			1960.03—1979.12
淮阳县气象站			1980.01—1983.03
	张体文	站长	1983.04—1989.07
淮阳县气象局		局长	1989.08—1993.04
	高启云	局长	1993.05—1995.05
	袁庆州	局长	1995.06—1999.03
	葛国华	副局长(主持工作)	1999.04—2000.04
	曹立然	局长	2000.05—

人员状况 1953年建站时,只有职工1人。1958年增加到4人。1980年,有在职职工7人。2008年底,共有在职职工16人(其中气象编制8人,地方编制8人)。在职职工中:男7人,女9人;本科学历3人,大专学历4人,中专学历9人;中级职称3人,初级职称12人;30岁以下1人,31~40岁3人,41~50岁9人,50岁以上3人。

气象业务与服务

1. 气象业务

①气象观测

地面观测 1954年1月1日起,观测时次采用地方时,每日01、07、13、19时4次观测;1960年1月1日起,改为每日07、13、19时3次观测;1960年8月1日起,改为北京时,每日08、14、20时3次观测。

观测项目有云、能见度、天气现象、气压、气温、湿度、风向、风速、降水、雪深、日照、蒸发、地温等。

2000年开始机制报表。

发报种类有地面天气加密报(每日08、14、20时3次发往河南省气象局),雨量报(逢雨天05、17时2次发往河南省气象局)。

区域自动站观测 2005年6月,在5个乡镇建立了自动雨量站。2007年7月,在3个乡镇建立了自动雨量站;同年9月,建成四要素自动气象监测站1个。

农业气象观测 1980年以前,淮阳县气象局虽开展了玉米、小麦作物生育期观测和取土测墒业务,但记录资料零乱且不正规。1980年,成立农业气象组,逐步开展农业气象业务。1981年,开始开展专题农业气候分析。1983年9月,开始发送麦播适宜期预报;同年10月,开展年度农业气候评价;1998年,增加了对淮阳县农业、卫生、交通等主要行业编写的《气候影响评价》。

②天气预报

1962年10月始,淮阳县气象站通过收听天气形势,结合本站资料图表,每日早晚制作24小时天气预报。20世纪80年代初起,每日07、17时2次制作预报。2000—2008年,开展常规24小时、未来3~5天和旬月报等短、中、长期天气预报以及临近预报,并开展灾害性天气预报预警及各类重要天气报告业务。

③气象信息网络

1999年前,利用收音机收听湖北(武汉)中心气象台和周边气象台播发的天气预报和天气形势。2000—2005年,建立VSAT站、气象网络应用平台、专用服务器。

2. 气象服务

公众气象服务 1995年以前,主要通过广播和邮寄旬报向全县公众发布气象信息预报。1998年,开通"121"天气预报电话自动答询系统。2002年4月,开通兴农网,正式向淮阳县发布气象信息。2006—2008年,利用手机短信每天3~5次发布公众气象信息。

决策气象服务 20世纪80年代以前,将重要天气情报用电话向县领导汇报,或打印成文送交县委、县政府及水利、农业、交通、安全等相关单位和部门。1981年,开始开展专题农业气候分析。1983年开始发放不定期农业气象情报,9月开始发放麦播适宜期预报,10月开展年度农业气候评价。1998年,增加了对本县农业、卫生、交通等主要行业编写的《气候影响评价》。至2008年,全年开展有"棉花适播期预报"、"小麦产量预报"、"玉米产量预报"、"粮食产量预报"、"小麦适播期预报"、各季"气候影响评价"、"小麦全生育期气候影响评价"等。

人工影响天气　1996年,成立县人工影响天气办公室,购买"三七"高炮3门。1998年,建成炮库1座。2005年7月,配备地面火箭CF4-1A型2台。

防雷技术服务　1990年,成立淮阳县防雷中心,开始开展建筑物防雷装置、易燃易爆场所、计算机信息系统等防雷安全检测。2004年,开展防雷工程,工程图纸设计、审核,竣工验收。2005年,对重大工程建设项目开展雷击灾害风险评估。2008年,开展中小学校防雷安全管理工作。

气象科普宣传　1980年前后,与淮阳县广播站联合设立气象知识讲座,内容有"气象广播用语解释"、"降水及降水级别的划分"、"作物发育不同期的适宜温度"等。20世纪90年代末期,利用节假日、纪念日等特殊时间,在局大门前悬挂宣传横幅或选择简明宣传内容制作成精美的雷电防御知识宣传板、法制内容宣传板放在大街上展;抽调人力、物力做好"法治咨询台"的咨询工作;印制法制内容宣传材料,在大街发放,扩大宣传范围。

科学管理与气象文化建设

1. 社会管理

1995—2002年,根据气象法律、法规,多次向淮阳县政府和建设部门提出环境保护要求,制止了多起破坏探测环境事件的发生。2008年,根据中国气象局保护大气探测环境有关精神,就淮阳县探测环境的保护工作制定了如下措施:一是成立依法保护气象探测环境工作领导小组;二是积极向淮阳县委、县政府领导汇报,并与建设、规划部门加强联系与沟通,避免破坏气象探测环境事件的发生;三是每个干部职工都要主动担负起保护气象探测环境的义务责任,在日常工作中要多注意观察周边环境的变化,做到早发现,早报告,早处理;四是按照上级要求,建立探测环境变化月报告制度,依照法律法规制作了"环境保护警示牌",并严格实行气象探测环境保护责任制。

1995—2008年,在汛期之前,对全县范围的建(构)筑物、易燃易爆场所、学校、油库、炸药库、加油站等"重地"的防雷、防静电设施进行检查、检测,消除安全隐患。

2. 政务公开

2004年3月,组建局务公开领导小组和监督小组,并拟定局务公开的内容和方法。局务公开、公示栏又分向社会公开和局内部公示两种形式。本单位财务收支、职称评定、基建招标等内容,对职工挂牌公示。气象行政审批办事程序、气象服务内容、服务承诺、气象行政执法依据、服务收费依据及标准等,通过户外公示栏向社会公开。

3. 党建工作

1990 年前,党员少,和淮阳县种子公司联合成立党支部。1990 年 4 月,成立淮阳县气象站党支部,有党员 4 名,归淮阳县直党委领导。1995—2000 年,党员人数增加到 6 名。2000 年 6 月—2008 年 12 月,有党员 7 名(其中退休党员 1 人)。

4. 气象文化建设

1995 年,淮阳县气象局开展争创文明单位活动,进行党纪政纪、法律法规和传统美德教育;实施局务公开,构建反腐倡廉制度体系;开展优美环境卫生活动;组织安全生产"零发案"创建;以行业优势为县经济建设服务,以"三个气象"的理念,不断打造气象品牌。

2003 年 12 月,局院内全部硬化,购置了健身器材和体育设施,为干部、职工、家属加强体育锻炼、提高身体素质打下了物质基础;局支部每年还组织 3~5 次文体活动,丰富了干部、职工文化生活。

1997 年 4 月,被淮阳县委、县政府命名为"文明单位"。2001 年,被周口市委、市政府命名为市级"文明单位"。2001 年 3 月,被周口市气象局评为"文明单位建设先进集体",曹立然同志被评为"文明单位建设先进个人";2007 年 2 月,被周口市气象局评为"文明单位创建工作先进集体",曹立然同志荣获"文明单位创建工作先进个人"。

5. 荣誉

集体荣誉 淮阳县气象局在 1978 年被周口地区革命委员会、行政公署评为先进集体;1982 年,被国家气象局评为县级"气候区划先进单位"、被河南省人民政府评为"气候区划先进单位";1983 年,被河南省人民政府评为"科技先进单位";1984 年,被国家气象局评为"气候区划先进单位";2002 年,被河南省气象局评为"2001 年度气象科技服务与产业发展先进单位",同年被周口市防汛抗旱指挥部评为"2002 年汛期气象服务先进集体";2006 年,被河南省人事厅、河南省气象局评为"全省气象系统先进集体"。

个人荣誉 2004 年,曹立然被河南省人事厅、河南省气象局评为全省"人工影响天气工作先进工作者"称号;被河南省气象局评为"2008 年度人工影响天气先进工作者"。1991 年,王全仁在周口地区预报比武中,荣获全能第一名。1991 年,孔德芝在周口地区测报比武中荣获全能第三名,2 个单项第一名。1999 年,谷东生被周口地区行署授予"先进工作者"称号。2007 年,张国中、宋多义被中国气象局授予全国"质量优秀测报员"称号。

台站建设

2003 年以前,淮阳县气象局办公环境非常简陋,办公房为一层砖木结构的瓦房,年久失修,院内没有自来水。

2003 年,建成综合楼 1 栋,一层为办公用房,共 11 间,建筑面积 300 平方米;二层至四层为职工住房。工作生活区接通了自来水,并对院内道路及对外通道进行了硬化,绿化工作区面积 400 平方米,种植了多种花草树木,购置了健身器材和体育设施,设有阅览室、活动室。

2005 年 8 月,在门前建成绿荫广场 1 个,种植了多种花草树木。

商水县气象局

商水县位于河南省东南部,北纬 33°18′～33°45′,东经 114°15′～114°53′之间。东与项城市接壤,南与上蔡县交界,西与郾城毗邻,北接周口市川汇区。东北、西北分别与淮阳县、西华县隔沙河相望。商水县东西长 60 千米,南北宽 25 千米,总面积 1314.2 平方千米。

机构历史沿革

始建情况 1977 年 1 月商水气象站始建,站址位于商水县东关(城郊),北纬 33°33′,东经 114°37′,海拔高度 46.3 米。

历史沿革 建站时名称为商水县气象站。1989 年 8 月 1 日,更名为商水县气象局。

管理体制 商水县气象站始建于 1977 年,原属农业局二级机构。1984 年 8 月,商水县气象站与农业局分离,又划归周口地区气象局。1986 年,商水县气象站由原地方领导改为气象部门与地方政府双重领导,以气象部门领导为主的管理体制。

机构设置 1989 年,设办公室、测报股、预报股。1997 年,改设办公室、业务股、科技产业股和人工影响天气办公室,人工影响天气办公室编制为 8 人,人员工资由地方财政全供。

单位名称及主要负责人变更情况

单位名称	姓名	职务	任职时间
商水县气象站	刘宜中	站长	1977.08—1989.07
商水县气象局		局长	1989.08—1997.01
	姚继先	局长	1997.01—

人员状况 1977 年建站时,有职工 7 人。2008 年,有职工 23 人,其中:高级职称 3 人,中级职称 4 人,初级职称 12 人。30 岁以下 9 人,31～40 岁 8 人,41～50 岁 2 人,51 岁以上 4 人。

气象业务与服务

1. 气象业务

①气象观测

地面观测 商水县气象局属国家二级站,观测时次采用北京时,每日 08、14、20 时 3 次观测,夜间不守班。

观测项目有气压、空气温度和湿度、地温、日照、风向、风速、降水、云、能见度、天气现象、雪深等。

雨量报的观测发报时次为 05 和 17 时 2 次(1978 年 5 月 20 日,雨量≥20 毫米时向南京发送雨量报,1979 年停发南京雨量报)。2001 年 4 月 1 日起,每日 08、14、20 时向北京国家气象中心拍发天气加密报。

1985 年,配置了测报专用 PC-1500 袖珍计算机,1992 年完成微机制作报表程序调试,1993 年 1 月正式投入使用,1998 年,使用计算机通用地面气象测报程序。2005 年 1 月 1 日开始启用 OSSMO 2004 版地面气象测报业务软件。

区域自动站观测　2005 年、2006 年,分两批在全县 19 个乡镇安装了自动雨量站。2007 年 9 月 6 日和 2009 年 7 月 20 日,分别在位集镇政府和谭庄镇肖谭变电站建设 2 个四要素区域自动站,并与当天开始运行。

农业气象观测　1978 年,开始编发气象旬(月)报。1980 年 10 月 20 日前,测墒取土深 5~30 厘米;1980 年 10 月 20 日后,测土深改为 5~50 厘米。1981 年 2 月 8 日起,旬末测定改为逢 8 日测定。1981 年,开始开展专题农业气候分析。1983 年 9 月,开始发送麦播适宜期预报;同年 10 月,开展年度农业气候评价。1985 年 3 月,增加农业气象小麦遥感观测。1986 年,增加小麦产量预报。1987 年,进行能源区划。1989 年 5 月,做出了县 9 种秋作物布局调整方案。1998 年,增加了对本县农业、卫生、交通等主要行业编写的《气候影响评价》。2005 年 8 月 4 日,增加测定土壤常数工作。

②天气预报

1990 年前,通过超短波接收武汉台高空资料,以此为依据做预报分析。1990 年 6 月 1 日,改用高频电话抄收小天气图指标站要素实况。1986—2008 年,随着计算机技术和计算机网络的发展,商水县气象局先后使用了模型识别、多元回归、逐渐回归、列联表、灰色关联、马尔克夫链、多因子综合相关、旬预报系统等计算机预报业务系统。

③气象信息网络

1999 年前,利用收音机收听武汉中心气象台和周边气象台播发的天气预报和天气形势。1981 年,配备了传真接收机,接收北京、欧洲气象中心以及日本东京的气象传真图。1986 年,安装了甚高频电话,利用甚高频电话和周口市气象台及周边其他气象台站进行天气会商。2000 年,建成地面卫星小站,并利用 MICAPS 系统接收和使用高分辨率卫星云图和地面、高空天气形势图等。2000 年,开通了因特网。2005 年,建立了气象网络应用平台、专用服务器和省、市、县办公系统,气象网络通信线路 X.25 升级换代为数字专用宽带网,开通 100 兆光缆,接收从地面到高空各类天气形势图和云图、雷达拼图等资料,为气象信息的采集、传输处理、分发应用、天气会商、公文处理提供支持。1997 年 3 月,被河南省气象局评为"1996 年度气象信息产品终端效益年活动先进单位"。

2. 气象服务

公众气象服务　1998 年以前,主要通过广播向商水全县公众发布气象信息预报。1998 年始,通过广播和电视台两种方式向全县公众发布天气预报信息;另外还开通"121"天气预报电话自动答询系统。2002 年 4 月,开通兴农网,发布气象信息。2006 年,通过移动通信网络,利用气象短信平台向全县发布气象信息。2004 年、2006 年度气象服务被商水县人民政府通令嘉奖。2007—2008年度荣获商水县防汛指挥部通令嘉奖。

决策气象服务 建站至今,将重要天气情报用电话向商水县领导汇报,或打印成文送交商水县委、县政府及水利、农业、交通等相关单位和部门。1981年开始开展专题农业气候分析。1983年9月开始发送麦播适宜期预报;同年10月开展年度农业气候评价。1985年3月开展了农业气象小麦遥感气象服务。1986年,商水气象部门从河南省气象台引进小麦卫星遥感监测资料,经科学加工分析,制作成2.2∶2.2平方千米的小麦卫星遥感监测图,提供给县领导和有关专家及全县23个乡镇场。1990年,原图改为1.1∶1.1平方千米的高分辨率小麦卫星遥感监测图,并由原来手工制作改为计算机制作,增加了小麦苗情分析的产量预报以及合理的农业生产措施。1992年5月,国家气象局会同国家航天部来商水县气象局拍摄了卫星遥感技术应用的电视片,在联合国介绍中国和平利用卫星遥感技术的先进经验。1998年,增加了对商水县农业、林业、交通等主要行业编写的《气候影响评价》。至2008年,全年开展有"春播期预报"、"小麦产量预报"、"玉米产量预报"、"粮食产量预报"、"小麦适播期预报"及各季"气候影响评价"、"小麦全生育期气候影响评价"等。2000年以后,气象服务方式也由书面文字发送及电话通知等向手机、电视、微机终端、互联网等发展,并可通过互联网随时调看实时云图、雷达回波图、雨量点雨情。

人工影响天气 1996年商水县人民政府成立商水县人工影响天气办公室,购买"三七"高炮4门,1998年建成炮库1座。2005—2006年,配备地面火箭CF4-1A型2台、QF3-1型1台。1997年6月29日,首次实施人工增雨作业。1998—2002年,连续5年被周口地区气象局评为人工影响天气工作先进单位;2003年度被周口市气象局评为全市气象系统人工影响天气工作先进集体;2005年度被周口市气象局评为全市气象系统人工影响天气工作先进单位;2007—2008年度被周口市气象局评为人工影响天气先进集体。2004年被河南省人事厅、河南省气象局表彰为全省人工影响天气工作先进集体;2006年度被河南省气象局评为人工影响天气工作先进集体。

防雷技术服务 1991年,开始开展防雷服务,对全县所有易燃、易爆、危险场所和高大建筑物、构造物及公共建筑场所进行防雷安全检查。2004—2008年,开展对新建、扩建、改建工程防雷装置的设计审核和竣工验收工作,每年对学校防雷装置进行不少于一次的定期检测。

气象科普宣传 1980年,与商水县广播站联合设立气象知识讲座,内容有"气象广播用语解释"、"降水及降水级别的划分"、"作物发育不同期的适宜温度"等。20世纪90年代末期,《中华人民共和国气象法》、《河南省气象条例》、《河南省防雷减灾实施办法》、《施放气球管理办法》等法律法规出台后,利用节假日、世界气象日等特殊时间,悬挂宣传横幅,选择简明宣传内容在县城主要街道悬挂;并将制作的雷电防御知识宣传板、法制内容宣传板等一并宣展。1999年、2000年、2004年度被周口市气象局评为全市气象宣传工作先进单位。

气象科研 1991年,《模糊数学在长期天气预报中的应用》获河南省科委1990年二等奖、河南省政府三等奖。1992年,"小麦卫星遥感微机服务系统"成果获周口地区科技进步三等奖。1999年,《提高蒸发量准确度的一点建设》在《河南气象》发表,并获周口地区优秀学术成果论文一等奖。1999年7月,《商水县37年来气候变异对农业影响及其对策研究》获周口地区科技进步三等奖。1999年11月,《农业气象墒情微机测报系统》通过周口地区科委鉴定,并获周口地区科技进步二等奖。2003年1月,《商水县面雨量计算方法》在《河南气象》发表,并荣获"全国新时期人文科学优秀成果"二等奖。2008年,《商水县47年来气候变化特征分析》在《中国农业气象》发表。

科学管理与气象文化建设

1.社会管理

1998年,根据气象法律、法规多次向商水县政府和建设部门,提出环境保护要求,制止了多起破坏探测环境事件的发生;平时号召每个干部职工主动担负起保护气象探测环境的义务责任,在日常工作中要多注意观察周边环境的变化,做到早发现,早报告,早处理,并按照上级要求严格遵守探测环境变化月报告制度,依照法律法规制作了"环境保护警示牌",严格实行气象探测环境保护责任制。

1995—2008年,在汛期之前,对商水县全县范围的建(构)筑物、易燃易爆场所、学校、油库、炸药库、加油站等"重地"的防雷、防静电设施进行检查、检测,消除安全隐患。2004年商水县政府下发了《商水县人民政府关于认真贯彻执行〈关于进一步做好防雷减灾工作的通知〉》(商政〔2004〕76号);2004年与商水县安全生产领导组办公室联合下发了《关于加强防雷安全管理工作的通知》(商安办〔2004〕16号);2006年与商水县安全生产监督管理局联合下发《关于对烟花爆竹生产经营企业防雷防静电装置年度检测的通知》(商安监〔2006〕47号);2007年与商水县人大法工委、商水县教育局联合下发了《关于进一步加强学校防雷安全工作的通知》(商气字〔2007〕12号)。

《通用航空飞行管制条例》和《施放气球管理办法》颁布实施后,开始实施施放气球管理。

2003年8月,5名兼职执法人员通过河南省政府法制办培训考核,持证上岗。2003—2008年,与安监、建设、教育等部门联合开展气象行政执法检查30余次。

2.政务公开

2004年4月组建局务公开领导小组和监督小组。在此基础上拟定局务公开的内容和方法。对气象行政审批办事程序、气象服务内容、服务承诺、气象行政执法依据、服务收费依据及标准等,通过户外公示栏等向社会公开;财务收支、目标考核、基础设施建设、工程招投标等内容,采取职工大会或局内公示栏张榜等方式向职工公开。

3.党建工作

1977年,建立商水县气象站党小组。1984年,成立商水县气象站党支部。截至2008年,气象局共有党员10人(其中离退休党员1人)。

2000—2008年,参与气象部门和地方党委开展的党章、党规、法律知识竞赛活动16次,2008年荣获周口市气象系统法律知识竞赛二等奖。

1988—2008年,有10人次被商水县直机关工委评为商水县优秀共产党员。2005年商水县气象局党支部被商水县直机关工委评为"优秀党支部";2006—2008年连续3年被商水县直机关工委评为"先进党支部"。

4. 气象文化建设

1993年,开展争创文明单位活动。

1994—2008年,每年参与"送温暖、献爱心"、"慈善一日捐"活动。

2000年12月,商水县气象局综合楼竣工,局院内全部硬化、绿化,购置了健身器材和体育设施,为干部、职工、家属加强体育锻炼,提高身体素质提供了物质保障;局支部每年还组织3~5次文体活动,丰富了干部、职工文化体育生活。

2002年,在全省气象系统精神文明建设演讲比赛中获河南省气象局精神文明建设办公室颁发的精神文明奖。

1993年,被商水县委、县政府授予县级"文明单位"。1999年,被周口地委、行署授予地级"文明单位";2003年,被周口市委、市政府授予市级"文明单位"。

5. 荣誉与人物

集体荣誉 1979—2008年,先后获得地厅级以下奖励19项,地厅级以上奖励8项。其中,被河南省政府评为"先进集体"(1983年)、"地方志先进单位"(1984年);被河南省气象局评为"农气四基本先进单位"(1984年),"小麦遥感综合测产先进单位"(1986年),"气象系统全省防汛工作先进单位"(1991年),"1997年度'121'服务系统建设先进单位"(1998年),2001年度、2004年度全省"十佳县(市)气象局"(2002年,2005年);被河南省档案局评为"2004年度科技事业单位档案工作目标管理省级先进"(2004年)。

个人荣誉 姚继先2005年获商水县劳动模范称号。

人物简介 刘宜中,男,高级工程师,1937年生,祖籍江苏,1955年毕业于北京气象学校,1955—1959年在西华县气象站工作,1959—1965年调商水县气象站任站长,1998年退休。在职期间,曾先后被评为周口市、商水县优秀拔尖人才、优秀局长、优秀共产党员。1982年,被评为河南省劳动模范。

参政议政 刘宜中,1984年4月当选为商水县第五届政协委员、常委及第七届人大代表,1987年4月当选为县第八届人民代表、常委,1990年4月当选为县第九届人大代表、常委,1993年3月当选为县第十届人大代表、常委。

牛保山1984年4月当选为商水县第五届政协委员,1987年4月当选为县第六届政协委员、常委,1990年4月当选为县第七届政协委员、常委,1993年3月当选为县第八届政协委员、常委。

台站建设

2000年以前,商水县气象局办公环境非常简陋,办公房为一层砖木结构的瓦房,年久失修,院内没有自来水。

2000年12月,建成综合楼1栋。一层为炮库,共7间,建筑面积220平方米;二层为办公用房,设有财务室、阅览室、防雷办公室、党务室等,业务工作区接通了自来水。

综合楼建成后,对原来的简易道路及气象局院内除观测场外的所有土地进行了硬化和绿化,种植了多种花草树木,购置了健身器材和体育设施。

在进行外部条件改善的同时,各工作股室也添置了新的桌椅和电脑,并配了饮水机等。

沈丘县气象局

沈丘县位于河南省的东南部,东邻界首市(安徽省),西接项城市,北与郸城县、淮阳县相连,南与临泉县(安徽省)接壤。全县地势平坦,地处华北平原,泉河、沙颍河两条河流南北穿境而过,属淮河流域。

机构历史沿革

始建情况　1956 年下半年,沈丘县气候站始建,站址位于县城东部倪新庄(郊外),北纬 33°24′,东经 115°06′,海拔高度 40.0 米。

站址迁移情况　1960 年 2 月,迁至县城北部 2.5 千米豆庄(郊外),北纬 33°26′,东经 115°04′,海拔高度 39.9 米。1968 年 1 月,迁至县城西关外,北纬 33°24′,东经 115°04′,海拔高度 41.0 米。1979 年 5 月,迁至县城西大王楼东(郊外),北纬 33°24′,东经 115°04′,海拔高度 42.0 米。

历史沿革　建站时名称为沈丘县气候站。1959 年 12 月,更名为沈丘县气象站。1962 年 1 月,更名为沈丘县气象服务站。1969 年 1 月,更名为沈丘县气象站。1989 年 8 月,更名为沈丘县气象局。

管理体制　建站时隶属商丘地区农业局,1965 年 7 月划归周口地区管理。1968 年,由沈丘县人民武装部管理。1970 年后,由沈丘县农业局代管。1983 年 9 月,实行气象部门与地方政府双重领导,以气象部门领导为主的管理体制。

机构设置　1989 年,下设地面测报股、农业气象股、天气预报股、办公室;之后,又增设了防雷减灾办公室、人工影响天气办公室。

单位名称及主要负责人变更情况

单位名称	姓名	职务	任职时间
沈丘县气候站	李崇秀	代理站长	1956.08—1959.12
沈丘县气象站	马鼎三	站长	1960.01—1961.12
沈丘县气象服务站	杨华堂	站长	1962.01—1968.12
			1969.01—1970.12
沈丘县气象站	吕心刚	站长	1971.01—1975.12
	程兰谷	站长	1976.01—1978.06
	刘国斌	站长	1978.06—1989.08
沈丘县气象局		局长	1989.08—1989.12
	韩福林	局长	1989.12—2005.05
	梁祖宪	局长	2005.05—

人员状况 1956 年建站时,有职工 3 人。截至 2008 年,有在编职工 6 人,外聘职工 6 人,离休职工 1 人,退休职工 5 人。在编职工中:中级职称 3 人,初级职称 2 人;本科学历 2 人,大专学历 1 人。

气象业务与服务

1. 气象业务

①气象观测

地面观测 沈丘县气象站属三次观测一般辅助站,2007 年 1 月 1 日由一般站改称为国家气象观测二级站。每日进行 08、14、20 时 3 次定时观测。

观测项目有气温、湿度、气压、风向、风速、能见度、天气现象、降水量、日照、小型蒸发、地面 0～20 厘米地温、积雪深度。

1959 年 9 月 19 日,开始向郑州高空机场发布航(危)报,并向河南省气象局编发加密报。

制作的报表有月、年报表,分别向河南省、周口市气象局按时上报。1993 年后,报表由手工编制改微机制作,并采用网络传输。

自开展以来共创 22 个百班无错情,2 个 250 班无错情。

区域自动站观测 2004—2008 年,相继建成乡镇自动雨量站 13 个,四要素自动气象站 1 个。

农业气象观测 沈丘县气象观测站为农业气象国家基本站,开展的业务有每月逢 6 日取土测墒,编发墒情报;对县内主要农作物进行生产期观测及物候观测。1980 年,开展了农业气候区划。1983 年,开展了小麦全生育期气候条件分析和气候评价。1983 年气候评价收入河南省《气候评价汇编》,徐如聚主持的大豆试验获河南省农科所成果二等奖。1992 年,开始开展小麦卫星遥感监测服务。

②天气预报

1958 年,开始作补充天气预报,并逐渐增加了 1～3 天短中期天气预报(包括灾害性天气预报)及月、季、年、双夏、汛期、麦播期关键农事季节长期天气预报,建立了本站的基本资料、基本图表、基本档案、基本方法。1984 年后,配备了传真机,开始利用传真接收的天气图制作天气预报。2000 年后,卫星云图、雷达资料及数值预报模式应用于天气预报中。

③气象信息网络

1984 年,配备了传真接收机,接收气象传真图。1985 年 6 月,安装了甚高频电话,利用甚高频电话和周口市气象台进行天气会商。2000 年 12 月,完成地面卫星接收系统建设,并利用 MICAPS 系统接收和使用高分辨率卫星云图和地面、高空天气形势图等。1999—2005 年,相继开通了气象业务专用网、因特网,建立了气象网络应用平台和省、市、县气象业务办公系统。

2. 气象服务

公众气象服务 1985 年 6 月,天气预报信息通过电话传输至广播局,开始在电视台播放天气预报。1991 年 9 月完成全县天气警报系统布点,10 月 1 日正式播音。1998 年 12 月,开通"121"天气预报自动咨询电话(2003 年 6 月,周口市"121"答询电话实行集约经营,由周口市气象局负责建设、维护、管理;2005 年 1 月"121"电话改号为"12121")。2002 年 4 月 1 日,建成沈丘县兴农网。2007 年,建立了气象灾害预警信息发布平台,利用手机短信发布气象灾害预警信息。

决策气象服务　20 世纪 80 年代初,决策气象服务产品为常规预报和情报资料,服务方式以书面文字发送为主。20 世纪 90 年代后,决策服务产品逐渐增加了精细化预报、产量预报、森林火险等级预报等,气象服务方式也由书面文字发送及电话通知等向电视、微机终端、互联网等发展,各级领导可通过计算机随时调看实时云图、雷达回波图、雨量点雨情。

人工影响天气　1996 年 5 月,购置了人工影响天气作业装备,实施人工增雨,沈丘县委、县政府向沈丘县气象局颁发了"人工增雨解难于民"的奖匾;6 月,正式成立人工影响天气办公室;9 月,沈丘县政府下发《关于加强人工影响天气工作的通知》。至 2008 年,有"三七"高炮 2 门,火箭发射架 2 部,人工影响天气专用车 1 辆,高炮、火箭操作手 10 人。

防雷技术服务　1991 年,开始在周口地区气象局技术人员的指导下,开展防雷设施检测工作;以后每年在雷雨季节到来之前都对全县境内的避雷设施全面检测一次。

气象科普宣传　每年汛期来临前,沈丘县气象局都单独或联合安监等部门举办安全生产宣传活动,深入街道、社区、学校,介绍雷电知识和气象常识,发放雷电防护知识宣传单,传播气象灾害防御措施和方法,提高全民防灾减灾意识。

科学管理与气象文化建设

1. 社会管理

2004 年 8 月 1 日《河南省防雷减灾实施办法》颁布实施,沈丘县人民政府办公室发文将防雷工程从设计、施工到竣工验收,全部纳入气象行政管理范围。2000 年,沈丘县人民政府法制办批复确认沈丘县气象局具有独立的行政执法主体资格,并为 2 名职工办理了行政执法证,气象局成立行政执法队伍。后被县政府列为县安全生产委员会成员单位,负责全县防雷安全的管理,定期对液化气站、加油站、民爆仓库等高危行业的防雷设施进行检测检查,对不符合防雷技术规范的单位,责令进行整改。

《通用航空飞行管制条例》和《施放气球管理办法》颁布实施后,开始实施施放气球管理。

2. 政务公开

对气象行政审批办事程序、气象服务内容、服务承诺、气象行政执法依据、服务收费依据及标准等,通过户外公示栏向社会公开。财务收支、目标考核、基础设施建设、工程招投标等内容,采取职工大会或局内公示栏张榜等方式,向职工公开。

3. 党建工作

1981 年前,气象站党员较少,先后参加沈丘县农场、畜牧局、农业局党支部活动。1982 年 4 月,建立气象站党支部,隶属县直党委领导。截至 2008 年,有党员 13 人(其中离退休党员 4 人)。

2003 年 7 月被沈丘县组织部评为"五好基层党支部",2007 年 5 月被评为"先进基层党支部",2008 年 7 月被评为"先进基层党组织"。

4. 气象文化建设

2000 年后,气象局重视局内发展和局外发展,定期召开民主生活会,组织或参加体育比赛、演讲比赛等文体活动。2008 年,获得周口市气象局举办的演讲比赛三等奖。为服务于沈丘县经济建设大局,制定了结对帮扶计划,每年结对帮扶一个行政村,为贫困村改变贫困落后面貌出谋划策,加快农村经济发展,促进农民增收、农业增产和农村致富。

1985 年 12 月,被沈丘县委、县政府评为县级"文明单位"。2008 年 8 月,被周口市命名为市级"文明单位"。

5. 荣誉

集体荣誉 1980—2008 年,获集体荣誉 33 项。其中,1994 年 3 月被沈丘县委、县政府评为"支农先进单位";1997 年 8 月,被县委、县政府评为"夏粮生产先进单位";1998 年 9 月,被县政府评为"双夏汛期气象服务先进单位";2001 年 5 月,县政府颁发《关于气象局人工增雨嘉奖令》(〔2000〕31 号文);2002 年 6 月 12 日,县政府对气象局成功实行人工增雨通令嘉奖;2003 年 7 月被县委评为"防汛救灾先进单位",9 月被县政府评为"汛期气象服务先进单位";1995 年 7 月,被县委、县政府评为"支农先进单位";2003 年 7 月被县委评为"防汛救灾先进单位",9 月被县政府评为"汛期气象服务先进单位"。1995 年汛期,被周口地区气象局评为预报质量第一名;2008 年 3 月,被周口市气象局评为基础业务先进单位。2007 年 11 月,晋升为省级"科技档案先进单位"(豫气〔2007〕47 号)。

个人荣誉 1987—2008 年,获得单项荣誉 60 多人次。

台站建设

1993 年以前,家属住房和办公室均较差,房屋少且多为危房和漏房。

1993 年,建造了 360 平方米混凝土结构房屋,解决了 6 户职工住房。

2001 年 10 月,筹建综合办公楼。2002 年 1 月始建,9 月 20 日竣工并投入使用。综合办公楼高度二层,建筑面积 580 多平方米,楼顶铺设了隔热层,部分办公室安装了空调、饮水机、微机,接入了宽带。

2005 年 10 月,建炮库 3 间、围墙 50 米,修整院内地坪、花草植被,美化了办公、生活环境,为职工营造了一个绿色清新的工作环境。

太康县气象局

太康县地处豫东平原,总面积 1759 平方千米,耕地面积 11.4 万公顷。土地肥沃,盛产小麦、棉花,是全国著名的商品粮生产基地县、优质棉生产基地县、"中国黄牛之乡"、"中国波尔山羊之乡"。

机构历史沿革

始建情况　太康气候站始建于 1956 年 12 月,站址位于太康城东北 1.5 千米处(飞机场内),北纬 34°05′,东经 114°49′,海拔高度 50.3 米。1957 年 1 月 1 日,正式开展地面气象观测。

站址迁移情况　1964 年 6 月,搬迁到县城西北 1.5 千米处的张庄附近,北纬 34°04′,东经 114°51′,海拔高度 52.60 米。

历史沿革　1956 年 12 月 1 日,名称为太康气候站。1959 年 2 月 1 日,更名为太康气象站。1960 年 3 月 1 日,更名为太康气象服务站。1970 年 9 月 1 日,更名为太康气象站。1989 年 8 月 11 日,更名为太康县气象局。

管理体制　自建站至 1965 年 6 月,隶属于商丘地区气象台管理。1965 年 7 月,归属周口地区气象科(台)。1979 年 5 月,归属周口地区气象局。1983 年实行以气象部门与地方政府双重领导,以气象部门领导为主的管理体制。

机构设置　1989 年 8 月,内设测报股、预报股、农业气象观测股。2006 年 1 月,设办公室、科技服务股、业务股;1994 年 12 月,成立太康县人工影响天气办公室,办公地点在气象局,地方编制 12 人。

单位名称及主要负责人变更情况

单位名称	姓名	职务	任职时间
太康气候站			1956.12—1959.01
太康气象站	杨学信	站长	1959.02—1960.03
			1960.03—1960.04
太康气象服务站	衡明礼	站长	1960.05—1970.01
	刘光明	站长	1970.02—1970.09
			1970.09—1975.03
	方应喜	站长	1975.04—1979.02
太康气象站	任明凯	站长	1979.03—1981.01
	李西群	站长	1981.02—1986.11
	赵昌斌	站长	1986.12—1989.01
	曾照云	站长	1989.02—1989.08
太康县气象局		局长	1989.08—1992.02

单位名称	姓名	职务	任职时间
太康县气象局	郭魁英	局长	1992.03—2002.02
	张玉莲(女)	局长	2002.03—2004.05
	葛国华	局长	2004.05—

人员状况 1956 年建站时,有职工 3 人。2008 年,有职工 17 人(其中气象编制人员 5 人,地方编制 12 人),其中:30 岁以下 5 人,31~40 岁 7 人,41~50 岁 4 人,50 岁以上 1 人;本科学历 2 人,大专学历 10 人,中专以下学历 5 人;中级职称 1 人,初级职称 4 人。

气象业务与服务

1. 气象业务

①气象观测

地面观测 观测项目有气温、气压、降雨、湿度、蒸发、能见度、风向、风速、云等;每日进行 02、08、14、20 时 4 次观测。

地面天气加密报每日 08、14、20 时 3 次发往河南省气象局,6 月 25 日—8 月 31 日(汛期)每日 05、08、11、14、17、20 时 6 次发往河南省气象局。雨量报逢雨天 05、17 时 2 次发往河南省气象局。防汛报雨天 08 时分别发往河南省防汛办和中央防汛办(每年 5 月 15 日—9 月 30 日)。危险报、重要天气报均在天气条件达到时立即编报。

区域自动站观测 2005 年,安装了 12 个乡镇自动雨量站并正式运行。2009 年 6 月,在常营镇小麦高效示范园区付草楼镇蔬菜示范园区建立四要素自动气象监测站,并投入运行。

农业气象观测 太康县气象观测站属河南省农业气象基本站,国家级土壤湿度测报站,承担小麦、玉米、棉花全生育期和多种物候的观测任务和测墒任务,以及作物(小麦、玉米、棉花)主要发育期生长状况、热量状况和土壤墒情状况的发报任务。作物报按作物生长期编发作物报,气候报按旬、月编发气候报(气温、降水、日照),墒情报按旬、月编发墒情报(5 厘米、10 厘米、20 厘米、30 厘米、50 厘米土壤含水量)。

②天气预报

短中期天气预报 20 世纪 70 年代,通过收听天气形势,结合本站资料图表,每日早晚制作 24 小时内日常天气预报。20 世纪 90 年代初,利用传真天气图和上级台指导预报,结合本站资料,每天制作未来 3 天天气预报。1998 年 11 月,安装 VSAT 卫星单收站,每日 5~10 次接收欧亚各主要地区的天气信息,根据接收的高空、地面资料,分析本地的天气变化,得出预报结果。

短期气候预测(长期天气预报) 运用数理统计方法和常规气象资料图表及天气谚语、韵律关系等,做出具有本地特点的中长期预报。长期预报主要有每月预报、春播预报、三夏期间预报、汛期预报、秋季预报和冬季预报。

③气象信息网络

1980 年前,利用收音机收听河南省气象台以及周边气象台播发的天气预报和天气形势。1981 年,配备了传真接收机,接收北京、欧洲气象中心以及日本东京的气象传真图。1985 年 10 月,安装了甚高频电话,利用甚高频电话和周口市气象台进行天气会商。1998 年 11 月,完成地面卫星小站建设,并利用 MICAPS 系统接收和使用高分辨率卫星云图、地面高空天气形势图等。1999—2005 年,相继开通了因特网,建立了气象网络应用平台、专用服务器和省市县办公系统,气象网络通信线路 X.25 升级换代为数字专用宽带网,开通 2 兆光缆,接收从地面到高空各类天气形势图和云图、雷达拼图等数据,为气象信息的采集、传输处理、分发应用、天气会商、公文处理提供支持。

2. 气象服务

公众气象服务 1985 年 9 月,开始在电视台播放天气预报,天气预报信息通过电话传输至广播局;1998 年 10 月,建成多媒体电视天气预报制作系统,将自制节目录像带送电视台播放;2000 年 8 月,应用非线性编辑系统制作电视天气预报节目,开展日常预报、天气趋势、生活指数、灾害防御、科普知识、农业气象等服务。2002 年 3 月,建成"太康县兴农网"。2003 年,开通手机气象短信。2007 年,建立了气象灾害预警信息发布平台,利用手机短信发布气象灾害预警信息。2008 年,通过移动通信网络开通了气象短信平台,利用气象短信平台向全县各级领导、学校、重点企业、农业生产专业户、养殖专业户发布气象信息。

决策气象服务 20 世纪 80 年代,以口头或传真方式向太康县委、县政府提供决策服务。20 世纪 90 年代,逐步开发"重要天气报告"、"气象信息与动态"、"汛期(5—9 月)天气趋势分析"等决策服务产品。

人工影响天气 1994 年 12 月 16 日,成立太康县人工影响天气办公室,配备人工增雨高炮 6 门、火箭发射装置 2 套。

防雷技术服务 1989 年,开始开展建筑物防雷装置和易燃易爆场所以及计算机信息系统防雷装置安全性能检测。2002 年,为全县各类新建建(构)筑物按照规范要求安装避雷装置。2005 年,开始新建建(构)筑物防雷工程图纸审核、设计评价、竣工验收等防雷工作。

气象科普宣传 2007—2008 年,共发展气象信息员 75 人,并对他们进行培训;利用电视、手机短信、报刊、电子显示屏、网站等渠道,实施气象科普入村、入企、入校、入社区工程,全县科普教育受众面极大提高。

科学管理与气象文化建设

社会管理 2005 年,开始新建建(构)筑物防雷工程图纸审核、设计评价、竣工验收等防雷管理工作。2008 年,共排查出安全隐患 60 多处,已经全部整改。

2006 年 6 月,在太康县政府行政服务大厅设立气象窗口,承担气象行政审批职能,规范天气预报发布和传播,实行低空飘浮物施放审批制度。

2006 年 8 月,成立气象行政执法大队,4 名兼职执法人员均通过河南省政府法制办培训考核,持证上岗。2006—2008 年,与安监、建设、教育等部门联合开展气象行政执法检查

10 余次。

2007 年 12 月 14 日,完成了气象台站探测环境备案工作,绘制了《太康气象观测环境保护控制图》,为气象观测环境保护提供重要依据。

政务公开 2000 年起,对气象行政审批办事程序、气象服务、服务承诺、气象行政执法依据、服务收费依据及标准等内容,向社会公开。积极落实首问责任制、气象服务限时办结、气象电话投诉、气象服务义务监督、领导接待日、财务管理等一系列规章制度,坚持上墙、网络、电子屏、黑板报、办事窗口及媒体等多个渠道开展局务公开工作。

党建工作 1995 年 11 月 8 日,成立太康县气象局党支部,共有正式党员 5 人,2005 年 5 月,党员增加到 9 人,截至 2008 年底有党员 8 人(其中离退休党员 1 人)。

2001—2008 年,先后 7 次被中共太康县直机关工委评为"优秀基层党组织";5 人次被评为"优秀共产党员"和"优秀党务工作者";2006 年 5 月,葛国华当选为太康县第十次党代会代表。

气象文化建设 1987 年,将文明单位创建工作纳入日常工作。1987—2008 年,先后参与并开展了扶贫帮困一日捐、向灾区献爱心、与贫困户结对帮扶和文明股室、文明家庭、文明职工评选等活动。

1987 年 4 月,太康县气象局被太康县委、县政府命名为县级"文明单位"。1997 年,被周口地委、行署命名为地区级"文明单位"。2003 年 3 月被周口市委、市政府命名为市级"文明单位";2008 年到届后重新申报,继续保持市级"文明单位"荣誉称号。

集体荣誉 1997 年,被周口地区文明委评为市级"文明单位"。1998—2000 年,连续 3 年被河南省气象局授予"十佳县(市)气象局"称号;1998 年 3 月,被河南省人工影响天气领导组办公室评为"人工增雨先进单位";2005 年 12 月,被河南省气象局评为防雷工作先进集体;2007 年 1 月,被河南省气象局授予"2006 年度重大气象服务先进集体";2007 年 1 月,被河南省气象局授予"2006 年气象科技服务先进集体";2008 年 3 月,被河南省气象局授予"2007 年气象科技服务先进集体"。2000 年 12 月,获河南省档案局授予的"机关档案省标一级单位"称号。2000 年,获得"河南省科普工作先进集体"。2000 年 9 月,获得河南省委、省政府联合颁发的"河南省 2000 年抗洪抢险先进集体"。2000 年,获得中国气象局"全国气象部门双文明建设先进集体";1999 年、2001 年、2003 年,获得中国气象局"重大气象服务先进集体"。

台站建设

太康县气象局 1964 年 7 月迁到太康县城西北角张庄,1979 年建筑 1 栋二层砖混结构楼房,共 12 间办公用房,面积 265.32 平方米。道路由于居民盖房侵占只有两米多宽,吃水为自打水井,水质极差,用电为农用电,且经常停电。

2008 年底,办公楼建筑面积 265.32 平方米,生活用房建筑面积 946.02 平方米,炮库建筑面积 304.0 平方米,院内硬化 1000 平方米,绿化 500 平方米。局内有用于观测的北京华云的地面气象要素自动观测设备,自动 En 型风、定槽式水银气压表、气压计等 10 种仪器;用于气象预报的有 VSAT 卫星单收站、"12121"多功能气象信息自动答询系统、Notes 网、互连网、2 兆光纤等通信设备;用于农业气象观测的有分析天平、电烘炉等;用于人工增雨的有"三七"双管高射炮 3 门、火箭发射架 2 具、通讯塔 1 座、牵引车 1 辆、指挥车 1 辆;用于气象服务的有天气预报制作系统 1 套以及各类微机 9 台。

项城市气象局

项城市位于河南省东南部,居黄河冲积平原南部,淮河主要支流沙颍河中游。西邻上蔡县、商水县,东连沈丘县,北与淮阳县隔河相望,南与平舆接壤,东南与安徽临泉毗邻。

机构历史沿革

始建情况　项城县气候站始建于 1956 年 8 月,位于永丰乡阎庄村,北纬 33°51′,东经 114°51′,海拔 41.7 米,1957 年 1 月 1 日正式开始地面气象观测。

站址迁移情况　1958 年 11 月,迁到水寨镇祁庄,经纬度不变。1960 年 4 月,迁到水寨镇任营,经纬度不变。1978 年 1 月,迁到水寨镇孔营西北,北纬 33°27′,东经 114°54′,观测场海拔高度 43.2 米(约测),1979 年 9 月海拔高度实测为 43.3 米。2008 年 1 月 1 日,迁到花园办事处李洼行政村南,北纬 33°28′,东经 114°52′,观测场海拔高度 42.0 米。

历史沿革　1960 年 1 月 1 日,更名为项城县气象服务站。1980 年 1 月,更名为项城县气象站。1989 年 8 月,更名为项城县气象局。1993 年 12 月,更名为项城市气象局。

管理体制　1956 年 8 月建站后,隶属于商丘地区农业管理局,业务受周口地区气象台指导。1965 年 7 月,由商丘地区划归周口地区气象局管理。1973 年,归项城县农林局领导。1984 年,实行上级气象部门与项城县政府双重领导,以气象部门领导为主的管理体制。

机构设置　1980 年,设立预报组、观测组。1988 年,设立办公室、测报股、预报股、农气股。1997 年,设立办公室、测报股、预报股、农气股、科技服务股和人工影响天气领导小组办公室。2004 年,设立办公室、人事股、财务股、业务科、科技服务股、人工影响天气领导小组办公室和气象行政执法大队。

单位名称及主要负责人变更情况

单位名称	姓名	职务	任职时间
项城县气候站	高洪铎	站长	1957.01—1960.01
项城县气象服务站	葛朝赞	站长	1960.01—1973.08
	张振杰	站长	1973.09—1980.01
			1980.01—1981.01
项城县气象站	郭月恒	站长	1981.02—1988.11
	李　峰	站长	1988.12—1989.07
项城县气象局		局长	1989.08—1993.12
项城市气象局			1993.12—2005.12
	张高生	局长	2005.12—

人员状况 建站初,有职工 4 人。截至 2008 年,有在职职工 56 人(其中气象在编职工 8 人,地方在职职工 48 人)。在职职工中:本科及以上学历 6 人,大专学历 18 人;50 岁以上 2 人,40~49 岁 11 人,40 岁以下 43 人。

气象业务与服务

1. 气象业务

①气象观测

地面观测 1957 年 1 月 1 日起,观测时次采用北京时,每日 08、14、20 时 3 次观测;夜间不守班。其中,1960 年 1 月 1 日—7 月 31 日,观测时次采用地方时,每日 07、13、19 时 3 次观测。1960 年 8 月 1 日起,观测时次采用北京时 08、14、20 时每天 3 次观测。

观测项目有云、能见度、天气现象、气温、湿度、风向、风速、降水、日照、雪深、蒸发、浅层地温等。1965 年 12 月,增加气压观测;1980 年,增加气压、温度、湿度自记观测;1986 年 4 月 1 日,增加虹吸雨量计并使用。

2000 年 6 月 1 日起,每日 08、14、20 时向郑州发天气加密报。

2005 年 1 月 1 日,启用 OSSMO 2004 版地面气象业务软件。

雷电方位观测 2002 年 8 月 20 日,配置闪电定位仪系统,开展雷电方位观测。

紫外线观测 2003 年 6 月 12 日,安装紫外线监测系统,开展紫外线强度观测。

区域自动站观测 2000 年 6 月,建成全市 17 个乡镇的单要素自动雨量站,并投入运行。2007 年 6 月,建成秣陵镇四要素区域站。

农业气象观测 项城市气象观测站为农业气象观测一般站。1970 年,开展土壤墒情观测。1979 年,开展小麦适播期预报。1980 年,开展棉花适播期预报。1979 年,开展专题农业气候分析;1983 年,开展年度农业气候评价;1982 年 12 月,完成项城县农业气候资料汇编;1983 年 7 月,完成项城县农业气候资源分析和项城县农业气候资源区划图表。1989 年,开展小麦卫星遥感服务。2005 年 8 月 4 日,恢复土壤墒情测定。2006 年 7 月 1 日,测墒一般站在 AB 报中增加基本气象段。

②天气预报

1970 年 10 月始,通过收听天气形势,结合本站资料图表,每日早晚制作 24 小时内日常天气预报。2000 年,开展常规 24 小时、72 小时和周预报、月预报等短、中、长期天气预报以及临近预报,并开展灾害性天气预报预警业务和制作各类重要天气报告。

③气象信息网络

1985 年前,气象站利用收音机收听河南省气象台和周边气象台播发的天气预报和天气形势。1985—2000 年,开通高频电话,利用无线传真接收气象传真图。1995 年 4 月,引进卫星云图接收仪设备。1999 年 11 月,建成 VSAT 单收站,接收从地面到高空各类天气形势图和云图、雷达等数据。2000 年,X.25 线路开通。2005 年 6 月 30 日,改用移动宽带、备用 GPRS 线路。2009 年 6 月,增加电信备份线路。

2. 气象服务

公众气象服务 1957 年 1 月 1 日,气象电报传递方式为邮电报房。1986 年前,主要通过广播和邮寄方式向全县发布气象信息。1997 年,开通"121"(2006 年改为"12121")天气预报电话自动答询系统。1996 年 12 月,购买电视天气预报制作系统 1 套,并从 1997 年 1 月 1 日开播,开展日常预报、天气趋势、灾害防御、科普知识、农业气象等服务。1999 年 6 月,项城风云寻呼台正式成立,增加了信息发布的渠道。2002 年 7 月,项城市兴农网正式开通,通过网络平台发布农业、气象、政务等各类信息。

决策气象服务 20 世纪 70 年代前,仅提供短期天气预报服务。1978 年,开始提供长期天气趋势展望、72 小时短中期天气预报,农事关键季节(麦播、三夏、汛期)和重大转折性天气预报,雨情、墒情、灾情、气温和作物长势动态分析,以及气象旬(月)报、农事建议、专题调查材料等。2000 年后,开发了"一周天气预报"、"月天气预报"、"重要天气报告"等决策服务产品,并开展节日气象服务,为项城市各类重大活动提供气象保障;服务方式也由书面材料、口头汇报、电话通知发展为短信、网络等方式。

人工影响天气 1995 年成立人工影响天气办公室,同年 4 月周口地区拨给项城市"三七"高炮 4 门。1999 年购进火箭发射架 1 台,2002 年购火箭发射架 1 台,2008 年购进火箭 2 枚。2002 年 1 月 29 日,中国气象局副局长郑国光来项城市气象局视察指导工作时,曾题词:"继续努力,认真做好气象服务和人工增雨作业,造福项城百万人民"。

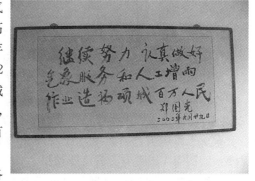

郑国光题词

防雷技术服务 1990 年,开始为项城市各单位建筑物避雷设施开展安全检测。1999 年,为全市各类新建建(构)筑物按照规范要求安装避雷装置。

气象科普宣传 利用电视气象、手机短信、报刊专版、网站等渠道,实施气象科普入村、入企、入校、入社区,全市科普教育受众面达 6 万余人。

科学管理与气象文化建设

1. 社会管理

2007 年 4 月,项城市政府审批办证中心设立气象窗口,承担气象行政审批职能,开展建筑物防雷装置、新建建(构)筑物防雷工程图纸审核,规范天气预报发布和传播,实行低空飘浮物施放审批制度。

2004 年 10 月,成立项城市气象执法大队,10 名兼职执法人员均通过省政府法制办培训考核,持证上岗。2005—2008 年,先后与安监、教育、消防等部门联合开展气象行政执法检查 20 余次。

2. 政务公开

2000 年,对气象行政审批办事程序、气象服务、服务承诺、气象行政执法依据、服务收费依据及标准等内容,向社会公开。2003 年,列入河南省气象部门局务公开试点单位,2006 年,制定下发了"局务公开工作操作细则",落实首问责任制、气象服务限时办结、气象电话投诉、气象服务义务监督、领导接待日、财务管理等一系列规章制度,利用上墙、网络、办事窗口及媒体等多个渠道,开展局务公开工作。

2006 年,被中国气象局评为"全国气象部门局务公开先进单位"。

3. 党建工作

1984 年,建立项城市气象站党支部,有党员 3 人。1989 年 8 月,更名为项城县气象局党支部,有党员 3 人。2005 年 12 月,党员达 11 人。截至 2008 年 12 月,共有党员 11 人(其中离退休党员 1 人)。

2000—2008 年,先后开展"三个代表"、"保持共产党员先进性"、"讲党性修养、树良好作风、促科学发展"等教育活动和"学习实践科学发展观活动",并与贫困村(户)结对帮扶;参与气象部门和地方党委开展的党章、党规、法律法规知识竞赛共 12 次,每年开展局领导党风廉政述职报告和党课教育活动,并层层签订党风廉政目标责任书,推进惩治和预防腐败体系建设。

2002 年 6 月,被项城市委评为分行业创"五好"先进党支部;2005 年 7 月,被项城市委评为"五型"机关先进党支部;2006 年 7 月被项城市委评为"先进基层党组织"。

4. 气象文化建设

2004 年起,开展争创文明单位活动。每年组织或参加岗位练兵、体育比赛、演讲比赛等活动。其中,2005 年 10 月,在项城市"行政服务中心杯"大众广播体操比赛中获得一等奖;2008 年 5 月,在"周口市第五届测报比武"中获"个人全能"第一名和"软件操作"第一名。

荣誉室

图书室一角

2005 年 7 月,被周口市委、市政府命名为市级"文明单位",同月被项城市人民政府表彰为城区四创和乡镇创优活动先进单位。2006 年 6 月 20 日,被河南省委、省政府命名为省级"文明单位"。

5. 荣誉

集体荣誉 1991—2008 年,项城市气象局共获地厅级以上集体荣誉 34 项。其中2001—2008 年获将情况见下表:

授奖时间	获奖单位	授奖内容	授奖单位
2000.02	项城市气象局	1999 年度发展地方气象事业先进单位	河南省气象局
2000.02	项城市人影办	1999 年度人工影响工作目标管理先进单位	河南省人影办
2000.11.27	项城市人影办	河南省人工影响天气工作先进集体	河南省人事厅、河南省气象局
2001.01	项城市气象局	"十佳"县(市)气象局	河南省气象局
2001.01	项城市气象局	2000 年度气象科技服务与产业发展先进单位	河南省气象局
2001.02	项城市气象局	2000 年度落实双重计划财务体制工作显著,被评为先进单位	河南省气象局
2001.12	项城市气象局	档案室获省级先进称号	河南省档案局
2002.01	项城市气象局	2001 年度落实双重计划财务体制工作显著,被评为先进单位	河南省气象局
2002.01	项城市气象局	"十佳"县(市)气象局	河南省气象局
2002.01	项城市气象局	2001 年度气象科技服务与产业发展先进单位	河南省气象局
2003.01	项城市气象局	兴农网建设先进单位	河南省气象局
2003.01	项城市气象局	2002 年度气象科技服务与产业发展先进单位	河南省气象局
2003.02	项城市气象局	"十佳"县(市)气象局	河南省气象局
2003.11.30	项城市气象局	档案管理晋升国家二级	中国档案局
2004	项城市气象局	省级卫生先进单位	河南省爱卫会
2005.02.15	项城市气象局	2004 年度"全省气象部门十佳县(市)气象局"	河南省气象局
2005.02.15	项城市气象局	全省气象法制工作先进单位	河南省气象局
2005.02.15	项城市气象局	2004 年重大气象服务先进集体	河南省气象局
2005.03	项城市气象局	市级文明单位	周口市委市政府
2006.02.10	项城市气象局	省级文明单位	河南省委省政府
2006	项城市气象局	全国气象部门局务公开先进单位	中国气象局

个人荣誉 1991—2008 年,项城市气象局共获地厅级以上个人荣誉 17 项。其中,1999 年 4 月 29 日,李峰同志被河南省人民政府授予"河南省劳动模范"。

台站建设

2007 年,建成新气象观测站,新址占地 0.8 公顷,建筑面积 270 平方米,观测场按 25米×25 米标准建设,2008 年 1 月 1 日正式投入运行。

1998 年,项城市气象局综合楼建设破土动工,2000 年 1 月 1 日正式落成,建筑面积1950 平方米。2000 年 11 月,建立气象业务现代化平台、健身房、娱乐室、图书室、乒乓球室、党员活动室。

1978 年的项城气象站站貌

2000 年落成的项城市气象局综合楼

国营黄泛区农场气象局

机构历史沿革

始建情况　1953 年 7 月 1 日,国营黄泛区农场气象局成立,当时站名为西华县气象站,位于黄泛区农场场部南 1000 米,北纬 33°45′,东经 114°24′,海拔高度 51.3 米。

站址迁移情况　1984 年,站址搬迁到黄泛区农场场部南 1000 米绿原区 128 号,北纬 33°45′,东经 114°24′,海拔高度 50.5 米。

历史沿革　始建时,站名为西华县气象站。1960 年 10 月,更名为西华县气象服务站。1964 年 1 月,更名为国营黄泛区农场农业气象试验站。1966 年后,气象业务曾一度中断;1978 年恢复气象业务。1980 年 6 月,经国家气象局批准,国营黄泛区农场农业气象试验站为国家农业气象基本站;同年 7 月,因气象观测环境遭到破坏,地面气象观测业务被迫停止。1984 年 6 月恢复地面观测。1988 年,河南省气象局报国家气象局建议撤销泛区观测站编制,后经黄泛区农场党委同河南省、周口地区气象局交涉,最终同意保留编制,但是台站编号已被国家气象局取消。1989 年 8 月 1 日,国营黄泛区农场农业气象试验站根据周口市气象局气党组字〔1989〕第 03 号文更名为国营黄泛区农场气象局。2003 年,泛区农业气象试验站地面观测业务恢复,同时恢复区站号,并纳入全省地面站网序列管理。

管理体制　1953 年建站至 1958 年,由军委系统垂直领导。1958—1962 年,由国营黄泛区农场委员会领导,业务由气象部门领导。1969 年 12 月,交由地方武装部门管理。1973 年 3 月,中央气象局与总参气象局分开,气象部门实行地方党委、政府管理。1984 年,实行气象部门与地方政府双重领导,以气象部门为主的管理体制。

机构设置　1989 年内设测报股、农业气象观测股;1990 年增设办公室;1997 年 4 月 1 日成立国营黄泛区农场人工影响天气办公室,办公地点在气象局。

单位名称及主要负责人变更情况

单位名称	姓名	职务	任职时间
西华县气象站	李　钧	站长	1953.07—1958.03
西华县气象服务站	崔太玉	站长	1958.04—1960.10
			1960.10—1963.12
国营黄泛区农场农业气象试验站	张　振	站长	1964.01—1973.10
	凌德全	站长	1974.01—1976.12
	杨华堂	站长	1977.01—1979.10
	常金建	站长	1979.10—1984.07
	姚化先	站长	1984.08—1989.08
国营黄泛区农场气象局		局长	1989.08—1996.12
	高伟力	局长	1997.01—2005.05
	王登琪	局长	2005.05—

人员状况　1953 年建站时，只有职工 3 人。1989 年，编制 9 人。截至 2008 年，有在编职工 7 人，聘用职工 1 人。在编职工中：大学学历 2 人，大专学历 2 人；中级职称 3 人，初级职称 2 人；20～30 岁 1 人，30～40 岁 1 人，40～49 岁 2 人，50 岁以上 3 人（其中 55 岁以上 2 人）。

气象业务与服务

国营黄泛区农场气象局主要业务有农业气象观测，试验研究，制作农作物报表；地面气象观测，制作气象月报表和年报表。"文化大革命"期间农业气象观测业务曾一度中断，到 1978 年恢复观测；1980 年因泛区农场建电影院，气象观测环境遭到破坏，地面气象观测业务被迫停止。到 1984 年新址建成，恢复地面观测。1988 年国营黄泛区农场气象局区站号取消。1990 年，停止自记仪器观测，同时停止蒸发雨量的观测；农业气象旬、月报基本气象段，发报用积温、积温距平等用西华县气象局资料代替，并由西华县气象局编发，其余各段仍由国营黄泛区农场气象局编报后发至西华县气象局，然后由西华县气象局将报文发往省气象局。2004 年 1 月 1 日恢复区站号，地面观测业务全面恢复，报文由本站编发。开始制作地面月报表、年报表。

1. 气象业务

① 气象观测

地面观测　国营黄泛区农场气象局自 2004 年 1 月 1 日起，每日进行 08、14、20 时 3 个时次地面观测。

观测项目有风向、风速、气温、气压、云、能见度、天气现象、降水、日照、小型蒸发、地面温度（0～40 厘米）、雪深、电线积冰等。

每日编发 08、14、20 时 3 个时次的定时天气加密报及编发重要天气报，重要天气报的内容有暴雨、大风、雨凇、积雪、冰雹、龙卷风等。

编制的报表有 3 份气表-1，向河南省气象局、周口市气象局各报送 1 份，本站留底本 1 份。2006 年，通过网络向河南省气象局传输原始资料，停止报送纸质报表。

农业气象观测　1964 年 1 月，泛区气象观测站更名为国营黄泛区农场农业气象试验站,为国家二级农业气象试验站,以农业气象观测为主,并承担农业气象试验研究任务。观测项目有冬小麦、高粱、玉米、大豆等粮食作物及棉花、红薯等经济作物观测;候鸟类(家燕、布谷鸟等)、昆虫类(蚱蝉、青蛙、蟋蟀等)、木本类(苹果、葡萄、刺槐等)、草本类(芍药、莲等)等自然物候观测;土壤水分观测(土壤含水量)及生态观测(如地下水位观测)等,并制作报表。1985 年 3 月,增加了小麦卫星遥感观测,观测内容和方法执行国家气象局编写的《农业气象观测规范》。2009 年 6 月,增加了黄金梨观测。

制作的农业气象报表有作物生育状况观测记录年报表(农业气象表-1),土壤水分观测记录报表(农业气象表-2-1),自然物候观测记录年报表(农业气象表-3),小麦卫星遥感报表豫农产资表-1 至豫农产资表-8 和玉米遥感报表豫农产资表-1 至豫农产资表-5。其中,农业气象表-1、农业气象表-2-1、农业气象表-3 用手工抄写方式编制,一式 3 份,分别上报中国气象局、河南省气象局气候资料室,本站留底 1 份。豫农产资表用手工抄写方式编制报河南省气象局。2007 年后,通过网络自动化上传至河南省气候中心。1987 年和 2005 年,分别为《泛区农场志》两次提供气候史料。1979 年起,向农场党委送"农业气象月报"、"农业产量预报";1995 年起,编写农作物气候影响评价。2002 年,开始为农场提供"农业气象周报"。1988 年以前编发农业气象旬(月)报,通过有线电话发至周口气象局。1988—2003 年,因区站号取消,报文发送由国营黄泛区农场气象局发至西华县气象局,然后由西华县气象局发至周口市气象局,并使用西华县气象局区站号;2004 年区站号恢复后,报文由本站发送。2002 年开始增发农业气象周报。

2010 年 7 月,在一分场成立了综合信息服务站,8 月、10 月分别建成了农业气象土壤水分自动观测站,实现了土壤墒情自动观测。

②气象信息网络

1995 年,建成计算机网络系统、VSAT 气象数据接收系统。2006 年,建成 Lotus Notes 网络,实现了气象资料传输自动化和气象资源共享。

2. 气象服务

国营黄泛区农场气象局没有开展天气预报业务和气象科技服务,但是根据地方党委政府需要,结合地方特点,为农场党委提供麦收期、麦播期、汛期天气预报服务及农业病虫害气象服务,每年为党委及相关部门提供服务材料、信息 2000 余条次。

1997 年,成立了国营黄泛区人工影响天气办公室,挂靠国营黄泛区农场气象局。

每年世界气象日,主动邀请农场党委领导及相关部门领导参加座谈会;组织职工走向街头、企业、公众场所,进行气象科普宣传,制作宣传版块,发放宣传资料,普及气象知识。

科学管理与气象文化建设

社会管理 2007 年 12 月,下发《关于气象探测环境和设施保护的函》(泛气函〔2007〕1 号),并在农场建设局进行备案。

政务公开 对气象行政审批办事程序、气象服务内容、服务承诺、气象行政执法依据、服务收费依据及标准等,通过户外公示栏、发放宣传单等方式,向社会公开。干部任用、财务收支、目标考核、基础设施建设、工程招投标等内容,采取职工大会或上局公示栏张榜等方式,向职工公开。财务一般每半年公示一次,年底对全年收支、职工奖金福利发放、领导干部待遇、劳保、住房公积金等向职工作详细说明;干部任用、职工晋职、晋级等,及时向职工公示或说明。

党建工作 建站之初,因党员人数少,没有成立党支部,参加农场党委党支部生活。1979 年,成立气象局党支部,2008 年,有党员 4 人。

历届党支部均重视对党员和群众进行爱岗敬业、艰苦奋斗、团结协作的集体主义教育。2000—2008 年,先后开展了"三个代表"、"保持共产党员先进性"、"解放思想、改革创新、开放开明"、"创先争优"等思想教育活动,坚持每月召开一次支部生活会,组织党员学习政策文件,发挥党支部的战斗堡垒作用和党员的模范带头作用。认真落实《建立健全教育、制度、监督并重的惩治和预防腐败体系实施纲要》,落实党风廉政建设目标责任制,积极开展党员干部的思想建设、作风建设、制度建设和反腐倡廉建设,积极开展廉政文化建设活动。每年 4 月开展党风廉政宣传月活动。购置了电视、DVD 等作为宣传教育工具,组织观看党员干部模范和警示教育片等。

2005—2010 年,国营黄泛区农场气象局党支部连年被农场党委评为先进党支部,多人次获得黄泛区农场优秀共产党员称号。

气象文化建设 1991 年,国营黄泛区农场气象局成立精神文明建设领导小组。开展"文明股室"、"文明家庭"创建活动,扶贫济困募捐活动,党员干部职工向地震灾区交特殊党费活动;购置了文体活动器材,设立了图书阅览室,开展丰富多彩的文体活动。2006 年 10月,国营黄泛区农场气象局参加河南省气象部门廉政文化作品征集活动,选送的作品被河南省气象局评为优秀廉政文化作品。

1992 年 6 月,获农场级"文明单位"称号。2005 年 3 月,获市级"文明单位"称号。

集体荣誉 1985—2008 年,国营黄泛区农场气象局共获得集体荣誉 55 项。其中,1985 年 9 月被河南省气象局评为"农业气象业务建设先进单位";1985—1986 年和 1987—1988 年,被河南省气象局评为"小麦卫星遥感综合测产先进单位"。2004 年,通过档案管理省级达标认定,被河南省档案局评为"河南省档案管理先进单位"。2005 年 3 月,被周口市委、市政府授予市级"文明单位"称号。2005—2006 年,"黄淮平原农业干旱与综合防御技术研究"、"黄淮平原农田节水灌溉决策服务系统研究"分别获河南省科学技术进步二等奖。

台站建设

国营黄泛区农场气象局现占地面积 0.56 公顷。1984 年,在新址建平房 10 间,共 248平方米。2003 年,对办公条件进行了改造,把原来的平房改建成二层 413 平方米的办公楼,并建成建筑面积 120 平方米的单身宿舍。2005 年,建成了外围栏,安装了自来水,解决了职工吃水难问题。

驻马店市气象台站概况

驻马店市位于河南省中南部,淮河、汉水两大水系上游,素有"豫州之腹地,天下之最中"之称。这里古为交通要冲,因历史上南来北往的信使、官宦在此驻驿歇马而得名。

驻马店西部为浅山丘陵,东部为广阔平原;地处北亚热带与暖温带的过渡地带,气候温和,雨量充沛,光照充足,年平均气温在 14.9～15.0℃ 之间,年平均降雨量为 850～960 毫米。驻马店地区主要气象灾害有干旱、连阴雨、雨涝、暴雨、冰雹、大风、干热风、龙卷风、寒潮、雨凇等,尤以暴雨、干旱、连阴雨、雨涝发生频率高,危害严重。1975 年发生在驻马店地区的特大暴雨洪灾(后被称为"75·8"洪灾),全国震惊,举世瞩目。

气象工作基本情况

所辖台站概况 驻马店市辖西平、遂平、汝南、上蔡、新蔡、平舆、正阳、确山、泌阳 9 个县气象观测站和驻马店地面基本气象观测站。其中,9 个地面一般气象站,3 个农业基本气象观测站,1 个天气雷达站,9 个地面气象观测自动站,8 个四要素区域站,152 个区域雨量站。

历史沿革 1952 年 7 月—1959 年 11 月,相继建立了汝南、新蔡、上蔡等 3 个气候站和遂平、泌阳、正阳、西平、平舆等 5 个气象站(当时驻马店归属信阳专署管辖)。1965 年,驻马店专区成立,专署气象科与前身为遂平气象站的驻马店气象站合并,扩建为驻马店专员公署气象台。1967 年 1 月,确山气象站建立。1980 年 7 月,组建驻马店地区气象局,辖上蔡、汝南、平舆 3 个气象服务站和泌阳、正阳、西平、遂平、确山、新蔡 6 个气象站,以及驻马店地区气象局观测站。1989 年 11 月,所辖 9 个县气象站均更名为县气象局。2000 年 6 月,驻马店撤地设市,更名为驻马店市气象局,辖西平、遂平、汝南、上蔡、新蔡、平舆、正阳、确山、泌阳 9 个县气象局和驻马店地面基本气象观测站。

管理体制 1953 年 9 月 26 日,河南省人民政府、河南省军区联合命令,气象系统由部队建制改为地方建制。1958 年 1 月—1971 年 3 月,归属当地政府领导,业务受上级气象部门指导。1971 年 4 月—1973 年 11 月,由当地军分区、武装部领导。1973 年 11 月—1980 年 3 月,归地方同级革命委员会领导。1980 年 4 月—1984 年 6 月,由当地农委直接领导,业务受上级气象部门指导。1984 年 7 月,实行气象部门与地方政府双重领导,以气象部门领导为主的管理体制。

人员状况 1952年7月建站时,有2名观测员。1978年,全区共有职工125人,其中中专学历21人,大专学历9人,本科学历4人。2008年,职工总数219人,核定人员编制为130人,在编人员127人,聘用人员36人,离退休人员56人。在编人员中,本科及以上学历33人,大专学历28人;高级职称13人,中级职称71人。

党建与精神文明建设 1966年,驻马店气象台建立党支部。1980年8月,建立驻马店地区气象局党组。1999年11月,建立驻马店市气象局直属机关党委,设6个党支部。至2002年,全市9县气象局都建立了独立党支部。2008年,全市气象部门共有正式党员85人,其中市气象局42人,县气象局43人。

全市气象系统共有10个精神文明创建单位。其中,"全国文明台站"和"全国文明服务示范窗口单位"各1个,省级"文明单位"4个,市级"文明单位"6个。2001年3月,驻马店气象系统被驻马店市文明委命名为市级"文明系统"。

领导关怀 1963年秋,中央气象局副局长张乃召来驻马店气象站视察工作。

1992年10月,国家气象局副局长温克刚来驻马店地区气象局视察,地委书记宋国华、行署专员杨金亮等陪同视察,并为驻马店地区气象局挥毫题词:"整顿颇有成效,面貌焕然一新,工作蒸蒸日上,希再接再厉,取得更大成绩"。

1996年3月,中国气象局副局长李黄来驻马店地区气象局视察工作。

2005年8月和2006年4月,中国气象局副局长许小峰两次就新一代天气雷达建设到驻马店市气象局检查指导工作。

2006年9月,中国气象局副局长王守荣到驻马店市气象局检查指导工作。

主要业务范围

地面气象观测 2008年底有地面气象观测站10个,其中驻马店观测站为国家基本气象观测站,西平、遂平、上蔡、汝南、平舆、新蔡、正阳、确山、泌阳9个站为国家一般气象观测站。国家基本气象观测站每日02、08、14、20时4次定时观测和4次(05、11、17、23时)辅助观测,发8次(02、05、08、11、14、17、20、23时)天气报。国家一般气象观测站每日08、14、20时3次定时观测,向河南省气象台拍发区域天气加密报,夜间不守班。观测项目有云、能见度、天气现象、气压、空气温度和湿度、风向、风速、降水、雪深、日照、蒸发(小型)、浅层地温。国家基本气象观测站增加深层地温、雪压、电线积冰、E-601B大型蒸发观测。国家一般气象观测站2008年增加电线积冰观测。

驻马店观测站 1958年1月1日开始拍发航空(危险)报,2008年保留OBSAV郑州,固定时段06—20时。泌阳站1959年8月—1994年9月,每天承担固定时段拍发航空(危险)报任务。新蔡站1957年开始承担拍发航空(危险)报任务,2003年停发。

2003年建设地面自动观测站9个(驻马店市气象观测站和所辖西平、遂平、上蔡、汝南、正阳、平舆、确山、泌阳县观测站),2004年1月1日投入业务运行。

2005年6月安装紫外线实时监测系统,2006年1月投入业务运行。

2005年8月,开始酸雨观测业务。

2008年底,全市建有区域自动气象站160个,其中四要素站8个、雨量站152个。

农业气象观测 1980 年 1 月驻马店被定为国家农业气象基本站,进行基本农业气象观测和开展农业气象服务,1983 年增加了农业气象预报。1981 年,西平、正阳定为省农业气象基本站,其他县站为农业气象一般站,进行农业气象服务,每旬逢 8 日定时进行土壤湿度观测,有条件的进行简易农业气象观测。

天气预报 天气预报发展主要分为四个阶段:第一阶段(建站至 20 世纪 60 年代初),通过天物象、老农经验等结合本站温、压、湿变化,制作天气预报。第二阶段(20 世纪 60 年代初至 70 年代),利用天气图和单站资料建立各种天气模式,制作天气预报。第三阶段(20 世纪 80 年代后),由天气图结合数值预报传真图、雷达图,制作天气预报,初步建立了现代天气预报体系。第四阶段(1997 年后),是现代气象预报阶段,以人机交互系统为平台,综合分析天气形势、卫星云图、雷达图和数值预报产品等资料,做出天气预报和天气警报。

人工影响天气 1992 年 8 月,成立驻马店地区人工增雨领导小组。1997 年,更名为驻马店地区人工影响天气领导小组,下设办公室,办公室设在气象局。2006 年研制、开发了地市级人工影响天气作业指挥系统投入业务运行,并在全省推广。1994—2000 年,全市 9 县共装备"三七"高炮 27 门。2001 年 8 月,装备人工增雨车载式火箭 18 台。1997 年、2000 年,人工增雨气象服务工作,两次受到驻马店地区行署的通令嘉奖。

气象服务 1985 年以前主要通过广播、报纸、电话、邮寄和黑板报等方式发布天气预报。1989 年,开始在驻马店市气象局和 9 个县气象局相继组建了气象警报服务中心。1995 年以后,通过电视天气预报、"121"声讯电话、寻呼台、兴农网站、手机短信和互联网向公众发布天气预报和灾害性天气警报等预报产品。1990 年以前,决策气象服务主要以书面和电话报送为主;之后,决策服务产品由电话、传真、信函向电视、微机终端、互联网、电子政务系统等发展。

驻马店市气象局

机构历史沿革

始建情况 驻马店气象站始建于 1957 年 1 月,位于驻马店镇东郊,北纬 32°58′,东经 114°03′,海拔高度 78.8 米。1958 年 1 月 1 日,正式开始观测及编发天气报,为国家基本气象站。

站址迁移情况 1967 年 4 月 1 日,迁站至驻马店镇西郊,北纬 32°59′,东经 114°01′,海拔高度 84.3 米。1980 年 1 月 1 日,迁站至驻马店市北郊,北纬 33°00′,东经 114°01′,海拔高度 82.7 米。

历史沿革 1957 年 1 月,遂平县气象站整体迁移至驻马店,更各为驻马店气象站。1960 年 2 月,驻马店气象站随驻马店镇划归确山县管辖而更名为确山气象服务站。1963

年3月,驻马店镇升级为县级镇,更名为驻马店气象站,归驻马店管辖。1965年7月,成立驻马店专署气象科,驻马店气象站归属气象科领导。1966年4月,科站合并,组建驻马店气象台。1968年3月,驻马店气象台革命委员会成立,更名驻马店水文气象站。1971年4月,更名为驻马店气象台。1980年8月,更名为驻马店地区气象局。1984年7月,更名为驻马店地区气象处。1989年8月,更名为驻马店地区气象局。2001年1月,更名为驻马店市气象局。

管理体制 1958年1月—1971年3月,归属地方政府领导,业务受上级气象部门指导。1971年4月—1973年11月,由驻马店军分区领导。1973年11月—1984年6月,由地方政府管理。1984年7月,实行气象部门与地方政府双重领导,以气象部门领导为主的管理体制。

机构设置 2008年底,内设4个职能科室:办公室、人事科、业务科、政策法规科;5个直属事业单位:气象台、专业气象台(科技服务中心)、防雷中心、财务核算中心、观测站;驻马店市人工影响天气领导小组办公室设在市气象局。

单位名称及主要负责人变更情况

单位名称	姓名	职务	任职时间
驻马店气象站	梁中全	站长	1957.01—1960.02
确山气象服务站			1960.02—1963.03
驻马店气象站	张庭耀	站长	1963.03—1966.04
驻马店专署气象科	邢祖恩	副科长(主持工作)	1965.07—1966.04
驻马店气象台	宋世修	台长	1966.04—1968.03
驻马店水文气象站		站长	1968.03—1971.04
驻马店气象台	牛同军	军代表	1971.04—1973.12
	宋世修	台长	
驻马店地区气象局	邢祖恩	台长	1973.12—1980.08?
		局长	1980.08—1984.06
驻马店地区气象处	黄志学	处长	1984.07—1988.08
	尹协玲	副处长(主持工作)	1988.08—1988.12
驻马店地区气象局	张绍本	副处长(主持工作)	1988.12—1989.08
		副局长(主持工作)	1989.08—1990.01
		局长	1990.01—1992.06
	张新国	副局长(主持工作)	1992.06—1994.10
驻马店市气象局		局长	1994.10—2000.12
			2001.01—

人员状况 截至2008年底,有职工104人(在编人员62人,聘用人员9人,离退休人员33人)。在编人员中:本科及以上学历24人,大专学历12人;高级职称10人,中级职称34人。

气象业务和服务

1. 气象观测

①地面气象观测

观测项目　始建时,观测项目有云、能见度、天气现象、气压、气温、湿度、风向、风速、降水、日照、小型蒸发、地面温度、浅层地温(5、10、15、20 厘米)、深层地温(直管)(40、80、160、320 厘米)、地面状态。2008 年,人工观测项目有云、能见度、天气现象、气压、气温、湿度、风向、风速、降水、日照、小型蒸发、大型蒸发、地面温度、浅层地温、冻土、雪深、雪压、电线积冰。

观测时次　1958 年 1 月 1 日始,采用北京时,每日进行 02、08、14、20 时 4 次定时观测,夜间守班。1960 年 1 月 1 日,改采地方时,每日进行 01、07、13、19 时 4 次观测;同年 8 月 1日,采用北京时,每日进行 02、08、14、20 时 4 次观测。2008 年,人工每日进行 4 次(02、08、14、20 时)定时观测,4 次(05、11、17、23 时)辅助观测,发 8 次天气报。

发报种类　1958 年 1 月 1 日,开始拍发绘图报、补绘报、航空(危险)报、气候报,每旬编发气象旬报,每日 05 时和 17 时编发雨量报;1983 年 10 月 1 日,开始编发重要天气报;1986年以后,航危报发送地点和时段数次变动,至 2008 年保留 OBSAV 郑州,固定时段 06—20 时。

自动气象站观测　2003 年 8 月,ZQZ-CⅡ型自动气象站建成,实现温度、湿度、风向、风速、雨量、气压、地温(地表、浅层、深层)7 个要素的自动化观测和数据、报文、月年报表处理,2004 年 1 月 1 日正式投入业务运行。2006 年 11 月,自动站升级为 ZQZ-CⅡB 型,增加了草温(雪温)项目的自动观测,并具有分钟数据的存储功能。

②农业气象观测

驻马店观测站为国家级农业气象基本站。观测项目有土壤水分观测,作物生育状况观测,物候观测。作物生育状况观测项目有小麦、玉米、油菜;物候观测项目有刺槐、楝树、小叶杨、车前草、蒲公英。

2005 年 5 月,安装 ZQZ-DSI 型土壤水分自动观测仪;2006 年 9 月,安装 Gstar-I 土壤水分自动监测仪。

承担向中国气象局编发农气旬(月)报、墒情报、向河南省气象局编发周报业务。承担向中国气象局、河南省气象局报送农气表-1,农气表-2-1,农气表-3 的制作和预审任务,向河南省气象局报送土壤水分年简表的制作和预审任务。1984 年起,开始运用气象卫星遥感信息,对小麦苗情、产量进行预测预报。1989 年,成功用微机把小麦卫星遥感图片解释到乡一级。

③酸雨观测

2005 年 8 月开展酸雨项目观测。

④紫外线观测

2005 年 6 月开展紫外线自动观测。

⑤露天环境温度观测

2002 年 10 月开展城市露天环境温度观测项目。

2. 气象信息网络

1980 年前,以电台接收气象电报,抄报、填图、绘制天气图,利用收音机收听上级台及周边气象台播发的天气预报和天气形势等,综合分析制作天气预报。1978 年,装备 117 型传真接收机。1982 年,利用单边带接收气象信息,之后装备定频接收机 ZSQ-123 和 Z-80 气象传真接收机。1985 年,组建 VHF 甚高频无线电话网,并实现省、地、县三级联网。1992 年,采用计算机接收气象电传报,并自动填图、打印。1995 年 6 月,组建全区地、县计算机数传网。1996 年,开通 X.25 分组交换网。1997 年 7 月,建设"9210"工程,安装 VSAT 双向卫星地面小站系统。1999 年 6 月,市、县气象局安装 PC-VSAT 卫星地面单收站,自动接收处理气象资料。2003 年,开通 SDH 宽带等通讯线路,实现了上下互联、内外网络并行、视频会商等现代化的信息传输方式。2007 年 5 月,安装 DVBS 卫星资料接收系统。

3. 天气预报预测

建站至 1970 年,通过收听大台预报、绘制简易天气图,结合本站点聚图、曲线图和天、物象,走访有看天经验的老农,经综合分析制作天气预报。1970 年 12 月,采用正规天气图(地面和高空)制作全区天气预报。1997 年,完成了 MICAPS 系统从试运行到正式运行的过渡,实现了无图工作;完成了数据库安装,引进了中期预报业务系统。1999 年以后,陆续开展了"城市环境和空气质量预报"、"喷药天气指数预报"、"中暑天气指数预报"等专业预报。2002 年 4 月,开始制作"一周天气预报"并上网供各县局调用。

1961 年初开展中期旬预报服务,1964 年开始制作长期(季、月、关键期)天气预报。至2008 年,制作服务的长期预报仅保留汛期、麦收期、麦播期产品。

4. 气象服务

公众气象服务　1985 年前,面向公众的气象信息主要通过广播、报纸、电台、电话、邮寄和黑板报等方式发布。1989 年,开始在全区组建面向社会的综合气象服务无线天气警报网络,驻马店市气象局和 9 县气象局相继组建了气象警报服务中心。1991 年 5 月,河南省农经委和河南省气象局在确山县召开河南省气象科技兴农现场会,推广驻马店地区建设气象警报网的经验。1994 年,实现市、县有发射机主台,乡(镇)、村有接收机,拥有 1 千多个用户。1995 年,开播自制电视天气预报。1996 年,开通"121"气象声讯电话系统(2004年,全市"121"答询电话实行集约经营,主服务器由市气象局负责建设维护,同时"121"电话改号为"12121")。1999 年,开通风云寻呼台。2001 年,开通兴农网站。2002 年,开通气象手机短信服务。2006 年,开通驻马店市气象局门户网站和灾害天气预警发布系统。

决策气象服务　1990 年以前,决策气象服务以书面文字发送和用电话报告为主。1990 年后,决策服务产品由电话、传真、信函等向手机短信、电视、微机终端、互联网等发展,市、县气象部门可通过电脑随时调看实时云图、雷达回波图、乡镇雨量点的雨情。

人工影响天气　1992 年 8 月,成立驻马店地区人工增雨领导小组。1997 年,更名为驻马店地区人工影响天气领导小组,下设驻马店地区人工影响天气领导小组办公室,办公室设在气象局。2006年,研制、开发的市(地)级人工影响天气作业指挥系统投入业务运行,并在河南省推广。1997年、2000年人工增雨气象服务工作先后两次受到驻马店地区行署的通令嘉奖。

防雷技术服务 1990年3月,成立驻马店地区避雷装置检测中心,2001年更名为驻马店市防雷中心。1988—2008年,市政府下发了3个文件规范防雷减灾工作。市气象局先后与劳动、保险、公安、消防、建设、规划、安全生产监督管理、教育等部门就防雷检测、设计审核和竣工验收以及隐患排查治理联合发文10次。2008年,全市开展的防雷业务有防雷设施设计、审核、工程竣工验收、定期检测、雷灾调查、雷击风险评估、防雷科普宣传等业务。

5. 科学技术

气象科普宣传 每年利用世界气象日、科技活动周等活动,气象科技人员上街展出宣传板报,散发宣传材料;到学校、农村、企业、机关等单位开展丰富多彩的气象科技和气象知识宣传讲座;还利用电视、电台、报纸、"12121"特服电话和"兴农网"宣传气象科普知识。此外,还开放气象台站,邀请各级领导、大中小学生、离退休老干部及社会各行业人员到台站参观学习。

气象科研 1994—2008年,获地厅级以上科技成果奖56项。其中获河南省人民政府实用科学优秀奖1项,地厅级一等奖10项,二等奖34项,三等奖11项。

气象法规建设与社会管理

法规建设 1988—2008年,驻马店市政府先后出台了《驻马店市人民政府关于印发驻马店市防御雷电灾害管理规定的通知》(驻政〔2001〕26号),《关于贯彻落实〈河南省防雷减灾实施办法〉的通知》(驻政〔2004〕73号),《驻马店市人民政府办公室关于进一步做好防雷减灾工作的通知》(驻政办〔2006〕91号),《驻马店人民政府关于加快气象事业发展的意见》(驻政〔2007〕19号),《驻马店人民政府关于加强气象灾害防御工作的意见》(驻政〔2009〕119号)等5个规范性文件。

驻马店市气象局与驻马店地区劳动局联合下发《关于在全区进行避雷装置检测的通知》((88)驻气第18号),《关于认真做好全区避雷装置安全检测的通知》(驻地劳护字〔90〕06号);与中国人民保险公司驻马店地区中心支公司联合下发《关于投保单位使用气象警报系统防御自然灾害的通知》((90)驻地保02号、(90)驻地气01号);与公安消防支队联合下发《关于工业建筑物、民用建筑物、易燃易爆建筑物等避雷设施设计、安装、安检的通知》((1994)驻公消4号、(1994)驻气19号),《关于加强易燃易爆气体升空物充放安全管理工作的通知》;与驻马店地区公安处连续两年联合下发《关于对计算机系统进行防雷、防静电安全检查的通知》;与驻马店市安全生产监督管理局联合发文《关于进一步规范防雷减灾工作的通知》(驻安监管〔2004〕11号);与驻马店市教育局联合下发《关于贯彻落实〈河南省气象局、河南省教育厅关于加强学校防雷安全工作的通知〉的通知》(驻气发〔2007〕30号);与驻马店市规划局联合下发《关于加强气象探测环境保护的通知》(驻气发〔2005〕10号)和《驻马店多普勒天气雷达站周围建筑高度控制技术规定》(驻气发〔2005〕11号)。

驻马店市建设委员会下发了《关于加强建设项目防雷工程设计审核、施工监督、竣工验收管理工作的通知》(驻建〔2002〕118号)。驻马店人民政府安全生产委员会下发了《关于印发市气象局〈驻马店市防雷安全隐患排查治理工作方案〉的通知》(驻安委〔2008〕6号)。

制度建设 先后制定了"行政执法岗位责任制度"、"执法过错及责任追究制度"、"行政执法监督检查制度"、"重大行政处罚审查备案制度"、"依法行政重大政策专家咨询论证制度"、"气象依法行政社会投诉制度"、"重大具体行政行为备案制度"、"驻马店市气象局气象行政执法评议考核办法"、"规范性文件备案审查办法"等依法行政、制约监督制度。

依法行政 依法对防雷检测、防雷图纸设计审核和竣工验收、施放气球活动许可、观测环境保护、天气预报发布等实行社会管理。雷电防护社会管理始于1989年。2006年11月气象行政审批进驻驻马店市行政服务中心,设立气象审批窗口实行统一审批,负责防雷设计审核和竣工验收、施放气球活动审批。2001年1月,驻马店市气象局有8人取得行政执法证。2008年,驻马店市气象局有14人取得行政执法证,有气象行政执法监督人员2人。2004年6月,驻马店市政府发文《关于下发行政执法责任目标的通知》(驻政办〔2004〕37号),对气象局的主要职责、职责依据、执法权责、责任追究等事项予以明确。

政务公开 制定了"驻马店市气象局实行局务公开实施方案",成立了"一把手"为组长的局务公开领导小组,按照"谁主管的工作,谁负责公开"的原则,落实承办单位和责任人。公开的内容:"三重一大"(即重要事项决策,重要干部任免,重大事项安排,大额资金使用),单位职责,机构设置,收费标准,投诉电话等内容。公开原则:围绕加强民主政治建设和依法行政,以公正、便民、廉政、勤政为基本要求,以监督制约行政权力为着力点,通过推行局务和政务公开,提高气象部门工作人员的政治、业务素质,强化公仆意识,进一步密切党群、干群关系,促进气象部门的改革、发展和稳定。公开的形式:内部公开栏、外部公开栏、会议、局域网、门户网站、文件等。

党建与气象文化建设

1. 党建工作

1966年,驻马店气象台建立党支部。1980年8月,建立驻马店地区气象局党组。1988—1999年,驻马店地区气象局设有1个机关党支部。1999年11月,组建直属机关党委,下设行管、气象台、专业台、防雷中心、观测站5个党支部;2001年12月又增加老干部党支部。2008年,驻马店市气象局直属机关党委1个,党支部6个,拥有正式党员42人。

通过中央、省、市委部署的一系列活动,不断加强党组织和党员的党性教育和作风教育;坚持"三会一课"和党团活动制度,充分发挥党组织培养人、塑造人、凝聚人的功能,引导干部职工树立正确的世界观、人生观和价值观,树立为民、务实、清廉的良好形象,引导干部职工立足岗位建功立业、增长才干。

2. 气象文化建设

长期坚持"四业"精神和"三德"教育。"四业",即艰苦奋斗、勤勤恳恳的创业精神;兢兢业业、严守岗位的敬业精神;开拓进取、奋力拼搏的兴业精神;情系气象、终身无悔的爱业精神。"三德",即气象员社会公德:防灾减灾、勇于负责、文明礼貌、助人为乐,爱护公物、保护环境、接受监督、遵纪守法;气象员职业道德:爱岗敬业、恪尽职守,诚实求真、严谨精细,优质高效、准确及时,服务群众、奉献社会;气象员家庭美德:尊老爱幼、相互关心,男女平等、夫妻和睦,勤俭持家、共建家园,左邻右舍、团结友善。

2006 年,组织全市气象部门第一届暨庆祝建党 85 周年文艺汇演,参加全省气象部门"建设杯"文艺汇演并获一等奖及优秀组织奖。2007 年,组织全市气象部门"三人制"篮球赛、第一届气象人精神演讲比赛;参加全省气象部门第二届气象人精神演讲比赛并获得二等奖及组织奖;组织参加河南省豫南 4 市气象部门第二届职工运动会并取得团体总分第一名;参加全省气象部门第二届职工运动会并取得团体总分第四名。

2008 年地方广场文化活动中,精心组织了"欢乐中原·和谐天中·风雨兼程"气象专场文艺演出;开展全市气象部门羽毛球选拔赛和河南省豫南 4 市羽毛球选拔赛,参加全省气象部门羽毛球比赛并获得团体第三名;举办了驻马店市气象局 2008 年秋季职工运动会。

2008 年,市气象局搬迁新址后,建设有图书阅览室和职工活动室。

1998 年 3 月,驻马店地区气象局被驻马店地委、行署命名为地级"文明单位"。2001年,被命名为市级"文明系统"。2003 年 1 月,被中共河南省委、省政府命名为省级"文明单位";2008 年 11 月,省级"文明单位"5 年到届重新申报,再次被命名为省级"文明单位"。

3. 荣誉与人物

集体荣誉 1988—2008 年,获地厅级以上奖励 109 项。其中,1997 年获全国气象科普工作先进集体;1989 年目标考评全省气象部门第一名;1998 年被中国气象局表彰为"防汛抗洪气象服务先进集体";2000 年,被河南省人事厅、河南省气象局表彰为"气象系统先进集体"和"人工影响天气先进集体";2002 年、2008 年,两次获得省级"文明单位"称号;2003—2005 年,连续 3 年被河南省气象局评为"重大气象服务先进集体";2006 年,被河南省人事厅、河南省气象局表彰为河南省"气象工作先进集体";2007 年,被驻马店市委、市政府表彰为"抗洪抢险先进集体"。1994—2008 年,获地厅级以上科技成果奖 56 项。

人物简介 ★张新国,男,汉族,1953 年 12 月出生,籍贯山东省平阴县。1985 年 7 月成都气象学院通信工程专业毕业,中共党员,高级工程师。1994—2008 年,任驻马店市气象局局长、党组书记。1982 年,被河南省人民政府授予河南省劳动模范。

★陈天锡,男,回族,1958 年 7 月出生,籍贯河南省上蔡县。南京大学气候学专业毕业,中共党员,高级工程师。1996—2008 年,任驻马店市气象局副局长。1999 年,被河南省人民政府授予河南省劳动模范。

台站建设

驻马店市气象局 2008 年之前,位于驻马店市解放路 508 号。1991 年之前,占地 7337平方米。1984 年之前,有办公用房砖混结构三层楼房 1 栋,面积约 1380 平方米(1991 年拆除);职工生活用房 800 平方米。1984 年 3 月,在原址建雷达办公业务楼,建筑面积 2000 平方米,塔楼高 21 米,安装 711 天气雷达。1996 年因安装"713"天气雷达,再建雷达办公业务楼,建筑面积 3500 平方米,塔楼高 35 米。2006 年 8 月因安装新一代多普勒天气雷达,选址驻马店市天中广场东南角建雷达办公业务楼,建筑面积 12200 平方米,塔楼高 98 米,并建设有健身房、图书室、阅览室、职工文娱活动室等,2008 年 8 月驻马店市气象局进驻使用。

驻马店市气象局 1968 年旧貌

驻马店市气象局 1984 年雷达办公楼

驻马店市气象局 1996 年雷达办公楼

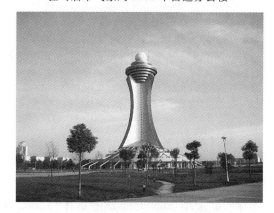

驻马店市气象局雷达办公楼

上蔡县气象局

上蔡县地处豫东南的淮北平原北侧,古称蔡地,西周武王封叔度为侯于此,建立蔡国。上蔡为河南省十大历史文化名县,境内有五千年文明史的上古文化遗存,尤以伏羲画卦于白圭庙最为著名。

机构历史沿革

始建情况 上蔡县气候站始建于 1958 年 11 月,站址在上蔡县农场,北纬 33°17′,东经 114°16′,1959 年 1 月 1 日开始气象业务。

站址迁移情况 1964 年,迁至县城东北小刘庄西约 500 米处,北纬 33°17′,东经 114°16′,观测场海拔高度为 59.8 米。

历史沿革　1960年3月,更名为上蔡县气象服务站。1989年11月,更名为上蔡县气象局,为国家一般气象站。

管理体制　建站初期,属信阳专区上蔡县农场管理。1964年,归属驻马店专区上蔡县政府管理。1971年,属上蔡县人民武装部管理。1973年,属上蔡县农业局管理。1981年,属上蔡县农委管理。1983年8月,实行气象部门与地方政府双重领导,以气象部门领导为主的管理体制。

机构设置　2008年,下设业务股、科技服务股、办公室。

单位名称及主要负责人变更情况

单位名称	姓名	职务	任职时间
上蔡县气候站	常何章	站长	1959.01—1960.03
			1960.03—1964.03
上蔡县气象服务站	符宗申	站长	1964.03—1967.02
	孙德润	站长	1967.02—1973.08
	景振川	站长	1973.08—1985.01
	陈炳登	站长	1985.01—1989.07
上蔡县气象局	张运国	站长	1989.07—1989.10
		副局长(主持工作)	1989.11—1992.06
	刘　平	副局长(主持工作)	1992.06—1993.03
	陈玉杰	副局长(主持工作)	1993.03—1995.04
		局长	1995.05—1996.01
	徐永华	局长	1996.01—1999.11
	林文全	局长	1999.11—2003.04
	刘常青	局长	2003.04—2005.10
	梁文生	局长	2005.11—

人员状况　1959年建站初期,有职工3人。1978年,有职工10人。2008年底,有在编职工6人,聘用职工2人。在编职工中:大专学历3人,中专学历3人;高级职称1人,中级职称2人,初级职称3人;40～55岁3人,25～30岁3人。

气象业务与服务

1. 气象业务

①气象观测

地面观测　1959年1月1日起,观测时次采用北京时,每日08、14、20时3次观测。

观测项目有云、能见度、天气现象、气压、气温、湿度、风向、风速、降水、雪深、日照、蒸发、地温等。

1983年6月1日起,拍发小图报。1983年10月起,向河南省气象台拍发重要天气报。2007年6月起,取消小图报拍发任务。

2003年12月31日20时,ZQZ-CⅡ型自动气象站投入业务运行,2006年起正式单轨运行。

区域自动站观测 2004—2006年,共建成乡镇自动雨量站21个。2007年,在韩寨建成四要素区域自动气象站1个。

农业气象观测 上蔡县气象观测站为农业气象观测一般站,1981年,开展农业气象业务。1982年,完成《上蔡县农业气候资源调查分析》编制,获得河南省农业区划办公室颁发的科技成果三等奖。1982年起,为《上蔡县地方志》、《上蔡年鉴》提供气象资料。1983年起,向上蔡县政府、涉农部门、乡镇寄发农业气象月报;编写全年气候影响评价。2003年起,向各涉农部门发布苗情、墒情等卫星遥感资料。2007年起,在"三夏"期间,向上蔡县委、县政府发布秸秆焚烧遥感信息。

②天气预报

1978年上半年,引进小天气图预报手段,14时接收湖北省气象台发布的地面、高空相关气象资料,并绘制500百帕、700百帕和地面小天气图。通过收听天气形势,结合本站资料图表制作24小时日常天气预报。20世纪80年代中期,派出专人到郑州、驻马店学习有关模式预报新技术,建立了一整套EMOS短、中期预报方法(其中《24小时大—暴雨EMOS预报方法》获驻马店地区科技进步二等奖)。2000—2008年,利用接收的卫星云图、雷达资料及数值单收站、新一代天气雷达实时资料共享系统、灾害性天气预报产品,结合21个乡镇自动雨量站和四要素自动气象站,开展常规24小时、未来一周和旬月等短、中、长期天气预报以及临近预报,并开展灾害性天气预报预警业务和制作各类重要天气报告。

③气象信息网络

1985年前,利用收音机每天收听河南、安徽、湖北等省台发布的1～3天天气形势和天气预报。1989年,利用网络接收驻马店市气象台的天气形势图。1996年,开始利用X.25分组交换网调用驻马店雷达探测资料。1998年,建成PC-VSAT卫星单收站,接收卫星下传资料,通过MICAPS系统使用高分辨率卫星云图。2004年,开通2兆光缆,接收从地面到高空各类天气形势图和云图、雷达等数据,为气象信息的采集、传输处理、分发应用、会商分析提供支持。

2. 气象服务

公众气象服务 1980年起,利用有线广播播报气象消息。1993年,由上蔡县电视台制作文字形式的天气预报节目。1994年,建立气象警报系统,面向有关部门、乡(镇)、村、农业大户和企业等开展天气预报警报信息服务。1997年,开通"121"(2004年7月改号为"12121")天气预报电话自动答询系统。2008年,开通手机短信平台,向县委、县政府领导和各乡镇、县直各相关单位发布气象信息。

开展节日气象服务,为历届上蔡重阳文化节等重大活动提供气象保障。

决策气象服务 20世纪80年代以口头或电话方式向县委、县政府提供决策服务,书面以"气象信息"等决策服务产品向县委、县政府提供决策服务。20世纪80年代后,坚持重大天气过程"一把手"在第一时间当面向地方主要领导汇报,特别是汛期,气象局局长均当面向县委、县政府领导汇报预报意见、天气实况和防灾减灾建议,不但汇报本县的实况,还汇报周边县的最新气象信息,既有书面材料,又有天气形势、卫星云图、实况、建议等;采取多种服务方式,除每天向县委、县政府和防汛指挥部等发送气象信息外,还通过决策服务短信平台,及时向县四大班子和有关部门领导开展短信服务;在可能出现灾害性天气时,首先向地方分管领导汇报,在确定灾害肯定会发生时,立即扩大服务面,并根据不同季节和灾害可能造成的影响,突出重点开展服务。

防雷技术服务 1989 年,开始为上蔡县各单位建筑物避雷设施开展安全性能检测。1994 年,成立上蔡县避雷设施检测中心。1999 年,开始为全县各类新建建(构)筑物按照规范要求安装避雷装置,并开展建筑物防雷装置、新建建(构)筑物防雷工程图纸设计审核、竣工验收、计算机信息系统等防雷安全检测。

人工影响天气 1995 年,成立上蔡县人工影响天气办公室。1998—2002 年,购置人工影响天气高炮 3 门,配备人工增雨火箭发射装置 2 套,建立人工增雨作业基地 2 个。

气象科普宣传 每年采用气象科普进课堂、邀请中小学生参观现代气象设施、"3·23"世界气象日上街宣传、播放专题片等形式,普及气象科普知识,宣传气象防灾减灾工作。2000 年,上蔡气象局被上蔡县科委命名为"上蔡县青少年气象科普实践教育基地"。

科学管理与气象文化建设

1. 社会管理

2001 年,上蔡县行政服务中心设立气象审批窗口,承担气象行政审批职能;上蔡县气象局与上蔡县建设局联合办公,开展防雷工程图纸审核。

2003 年 8 月,3 名兼职执法人员均通过河南省政府法制办培训考核,持证上岗。2008 年,与安监、建设、教育等部门联合开展气象行政执法检查 30 余次。

2007 年,绘制《上蔡气象观测环境保护控制图》,在县建设局进行备案。2008 年,完成《探测环境保护专业规划》编制。

2. 政务公开

2002 年起,对气象行政审批办事程序、气象服务、服务承诺、气象行政执法依据、服务收费依据及标准等内容,向社会公开。落实首问责任制、气象服务限时办结、气象电话投诉、气象服务义务监督、领导接待日、财务管理等一系列规章制度,通过上公示栏、黑板报、办事窗口及媒体等多个渠道,开展局务公开工作。

2005 年,被中国气象局评为全国气象部门"局务公开先进单位"。

3. 党建工作

1985 年,成立上蔡县气象服务站党支部。2008 年,有党员 4 人。

2004 年起,每年开展作风建设年活动。2006 年起,每年开展局领导党风廉政述职和党课教育活动。

2007—2008 年,连续两年被上蔡县直属机关党委评为"五好党支部"。

4. 气象文化建设

2000 年起,开展争创省级文明单位活动。

在创建省级文明单位过程中,上蔡县气象局重视职工的业余文化体育生活,组织职工开展篮球比赛、乒乓球比赛、普通话比赛,岗位业务技术大练兵;组织职工参加河南省气象系统弘扬气象人精神演讲比赛并获得优异成绩;开展省级文明单位创建知识竞赛活动;组织退休职工每月开展一次娱乐活动。2008 年,成立三人篮球、乒乓球等运动队。

在创建省级文明单位过程中,上蔡县气象局重视思想道德教育,坚持开展社会公德、职业道德、家庭美德教育活动及创"五好家庭"、"先进职工"、"文明科室"等创建活动。至2008 年上蔡县气象局各科室均建成了文明科室,文明职工达标率 100%,平安家庭达标率 100%。

1993 年,创建县级"文明单位"成功。1995 年,升格为地级"文明单位"。2005 年,被河南省委、省政府命名为省级"文明单位"。2006—2008 年,连续 3 年在全县政风、行风评议活动中,获"十佳群众满意单位"称号。2007 年,在上蔡县迎奥运省级文明单位运动会中,上蔡县气象局荣获道德风尚奖。

5. 荣誉

集体荣誉 1988—2008 年,获地厅级以上集体荣誉 20 余项。其中,2005 年获河南省气象局"全省精神文明建设先进单位"、"河南省气象部门十佳县(市)气象局"荣誉称号,2006 年河南省气象局"全省目标管理先进单位"。2005 年、2006 年被驻马店气象局评为全市气象科技服务先进单位、全市气象部门综合目标管理先进单位。2005 年被河南省委、省政府命名为省级"文明单位"。

台站建设

1979 年,新建了办公室、观测室、预报室、资料室办公用房。1981 年,观测场扩大为 25米×25 米的标准观测场。2000 年,按照河南省气象局要求,进行综合改善,建成标准观测室、值班室。2001 年,建成新办公楼,建筑面积 380 平方米。2003 年,值班室、办公室按照"两室一场"标准建设,购置了现代化的办公设施,成为集气象科普、气象观测为一体的实践基地。2008 年,建成办公综合楼,建筑面积 660 平方米。

西平县气象局

西平,西周时为柏皇氏后裔封地。春秋前期为柏子国,后归楚国。战国属韩,西汉初年置西平县,隶豫州汝南郡,至民国。1949 年 8 月,属信阳专区。1965 年 6 月,改属驻马店专区。

中国气象局领导温克刚(1990 年 4 月)、许小峰(2005 年 10 月)曾来西平县气象局检查指导工作。

机构历史沿革

始建情况　1958年10月,建立西平县气象站,站址在西平城关镇北关冯庄村后,北纬33°24′,东经114°01′,海拔高度58.8米。

站址迁移情况　1959年7月,迁至城关镇南关外小袁庄。1960年,迁至城关镇北关外小陈庄。1961年,迁至城关镇西关外兽医院西。1962年9月,迁至城关镇南关外吴庄。1966年11月,迁至城关镇西关外葡萄湾。1976年11月,迁至城关镇西关外汤买赵村南。2004年1月1日,迁至西平县迎宾大道东段路北,北纬33°22′,东经114°02′,海拔高度55.9米。

历史沿革　1960年3月,更名为西平县气象服务站。1971年7月,更名为西平县气象站。1989年11月,更名为西平县气象局。

管理体制　自建站至1969年6月,隶属西平县农业局领导。1969年6月—1974年7月,归属西平县人民武装部领导。1974年7月—1983年3月,归西平县农业局领导。1983年3月,实行气象部门与地方政府双重领导,以气象部门领导为主的管理体制。

机构设置　1989年11月,设业务股、办公室,1985年设人工影响天气服务股,1994年设人工影响天气办公室。

单位名称及主要负责人变更情况

单位名称	姓名	职务	任职时间
西平县气象站	杨培忠	站长	1958.10—1960.03
西平县气象服务站			1960.03—1968.09
	张天佑	负责人	1968.10—1971.07
西平县气象站	寇中圣	站长	1971.07—1974.09
	刘荣才	站长	1974.10—1980.05
	陈淑祥	副站长(主持工作)	1980.05—1983.04
	于恩义	站长	1983.04—1985.02
	杨秀梅	站长	1985.02—1989.11
西平县气象局		局长	1989.11—1997.11
	焦国树	局长	1997.11—

人员状况　1958年建站时,有职工5人。1978年,有职工11人。2008年底,有在职职工14人(其中在编职工10人,聘用职工4人)。在职职工中:本科学历5人,大专及以下学历9人;高级职称1人,中级职称8人,初级职称1人。

气象业务与服务

1. 气象业务

①气象观测

地面观测　1959年1月1日起,观测时次采用北京时,每日进行08、14、20时3次观测,夜间不守班。1960年1月1日,改为地方时,每日进行07、13、19时3次观测。1960年8月1日,采用北京时,每日进行08、14、20时3次观测。

1959年,观测项目有云、能见度、天气现象、气温、湿度、风向、风速、地面状态、降水、雪深、日照、蒸发、地温等;1983年,增加30厘米曲管地温观测项目。2008年,观测项目为云、能见度、天气现象、气温、湿度、风向、风速、气压、降水、雪深、日照、蒸发、地温、电线积冰。

1984—2007年,每年6月15日—8月31日,每日05、11、17时向驻马店地区气象局拍发小天气图报。

2003年12月31日,ZQZ-CⅡ型自动气象站投入业务运行,与人工站平行观测。自动站观测项目有温度、湿度、降水、地面温度、浅层地温、深层地温、草温。2005年1月1日,以地面自动气象站为主、人工站为辅,并开始制作月、年报表,取消人工站月、年报表的制作。

区域自动站观测 2005—2006年,陆续建成18个乡镇自动雨量站。2006年,在谭山水库建四要素区域自动气象站1个。2008年,承担全县乡镇雨量站和四要素区域气象数据汇集等业务,并开始制作月报表。

农业气象观测 1965年,开展农业气象观测业务。1978年,开展农业气象和物候观测,并提供服务。1978年,编写了《气候志》。1983年,完成《西平县农业气候资源调查分析》编制。1982年,被河南省气象局定为河南省农业气象基本站,向西平县政府、涉农部门、乡镇寄发农业气象月报、农业产量预报、秋季低温预报等服务产品。1983年始,编写全年气候影响评价;承担小麦、玉米等作物生育状况观测及草本、木本植物和候鸟、昆虫等物候观测;承担拍发周、旬、月报任务;负责取土测墒和制作相应的农业气象观测报表,编有雨情报、灾情报、墒情报;开展作物播种期预报、收获期预报、产量预报、农业气象灾害预报。

②天气预报

1958年建站初期,通过收听电台天气形势、预报,结合本站资料,制作24、48小时天气预报。1999年10月以后,利用气象卫星、雷达资料和数值预报产品,制作短时、短期及中长期天气预报。

③气象信息网络

1980年前,利用收音机收听河南省人民广播电台广播的天气形势和天气实况及湖北省气象广播电台广播的天气实况资料。1981年,开始使用ZSQ-1(123)气象传真图片接收机,接收北京、欧洲气象中心以及东京的传真天气图表。1985年,开通了省、地、县三级VHF甚高频无线电话网络,利用甚高频通信传递气象报文、通信联络及气象预报发布。1996年,省、市、县X.25分组交换网开通。1998年,卫星单收站PC-VSAT投入业务运行,接收和处理从地面到高空各类天气形势、预报图、卫星云图等国家气象中心发布的信息资料。2003年,开通Notes电子邮件系统,实现了办公自动化。2004年,开通移动公司SDH宽带网,X.25分组交换网作为备份。

2. 气象服务

公众气象服务 1990年前,主要通过广播和邮寄旬报方式向全县发布气象信息。

1990年,建立气象警报系统,面向有关部门、乡(镇)、村、农业大户和企业等开展天气预报警报信息服务。1992年,建立气象对讲机系统(县委、县政府曾利用气象对讲机系统召开电话会议)。1996年,开通"121"天气预报电话自动答询系统(2004年全市"121"答询电话实行集约经营,主服务器由市气象局负责建设维护,同时"121"电话改号为"12121")。1998年,建成电视气象影视制作系统。2002年,开通了"西平兴农网"。2003年,开始利用手机短信发布气象信息。2005年,电视气象节目主持人走上荧屏,开展日常预报、天气趋势、生活指数、灾害防御、科普知识、农业气象等服务。

决策气象服务 20世纪80年代,以口头或电话方式向县委、县政府提供决策服务。20世纪90年代,逐步开发"重要天气报告"、"气象信息与动态"、"农业墒情"、"汛期天气趋势分析"等决策服务产品。2003年开通企业之窗手机平台。2007年建立了气象灾害天气预警手机平台,发布重要天气预报及气象灾害天气预警信息。

防雷技术服务 1989年起,对西平县各单位建筑物避雷设施开展安全检测。1990年,成立县避雷设施检测中心,开展建筑物防雷装置检测、计算机信息系统等防雷安全检测和新建建(构)筑物防雷工程图纸设计审核、竣工验收工作。1999年起,为全县各类新建建(构)筑物按照规范要求安装避雷装置。

人工影响天气 1995年,成立县人工影响天气办公室,配备人工增雨火箭发射装置2套,"三七"高炮4门。

气象科普宣传 2000—2008年,坚持与中小学校联合,组织学生到气象局参观,进行气象科普宣传;与广播电台、电视台联合举办不定期的气象知识专题节目;依托世界气象日、气象法宣传、安全生产宣传等活动,制作科普宣传版面、散发气象科普传单等形式,向社会进行气象科普、雷电等气象灾害防御知识的宣传。

科学管理与气象文化建设

1. 社会管理

2003年3月,西平县政府审批办证中心设立气象窗口,承担气象行政审批职能;西平县气象局与县建设局联合办公,开展防雷工程图纸审核。

2006—2008年,西平县气象局与安监、建设、教育等部门联合开展气象行政执法检查60余次。

2008年,完成《探测环境保护专业规划》编制。

2. 政务公开

对气象行政审批办事程序、气象服务内容、服务承诺、气象行政执法依据、服务收费依据及标准等,通过户外公示栏等方式,向社会公开。财务收支、目标考核、基础设施建设、工程招投标等内容,采取职工大会或局内公示栏张榜等方式,向职工公开。

3. 党建工作

1958—1969年,编入西平县委办公室党支部。1969年6月—1974年7月,编入西平县武装部党支部。1974年7月—1980年12月,编入西平县农业局党支部。1980年12月,成立西平县气象局党支部,归属西平县农业局党组领导。1989年7月,更名为西平县气象局党支部。截至2008年底,有党员8人。

2000—2008年,参与气象部门和地方党委开展的党章、党纪、法律法规知识竞赛共17次。2002年起,连续7年开展党风廉政教育月活动。2004年起,每年开展作风建设年活动。2006年起,每年开展局领导党风廉政述职和党课教育活动。

4. 气象文化建设

西平县气象局以精神文明单位创建为契机,不断丰富职工文体活动,开展形式多样的创建活动。每年定期举行"文明职工,文明科室,文明家庭"的评比活动;积极参加地方和部门组织的各类公益宣传和文体活动。2004年迁入新址以后,为丰富职工的业余文化体育生活,建设了文体活动室,室外运动小广场,乒乓球场和羽毛球场,以及职工阅览室。

1989年,被西平县委、县政府命名为县级"文明单位"。1992年,被驻马店市委、市政府命名为市级"文明单位"。1996年,被河南省委、省政府命名为省级"文明单位",至2008年,连续13年保持省级"文明单位"荣誉称号。1997年,被中宣部和中国气象局命名为"全国文明服务示范单位";1999年,被中央文明办授予"全国创建文明行业工作先进单位"。2008年,被中国气象局授予"全国气象部门文明台站标兵"称号。

5. 荣誉与人物

集体荣誉 2000年度、2003年度、2004年度,3次荣获河南省气象系统"十佳县(市)气象局"称号;2007年度、2008年度,两次荣获河南省气象局"优秀县(市)局称号"。2000年、2004年,两次被河南省气象局、河南省人事厅授予"人工影响天气先进集体"。

个人荣誉 1982年12月,陈淑祥被河南省人民政府授予农业战线劳动模范。

人物简介 陈淑祥,男,汉族,1940年1月出生,山东省莒县人,中专学历。1979年11月—1985年4月,任西平县气象站副站长兼党支部书记。1982年12月,被河南省人民政府授予农业战线劳动模范,并出席河南省农业战线先进集体、劳动模范代表大会。

参政议政 焦国树2001年当选驻马店市第一届人大代表。陈爱琴2001年1月当选为驻马店市第一届党代会代表,同年10月当选为河南省第七届党代会代表。

台站建设

1976年之前,没有自己单独的办公场所。1976年迁站后,建砖木结构平房23间。1985—1994年,5次对办公及职工住房进行改造。1996年建成二层办公楼1幢,二层庭院式职工住宅1幢。

2004年搬迁新址,占地2.54公顷,内有农业实验田、鱼塘及果园,建有假山及小型活动场所;建筑面积1000余平方米,包括办公房、职工食堂、餐厅、车库、炮库等。

确山县气象局

确山县历史悠久,西汉高帝四年(公元前203年),置朗陵县。隋初,于583年迁县治所于盘龙山下,改名为朗山县。北宋大中祥符五年(1012年)改名为确山县,因县城东南3千米处的确山而得名。隶属驻马店市。

机构历史沿革

始建情况 1966年4月,确山县气象服务站成立,站址位于确山县三里河乡三里店河南岸,北纬32°48′,东经114°02′,海拔高度84.4米,为国家一般气象站。

站址迁移情况 2004年1月1日,迁至确山县城北4千米107国道路东,观测场位于北纬32°50′,东经114°01′,海拔高度83.6米。

历史沿革 1970年7月,更名为确山县气象站。1989年11月,更名为确山县气象局。

管理体制 1966年4月—1984年7月,由河南省气象局和确山县政府双重领导、以地方领导为主。其中,1970年3月以前,归属确山县农业局领导;1970年4月—1973年10月,属确山县人民武装部领导;1973年11月—1980年3月,又归县农业局领导;1980年4月—1984年7月,归确山县农委领导。1984年7月以后,实行气象部门与地方政府双重领导、以气象部门领导为主的管理体制。

机构设置 2008年,设办公室、业务股、防雷中心。

单位名称及主要负责人变更情况

单位名称	姓名	职务	任职时间
确山县气象服务站	姚桂林	站长	1966.04—1969.10
	夏仲禹	负责人	1969.11
	方敬臣	站长	1969.12—1970.06
			1970.07—1980.10
确山县气象站	尹协玲	站长	1980.11—1984.09
	夏仲禹	负责人	1984.09—1985.01
		副站长(主持工作)	1985.01—1989.03
		站长	1989.03—1989.06
确山县气象局	张学勤	副站长(主持工作)	1989.07—1989.10
		副局长(主持工作)	1989.11—1991.02
		局长	1991.03—1994.10
	方向明	局长	1994.11—2005.10
	李龙胜	局长	2005.11—

人员状况 1966年建站时,只有职工1人。1978年底,有职工8人。2008年底,有在编职工5人,聘用职工3人。在编职工中:本科学历1人,大专学历2人,中专学历1人,高

中学历 1 人;5 人均为中级职称;50 岁以上 1 人,40~49 岁 3 人,40 岁以下 1 人。

气象业务与服务

1. 气象业务

①气象观测

地面观测 每日进行 08、14、20 时 3 次观测,夜间不守班。1967 年 3 月,观测项目有云、能见度、天气现象、气压、气温、空气湿度、风向、风速、降水量、雪深。1968 年 2 月,增加地温、日照、蒸发 3 个观测项目。向郑州和驻马店拍发雨量报。1969 年,增加溱头河水文报汛任务。1984 年,增加小图报和重要天气报发报任务。1969 年,开始制作气象月、年报表。1993 年,开始采用微机制作月报表。1994 年开始通过微机网络发报。2004 年 1 月 1日,自动气象站建成并投入业务运行,增加深层地温观测。2006 年 1 月 1 日自动气象站正式单轨运行。2007 年增加草温(雪面温度)观测,2008 年增加电线积冰观测。

区域自动站观测 2005—2006 年,先后建成乡镇自动雨量站 11 个。2007 年,建成龙山口水库四要素区域自动气象站 1 个。

农业气象观测 1983 年 7 月起,承担土壤水分观测(测墒)任务,每旬逢 8 日测墒,深度为 50 厘米。向河南省、驻马店市气象局拍发旬(月)报,每周向驻马店市气象局拍发周报。编有月、季、年气候评价,专题气候评价,雨情报,灾情报,墒情报等。开展小麦、玉米、烟叶作物的系列化服务和小麦、玉米作物产量预报。利用卫星遥感观测作物苗情、土壤墒情和秸秆焚烧监测信息开展服务。

②天气预报

1966—1985 年,气象预报通过收音机收听河南广播电台和武汉气象中心发布的指导预报和高空报文,手工抄录、填图分析,制作发布短、中、长期天气预报。1994 年,开始用微机填图,手工分析。1998 年,建成 PC-VSAT 卫星接收站,使用 MICAPS 软件并结合卫星和雷达资料进行分析预报。

③气象信息网络

1967 年 3 月—1985 年 3 月,通讯联络靠电话机,信息接收靠收音机,打印材料通过手工刻蜡纸油印。1985 年,装备了甚高频电话。1991 年,建成农村气象警报网络,通过无线通信向全县乡(镇)、村两级发布气象服务产品和政务信息。1994 年,开通市—县无线通信网络,用于发报、收发天气图、指导预报产品及政务信息。1996 年,X.25 分组交换网开通,并开通邮件系统。1998 年,建成 PC-VSAT 卫星单收站;同年建成确山县气象信息网络,开通了县委、县政府、各乡镇气象信息终端。2003 年,建成确山兴农网。2004 年,开通 SDH宽带网,取代原来的 X.25 分组交换网。

2. 气象服务

公众气象服务 自建站至 1990 年,主要是靠广播发布天气预报。1991 年,建成确山县农村气象警报系统,每个乡有气象警报接收机,每个村配备高音喇叭。1997 年,开通"121"天气预报自动答询电话系统。1998 年,建成确山气象信息网络。1999 年,建成确山县风云寻呼台。2002 年,开通电视天气预报。2007 年,开通确山气象短信平台,通过短信的形式发布天气预报警报。2007 年 5 月 27 日,中央电视台 CCTV 第 7 套节目聚焦三农节目组报道了确山县气象局为三农服务的事迹。

决策气象服务 1966 年 4 月建站起,即承担确山县决策气象服务工作任务。1966—1990 年期间,服务产品主要是长、中、短期天气预报,以书面文字材料形式为主。1991 年,气象警报发射机正式投入使用,增加语音决策气象服务方式。1993 年 12 月,购置 486 计算机及打印机 1 台,观测数据开始信息化,中长期预报、重要天气预报、农业气象情报等打印产品通过邮寄等方式服务各级党委、政府及企事业单位。1998 年以后,基本形成了重要天气预报、重大天气过程预警、关键农时专题预报、重大活动及节假日专题预报等模式,主要服务手段也涵盖了信件、电话、传真、电视、短信、网络邮件和 QQ 信息等。2000 年,开始使用卫星监测作物生长情况及土壤墒情分析,服务地方政府及相关部门。2004 年,使用DVBS 卫星监测地方秸秆焚烧。2008 年 4 月,起草并由确山县人民政府发布了《确山县突发气象灾害应急预案》。

人工影响天气 1992 年,确山县人工增雨领导小组成立,办公室设在确山县气象局。至 2008 年,先后购置人工增雨高炮 3 门,火箭发射架 2 台,400 兆赫兹无线甚高频电话 6部,人工增雨防雹指挥车 1 辆,运载火箭专用车 1 辆,以及摄像机、数码相机和通讯设备等人工影响天气作业装备;出台了《确山县人工影响天气管理办法》,建立了"人工影响天气规章制度"、"人工增雨防雹预警、作业指挥程序"。

防雷技术服务 1989 开始,每年 3—5 月对全县防雷设施进行安全检测。1993 年,成立确山县避雷装置安装检测中心,开展避雷设施的设计、安装和检测。

气象科普宣传 每年与中小学校联合,组织学生到气象局参观,进行气象科普宣传;与广播电台、电视台联合举办不定期的气象知识专题节目;利用世界气象日、气象法宣传、安全生产宣传等活动,采取制作科普宣传版面、散发气象科普传单等形式,向社会进行气象科普、雷电灾害防御等知识的宣传。

气象科研 1991 年,张学勤研制出大风警报器,获驻马店科技进步三等奖。1996 年,梁青光同志研制的"确山县气象业务系统",获河南省气象局天气预报优秀成果二等奖。

科学管理与气象文化建设

社会管理 2007 年,确山县气象局将气象观测场探测环境保护的有关法律、法规文本以及保护范围和标准在确山县建设局备案。

2007 年,确山县气象局被列为确山县安全生产委员会成员单位。2007 年确山县政府发文,将防雷工程从设计、施工到竣工验收,全部纳入气象行政管理范围,防雷安全纳入安全生产目标管理。

政务公开 对气象行政审批办事程序、气象服务内容、服务承诺、气象行政执法依据、服务收费依据及标准等,通过户外公示栏、电视广告、发放宣传单等方式,向社会公开。干部任用、财务收支、目标考核、基础设施建设、工程招投标等内容,采取职工大会或上局公示栏张榜等方式,向职工公开。财务一般每月公示一次,年底对全年收支、职工奖金福利发放、领导干部待遇、劳保、住房公积金等向职工作详细说明;干部任用、职工晋职、晋级等及时向职工公示或说明。

党建工作　2002 年以前,确山县气象局无党支部。2002 年,成立确山县气象局党支部,有党员 4 人。2008 年,有党员 5 人。

2002—2008 年,气象局党支部坚持每年组织党员干部开展先进典型教育和典型案例警示教育、理想信念和从政道德教育、党的优良传统和作风教育、党风党纪和国家法律法规教育,促使党员干部为民、务实、清廉,促进领导干部廉洁从政。

气象文化建设　1990 年 3 月,成立了精神文明建设领导小组,制定精神文明创建方案。

2001 年,建立乒乓球室、阅览室、职工活动室,使职工文体活动有场所。2004 年,参加驻马店市气象局组织的文艺汇演。2005 年,参加驻马店市气象局组织的羽毛球比赛。2006 年,参加驻马店市气象局组织的篮球赛。2007 年,参加驻马店气象系统职工运动会。

1991 年和 1995 年,两次被确山县委、县政府命名为县级"文明单位";1998 年和 2005 年,两次被驻马店市委、市政府命名为市级"文明单位"。2005 年,创省级"卫生先进单位"。

集体荣誉　1995 年,在河南省气象科技服务年活动中,被河南省气象局授予开拓奖;1995—2002 年,先后 4 次被河南省气象局评为"气象科技服务先进单位";1996 年,被河南省气象局评为"汛期气象服务先进单位"。1981—2003 年,先后 4 次受到确山县委、县政府表彰奖励。

台站建设

1966 年 4 月建站时,在确山县农业局院内的 1 个小房间内值班。1967 年,在三里河乡三里店河南岸建 8 间平房,用于办公、值班、住宿。1984 年,新建了 4 间平房,用于业务值班、办公;新建了 4 套平房小院和 8 间平房,用于职工住宿生活。1989 年,建设 1 栋三层家属楼。1993 年,拆除 2 套平房小院,新建 1 栋三层家属楼。

1999—2000 年,进行台站综合改造,拆除原来办公用的平房,新建 1 栋五层大楼,建筑面积 2800 平方米;对观测场进行改造;建设了门卫室,改建了大门;硬化地坪 600 平方米,绿化 1200 平方米。

2003—2004 年,站址迁移,新址占地 0.67 公顷,建设了 600 平方米业务用房,200 平方米生活用房,硬化路面 2000 平方米,绿化 2500 平方米。

遂平县气象局

遂平县位于河南省中南部,隶属驻马店市。古为房地,汉置吴房、瀙阳二县;北魏改遂宁县;唐元和十二年(公元 817 年),李愬雪夜入蔡州,平定吴元济叛乱,唐宪宗敕改县名为遂平。

机构历史沿革

始建情况　遂平县气象站始建于 1952 年 7 月 1 日,站址在当时遂平县人民政府院内,北纬 33°10′,东经 114°00′,观测场海拔高度为 58.0 米。

站址迁移情况　1953 年 1 月 1 日,迁至遂平县城关(老城)后贯街(关爷庙旧址),北纬 33°09′,东经 113°59′,海拔高度 64.6 米。1957 年 1 月遂平气象站撤销,整体迁至驻马店,1958 年 9 月原址重建。1977 年 1 月 1 日,迁至遂平县城郊东北备战路西侧,北纬 33°09′,东经 114°00′,海拔高度为 63.7 米。2004 年 1 月 1 日,迁至遂平县嵖岈山大道北 500 米处,北纬 33°08′,东经 113°57′,海拔高度 64.6 米。

历史沿革　1960 年 1 月 1 日,更名为遂平县气象服务站。1971 年 10 月,更名为遂平县气象站。1989 年 11 月,更名为遂平县气象局。

管理体制　1952 年建站时,归属遂平县政府领导(1957 年 8 月—1958 年 8 月工作中断)。1971 年 4 月—1973 年 11 月,属遂平县人民武装部领导。1977 年,归属遂平县农业局领导。1984 年 7 月,实行气象部门与地方政府双重领导,以气象部门领导为主的管理体制。

机构设置　2008 年,内设机构为办公室、业务股、防雷中心。

单位名称及主要负责人变更情况

单位名称	姓名	职务	任职时间
遂平县气象站	陈仰才	站长	1953.01—1953.07
	王喜生	负责人	1953.08—1953.12
	张　振	站长	1954.01—1955.06
	王喜生	负责人	1955.07—1956.07
	梁中全	站长	1956.08—1956.12
撤销,工作中断			1957.01—1958.08
遂平县气象站	张庭耀	站长	1958.09—1959.12
遂平县气象服务站			1960.01—1963.04
	仝照然	副站长(主持工作)	1963.05—1971.09
			1971.10—1974.11
遂平县气象站	钟世和	站长	1974.12—1981.07
	周世成	站长	1981.07—1985.12
	吴书军	站长	1986.01—1989.11
遂平县气象局		局长	1989.11—1993.02
	于建伟	局长	1993.03—2005.10
	张新波	局长	2005.11—

人员状况　1952 年建站时,有职工 4 人。1978 年,有职工 9 人。2008 年,有在编职工 6 人,聘用职工 2 人。在编职工中:本科学历 1 人,大专学历 3 人,中专学历 2 人;中级职称 6 人;50 岁以上 1 人,40~50 岁 5 人。

气象业务与服务

1. 气象业务

①气象观测

地面观测　2004 年之前,每日进行 08、14、20 时 3 次定时人工观测,夜间不守班。

观测项目有云、能见度、天气现象、气压、气温、湿度、风向、风速、降水、雪深、蒸发、日照、地温(地面及 5～20 厘米)。

发报种类有 08、14、20 时的天气加密报,05、17 时的雨量报、重要天气报。

编制的报表有气表-1 和气表-21。1993 年 4 月,开始使用微机编制气象月、年报表,并通过 X.25 分组交换网向驻马店市气象局传送报表电子文档,停止纸质报表的传送。

2004 年 1 月 1 日,建成自动气象站并投入使用。2004—2005 年,实行自动站观测和人工观测双轨运行的观测体制。2006 年 1 月 1 日,自动站开始单轨运行,20 时进行 1 次人工对比观测。自动气象站观测项目有气压、气温、湿度、风向、风速、降水、草面温度、0～320 厘米地温。云、能见度、天气现象仍采用人工观测。

区域自动站观测　2005—2006 年,先后建成乡镇自动雨量站 10 个。2007 年 11 月,在嵖岈山风景区建成四要素区域自动气象站 1 个。

农业气象观测　每月的 8、18、28 日,进行 10～50 厘米作物地段土壤墒情观测,并向驻马店市气象局拍发土壤墒情报;每周末向驻马店市气象局拍发气象周报,每旬末,拍发气象旬报。1982 年,开展农业气候资源区划工作,编制完成了《遂平县农业气候资源和农业气候区划》。

②天气预报

短期天气预报　20 世纪 70 年代,开始作补充天气预报。20 世纪 80 年代初期,按照基层台站业务基本建设的要求,对基本资料、基本图表、基本档案和基本方法(简称四基本)进行了整理并达标。2005 年 8 月以前,以自己预报为主,参考大台预报为辅;2005 年 8 月以后,参考网络卫星数据,结合本地实际,对上级指导预报进行补充订正和解释应用。

中期天气预报　通过接收河南省、驻马店市气象台的旬、月天气预报,再结合分析本站历史气象资料,制作出本地的旬、月天气预报。2003 年之后,根据服务的需要,增加制作了每周的天气趋势预报及节假日、高考、中考、"两会期间"专题天气预报。

短期气候预测(长期天气预报)　运用数理统计方法和常规气象资料图表及天气谚语、韵律关系,同时参考河南省、驻马店市气象台的长期天气趋势预测,制作本地的订正预报,有月预报、麦收期天气预报、汛期(6—8 月)天气预报、麦播期天气预报等。

③气象信息网络

20 世纪 80 年代前,利用收音机收听武汉区域中心气象台和河南省气象台以及周边省气象台播发的天气形势和预报,上级部门下发的文件、气象信息则通过邮寄方式寄送。1985 年,开通省、地、县三级 VHF 甚高频无线电话网络,利用甚高频通信传递报文、通信联络及发布预报。1996 年,省、市、县 X.25 分组交换网开通。1998 年,卫星单收站 PC-VSAT 投入业务运行,接收和处理从地面到高空各类天气形势、预报图、卫星云图等国家气象中心发布的信息资料。2003 年,开通 Notes 电子邮件系统,实现了办公自动化。2004 年,开通移动公司 SDH 宽带网,X.25 分组交换网作为备份。

2. 气象服务

公众气象服务　20 世纪 80 年代之前,通过广播向社会公众发布短期天气预报。1990 年,建成了各乡镇的天气警报系统。1997 开,通了"121"天气预报自动咨询电话(2004 年全市"121"答询电话实行集约经营,主服务器由市气象局负责建设维护,2005 年 1 月"121"电话改号为"12121")。2002年5月,建成电视天气预报制作系统,将自制的节目录像带送电视台播放。2006年,开通手机短信天气预报服务。

决策气象服务 20世纪80年代以前,以口头或书面方式提供气象服务。1981年后,开发了"天气分析与展望"、"重要天气预报"、"农业墒情"、"汛期长期天气趋势预报"等决策服务产品。1990年,开通县乡无线气象警报通讯系统,为决策服务提供技术支撑。2000年后,每逢周一和月末,均制作天气预报送往县委办、政府办、人大、政协、农办及防汛指挥部等有关部门;遇有短时突发性灾害性天气出现时,通过手机短信向有关领导提供气象信息服务;在节假日、高考、中考、"两会"及重大社会活动期间,制作专题气象预报,送往县政府有关部门和服务单位。

人工影响天气 1993年10月,成立遂平县人工增雨领导小组,领导小组办公室设在气象局,负责指挥协调全县人工增雨工作。2007年10月,县政府拨款建炮库、弹药库及值班室7间。至2008年,拥有人工增雨高炮3门,防雹增雨火箭发射架2套,无线甚高频电话4部,人工增雨防雹指挥车1辆,并配备有摄像机、数码相机和通讯设备等人工影响天气作业装备。

防雷技术服务 1989年开始,每年汛期之前,对全县范围内机关单位、学校、工厂及易燃易爆场所的防雷装置进行安全性能检测。2003年,开展对新建建筑物防雷装置的竣工验收工作。

气象科普宣传 利用每年"3·23"世界气象日的机会,主动和电视台联系,录制电视节目,进行气象科普知识和雷电危害及防护知识宣传。2007年,嵖岈山区域自动站被纳入县科普教育基地。2008年5月,被遂平县科协命名为遂平县青少年科普教育基地。

科学管理与气象文化建设

1. 社会管理

2007年,绘制《遂平县气象观测环境保护控制图》,在县建设局进行备案,为气象观测环境保护提供重要依据。2008年完成《探测环境保护专业规划》编制。

2. 政务公开

对气象行政审批办事程序、气象服务内容、服务承诺、气象行政执法依据、服务收费依据及标准等,通过公示栏、电视、行风热线、传单等方式,向社会公开。财务收支、目标考核、基础设施建设、工程招投标等内容,采取职工大会或局务公开栏等方式,向职工公开。

2005年,被中国气象局授予全国气象系统"政务公开先进单位"。

3. 党建工作

1984年之前,党员归遂平县农业局支部。1985年,党员归遂平县政府机关党总支。1989年11月,成立遂平县气象局党支部,有党员3人。截至2008年底,有党员4人。气象局党支部自成立始,一直隶属遂平县政府机关党总支。

遂平县气象局领导严格执行领导干部廉洁自律的各项规定,带头履行廉正承诺,主动接受党组织和广大干部职工的监督。每年的4月,开展党风廉政建设宣传教育月活动。

4. 气象文化建设

2004年,修建了羽毛球场。2005年,遂平县气象局承办驻马店市气象系统羽毛球比赛。2007年底,修建了花园走廊,新建了图书阅览室。2006年,被遂平县委、县政府命名为"花园式单位"。

1993年,被遂平县委、县政府命名为县级"文明单位"。1997年,申报市级"文明单位"成功,至2008年,已连续12年保持市级"文明单位"称号。

5. 荣誉

集体荣誉 1993—2008年,遂平县气象局共获得集体荣誉39项。其中,1993年被河南省气象局授予"重大气象服务先进单位";1999年、2001年被河南省气象局授予"气象科技服务与产业发展先进单位"。2000—2004年,连续5年被遂平县委、县政府授予"服务地方积极发展先进单位"。2005年,被中国气象局授予全国气象系统"政务公开先进单位"。

个人荣誉 1960年,全照然被河南省农业厅评为河南省农业社会主义建设先进生产者。

台站建设

1976年,迁站建5间两层办公小楼,建筑面积264平方米。1991年,建成1栋二层(4户)家属楼。1994年,建成1栋三层(6户)家属楼。2003—2004年,搬迁新址,新址占地1公顷,建成1栋570平方米的办公楼;修建了鱼塘、长廊、羽毛球场,硬化路面1000多平方米,绿化、美化庭院2000多平方米。2006年,遂平县气象局被遂平县委、县政府命名为"花园式单位"。

驻马店遂平县气象局1983年前旧貌　　　　　　驻马店遂平县气象局现貌

平舆县气象局

平舆县位于河南省东南部。夏、商属挚地,周为沈子国,秦时置县,后随朝代兴替,时置时废,1951年4月复县。平舆县地势平坦,夏禹时期,挚君奚仲在此发明了四轮太平车曰

"舆",平舆因此而得名。

机构历史沿革

始建情况　平舆县气象服务站于 1958 年 8 月开始筹建,1959 年 1 月 1 日正式观测,站址位于北纬 32°57′,东经 114°38′,观测场海拔高度 41.0 米。

站址迁移情况　1996 年 5 月,站址迁至县城北 5 千米处,北纬 32°58′,东经 114°38′,海拔高度 44.4 米。

历史沿革　初成立时名称为平舆县气象服务站。1971 年 1 月,更名为平舆县气象站。1989 年 11 月,更名为平舆县气象局。

管理体制　自建站至 1984 年 6 月,由河南省气象局和平舆县政府双重领导,以地方领导为主,其中 1971 年 4 月—1973 年 11 月,隶属平舆县人民武装部管理。1984 年 7 月,实行气象部门与地方政府双重领导,以气象部门领导为主的管理体制。

机构设置　2008 年,下设办公室、业务股、防雷中心 3 个二级机构。

单位名称及主要负责人变更情况

单位名称	姓名	职务	任职时间
平舆县气象服务站	刘洪德	站长	1959.05—1960.05
平舆县气象站	高文超	站长	1960.05—1971.01
			1971.01—1989.03
平舆县气象局	王　翔	副站长(主持工作)	1989.03—1989.11
		局长	1989.11—1996.10
	任文义	副局长(主持工作)	1996.10—1998.05
	张新波	局长	1998.05—2005.11
	刘常青	局长	2005.11—

人员状况　建站初期,有职工 2 人。1978 年,有职工 8 人,其中大学学历 1 人,中专学历 1 人,高中学历 5 人,初中学历 1 人。2008 年底,有在编职工 7 人,聘用职工 1 人。在编职工中:本科学历 1 人,大专学历 6 人;中级职称 4 人,初级职称 3 人;50 岁以上 1 人,40～49 岁 3 人,40 岁以下 3 人。

气象业务与服务

1. 气象业务

①气象观测

地面观测　1959 年 1 月 1 日起,每日进行 08、14、20 时 3 次定时观测,白天守班。

观测项目有云、能见度、天气现象、气温、湿度、风向、风速、降水、雪深、日照、小型蒸发、地面状态等;1959 年增加气压观测。2008 年观测项目有云、能见度、天气现象、气温、湿度、气压、风向、风速、降水、地温、小型蒸发、雪深、日照。

承担向国家气象中心、河南省气象台拍发加密地面天气观测报告和重要天气观测报告,向河南省气象台拍发雨量报等任务;1959 年开始,承担每日 05—20 时拍发航(危)报任务,2003 年停止;1983 年 10 月,开始编发重要天气报。

1985 年前,气象电报通过专线直通邮电局报房进行传递;1985 年,省、地、县三级 VHF 甚高频无线电话网络开通后,气象电报改由甚高频电话传递,邮电局报房作为备用通道; 1996 年,开始使用 X.25 分组交换网络传输气象电报;2004 年,开通移动公司 SDH 宽带 网,X.25 分组交换网作为备份。

承担地面气象观测月报表(气表-1)、地面气象观测年报表(气表-21)的制作和预审任 务,向河南省气象局、驻马店地区气象局各发 2 份。2008 年开始,增加辖区内 18 个区域自 动气象站观测报表的制作和预审任务。

早期的报表制作、统计、抄录由手工完成,抄录一式 4 份,分别上报国家气象局、河南省 气象局气候资料室、驻马店地区气象局各 1 份,本站留底 1 份。1993 年 4 月,开始使用计算 机制作报表;1996 年 8 月,开始使用计算机预审报表。

2003 年 11 月,自动气象站建成。2004 年 1 月 1 日,自动气象站正式投入业务运行,观 测项目有气压、气温、湿度、风向、风速、降水、地温、草温等。

区域自动站观测 2005—2006 年,在平舆县建成乡镇自动雨量站 18 个。

农业气象观测 平舆县气象观测站属农业气象一般站,自建站起,只进行土壤墒情的 观测和记录,向驻马店市气象局及河南省气象局拍发旬报,向驻马店市气象局拍发土壤墒 情报、周报,临时向河南省、驻马店市气象局加发农业气象加密报。农业气象周年服务大纲 下发以后,每年按照不同季节、不同的农作物生长关键阶段,进行不同的农业气象预报 服务。

②天气预报

1959 年 1 月,开始作补充天气预报。在 20 世纪 80 年代,通过收听河南省气象台站天 气形势,结合本站资料图表,每日早晚制作 24 小时内日常天气预报。20 世纪 90 年代后,利 用气象卫星、雷达观测资料等,在河南省、驻马店市气象台的预报指导下,制作本县的短时、 短期及中长期天气预报。

③气象信息网络

2000 年 4 月,PC-VSAT 卫星单接收站建成并正式启用。2002 年 3 月,使用 X.25 传 输雨量报。2003 年 2 月,启用驻马店市气象局电子邮件系统。2003 年 3 月,重要报改由 X.25 直接发送到河南省气象台;同时发往驻马店市气象局的重要报取消邮局电报拍发,改 为电话传达。2003 年 6 月 1 日,停止各业务质量等纸质材料邮寄报送,改为通过电子邮件 系统上报。2004 年,开通移动光纤通信网络。

2. 气象服务

公众气象服务 建站初期,通过黑板报、县广播站进行天气预报服务。1994 年,开始 在平舆县电视台开办天气预报栏目。1997 年 6 月,开通"121"气象信息电话自动答询系统 (2004 年改为"12121")。1999 年 10 月,建立风云寻呼台平舆分台,开展风云寻呼业务。 2003 年 6 月,开通"平舆兴农网"。

决策气象服务 20 世纪 80 年代前,决策气象服务由局领导亲自通过口头、书面向县 委、县政府及有关领导汇报。20 世纪 90 年代后,通过气象短信平台,为全县各级领导提供气象信息服务。

人工影响天气 1992 年 6 月,平舆县人民政府人工影响天气领导小组成立,办公室设在县气象局。至 2008 年,拥有人工增雨高炮 5 门,火箭发射架 2 架,气象局建有炮库。

防雷技术服务 1989 年,开始对全县建筑物防雷装置进行检测工作。

气象科普宣传 依托"3·23"世界气象日,通过广播电视、宣传单、宣传栏等多种形式,开展气象科普宣传;利用防雷检测工作之便,将气象法规、防雷小常识、气象知识、气象新业务等打印成宣传册,分发广大群众和有关单位。

科学管理与气象文化建设

1. 社会管理

2007 年,平舆县气象局与平舆县城建局联合对有关气象探测环境保护的法规、文件等进行了备案。

《通用航空飞行管制条例》和《施放气球管理办法》颁布实施后,开始实施施放气球管理。

每年对全县防雷装置进行年检。2006 年 3 月,开展了对新建建筑物的防雷装置的审核、验收工作。

2. 政务公开

对气象行政审批办事程序、气象服务内容、服务承诺、气象行政执法依据、服务收费依据及标准等,通过户外公示栏、电视广告、发放宣传单等方式,向社会公开。干部任用、财务收支、目标考核、基础设施建设、工程招投标等内容,采取职工大会或上局公示栏张榜等方式,向职工公开。

3. 党建工作

1989 年 8 月,成立平舆县气象站党支部,当时有党员 3 个,截至 2008 年底,有党员 7 人。

4. 气象文化建设

始终坚持以人为本,弘扬自力更生、艰苦创业精神,深入持久地开展文明创建工作。

2001 年,开展"三个代表"思想教育活动。2006 年,开展扶贫工作。2007 年,开展知识竞赛活动。2007 年 5 月,新建图书阅览室;同年 9 月,参加了驻马店市气象局文艺汇演。2008 年,参加了驻马店市气象局举办的全市气象系统三人篮球赛;增加了半场篮球场地、乒乓球室、羽毛球场、健身室、健身器材等体育场所和设施。

1991 年,创县级"文明单位"。1997 年,创市级"文明单位"。2007 年,市级"文明单位"届满重新创建成功。2001 年 9 月,被驻马店市爱委会命名为市级"卫生先进单位"。

5. 荣誉

集体荣誉　1992 年,平舆县气象局荣获平舆县委、县政府年度"目标管理达标先进单位";1995 年,荣获河南省气象局"科技服务先进单位";1998 年,荣获平舆县委、县政府"抗洪抢险先进集体";1999 年,荣获平舆县委、县政府"人工增雨抗旱工作先进集体",河南省气象局"重大气象服务先进集体";2002 年 2 月,被驻马店市委、市政府评为"精神文明建设先进集体"。

个人荣誉　高文超 1978 年 10 月,出席了在北京召开的全国气象部门"双学"代表大会,受到了党和国家领导人的接见。

台站建设

初建时,征地 0.45 公顷,建砖瓦房 8 间,后又陆续增加砖瓦房 14 间。20 世纪 70 年代末,总建筑面积 328 平方米。1987 年 10 月,建成二层砖混结构的 6 套住宿楼 1 栋,建筑面积 352.0 平方米。

1996 年 5 月,迁站征地 4000 平方米。建 6 间砖混结构住宅平房;建办公楼 1 座,2 层12 间房,建筑面积 441 平方米。2003 年 11 月重建新办公楼,新办公楼为二层欧式建筑,建筑面积 428 平方米。

汝南县气象局

汝南,西汉高祖四年(前 203 年)置汝南郡,元、明、清称谓汝宁府,素有"天地之中、九州之中、豫之正中"美称。2008 年,隶属驻马店市。

机构历史沿革

始建情况　1953 年 8 月,成立河南省农林厅汝南测候站(为县农场的一个内设农业气象股),位于汝南县城西郊,北纬 33°00′,东经 114°25′,海拔高度 48.6 米。

站址迁移情况　1976 年 9 月,站址迁至汝南县城西郊外,北纬 33°00′,东经 114°20′,海拔高度 48.9 米。1987 年 12 月 1 日,因汝河人工改道影响观测场,观测停止。1989 年 1 月1 日,观测场在原址东约 40 米处重建并恢复观测记录。

历史沿革　1954 年 7 月,更名为河南省汝南气候站。1955 年 1 月,更名为河南省人民政府汝南县气象站。1960 年 2 月,更名为河南省汝南县气象服务站。1973 年 1月,更名为汝南气象站。1989 年 3 月,更各为汝南县气象站。1989 年 11 月,更名为汝南县气象局。

管理体制　1953 年 8 月初成立时,隶属汝南县林业局,业务由河南省农林厅气象总站领导,1954 年 6 月业务移交河南省气象局。1954 年 6 月—1984 年 9 月,由河南省气象局和汝南县政府双重领导、以地方领导为主。其中,1971—1974 年 2 月由汝南县人民武装部管理。1984 年 9 月,实行气象部门与地方政府双重领导,以气象部门领导为主的管理体制。

机构设置 2008 年,内设机构为办公室、业务股、防雷中心。

单位名称及主要负责人变更情况

单位名称	姓名	职务	任职时间
河南省农林厅汝南测候站	李绍华	站长	1953.10—1954.07
河南省汝南气候站			1954.07—1955.01
河南省人民政府汝南县气象站	曲兆安	站长	1955.01—1957.08
	洪孝立	站长	1957.09—1958.06
	毛荣弟	站长	1958.07—1958.12
	殷志刚	站长	1959.01—1960.02
河南省汝南县气象服务站			1960.02—1971.11
	毛运增	副站长(主持工作)	1971.12—1973.01
			1973.01—1974.02
汝南气象站	王 明	站长	1974.03—1982.11
	丁勇新	副站长(主持工作)	1982.12—1984.12
	陈运华	副站长(主持工作)	1985.01—1989.01
汝南县气象站	赵规划	副站长(主持工作)	1989.03—1989.11
		副局长(主持工作)	1989.11—1990.05
汝南县气象局		局长	1990.05—1992.02
	梁文生	局长	1993.03—2005.10
	于建伟	局长	2005.11—2007.03
	贾文秀	局长	2007.04—

人员状况 1953 年建站时,有职工 3 人。1978 年,有职工 8 人。2008 年底,有在编职工 6 人,聘用职工 1 人。在编职工中:本科学历 1 人,大专学历 3 人,中专学历 2 人;中级职称 4 人;20～30 岁 3 人,40～50 岁 2 人,50 岁以上 1 人。

气象业务与服务

1. 气象业务

①气象观测

地面观测 建站时,每日进行 06、09、12、15、18、21 时(地方时)6 次定时观测,不守夜班。1955—1959 年,观测时次变更为 01、07、13、19 时 4 次观测。1960 年 1 月,取消 01 时观测;同年 8 月 1 日,观测时次变更为北京时 02、08、14、20 时。1962 年 8 月 1 日,每日进行 08、14、20 时 3 次观测。

1951 年 3 月,观测项目有气温、湿度、降水、蒸发,地温(地面及 5 厘米、10 厘米、20 厘米),云、能见度、天气现象、地面状态。1953 年 8 月正式建站后,增加观测项目有风向、风速、气压、日照、草温;1954年2月1日,增加15厘米地温观测。

承担05、17时2次雨量观测、发报任务。

人工抄录预审制作月、年报表。1984—2007年,每年6月15日—8月31日,每天05、11、17时3次向驻马店地区拍发小天气图报。

2008年,停止使用温、压、湿、风、降水自记仪器,只作为应急人工补测备份仪器。

2003年12月31日,ZQZ-CⅡ型自动气象站投入业务运行,与人工站平行观测。自动站观测项目有温度,湿度,降水,地面最高、最低气温,浅层地温(5、10、20、30厘米),深层地温(40、80、160、320厘米),草温。2005年1月1日起,以地面自动气象站为主、人工站为辅,并开始制作月、年报表,取消人工站月、年报表的制作。

区域自动站观测 2005年10月—2006年9月,全县共建成乡镇自动雨量站17个。2007年9月,建成夏屯区域四要素自动站1个。2008年开始制作区域站月报表。

农业气象观测 1956年10月8日,开始土壤湿度观测,不观测农作物生长发育。1965年3月10日,开始发气候报、土壤墒情报,并分析农作物每个生育期的气象条件。1998年,开始进行农作物产量预报。2007年,开展气象灾害预评估和农业灾害预报服务。

②天气预报

1956年,开始制作补充天气预报。1963年,利用收听的湖北省气象台发送的高空、地面气象资料,手工绘制成简易天气图,结合本站三线图、剖面图,运用数理统计方法、韵律关系等,进行天气预测预报。1964年秋,本站作为河南省气象局预报改革试点县,研制出一批预报成果,并在洛阳全省气象学会第一次预报学术会上进行交流,《运用单站风中期降水预报方法》《汝南县汛雨中长期预报方法》《春季大风预报方法》等收入论文汇编中。1976年4—5月,汝南县气象站参加全国"75·8"特大暴雨预报会战,取得单站组成果。20世纪80年代起利用传真、卫星接收等现代化设备,通过MICAPS系统获取更多的高空、地面气象资料和数值预报产品,人机交换制作预报。在2005年8月以前,以自己预报为主,参考大台预报为辅。2005年8月以后,参考网络卫星数据结合本地实际,对上级指导预报进行补充订正和解释应用。

③气象信息网络

20世纪70年代前,利用收音机收听武汉区域中心气象台和河南省气象台以及周边省气象台播发的天气形势和预报,上级部门下发的文件、气象信息则通过邮寄方式送达。1981年,开始使用ZSQ-1气象传真图片接收机,接收北京、欧洲气象中心以及东京的传真天气图表。1985年,开通了省、地、县三级VHF甚高频无线电话网络,成为当时气象业务、报文、通信联络、预报发布的主要渠道。1996年,省、市、县X.25分组交换网开通。1998年,卫星单收站PC-VSAT投入业务运行,接收和处理从地面到高空各类天气形势、预报图,卫星云图等信息资料。2003年,开通Notes邮件系统,实现了办公自动化。2004年,开通移动公司SDH宽带网,X.25分组交换网作为备份。

2. 气象服务

公众气象服务 1956年,开展公众天气预报服务,以电话传送形式,由当时的公社通过黑板报公布,后通过大喇叭广播。1978年,全县有线广播开始普及,天气预报通过广播站发布。1990年,在汝南县电视台开播天气预报栏目。1992年建成气象警报系统,实现县—乡对讲、乡—村单项通话;气象警报系统除播发天气预报外,还发布政令通知、召开电话会议;汝南县气象局聘用专职播音员,每天定时播音,播音栏目有公众气象信息、农业生产与指导、气象科普、文化娱乐、政府政令通知等,气象警报系统以"优美的旋律、丰富的内容、广泛的知识、优质的服务",被汝南县人民誉为"空中气象电台";1996年3月中国气象局副局长李黄来汝南县气象局视察工作,并题词:"百尺杆头永不停步,造福汝南功在千秋"。1997年10月1日,开通了"121"气象信息自动答询电话(2004年更改为"12121")。2003年起,开展手机短信公众服务。

决策气象服务 20世纪80年代以前,以口头或书面方式服务。1981年后,开发了"天气分析与展望"、"重要天气预报"、"农业墒情"、"汛期长期天气趋势预报"等决策服务产品。1991年4月起,开通县乡无线气象警报通讯系统,为决策服务提供技术支撑。2004年,开通企业之窗手机短信平台。2006年,建立了气象灾害天气预警手机短信平台,发布重要天气预报及气象灾害天气预警信息。

人工影响天气 1993年,汝南县政府成立人工影响天气领导小组,办公室设在气象局,装备人工增雨高炮3门、人工增雨指挥车1台。2002年,配置2套火箭发射装置,火箭发射车1台。

防雷技术服务 1989年以来,开展对全县楼房、易燃易爆建筑物防雷设施检测。2004年2月,与汝南县建设局联合办公,开展防雷工程图纸审核。2004年5月县行政审批服务中心设立气象窗口,承担气象行政审批职能,实行建筑物防雷工程审批制度。2007—2008年,全面开展中小学校防雷隐患排查工作,隐患治理也逐步开展。

气象科普宣传 2005年,开始在原有的气象科普宣传进校园活动基础上,连续多年参加全县组织的科普宣传一条街活动,采取制作科普宣传版面、散发气象科普传单等形式,对公众进行气象科普、雷电防护等气象灾害防御知识的宣传,并组织中小学生到气象局参观和进行科普宣传进社区活动。

科学管理与气象文化建设

1. 社会管理

2004年2月,与汝南县建设局联合办公,开展防雷工程图纸审核。2004年5月,汝南县行政审批服务中心设立气象服务窗口,承担气象行政审批职能,实行建筑物防雷工程审批制度。

2005年5月,气象观测环境保护标准在汝南县建设局备案。2008年5月,绘制了《汝南气象观测环境保护控制图》,再次在汝南县建设局备案,进一步规范和完善气象观测环境保护备案程序。2008年7月,完成"探测环境保护专业规划"编制。

2. 政务公开

1989年起,推行局务公开,局财务收支、目标考核、基础设施建设、工程招投标等重大事项,定期、不定期进行公开。2004年起,对气象行政审批办事程序、气象服务内容、服务承诺、气象行政执法依据、服务收费依据及标准等内容,向社会公开。2006年起,实行"三人议事"制度,重要事项、大额开支,由 3 人集体商议决定。

3. 党建工作

1956—1957 年有党员 1 人;1958—1971 年有党员 2 人,编入汝南县委办公室党支部。1971 年 12 月—1974 年 2 月,编入汝南县人民武装部党支部。1974 年 3 月—1983 年 9 月,编入汝南县农业局党支部,1983 年 7 月,成立党支部。截至 2008 年底,有党员 6 人。

1989—2008 年,16 次被汝南县委、县直工委评为先进党支部、"五型"机关党支部、"五好"党支部;6 人次被县委、县直工委评为优秀党务工作者,17 人次被县委、县直工委评为优秀共产党员。

4. 气象文化建设

文明单位创建始于 1989 年。1990—2008 年,先后开展"局兴我荣,局衰我辱"教育活动,"创建文明单位 义务劳动奉献"活动,"我为省级文明单位添光彩"创优活动,"送温暖、献爱心"帮扶活动,创文明股室、青年先锋号、岗位练兵等一系列活动;建有职工乒乓球室、娱乐室、篮球场、羽毛球场,坚持开展经常性职工体育活动及积极参加县里举办的文体活动。

2006 年 6 月,组建职工合唱队,参加驻马店市气象部门首届文艺汇演,并获组织奖。2007 年五一劳动节,与汝南县总工会联合举办"气象杯"职工台球赛。

1991 年起,从汝南气象人精心打造无线气象警报网服务平台起,汝南县气象局就成了名扬汝南的"文明服务窗口"。

1994 年,河南省文明委检查小组评价汝南气象局:"文明创建有特色"。

1991 年,被汝南县委、县政府命名为县级"文明单位"。1992 年,被驻马店地委、行署命名为地区"文明单位"。1994 年 4 月,在全省县气象局中率先被河南省委、省政府命名为省级"文明单位";至 2008 年,已连续三届蝉联省级"文明单位"称号。

5. 荣誉与人物

集体荣誉 1978 年 10 月,王明代表汝南县气象站参加全国气象部门"双学"代表大会,受到党和国家领导人的接见。1990 年,被河南省气象局评为全省"气象服务先进单位"。1993 年 1 月,被国家气象局评为全国""先进气象局(站)"。1996 年、2000 年,先后 2 次被河南省气象局评为全省"十佳县(市)气象局"。2006 年、2008 年,连续两次被河南省爱国卫生委员会评为省级"卫生先进单位"。

个人荣誉 1993 年,赵规划被国家气象局评为"全国优秀站(局)长"。1996 年 3 月,梁文生被中国气象局、国家人事部评为"全国气象系统先进工作者"。2004 年,沈献荣被评为驻马店市"劳动模范"。2006 年,于建伟被河南省人事厅、河南省气象局评为全省"气象工作先进工作者"。2007 年,张自力被驻马店市总工会授予驻马店市十佳职工、五一劳动奖章。

人物简介 梁文生,男,汉族,汝南县马乡人,1963 年 9 月出生,中共党员,高级工程师。1993 年 3 月—2005 年 11 月,任汝南县气象局局长、党支部书记。1996 年 3 月,被中国气象局、国家人事部评为"全国气象系统先进工作者"。

台站建设

1981 年,建成 250 平方米的 2 层办公小楼。1989 年,扩征土地 0.2 公顷。1991 年,建成一座占地面积 276 平方米的两层 8 套职工宿舍楼。2002—2003 年,建成 340 的平方米欧式业务办公楼 1 栋。2004—2005 年,建成 400 的平方米欧式综合办公楼 1 栋。

新蔡县气象局

新蔡县位于河南省东南部、豫皖两省 4 市 6 县交界处,地处淮河流域洪汝河下游。公元前 21 世纪,尧舜时期伯夷扶佐大禹治水有功,封于此地为吕侯国,即新蔡县城所在地古吕镇。公元前 529 年,蔡平侯为依附楚国,迁国都至此,始称新蔡。

机构历史沿革

始建情况 1956 年 10 月,建立新蔡县气候站,站址位于县城南关外高庄南边(郊外),北纬 32°44′,东经 114°59′,海拔高度 38.0 米。

历史沿革 1959 年 2 月,更名为新蔡县气象站。1960 年 3 月,更名为新蔡县气象服务站。1971 年 9 月,更名为新蔡县气象站。1989 年 11 月,更名为新蔡县气象局。

管理体制 建站初期,由新蔡县农场代管。1959 年,隶属于新蔡县农业局。1971 年,隶属于新蔡县人民武装部。1973 年,隶属于新蔡县农业局。1984 年 9 月,实行气象部门与地方政府双重领导,以气象部门领导为主的管理体制。

机构设置 2008 年,设业务股、办公室、防雷中心。

单位名称及主要负责人变更情况

单位名称	姓名	职务	任职时间
新蔡县气候站	农场代管		1957.01—1959.02
新蔡县气象站	崔景明	副站长(主持工作)	1959.02—1960.03
			1960.03—1961.06
新蔡县气象服务站	高建文	副站长(主持工作)	1961.06—1963.02
		站长	1963.02—1971.09
新蔡县气象站			1971.09—1971.12
新蔡县气象站	何段民	站长	1971.12—1973.04
	冯振亚	站长	1973.04—1974.08
	张久轩	站长	1974.08—1979.04
	张世民	副站长(主持工作)	1979.04—1980.12
	李文举	站长	1980.12—1985.01
	李旭阳	副站长(主持工作)	1985.01—1986.08

单位名称	姓名	职务	任职时间
新蔡县气象站	李旭阳	站长	1986.08—1989.11
新蔡县气象局		局长	1989.11—1991.11
	周洪德	局长	1991.11—1995.04
	耿良生	局长	1995.04—2005.10
	李　超	副局长（主持工作）	2005.10—2007.03
		局长	2007.03—

人员状况　初建站时,有职工3人。1978年,有职工10人。2008年底,有在职职工12人(其中在编职工9人,聘用职工3人)。在职职工中:大专及以上学历4人,中专学历1人,高中及以下学历7人;50岁以上5人,40~49岁2人,40岁以下5人。

气象业务与服务

1. 气象业务

①气象观测

地面观测　1957年1月1日起,每日进行08、14、20时3次定时观测,白天守班。观测项目有云、能见度、天气现象、气温、湿度、风向、风速、降水、雪深、日照、小型蒸发、地面状态等;1959年,增加气压观测。2008年,观测项目有云、能见度、天气现象、气温、湿度、气压、风向、风速、降水、地温(0~20厘米)、小型蒸发、雪深、日照。

承担有向国家气象中心、河南省气象台拍发的加密地面天气观测报告和重要天气观测报告,向河南省气象台拍发的雨量报等任务;1957年开始,承担每天05—20点拍发航(危)报任务,2003年停止;1983年10月,开始编发重要天气报。

气象电报通过专线直通邮电局报房进行传递;1985年省、地、县三级VHF甚高频无线电话网络开通后,气象电报改由甚高频电话传递,邮电局报房作为备用通道;1996年,开始使用X.25分组交换网络传输气象电报;2004年,开通移动公司SDH宽带网。

承担有地面气象观测月报表(气表-1)、地面气象观测年报表(气表-21)的制作和预审任务;2008年开始,增加了辖区内所有区域自动气象站观测报表的制作预审任务。1993年前,报表制作、统计、抄录和预审是手工完成的,抄录一式4份,分别上报国家气象局、河南省气象局气候资料室、驻马店地区气象局各1份,本站留底1份。1993年4月开始使用计算机制作报表,1996年8月开始使用计算机预审报表。

区域自动站观测　2004—2006年,先后在全县建成乡镇自动雨量站22个。2007年,在班台水文站建成四要素区域自动气象站1个。

农业气象观测　1981年,开始取土测墒,拍发周、旬、月报;开展月、季、年气候评价,主要农作物生育期间气候评价,专题气候评价;开展作物播种期预报、收获期预报、产量预报、农业气象灾害预报。

②天气预报

建站初期,县站开始作补充天气预报。1970年10月始,通过收听天气形势,结合本站资料图表,每日早晚制作 24 小时内日常天气预报。2000 年后,利用气象卫星资料、雷达探测资料及数值预报产品,制作短时、短期及中长期天气预报。

③气象信息网络

20 世纪 80 年代前,利用收音机收听武汉区域中心气象台和河南省气象台以及周边省气象台播发的天气形势和预报,上级部门下发的文件、气象信息则通过邮寄方式寄送。1981 年,开始使用 ZSQ-1(123)气象传真图片接收机,接收北京、欧洲气象中心以及东京的传真天气图表。1985 年,开通了省、地、县三级 VHF 甚高频无线电话网络,利用甚高频通信传递气象报文、通信联络及发布预报。1996 年,省、市、县 X.25 分组交换网开通。1998 年,卫星单收站 PC-VSAT 投入业务运行,接收和处理从地面到高空各类天气形势、预报图,卫星云图等国家气象中心发布的信息资料。2003 年,开通 Notes 办公邮件系统,实现了办公自动化。2004 年,开通移动公司 SDH 宽带网,X.25 分组交换网作为备份。

2. 气象服务

公众气象服务 20 世纪 80 年代前,通过农村有线广播站播报天气预报。1994 年,开始在新蔡县电视台开办天气预报栏目,进行日常天气预报公众服务。1997 年 10 月,开通"121"气象信息电话自动答询系统(2004 年,全市"121"答询电话实行集约经营,主服务器由市气象局负责建设维护,同年,"121"电话改号为"12121")。1999 年 10 月,开通风云寻呼台。2003 年 6 月,开通"新蔡兴农网"。

决策气象服务 20 世纪 90 年代以前,主要以电话方式向县委、县政府提供决策服务。20 世纪 90 年代以后,在保留电话服务方式的同时,逐步开展了口头、书面形式的气象服务,重要天气过程、灾害性天气临近预报通过电话和手机短信及时服务到县领导和职能部门;气象服务产品也不断丰富,先后开发了"重要天气报告"、"一周天气预报"、"短时天气预报"、"灾害天气临近预报"、"农业气象情报"、"农业气象预报"、"新蔡气象信息"等决策服务产品。2004 年以后,通过灾害性天气预警信号发布平台为领导提供决策服务。

人工影响天气 1995 年,成立新蔡县人工影响天气办公室。至 2008 年,拥有 65 式双管"三七"高炮 6 门,BL 型防雹增雨火箭发射系统 2 套,400 兆赫兹无线甚高频电话 3 部,购置人工增雨防雹指挥车 1 辆,运载火箭专用车 1 辆,并配有摄像机、数码相机和通讯设备等人工影响天气作业装备。

防雷技术服务 1989 年,开始避雷装置检测工作。1995 年,成立了新蔡县防雷技术中心(后更名为新蔡县防雷中心),开始对辖区内建筑物避雷设施进行安全性能检测。2004 年,开始定期对液化气站、加油站等易燃易爆场所的防雷设施进行检测检查。

气象科普宣传 2000—2008 年,利用中小学校组织学生参观气象观测场的机会,对学生普及气象知识;与新蔡县广播站和电视台联合举办不定期的气象知识专题节目;依托世界气象日、气象法宣传、安全生产宣传等活动,制作宣传版面、散发传单,对广大公众进行气象科普宣传和雷电灾害防御等知识的普及宣传。

科学管理与气象文化建设

社会管理 2003 年 9 月,新蔡县人民政府法制办批复确认新蔡县气象局具有独立的行政执法主体资格,4 名干部办理了行政执法证。

2004 年,气象局被列为县安全生产委员会成员单位,负责全县防雷安全的管理,定期对液化气站、加油站等易燃易爆场所的防雷设施进行检测检查,对不符合防雷技术规范的单位,责令进行整改。

2005 年,县政府发文,将防雷工程从设计、施工到竣工验收,全部纳入气象行政管理范围,将防雷安全纳入安全生产目标管理。

2007 年,气象探测环境保护标准依法在新蔡县建设局进行备案。

政务公开　对气象行政审批办事程序、气象服务内容、服务承诺、气象行政执法依据、服务收费依据及标准等,通过户外公示栏、行风热线等方式,向社会公开。财务收支、目标考核、基础设施建设、工程招投标等内容,采取职工大会或局政务公开栏等方式,向职工公开。财务一般每半年公示一次,年底对全年收支、职工奖金福利发放、领导干部待遇、劳保、住房公积金等向职工作详细说明;干部任用、职工晋职、晋级等及时向职工公示或说明。

党建工作　建站初期,党员归新蔡县农业局党支部。1985 年,成立新蔡县气象站党支部。1989 年,更名为新蔡县气象局党支部。2008 年,有党员 7 人。

2000—2008 年,每年开展党风廉政教育月活动和作风建设年活动。2006—2008 年,每年开展局领导党风廉政述职和党课教育活动。

2006 年、2007 年,被新蔡县委评为“先进党支部”。

气象文化建设　1995 年,成立精神文明建设领导小组,制定了“新蔡县气象局创建省级文明单位规划”,制作了气象文化橱窗,张贴了文明标语。2007 年,修建了羽毛球场。2008 年,修建了乒乓球台,购置了健身器材。

1998 年被驻马店市委、市政府命名为市级“文明单位”,2003 年届满重新被命名为市级“文明单位”,2008 年再次被命名为市级“文明单位”。

集体荣誉　2005 年,被驻马店市气象局评为“汛期气象服务先进集体”。2006 年、2007年,被新蔡县委评为先进党支部;2005—2008 年,获新蔡县政府通令嘉奖。2003—2008 年,被驻马店市气象局评为“综合目标考评优秀达标单位”。

台站建设

建站时,只有几间草房,办公条件十分简陋。1971 年,建成砖木结构平房 4 幢 29 间,建筑面积 435 平方米。

2004 年,新建建筑面积 435 平方米办公楼 1 栋,并绿化庭院面积 200 平方米,新建了图书室、宣传橱窗,购置了健身器材。2007 年,扩征土地 2135 平方米,用于观测场扩建和自动气象站的安装。

泌阳县气象局

泌阳县位于河南省南部,因位于泌水之阳而得名。境内桐柏山脉与伏牛山脉交汇,江淮分水岭纵贯于中,岗峦起伏,山岭连绵,是一个典型的浅山丘陵区。

机构历史沿革

始建情况 泌阳水文气象站始建于 1956 年 10 月 1 日,站址位于泌阳县城西泌水镇邱庄村,北纬 32°42′,东经 113°18′,观测场海拔高度 142.2 米,为国家一般气象站。

历史沿革 1956 年建站时名称为泌阳水文气象站。1960 年 4 月,更名为泌阳县气象服务站。1973 年 1 月,更名为河南省泌阳县气象站。1981 年 10 月,更名为泌阳县气象站。1989 年 11 月,更名为泌阳县气象局。

管理体制 1956 年 10 月—1984 年 8 月,归属泌阳县政府领导,业务受河南省气象局领导,其中 1971 年 4 月—1973 年 11 月,归泌阳县人民武装部领导。1984 年 9 月,实行气象部门与地方政府双重领导,以气象部门领导为主的管理体制。

机构设置 2008 年内设机构为办公室、业务股、科技服务中心。

单位名称及主要负责人变更情况

单位名称	姓名	职务	任职时间
泌阳水文气象站	熊炳功	站长	1956.10—1960.03
			1960.04—1961.08
泌阳县气象服务站	刘显堂	站长	1961.09—1962.05
	高含德	站长	1962.06—1963.03
	贾星文	站长	1963.04—1970.12
	贾秀清	站长	1971.01—1971.10
	邓学忠	站长	1971.11—1973.01
河南省泌阳县气象站			1973.01—1976.09
	朱来臣	站长	1976.10—1978.12
	吴定之	副站长(主持工作)	1979.01—1981.08
	王新芳	负责人	1981.09
泌阳县气象站			1981.10—1985.01
	王振楠	副站长(主持工作)	1985.02—1986.06
	李长江	副站长(主持工作)	1986.07—1988.09
	王振楠	副站长(主持工作)	1988.09—1989.10
泌阳县气象局		副局长(主持工作)	1989.11—1990.03
	代云峰	局长	1990.03—1993.10
	李龙胜	副局长(主持工作)	1993.11—1995.11
		局长	1995.12—2005.10
	方向明	局长	2005.11—

人员状况 建站时,有固定职工 4 人,临时职工 2 人。1978 年,有职工 11 人。2008 年底,有在编职工 6 人,聘用人员 5 人。在编职工中,本科学历 2 人,专科学历 2 人;高级职称 1 人,中级职称 2 人;50 岁以上 2 人,40～49 岁 3 人,40 岁以下 1 人。

气象业务与服务

1. 气象业务

①气象观测

地面观测 从 1956 年 10 月 1 日起,每日进行 08、14、20 时(北京时)3 次定时观测,白天守班;1960 年 1 月,改为每日 01、07、13、19 时(地方时)4 次定时观测,白天守班;1960 年 8 月,改为每日 02、08、14、20 时(北京时)4 次观测。

观测项目有云、能见度、天气现象、气压、气温、湿度、风向、风速、降水、雪深、日照、蒸发、地温、电线积冰等。

承担有向国家气象中心、河南省气象台拍发加密地面天气报告和重要天气报告,向河南省气象台拍发雨量报等任务;1959 年 8 月—1986 年 12 月,每天 05—20 时承担向武汉、鲁山、郑州、信阳拍发航(危)报任务;1987 年 1 月—1994 年 9 月,每天 08—20 时承担向郑州、信阳拍发航(危)报任务;1994 年以前,承担向省、市及淮河防汛指挥部门拍发雨情报任务。

初期的气象电报是通过邮电局报房单一通道进行传递。1985 年,省、地、县三级VHF 甚高频无线电话网络开通后,气象电报改由甚高频电话传递,邮电局报房作为备用通道。1996 年,开始使用 X.25 计算机分组交换网络传输气象电报。2005 年,自动气象站正式运行后,气象电报、自动站实时观测数据文件等全部采用 2 兆光缆 SDH 通讯网络自动传递。

承担有地面气象观测月报表(气表-1)、地面气象观测年报表(气表-21)的制作和预审任务;1993 年 4 月,报表开始由人工制作改为使用计算机制作;1996 年 8 月开始使用计算机预审报表。2008 年开始,增加了辖区内所有区域自动气象站观测报表的制作和预审任务。

2003 年 10 月,ZQZ-CⅡ型自动气象站安装,2004 年 1 月 1 日开始业务运行,2006 年 1 月开始单轨运行。每天进行 24 小时正点观测和每 10 分钟 1 次的加密观测。观测项目有气压、气温、湿度、风向、风速、降水、地温(0~320 厘米)、草面(雪面)温度等。

区域自动站观测 2005—2006 年,在全县各乡镇陆续建成区域自动雨量站 22 个。2007 年,在铜山湖水库管理局建四要素区域自动气象站 1 个。

农业气象观测 建站后,开始进行墒情监测并向河南省气象局发报。1960 年 11 月,由每 2 日测墒发墒情报改为每 5 日测墒发墒情报。1963 年 11 月,改为 10 日墒情报,每月逢 8 日取土、逢 9 日发报。1985—1988 年,利用卫星遥感技术向泌阳县政府提供小麦苗情监测和产量预报。1985 年,开始撰写气候评价,并向泌阳县政府职能部门提供农业气象服务材料。

②天气预报

建站初期,开始制作补充天气预报。1970 年 10 月始,通过收听天气形势,结合本站资料图表,每日早晚制作 24 小时日常天气预报。1991 年后,利用气象卫星资料、雷达探测资料等,制作短期和短时天气预报。

中长期天气预报在 20 世纪 70 年代中期开始起步,进入 80 年代后,预报产品和方法增多,主要产品有旬、月天气预报,春播、麦播期天气预报、麦收期天气预报,汛期(6—8 月)天气预报等。

③气象信息网络

1981 年之前,气象信息的接收是利用广播电台、邮寄方式实现。1981 年,开始使用 ZSQ-1(123)天气传真接收机,接收北京、日本东京的传真天气图表。1985 年,开通 VHF 甚高频无线电话网络。1996 年,开通 X.25 分组交换网。1999 年 10 月,PC-VSAT 地面卫星单收站系统和 MICAPS 综合天气预报业务系统投入业务运行。2004 年以后,随着自动气象站投入运行,采用专用 2 兆带宽光缆并将 GPRS 通道作为备份。

2. 气象服务

公众气象服务 20 世纪 90 年代以前,气象信息的服务渠道主要是广播电台。20 世纪 90 年代后,开始使用电视媒介向大众传播气象信息。1993 年,组建气象警报服务网。2003 年 6 月,开通泌阳兴农网。1997 年 10 月,开通"121"气象信息电话自动答询系统(2004 年,"121"电话改号为"12121")。

决策气象服务 20 世纪 90 年代以前,通过口头、书面、电话等方式提供决策服务。20 世纪 90 年代以后,发展为通过互连网、手机短信等方式提供决策气象服务,服务产品在常规预报的基础上,又增加了"重要天气报告"、"一周天气预报"、"短时天气预报"、"灾害性天气临近预报"、"农业气象情报"、"农业气象预报"、"泌阳气象信息"等决策服务产品。2004年,通过手机短信平台发布灾害性天气预警信息。

人工影响天气 1993 年,成立泌阳县人工影响天气办公室。拥有 65 式双管"三七"高炮 6 门,BL 型防雹增雨火箭发射系统 2 套,购置人工增雨防雹指挥车(1 辆)、运载火箭专用车(1 辆)及摄像机、数码相机和通讯设备等作业装备;出台了泌阳县人工影响天气管理办法。

防雷技术服务 1999 年,成立泌阳县防雷中心,2002 年气象局被列为县安全生产委员会成员单位。2002 年县政府发文,将防雷工程从设计、施工到竣工验收,全部纳入气象行政管理范围,将防雷安全纳入安全生产目标管理。对气象探测环境、防雷安全、人工增雨、气球施放等依法进行规范管理。

气象科普宣传 每年与中小学校联合,组织学生到气象局参观,对学生普及气象知识;与泌阳县广播站和电视台联合举办不定期的气象知识专题节目;在世界气象日、法制宣传日、安全生产月宣传期间,制作宣传版面、发放宣传单,对公众进行气象科学以及雷电灾害防御知识的普及宣传。

科学管理与气象文化建设

社会管理 2000 年,泌阳县人民政府法制办批复确认泌阳县气象局具有独立的行政执法主体资格,并为 2 名职工办理行政执法证,气象局成立行政执法队伍。

2004 年 8 月 1 日《河南省防雷减灾实施办法》颁布实施。2004 年 6 月,泌阳县建设局、泌阳县气象局联合发文《转发驻马店市建设委员会驻民店市局关于建设项目防雷工程设计审核、施工监督、竣工验收和管理工作的通知》(泌建〔2004〕24 号),将防雷工程从设计、施工到竣工验收,全部纳入气象行政管理范围。

2006 年,被列为县安全生产委员会成员单位,负责全县防雷安全的管理,定期对液化气站、加油站、民爆仓库等高危行业和非煤矿山的防雷设施进行检测检查,对不符合防雷技术规范的单位,责令进行整改。

政务公开 对气象行政审批办事程序、气象服务内容、服务承诺、气象行政执法依据、服务收费依据及标准等,通过户外公示栏、电视、行风热线、发放传单等方式,向社会公开。财务收支、目标考核、基础设施建设、工程招投标等内容,采取职工大会或局政务公开栏等方式,向职工公开。财务一般每半年公示一次,年底对全年收支、职工奖金福利发放、领导干部待遇、劳保、住房公积金等向职工作详细说明;干部任用、职工晋职、晋级等,及时向职工公示或说明。

党建工作 1981 年,泌阳县气象站党支部成立,有党员 4 人。截至 2008 年底,有党员 3 人。

2002—2008 年,连续 7 年开展党风廉政教育月活动。2004—2008 年,每年开展作风建设年活动。2006—2008 年,每年开展局领导党风廉政述职和党课教育活动,并签订党风廉政目标责任书,推进惩治和防腐败体系建设。

气象文化建设 1990 年,成立精神文明建设领导小组,下设办公室,负责精神文明建设的具体工作。1997 年,制定了"泌阳县气象局创建省级文明单位规划"。

2005 年,建设了图书阅览室、职工学习室、小型运动场,拥有图书 1800 册,健身器材 8种,乒乓球室和羽毛球场。2005—2008 年,每年利用元旦、国庆、中秋、春节等节日组织卡拉 OK 歌曲大赛,象棋、扑克、羽毛球、乒乓球比赛,自行车慢赛等丰富多彩的活动,陶冶了干部职工的思想情操。

1991 年 4 月,创县级"文明单位"。1996 年 11 月,被驻马店市委、市政府命名为市级"文明单位",至 2008 年,一直保持市级"文明单位"称号。

集体荣誉 1990 年,泌阳县气象局获得驻马店市气象局"麦收预报服务奖","6·18 大暴雨预报服务奖","7·15 解除干旱预报服务奖"和"7·25 大风暴雨预报服务奖";同年,被河南省气象局评为"预报服务先进集体"。1992 年,获"河南省重大灾害性天气预报服务奖"。1997 年、1998 年、2000 年先后 3 年被泌阳县政府评为"服务三夏先进单位"。2007年,被河南省气象局评为"人工影响天气工作先进集体"。

台站建设

1956 年 10 月建站,征地 4800 平方米,建房屋 4 栋 22 间,砖木结构。1990 年 12 月,建办公房 213 平方米。1991 年 12 月,建宿舍楼 1 栋 8 套共 400 平方米。2004 年 9 月,建 440 平方米办公楼 1 栋,车库 5 间。2006 年,整修了道路,美化了环境,建成了花园式单位。

正阳县气象局

正阳县历史悠久,古为慎国、江国,西汉时期设县。隶属驻马店市。

机构历史沿革

始建情况 1958 年 10 月建立正阳县气象服务站,位于县城西关斜三里王庄,北纬 32°36′,东经 114°23′,海拔高度 67 米,同年 12 月开始工作。

站址迁移情况 1959 年 10 月,迁至县城东关八里庙拖拉机站。1961 年 11 月,迁至正阳县城西关斜三里王庄。1964 年 7 月,迁至县城西关相树王庄。1975 年 1 月,迁至正阳县城西北小陈庄(郊外)。正阳县气象站自建站至 1983 年 1 月,经纬度均为北纬 32°36′,东经 114°23′,海拔高度 67 米。1983 年 1 月,更正为北纬 32°37′,东经 114°21′,观测场海拔高度 78.5 米。

历史沿革 初建站时,名称为正阳县气象服务站。1971 年 9 月,更名为正阳县气象站。1989 年 11 月,更名为正阳县气象局。正阳县气象局是国家一般气象站,省农业气象基本站。

管理体制 初建站时,实行地方和气象部门双重领导,以地方领导为主,隶属于正阳县农业局。1971 年 9 月,实行军队、地方双重领导,隶属于正阳县人民武装部。1973 年,实行地方、气象部门双重领导,以地方领导为主,隶属于正阳县农业局。1984 年 9 月,实行气象部门与地方政府双重领导,以气象部门领导为主的管理体制。

机构设置 2008 年,设有综合办公室、基础业务股、科技服务股。

单位名称及主要负责人变更情况

单位名称	姓名	职务	任职时间
正阳县气象服务站	张鸿海	站长	1959.01—1961.09
	余景善	站长	1961.10—1964.07
正阳县气象站	王太贤	站长	1964.08—1971.08
			1971.09—1972.07
	杨培忠	站长	1972.08—1976.03
	姜德并	站长	1976.04—1978.07
	朱新长	副站长(主持工作)	1978.08—1979.12
	杨秀梅	副站长(主持工作)	1980.01—1985.01
正阳县气象局	李志宏	站长	1985.02—1989.10
		局长	1989.11—1992.06
	李宪中	副局长(主持工作)	1992.07—1993.10
	曾建辉	副局长(主持工作)	1993.11—1994.05
		局长	1994.05—1998.05
	陈海莲	副局长(主持工作)	1998.05—1999.02
		局长	1999.02—2006.09
	熊 伟	局长	2006.10—

人员状况 初建时,有固定职工2人。1978年,有工作人员11人。截至2008年底,有在职职工8人(其中在编职工7人,聘用职工1人)。在编职工中:大学学历1人,大专学历4人;中级职称6人,初级职称1人;50岁以上2人,40~49岁5人。

气象业务与服务

1. 气象业务

①气象观测

地面观测 1959年1月1日起,每日进行07、13、19时(地方时)3次定时观测,白天守班。1961年10月,改为每日08、14、20时(北京时)3次定时观测,白天守班。

观测项目有云、能见度、天气现象、气压、气温、湿度、风向、风速、降水、雪深、日照、蒸发、地温、电线积冰等。

承担向国家气象中心、河南省气象台拍发加密地面天气观测报告和重要天气观测报告,向河南省气象台拍发雨量报等任务;1970年9月—1985年12月,承担向明港空军机场拍发航(危)报任务;1994年以前,承担向河南省、驻马店市及淮河防汛指挥部门拍发雨情报任务。

1985年,地、县VHF甚高频电话开通,气象电报改由甚高频电话传递,邮电局报房作为备用通道。1996年,开始使用X.25分组交换网络传输气象电报。2004年,开通移动公司市县SDH宽带网,原来的X.25作为备份。

承担有地面气象观测月报表(气表-1)、地面气象观测年报表(气表-21)的制作和预审任务。2008年,开始增加辖区内区域自动气象站报表的制作、预审任务。

1993年4月,报表开始由人工制作转变为使用计算机制作报表。1996年8月,开始使用计算机预审报表。2004年,地面气象测报业务系统开始应用。

2003年10月,ZQZ-CⅡ型自动气象站安装并进行试运行;2004年1月,开始运行;2006年1月,开始单轨运行。每天进行24小时正点观测和每10分钟1次的加密观测。观测项目有气压、气温、湿度、风向、风速、降水、地温(0~320厘米)、草面(雪面)温度等。

区域自动站观测 2004—2006年,陆续在全县各乡镇建成自动雨量站16个。2006年,在王勿桥水文站建成四要素区域自动气象站1个。

农业气象观测 正阳气象观测站属河南省农业气象基本站。从建站开始,进行土壤墒情监测并向河南省气象局发报(1960年11月由每2日测墒发墒情报改为每5日测墒发墒情报,1963年11月改为10日墒情报,每月逢8日取土、逢9日发报);进行小麦、大豆作物生育状况观测,草本、木本植物及候鸟、昆虫等物候观测;拍发农业气象旬、月报,2003年10增加农业气象周报,制作相应的农业气象观测报表。1985—1988年,利用卫星遥感技术向正阳县政府提供小麦苗情监测和产量预报;1985年,开始撰写气候评价,并向正阳县政府职能部门提供农业气象服务材料。

②天气预报

1958年建站初期,通过收听电台天气形势、预报,结合本站资料,制作24、48小时天气预报。1999年10月以后,利用接收的气象卫星、雷达资料及数值预报产品,制作短时、短期及中长期天气预报。

③气象信息网络

1981年之前,通过收音机接收无线电台播发的天气形势和预报。1981年,开始使用ZSQ-1(123)天气传真接收机,接收北京、欧洲气象中心以及东京的传真天气图表。1985年,开通了VHF甚高频无线电话网络。1996年,市、县二级X.25分组交换网络开通。1999年10月,PC-VSAT地面卫星单收站系统和MICAPS综合天气预报业务系统投入业务运行,接收和处理从地面到高空各类天气形势、预报图,卫星云图和雷达观测等数据。2003年2月,Notes电子邮件系统投入使用,实现了业务办公网络化和自动化。2004年以后,采用专用宽带通信光缆和GPRS无线备用通道。

2. 气象服务

公众气象服务 1993年以前,通过农村有线广播站播报天气预报。1993年,开始在正阳县电视台开办天气预报栏目。1997年10月,开通了"121"气象信息电话自动答询系统(2004年全市"121"答询电话实行集约经营,主服务器由驻马店市气象局负责建设维护,同年"121"电话改号为"12121")。2003年6月,开通"正阳兴农网",通过互联网传播气象信息。

决策气象服务 20世纪90年代以前,以电话方式向县委、县政府和相关职能部门提供决策服务。进入20世纪90年代后,利用书面材料、互联网、手机短信等多种形式进行服务;内容也增加了重要天气预报、雨情气象信息、灾害性天气临近预报等。

人工影响天气 1995年,成立了正阳县人工影响天气办公室。至2008年,拥有65式双管"三七"高炮3门,BL型防雹增雨火箭发射系统2套,400兆赫兹无线甚高频电话6部,人工增雨防雹指挥车1辆,运载火箭专用车1辆,摄像机1部,并配备数码相机和通讯设备等人工影响天气作业装备。

防雷技术服务 1989年,开始开展避雷装置安全检测工作。1993年,成立了正阳县防雷技术中心(后更名为正阳县防雷中心)。2005年,开始对新建建筑物的防雷装置从设计、施工、竣工验收进行监管和技术服务。

气象科普宣传 2000—2008年,每年与中小学校联合,组织学生到气象局参观,进行气象科普宣传;与广播电台、电视台联合,举办不定期的气象知识专题节目;依托世界气象日、气象法宣传、安全生产宣传等活动,以制作科普宣传版面、散发气象科普传单等形式,对广大用户进行气象科普宣传和雷电灾害防御等知识的宣传。

科学管理与气象文化建设

1. 社会管理

2003年9月,正阳县政府法制办批复确认县气象局具有独立的行政执法主体资格,并为5名人员办理了行政执法证。

2004年,气象局被列为县安全生产委员会成员单位,负责全县防雷安全的管理。2005年,县政府发文将防雷工程从设计、施工到竣工验收全部纳入气象行政管理范围,防雷安全纳入安全生产目标管理;在正阳县政府行政服务中心设立气象窗口,承担气象行政审批职能。

《通用航空飞行管制条例》和《施放气球管理办法》颁布实施后,开始实施施放气球管理。

2. 政务公开

对气象行政审批办事程序、气象服务内容、服务承诺、气象行政执法依据、服务收费依据及标准等,通过公示栏、电视、行风热线、传单等方式,向社会公开。财务收支、目标考核、基础设施建设、工程招投标等内容,采取职工大会或局务公开栏等方式,向职工公开。

3. 党建工作

2001年以前,党员的组织管理归农业局党支部。2001年,正阳县气象局党支部成立。截至2008年底,有党员6人。

2000—2008年,参与气象部门和地方党委开展的党章、党纪、法律法规知识竞赛12次。2002年起,连续7年开展党风廉政宣传教育月活动。2006年起,每年开展局领导党风廉政述职和党课教育活动,签订党风廉政目标责任书。

2005年,被正阳县委授予"五型"机关党支部。2008年,被正阳县委授予"优秀基层党组织"。先后9人次被评为县、地级优秀党员,1人被县委授予优秀党务工作者。

4. 气象文化建设

2005年,成立精神文明建设领导小组,制定"正阳县气象局文明单位创建规划"。

2006—2008年,建设了职工学习室、乒乓球室、羽毛球场、篮球场、图书阅览室,拥有图书3000册,健身器材8种。

1991年,被正阳县委、县政府命名为县级"文明单位"。2001年,被驻马店市委、市政府命名为市级"文明单位"。

5. 荣誉

集体荣誉 1982年,被驻马店地委、行署评为驻马店地区"抗洪抢险模范单位",被河南省气象局评为全省气象系统"文明礼貌先进单位"。2003—2006年,连续4年被驻马店市气象局授予全市"目标考评先进单位"。2006年,被河南省爱国卫生委员会授予省级"卫生先进单位"。

个人荣誉 杨秀梅1982年被河南省人民政府授予"河南省劳动模范",1983年被授予"全国三八红旗手"。

人物简介 杨秀梅,女,汉族,1942年11月出生于河南西平县,1959年9月参加工作,1962年8月信阳农业专科学校农学专业毕业,中共党员,高级工程师。1979年3月—1985年1月,担任正阳县气象站副站长。1982年,被河南省人民政府授予河南省劳动模范;1983年,被授予"全国三八红旗手"。

台站建设

1958年建站时,值班、办公在民房中。1964年,建7间砖瓦房,用于办公、值班、住宿。

1974年,站址迁移,建成业务房7间,职工宿舍9间。

1999年,建设集人工增雨、办公、综合经营于一体的综合楼1幢700平方米;建设职工宿舍楼两幢1800平方米。

2003年,建设自动站业务用房1幢148平方米,并对观测场、值班室进行了改造。

济源市气象局

济源地处河南西北部,因济水发源而得名。隋开皇十六年(公元 596 年)设县,1988 年撤县建市,1997 年实行省直管体制(副地级城市)。总面积 1931 平方千米,辖 5 个办事处,11 个镇,总人口 68 万。济源属暖温带季风气候,四季分明,气候温和,光、热、水资源丰富,非常有利于发展工农业生产,但受季风影响显著,雨量时空分布不均,旱涝、大风、暴雨等自然灾害频发。

机构历史沿革

始建情况　河南省济源县气象站始建于 1959 年 4 月,站址在济源县城东郊,为正科级单位。

站址迁移情况　1959 年 11 月 24 日,站址迁至济源县城北郊马寨村。1960 年 7 月 14 日,迁至济源县城东郊飞机场。1984 年 6 月 1 日,迁至济源市城东南水屯村南,位于北纬 35°05′,东经 112°38′,观测场海拔高度 140.1 米。

历史沿革　1960 年 8 月,更名为济源县气象服务站。1971 年 8 月,又改名为济源县气象站。1988 年 12 月,济源撤县建市,济源县气象站更名为济源市气象局。2003 年,河南省气象局下发《济源市气象局机构改革方案》,明确济源市气象局机构规格为副处级。

管理体制　济源县气象站建站时由济源县农业局代管,业务归新乡专署气象科领导。1971 年 5 月,归济源县人民武装部领导,业务属新乡地区气象台领导。1973 年 5 月,归济源县农业局管理。1980 年 12 月,实行气象部门与地方政府双重领导,以气象部门领导为主的管理体制,归济源县农业委员会管理,业务属新乡地区气象处领导。1988 年,归焦作市气象局管辖。1997 年 1 月,济源市实行省直管体制,济源市气象局由河南省气象局直管。

机构设置　2003 年,设综合办公室、气象台、气象科技服务中心 3 个内设机构(内设机构为副科级)。2006 年,局机关内设办公室、法规科,直属事业单位设气象台、气象科技服务中心。

单位名称及主要负责人变更情况

单位名称	姓名	职务	任职时间
济源县气象站	马隆德	站长	1959.04—1960.08
济源县气象服务站			1960.08—1962.09
	卫智远	站长	1962.09—1971.08
			1971.08—1981.02
济源县气象站	闫文德	副站长(主持工作)	1981.02—1983.03
	赵宗仁	站长	1983.03—1983.11
	闫文德	站长	1983.11—1985.03
	罗北方	副站长(主持工作)	1985.03—1988.03
	王思通	站长	1988.03—1988.12
济源市气象局		局长	1988.12—1993.01
	陈兴周	副局长(主持工作)	1993.01—1994.04
		局长	1994.04—1997.07
	辛保安	局长	1997.07—2005.08
	介玉娥(女)	局长	2005.08—

人员状况 济源县气象站建站时,有职工 4 人。1980 年,核定编制 8 人。2006 年,编制 16 人(全部为国家气象事业编制)。截至 2008 年底,有在编职工 16 人。其中:本科学历 6 人,大专学历 7 人,中专学历 1 人;中级职称 9 人,初级职称 7 人;50 岁以上 3 人,40～49 岁 4 人,40 岁以下 9 人。

气象业务与服务

1. 气象业务

①气象观测

地面观测 济源市气象地面观测开始时间为 1959 年 4 月 1 日,每日 08、14、20 时 3 次观测,夜间不守班。

地面观测项目有云、能见度、天气现象、气压、温度、湿度、风向、风速、降水、积雪、雪深、日照、冻土、蒸发、地温(5 厘米、10 厘米、15 厘米、20 厘米)等,配有温、压、湿、雨量自记。

1999 年 3 月 1 日起,当 12 小时降雨量≥0.1 毫米时,05、17 时向河南省气象台拍发雨量报;遇到雷暴、大风、冰雹等重要天气时,拍发不定时重要天气报。

编制的报表有气表-1(每月 2 份)、气表-21(每年 2 份),分别向河南省气象局报送 1 份,本站留底本 1 份。

2007 年 2 月,纸制报表底本停止报送,通过计算机网络上报数据文件。

2006 年 1 月 1 日,济源市 ZQZ-CⅡ型自动气象站正式投入业务运行,自动气象站观测项目有气压、温度、湿度、风向、风速、雨量、地表温度。2006 年、2007 年,进行自动站和人工站平行观测;2008 年 1 月 1 日,实行自动站单轨运行。

酸雨观测 2008 年 1 月 1 日,开始进行酸雨特种观测。

紫外线观测 2005年6月,安装了宽波段太阳紫外线监测系统,并于6月16日开始紫外线监测业务。

区域自动站观测 2004年,在全市12个乡镇及济源市防汛抗旱指挥部安装了13个自动雨量站。2007年9月,在邵原镇建成全市第一个四要素区域自动站并投入业务运行,观测项目有风向、风速、气温、降水。

②天气预报

短期天气预报 1959年4月,开始制作地方补充天气预报,预报方法包括收听天气形势,查阅本站资料图表,预报产品为12~24小时天气预报。20世纪90年代初,利用传真天气图和上级台指导预报,结合本站资料,每天制作未来3天天气预报。1999年以来,利用卫星接收资料及MICAPS系统通过网络接收的各种气象信息资料和上级台预报产品,开展24小时、未来3~5天和临近预报。截至2008年,主要预报产品有常规天气预报,景区天气预报,农业气象、森林、城市防火预报,地质灾害预警,专业气象预报(穿衣指数、晾晒指数、紫外线指数、晨练指数等)。

中期天气预报 20世纪80年代初,根据中央气象台、河南省气象台预报,结合短期天气预报、本地资料,发布逐旬天气预报,并开展服务。主要服务产品有旬、月天气预报,重要节假日、重大社会活动天气预报,内容为天气概况分析、预报预测,农业气象情报、分析、预报,工农业生产建议等。

短期气候预测(长期天气预报) 自20世纪70年代中期开始制作长期天气预报,主要有春耕、三夏、汛期预报、季度预报。

③气象信息网络

1983年,开始接收北京、日本、欧洲中心的传真图表。1987年,架设开通甚高频无线对讲通讯电话,实现与焦作市气象局及其管辖县气象局的甚高频无线通话。1999年11月,建成PC-VSAT卫星接收站。2004年,建成视频天气预报会商系统,开通了焦作—济源实时雷达资料共享服务系统。2007年,升级了气象卫星资料接收系统DVBS。2008年,开通济源—三门峡新一代天气雷达资料传输系统。

建站以来有1人被中国气象局评为"优秀网络管理员"。

2. 气象服务

公众气象服务 1996年1月,天气预报节目开始在济源电视台播出,天气预报信息由气象局提供,电视节目由电视台制作。1997年1月,济源市天气预报在河南卫视播出。1997年9月,购置了天气预报制作编辑系统,开始自制电视天气预报节目,当年10月1日在济源电视台开播;1998年,济源天气预报同时在济源教育电视台播出。1997年10月,开通"121"天气预报自动答询系统;2005年,"121"电话升位为"12121",同时对原有"121"综合气象信息服务平台进行升级改造,通信线路由一号信令升级为七号信令,实现了与电信部门的直联,并且对信箱内容进行充实。2002年4月1日,开通济源兴农网,开始通过网络向农业、农村、农民提供全面、实用的信息。2002年7月,开通中国移动、中国联通手机气象短信服务。2004年9月,开通"灵通气象"短信服务。

决策气象服务 1959年,开始为党政机关和生产部门提供决策气象服务,服务形式为书面材料,服务内容为旬报、月报、重要天气预报、农业气候评价、产量预报。2005年起,增加手机短信气象服务,服务内容包括重要性、转折性天气预警预报及雨情、墒情信息等。2005—2008年,先后出台了《济源市突发气象灾害应急预案》、《济源市气象局紧急重大情况报告工作方案》、《济源市气象局应急处置气象服务工作预案》和《济源市气象局反恐怖袭击和紧急情况处置预案》等应急预案。

人工影响天气 1977年,济源县人民政府人工降雨办公室成立,挂靠县气象站。1978年5月,武汉军区调配3门单管"三七"高炮,启动人工增雨作业工作。1981—1991年,济源人工影响天气工作处于停滞状态。1991年,经济源市政府同意,由济源市气象局牵头,修复了原有3门年久失修的作业高炮,济源的人工影响天气工作再次启动。1998年,济源市以济政文〔1998〕18号文批准成立了济源市人工影响天气领导小组,时任副市长田国强任领导小组组长,气象局局长辛保安等任副组长。1999年,购置3门双管"三七"高炮。2000年,在山区5个乡镇建立固定作业基地。2001年,购置1套人工影响天气火箭发射装备,与5个固定作业炮点共同开展人工增雨防雹作业。1997年7月19日,王屋和邵原同时利用高炮进行增雨作业。由于增雨效果明显,时任市长耿建国在山区工作会议上表示,要为每个山区乡镇配增雨高炮。

防雷技术服务 1988年,开始为各单位建筑物避雷设施开展安全检测。2002年6月,开始为济源市各类新建(构)筑物按照规范要求安装避雷装置。截至2008年,在全市开展的防雷业务有防雷设施设计、审核、工程竣工验收、定期检测、雷灾调查、雷击风险评估、防雷科普宣传等业务。

气象科普宣传 2001年起,济源市气象局开始利用"3·23"世界气象日和全国科普宣传日、济源市科普活动周等组织开展对外开放活动,宣传气象科普知识。2003年8月,被济源市科协命名为"济源市气象科普基地",同年11月被河南省青少年科技活动领导小组命名为"河南省青少年科技教育基地"。

气象法规建设与社会管理

法规建设 2007年2月8日,济源市人民政府《关于加快气象事业发展的实施意见》(济政〔2007〕3号)正式发布,这是济源市有史以来第一个以政府文件形式出台的加快气象事业发展的具体实施意见。《关于加强施放气球安全管理的通知》(济政办〔2003〕41号)、《关于转发济源市人工影响天气领导小组济源市人工影响天气发展规划实施意见(2004—2010)的通知》(济政办〔2004〕75号)分别以政府办公室规范性文件颁布,为济源市加强升空气球管理和发展人工影响天气事业提供了重要的法规依据。2005年,济源市建委、市国土资源局分别对《济源市气象局关于济源市国家一般气象站要求气象探测环境保护的函》进行回复(济建〔2005〕95号、济国土资文〔2005〕35号),为气象探测环境保护提供了保障。

制度建设 2003年,制定了"中共济源市气象局党组工作规则"、"济源市气象局职工教育管理办法"、"车辆管理制度"等项制度。2005年,对以上制度进行了修订完善,并出台了"济源市气象局财务管理制度"、"济源市气象局固定资产管理实施细则"、"学习、会议制度"、"请销假制度"等。

社会管理 2002年12月,济源市人民政府法制办批准市气象局具有独立的行政执法主体资格,并为 7 名干部办理了行政执法证,气象局行政执法队伍建立。2005 年 12 月,济源市人民政府批准升放无人驾驭自由气球或者系留气球活动审批、大气环境影响评价使用气象资料审查及防雷装置设计、审核和竣工验收 3 个项目纳入行政审批便民服务信息中心集中受理。2002 年,气象局被市政府列为市安委会成员单位,负责全市防雷安全的管理。同年,济源市人民政府下发了《关于加强防雷防静电设施设计安装检测管理工作的通知》。2007 年,济源市人民政府办公室下发《关于进一步做好防雷减灾工作的通知》。2008 年济源市气象局先后与市教育体育局、市煤炭管理局联合下发了加强全市教育场所、煤矿企业防雷安全工作的通知。

政务公开 利用网站、宣传栏、宣传单等方式,向社会公开气象行政审批办事程序、气象服务内容、服务承诺、气象行政执法依据、服务收费依据及标准等。2002 年,全面推行局务公开,采取公开栏、会议等形式,对重大决策、财务收支、干部人事安排、廉政建设、规章制度等群众关心的重要事项及热点难点问题,进行公开、公示。

党建与气象文化建设

1. 党建工作

1992—1997 年,济源市气象局与济源市农科所为一个党支部,期间培养、发展了 3 名党员。1998 年 1 月,成立济源市气象局党支部,当时有党员 4 名。2003 年 3 月,经济源市委组织部批准,成立中共济源市气象局党组。截至 2008 年底,有党员 8 名。

2004—2008 年,济源市气象局党支部连年被济源市委评为"五好"基层党组织;有 2 名同志被济源市直工委授予"优秀党务工作者"称号,3 名同志被授予"优秀共产党员"称号。

2. 气象文化建设

2002 年,选送诗歌朗诵《海燕》参加济源市第三届法制文艺演出。2006 年、2009 年,分别选送节目《太极功夫扇》和《和谐中国》舞蹈参加河南省气象部门第一届、第二届文艺汇演,并分别获得二等奖、一等奖。2005 年起,每年组织开展职工运动会,丰富职工文化生活,提高职工身体素质。2008 年起,每年组织开展"气象因我而精彩"主题演讲活动,通过演讲大力弘扬气象工作者的优良传统与作风,歌颂气象工作中涌现出的优秀事迹和先进个人,激发干部职工团结拼搏、心系集体、爱岗敬业、无私奉献的工作热情。

3. 荣誉

集体荣誉 2002 年被河南省委、省政府授予省级"文明单位"称号,2007 年届满重新申报再次被授予省级"文明单位"称号。

参政议政 2003 年,辛保安当选济源市政协第七届委员。2007 年,介玉娥当选济源市政协第八届委员。

台站建设

1984 年 6 月,新建办公楼 1 幢,家属房 5 间,炮库 4 间,总建筑面积 734.2 平方米。

1997年,新征地0.6公顷,在原址及新征土地上新建办公楼、观测站、大门、围墙等,办公楼建筑面积1390平方米,1998年11月18日投入使用。1998年,建职工住宅楼1栋共12套,总面积1290平方米,1999年12月建成并投入使用。

1999年,完成了规范化、标准化气压场、值班室和观测场的建设,原观测场向南平移83米。

2005—2008年,对综合办公楼进行改造装修,对职工宿舍楼进行修护,对气象业务服务平面进行改造;建造了多功能灯光球场,进行整体绿化美化,修建了气象小游园;修建了专用供水线路;装修了影视播音室,购置了摄像机和影视制作设备。

济源市气象局灯光球场(2006年)

济源县气象局观测场旧貌(摄于1983年)

济源市气象局新颜(1998年)

附录：

《河南省基层气象台站简史》主要执笔人

单位名称	编写人
河南省气象局	张海峰
郑州市气象局	闫惠芳、程芳芳、王保成、范宏伟、张素霞、闫伟杰、宋阿芳、刘伟斌
开封市气象局	鲁建立、徐芙枝、邢孟喜、杨文立、吕文甫
洛阳市气象局	田　丹、时修礼、尚静国、郭　蕊、李倩倩、常红丽、张革新、刘　瑞、唐利红、梁胜利
平顶山市气象局	张金萍、樊艳萍、张　馨、付世权、许军辉、程长江、王梅英
安阳市气象局	卜晓娜、陈彦旭、侯文学、姜万涛、刘金付
鹤壁市气象局	李恒兴、杜长菁、李喜平
新乡市气象局	葛红梅、田庆民、张玉欣、李俊芬、赵素菊、刘治明、王庆恒、杨卫生
焦作市气象局	任怀刚、栗志甫、郭冬萍、苗国柱、刘玉平、原小艳、杨娜娜
濮阳市气象局	王俊峰、李金刚、韩相斌、段传动、崔　力、刘绍习
许昌市气象局	朱遂欣、胡彩菊、曹志伟、张雪颖、汪鸢英
漯河市气象局	杨清华、宋玉民、张运国
三门峡市气象局	袁文胜、郑　伟、孙栓恩、祁建刚
南阳市气象局	李金华、古永保、张千村、张　英、陈林华、丁玉军、苏航月、张　东、张　静、李炳琛、王　丽、王　琳、王松华
商丘市气象局	程　龙、张宏伟、张现伟、程　华、杨淑萍、陈靖奇、王浩汤、陈新民、任　霞
信阳市气象局	何　勇、李水花、王文平、王　慧、曹　刚、唐学民、赵　豫、杨金胜、余孝华、曹德耀
周口市气象局	王　伟、李金良、葛国华、刘学义、王登琪、高伟力、刘　瑛、晏振国、郑亚杰、李　慧、梁祖宪
驻马店市气象局	赵宪丽、杨　光、王淑琴、龚智勇、沈献荣、刑守远、闫新生、李明志、梁青光、周　超
济源市气象局	郭丽敏

后记

　　按照中国气象局统一部署,河南省气象局组织全省气象部门有关人员,经过近一年的艰苦努力,数易其稿,完成了《河南省基层气象台站简史》的编纂工作。

　　编写人员以科学发展观为指导,在确定编写原则、史志体例、入志内容、编写要求的前提下,广泛收集机构历史沿革、领导班子交替、业务范围变动,建局(站)以来的重大事件、重要人物、领导视察及重要批示,当地气候条件和重大气象灾害以及气象服务等方面的史料,尽可能做到史料完备、准确,并用简约、恰当的文字将基层台站发展的历史脉络凝炼并反映出来。

　　各基层单位编写人员克服时间跨度大、历史资料散失严重、编写时间有限等诸多困难,加班加点,任劳任怨,保证了成书时间。

　　由于时间仓促,缺憾和谬误在所难免,敬请各位专家、读者批评指正。

编者

2009 年 9 月